U0395786

石墨烯的化学气相沉积生长方法

“十三五”国家重点
出版物出版规划项目

刘忠范 著

战略前沿新材料
——石墨烯出版工程
丛书总主编　刘忠范

Chemical Vapor Deposition
Growth of Graphene

GRAPHENE
05

華東理工大學出版社
EAST CHINA UNIVERSITY OF SCIENCE AND TECHNOLOGY PRESS
·上海·

上海高校服务国家重大战略出版工程资助项目

图书在版编目(CIP)数据

石墨烯的化学气相沉积生长方法 / 刘忠范著. —上海：华东理工大学出版社，2021.9
（战略前沿新材料——石墨烯出版工程 / 刘忠范总主编）
ISBN 978-7-5628-6408-0

Ⅰ. ①石… Ⅱ. ①刘… Ⅲ. ①石墨—纳米材料—化学气相沉积—生长 Ⅳ. ①TB383

中国版本图书馆 CIP 数据核字(2020)第 253327 号

内容提要

本书围绕化学气相沉积方法制备石墨烯及其研究现状展开，重点关注化学气相沉积生长石墨烯方法的基本原理、反应热力学和动力学、生长过程的影响因素和控制方法等，并系统介绍了该领域的发展现状及代表性的研究工作。

本书为读者提供基础性、系统性和指南性的石墨烯化学气相沉积生长知识，展示最新研究成果，可供初涉利用化学气相沉积方法制备石墨烯的研究生、科研人员、相关科技工作者使用，也可作为有志于从事石墨烯生长研究人员的实验研究指南。

项目统筹 / 周永斌　马夫娇
责任编辑 / 李佳慧
装帧设计 / 周伟伟
出版发行 / 华东理工大学出版社有限公司
地址：上海市梅陇路 130 号，200237
电话：021-64250306
网址：www.ecustpress.cn
邮箱：zongbianban@ecustpress.cn
印　　刷 / 上海雅昌艺术印刷有限公司
开　　本 / 710 mm×1000 mm　1/16
印　　张 / 28.5
字　　数 / 450 千字
版　　次 / 2021 年 9 月第 1 版
印　　次 / 2021 年 9 月第 1 次
定　　价 / 298.00 元

战略前沿新材料 —— 石墨烯出版工程

丛书编委会

总序　一

2004年，英国曼彻斯特大学物理学家安德烈·海姆（Andre Geim）和康斯坦丁·诺沃肖洛夫（Konstantin Novoselov）用透明胶带剥离法成功地从石墨中剥离出石墨烯，并表征了它的性质。仅过了六年，这两位师徒科学家就因“研究二维材料石墨烯的开创性实验”荣摘2010年诺贝尔物理学奖，这在诺贝尔授奖史上是比较迅速的。他们向世界展示了量子物理学的奇妙，他们的研究成果不仅引发了一场电子材料革命，而且还将极大地促进汽车、飞机和航天工业等的发展。

从零维的富勒烯、一维的碳纳米管，到二维的石墨烯及三维的石墨和金刚石，石墨烯的发现使碳材料家族变得更趋完整。作为一种新型二维纳米碳材料，石墨烯自诞生之日起就备受瞩目，并迅速吸引了世界范围内的广泛关注，激发了广大科研人员的研究兴趣。被誉为“新材料之王”的石墨烯，是目前已知最薄、最坚硬、导电性和导热性最好的材料，其优异性能一方面激发人们的研究热情，另一方面也掀起了应用开发和产业化的浪潮。石墨烯在复合材料、储能、导电油墨、智能涂料、可穿戴设备、新能源汽车、橡胶和大健康产业等方面有着广泛的应用前景。在当前新一轮产业升级和科技革命大背景下，新材料产业必将成为未来高新技术产业发展的基石和先导，从而对全球经济、科技、环境等各个领域的发展产生深刻影响。中国是石墨资源大国，也是石墨烯研究和应用开发最活跃的国家，已成为全球石墨烯行业发展最强有力的推动力量，在全球石墨烯市场上占据主导地位。

作为21世纪的战略性前沿新材料，石墨烯在中国经过十余年的发展，无论在科学研究还是产业化方面都取得了可喜的成绩，但与此同时也面临一些瓶颈和挑战。如何实现石墨烯的可控、宏量制备，如何开发石墨烯的功能和拓展其应用领域，是我国石墨烯产业发展面临的共性问题和关键科学问题。在这一形势背景下，为了推动我国石墨烯新材料的理论基础研究和产业应用水平提升到一个新的高度，完善石墨烯产业发展体系及在多领域实现规模化应用，促进我国石墨烯科学技术领域研究体系建设、学科发展及专业人才队伍建设和人才培养，一套大部头的精品力作诞生了。北京石墨烯研究院院长、北京大学教授刘忠范院士领衔策划了这套"战略前沿新材料——石墨烯出版工程"，共22分册，从石墨烯的基本性质与表征技术、石墨烯的制备技术和计量标准、石墨烯的分类应用、石墨烯的发展现状报告和石墨烯科普知识等五大部分系统梳理石墨烯全产业链知识。丛书内容设置点面结合、布局合理，编写思路清晰、重点明确，以期探索石墨烯基础研究新高地、追踪石墨烯行业发展、反映石墨烯领域重大创新、展现石墨烯领域自主知识产权成果，为我国战略前沿新材料重大规划提供决策参考。

参与这套丛书策划及编写工作的专家、学者来自国内二十余所高校、科研院所及相关企业，他们站在国家高度和学术前沿，以严谨的治学精神对石墨烯研究成果进行整理、归纳、总结，以出版时代精品作为目标。丛书展示给读者完善的科学理论、精准的文献数据、丰富的实验案例，对石墨烯基础理论研究和产业技术升级具有重要指导意义，并引导广大科技工作者进一步探索、研究，突破更多石墨烯专业技术难题。相信，这套丛书必将成为石墨烯出版领域的标杆。

尤其让我感到欣慰和感激的是，这套丛书被列入"十三五"国家重点出版物出版规划，并得到了国家出版基金的大力支持，我要向参与丛书编写工作的所有同仁和华东理工大学出版社表示感谢，正是有了你们在各自专业领域中的倾情奉献和互相配合，才使得这套高水准的学术专著能够顺利出版问世。

最后，作为这套丛书的编委会顾问成员，我在此积极向广大读者推荐这套丛书。

中国科学院院士
刘云圻
2020 年 4 月于中国科学院化学研究所

总序　二

“战略前沿新材料——石墨烯出版工程”：一套集石墨烯之大成的丛书

2010 年 10 月 5 日，我在宝岛台湾参加海峡两岸新型碳材料研讨会并作了“石墨烯的制备与应用探索”的大会邀请报告，数小时之后就收到了对每一位从事石墨烯研究与开发的工作者来说都十分激动的消息：2010 年度的诺贝尔物理学奖授予英国曼彻斯特大学的 Andre Geim 和 Konstantin Novoselov 教授，以表彰他们在石墨烯领域的开创性实验研究。

碳元素应该是人类已知的最神奇的元素了，我们每个人时时刻刻都离不开它：我们用的燃料全是含碳的物质，吃的多为碳水化合物，呼出的是二氧化碳。不仅如此，在自然界中纯碳主要以两种形式存在：石墨和金刚石，石墨成就了中国书法，而金刚石则是美好爱情与幸福婚姻的象征。自 20 世纪 80 年代初以来，碳一次又一次给人类带来惊喜：80 年代伊始，科学家们采用化学气相沉积方法在温和的条件下生长出金刚石单晶与薄膜；1985 年，英国萨塞克斯大学的 Kroto 与美国莱斯大学的 Smalley 和 Curl 合作，发现了具有完美结构的富勒烯，并于 1996 年获得了诺贝尔化学奖；1991 年，日本 NEC 公司的 Iijima 观察到由碳组成的管状纳米结构并正式提出了碳纳米管的概念，大大推动了纳米科技的发展，并于 2008 年获得了卡弗里纳米科学奖；2004 年，Geim 与当时他的博士研究生 Novoselov 等人采用粘胶带剥离石墨的方法获得了石墨烯材料，迅速激发了科学界的研究热情。事实上，人类对石墨烯结构并不陌生，石墨烯是由单层碳原子构成的二维蜂窝状结构，是构成其他维数形式碳材料的基本单元，因此关于石墨烯结构的工作可追溯到20世纪40年代的理论研究。1947年，Wallace首次计算了石墨烯的电子结构，并且发现其具有奇特的线性色散关系。自此，石墨烯作为理论模型，被广泛用于描述碳材料的结构与性能，但人们尚未把石墨烯本身也作为一种材料来进行研究与开发。

石墨烯材料甫一出现即备受各领域人士关注，迅速成为新材料、凝聚态物理等领域的“高富帅”，并超过了碳家族里已很活跃的两个明星材料——富勒烯和碳纳米管，这主要归因于以下三大理由。一是石墨烯的制备方法相对而言非常简单。Geim等人采用了一种简单、有效的机械剥离方法，用粘胶带撕裂即可从石墨晶体中分离出高质量的多层甚至单层石墨烯。随后科学家们采用类似原理发明了“自上而下”的剥离方法制备石墨烯及其衍生物，如氧化石墨烯；或采用类似制备碳纳米管的化学气相沉积方法“自下而上”生长出单层及多层石墨烯。二是石墨烯具有许多独特、优异的物理、化学性质，如无质量的狄拉克费米子、量子霍尔效应、双极性电场效应、极高的载流子浓度和迁移率、亚微米尺度的弹道输运特性，以及超大比表面积，极高的热导率、透光率、弹性模量和强度。最后，特别是由于石墨烯具有上述众多优异的性质，使它有潜力在信息、能源、航空、航天、可穿戴电子、智慧健康等许多领域获得重要应用，包括但不限于用于新型动力电池、高效散热膜、透明触摸屏、超灵敏传感器、智能玻璃、低损耗光纤、高频晶体管、防弹衣、轻质高强航空航天材料、可穿戴设备，等等。

因其最为简单和完美的二维晶体、无质量的费米子特性、优异的性能和广阔的应用前景，石墨烯给学术界和工业界带来了极大的想象空间，有可能催生许多技术领域的突破。世界主要国家均高度重视发展石墨烯，众多高校、科研机构和公司致力于石墨烯的基础研究及应用开发，期待取得重大的科学突破和市场价值。中国更是不甘人后，是世界上石墨烯研究和应用开发最为活跃的国家，拥有一支非常庞大的石墨烯研究与开发队伍，位居世界第一。有关统计数据显示，无论是正式发表的石墨烯相关学术论文的数量、中国申请和授权的石墨烯相关专利的数量，还是中国拥有的从事石墨烯相关的企业数量以及石墨烯产品的规模与种类，都远远超过其他任何一个国家。然而，尽管石墨烯的研究与开发已十六载，我们仍然面临着一系列重要挑战，特别是高质量石墨烯的可控规模制备与不可替代应用的开拓。

十六年来，全世界许多国家在石墨烯领域投入了巨大的人力、物力、财力进行研究、开发和产业化，在制备技术、物性调控、结构构建、应用开拓、分析检测、标准制定等诸多方面都取得了长足的进步，形成了丰富的知识宝库。虽有一些有关石墨烯的中文书籍陆续问世，但尚无人对这一知识宝库进行全面、系统的总结、分析并结集出版，以指导我国石墨烯研究与应用的可持续发展。为此，我国石墨烯研究领域的主要开拓者及我国石墨烯发展的重要推动者、北京大学教授、北京石墨烯研究院创院院长刘忠范院士亲自策划并担任总主编，主持编撰“战略前沿新材料——石墨烯出版工程”这套丛书，实为幸事。该丛书由石墨烯的基本性质与表征技术、石墨烯的制备技术和计量标准、石墨烯的分类应用、石墨烯的发展现状报告、石墨烯科普知识等五大部分共22分册构成，由刘忠范院士、张锦院士等一批在石墨烯研究、应用开发、检测与标准、平台建设、产业发展等方面的知名专家执笔撰写，对石墨烯进行了360°的全面检视，不仅很好地总结了石墨烯领域的国内外最新研究进展，包括作者们多年辛勤耕耘的研究积累与心得，系统介绍了石墨烯这一新材料的产业化现状与发展前景，而且还包括了全球石墨烯产业报告和中国石墨烯产业报告。特别是为了更好地让公众对石墨烯有正确的认识和理解，刘忠范院士还率先垂范，亲自撰写了《有问必答：石墨烯的魅力》这一科普分册，可谓匠心独具、运思良苦，成为该丛书的一大特色。我对他们在百忙之中能够完成这一巨制甚为敬佩，并相信他们的贡献必将对中国乃至世界石墨烯领域的发展起到重要推动作用。

刘忠范院士一直强调“制备决定石墨烯的未来”，我在此也呼应一下：“石墨烯的未来源于应用”。我衷心期望这套丛书能帮助我们发明、发展出高质量石墨烯的制备技术，帮助我们开拓出石墨烯的“杀手锏”应用领域，经过政产学研用的通力合作，使石墨烯这一结构最为简单但性能最为优异的碳家族的最新成员成为支撑人类发展的神奇材料。

中国科学院院士

成会明，2020 年 4 月于深圳

清华大学，清华－伯克利深圳学院，深圳

中国科学院金属研究所，沈阳材料科学国家研究中心，沈阳

丛书前言

石墨烯是碳的同素异形体大家族的又一个传奇，也是当今横跨学术界和产业界的超级明星，几乎到了家喻户晓、妇孺皆知的程度。当然，石墨烯是当之无愧的。作为由单层碳原子构成的蜂窝状二维原子晶体材料，石墨烯拥有无与伦比的特性。理论上讲，它是导电性和导热性最好的材料，也是理想的轻质高强材料。正因如此，一经问世便吸引了全球范围的关注。石墨烯有可能创造一个全新的产业，石墨烯产业将成为未来全球高科技产业竞争的高地，这一点已经成为国内外学术界和产业界的共识。

石墨烯的历史并不长。从 2004 年 10 月 22 日，安德烈·海姆和他的弟子康斯坦丁·诺沃肖洛夫在美国 *Science* 期刊上发表第一篇石墨烯热点文章至今，只有十六个年头。需要指出的是，关于石墨烯的前期研究积淀很多，时间跨度近六十年。因此不能简单地讲，石墨烯是 2004 年发现的、发现者是安德烈·海姆和康斯坦丁·诺沃肖洛夫。但是，两位科学家对“石墨烯热”的开创性贡献是毋庸置疑的，他们首次成功地研究了真正的“石墨烯材料”的独特性质，而且用的是简单的透明胶带剥离法。这种获取石墨烯的实验方法使得更多的科学家有机会开展相关研究，从而引发了持续至今的石墨烯研究热潮。2010 年 10 月 5 日，两位拓荒者荣获诺贝尔物理学奖，距离其发表的第一篇石墨烯论文仅仅六年时间。

“构成地球上所有已知生命基础的碳元素，又一次惊动了世界”，瑞典皇家科学院当年发表的诺贝尔奖新闻稿如是说。

从科学家手中的实验样品，到走进百姓生活的石墨烯商品，石墨烯新材料产业的前进步伐无疑是史上最快的。欧洲是石墨烯新材料的发源地，欧洲人也希望成为石墨烯新材料产业的领跑者。一个重要的举措是启动“欧盟石墨烯旗舰计划”，从 2013 年起，每年投资一亿欧元，连续十年，通过科学家、工程师和企业家的接力合作，加速石墨烯新材料的产业化进程。英国曼彻斯特大学是石墨烯新材料呱呱坠地的场所，也是世界上最早成立石墨烯专门研究机构的地方。2015 年 3 月，英国国家石墨烯研究院（NGI）在曼彻斯特大学启航；2018 年 12 月，曼彻斯特大学又成立了石墨烯工程创新中心（GEIC）。动作频频，基础与应用并举，矢志充当石墨烯产业的领头羊角色。当然，石墨烯新材料产业的竞争是激烈的，美国和日本不甘其后，韩国和新加坡也是志在必得。据不完全统计，全世界已有 179 个国家或地区加入了石墨烯研究和产业竞争之列。

中国的石墨烯研究起步很早，基本上与世界同步。全国拥有理工科院系的高等院校，绝大多数都或多或少地开展着石墨烯研究。作为科技创新的国家队，中国科学院所辖遍及全国的科研院所也是如此。凭借着全球最大规模的石墨烯研究队伍及其旺盛的创新活力，从 2011 年起，中国学者贡献的石墨烯相关学术论文总数就高居全球榜首，且呈遥遥领先之势。截至 2020 年 3 月，来自中国大陆的石墨烯论文总数为 101913 篇，全球占比达到 33.2%。需要强调的是，这种领先不仅仅体现在统计数字上，其中不乏创新性和引领性的成果，超洁净石墨烯、超级石墨烯玻璃、烯碳光纤就是典型的例子。

中国对石墨烯产业的关注完全与世界同步，行动上甚至更为迅速。统计数据显示，早在 2010 年，正式工商注册的开展石墨烯相关业务的企业就高达 1778 家。截至 2020 年 2 月，这个数字跃升到 12090 家。对石墨烯高新技术产业来说，知识产权的争夺自然是十分激烈的。进入 21 世纪以来，知识产权问题受到国人前所未有的重视，这一点在石墨烯新材料领域得到了充分的体现。截至 2018 年底，全球石墨烯相关的专利申请总数为69315件，其中来自中国大陆的专利高达47397件，占比68.4%，可谓是独占鳌头。因此，从统计数据上看，中国的石墨烯研究与产业化进程无疑是引领世界的。当然，不可否认的是，统计数字只能反映一部分现实，也会掩盖一些重要的“真实”，当然这一点不仅仅限于石墨烯新材料领域。

中国的“石墨烯热”已经持续了近十年，甚至到了狂热的程度，这是全球其他国家和地区少见的。尤其在前几年的“石墨烯淘金热”巅峰时期，全国各地争相建设“石墨烯产业园”“石墨烯小镇”“石墨烯产业创新中心”，甚至在乡镇上都建起了石墨烯研究院，可谓是“烯流滚滚”，真有点像当年的“大炼钢铁运动”。客观地讲，中国的石墨烯产业推进速度是全球最快的，既有的产业大军规模也是全球最大的，甚至吸引了包括两位石墨烯诺贝尔奖得主在内的众多来自海外的“淘金者”。同样不可否认的是，中国的石墨烯产业发展也存在着一些不健康的因素，一哄而上，遍地开花，导致大量的简单重复建设和低水平竞争。以石墨烯材料生产为例，2018年粉体材料年产能达到5100吨，CVD薄膜年产能达到650万平方米，比其他国家和地区的总和还多，实际上已经出现了产能过剩问题。2017年1月30日，笔者接受澎湃新闻采访时，明确表达了对中国石墨烯产业发展现状的担忧，随后很快得到习近平总书记的高度关注和批示。有关部门根据习总书记的指示，做了全国范围的石墨烯产业发展现状普查。三年后的现在，应该说情况有所改变，随着人们对石墨烯新材料的认识不断深入，以及从实验室到市场的产业化实践，中国的“石墨烯热”有所降温，人们也渐趋冷静下来。

这套大部头的石墨烯丛书就是在这样一个背景下诞生的。从2004年至今，已经有了近十六年的历史沉淀。无论是石墨烯的基础研究，还是石墨烯材料的产业化实践，人们都有了更多的一手材料，更有可能对石墨烯材料有一个全方位的、科学的、理性的认识。总结历史，是为了更好地走向未来。对于新兴的石墨烯产业来说，这套丛书出版的意义也是不言而喻的。事实上，国内外已经出版了数十部石墨烯相关书籍，其中不乏经典性著作。本丛书的定位有所不同，希望能够全面总结石墨烯相关的知识积累，反映石墨烯领域的国内外最新研究进展，展示石墨烯新材料的产业化现状与发展前景，尤其希望能够充分体现国人对石墨烯领域的贡献。本丛书从策划到完成前后花了近五年时间，堪称马拉松工程，如果没有华东理工大学出版社项目团队的创意、执着和巨大的耐心，这套丛书的问世是不可想象的。他们的不达目的决不罢休的坚持感动了笔者，让笔者承担起了这项光荣而艰巨的任务。而这种执着的精神也贯穿整个丛书编写的始终，融入每位作者的写作行动中，把好质量关，做出精品，留下精品。

本丛书共包括22分册，执笔作者20余位，都是石墨烯领域的权威人物、一线专家或从事石墨烯标准计量工作和产业分析的专家。因此，可以从源头上保障丛书的专业性和权威性。丛书分五大部分，囊括了从石墨烯的基本性质和表征技术，到石墨烯材料的制备方法及其在不同领域的应用，以及石墨烯产品的计量检测标准等全方位的知识总结。同时，两份最新的产业研究报告详细阐述了世界各国的石墨烯产业发展现状和未来发展趋势。除此之外，丛书还为广大石墨烯迷们提供了一份科普读物《有问必答：石墨烯的魅力》，针对广泛征集到的石墨烯相关问题答疑解惑，去伪求真。各分册具体内容和执笔分工如下：01分册，石墨烯的结构与基本性质（刘开辉）；02分册，石墨烯表征技术（张锦）；03分册，石墨烯基材料的拉曼光谱研究（谭平恒）；04分册，石墨烯制备技术（彭海琳）；05分册，石墨烯的化学气相沉积生长方法（刘忠范）；06分册，粉体石墨烯材料的制备方法（李永峰）；07分册，石墨烯材料质量技术基础：计量（任玲玲）；08分册，石墨烯电化学储能技术（杨全红）；09分册，石墨烯超级电容器（阮殿波）；10分册，石墨烯微电子与光电子器件（陈弘达）；11分册，石墨烯透明导电薄膜与柔性光电器件（史浩飞）；12分册，石墨烯膜材料与环保应用（朱宏伟）；13分册，石墨烯基传感器件（孙立涛）；14分册，石墨烯宏观材料及应用（高超）；15分册，石墨烯复合材料（杨程）；16分册，石墨烯生物技术（段小洁）；17分册，石墨烯化学与组装技术（曲良体）；18分册，功能化石墨烯材料及应用（智林杰）；19分册，石墨烯粉体材料：从基础研究到工业应用（侯士峰）；20分册，全球石墨烯产业研究报告

（李义春）；21 分册，中国石墨烯产业研究报告（周静）；22 分册，有问必答：石墨烯的魅力（刘忠范）。

本丛书的内容涵盖石墨烯新材料的方方面面，每个分册也相对独立，具有很强的系统性、知识性、专业性和即时性，凝聚着各位作者的研究心得、智慧和心血，供不同需求的广大读者参考使用。希望丛书的出版对中国的石墨烯研究和中国石墨烯产业的健康发展有所助益。借此丛书成稿付梓之际，对各位作者的辛勤付出表示真诚的感谢。同时，对华东理工大学出版社自始至终的全力投入表示崇高的敬意和诚挚的谢意。由于时间、水平等因素所限，丛书难免存在诸多不足，恳请广大读者批评指正。

刘忠范

2020 年 3 月于墨园

前言

碳元素以单质和化合物的形式广泛存在于自然界中，如人们所熟知的石墨和金刚石等。碳原子拥有四个价电子，在碳元素形成的多种同素异形体中，碳原子之间可以以 sp、sp^2、sp^3 杂化等多种方式成键。其中，石墨由 sp^2 杂化的碳原子构成，而金刚石由 sp^3 杂化的碳原子构成，此外还有大量的无定形碳结构同时具有一定比例的 sp^2 杂化和 sp^3 杂化的碳原子。

碳的同素异形体大家族有很多明星材料，如 20 世纪后叶相继被发现的零维的富勒烯和一维的碳纳米管。21 世纪初，人们又把目光投向了碳元素的二维同素异形体——石墨烯。石墨烯是一种由单层碳原子构成的六方点阵蜂窝状的二维原子晶体，它拥有其他材料难以媲美的光、电、磁、力、热等性质和广阔的应用前景。自 2004 年英国曼彻斯特大学安德烈·海姆（Andre Geim）和康斯坦丁·诺沃肖洛夫（Kostya Novoselov）利用普通胶带从块体石墨中成功剥离出石墨烯以来，就掀起了波及全球的石墨烯研究热潮。

制备决定未来。对于新材料而言，能否从科学家手中的实验样品，变成工程师手里的实用材料，取决于在规模化制备上能否取得真正的突破。纵观与人类生活息息相关的新材料发展历史，无论是早年的塑料产业，还是近年来迅速崛起的碳纤维产业，概莫如是。因此，对于石墨烯新材料来说，制备方法研究极为重要，必须引起高度重视，否则再好的性能，也只能是水中花、镜中月。最初的机械剥离方法，尽管得到的石墨烯质量很高，但是受限于难以放大和层数不可控等因素，只适用于实验室研究。随后，人们通过氧化还原方法以及液相剥离方法实现了氧化石墨烯微片和石墨烯微片的规模化制备，然而片层厚度和质量可控性都不能令人满意。2009 年，R. Ruoff 等首次在铜箔衬底上，通过化学气相沉积方法实现了单层石墨烯的生长，从此开辟了高品质石墨烯薄膜材料规模化制备的道路。

化学气相沉积技术在半导体工业和新材料领域已得到广泛应用，有着非常丰富的技术积淀。过去十多年，化学气相沉积技术已被广泛用于实验室乃至工业规模的石墨烯薄膜制备。该方法制备的石墨烯材料在多个方面都具有良好的可控性，包括层数、晶畴尺寸、掺杂浓度等。经过十多年的发展，石墨烯的晶畴尺寸已经从当年的10 μm量级，达到今天的晶圆量级甚至更大。规模化制备技术也不断取得突破，据不完全统计，仅中国的石墨烯薄膜年产能就已达到350万平方米。

尽管如此，在高品质石墨烯薄膜材料的规模化制备方面，人们仍面临着诸多挑战性课题。从层数控制上讲，单层石墨烯的化学气相沉积生长已取得突破性进展，但是双层石墨烯及其扭转角度的控制仍是难题。根据未来应用领域的需求，三层石墨烯乃至更厚的石墨烯薄膜材料生长也可能会提到日程上来。畴区尺寸的大小是衡量石墨烯薄膜品质的重要指标，进一步提高畴区尺寸将是该领域的不懈追求。实用化的规模化转移技术是化学气相沉积方法制备石墨烯薄膜的伴生课题。通常石墨烯薄膜生长在铜箔等金属衬底上，实际应用时需要剥离下来，转移到目标衬底，例如塑料表面。对于单原子厚度的石墨烯材料来说，这是一个巨大的技术挑战。攻克转移技术，或者另辟蹊径，直接在绝缘性目标衬底上实现石墨烯的可控生长是石墨烯制备工作者们的重要使命。此外，从实用角度讲，必须考虑成本问题。目前的制备技术和制备工艺成本还很高，还有很大的创新空间。这些挑战性问题的解决，都需要对化学气相沉积技术以及石墨烯薄膜生长所涉及的相关物理化学过程有着深刻的理解，这也是编著本书的出发点和目的所在。

编著本书的主要目的是为读者提供基础性、系统性和指南性的石墨烯化学气相沉积生长知识。希望能为初涉利用化学气相沉积方法制备石墨烯的研究生和科研人员提供知识储备，为相关科技工作者们展示化学气相沉积生长石墨烯材料的最新发展现状，并为有志于从事石墨烯生长研究的同行们提供实验研究指南。为此，本书主要围绕化学气相沉积方法制备石墨烯的ABC和研究现状展开，重点关注化学气相沉积生长石墨烯方法的基本原理、反应热力学和动力学、生长过程的影响因素和控制方法等，并系统地介绍该领域的发展现状以及代表性的研究工作。

本书共分为十二章，从碳元素的同素异形体和成键结构入手，对化学气相沉积方法的有关基本概念进行详细介绍，进而分别对金属衬底和绝缘衬底上石墨烯的生长方法进行系统性阐述。在进一步对晶畴尺寸、洁净度、掺杂浓度等方面的研究进展展开讨论的同时，我们也对石墨烯玻璃、泡沫石墨烯、粉体石墨烯的化学气相沉积制备方法做了专门介绍。本书第 11 章简要介绍了基于化学气相沉积方法的石墨烯规模化制备现状和挑战，第 12 章讨论了石墨烯从生长衬底表面的剥离和转移技术。

本书由笔者和十余位博士生、博士后共同完成，均为从事石墨烯生长研究的一线人员。具体分工如下：第 1 章，任华英；第 2 章，林立、李珍珠；第 3 章，林立、邓兵、亓月；第 4 章，陈旭东、李秋理；第 5 章，林立、王欢；第 6 章，张金灿；第 7 章，孙禄钊、林立；第 8 章，孙靖宇、单俊杰、刘冰之；第 9 章，陈珂；第 10 章，任华英、单婧媛；第 11 章，邓兵、党文辉；第 12 章，张金灿、邓兵等。全书由笔者负责统稿、再加工和审校，林立博士也做了大量的组织编辑工作。

值得一提的是，本书从策划到完稿前后花了逾两年半时间，最终成稿于 2020 年春节期间。这是一个不平凡的时间节点，新型冠状病毒肆虐，大家只能蜗居家中。少了往日的喧嚣，多了整块可支配的安静时间，因此得以全力以赴沉浸在著书立说之中，应了所谓“祸兮福之所倚，福兮祸之所伏”的老话。由于作者水平所限，书中难免存在诸多不足，恳请广大读者批评指正。

刘忠范

2020 年 6 月于墨园

目 录

第 1 章

碳的成键结构与同素异形体

碳是一种很常见的元素,它是构成地球上生命体的基础元素之一,并以多种形式广泛存在于大自然中。在人们探索与认知世界的进程中,碳材料的发现、认识和利用极大地推动了人类科学与社会的进步。在过去的三十年里,不断有新型的碳材料被发掘出来,让古老的碳材料家族焕发了青春。现代碳材料家族的成员已经从古老的金刚石、石墨拓展到碳纤维、富勒烯、碳纳米管、石墨烯、石墨炔等。

碳原子具有多种成键结构,这些成键结构可以伸展到不同的维度,从而构建出琳琅满目的碳材料。正是这些最基础的成键结构的多样性,赋予了宏观碳材料丰富多彩的性质和极其广泛的应用,甚至可能重新定义我们所处的时代。结构决定性质,性质决定应用。理解碳的成键规则和基本结构,是开启碳材料研究的第一步。

1.1 碳的成键原理与成键结构

1.1.1 非共轭 σ 键与 π 键的形成

无论从含碳化合物的种类、碳成键的类型(单键、双键、三键),还是能与之相结合的其他原子的数量等角度来讨论,碳都是元素周期表中成键能力最强的元素之一。碳原子在基态的核外电子排布(能量最低)为 $1s^2 2s^2 2p^2$,碳具有两个不能参与形成化学键的内层电子($1s^2$),以及四个可以参与成键的价电子($2s^2$ 和 $2p^2$)。基态时,碳只有两个未成对电子($2p^2$),根据经典的价键理论,其理应只能形成两个化学键[图 1-1(a)]。而实际上碳原子在与其他原子成键时,其 2s 轨道上的一个电子可以跃迁到空的 $2p_z$ 轨道上,从而得到四个未成对电子。我们知道

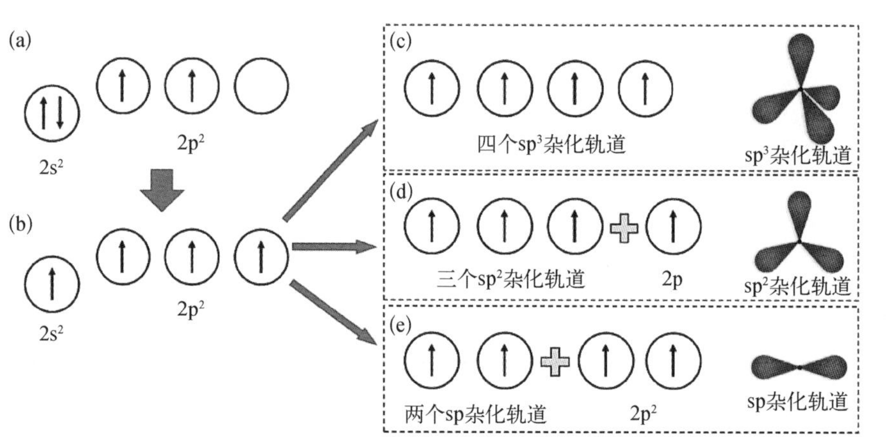

图 1-1 碳的外层电子排布及杂化轨道电子云形状

（a）基态；（b）激发态；（c）sp^3杂化轨道；（d）sp^2杂化轨道；（e）sp 杂化轨道

甲烷分子(CH_4)被证明具有四个完全等同的 C—H 键，他们的方向指向正四面体的四个顶角，键角等于 109°28′，这与碳原子四个并不等价的轨道是矛盾的。在四价碳形成化合物的过程中，成键轨道不是纯粹的 2s、$2p_x$、$2p_y$、$2p_z$，而是重新排列过的新轨道，CH_4 里碳原子的每个轨道含有 1/4 的 s 和 3/4 的 p 的成分。我们将这些新轨道叫作杂化轨道，这种将不同类型原子轨道重构成一组数量不变、空间排布方向发生变化的新轨道的过程被称为原子轨道的杂化。需要指出的是，杂化轨道理论可认为是价键理论的延伸，可以很好地解释各种碳材料及含碳化合物的分子构型。价键理论中的几个基本假设在杂化轨道理论中同样适用。其中包括持不同自旋方向未成对电子的两个原子互相配对形成共价键，各持有两个未成对电子形成共价双键，而三个形成三键。若两原子持有的未成对电子数量不同，则含多个未成对电子的原子可以与未成对电子少的原子形成共价键的同时，将持有的多余的未成对电子与其他原子形成共价键。另外，共价键具有饱和性和方向性。详尽的理论与推导过程，感兴趣的读者可以阅读物质结构相关的专著，在此不再赘述。下面我们针对碳材料这一实例给出相应的解释。

对于碳原子来说，只有 2s 电子和 2p 电子受到影响而参与这一杂化过程(图 1-1)。根据原子轨道角度分布函数的最大值，定义 s、p 轨道的成键能力比为 $1:\sqrt{3}$，可以由此算出碳原子在形成不同杂化轨道时的成键能力 f 为 $f=\sqrt{\alpha}+\sqrt{3(1-\alpha)}$。$\alpha$ 为杂化轨道中的 s 成分，$1-\alpha$ 为杂化轨道中的 p 成分。从表

1－1可以看出，杂化轨道的成键能力比纯 s 或 p 轨道的成键能力强，这也是碳原子成键必须经过杂化的原因。杂化轨道较强的成键能力可以从杂化轨道的电子云空间分布图像上来理解，比起没有方向性的 s 轨道和方向性不强的哑铃型的 p 轨道，杂化轨道的方向性更强，电子云更加聚集，可以与其他原子轨道形成更有效的空间重叠，进而形成稳固的共价键。

表1－1 s与p杂化轨道的 s 成分和成键能力的关系[1]

α	轨道名称	成键能力 **f**
0	p	$1.732=f_p$
1/4	sp^3	2
1/3	sp^2	1.991
1/2	sp	1.993
3/4	—	1.732
1	s	$1=f_s$

通过以上分析，我们知道杂化轨道有 sp、sp^2、sp^3 三种不同的组合方式。前文提到的甲烷分子，就是由一个 sp^3 杂化形式的碳原子和四个氢原子键连形成的一种分子，其中碳原子的四个原子轨道（三个 2p 轨道与一个 2s 轨道）全部参与杂化，形成了四个 sp^3 杂化轨道，每个轨道填充一个电子[图 1－1(c)]。为了减小相互排斥，四个 sp^3 轨道在空间中会进行最优分布，最终会形成四个相互夹角为 109.5°的 σ 键，这四个键指向正四面体结构的四个顶点[图 1－1(c)]。金刚石就是由 sp^3 杂化形式的碳原子相互键连形成的一种碳的三维结构，由于立方金刚石具有面心立方的晶体结构，这种典型的结构被称为金刚石立方晶体结构。在这种结构中，碳原子周围有四个不同的碳原子，每个碳原子都贡献一个 sp^3 电子形成 σ 键，其键长为 0.156 nm。

第二种杂化方式是两个 2p 轨道和一个 2s 轨道参与杂化，形成三个 sp^2 杂化轨道，每个轨道上填充一个电子[图 1－1(d)]。三个轨道尽可能远离彼此，故三个轨道的优化结构是相邻轨道夹角为 120°的平面结构，剩余的一个没有参与杂化的 2p 轨道垂直于其他三个杂化轨道的平面[图 1－1(d)]。在这种杂化结构下，碳原子在面内与三个相邻碳原子成键，每个 sp^2 杂化轨道各贡献一个电子，形成头碰头的 σ

键，而没有参与杂化的垂直的 p 轨道则会以肩并肩的形式重叠，形成 π 键。因此 sp^2 碳与 sp^2 碳之间形成的是碳碳双键。比较典型的代表有乙烯(C_2H_4)和组成六元环的芳香分子苯(C_6H_6)、层状石墨以及我们要重点讨论的石墨烯等。

第三种杂化方式是一个 2p 轨道和一个 2s 轨道参与杂化，形成两个 sp 杂化轨道，每个轨道上填充一个电子[图 1-1(e)]。两个轨道的优化结构是相邻轨道夹角为 180°的直线结构，没有参与杂化的两个 2p 轨道相互垂直，且与 sp 杂化轨道也相互垂直[图 1-1(e)]。这种杂化结构下，碳原子有两个可以形成 π 键的纯粹 p 轨道，所以 sp 杂化的碳原子之间往往会形成三键，比如乙炔(C_2H_2)，此外也会形成一对相邻的碳碳双键——累积双键(通常不稳定)。

1.1.2 离域 π 键

我们知道在单双键交替排列且双键数目大于两个的分子中参与形成 π 键的电子不会局域在两个成键原子间，而是在整个多原子形成的分子骨架中运动。这种化学键我们称之为离域 π 键(也称之为大 π 键)。

形成这种离域 π 键需要满足以下三个条件：

(1) 三个或三个以上用 σ 键连接起来的原子都在一个平面上；

(2) 每个原子有一个 p 轨道且互相平行；

(3) π 电子数小于参与成键原子的 p 轨道总数的两倍。

(1)(2)在几何构象上保证了 p 轨道有最大重叠，(3)是因为分子轨道数量与原子轨道数量相等，一半是成键轨道，一半是反键轨道，全部占满则净成键电子数为零，无法形成离域 π 键。

离域 π 键一般用 Π_n^m 表示，n 为参与离域 π 键成键的原子轨道数，m 为 π 电子数。而离域 π 键的类型可以按照 π 电子数 m 等于、大于或者小于成键原子轨道数 n 分为正常离域 π 键、多电子离域 π 键和缺电子离域 π 键三种类型。正常离域 π 键中 $m = n$，比如 1,3-丁二烯($CH_2{=}CH{-}CH{=}CH_2$)含有 Π_4^4 键，二苯乙烯($C_6H_5{-}CH{=}CH{-}C_6H_5$)含有 Π_{14}^{14} 键；石墨烯则含有 Π_n^n 键，晶格完美的石墨烯其离域 π 键中的电子数量与碳原子数量相等，π 电子可以在整个石墨烯骨架上运动。多电子离域 π 键 $m > n$，对含碳化合物来说多为双键两边键连含有孤对电子的原子(Cl、O、N、S)而形成，例如氯乙烯(含 Π_3^4 键)、硝基苯(含 Π_9^{10} 键)等；无机分子中也有一些含多电子离域 π 键的例子，如 CO_2、CS_2、O_3、NO_2 等都含有 Π_3^4 键。而缺电子离域 π 键 $m < n$，多出现于有机阳离子中，如三苯甲基阳离子 $(C_6H_5)_3C^+$ 含有 Π_{19}^{18} 键。

在这些具有离域 π 键的分子中，单双键交替排列的分子具有 π-π 共轭体系的基本特征，相比于只包含孤立双键的非共轭分子，具有很多不同的性质。这些不同于非共轭分子的特性称为共轭效应或离域效应。

在共轭体系中，离域 π 键中的电子可以在共轭体系内的分子骨架中运动，这使得共轭体系具有"键平均化"的现象，即双键和单键的长度的差别会缩小，这种"平均化"从表观来看就是单键缩短、双键增长。键长差别的不断缩小，致使不同类型共价键的键长趋同，例如在石墨烯、苯及其衍生物中成环的碳碳键的键长全部相等，约为 139.7 pm①，介于正常的单键键长与双键键长之间。

共轭分子的稳定性、电学性质，以及所对应晶体的颜色也会表现出不同之处。相较于非共轭分子，共轭分子更加稳定。例如，如果只按照键能来计算，苯的实际生成热要比计算值多出 181 kJ/mol。电学性质方面，对于含苯环的芳香烃稠环化合物来说，苯环的数量越多，离域 π 键电子数目就越多，其能量间隙越小。对于多并苯来说，实验与理论计算皆证实 S_0 与 T_1 之间的能隙随着并联苯环数的增加而依次下降(图 1-2)。[2]而在石墨烯和石墨中，离域 π 键扩展到整个二维平面，导致了较高的导电性。这点在有机物从加热碳化到高温石墨化的能隙变化关系上也有非常明显的体现(图 1-3)，石墨化程度随着热处理温度的升高而增加。随着石墨化程度的增加，层内参与离域 π 键成键的原子轨道数 n 增加，π 电子可以离域移动的范围扩大，石墨层间的排列也随着温度升高而越来越有序，这两个因素共同作用使其能隙不断减小。[3,4]形成共轭 π 键还会使化合物的颜色发生变化，比如双烯化合物吸收光子后会发生 $\pi \to \pi^*$ 跃迁，随着共轭体系增大，相邻分子轨道能级差减小，最大吸收波长向长波移动。

---

① 1 pm(皮米)$=10^{-12}$ m(米)。

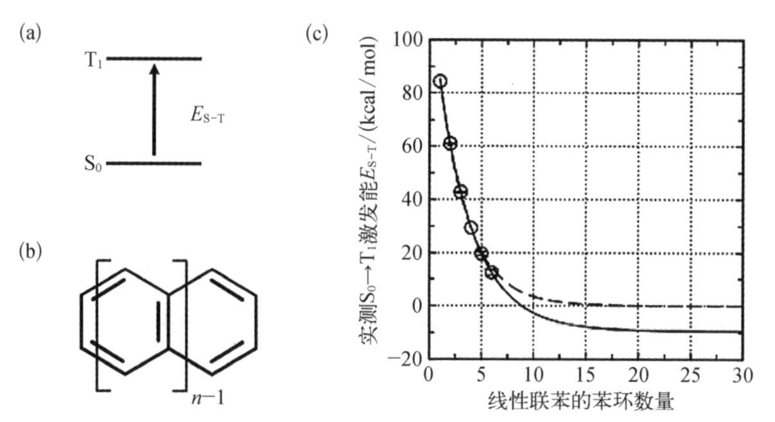

图 1-2 线性联苯的能隙与苯环数量的关系[2]

（a）$S_0 \to T_1$激发示意图；（b）线性联苯结构示意图；（c）实验测量 $S_0 \to T_1$激发能与苯环数量的关系

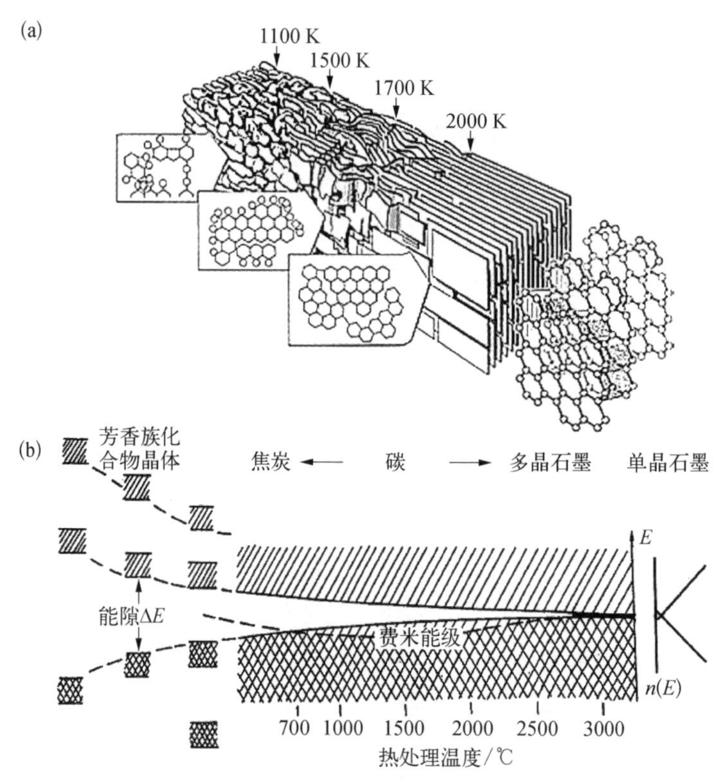

图 1-3 碳材料的能隙变化

（a）随着热处理温度升高，碳材料从中间相到石墨转变的过程示意图；[3]（b）随着热处理温度升高，对应的碳材料能隙逐渐减小的过程示意图[4]

1.2 碳的同素异形体

上一节我们对碳的成键进行了较为全面的介绍，旨在帮助读者理解碳的最基本的结构及其宏观体的性质产生的原因。这三种碳碳键的组合和延伸，构成了丰富多彩的碳单质家族（图 1-4）。家族中碳的单质互称为同素异形体，因其基本的排列方式不同而具有不同的性质。

图 1-4 碳碳键构筑出的碳单质家族

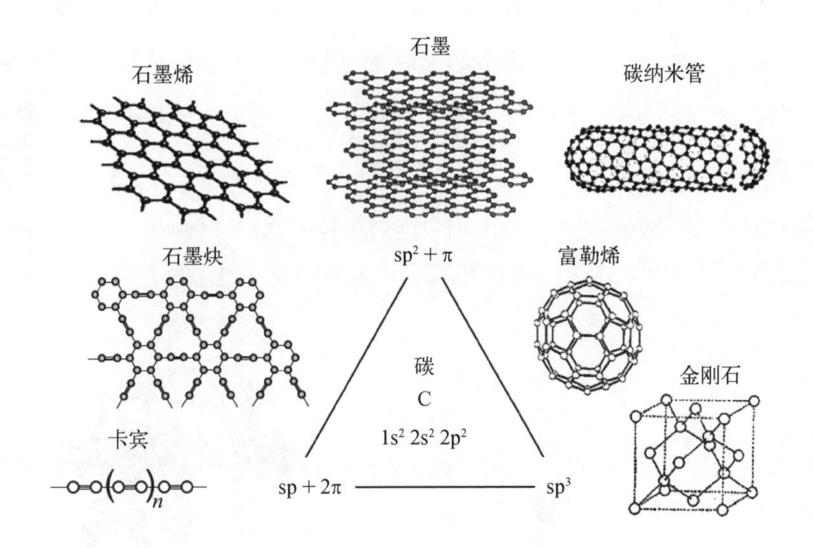

在自然界中碳的同素异形体主要以三种形式存在：金刚石、石墨和无定形碳。1985 年纯碳笼状团簇富勒烯的发现开启了碳材料科学的新纪元——纳米碳材料，随后碳纳米管、石墨烯（单层或少层六方石墨）、长链卡宾、石墨炔等具有独特性质的碳的同素异形体被人们不断地发掘出来，继而开启了新的研究征程。本节我们将着重介绍具有规律结构的几种碳的同素异形体。

1.2.1 金刚石

金刚石一词具有金刚不坏之身的寓意。英文中的 Diamond 也是源于希腊词汇

adámas，有牢不可破之意。金刚石具有天然产物中最高的硬度和非常高的热导率，是一种电绝缘体(带隙约5.5 eV)，对可见光透明。[5]金刚石的高硬度源于sp^3杂化碳原子之间的共价键的高结合能以及原子间交互构成的三维网络结构。由于金刚石所有的碳碳键都是sp^3杂化碳原子构成的纯σ共价键，电子的高度局域化导致其导电性很差。

金刚石有两种晶型。为了理解这两种晶型的区别，我们画了两组碳原子图[1-5(a)]。两组碳原子中各有一个原子完全展示出了四个共价键，这两个原子分别记作A和B。以A或B为中心可以分别画出四面体，顺着AB方向观察，水平方向有两套同平面的三原子，这两个水平平面上的原子有两种可能的构象，可以连接形成不同晶型的体相材料。一种是两等边三角平面相互之间有60°的转角，这种构象会形成立方金刚石[图1-5(b)(c)]；另一种为两三角平面之间上下重合没有扭转，这种构象会形成六方金刚石[图1-5(d)(e)]。无论是天然的还是合成的金刚石，大多数都为立方相。六方金刚石，亦称为蓝丝黛尔石(Lonsdaleite)或郎士德碳，发现较晚，通常被认为是陨石上的石墨撞击地球时由于高温高压而形成，[6]因其储量稀少，多为陨石坑中少量发现，所以开发与研究不如立方金刚石那么成熟。

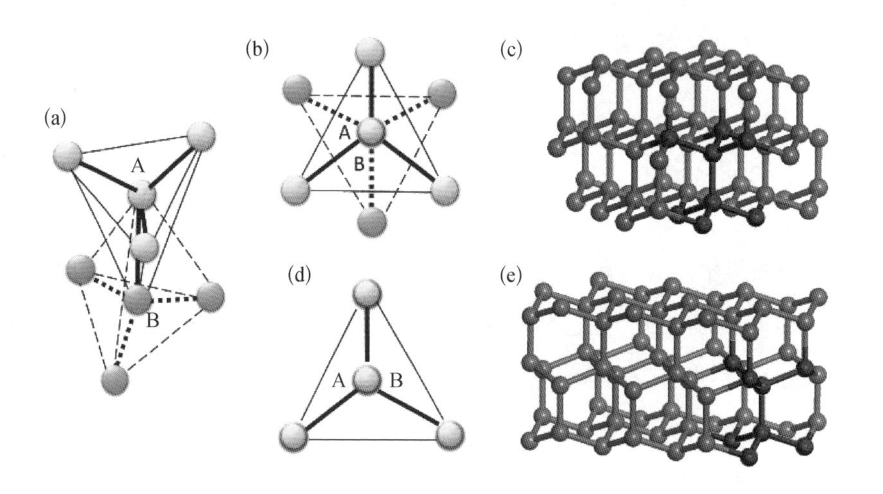

图1-5 金刚石的两种晶体结构

1.2.2 石墨与石墨烯

sp^2杂化的碳原子与相邻的三个碳连接可以形成二维六方蜂窝状结构，这种

平面结构由于离域 π 键的存在可以通过范德瓦耳斯作用堆叠在一起，形成体相材料——石墨(graphite)。石墨的层内碳原子由较强的共价键相连接，而石墨层间以较弱的范德瓦耳斯力相结合，所以石墨的层与层之间容易受到外力的作用而发生滑移，很久之前人们就发现了石墨的这种性质，并利用它制作铅笔和润滑剂。从上一节的成键结构我们知道，石墨的每一层中的 π 电子都可以在层内移动，所以石墨具有较好的导电性且具有金属光泽。石墨层之间主要有两种排列方式，一种是两种排列方式交替出现的 AB 堆垛，另一种是三种顺序交替出现的 ABC 堆垛。AB 堆垛(也被称为 bernal 堆垛，1942 年 John D. Bernal 提出这种堆垛方式)形成六方石墨，而 ABC 堆垛形成斜方六面体石墨(三方晶系)，我们将这两种石墨的基本构型、单胞和等效点展示在图 1-6 中。斜方六面体石墨我们给出两种晶胞，因为人们习惯使用六方格子来较为直观地比较六方石墨和斜方六面体石墨的区别。这两种晶型的石墨结构也很容易理解，其第二层原子沿着 a_1，a_2轴的(2/3, 1/3)方向平移，当第三层再沿着(1/3, 2/3)方向平移时，与第一层的结构重合，这种结构为 AB 堆垛；当第三层继续沿着(2/3, 1/3)方向平移时，第三层与前两层无法重合，而顺着同样的方向平移第四层与第一层重合，这种结构则为 ABC 堆垛。无论哪种晶型，石墨的层内相邻碳原子距离都在 0.1412 nm 左

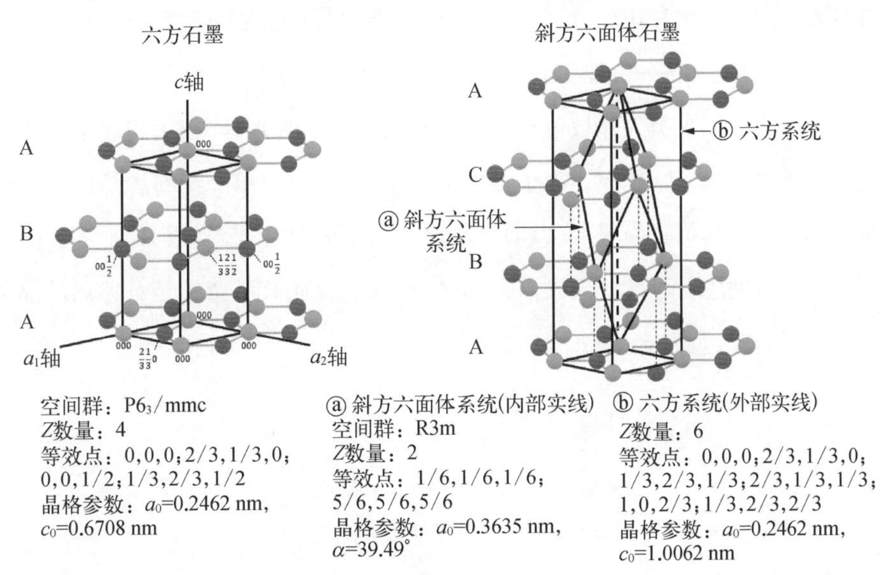

图 1-6 石墨晶体结构

右，而层间距为 0.3354 nm 左右。[7]

天然单晶石墨中大多为六方石墨，其中不可避免的局部具有斜六方体石墨的结构，可能是由于局部受到剪切应力而形成的。天然的单晶石墨通常厚度低于 1 mm，除了结构有部分缺陷外，还会掺杂一些杂原子(铁等过渡金属)。碳氢化合物在 2000℃以上高温热解并经过更高温度惰性气氛下处理可以形成高定向热解石墨(highly oriented pyrolytic graphite, HOPG)，其结构也大多为六方石墨。

除了规则排列的石墨，实际上也存在很多二维乱层堆垛(turbostratic stacking)的情况，在较低温度(1300℃左右)下制备的碳材料中经常可以看到，这是由它们的层与层之间的滑移的方向比较随机或存在一定程度的扭转角造成的。通过对低温下制备的碳材料进行高温(3000℃)后处理，这些乱层结构会大量减少，规则结构会随之增加。

石墨烯(graphene)可以视作石墨中的一层，是 sp^2 碳组成的六方晶格准二维孤立原子层。20 世纪 60 年代，理论研究认为孤立的二维晶体的长程有序结构无法稳定存在，热扰动会导致二维晶体在一定的温度下熔化。[8,9] 当薄膜厚度低于几个原子层时，薄膜会很不稳定，以至于分离或分解。然而 Novoselov 和 Geim 等人通过机械剥离方法得到的单原子层的石墨烯却可以稳定存在，[10] 这激发了科学工作者的好奇心。后续的实验和理论研究表明，石墨烯晶格在面内和面外具有一定的起伏和扭曲，这些“不平整”的结构可以增加单层石墨烯的结构稳定性，但是可能会在一定程度上降低预测的石墨烯电学性能。[11]

石墨烯之所以吸引人并被单独作为一种碳的同素异形体，很大程度上源于它与体相不同的电子学性质。为了更好地理解，下面将简单介绍石墨烯的倒易晶格和基本能带结构。如图 1-7(a)所示，两组不同的碳原子(实心 A 与空心 B)排列构成实空间中石墨烯的二维六方晶格，菱形灰色底纹示意的是石墨烯的晶胞，实空间的基矢量为 $\boldsymbol{a}_1$ 和 $\boldsymbol{a}_2$

$$\boldsymbol{a}_1 = \left(\frac{\sqrt{3}a}{2}, \frac{a}{2}\right), \boldsymbol{a}_2 = \left(\frac{\sqrt{3}a}{2}, -\frac{a}{2}\right)$$

式中，$a = \sqrt{3}a_0$，a_0 为石墨烯中两个碳原子之间的距离。

图 1-7 石墨烯的晶体与能带结构

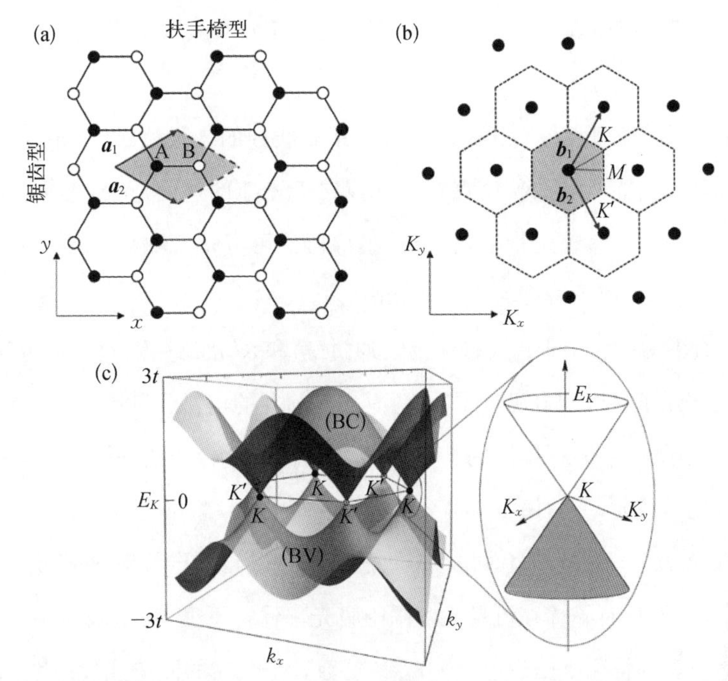

（a）实空间中的石墨烯的二维六方晶格，基矢量 a_1、a_2；（b）倒易晶格（虚线）的倒易晶格矢量 b_1、b_2；（c）石墨烯的能带结构（显示导带和价带在狄拉克点处相连，狄拉克点处的放大图表示其线性色散关系）

图 1-7(b)是对应于实空间图 1-7(a)的倒易空间的晶格，其中使用灰色底纹表示倒易晶格的第一布里渊区，倒易空间的基矢量为 $\boldsymbol{b}_1$ 和 $\boldsymbol{b}_2$

$$\boldsymbol{b}_1=\left(\frac{2\pi}{\sqrt{3}\,a},\ \frac{2\pi}{a}\right),\ \boldsymbol{b}_2=\left(\frac{2\pi}{\sqrt{3}\,a},\ -\frac{2\pi}{a}\right)$$

倒易晶格常数为 $4\pi/\sqrt{3}\,a$，最高对称点(Γ、M、K、K')。

通过最近邻紧束缚模型计算得到的石墨烯的能带结构模型图可以看出，价带和导带在高度对称的 K 点和 K' 点相连，而 K 点和 K' 点分别对应着实空间的两套碳原子(A 和 B)。[12] 本征石墨烯的每个碳原子提供一个电子，这些电子可以将价带完全填满，进而空出了导带。故而费米能级 E_F 就精确地落在价带与导带相连的位置，其中相连的交点称为狄拉克点。在狄拉克点附近能量(E_K)与动量之间具有线性关系。这些简便计算揭示了石墨烯在狄拉克点处表现出的电学性质。

(1) 价带和导带在狄拉克点处(能态密度为零)相连,因此石墨烯是零带隙半导体。

(2) 靠近狄拉克点处石墨烯的色散关系是线性的。载流子(电子或空穴)在狄拉克点处作为无质量的狄拉克费米子以接近光速的速度运动,具有极大的本征载流子迁移率。有报道指出,悬空石墨烯器件可测得 200000 $cm^2 \cdot V^{-1} \cdot s^{-1}$ 的霍尔迁移率,载流子浓度为 5×10^9 cm^{-2}。[13]

(3) 石墨烯中的电子传输被认为是通过 K 和 K'狄拉克锥同时发生,石墨烯中的载流子除了轨道和自旋量子数,还有二重简并的伪自旋量子数。

除了电学性质外,石墨烯的特殊的能带结构和键合方式还赋予了其多种优异的物理化学性质,下面做一些简要的介绍。

例如光学上,通过对不同层数的悬空石墨烯的吸光率进行实验检测,Geim 课题组发现石墨烯在可见光范围内吸光率保持不变,每层吸光率为 2.3%,且在层数不多的情况下呈现(1 − 0.023 × 层数) × 100%的简单线性关系,[14]高透光率使其非常适合用于透明导电领域。石墨烯的特殊能带结构,决定了它具有宽光谱吸收的特性,通过设计和制备光探测器件,可使其应用于红外探测等领域。

而在力学方面,由于石墨烯完全由 sp^2 碳构成,其轨道间重叠程度是最大的,所以十分牢固。化学键的强度对于材料的熔点、相变活化能、拉伸和抗剪强度以及硬度有很大影响,故而石墨烯所展现的力学性质十分优异。对于本征石墨烯来说,使用纳米压印法,Lee 等人测得其断裂强度为 42 N/m,换算成杨氏模量约为 1 TPa,弹性常数为 1～5 N/m。[15]需要注意的是,缺陷和多晶化会对石墨烯薄膜的力学性质有一定的不良影响。[16]此外,石墨烯氧化物及氧化还原石墨烯因其具有制备成本低、其上官能团容易设计与反应等特点,为众多复合材料的设计者所青睐。实验证明,石墨烯氧化物的杨氏模量也可达到 0.25 TPa,还原氧化石墨烯则可达到 0.19 TPa。[17,18]

不同碳材料的热学性质差异显著,报道的无定形碳的热导率为 0.01 W/(m·K),金刚石的热导率为 2000 W/(m·K),其间横跨五个数量级。[19]石墨烯的横向热导性能主要取决于其中声子在晶格平面内的传输,加利福尼亚大学河滨分校的 Balandin 组利用光热拉曼技术成功测定了机械剥离石墨烯的热导率为 3000 W/(m·K),[20]而化学气相沉积(chemical vapor deposition, CVD)法生长的石墨烯薄膜的热导率在近室温下也高达 2500 W/(m·K)。[21]与昂贵的体相材料金刚石不同,石墨烯的二维结构及其易加工性和化学稳定性,使其有望成为微纳器件散热器中的主要导热部件。

如前所述,本征石墨烯的碳碳键根据最大重叠原理结合十分稳定,温和条件下很难破坏其苯环的结构,但石墨烯晶格中的缺陷位点和石墨烯的边缘常常是化学反应的活性位点(图 1-8)。石墨烯的化学惰性可以保护金属在较高温度(200℃)下 4 h 内都不被氧化[22]。本征石墨烯的骨架上的化学反应通常需要比较剧烈的条件,比如一定强度的光照可以引发氯化反应等。[23,24]科学家们还利用石墨烯的大 π 键易于跟其他有芳香环的分子形成 π-π 堆叠的特点,实现了石墨烯的掺杂和改性。

图 1-8 石墨烯化学修饰示意图[23]

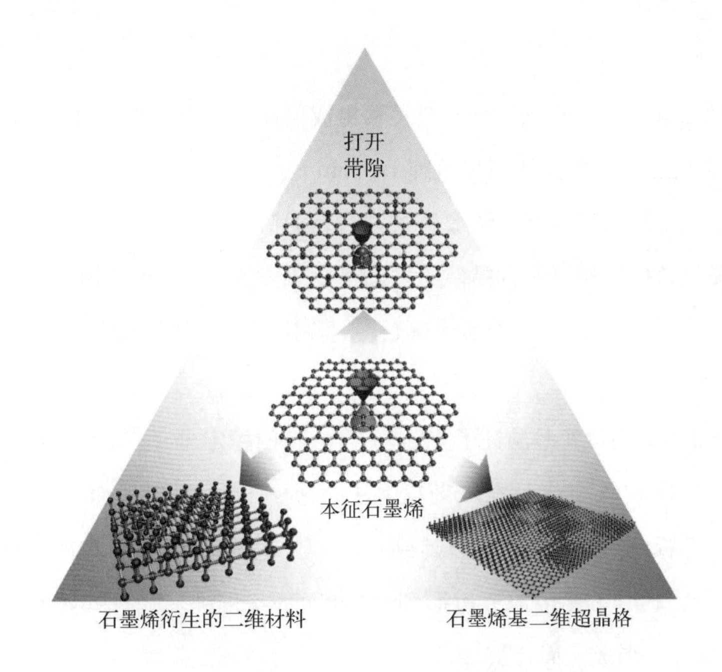

石墨烯具有非常致密的电子云结构,一般物质很难穿透本征石墨烯薄膜。但 Hu 等人发现,单层石墨烯对质子具有高度可穿透性(图 1-9),在高温下或者覆盖铂纳米颗粒时,这种穿透效果更为显著。[25]这种质子选择性,有望用于选择

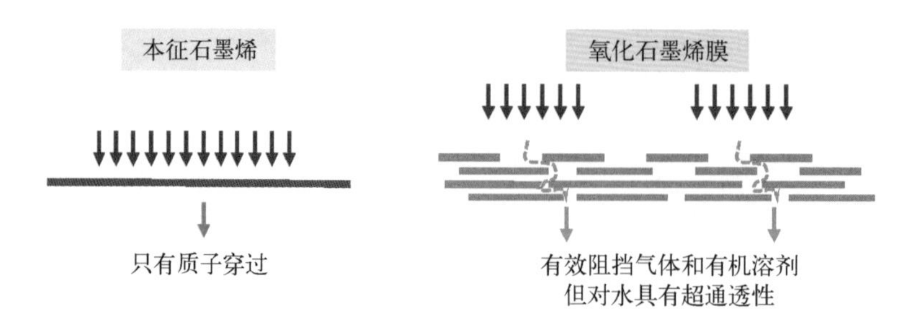

图 1-9 不同材料对物质的通透性对比

性质子转运或氢分离技术。致密堆垛的氧化石墨烯薄膜不能透过氦气、氢气、氮气等气体和有机物，然而对水却有相当大的通透性(图 1-9)，这种紧密堆叠的氧化石墨烯膜可看成具有二维纳米通道的毛细网络，内部的毛细管压力使溶液中的水分子和小尺寸离子快速渗透过膜，透过的离子大小与膜的层间距相关，精确控制氧化石墨烯片层间距可实现海水脱盐[26,27]。

1.2.3 富勒烯

富勒烯(Fullerene)是一种由碳元素组成的闭式笼状中空分子，形状以球型和椭球型为主，为了纪念著名建筑师 Buckminster Fuller 而得名。该建筑师曾用五边形和六边形构筑成薄壳球形建筑，与富勒烯的结构“不谋而合”。富勒烯最初是在氦气流中激光照射石墨棒蒸发的产物中发现的，这些产物用质谱仪探测可得到碳原子数为 1～190 的原子簇信号，其中以具有六十个碳组成的 C_{60} 的信号最强。[28]

Kroto 等人通过实验验证了 C_{60} 是一个独特的稳定分子，[29]在电弧法制备得到的混合产物中 C_{60} 的含量在 85%以上，分离提纯可达 99.9%；而 C_{70} 的稳定性仅次于 C_{60}，其提纯后的纯度也可以达到 98%以上。Smalley 等人推测这种富勒烯是由 sp^2 杂化碳原子连接成五边形和六边形的环闭合形成的球；如果不含五边形，则平面无法形成弧面、闭合成球。

因为富勒烯上的所有碳原子都采用 sp^2 杂化，所以所有碳原子的 p 轨道都参与离域 π 键的形成，π 电子可以在整个球体的内部和外部移动。但需要注意的是，由于富勒烯中的碳组成了曲面，所以其中碳原子具有两种不同长度的碳碳键，两个相邻的六边形交界处的 C—C 键长为 0.138 nm，而五边形六边形交界处的 C—C 键长为 0.145 nm。从几何结构来看，C_{60}是由 12 个五边形和 20 个六边形组成的三十二面体，属于 I_h点群。此外，C_{60}的结构由于与现代足球非常相似，但它的直径却比足球小一亿多倍（约 0.71 nm），因此又被称为足球烯（footballene）。前面提到 C_{70}也是一种丰度较高的富勒烯，它是橄榄球形的分子，属于 D_{5h}点群，其结构与 C_{60}相比较为复杂，可以看成将 C_{60}从中剖开，再接上五个六边形。C_{60}和 C_{70}的结构如图 1-10 所示。富勒烯中必须有 12 个五边形的规则可由 Euler 规则推知；而从拓扑学分析，12 个五边形的排列必须分隔开才能稳定，通常称之为“分立五元环规则”。碳原子数少于 60 的富勒烯因为很难分离开这 12 个五元环，所以不是稳定结构。C_{60}的晶体呈棕黑色，通过范德瓦耳斯作用力堆积在一起，室温下这种空心结构在不停地旋转，使其分子取向无序。温度降到 90 K 以下时这种旋转才会停下来，可测量其晶体结构属于立方晶系。[30]

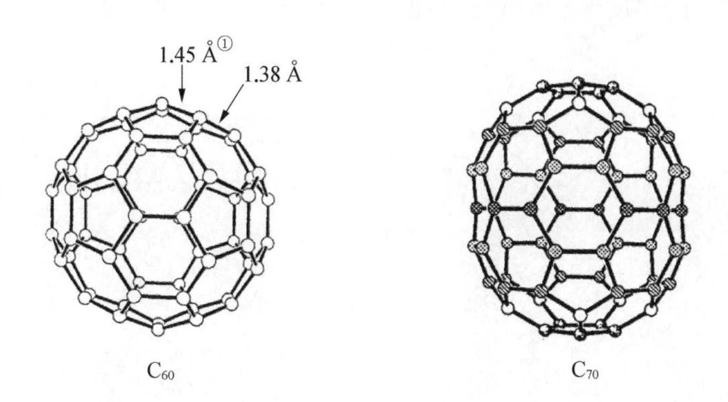

图 1-10　C_{60}与 C_{70}的结构[31]

富勒烯表面、内部的化学修饰现在已经比较成熟，本征富勒烯及其衍生物现多用于生物医药领域（如提高核磁共振成像衬度、药物输送、光动力治疗等）及光电转换材料中，特别是新型有机太阳能电池领域，富勒烯衍生物（[6,6]-phenyl-C_{61}-butyric acid methyl ester，PCBM）展现出优异的电子受体性质，这使其成为独树一帜的电极材料。

① 1Å（埃米）$=10^{-10}$ m（米）。

1.2.4 碳纳米管

碳纳米管(carbon nanotube, CNT)是一种一维的空心碳结构,其结构可以看作一条石墨烯带卷曲形成的无缝管式结构,其碳碳键键长为0.142 nm,与石墨烯极为相似。碳纳米管的直径为纳米级(通常为0.5～3 nm),轴向长度则为直径的10^3～10^4倍。按照碳纳米管的管壁厚度可将其分为两种类型,一种是单壁碳纳米管(single-walled CNT, SWNT),另一种是多壁碳纳米管(multi-walled CNT, MWCNT)。多壁碳纳米管可以看作很多单壁管同轴套在一起的结果,多层管壁之间的堆垛较为独立,不同于单晶石墨的AB或ABC堆垛,因此其管壁之间的距离会比石墨的层间距高出3%～5%。[32,33]石墨烯纳米带的带边可能有各种不同的结构,意味着碳纳米管的卷曲是可以沿着不同方向进行的[图1-11(a)],比如沿着扶手椅方向、沿着锯齿方向,或者介于两者之间的任意方向。这些不同的卷曲方向产生了多种多样结构的单壁碳纳米管,使之具有不同的螺旋构型和直径。

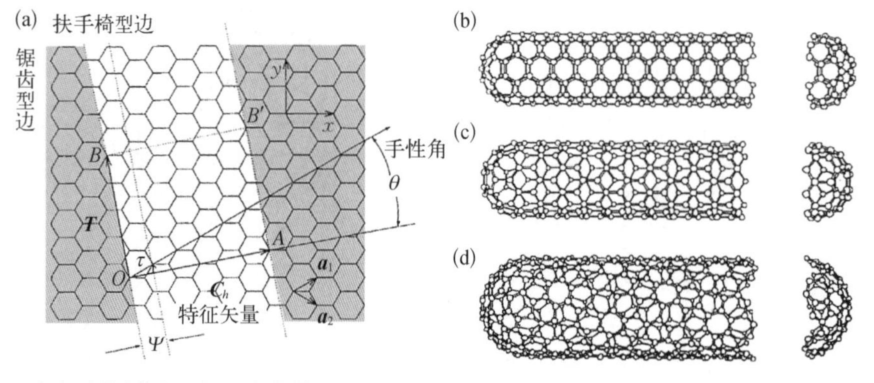

图1-11 单壁碳纳米管的原子结构示意图[34]

(a) 碳纳米管展开成石墨烯条带的示意图及其手性含义;(b) 扶手椅型(n, n)单壁碳纳米管;(c) 锯齿型(n, 0)单壁碳纳米管;(d) 手性(n, m)单壁碳纳米管

为了更清楚地定义碳纳米管的结构,我们可以用一组矢量来描述其展开的纳米带的结构,如图1-11(a)所示,在石墨烯的晶格中选取任意一个苯环上面位于间位的两个碳原子,即可定义一个方向水平向上30°的矢量,记作单位矢量$\boldsymbol{a}_1$,同理可定义水平向下30°的单位矢量$\boldsymbol{a}_2$。若使O点和A点以及B点和B'点重

合形成碳管，则矢量 $\boldsymbol{T}$（OB 方向）为碳纳米管的轴矢量，而向量 OA 被称作手性矢量 $\boldsymbol{C}_h$（也称为 Hamada 向量），并可用上述两个基矢量的线性组合来表示

$$\boldsymbol{C}_h = n \cdot \boldsymbol{a}_1 + m \cdot \boldsymbol{a}_2 = (\boldsymbol{n},\ \boldsymbol{m}) \tag{1-1}$$

式中，n 与 m 都是大于零的整数。任何一种碳纳米管结构都可以唯一确定地由矢量（$\boldsymbol{n}$，$\boldsymbol{m}$）进行标识，（$\boldsymbol{n}$，$\boldsymbol{m}$）被称为碳纳米管的手性指数(chiral index)。如图 1-11(b)～(d)所示，如果 $n = m$，$\boldsymbol{T}$ 与扶手椅型边垂直，称为扶手椅型碳纳米管；如果碳纳米管的 $m = 0$，则 $\boldsymbol{T}$ 与锯齿型边垂直，此时的碳纳米管被称为锯齿型碳纳米管。除了上述两种碳纳米管，其他碳纳米管具有轴手性（axial chirality），即（$\boldsymbol{n}$，$\boldsymbol{m}$）碳纳米管与（$\boldsymbol{m}$，$\boldsymbol{n}$）碳纳米管不重合。此时的碳纳米管被称为手性(chiral)碳纳米管，具有旋光性。

碳纳米管的几何结构也可以用直径 d 和手性角 θ 来描述，其中手性矢量 $\boldsymbol{C}_h$ 与 $\boldsymbol{a}_1$ 的夹角定义为碳纳米管的手性角 θ[图 1-12(a)]。d、θ 与（$\boldsymbol{n}$，$\boldsymbol{m}$）的关系可由下式计算得到：

$$d = \frac{\boldsymbol{C}_h}{\pi} = \frac{\sqrt{3}\,a_{\text{C—C}}}{\pi}\sqrt{n^2 + nm + m^2} \tag{1-2}$$

$$\theta = \tan^{-1}\left(\frac{\sqrt{3}\,m}{2n + m}\right) \tag{1-3}$$

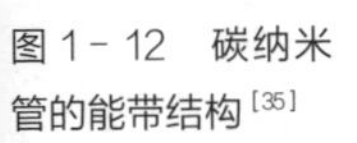
图 1-12　碳纳米管的能带结构[35]

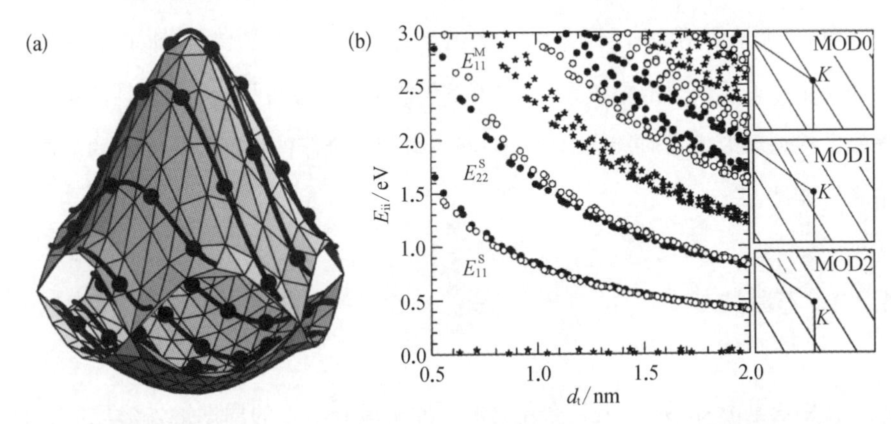

（a）通过不同切面对第一布里渊区石墨烯的能带进行切割的切线；（b）左图为通过最近邻紧束缚计算得到的单壁碳纳米管的种类、半径与电子跃迁能的关系图［转移积分 γ_0 = 2.9 eV，星星、圆圈、圆点分别代表（2m + n）/3 余数为 0、1、2 的情况（即 MOD0、MOD1、MOD2）］，右图为 MOD0 到 MOD2 的碳纳米管的能带与石墨的倒易晶格分别相切的示意图

式中，a_{C-C}为石墨烯中碳碳键键长，一般取0.142 nm。从式(1－2)、式(1－3)可以看出，如果将(n, m)看作坐标轴夹角为60°的二维笛卡儿坐标系下的一个点，则(d, θ)就是将其进行极坐标变换后的极坐标表示。因此，(d, θ)也可以唯一表示碳纳米管的结构。对于锯齿型碳纳米管，$\theta = 0°$；而对于扶手椅型碳纳米管，$\theta = 30°$。对于互为旋光异构体的一对手性碳纳米管$(\boldsymbol{n}, \boldsymbol{m})$和$(\boldsymbol{m}, \boldsymbol{n})$来说，其直径$d$完全相同，而手性角$\theta$之和为60°。

碳纳米管在结构上和石墨烯有相似之处，其能带结构可以简单通过一系列垂直于$k_x - k_y$平面截取石墨烯能量色散曲面的方法得到。这些平面的方向、间距是由手性指数所确定的，如图1－12所示，将分割线沿着交点折叠投影可得到碳纳米管的电子能带结构。若有平面穿过石墨烯K点或K'点，则该碳纳米管表现出金属性，称为金属型碳纳米管(m－SWNT)；若所有平面均未穿过K点或K'点，则碳纳米管呈现半导体性，称为半导体型碳纳米管(s－SWNT)。根据理论推导，当$(2m + n)$为3的整数倍时[同样情况下也可以使用$(n - m)/3$]，碳纳米管为金属型；非3的整数倍时为半导体型。被3除不同余数的碳纳米管也被称为MOD0、MOD1、MOD2，受到三角卷曲效应的影响，两类半导体型碳纳米管MOD1和MOD2表现出不同的性质。

碳纳米管具有特殊的电学、力学、热学性能。自1991年发现至今，碳纳米管在科技界和工业界依旧备受瞩目。在基于碳纳米管的场效应晶体管领域，2013年，斯坦福大学使用碳纳米管制备了碳纳米管计算机；[36] 2017年，北京大学彭练矛课题组报道了碳纳米管在5 nm沟道下仍能保持高器件性能，[37]并且其亚阈值摆幅已接近理论极限；同年，IBM公司制备得到了全器件长度为40 nm的集成碳纳米管器件。[38]

1.2.5 石墨炔

石墨炔是由sp和sp^2两种杂化态的碳原子沿着特定的周期键连形成的一种新型二维碳同素异形体，该材料在1987年由Baughman首次提出，由于其具有和层状石墨(graphite)相似的二维平面结构，并且含有炔属成分，因此被命名为石墨炔(graphyne)。这一类材料可以看作一种在石墨烯结构中的相邻苯环之间插入 n 个"—C≡C—"连接所形成的一类新型二维原子晶体材料。我们可以根据插入的"—C≡C—"数目 n 对这一类材料进行简单分类，分别称为石墨炔(graphyne)、石墨双炔(graphdiyne)、石墨 n 炔(graphyne-n)(图 1-13)。

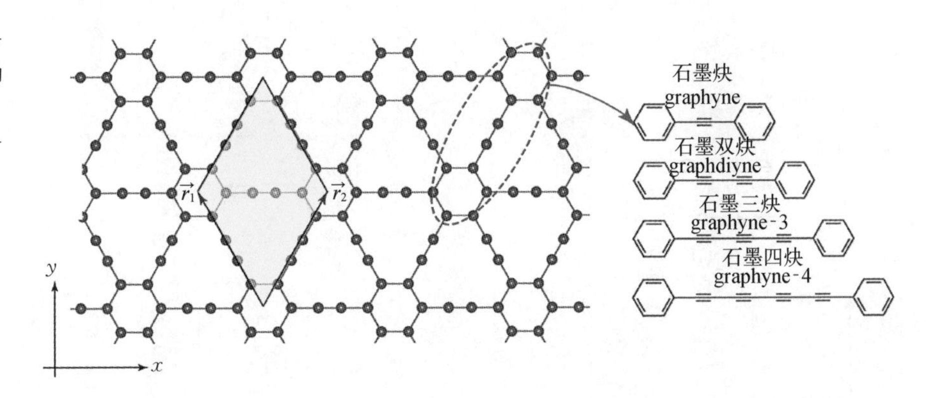

图 1-13 石墨炔的简单结构示意图[39]

石墨炔结构中的炔键具有很多种排列方式，使得石墨炔这一类材料的结构具有多样性，需要进行统一的命名。目前主要有两种命名方法，即习惯命名法和系统命名法。以习惯命名法为例，我们把在石墨烯结构中的每个—C—C—键之间均插入一个碳碳三键(—C≡C—)所形成的新型结构称为 α-石墨炔；在石墨烯中的三分之二的—C—C—键之间插入碳碳三键(—C≡C—)所形成的新型结构称为 β-石墨炔；在石墨烯中的三分之一的—C—C—键之间插入碳碳三键(—C≡C—)所形成的新型结构称为 γ-石墨炔。图 1-14 列出了几种石墨炔的典型结构。到目前为止，石墨炔的命名体系还不是很完善，系统命名法较为复杂，容易混淆，习惯命名法并不能表示出全部的石墨炔材料。

γ-石墨双炔的结构由 Haley 等人于 1997 年首次提出，并且被预测是一种最有可能在实验中被合成的一种新型碳的同素异形体，所以针对这种石墨双炔的理论研究也比较多，以下简称其为石墨双炔。第一性原理计算表明，本征的石墨双炔具有不同于零带隙的石墨烯的能带结构。石墨双炔具有 0.44～1.47 eV 的直接带隙，带隙的数值的差别主要源于不同研究者采用的不同计算方法和交换关联泛函。计算结果表明，在室温下，石墨双炔的理论载流子迁移率可以达到

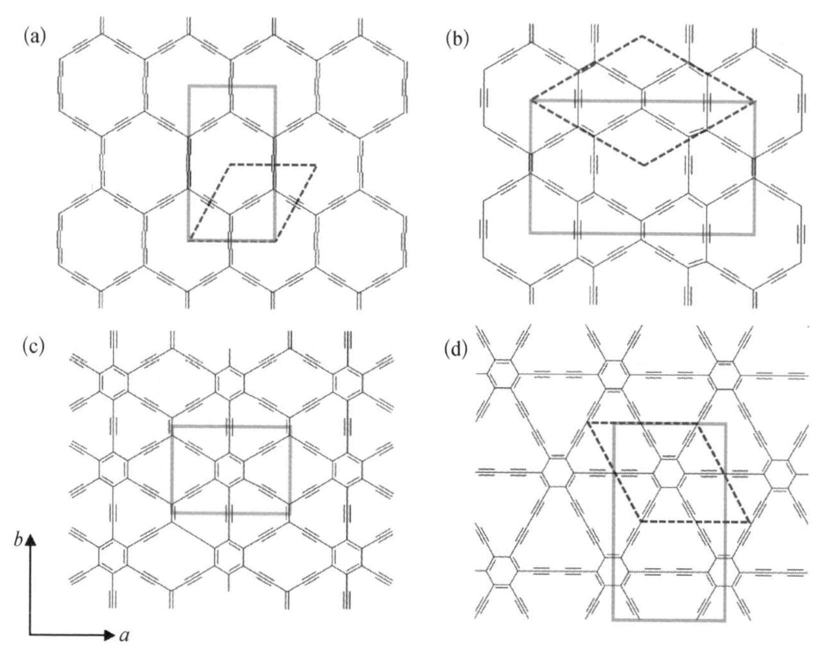

图 1-14　不同种类的单层石墨炔的结构示意图[40, 43]

（a）α-石墨炔；（b）β-石墨炔；（c）6，6，12-石墨炔；（d）γ-石墨双炔

注：虚线内为石墨炔最小重复单元，除6，6，12-石墨炔外其他均为六方对称结构。6，6，12-石墨炔为四方对称结构，原胞为矩形，具有面内各向异性。图中矩形方框被定义为一个超包单元，用于电荷输运计算，将矩形相互垂直的两条边定义为两个方向，分别记作 a 方向和 b 方向。

$10^5\ cm^2 \cdot V^{-1} \cdot s^{-1}$，其在纳米电子学领域展现出广阔的应用前景。[40]石墨炔的高共轭结构和其结构中大量生色基团的存在，使其可以实现高效的分子内电荷转移，因此研究人员推测其具有较高的三阶非线性磁化系数和独特的双光子吸收性质，而且石墨双炔的一些亚结构单元也在实验中表现出了优异的光学性能。[41]同时，石墨双炔也被预测是一种良好的热电材料，具有高塞贝克系数和低热导率，其 p 型和 n 型的热电优值分别可优化达到 3.0 和 4.8，有望成为研究“电子晶体-声子玻璃”模型的理想材料。[42]

虽然现在人们可以通过 Glaser 偶联反应在铜片基底表面原位制备得到微米级厚的石墨双炔膜、通过使用 Glaser-Hay 偶联制备石墨双炔纳米墙的结构，以及使用石墨烯作为模板获得局部有序的少层石墨双炔薄膜，但必须指出的是，现阶段实验中对单层石墨炔原子结构的表征还未见报道。因此，如何制备大面积高结晶度的少层石墨炔薄膜材料，获得其本征物性，并探索针对特定富炔二维体系的杀手锏级应用，是制约石墨炔材料发展的几大“卡脖子”问题。

1.2.6 长链卡宾

与上述碳的二维同素异形体不同，卡宾(carbyne)是碳原子以 sp 杂化形式连接形成的单链线型碳分子，结构式为 H—(C≡C)$_n$—H。自 1959 年 Pitzer 从理论上预测了这种线型碳分子的存在以来，[44] 自然界中卡宾的存在与否一直是一个有争议的话题。到目前为止，仅有少量报道指出在火山口和陨石坑中发现了卡宾的踪迹。[45,46]

因为 π 电子间会有共振作用，所以卡宾具有两种可能的构象，互为互变异构体。如图 1-15 所示，一种是三键与单键交替的聚炔型卡宾(polyyne)(α-线型碳)，另一种是含有累积双键的卡宾(cumulene)(β-线型碳)。累积双键极不稳定，加热时很快转化成聚炔型卡宾。卡宾在溶剂中非常稳定，但是当被提纯成固态时在空气中极不稳定，而且这种不稳定性随着链长的增加而剧烈增加。因此，长链的卡宾在实验中很难被制备得到，至今没有非常明确的晶体结构报道，一般认为不同的卡宾链之间会通过范德瓦耳斯力组装在一起，中间可能还会插入几个其他元素的原子。在这种情况下，卡宾晶体的层数就取决于单根直链卡宾链的数量和链与链之间的堆积密度。

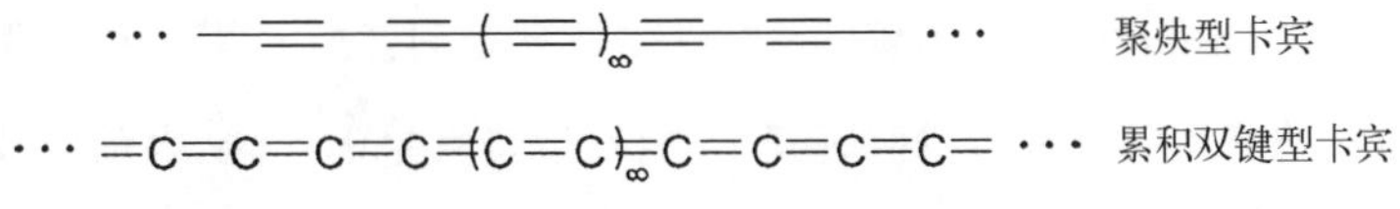

$\cdots$ —≡—≡—(≡—)$_\infty$≡—≡— $\cdots$ 聚炔型卡宾

$\cdots$ =C=C=C=C=(C=C)$_\infty$=C=C=C=C= $\cdots$ 累积双键型卡宾

图 1-15 卡宾的两种构象[47]

1.3 同素异形体间的相互转换

金刚石、石墨和无定形碳是自然界中广泛存在的碳的三大同素异形体。前文中笔者已经对金刚石和石墨的结构与性质做了详细介绍，在此不再赘述。无定形碳的结构不具有长程有序性，但其微观结构却可能具有中程和短程有序性，其中可能既含有 sp^2 碳也含有 sp^3 碳，甚至一些无定形碳中还掺有一定的碳氢化合物。无论是自然界中发现的无定形碳还是人工合成的无定形碳，不同类型的无定形碳由于其键合类型、结构、氢含量不尽相同，因此具有非常不同的性质，严格说来，玻璃碳和类金刚石也都属于无定形碳的范畴，其相关性质见表 1-2。

表 1-2 几种碳的同素异形体及无定形碳材料的性质[48]

	sp^3/%	sp^2/%	密度/(g/cm^3)	带隙/eV	硬度/GPa
金刚石	100	0	3.515	5.5	100
石墨	0	100	2.267	0	—
C_{60}	0	约 100	—	1.6	—
玻璃碳	0	>80	1.3～1.55	0.01	3
类金刚石	70～88	<40	3.1	2.5	80

同素异形体之间在一定条件下可以相互转化，因为涉及键断裂和重新生成，并且其碳杂化形式也可能发生变化，所以这种转化是一种化学变化。石墨和金刚石，一个呈现黑灰色并具有金属光泽，非常柔软，层间受外力容易滑移；另一个透明且硬度在天然产物中最高，这两种物质在自然界中化学性质都看似十分稳定，它们的互相转化似乎在直观上不是很好理解。但是，通过对比分析这两类材料的工业制备方法，我们会得到一些启示。

在低压到常压系统里，使用高温(>1100℃)或等离子体发生器裂解气体碳源，利用化学气相沉积(CVD)的方法可以制备高定向热解石墨。对前驱体向石墨转化过程的气体组分进行质谱研究，人们发现了大量的乙烯、丙烯以及芳香族物质，从而推断出在反应过程中前驱体碳源首先形成多并苯结构，之后逐渐扩大苯环数量形成石墨结构。而传统合成金刚石的方法则需要高温高压的条件，压力大于 6 GPa，温度高于 1500℃，为了使金刚石的生长速度增加、结晶质量提高，在制备过程中通常还需要加入金刚石晶种。人们将所有依赖高温高压的金刚石制备技术统称为高温高压(HTHP)法，但具体的每种方法又具有其自身的缺陷。通常制备得到的金刚石单个颗粒尺寸较小(几毫米)，难以进行半导体掺杂，设备自身的限制导致实验过程中某些生长参数难以控制，使得晶体颗粒的可重复生长性很差。

在上述材料制备过程中，对压力的不同需求可以看出两种材料具有稳定性方面的差别。Bundy在20世纪中叶通过实验给出了碳单质在不同温度压力下的经典相图(图1－16)，可以看出石墨是在常温常压下最稳定的碳结构，而金刚石则处于亚稳态。计算表明金刚石与石墨的吉布斯自由能每个碳原子相差0.02 eV；石墨的标准生成焓为0，而金刚石的标准生成焓约为1.9 kJ/mol，两相之间的转化需要跨过约0.4 eV的能垒，因此通常只有在高温高压并存在合适的催化剂的条件下才能发生从石墨到金刚石的转化。相反，金刚石转化为石墨的过程是可以自发进行的，但是在常温常压下速率非常缓慢，几乎可以忽略。图1－16是几种碳单质互相转化的温度-压力相图。值得注意的是，由于表面能与吉布斯自由能相关，所以当金刚石或石墨的尺寸缩小至纳米尺度时，相图会发生相应的变化，例如纳米尺度的金刚石的熔化温度明显降低，2 nm的金刚石熔点下降至4000 K左右。

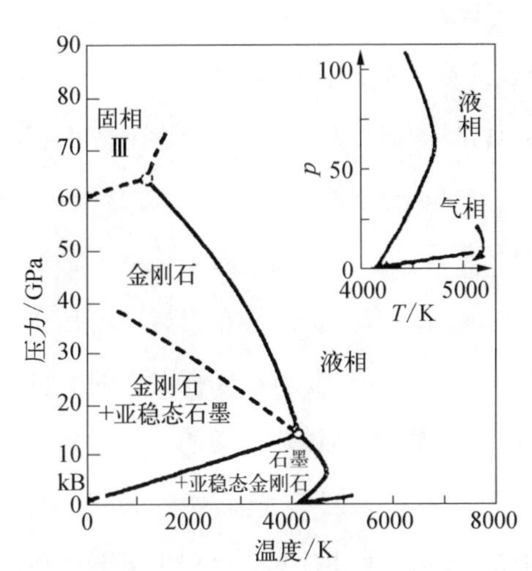

图1－16 几种碳单质互相转化的温度-压力相图[48, 49]

近几年重新进入人们视野的CVD法可以制备类金刚石薄膜，这种薄膜通常为多晶金刚石结构，可在较低压力下制备得到，并作为优异的介电层材料被应用在半导体工业中。类金刚石薄膜主要通过高温活化前驱体分子(通常使用甲烷和氢气)，生成含碳基团的自由基，在基片材料上沉积获得。这种类金刚石薄膜含有一定的sp^2碳，说明在生长过程中sp^2杂化的碳与sp^3杂化的碳的形成存在一定的竞争关系。sp^2与sp^3杂化的碳在CVD系统中的形成受到基底、碳源量及其他气氛等的影响。比如氢气在类金刚石薄膜的生长过程中就起到非常关键的作用，活性氢可以有效地刻蚀sp^2碳，增加sp^3碳的选择性；并且活性氢还具有稳定sp^3碳碳键的作用，进一步提高sp^3键的比例。系统中氧气对两种杂化碳的比例也具有调节作用，一方面在氧的参与下sp^2碳被活性氢刻蚀的效率会大幅度提高，

另一方面氧气氧化 sp^2 碳比 sp^3 碳容易得多。所以在氧化金刚石的过程中通常会涉及两个过程，一个是 sp^3 碳的直接氧化，另一个是金刚石表面的碳先转化成石墨，然后石墨被氧化。金刚石转化为石墨的过程在氧气存在的低压条件下较容易发生，然而在有惰性气体保护的时候，这个过程需要 1500℃ 的高温才能发生。需要注意的是，金刚石在接触铁、钴、镍、镁、铬等特定金属时，金刚石的石墨化在 800℃ 就可以发生，同时金刚石中的碳也会部分溶于这些金属。石墨在空气中并不耐高温，350℃ 就能观察到明显的被氧化的现象；金刚石虽然在室温下是较为惰性的，但是它在高温条件下的应用一直受到限制，通常情况下金刚石会在 480℃ 开始被氧化，600℃ 氧化速度升高。可以看出氧气对 sp^2 与 sp^3 杂化的碳来说具有不同的作用，并可以在一定程度上促进石墨向金刚石的转化。

在前面讲金刚石结构的时候，我们提到其具有两种晶向。在绝大部分由石墨转化成金刚石的实验中，在中高压力（5～20 GPa）下经常会生成六方金刚石，而在更高压力下才会形成立方金刚石，其中混有一些六方金刚石。从热力学的角度讲，形成金刚石的晶核是整个过程最耗能的步骤。无论是在中高压还是在更高的压力下，立方金刚石成核需要的能量都要比六方金刚石成核需要的能量少，这与实验结果是相违背的。一种可能的原因是，在纯粹热力学的计算中并没有考虑到石墨在被压成金刚石的时候与金刚石晶核之间的界面，两个表面之间的晶格失配可能会干扰金刚石稳定生长的应变能。通过对生长过程中可能存在的界面进行随机表面行走的模拟，发现石墨与六方金刚石的界面比与立方金刚石之间的界面更加稳定，这在一定程度上可以解释为什么在适当的压力条件下，六方金刚石的形成较立方金刚石的形成会更容易，且速度更快。[50]

本章简单介绍了碳的基本成键结构，单质的分类、结构及其性质，并简单介绍了不同杂化形式的碳的同素异形体之间的相互转化条件。

对于碳原子来说，杂化轨道的成键能力比纯 s 或 p 轨道的成键能力强。其具有 sp^3、sp^2、sp 三种杂化方式，分别可以形成四个 σ 键、三个 σ 键和一个 π 键，两个 σ 键和两个 π 键。单双键交替排列且双键数目大于两个的分子中参与形成 π 键的电子在整个多原子形成的分子骨架中运动，称为离域 π 键。石墨烯具有正常离域 Π_n^n 键，π 键中的电子数量与碳原子数量相等，π 电子可以在整个石墨烯骨架上运动。

在自然界中碳的同素异形体主要以金刚石、石墨和无定形碳形式存在。纳米碳材料中的碳单质主要包括富勒烯、碳纳米管、石墨烯、长链卡宾、石墨炔等。金刚石具有两种晶型，所有的碳原子为 sp^3 杂化。石墨、石墨烯、富勒烯、碳纳米管中所有的碳原子为 sp^2 杂化，其中石墨烯为单原子层厚度的二维晶体，富勒烯、碳纳米管通过五元环的加入，具有闭合的几何结构。石墨炔则由 sp^2 与 sp 两种杂化态的碳原子沿着特定的周期键连形成。长链卡宾中碳原子为 sp 杂化，提纯成固态时在空气中极不稳定，晶体结构尚未确定。

碳的各种同素异形体之间在一定条件下可以相互转化，在转化过程中化学键断裂后重新生成，所以这种转化是一种化学变化。碳单质的转化通常需要考虑到压力、温度、前驱体种类以及催化剂等因素，这些都与石墨烯的生长息息相关。

以本章作为基础，在接下来的章节中我们会详细介绍基于化学气相沉积方法的石墨烯的制备。

参考文献

[1] 徐光宪，王祥云. 物质结构[M]. 2 版. 北京：科学出版社，2010.

[2] Rayne S, Forest K. A comparison of density functional theory (DFT) methods for estimating the singlet-triplet (S_0 - T_1) excitation energies of benzene and polyacenes[J]. Computational and Theoretical Chemistry, 2011, 976(1-3): 105-112.

[3] Marsh H, Heintz E, Reinoso F. Introduction to carbon technologies[M]. Spain: University of Alicante, 1997.

[4] Spain I. The electronic properties of graphite[J]. Chemistry and Physics of Carbon, 1973, (8): 87-94.

[5] Hemstreet L A, Fong C Y, Cohen M L. Calculation of the band structure and optical constants of diamond using the nonlocal-pseudopotential method[J]. Physical Review B, 1970, 2(6): 2054-2063.

[6] Frondel C, Marvin U B. Lonsdaleite, a hexagonal polymorph of diamond[J]. Nature, 1967, 214(5088): 587-589.

[7] Nelson J B, Riley D P. An experimental investigation of extrapolation methods in the derivation of accurate unit-cell dimensions of crystals[J]. Proceedings of the Physical Society, 1945, 57(3): 160 - 177.

[8] Mermin N D, Wagner H. Absence of ferromagnetism or antiferromagnetism in one-or two-dimensional isotropic Heisenberg models[J]. Physical Review Letters, 1966, 17(22): 1133 - 1136.

[9] Venables J A, Spiller G D T, Hanbucken M. Nucleation and growth of thin films [J]. Reports on Progress in Physics, 1984, 47: 399 - 459.

[10] Novoselov K S, Geim A K, Morozov S V, et al. Two-dimensional gas of massless Dirac fermions in graphene[J]. Nature, 2005, 438(7065): 197 - 200.

[11] Katsnelson M I, Geim A K. Electron scattering on microscopic corrugations in graphene[J]. Philosophical Transactions of the Royal Society A: Mathematical, Physical and Engineering Sciences, 2008, 366(1863): 195 - 204.

[12] Wallace P R. The band theory of graphite[J]. Physical Review, 1947, 71(9): 622 - 634.

[13] Du X, Skachko I, Barker A, et al. Approaching ballistic transport in suspended graphene[J]. Nature Nanotechnology, 2008, 3(8): 491 - 495.

[14] Kittel C, McEuen P. Introduction to solid state physics [M]. New York: Wiley, 1996.

[15] Lee C, Wei X D, Kysar J W, et al. Measurement of the elastic properties and intrinsic strength of monolayer graphene [J]. Science, 2008, 321 (5887): 385 - 388.

[16] Hao F, Fang D N, Xu Z P. Mechanical and thermal transport properties of graphene with defects[J]. Applied Physics Letters, 2011, 99(4): 041901.

[17] Suk J W, Piner R D, An J, et al. Mechanical properties of monolayer graphene oxide[J]. ACS Nano, 2010, 4(11): 6557 - 6564.

[18] Robinson J T, Zalalutdinov M, Baldwin J W, et al. Wafer-scale reduced graphene oxide films for nanomechanical devices [J]. Nano Letters, 2008, 8 (10): 3441 - 3445.

[19] Balandin A A. Thermal properties of graphene and nanostructured carbon materials[J]. Nature Materials, 2011, 10(8): 569 - 581.

[20] Balandin A A, Ghosh S, Bao W Z, et al. Superior thermal conductivity of single-layer graphene[J]. Nano Letters, 2008, 8(3): 902 - 907.

[21] Cai W W, Moore A L, Zhu Y W, et al. Thermal transport in suspended and supported monolayer graphene grown by chemical vapor deposition [J]. Nano Letters, 2010, 10(5): 1645 - 1651.

[22] Chen S S, Brown L, Levendorf M, et al. Oxidation resistance of graphene-coated Cu and Cu/Ni alloy[J]. ACS Nano, 2011, 5(2): 1321 - 1327.

[23] Liao L, Peng H L, Liu Z F. Chemistry makes graphene beyond graphene[J]. Journal of the American Chemical Society, 2014, 136(35): 12194 - 12200.

[24] Zhang L, Yu J, Yang M, et al. Janus graphene from asymmetric two-dimensional chemistry[J]. Nature Communications, 2013, (4): 1443.

[25] Hu S, Lozada-Hidalgo M, Wang F C, et al. Proton transport through one-atom-thick crystals[J]. Nature, 2014, 516(7530): 227 - 230.

[26] Nair R R, Wu H A, Jayaram P N, et al. Unimpeded permeation of water through helium-leak-tight graphene-based membranes[J]. Science, 2012, 335(6067): 442 - 444.

[27] Abraham J, Vasu K S, Williams C D, et al. Tunable sieving of ions using graphene oxide membranes[J]. Nature Nanotechnology, 2017, 12(6): 546 - 550.

[28] Rohlfing E A, Cox D M, Kaldor A. Production and characterization of supersonic carbon cluster beams[J]. The Journal of Chemical Physics, 1984, 81(7): 3322 - 3330.

[29] Kroto H W, Heath J R, O'Brien S C, et al. C_{60}: Buckminsterfullerene[J]. Nature, 1985, 318(6042): 162 - 163.

[30] 周公度.碳的结构化学的新进展：球烯结构化学述评[J].大学化学,1992,7(4): 29 - 36.

[31] Balch A L, Olmstead M M. Reactions of transition metal complexes with fullerenes (C_{60}, C_{70}, etc.) and related materials[J]. Chemical Reviews, 1998, 98(6): 2123 -2166.

[32] Ajayan P M, Ebbesen T W. Nanometre-size tubes of carbon[J]. Reports on Progress in Physics, 1997, 60: 1025 - 1062.

[33] Iijima S. Helical microtubules of graphitic carbon[J]. Nature, 1991, 354(6348): 56 - 58.

[34] Dresselhaus M S, Dresselhaus G, Saito R. Physics of carbon nanotubes[J]. Carbon, 1995, 33(7): 883 - 891.

[35] Dresselhaus M S, Dresselhaus G, Saito R, et al. Raman spectroscopy of carbon nanotubes[J]. Physics Reports, 2005, 409(2): 47 - 99.

[36] Shulaker M M, Hills G, Patil N, et al. Carbon nanotube computer[J]. Nature, 2013, 501(7468): 526 - 530.

[37] Qiu C, Zhang Z, Xiao M, et al. Scaling carbon nanotube complementary transistors to 5-nm gate lengths[J]. Science, 2017, 355(6322): 271 - 276.

[38] Cao Q, Tersoff J, Farmer D B, et al. Carbon nanotube transistors scaled to a 40-nanometer footprint[J]. Science, 2017, 356(6345): 1369 - 1372.

[39] Yue Q, Chang S L, Kang J, et al. Mechanical and electronic properties of graphyne and its family under elastic strain: theoretical predictions[J]. The Journal of Physical Chemistry C, 2013, 117(28): 14804 - 14811.

[40] Long M Q, Tang L, Wang D, et al. Electronic structure and carrier mobility in graphdiyne sheet and nanoribbons: theoretical predictions[J]. ACS Nano, 2011, 5(4): 2593 - 2600.

[41] Diederich F, Kivala M. All-carbon scaffolds by rational design[J]. Advanced

Materials, 2010, 22(7): 803 - 812.

[42] Sun L, Jiang P H, Liu H J, et al. Graphdiyne: A two-dimensional thermoelectric material with high figure of merit [J]. Carbon, 2015, 90: 255 - 259.

[43] Chen J, Xi J, Wang D, et al. Carrier mobility in graphyne should be even larger than that in graphene: a theoretical prediction [J]. The Journal of Physical Chemistry Letters, 2013, 4(9): 1443 - 1448.

[44] Pitzer K S, Clementi E. Large molecules in carbon vapor [J]. Journal of the American Chemical Society, 1959, 81(17): 4477 - 4485.

[45] Goresy A E, Donnay G. A new allotropic form of carbon from the Ries crater[J]. Science, 1968, 161(3839): 363 - 364.

[46] Whittaker A G, Watts E J, Lewis R S, et al. Carbynes: carriers of primordial noble gases in meteorites[J]. Science, 1980, 209(4464): 1512 - 1514.

[47] Kim S. Synthesis and structural analysis of one-dimensional sp-hybridized carbon chain molecules[J]. Angewandte Chemie International Edition, 2009, 48(42): 7740 - 7743.

[48] Steinbeck J, Braunstein G, Dresselhaus M S, et al. A model for pulsed laser melting of graphite[J]. Journal of Applied Physics, 1985, 58(11): 4374 - 4382.

[49] Bundy F P. Pressure-temperature phase diagram of elemental carbon[J]. Physica A: Statistical Mechanics and its Applications, 1989, 156(1): 169 - 178.

[50] Xie Y P, Zhang X J, Liu Z P. Graphite to diamond: origin for kinetics selectivity [J]. Journal of the American Chemical Society, 2017, 139(7): 2545 - 2548.

第 2 章

石墨烯生长的基本概念

2.1 化学气相沉积技术

化学气相沉积(chemical vapor deposition, CVD)技术用于制备石墨烯之前,已广泛用于合成各种纳米材料,诸如碳纳米管等,且已经在半导体工业中实现了产业化应用。由于CVD方法可实现大面积、高可控性制备等,已逐渐成为规模化生产高品质石墨烯薄膜材料的首选。实际上,随着20世纪人工合成碳同素异形体石墨和金刚石的实验室研究和工业化制备的快速发展,早在20世纪60—70年代,研究者就发现,在高温处理金属衬底时,通入一些烃类气体,在金属表面可以得到一些少层的石墨。这些初步的研究发现给后续石墨烯的CVD生长方法研究和发展提供了很多启发,如生长衬底、碳源、温度等必要条件的选择和生长机理研究等。本章将从化学气相沉积技术的基本定义和分类出发,详述石墨烯制备所涉及的碳源裂解、衬底选择、生长过程动力学,以及氢气的作用等基本实验要素。

2.1.1 基本定义

化学气相沉积是利用气态或蒸气态的物质在气相或气固界面上发生反应,生成固态沉积物的过程。化学反应需要的能量可以通过热、光等形式来提供。根据化学反应需要的能量来源分类,化学气相沉积可以分为热化学气相沉积、激光辅助化学气相沉积和等离子体增强化学气相沉积(plasma-enhanced chemical vapor deposition, PECVD)方法。化学气相沉积过程涉及气相中的均相反应和在生长衬底表面的异相反应,化学气相沉积得到的产物形态包括粉体、薄膜以及其他可能的形态(如三维泡沫石墨烯)。以衬底表面合成薄膜材料为例,化学气相沉积的基本过程如图2-1所示。[1]

首先,气相反应物(前驱体)被输送到CVD腔体内。反应前驱体通过气相化学反应形成活性更高的反应基团,并迁移到生长衬底表面。吸附在衬底表面的活性基团可以通过进一步的表面化学反应深度裂解。这些活性基团在衬底表面

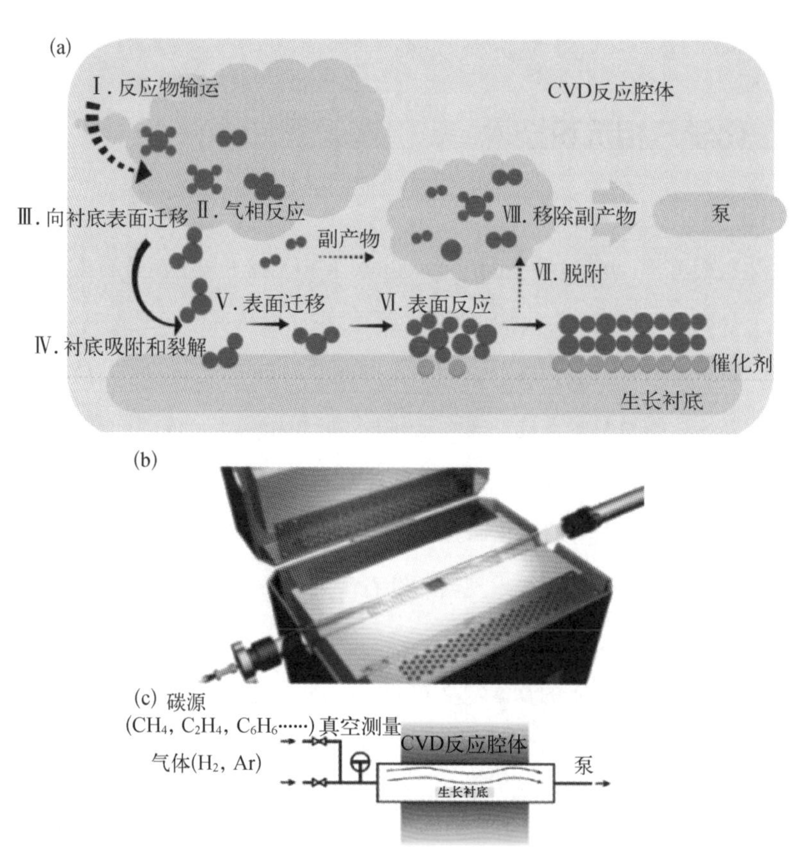

图 2-1 化学气相沉积的基本过程

（a）基本 CVD 反应过程示意图；（b）（c）常见的 CVD 生长石墨烯的高温反应炉体示意图

迁移过程中，相互之间有一定的概率发生碰撞。在达到临界条件下，会形成相对稳定的核，并逐渐长大形成更大尺寸的核。这些核再进一步长大、拼接，就在衬底表面形成了连续的薄膜结构。

在薄膜形成过程中，核的生长既可以在衬底面内进行，也可以在垂直于衬底方向上进行，两个方向上生长速度的差异决定了薄膜产物的厚度。另外，无论是气相中的均相反应还是衬底表面的异相反应都可能形成副产物。将这些副产物从 CVD 腔体移除，可加快 CVD 生长反应过程的进行。[1]

2.1.2 实验条件和分类方法

石墨烯的 CVD 生长，不同于石墨和金刚石的制备过程，对目标产物的层数、成键类型和石墨化程度的可控性要求更高。

石墨烯生长过程，由含碳前驱体高温裂解，石墨烯成核、生长、拼接等一系列基元反应步骤组成(图 2-2)。这些基元反应步骤往往需要克服一定的能垒，因此催化剂和额外能量来源等是石墨烯制备的必要条件。

图 2-2 石墨烯生长的基本过程

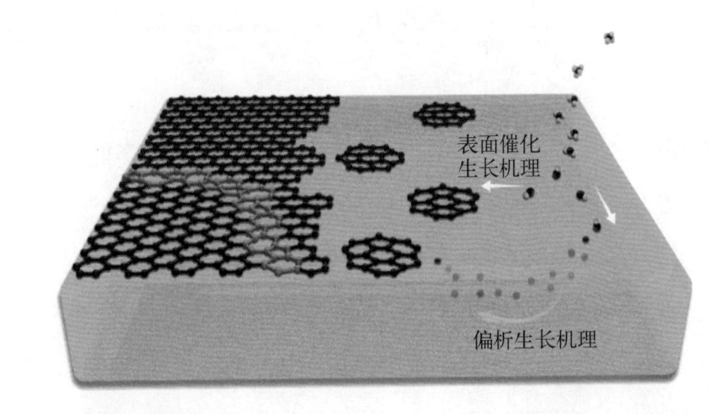

碳源在衬底表面催化裂解，形成的碳活性基团可以通过表面催化和溶解偏析过程参与石墨烯的生长。这其中，表面催化过程经历石墨烯的成核、生长和拼接等过程，不同晶格取向的石墨烯相互拼接处形成畴区晶界。

在常见的热壁 CVD 中，反应能量主要由热能来提供，因此石墨烯的 CVD 生长往往需要高温反应炉。高温反应腔体通常由耐高温(>1000℃)的石英管材制造。石墨烯生长的前驱体一般是碳氢化合物，如甲烷、乙炔等。甲烷中的 C—H 键的键能很高，达 443 kJ/mol，在没有催化剂辅助条件下，其热裂解所需的反应温度高达 1200℃。如此高的温度在常规 CVD 系统中很难达到。因此，在石墨烯生长过程中通常选用金属衬底，在为石墨烯生长提供衬底的同时，也作为反应催化剂有效降低碳源裂解和石墨烯生长的能垒。当然，当碳源裂解充分时，非金属性绝缘衬底也可以作为石墨烯的生长衬底。

如图 2-3 所示[2]，CVD 制备石墨烯的工艺一般经历加热、退火、生长、冷却四个基本步骤。第一步，加热 CVD 系统、衬底和反应气体。第二步，维持体系高温和还原性气氛，进行生长衬底的退火，确保衬底表面清洁和还原状态。对于金

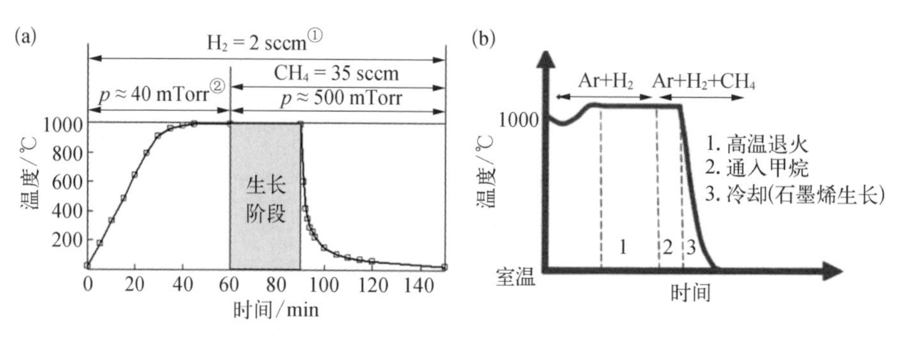

图2-3 Cu(a)和Ni(b)表面上高温CVD生长石墨烯时，气体流量和温度随时间的变化

属衬底表面来说，高温退火处理还有助于改善其表面形貌，如降低表面粗糙度和杂质含量、改变晶面取向、增大单晶畴区尺寸等。第三步，通入碳源，一系列化学反应发生，在衬底表面生成石墨烯。在这个阶段，可以通过调节温度、压力、反应气体的组分和流速等实验参数来调控石墨烯生长的动力学，以实现对生长质量的控制。此外，生长衬底的诸多性质，如催化活性、高温条件下的碳溶解度等也会影响石墨烯的生长结果。第四步，降温冷却，停止CVD反应，取出样品。需要指出的是，石墨烯的生长可以发生在高温阶段，也可以发生在降温过程中，这与金属衬底的碳溶解度密切相关。对碳溶解度较高的金属衬底而言，对降温过程的调控(如速度等)会影响微观上的生长动力学，从而对得到的石墨烯层数和质量都有影响。为防止石墨烯的氧化，体系温度至少低于200℃时，方可打开反应腔体，取出生长样品。

总之，在CVD生长过程中，碳源、生长衬底、载气、压力、温度以及体系加热方式和能量来源，都对石墨烯生长结果产生重要影响。现分述如下。

1. 碳源

CVD方法制备石墨烯需要含碳的前驱体，常用的前驱体是含碳氢元素的烃类(如甲烷、乙烷、乙烯等)，还有一些前驱体含有氧元素，如甲醇、乙醇等。含碳氢元素的烃类脱氢反应所需要的能量在一定程度上决定了碳源裂解温度，与碳氢键的键能密切相关。以甲烷为例，在气相中由CH_x脱氢形成CH_{x-1}是吸热反

① 体积流量单位，标准毫升/分钟。
② 1 Torr(托)=1/760 atm(大气压力)≈133.322 Pa(帕)；1 mTorr(毫托)=10^{-3} Torr(托)。

应,往往需要较高的能量。理论计算得到的甲烷逐级脱氢能垒分别为[3]

$$CH_3—H \longrightarrow CH_2—H + H \qquad 4.85\ eV \quad (1)$$

$$CH_2—H \longrightarrow CH—H + H \qquad 5.13\ eV \quad (2)$$

$$CH—H \longrightarrow CH + H \qquad 4.93\ eV \quad (3)$$

$$C—H \longrightarrow C + H \qquad 3.72\ eV \quad (4)$$

而在金属衬底的催化作用下,由于金属与 CH_x 和 CH_{x-1} 的相互作用,反应能垒明显降低(图 2-4)。当制备杂元素(如氮、硼、磷、硫等)掺杂石墨烯时,碳源前驱体通常含有相应的杂元素,如吡啶、苯硼酸等。通过前驱体的设计,可有效调控掺杂石墨烯中杂元素的浓度和其在碳骨架中的成键形式。此外,根据碳源的物理形态,可有气体、液体和固体碳源之分。聚苯乙烯(polystyrene, PS)是最早用于石墨烯生长的固体碳源,由于其碳氢键的键能较低(聚苯乙烯的 C—H 键键能为 292～305 kJ/mol;甲烷为 443 kJ/mol),因此碳源裂解需要的温度有所降低。在衬底表面旋涂聚甲基丙烯酸甲酯(polymethyl methacrylate, PMMA),在 800～1000℃退火处理后,也可以获得石墨烯薄膜(图 2-5)。[4]还有研究表明,在 Cu(111)表面,无定形碳也可以被催化转化生成均一的单层石墨烯。

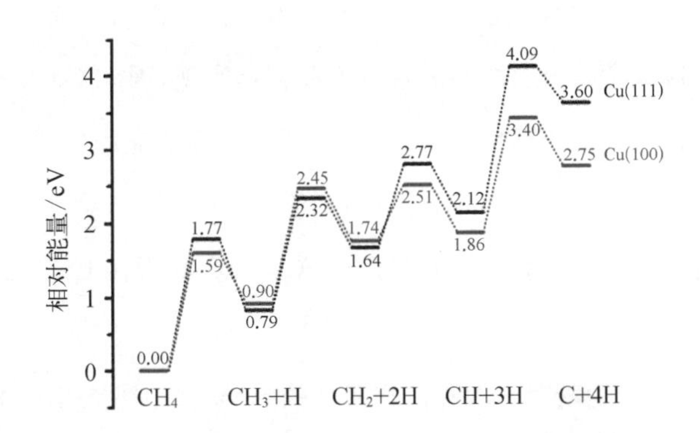

图 2-4 Cu(111)(黑色)和 Cu(100)(红色)表面甲烷分子的逐级裂解反应能垒[3]

2. 生长衬底

石墨烯生长衬底可分为金属衬底和非金属衬底两大类。金属衬底具有较高的催化活性,可有效降低碳源裂解的能垒,在衬底表面产生碳活性基团,进而催化石墨烯的生长。金属衬底的催化活性取决于金属 d 轨道的电子排布。如果过

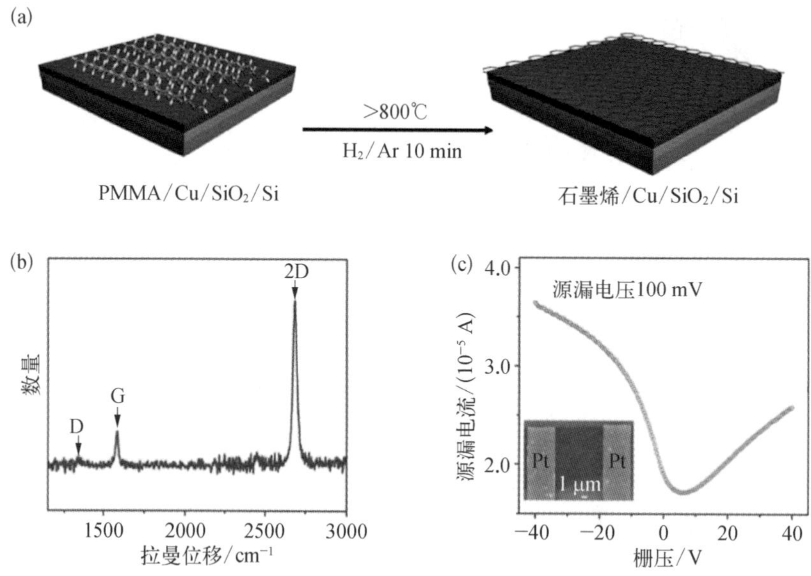

图 2-5 固体碳源 PMMA 生长石墨烯

（a）固体碳源 PMMA 生长石墨烯示意图；（b）（c）制备的石墨烯的拉曼光谱和转移特性曲线

渡金属具有未充满的 d 轨道(如 Ni 有 2 个未配对的 3d 电子)，C—H 键的电子可以转移到未充满的 d 轨道上，从而起到催化碳源裂解的作用。而对于 Cu 来说，其价层电子排布方式为 $4s^1 3d^{10}$，3d 轨道完全被电子占据，因此催化活性较低。这种电子排布方式同时也决定了 Cu 与石墨烯的相互作用只能通过石墨烯的 π 电子和 Cu 的 4s 未充满轨道之间的较弱电荷转移实现，因此 Cu 和石墨烯的相互作用较弱。生长衬底催化活性的高低，决定了石墨烯最低的生成温度，同时也对石墨烯的结晶质量有决定性影响。例如，同样以甲烷作为碳源，石墨烯在催化活性较高的 Pt 表面生长的温度可以低至 750℃，明显低于在 Cu 表面的生长温度(≥850℃)。

此外，金属衬底的碳溶解度和催化活性的差异，也会带来不同的石墨烯生长机制。Cu 上碳溶解度很低，仅为 0.001%～0.008%(质量分数，1084℃)[图 2-6(b)]。[5] 由于碳的溶解度较低，且 Cu 与石墨烯之间的相互作用力较弱，因此碳源裂解产生的碳活性基团会直接在衬底表面形成石墨烯而不会进入金属体相中[图 2-6(d)]，遵循表面催化机理。而 Ni 由于具有较高的碳溶解度(质量分数为 0.6%，1326℃)[图 2-6(a)]，碳活性基团(完全脱氢的活性碳原子)生成后会溶

图2-6 碳与金属相互作用的相图

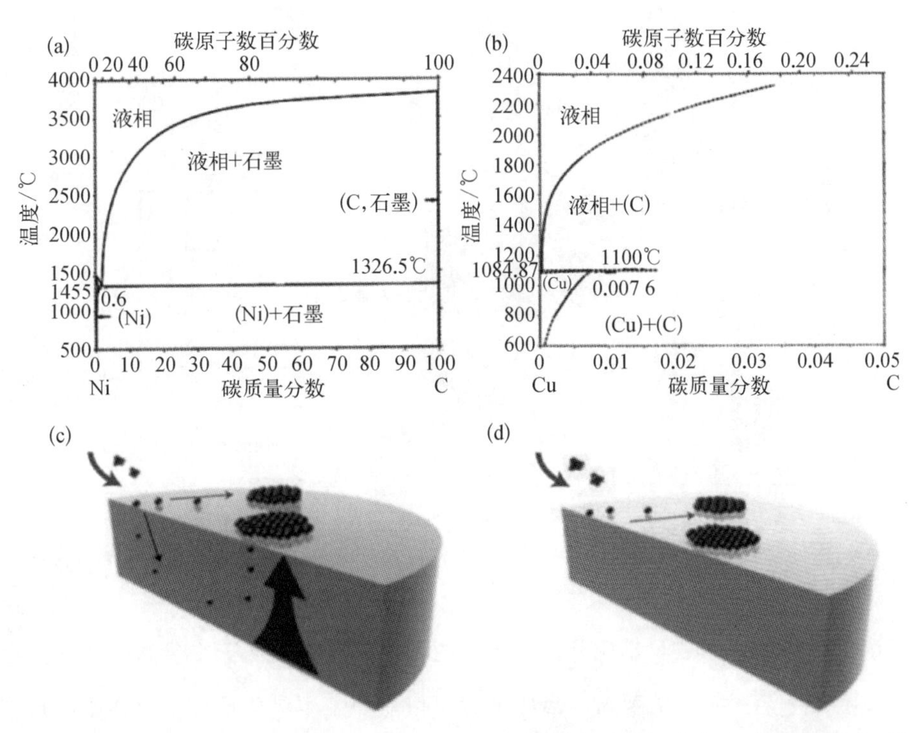

（a）Ni-C体系；（b）Cu-C体系；（c）Ni体系石墨烯偏析生长过程；（d）Cu体系石墨烯表面催化生长过程

解进入金属体相中。[5] 在降温过程中，碳溶解度降低，体相中溶解的碳在金属衬底表面发生偏析生成石墨烯，遵循偏析生长机理。需要指出的是，一些金属如Mo、W、Ti等可以和碳优先形成碳化物，促进碳源裂解和石墨烯的生长。

3. 载气

CVD法制备石墨烯时，常常需要通入还原性气体氢气和惰性气体氩气（尤其在常压CVD中），氩气的通入主要用于调节体系压力和反应前驱体的浓度、分压等。因此，需要通过管路将碳源、氢气和氩气等从源头（如气体钢瓶）引入反应腔体，参与石墨烯的生长过程（图2-7）。

4. 压力

石墨烯的生长可以在不同的压力条件下实现，如高真空（10^{-6}～10^{-4} Torr）、

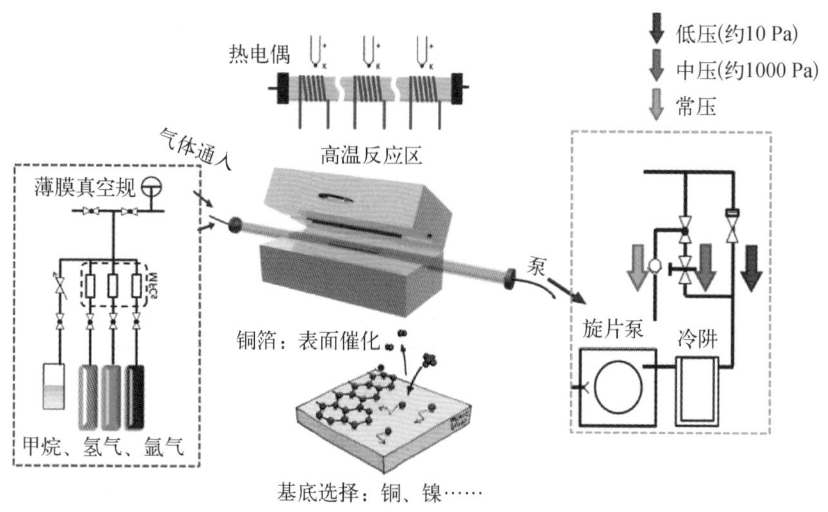

注：图中包括高温反应炉体、生长衬底、气体、压力调节单元、真空泵等基本组成部分。

图2-7 热壁CVD装置示意图

低压(0.1～1 Torr)以及常压等。石墨烯的氧化温度一般低于生长温度，因此石墨烯制备过程中通常需要减少氧气的含量以避免发生氧化反应。常规做法是，利用机械泵或分子泵抽取体系中的气体，来维持一个低压环境。在低压条件下，体系的基础压力(未通入气体的体系压力值)取决于真空泵的抽速、反应腔体管件的气密性和反应腔体内污染物的挥发量。基础压力越低，体系中氧气和其他污染物的含量就越低。这种在低压条件下生长石墨烯的方法称为低压化学气相沉积(low pressure CVD, LPCVD)法。通过调节泵的抽速，石墨烯的生长也可以在较高压力甚至大气压下进行。顾名思义，常压化学气相沉积(atmospheric pressure CVD, APCVD)法即在大气压力下生长石墨烯的方法，此时需要不断通入氢气形成还原气氛以尽可能排除体系中的氧气。[6]

5. 温度及加热方式

如前所述，衬底的退火和石墨烯的生长一般需要维持较高的温度。根据CVD系统加热方式的差异，可以分成热壁和冷壁两种。其中热壁CVD系统中最常见的加热方式是通过电阻丝对反应腔体进行加热。而只对生长衬底加热，不对整个腔体加热的CVD系统称为冷壁CVD，可以通过电磁感应或焦耳加热

(欧姆加热)的方式实现。冷壁加热方式可实现衬底的快速升降温,同时由于衬底上方的气相温度较低,可有效抑制石墨烯生长过程中的气相反应。[1,6]

6. 石墨烯生长体系的能量来源

碳源裂解的能量来源,除了加热以外,还可以借助微波或射频等方式使含碳前驱体电离,在局部形成等离子体。[7]等离子体的化学活性很强,会加速碳源裂解,进而在衬底表面形成石墨烯(图 2-8)。[8]因为微波或射频提供了碳源裂解的额外能量,所以可以在低温下和催化活性较低的衬底上实现石墨烯的生长。这种 CVD 技术称为等离子体增强化学气相沉积(PECVD)。不过,裂解的碳碎片在衬底表面的石墨化过程仍然需要催化剂和一定的温度,因此 PECVD 制备的石墨烯质量在一定程度上仍受到反应温度和衬底催化活性的影响。[1]

图 2-8 PECVD 生长过程和实验装置

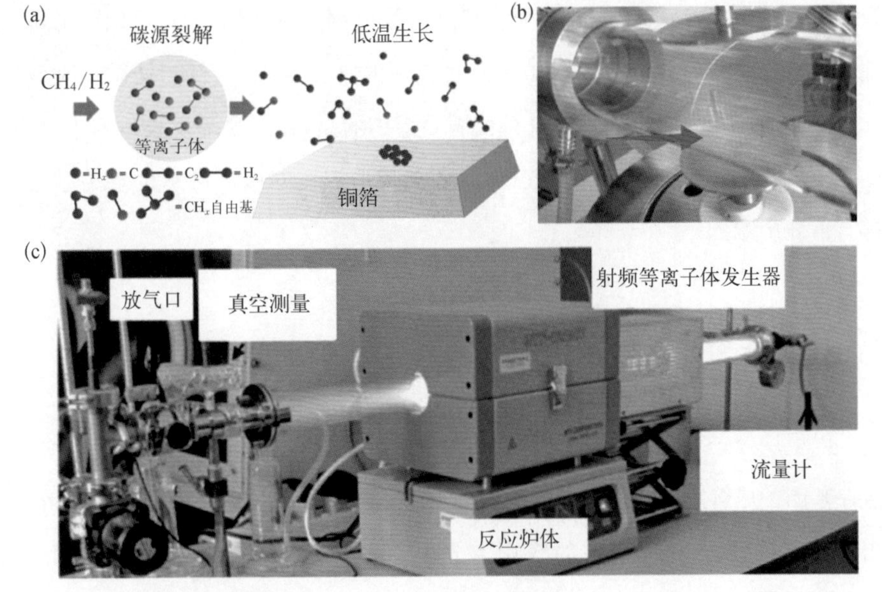

(a)等离子体参与的表面低温生长机理;(b)辉光放电过程;(c)典型的 PECVD 实验装置

对于实现石墨烯的应用来说,发展规模化生长技术极为重要。一般有两种方法,即静态 CVD 生长法和卷对卷(roll-to-roll)CVD 生长法。[1]卷对卷生长法是一种动态生长方法，铜箔连续进入高温腔体，完成生长后，动态移出反应腔体，以此实现石墨烯薄膜的低成本规模化制备。

2.2 碳源裂解反应

含碳前驱体需要经历一系列的化学反应生成石墨烯。以最常用的碳源甲烷为例，甲烷分子首先经过 C—H 键的活化，裂解为活性基团 CH_3，并经进一步的 C—H 键活化，脱氢形成 CH_2、CH、C 等活性基团。这些活性基团也会相互反应生成碳原子数更高的活性基团，如 C_2H_x（$x = 1 \sim 4$）、C_6H_x（$x = 1 \sim 6$）等。[9] 如前所述，单纯在气相中，碳源的碳氢活化需要较高的能量，如甲烷分子的第一步脱氢反应需要克服 4.85 eV 的能垒。[10] 如此高的能垒，大大增加了碳源裂解的难度。在石墨烯 CVD 生长过程中，较高的反应温度和催化剂的存在使碳源裂解成为可能。其中，较高的反应温度为裂解提供能量，金属衬底的催化可以降低碳氢键的裂解能垒。而含碳活性基团在衬底表面的进一步脱氢反应，使碳源裂解的反应平衡向脱氢反应方向不断进行。需要指出的是，在石墨烯生长过程中，脱氢反应在气相中和衬底表面都有进行，衬底和反应温度对碳源裂解的动力学过程都有重要影响。

2.2.1 气相碳源裂解过程

以甲烷分子为例，甲烷分子在气相中可以通过碳氢键活化产生大量的 CH_3 活性基团。尽管第一步的脱氢裂解具有较高的能垒，但第一步脱氢反应后，在气相中可以持续发生一系列的自由基链式反应，产生大量的碳活性基团（图 2-9）[11]，如乙烯自由基、苯自由基等含有 sp^2 键的活性基团。活性基团的稳定性差异导致其在气相中浓度分布不同。值得注意的是，人们在讨论 CVD 生长石墨烯过程时，气相反应往往被忽略，然而气相反应对石墨烯的层数、洁净度、生长速度等都有一定程度的影响。[12] 如图 2-10 所示，通过计算模拟分析不同温度下 15 种

图 2-9 甲烷分子的气相自由基链式反应过程

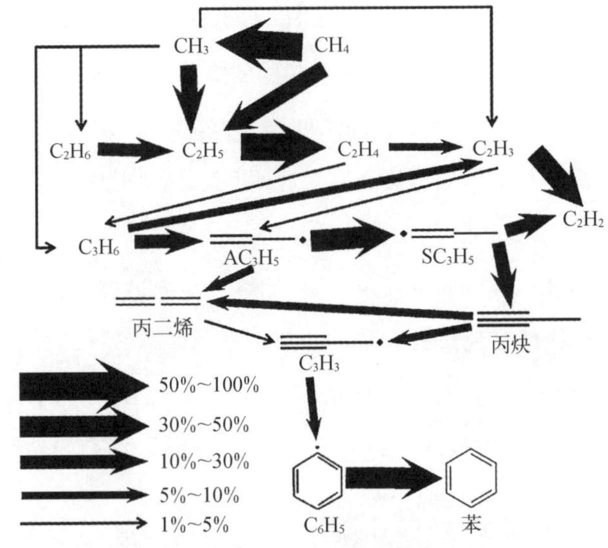

注：箭头越粗表示反应发生的相对比例越高。

图 2-10 石墨烯生长过程中的碳源裂解反应

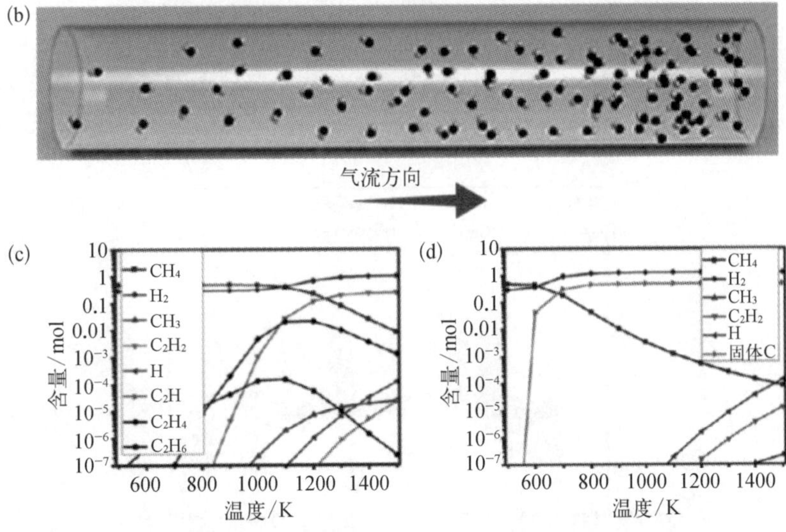

（a）高温气相中甲烷分子可能发生的链式反应；（b）CVD 反应腔中气相碳物种的分布示意图；（c）（d）不同温度下气相碳物种的理论计算含量，分别对应于无催化剂的情况（c）和有 Cu 催化剂存在的情况（d）

可能的气体组分(H、H_2、C、CH、CH_2、CH_3、CH_4、C_2、C_2H、C_2H_2、C_2H_4、C_2H_6、C_3、C_4、C_5)的比例可以发现,在低温下气相中的组分多以分子形式存在。[13]而当温度大于 1000 K 时,气相中存在大量 CH_3 自由基[图 2-10(c)]。[13]而衬底的引入导致大量的碳活性基团消耗,进而改变这种平衡。如图 2-10(d)所示,金属衬底催化剂引入后自由基的比例发生显著改变。

此外,尤其在 LPCVD 的生长条件下,低熔点金属的挥发比较严重,经常可以在生长后的石英管上观察到大量的金属沉积[图 2-11(a)(b)]。这也导致 CVD 过程中气相中存在着大量的金属团簇,这些金属团簇作为催化剂影响气相中的组分平衡。铜的挥发量以及铜团簇的存在形式(尺寸)会影响气相中碳源与金属的相互作用[图 2-11(c)]。[12,13]

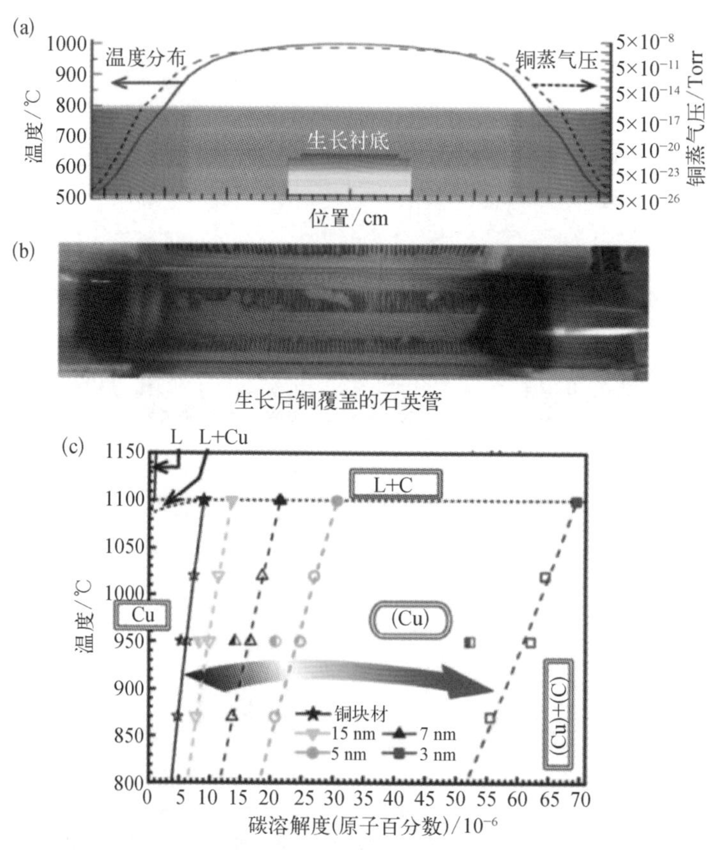

图 2-11 Cu 团簇对石墨烯 CVD 生长的影响

(a) Cu 衬底上 LPCVD 石墨烯生长过程中管径方向的温度和铜蒸气压的分布;(b) 石墨烯生长结束后,冷区有大量铜沉积的石英管照片;(c) 不同直径的铜团簇的 Cu-C 相图

气相反应和气相组分的不同，导致沿气流方向衬底上石墨烯生长行为也存在差异。理论计算估计的甲烷分子的裂解转化速率在 1.0 s^{-1} 的量级。[14]气体流速决定了气体在 CVD 反应腔体中的停留时间，当停留时间与裂解转换在同一时间尺度或者更低时，气相各组分之间无法达到平衡。此时，气体停留时间越长，碳源裂解得越充分。相对于气流上游来说，气流下游的气体停留时间更长，所以下游的碳源裂解相对更加充分。也就是说，下游会产生更多的碳活性基团，导致下游的石墨烯生长速度更快。

2.2.2 生长衬底表面的碳源裂解过程

尽管气相中存在碳源的脱氢裂解反应，在石墨烯的生长过程中往往还是需要具备一定催化活性的反应衬底。在这种衬底表面，碳源可以进一步脱氢裂解，气相中各碳活性基团的比例也随之发生变化。在气相中和衬底表面发生的碳源裂解的相对比例主要取决于反应温度和衬底的催化活性。因此，在石墨烯的 CVD 生长过程中，需要综合考虑气相和衬底表面的碳源催化裂解过程。

在石墨烯的生长过程中，衬底主要起到以下两种作用。第一，吸附并催化含碳前驱体和气相反应过程中产生的碳活性基团脱氢裂解，形成参与石墨烯生长的活性基团(如 CH 或活性碳原子)。第二，催化石墨烯的成核生长过程，降低石墨化温度。需要指出的是，生长衬底的催化活性和溶碳能力的差异直接影响到碳活性基团的表面脱氢、迁移、溶解、偏析等步骤，从而影响到石墨烯的成核生长过程。[15]本小节将首先详述石墨烯生长涉及的化学反应的第一步，即衬底表面催化 C—H 活化脱氢裂解的过程。

以典型的金属生长衬底为例，气相中的碳源和气相反应产生的碳活性基团会首先吸附在衬底表面，进而在金属衬底的催化下发生进一步的 C—H 键活化，即裂解脱氢。[10, 16]以甲烷分子为例，甲烷分子在金属表面裂解形成 CH_3、CH_2、CH、C 等一系列的活性基团。这些活性基团在金属表面快速迁移、碰撞，进而形成石墨烯核，或者键连到已经形成的石墨烯骨架的生长边缘上。如前所述，由于价电子排布方式的不同，金属衬底的催化活性不同，导致碳源催化裂解的能垒和产物也不同。理论计算表明，在 Pd(100)和 Ru(0001)等衬底表面，碳源裂解是放热反应。对于 Ni(111)表面，尽管碳源裂解是吸热过程，但由于碳在 Ni 的体相溶解度较高，碳源的充分裂解反应仍可在表面持续进行。[17]然而，对于 Cu 表面的石墨烯生长来说，碳源的逐级脱氢裂解都是吸热反应，其能垒为 1.0～2.0 eV(不同晶面的逐级催化裂解的能垒见图 2-4)。[10]甲烷分子的完全裂解产物(C+4H)比甲烷分子自身的能量高出 3.6 eV。考虑到裂解产生的碳物种在高温下的表面脱附反应，甲烷分子在 Cu 表面裂解产生的碳活性基团以 CH 基团为主。CH 基团进一步完全裂解的能垒较高，使 CH 基团更容易通过相互键连来实现进一步的脱氢。计算结果显示，大量 CH 基团存在时，C—C 二聚体(C_2H_2)在 Cu(100)表面比较容易形成。[9]同时，理论计算也发现，在 Cu 表面，C_2H_2通过环化形成苯环仅仅需要 0.79 eV 的能垒，这也意味着产生的 CH 基团环化脱氢在 Cu 衬底上更易发生。因此在 Cu 表面，CH 基团容易形成更大的 C_xH_y基团，进而直接生成石墨烯，而不是进一步脱氢裂解生成活性碳原子。石墨烯在 Ni 金属表面的生长过程则与 Cu 形成鲜明的对比。[2,15]由于 Ni 具有较高的催化活性和碳溶解度，碳源可以在 Ni 表面完全脱氢裂解，生成活性碳原子，作为石墨烯生长的直接反应基团。Ni 对 C 的溶解度较高，因此在 Ni 表面催化脱氢形成的活性碳原子会溶解到体相 Ni 中。当温度降低或体相中碳的溶解度达到过饱和时，过多溶解的 C 会在 Ni 表面偏析出来，形成石墨烯。需要指出的是，金属表面裂解产生的碳活性基团由于表面吸附能不同，有些会从表面脱附，进入气相中。因此实际上，气相中除了气相反应产生的碳活性基团外，还包括衬底表面脱附的碳活性基团。

另外，氢气在 C—H 键活化中起到了重要的作用，气相中碳源的碳氢活化往往需要氢气辅助。现在普遍认为，碳源分子在金属衬底表面的化学吸附和逐步脱氢裂解也需要氢气的参与。[17]氢气分子在金属衬底表面裂解形成活性氢原子，这些活性氢原子会进攻碳物种使其进一步脱氢裂解。当然，这些活性氢原子也会与碳氢物种裂解产生的氢原子键连形成稳定的氢气分子，从而加快脱氢反应的进行。[17]由于活性氢原子往往在金属衬底中的溶解度较高，因此在石墨烯表面催化生长过程中，会有大量的活性氢直接参与反应。

2.3 生长动力学

2.3.1 金属衬底溶碳能力的影响

不同元素的电负性不同，这是元素周期律赋予它们的本征差异，同时也决定了不同元素之间截然不同的相互作用性质。从石墨烯生长的角度看，不同的金属衬底（Cu、Ni、Pt、Rh、Ru 等）与碳元素之间的相互作用，和它们在元素周期表中的位置，即外层电子排布性质密切相关。如前所述，金属衬底的催化活性以及金属与碳的相互作用取决于金属中 d 轨道的电子排布。当过渡金属具有空的 d 轨道时，如 Ni 具有 2 个未配对的 3d 电子，在碳源催化裂解时，C—H 的电子可以转移到空的 d 轨道上，进而导致裂解反应发生。而对于 Cu 来说，其电子排布方式为 $4s^1 3d^{10}$，d 电子没有空轨道，因此其催化活性低。由于 Cu 与 C 的相互作用较弱，C 在 Cu 中的溶解度也很小，其高温溶解度仅为 0.001%～0.008%（质量分数，1084℃）。相比之下，Ni 和 Co 具有较高的碳溶解度，分别为 0.6%（质量分数，1326℃）和 0.9%（质量分数，1320℃）。这种碳溶解度的差异直接导致石墨烯生长动力学过程的差异。对 Cu 表面石墨烯生长来说，由于低碳溶解度和较弱的金属 Cu 与石墨烯相互作用，碳源裂解产生的碳活性基团会直接在 Cu 衬底表面形成石墨烯，这一过程即表面催化过程。而 Ni 由于较高的碳溶解度和催化活性，活性碳原子形成后会进入 Ni 金属体相中，在降温过程中，碳溶解度随之降低，这导致了体相中溶解的碳在金属 Ni 表面偏析出来形成石墨烯，这一过程即偏析过程。

在不同金属衬底上生长的基元过程不同，导致石墨烯的结晶质量、连续性、均一性也不尽相同。Cu 和 Ni 是石墨烯生长中最常用的两种金属衬底，所获得的石墨烯质量较高，且制备成本较低。实际上，这两种衬底上石墨烯的生长行为也非常具有代表性。[15] 在金属 Ni 衬底上，常常获得层数不均匀的多层石墨烯；而在 Cu 衬底上，更容易获得大面积单层石墨烯。在高温条件下，当碳源在金属 Ni

表面发生完全的脱氢裂解之后，得益于其高溶碳量，活性碳原子会溶解迁移进入体相 Ni 内部，直到达到金属 Ni 的溶解度极限。在降温过程中，随着温度的降低，活性碳原子过饱和析出，在 Ni 催化作用下形成稳定的石墨烯相。当环境（如温度）变化非常剧烈时，大量的溶解碳就会同时偏析出来，形成多层石墨烯，其层数与降温速度和溶碳量密切相关。而对于 Cu 衬底来说，由于溶碳量很小，基本不会发生活性碳原子大量溶解进入 Cu 内部的现象，自然也不存在偏析生长的过程。取而代之的是，在 Cu 表面，甲烷碳源在 Cu 催化辅助下，逐级发生脱氢裂解反应，得到的碳活性基团在表面上直接结合形成石墨烯。一旦表面被石墨烯满覆盖，生长衬底的催化活性就会降低，生长就会停止，所以得到的往往是单层石墨烯。不过，在一些 APCVD 系统中，碳源在气相中的热裂解较为明显，当铜表面被石墨烯满覆盖时，后续的多层生长依然是可能的。[2]

2.3.2 生长基元步骤

在金属衬底表面，石墨烯的生长过程主要包括以下五个步骤：(1) 气相反应与碳物种的传质过程；(2) 碳物种在金属表面的吸附和催化脱氢；(3) 碳活性基团在衬底表面形成团簇进而形成石墨烯核；(4)石墨烯核的外延生长；(5)石墨烯畴区互相拼接融合，形成连续石墨烯薄膜。上述每一步都会影响石墨烯的生长质量、均一性、畴区大小、生长速度以及层数。通过调节温度、压力、碳源前驱体、生长环境气体组成（包含还原性气体和氧化性气体）、衬底种类及其晶面取向等实验参数，可调控生长的动力学过程。在接下来的内容中，我们将对生长过程中的各基元步骤逐一讨论。

1. 气相反应与碳物种的传质过程

如前所述，在气相反应中，如果没有催化剂存在，通过热裂解反应或者高温链式反应也可以使碳源发生裂解脱氢，进而产生多种含碳活性基团，比如 CH_3、C_2H_y（$y=1\sim6$）、C_6H_z（$z=1\sim6$）以及活性氢原子。但是当引入生长衬底时，金属衬底表面的催化裂解脱氢反应过程占据主导。这并不代表气相反应不重要，也不代表气相反应可以被忽略，特别是当甲烷的分压大、生长周期长时，气相反应会显著影响石墨烯的层数和洁净度。

碳源前驱体的传质过程很大程度上受衬底表面气体流动状态的影响。[18] 如图 2-12 所示，在高温 CVD 生长石墨烯的过程中，衬底表面存在一个厚度为 δ 的边界层，边界层的厚度和层内气体流动状态与气流速率、压力和温度紧密相关。碳源前驱体在到达衬底表面发生进一步的裂解反应前，必须穿过边界层。同时，一些衬底产生的活性基团比如 H、CH_3 也可能从衬底脱附通过边界层扩散出去。边界层的存在造成最终的石墨烯生长速度由两个基元过程控制，其一是碳前驱体或碳活性基团向衬底表面移动，并在衬底表面吸附的过程；其二是抵达金属衬底表面的碳活性基团用于生长石墨烯的消耗过程。这两个过程可以分别用以下公式来表述[18]

$$F_{\text{mass transport}} = h_{\text{g}}(C_{\text{g}} - C_{\text{s}}) \tag{2-1}$$

$$F_{\text{surface reaction}} = k_{\text{s}} C_{\text{s}} \tag{2-2}$$

式中，$F_{\text{mass transport}}$ 是碳前驱体和活性基团穿过边界层的质量流量；$F_{\text{surface reaction}}$ 是碳活性基团在衬底表面催化生长石墨烯的消耗流量；h_{g} 是传质系数；k_{s} 是表面反应常数；C_{g} 和 C_{s} 分别代表碳前驱体和碳活性基团在气相和衬底表面的浓度。从式(2-2)可以看出，石墨烯的表面生长反应过程属于一级反应动力学的范畴。

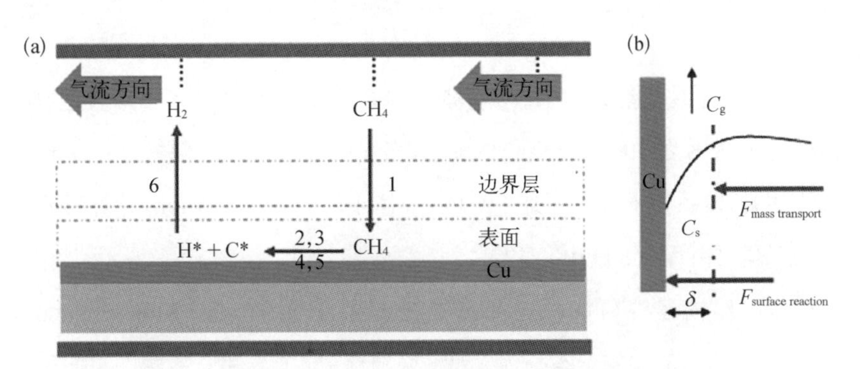

图 2-12 CVD 生长系统及相关反应

（a）在低溶碳量 Cu 衬底表面的石墨烯化学气相沉积反应过程；（b）气相传质过程和衬底表面反应的碳活性基团传质过程示意图

通常情况下，体系的压力会对边界层的厚度和前驱体在边界层的扩散产生影响，而边界层厚度的变化会导致穿过边界层到达催化衬底表面上的前驱体的速率变化，从而引起石墨烯层数分布的差异。[18]

传质系数由气体本身的扩散能力和边界层的厚度共同控制，可以用公式 $h_g = \frac{D_g}{\delta}$ 表达。式中，D_g 是扩散系数。在相对较大的压力下，比如 APCVD 体系，前驱体在边界层的输运速率较低，因此传质过程成为决速步骤。当压力很小时，比如 LPCVD 体系，边界层的厚度会变大，从而使边界层内的气体密度变小，碳活性基团在边界层内发生的碰撞次数大大减小，因此获得了更高的扩散系数，使整体传质过程的速率变大。在这种情况下，决速步骤就变成了衬底表面反应。CVD 是一个高温过程，耗能高，因此有目的地提高石墨烯生长速度可以作为节能降低成本的一个手段。比如，在 LPCVD 生长过程中，由于表面催化反应是决速步骤，因此可以通过提高衬底表面的催化活性来提高反应效率。北京大学刘忠范课题组通过堆叠两片铜箔，有效地减小了传质层的厚度，使传质效率大大提高，进而促进了碳活性基团与金属催化衬底之间的反应碰撞速率，有效地提高了反应速率。[19]

我们来具体计算一下碳源分子的平均自由程。两个堆叠的铜箔之间的距离是 10～30 μm，气源（H_2/CH_4 的混合气体）的平均自由程可以用下式计算

$$\lambda = \frac{k_B T}{\sqrt{2}\pi d^2 p} \tag{2-3}$$

式中，k_B 是玻尔兹曼常数；T、d、p 分别是体系的温度、气体分子平均直径、压力。在温度为 1300 K 的 LPCVD 生长体系中，当气源为 100 sccm CH_4 和 1 sccm H_2 的混合气体时，体系的压力大约是 100 Pa，气体平均直径是 0.4 nm，计算得到气体分子的平均自由程为 300 μm 左右。

衡量气体输运性质的一个重要参数是克努森数 Kn（Knudsen number，Kn）。一般而言，流体的状态分为三种：黏滞流、分子流和介于两者之间的过渡层，并可以通过 Kn 进行区分。当 $Kn < 0.01$ 时，气体处于黏滞层状态，以连续状态输运；当 $Kn > 10$ 时，气体处于自由的分子流状态，在输运过程中会与器壁发生频繁碰撞；当 Kn 介于两者之间时，气体处于过渡层状态。而 Kn 的大小可以

通过计算分子的平均自由程和体系的径向尺寸的比值得到，即

$$Kn = \frac{\lambda}{D} \tag{2-4}$$

式中，D 是反应腔体的直径。结合堆垛铜箔间距（10～30 μm）计算可知，Kn 等于 10～30，表明体系中气源的主要成分 H_2 和 CH_4 都处于分子流状态。因此，碳源分子和衬底之间发生剧烈碰撞，促使碳源裂解更易发生。与之形成鲜明对比的是，在开放的铜箔表面生长石墨烯的过程中，D 可以看作由石英管的直径决定，为厘米量级，比如 1 英寸①管径的石英管，$D = 2.54$ cm，Kn 此时约为 0.001，因此，此时气源分子处于黏滞层状态，与衬底和器壁（石英管壁）之间的碰撞概率会明显减小，碳源裂解速率降低。[19]

2. 碳物种在金属表面上的吸附和催化脱氢

在金属衬底表面吸附的碳前驱体会发生分解和脱氢反应，产生石墨烯生长所必需的碳活性基团，这些过程是直接发生在衬底表面的。

以甲烷分解过程为例，高温条件下，甲烷脱氢裂解，变成 CH_i（i = 0，1，2，3）自由基，反应方程式如下

$$CH_3—H \longrightarrow CH_2—H + H \tag{1}$$

$$CH_2—H \longrightarrow CH—H + H \tag{2}$$

$$CH—H \longrightarrow CH + H \tag{3}$$

$$C—H \longrightarrow C + H \tag{4}$$

在 Cu 表面，甲烷无法被完全催化脱氢，会产生大量的 CH 自由基。而在金属 Ni 表面，甲烷会完全脱氢产生活性碳原子。显然，金属衬底的催化活性高低决定了碳源的裂解程度，这里我们给出常用的催化石墨烯生长的金属衬底的催化活性顺序：Ru≈Rh≈Ir＞Co≈Ni＞Cu＞Au≈Ag。

丁峰课题组通过计算得到了碳活性基团在不同种类的金属衬底上的结合能

① 1 英寸(in)＝0.0254 米(m)。

(E_b)的大小。不同的碳活性基团在各种金属衬底上的结合能可以用下式计算[16]

$$E_b = E_M + E_{CH_i} - E_T \tag{2-5}$$

式中，E_M、E_{CH_i}、E_T 分别对应金属衬底能量、CH_i 的能量以及 CH_i 在金属衬底上最低吸附能构型的能量。如图 2-13(a)所示，在所有研究的金属衬底体系中，增加碳活性基团 CH_i 中 H 的数量会使整体的结合能下降。值得注意的是，甲烷与金属的结合能接近零，这也表明甲烷与金属之间的结合作用力很弱。碳活性基团和金属衬底之间的相互作用与金属 d 轨道的线宽和能量密切相关，而这些都对碳与金属之间的 p-d 相互作用产生影响。通过碳活性基团与金属之间的结合能，可以进一步计算碳活性基团在金属衬底表面上的动力学反应寿命(τ)[16]

$$\tau = \tau_0 \exp(E_b / k_B T) \tag{2-6}$$

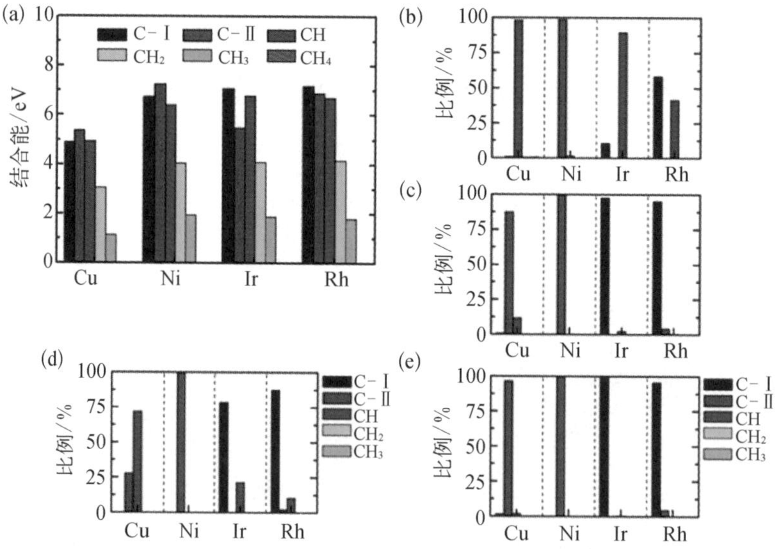

图 2-13 不同衬底、不同温度条件下，体系中碳活性基团 CH_i 的分布计算结果

(a) 在四种典型衬底 Cu、Ni、Ir、Rh 上不同的碳活性基团 CH_i ($i=0$, 1, 2, 3) 的结合能大小；(b)～(e) 不同温度下，在四种典型衬底 Cu(111)、Ni(111)、Ir(111)、Rh(111) 上不同碳活性基团的分布比例 [其中氢气的分压均为 10^{-2} mbar①，(b)～(e) 分别对应 800 K、1000 K、1200 K 和 1400 K]

① 1 mbar(毫巴)＝100 Pa(帕)。

式中，$\tau_0 = \frac{h}{k_B}T$，h 和 k_B 分别为普朗克常数和玻尔兹曼常数；T 为温度。可见，温度和结合能大小同时决定了碳基团在金属表面上的寿命，具有较高结合能的活性碳物种也具有较高的动力学反应寿命。比如，在铜箔表面上，化学气相沉积过程中，CH_3 自由基的动力学反应寿命在 10^{-4} s 量级，而 CH_2 和 CH 基团以及活性碳原子的动力学反应寿命则是在 10^{-3} s 量级。

碳活性基团的稳定性，可以通过吉布斯自由能（ΔG_f）来进行描述，其计算过程如下：

$$\Delta G_f = E_T - E_M + \Delta F_{vib} - n_C \mu_C - n_H \mu_H \tag{2-7}$$

式中，n_C 和 n_H 分别是活性基团中碳原子和氢原子的数目；ΔF_{vib}是分子的振动能项对吉布斯自由能 ΔG_f 的贡献；μ_C和μ_H分别是体系中活性碳原子和氢原子对应的化学势，与 CVD 生长体系的温度和甲烷分压密切相关。通过体系中活性基团的稳定性，即吉布斯自由能，可以进一步计算体系中每个组分的分布比例（P_i）

$$P_i = \exp \frac{\frac{-\Delta G_f^i}{k_B T}}{\sum_i \exp\left(\frac{-\Delta G_f^i}{k_B T}\right)} \tag{2-8}$$

图 2-13(b)～(e)给出了不同温度下，不同碳活性基团在各种金属衬底催化体系中的相对比例。

在铜箔表面上的碳活性基团主要是 CH 自由基。这说明在铜箔表面上，碳源发生完全裂解很困难。例如在 Cu(111)表面，CH_4 整体的脱氢过程是吸热的，随着脱氢数目的增加，反应需要的活化能从 1.0 eV 升高到 2.0 eV。[9] 同时，CH_4 和其他脱氢裂解产物在铜箔表面的高温脱附也进一步阻碍了完全脱氢过程。当使用液体碳源（如苯等）时，液体分子与铜箔表面之间的作用力对碳源的吸附和脱附造成影响，从而也会影响到最终碳源的脱氢程度。

而在金属 Ni 衬底表面上，主要的碳活性基团是活性碳原子。这说明在金属 Ni 衬底上，甲烷发生了几乎完全的脱氢反应。此外，增加体系的温度可以增加碳活性基团的稳定性，也可以进一步增加甲烷深度脱氢得到的活性碳原子的比例。

吉布斯自由能可以反映碳活性基团的稳定性,而脱氢裂解的反应活化能则控制着每一步脱氢反应的速率。基于此,降低活化势能(E_a)(如在体系中引入微量氧气)可以加快裂解反应,提高石墨烯的生长速度。[1]另一方面,低温生长可有效降低石墨烯制备的能耗。根据阿伦尼乌斯方程(Arrhenius equation):

$$k = A\mathrm{e}^{-\frac{E_a}{RT}} \tag{2-9}$$

降低石墨烯的生长温度,会导致石墨烯的生长速度降低,甚至生长停止。因此在低温石墨烯生长研究中,往往通过碳源前驱体的设计和筛选,选用脱氢裂解活化能较低的碳源,如乙烷、苯、甲苯、吡啶和乙醇等,来有效提高低温下碳源的裂解速率,从而实现石墨烯的低温生长[图2-14(a)]。[20]

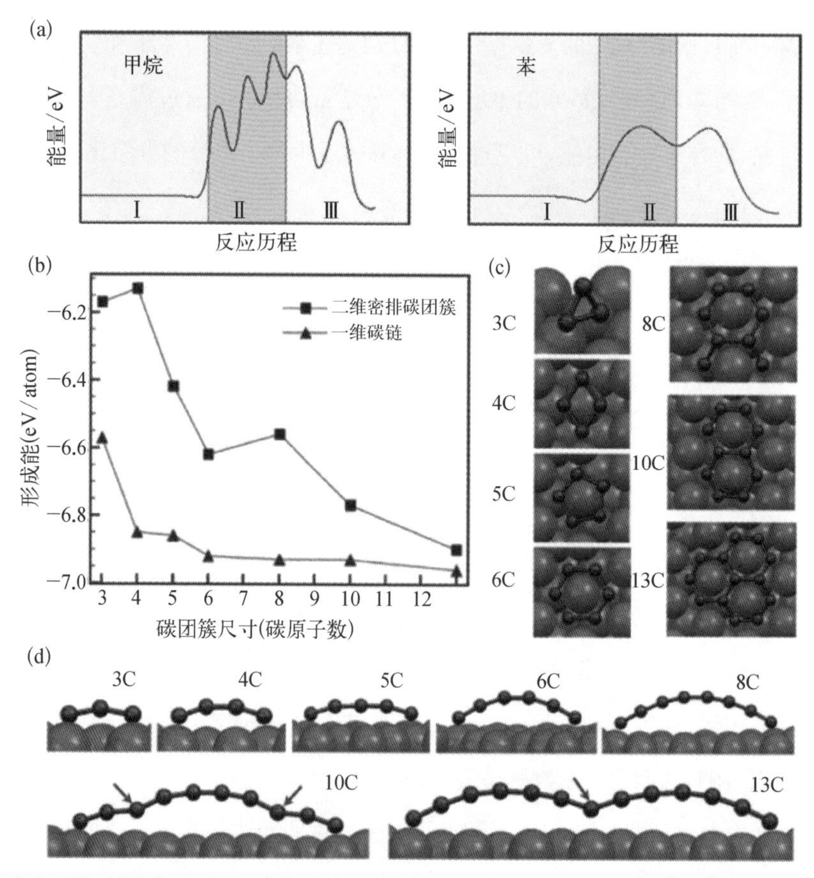

图2-14 金属衬底上碳原子数较小(N< 13)时的生长形貌

(a)甲烷和苯作为碳源生长石墨烯的反应能垒图;(b)在Cu(111)衬底上,含有3~13个碳原子的一维碳链和二维密排碳团簇的形成能的比较;(c)(d)在Cu(111)衬底上,含有3~13个碳原子的团簇的俯视图(c)和侧视图(d)(橙色和灰色分别对应于碳原子和铜原子)

3. 石墨烯的成核过程

在金属表面产生碳活性基团之后，这些碳活性基团会在石墨烯的成核和生长阶段被消耗。因此，这里首先探讨一下石墨烯的成核过程。石墨烯成核过程指碳活性基团形成碳团簇并不断长大的过程。

碳源裂解产生的碳活性基团通过不断碰撞，形成更大的具有更多碳原子数的结构——碳团簇。碳团簇的结构和稳定性受到碳原子数量和衬底的影响。理论计算表明，以金属 Ni 表面为例，当碳原子数小于 13 时，碳团簇以链状结构存在，这是由不同结构的碳团簇的稳定性差异决定的。

理论计算表明，在 Cu 的不同晶面，例如 Cu(100)、Cu(110)、Cu(111)上，当碳原子数为 1 时，CH 最常发生的吸附位点分别是在三个铜原子构成的空位、两个铜原子之间的桥位或是面心立方的空位上。当团簇中碳原子数升高为 2 时，二聚体碳团簇在铜的不同晶面 Cu(100)、Cu(110)、Cu(111)上的稳定性比单个活性碳原子要高。在 Cu(111)表面上，二聚体碳团簇的扩散能垒小于 0.44 eV。

当团簇中碳原子数为 3～13 时[21,22]，团簇在金属表面的稳定性随着团簇大小的增加而增加，但是石墨烯的成核势垒依然存在。从稳定性的角度看，当碳原子数较小时，碳团簇倾向于以链状形式存在。[21] 如图 2 - 14(b)～(d)所示，当碳原子数 $N<12$ 时，碳团簇以线型的碳链结构最稳定，线型碳链的两端与金属衬底原子相结合。以 C_6 碳团簇链为例，变成六元环结构，势垒会升高 1.8 eV。所以在后续的外延生长过程中，从碳链的稳定构型转变为类六边形生长核，必须要跨越一个较大的势垒。

而当碳原子数增加到 13 时，更易形成 sp^2 杂化碳原子构成的平面网状碳团簇(图 2 - 15)。随着团簇的长大，这种 sp^2 杂化碳原子的网状碳团簇稳定性逐渐加强。[22] 此时，碳原子的数目不足以保证所有碳原子以 sp^2 的形式形成类石墨烯的六元环结构，所以碳团簇里至少存在两个相连的五元环。

实验中可以观察到一些石墨烯生长初期成核的实验证据，比如在金属 Ir(111)、Ru(0001) 和 Rh(111) 晶面上，可以观察到直径约 1 nm 的碳团簇。[23]

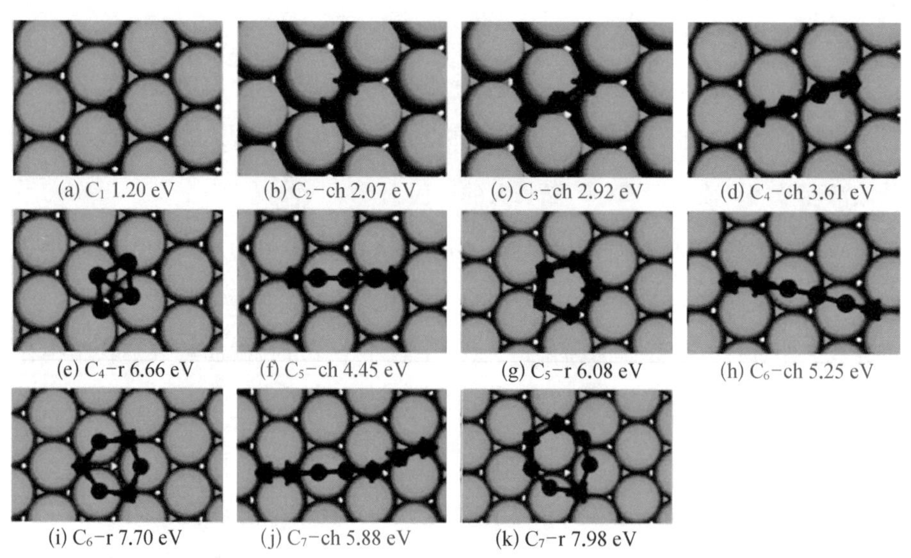

图2-15 在Ni(111)衬底上，C_1 ~ C_7团簇的结构和形成能

注：r和ch分别代表形成了碳环和碳链，对应不同的碳团簇大小，最低能量的构型用红色标识。

关于石墨烯初期成核阶段发生的详细基元过程依然需要更加深入的研究，这部分内容将在第5章讨论。

值得一提的是，在石墨烯生长的成核阶段，如何调控石墨烯的成核是大家一直以来密切关注的重点问题。成核过程的调控包括对成核势垒和成核密度的控制。成核密度在实验上是可以统计和观测的，而且成核密度受到成核势垒的直接影响。根据在成核阶段碳团簇能量变化过程的计算，可以得到成核势垒的高低。举例来说，成核势垒受金属衬底表面形貌的影响，比如在原子台阶和平整晶面上的成核势垒完全不同。[24] 如图2-16所示，根据传统的晶体成核理论，成核势垒 G^* 和核的大小 N^* 可以从吉布斯自由能随着核的大小变化曲线 G^*-N^* 上的最高点读出[24]。

$$G(N)=E(N)-\Delta\mu\times N \tag{2-10}$$

式中，$\Delta\mu$是结晶相与碳源之间的化学势差；$E(N)$是在金属衬底表面上碳团簇的形成能，形成能的计算公式如下：

$$E(N)=E(C_N@M)-E(M)-N\times\varepsilon_G \tag{2-11}$$

图 2-16 石墨烯成核大小的影响因素

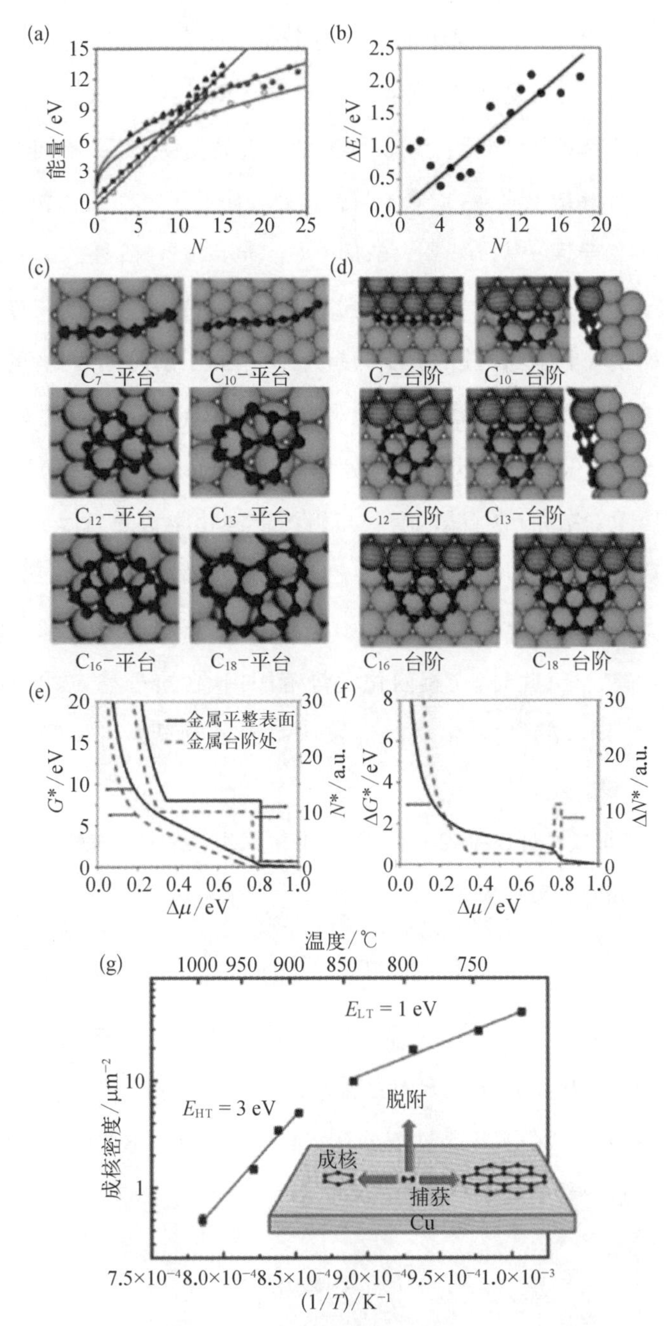

（a）在 Ni（111）的平整表面和台阶上碳团簇的形成能随团簇大小的变化规律（其中方块、三角形和圆形分别对应链状、环状和网状碳团簇，实心和空心分别对应金属平整表面和台阶处的团簇形成能计算结果）；（b）在 Ni（111）的平整表面和台阶上碳团簇的形成能差值随团簇大小的变化规律；（c）（d）碳原子数为 7、10、12、13、16、18 的碳团簇在金属平整表面和台阶上优化后的结构；（e）成核大小 N^* 和成核势垒 G^* 随化学势 $\Delta\mu$ 的变化规律；（f）平整表面和台阶上碳团簇成核大小和成核势垒差值随化学势（$\Delta\mu$）的变化规律；（g）石墨烯成核密度随温度和温度倒数（$1/T$）的变化结果

式中，$E(C_N@M)$是 N 个碳原子的团簇在金属衬底上的能量总和；$E(M)$是金属衬底的能量；ε_G 是石墨烯核中平均每个碳原子的能量。通过上述公式，丁峰课题组计算了在 Ni(111)平整金属晶面上和在金属台阶附近，不同大小的碳团簇的形成能。计算结果表明，碳原子与台阶处金属原子之间的强相互作用可以提高碳团簇的稳定性。[24] 如图 2－16(a)～(d)所示，在台阶处的金属原子与碳原子是直接键连的。石墨烯在金属台阶和金属平整晶面上的成核势垒之间的能量差为2 eV，并且当碳团簇的大小为超过 12 个原子的时候，两者的差异会更大。如此大的能量差异也解释了在金属台阶和平整晶面上石墨烯成核行为的差异。图2－16(e)(f)展示了成核势垒和核的大小(稳定石墨烯核所需的碳原子数目)随着结晶相(石墨烯核)与碳源之间化学势差($\Delta\mu$)的变化而变化的规律，从图中可以看出，在金属平整表面上，核的大小 N^* 随着化学势差 $\Delta\mu$的增加而减小。当化学势差 $\Delta\mu$为 0.35～0.81 eV 时，形成稳定的石墨烯核需要 12 个碳原子；此时，在相同化学势范围内，台阶处稳定的石墨烯核的碳原子数目为 10，较小的稳定石墨烯核所需的碳原子数目说明了在台阶处石墨烯更易成核。

此外，在传统成核理论基础上，一个二维材料生长的成核速率(J)可以用 J_0 与成核势垒之间的关系来描述

$$J = J_0 \exp(-G^*/kT) \tag{2-12}$$

式中，指前因子 J_0 是活性碳团簇吸附到石墨烯核上的吸附速率，与吸附势垒和碳活性基团的浓度密切相关；k 为玻耳兹曼常数。

Cecilia Mattevi 课题组通过罗宾逊/罗宾斯模型(Robinson and Robins model)估算了成核势垒的大小和成核密度[25]

$$N_s^3 \sim P_{CH_4} \times \exp\left(\frac{G^*}{kT}\right) \tag{2-13}$$

式中，N_s 是成核过程中饱和成核密度，这个模型把成核密度和成核势垒都考虑在内；k 为玻耳兹曼常数。当温度较低时，碳活性基团的脱附可以忽略，活性碳团簇吸附到石墨烯核上是决速步骤，此时的成核过程可以称为“吸附控制过程”。

成核势垒由下式决定

$$G^{*} = 2E_{att} - E_{d} - E_{ad} \tag{2-14}$$

式中，E_{att}是碳活性基团被石墨烯晶格捕获的势垒；E_{d} 是碳活性基团在金属衬底上迁移的扩散势垒；E_{ad}是碳前驱体吸附势垒。代入成核密度公式，可以得到

$$N_{s}^{3} \sim P_{CH_4} \times \exp\left(\frac{2E_{att} - E_{d} - E_{ad}}{kT}\right) \tag{2-15}$$

相比之下，高温时，在金属表面上碳活性基团的脱附速率比迁移速率高，这就是“脱附控制过程”，此时的成核密度关系如下：

$$N_{s}^{2} \sim P_{CH_4} \times \exp\left(\frac{E_{des} + E_{att} - E_{d} - E_{ad}}{kT}\right) \tag{2-16}$$

式中，E_{des}是碳活性基团的脱附势垒；k 为玻耳兹曼常数。相应地，实验上测得的吸附和脱附势垒分别是 1 eV 和 3 eV。升温会导致成核密度下降，这很容易理解：升温时，碳活性基团的迁移速率和脱附概率都变大，导致用于成核的碳活性基团流失。

4. 石墨烯核的外延生长过程

成核之后，大量的石墨烯核在金属衬底表面上形成，接下来就是以这些核为中心的石墨烯畴区的长大过程。连续供给的碳源在金属衬底的催化作用下裂解形成碳活性基团，随之作为石墨烯生长的直接供给源，迁移并键连到逐渐长大的石墨烯核边缘上。随着石墨烯畴区边缘碳原子的不断增加，石墨烯核的稳定性逐渐提高(吉布斯自由能逐渐减小)，石墨烯畴区不断长大。

生长中的石墨烯畴区边缘有两种终止方式，一种是边缘被催化衬底表面的金属原子终止，另一种是边缘被活性氢原子终止。有时石墨烯畴区边缘会发生重构来进一步提高稳定性。石墨烯畴区的边缘结构依赖生长过程中边缘附近的化学环境，因此可通过调节生长条件，如温度、压力来进行调控。[26]

另外，了解石墨烯畴区的取向是由什么因素以及如何决定的，对获得取向一致的单晶样品具有指导意义。尽管人们普遍认为石墨烯的生长是一个外延生长的过程，但是已经有实验证据表明，单晶石墨烯的生长畴区可以跨过生长衬底的晶界，维持单晶的状态。生长得到的单晶石墨烯下面覆盖的铜衬底并不要求一定是单晶，而是可以存在金属的晶界。也就是说，单晶石墨烯与催化衬底之间存在很多取向不匹配的情形。实际上，石墨烯畴区的取向是在成核阶段就已经决定了的。成核阶段碳团簇的边缘碳原子与催化衬底金属原子之间的相互作用以及成核区域的化学环境共同决定了畴区的取向。[16] 因此，随着生长过程的继续，当石墨烯核尺寸长大至超过 2～3 nm 时，若想要改变晶格取向就需要跨过很高的能垒。

在石墨烯生长结束后，得到的形貌变化多样，但是也有据可依，我们可以通过对石墨烯生长的过程采用乌尔夫构造法（Wulff Construction）理论来探究石墨烯畴区不同形貌的形成原因。

最后一个要提到的有趣的问题是，在金属衬底表面上，到底能不能确保得到满覆盖的石墨烯。在生长过程中，当碳活性基团在衬底表面吸附和脱附达到速率平衡时，后续的石墨烯生长需要过饱和部分的碳活性基团的供给，此过饱和部分的碳活性基团是指成核发生时和生长达到平衡时碳活性基团的浓度差（$c_{nuc}-c_{eq}$）。因此可以根据成核的临界过饱和条件和石墨烯生长的平衡条件，计算出最终生长的覆盖度（A_{sat}）。[25] A_{sat} 等于 $(c_{nuc}-c_{eq})/\rho_G$，这里 ρ_G 是石墨烯的碳原子面积密度，大约是 0.382 Å^{-2}，因此，只有当 $A_{sat}\geqslant 1$ 时，才能得到满覆盖的石墨烯生长结果。

Cecilia Mattevi 课题组[25] 给出的公式，可以估算通常生长条件下石墨烯的覆盖度 A_{sat}。

$$A_{sat}=1-\frac{(P_{H_2})^2}{K_1K_2K_3\rho_G P_{CH_4}} \tag{2-17}$$

式中，K_1、K_2、K_3 分别是 CH_4 分解反应的吸附和脱附平衡常数、H_2 的吸附和脱附平衡常数，以及碳活性基团在石墨烯边缘吸附和脱附的平衡常数。根据公式可知，从实验的观点出发，得到连续的石墨烯薄膜由两个生长参数控制：温度和CH_4/H_2的分压比。

5. 石墨烯畴区的融合成膜过程

通常，多晶石墨烯薄膜的性质受晶界的影响很大，比如晶界的密度和晶界处原子排布方式。在常见的CVD生长过程中，两个畴区的融合会发生两种可能的情况。在单晶衬底上，当两个石墨烯畴区取向一致时，可以完美地拼接在一起，不产生任何的位错或缺陷。鉴于石墨烯较高的柔性，以及高温下金属衬底表面会存在预熔的现象，石墨烯晶界的完美拼接是有可能的。但是，如果两个晶界出现一点很小的晶格取向不一致，就会在拼接之后产生缺陷晶界。在这条不完美的晶界上，通常可以找到一些五元环、七元环、扭曲的六元环等[图2-17(a)～(d)]。[27]石墨烯通过这些缺陷和不完美结构来释放晶格取向不一致造成的应力。这些不完美的晶界将不同的石墨烯畴区拼接在一起，最终会降低石墨烯的电学、机械以及热导等性质。[27,28]

石墨烯晶界可以通过原子级分辨的透射电子显微镜(transmission electron microscope, TEM)进行研究。如图2-17所示，两个石墨烯晶界拼接到一起后，取向夹角为27°，形成了倾斜的由五元环、七元环、扭曲的六元环构成的晶界。

此外，晶界的无序性，比如五元环和七元环的数目，是由晶界两侧石墨烯晶畴取向差别大小决定的。当取向角度偏差为30°时，无序性最大。晶界的形成能一般为0～0.5 eV/Å，而且形成能随石墨烯晶畴取向差别变化的曲线表现为不对称的M型，如图2-17(e)(f)所示。[29]

2.3.3 生长边缘结构

基于我们对石墨烯生长机理、生长动力学的研究和认识，在本节内容中，将会详细介绍石墨烯的边缘终止形态、畴区取向以及最终畴区形貌形成的原因。

石墨烯生长的终止边缘有两类，锯齿型(zigzag, ZZ)和扶手椅型(armchair,

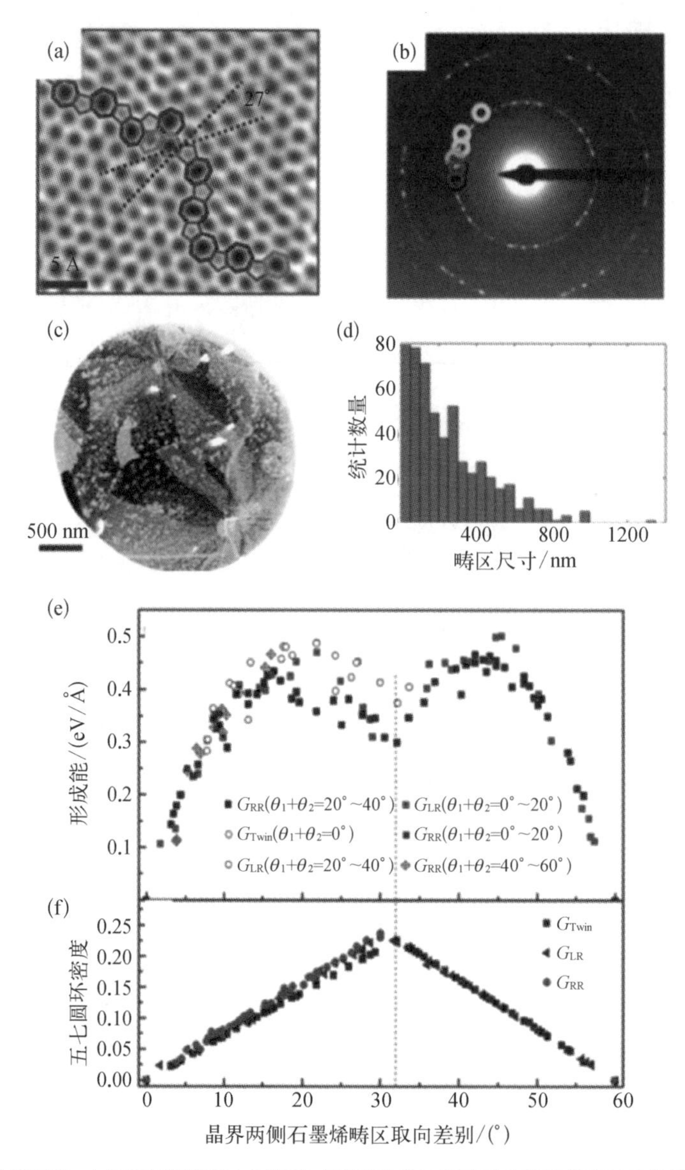

图2-17 石墨烯畴区拼接形成的晶界

(a) 由五元环、七元环和扭曲的六元环构成的石墨烯晶界的高分辨透射电子显微镜图像（high-resolution transmission electron microscopy, HRTEM）；(b)(c) 多晶石墨烯的选区电子衍射(b)和暗场像(c)；(d) 在暗场成像下，多晶石墨烯畴区大小的统计直方图；(e) 不同类型的畴区晶界（不同石墨烯晶畴取向差别）的形成能；(f) 含有五七圆环的石墨烯边界线密度

AC)。自由的石墨烯边缘由于有不饱和的悬挂键存在，在真空中是不稳定的。锯齿型和扶手椅型石墨烯边缘的形成能很高，分别为 13.46 eV 和 10.09 eV。[30] 因此，生长过程中，石墨烯的边缘通常需要键连到氢原子或金属原子上来提高自身

的稳定性。在富含活性氢的化学环境里，石墨烯的边缘通常是被氢原子终止的；当体系中氢的含量不充足时，石墨烯的边缘就会被衬底表面金属原子终止。因此，在讨论石墨烯边缘结构时，金属与石墨烯边缘碳原子的相互作用也需要考虑进来。因此，在CVD体系中生长的石墨烯，由于金属原子与边缘碳原子之间的成键，其边缘形态与在真空中的情形很不相同。

此外，在某些情形下，石墨烯边缘也会通过自身重构来提高稳定性。比如，在真空中，扶手椅型边缘是自钝化的，因为它类似于碳碳三键的性质，不需要边缘重构。相反，锯齿型石墨烯边缘常常会发生边缘重构，石墨烯边缘形成五七圆环。[30] 整体而言，如图2-18(a)～(h)所示，锯齿型(ZZ)[图2-18(a)]和扶手椅型(AC)[图2-18(b)]石墨烯边缘可以重构成ZZ(57)[由五元环和七元环依次构成的锯齿型边缘，图2-18(c)]/AC(677)[由六元环和两个七元环依次构成的扶手椅型边缘，图2-18(d)]或者ZZ(ad)/AC(ad)，其中ZZ(57)/AC(677)构型的边缘可以通过在本征的ZZ/AC边缘旋转一个碳碳单键得到，ZZ(ad)/AC(ad)构型的边缘可以通过添加一个碳原子得到。根据成键位点的不同，AC(ad)构型又细分为AC(ad)-Ⅰ和AC(ad)-Ⅱ两种构型。[30] 在Ni(111)、Co(111)、Cu(111)衬底上，可以从边缘结构在真空中的形成能判断石墨烯是否会发生边缘重构。比如，与ZZ(57)和ZZ(ad)相比，在金属Ni上的锯齿型石墨烯边缘有最低的形成能，因此不需要发生边缘重构来提高稳定性。所以在Ni(111)表面上，石墨烯边缘一般是以锯齿型构

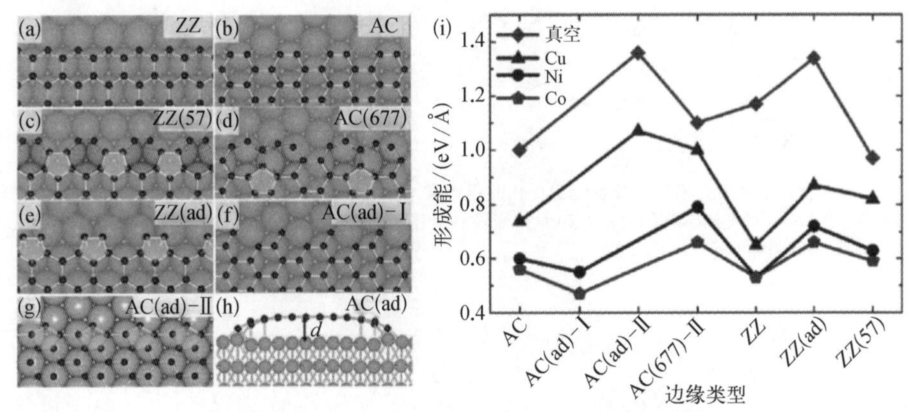

图2-18 石墨烯边缘的结构及形成能的理论计算

(a)~(h)金属表面上典型的石墨烯边缘结构示意图；(i)不同石墨烯边缘在真空和衬底表面的形成能计算结果

型存在的。金属原子与石墨烯边缘碳原子之间的相互作用最终决定了石墨烯边缘结构的稳定性。例如，与在真空中相比，在Co和Ni表面上石墨烯边缘的形成能降低了大约50%；在Cu衬底上，形成能降低了30%。这表明相比于金属Cu，碳原子与Co和Ni之间具有更强的相互作用[图2-18(i)]。

对石墨烯边缘终止结构的实验控制可以调控石墨烯薄膜的电子学性质。因此，选择性地生长特定边缘的石墨烯薄膜具有重要意义。[31]

图2-19显示了石墨烯边缘之间可能的夹角。当石墨烯边缘是纯粹的锯齿型或者扶手椅型时，石墨烯畴区终止边缘的夹角为 $2n\times30^{\circ}$（$n=1,2,3,\cdots$）；当石墨烯中相邻的边缘分别是锯齿型和扶手椅型时，边缘的夹角则为 $(2n-1)\times30^{\circ}$，即30°、90°、150°。因此，具有六方对称性的石墨烯畴区，其终止边缘只能是单一类型的，或是扶手椅型，或是锯齿型。石墨烯边缘类型的指认可以通过拉曼光谱表征实现，锯齿型石墨烯边缘对应的D峰和G峰强度之比较小，即 I_D/I_G 很小，约为0.05；而扶手椅型石墨烯边缘的 I_D/I_G 约为0.3。[31]

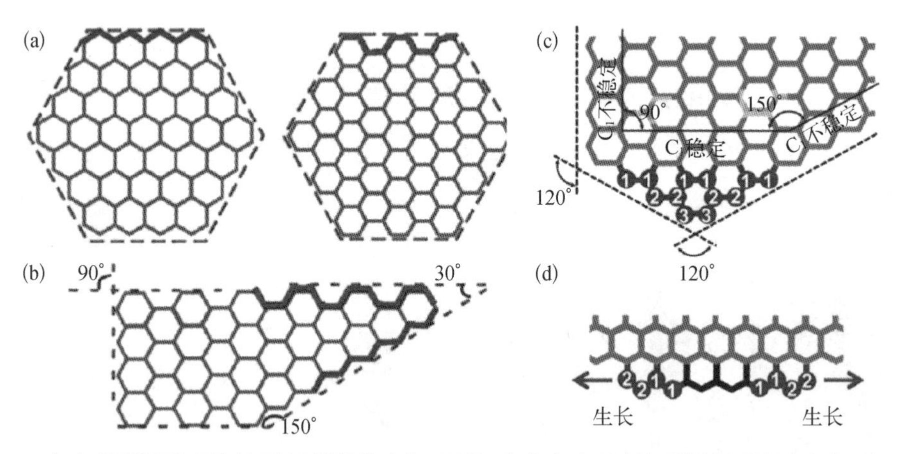

图2-19 石墨烯边缘的两种终止形态及石墨烯边缘之间的夹角示意图

（a）分别以锯齿型和扶手椅型边缘终止的石墨烯；（b）锯齿型和扶手椅型石墨烯夹角为30°；（c）（d）沿扶手椅型边缘和锯齿型边缘（1—1和2—2）生长情况（沿扶手椅型边缘石墨烯易于生长，沿锯齿型边缘石墨烯不易生长）

从理论上讲，在金属催化衬底表面生长的石墨烯的能量为

$$E_{tot}=\varepsilon_{vdw}S+\varepsilon_{edge}L=\varepsilon_{vdw}S+(\varepsilon_{edge}^{P}-\varepsilon_{G-Cu})L \qquad (2-18)$$

式中，ε_{vdw} 是单位面积的范德瓦耳斯相互作用能；ε_{edge}^{P} 是本征石墨烯的边缘形成

能；ε_{G-Cu}是石墨烯边缘和金属衬底Cu之间的平均结合键能；L和S分别是边缘的长度和石墨烯畴区的面积。ε_{vdw}与边缘终止结构无关，因此在分析中可以不考虑。石墨烯的边缘形成能 ε^{P}_{edge}可以通过下式计算[31]

$$\varepsilon^{P}_{edge} = (E_{GNR} - E_{G})/L \tag{2-19}$$

它是单位长度的石墨烯纳米带和石墨烯之间的能量差。在Cu(100)晶面上，当石墨烯畴区与Cu(100)晶面的夹角($\theta_{G/Cu}$)为0°和45°时，衬底上含有扶手椅型或锯齿型边缘的本征石墨烯的边缘形成能 ε^{P}_{edge}分别为1.00 eV/Å和1.13 eV/Å，扶手椅型和锯齿型与衬底之间的结合能 ε_{G-Cu}分别为0.65 eV/Å和0.74 eV/Å。因此，不考虑衬底和石墨烯相互作用时，扶手椅型和锯齿型边缘的形成能 ε_{edge}分别为0.35 eV/Å和0.39 eV/Å。这表明在Cu箔上，这两类边缘的形成能接近。然而，石墨烯畴区的生长实际上是一个非平衡的生长过程，因此生长过程中的动力学因素，会对最后的生长结果产生巨大影响。美国宾夕法尼亚大学的Johnson课题组认为，当碳源供给降低时，在石墨烯边缘添加碳原子的能量E计算如下

$$E = E_{G+1/Cu} - E_{G/Cu} - E^{atom}_{C} - E^{ads}_{C} \tag{2-20}$$

式中，$E_{G+1/Cu}$和$E_{G/Cu}$分别是添加了一个原子和未添加原子的石墨烯在铜箔上的总能量；E^{atom}_{C}是单个活性碳原子的能量；E^{ads}_{C}是活性碳原子在Cu(100)晶面上的吸附能。计算结果发现，无论$\theta_{G/Cu}$的值是多少，单个活性碳原子添加到锯齿型边缘上都是能量不稳定态，而在扶手椅型边缘上则是稳定态。因此，在生长过程中，活性碳原子吸附在扶手椅型的边缘上，不断地缩短了扶手椅型石墨烯畴区边缘的尺寸，使生长较慢的锯齿型边缘保留下来。

以Wulff Construction理论为指导，可以研究不断长大后最终石墨烯畴区的形貌及其调控方法。如成会明课题组通过生长—刻蚀—再生长的过程，揭示了石墨烯畴区形貌的演化规律(图2-20)，该课题组利用700 sccm氢气和3.7 sccm甲烷生长得到了六边形的石墨烯单晶，这其中生长较慢的锯齿型边缘被保留下来[图2-20(a)～(c)]。当保持氢气流量不变、减小甲烷流量(3.3 sccm)时，石墨烯将会被刻蚀[图2-20(d)～(g)]。此时，锯齿型边缘逐渐被刻蚀消失，

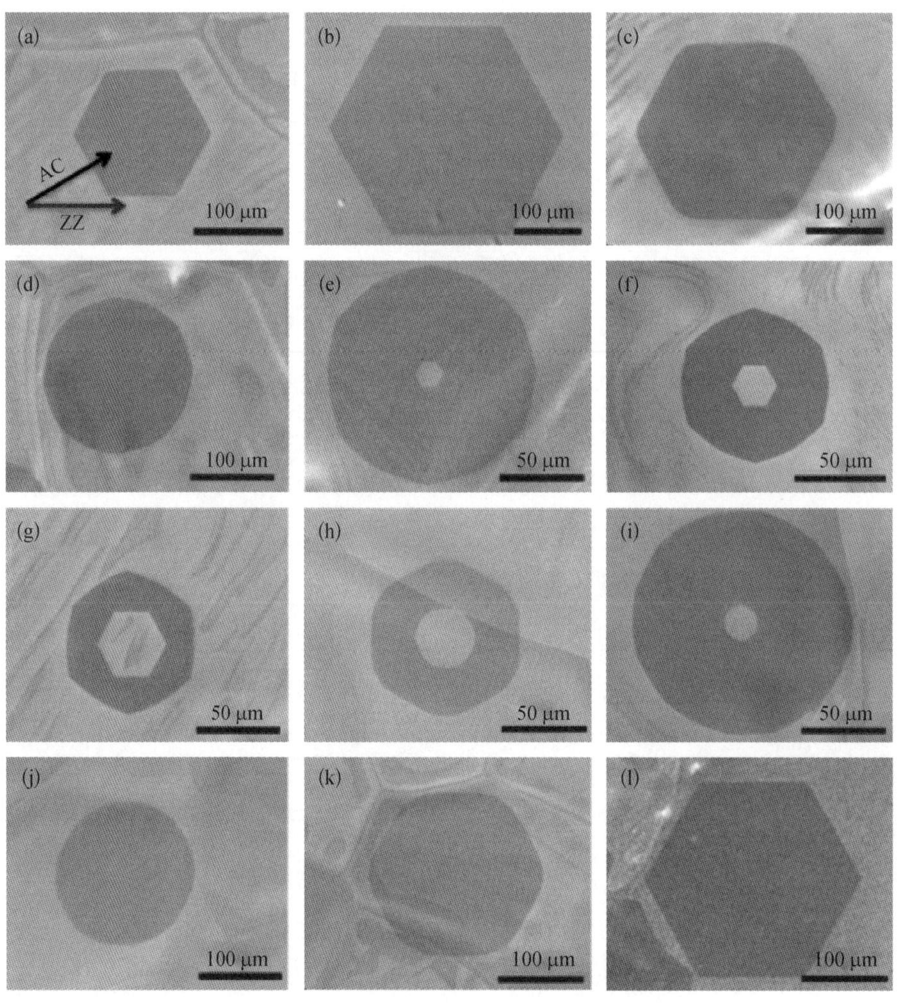

图 2-20 石墨烯畴区的生长-刻蚀-再生长过程的扫描电子显微镜（SEM）图像

（a）（b）700 sccm 氢气和 3.7 sccm 甲烷生长 15 min（a）和 30 min（b）的结果；（c）~（g）700 sccm 氢气和 3.3 sccm 甲烷刻蚀 4 min（c）、7 min（d）、10 min（e）、11.5 min（f）和 12 min（g）的结果；（h）~（l）700 sccm 氢气和 3.5 sccm 甲烷二次生长 30 s（h），2 min（i）、3 min（j）、5 min（k）和9 min（l）的结果

暴露出来相对于锯齿型边缘倾斜 19.1°的边缘结构，进而形成此边缘结构构成的正十二边形畴区[图 2-20(d)]。与此同时，被刻蚀的石墨烯还可以经过再生长，恢复为以锯齿型边缘为终止边缘的六边形石墨烯[图 2-20(h)～(l)]。通过 Wulff Construction 理论，该课题组详细探究了在石墨烯生长-刻蚀-再生长过程中产生形貌演变的原因。首先，在石墨烯的扶手椅型和锯齿型边缘生长过程中，都会存在大量的成核点以及凹陷和扭折[图 2-21(a)(b)]，而石墨烯生长和刻蚀

图 2-21 石墨烯畴区的生长和刻蚀行为的理论分析

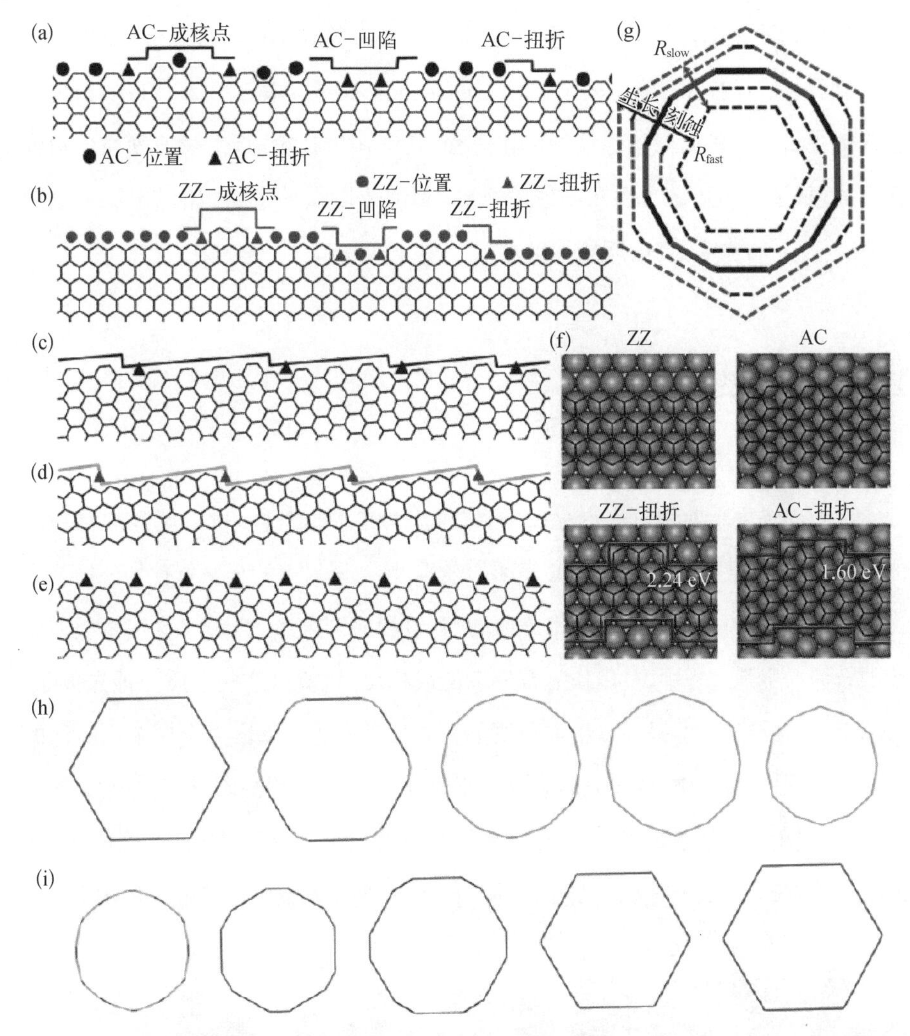

（a）（b）在扶手椅型和锯齿型边缘上石墨烯成核点、凹陷和扭折的结构示意图；（c）（d）扶手椅型和锯齿型倾斜边缘的结构示意图（三角形符号标出了扭折的具体位置）；（e）相对于锯齿型边缘倾斜19.1°的边缘结构示意图（此结构扭结的数量最多）；（f）扶手椅型和锯齿型倾斜边缘扭结的形成能计算结果；（g）根据 Wulff Construction 理论，石墨烯生长和刻蚀畴区演化的示意图（红色和蓝色分别对应较慢和较快的生长或刻蚀的边，箭头向内为刻蚀过程，箭头向外为生长过程）；（h）（i）刻蚀（h）和再生长（i）阶段，石墨烯形貌的演变过程的理论模拟结果（红色、蓝色、绿色分别对应扶手椅型、锯齿型和相对于锯齿型边缘倾斜 19.1°的边缘）

过程会伴随着新的成核点和凹陷的形成。倾斜的边缘可以认为是具有不同数量扭折的扶手椅型边缘和锯齿型边缘[图 2-21(c)(d)]。相对于锯齿型边缘，倾斜19.1°的边缘结构扭折的权重更大[图 2-21(e)]。而扶手椅型和锯齿型边缘扭折的形成能分别是 1.60 eV 和 2.24 eV[图 2-21(f)]。通过理论计算可知，石墨烯的生长和刻蚀速度与扭折的数量正相关，因此在石墨烯刻蚀阶段，相对于锯齿型边缘倾斜 19.1°的边缘结构刻蚀速度最快，被逐渐暴露出来。图 2-21(g)给出了石墨烯生长和刻蚀阶段的边缘的演化过程，其中在生长阶段，生长速度快的边缘会消失(扶手椅型边缘)；而在刻蚀阶段中，刻蚀速度快的边缘(相对于锯齿型边缘倾斜 19.1°的边缘)会逐渐暴露出来。[32]

2.4 氢气的作用

在石墨烯生长前的衬底退火阶段，氢气作为还原性气体，可以起到清洁衬底的作用。比如，氢气可以除去衬底表面的杂质，将金属衬底的金属氧化物还原。有文献报道，氢气可以有效除去铜箔表面的碳、硫和磷等杂质。[33] 由于这些杂质在后续的石墨烯生长过程中，可以作为石墨烯的成核位点，所以这些杂质的预先去除，有利于降低成核密度，提高石墨烯的质量。氢气退火还可以增大金属单晶畴区的尺寸。[33,34] 退火过程中，金属表面会发生原子重整、修复表面缺陷，从而降低金属表面的粗糙度。因为金属表面的大量晶界往往也会成为石墨烯的成核位点(图 2-22)[35]，所以退火使金属自身单晶畴区扩大，有助于降低石墨烯的成核密度。

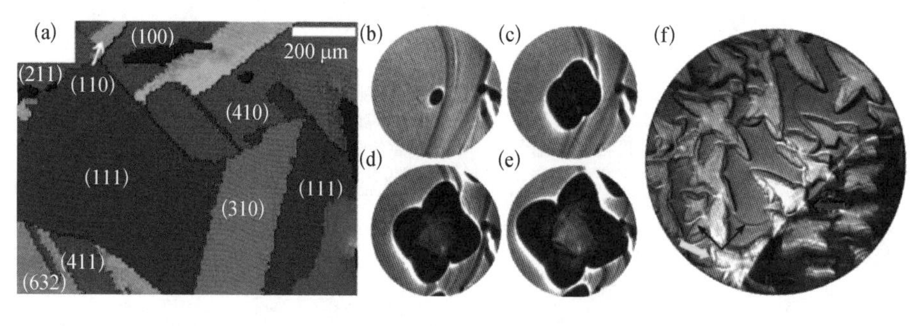

图 2-22 石墨烯生长过程中金属的退火以及金属晶界处石墨烯生长结果的低能电子显微镜(LEEM)①表征

(a) 用于石墨烯生长的铜箔电子背散射衍射②图(不同晶面用不同颜色表示)；(b) ~ (e) Cu 表面通入碳源 15 s(b)、90 s(c)、240 s(d)、390 s(e)后石墨烯生长的 LEEM 图像；(f) 石墨烯生长结果的 LEEM 图像(石墨烯易在铜的台阶处成核，不同的背景衬度对应不同的晶面，红色箭头对应铜的晶界)

① 低能电子显微镜，low energy electron microscopy，LEEM。

② 电子背散射衍射，electron backscatter diffraction，EBSD。

氢气在石墨烯生长过程中，还会参与碳源和碳活性基团的碳氢键活化、逐级脱氢裂解反应。高温下催化裂解的氢气产生活性氢原子，也会参与石墨烯的外延生长。另外，氢气对石墨烯的生长也起到抑制作用，诸如竞争甲烷吸附活性位点和刻蚀石墨烯等。我们将以金属衬底上的石墨烯生长为例，具体分析氢气在石墨烯生长过程中的作用。

首先，金属衬底可以催化裂解氢气，形成活性氢原子。活性氢原子根据其溶解度的大小，可以溶解进入金属的体相。如 Cu 具有更高的氢溶解度，因此在 CVD 生长过程中，大量氢气在 Cu 表面催化裂解，使 Cu 的体相中含有大量的活性氢。金属衬底表面存在大量催化活性更高的活性位点，如晶界、缺陷和台阶等。氢气可以和碳源竞争吸附在这些活性位点上发生裂解，因此会影响碳源自身的吸附裂解过程。

金属表面裂解产生的活性氢，可以与吸附在衬底表面的碳源发生反应，促进碳氢键活化和碳源脱氢，并生成氢气从衬底表面脱附。活性氢除了参与碳源的逐级脱氢裂解外，也可以刻蚀石墨烯，重新生成 CH_x 活性基团。需要指出的是，石墨烯的刻蚀需要先产生活性氢，当金属衬底的催化活性受到抑制时，氢气的刻蚀作用也会明显降低。如 Cu 上的石墨烯生长，石墨烯满覆盖以后，Cu 催化活性降低，氢气对石墨烯的刻蚀作用也随之减弱。氢气的刻蚀往往优先在石墨烯的晶界或金属衬底的活性位点，如缺陷和位错处发生。而这些表面活性位点往往也是石墨烯的成核位点。因此，实验中经常能观察到来自氢气的刻蚀从石墨烯成核中心由内向外发生。

另外，氢气还可以促进活性碳原子的 sp^3 杂化形式向 sp^2 杂化形式进行转变。因此在金属衬底上，一些无定形碳及其聚合物往往可以在氢气的参与下发生石墨化形成石墨烯。[36]

综合以上讨论，氢气是把双刃剑，在促进石墨烯生长的同时，也会对石墨烯起到刻蚀的作用，抑制石墨烯的生长。这个过程可认为是石墨烯生长的逆反应，例如石墨烯成核生长一段时间后，停止碳源供给，保持通入大量的氢气，会对形成的石墨烯畴区进行刻蚀，形成形状不同的石墨烯。而氢气刻蚀形成的石墨烯的形状，往往取决于氢气的流量以及石墨烯和金属衬底的晶格取向（图

2－23)。[37]另外，晶格取向一致的石墨烯畴区(单晶石墨烯)在氢气刻蚀后会形成取向一致的六边形的洞[图 2－23(m)(n)]，这也可以作为判断石墨烯晶格取向的方法之一。[38]也有文献报道，氢气的刻蚀需要氧气的参与，在完全隔绝氧气的条件下，氢气不对石墨烯产生刻蚀。[39]

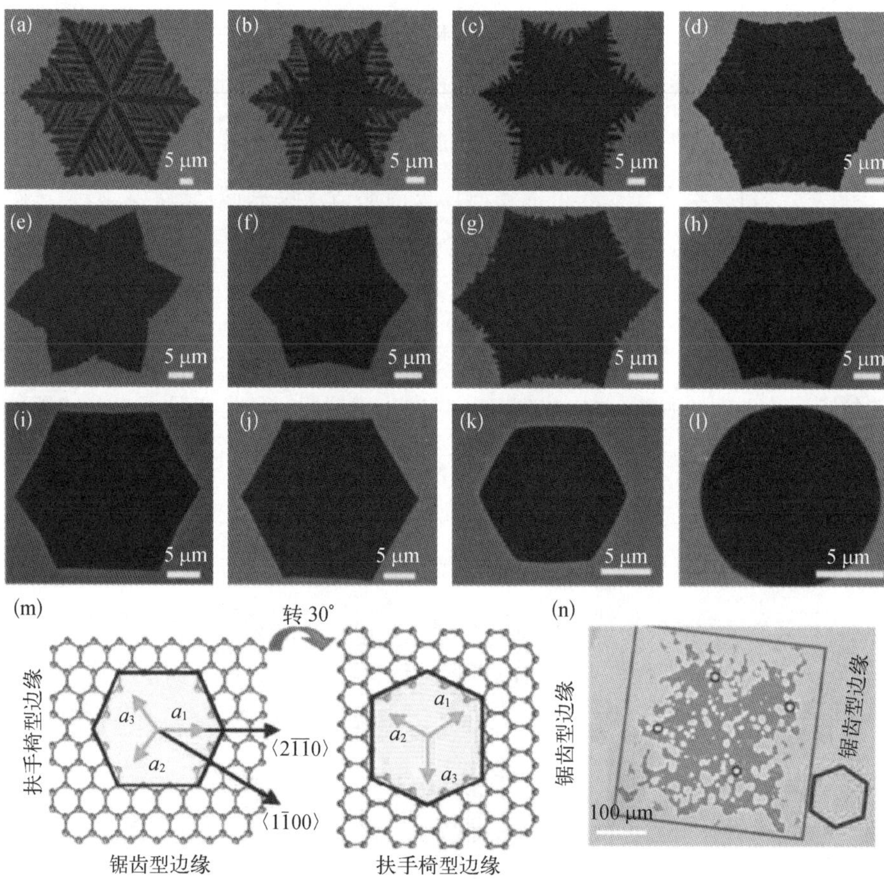

图 2－23　石墨烯的刻蚀过程

(a)～(l) 不同氢气流量下，生长得到的单晶石墨烯畴区形状；(m) 方形石墨烯在氢气刻蚀后，畴区内部形成的六边形孔洞的两种晶格取向示意图；(n) 方形单晶石墨烯刻蚀结果 (灰色框表示刻蚀之前石墨烯畴区大致的形状，可以看出单晶石墨烯内部刻蚀得到的六边形孔洞取向一致)

氢气促进和抑制石墨烯生长的基本反应历程如下方反应(1)～(6)所示。[40]其中反应(4)表示活性氢原子促进吸附在衬底表面的碳源 C—H 键活化，促进碳源的裂解，而反应(6)为氢气产生的活性氢刻蚀石墨烯的过程，在衬底表面重新产生碳活性基团。

$$Cu + H_2 \rightleftharpoons 2H_s$$ ① (1)

$$Cu + CH_4 \longrightarrow (CH_3)_s + H_s(\text{慢})$$ (2)

$$Cu + CH_4 \rightleftharpoons (CH_4)_s$$ (3)

$$(CH_4)_s + H_s \rightleftharpoons (CH_3)_s + H_2$$ (4)

$$(CH_3)_s + \text{石墨烯} \rightleftharpoons (\text{石墨烯} + C) + H_2$$ (5)

$$H_s + \text{石墨烯} \rightleftharpoons (\text{石墨烯} - C) + (CH_x)_s$$ (6)

因此,在石墨烯生长过程中,其实存在着由氢气调控的生长和刻蚀的平衡关系。当石墨烯生长速度大于刻蚀速度时,石墨烯成核生长;当石墨烯生长速度与刻蚀速度相近时,石墨烯生长停止;当石墨烯刻蚀速度更快时,石墨烯会被氢气明显刻蚀。而生长和刻蚀速度之间的关系,往往可以通过氢气的流量进行调节。当然生长和刻蚀速度还受到生长温度、衬底催化剂的活性位点数目等因素影响。氢气流量对石墨烯的生长速度和刻蚀速度的调控,实际上体现在氢气供给量和碳源供给量的比例上。人们经常用氢气和碳源的比例(流量比)来讨论氢气对石墨烯的生长和刻蚀的影响。[40]具体实例如图 2-24 所示,在相同的 30 min 生长时间内,石墨烯生长的畴区尺寸和形状随着氢气分压的改变而发生明显变化。根据相同生长时间内畴区尺寸的变化,可以估计出石墨烯的生长速度。如图 2-24(c)所示,石墨烯的生长速度随着氢气分压的变化而改变,在一定分压下生长速度达到峰值。氢气既是石墨烯生长的反应物也是生成物。石墨烯生长和刻蚀速度,从动力学角度分析,取决于生成物和反应物的浓度、生长温度、催化剂活性位点数目以及反应能垒大小等因素。因此,当碳源供给相对于氢气含量充足的时候,此时增加氢气流量,相当于增加反应物的浓度,加快了石墨烯生长。相反,当碳源供给相对氢气含量不足时,增加氢气的浓度相当于增加生成物的量,加快了石墨烯生长的逆反应即石墨烯的刻蚀速度,使石墨烯生长速度逐渐降低。当进一步增加氢气分压时,会使石墨烯刻蚀速度与生长速度相同,即石墨烯的净生长速度为 0,实际上石墨烯生长停止。在此基础上继续增加氢气分压,会在石墨烯停止生长的同时出现明显的刻蚀。

---

① 下标 s 指吸附在衬底表面。

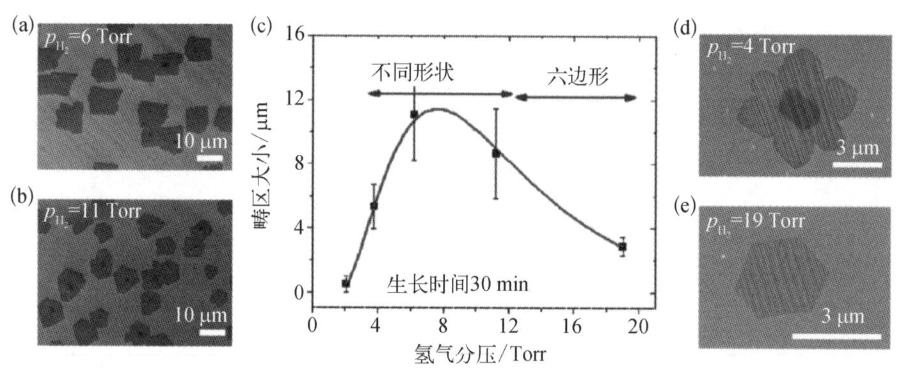

图 2-24 不同氢气分压条件下的石墨烯生长结果

(a)(b)氢气分压 6 Torr(a)、11 Torr(b),生长 30 min 后铜箔表面得到石墨烯的 SEM 图像;(c)相同 30 min 生长时间,在铜箔表面得到石墨烯畴区的尺寸随氢气分压的变化图;(d)(e)氢气分压 4 Torr(d)、19 Torr(e),生长 30 min 后铜箔表面得到石墨烯的 SEM 图像

通过以上讨论可以看到,氢气和碳源的相对含量决定了石墨烯的生长和刻蚀的相对速度。这也可以解释为什么在改变氢气分压时,石墨烯的生长速度具有峰值。需要指出的是,该石墨烯生长的峰值速度大小是由碳源供给、石墨烯生长反应势垒、衬底有效的催化面积以及生长温度共同决定的,石墨烯生长速度及其影响因素等内容将在第 3 章和第 5 章做进一步讨论。

石墨烯的刻蚀行为可以伴随着石墨烯的生长进行,也可以在石墨烯的降温阶段发生。由于石墨烯自身的化学惰性,石墨烯的氢气刻蚀行为也需要一定的温度和催化剂的辅助。但是,相对石墨烯生长而言,石墨烯的氢气刻蚀能垒相对较低,在较低的温度下即可发生。这导致在低于石墨烯生长温度的实验区间,石墨烯的刻蚀反应仍然会发生。因此,尤其是低压条件(碳源供给不足)下,快速降温可以有效避免石墨烯的刻蚀行为,理解这一点是十分必要的。

另外值得注意的是,氢气的分压改变也会导致石墨烯的形状改变,即在较低氢气分压下,石墨烯畴区呈现出不规则的枝杈状边界,而当氢气分压增大时,石墨烯的畴区呈现出规则的六边形(图 2-24),这是因为氢气分压影响石墨烯的动力学行为,进而导致石墨烯形状的演变。

此外,其他气体,如氩气、氧气的存在,也可以起到辅助调节石墨烯生长的作用。例如,氩气作为惰性气体,并不参与石墨烯的生长,但也经常被用于石墨烯的 CVD 生长。氩气可以调节体系压力,可以调节氢气和碳源的分压。生长过程中通入大量的氩气往往可以降低碳源分压,从而降低石墨烯的成核密度,提高石墨烯质量。由于工业制备的氩气往往含有微量的氧气,一些课题组研究发现,在未通入氢气时,铜箔在氩气气氛下退火,表面会形成薄层 Cu_2O,可以抑制铜箔的催化活性,实现降低石墨烯成核密度的目的。[41] 生长过程中通入氩气的脉冲,使氩气与碳活性基团发生剧烈碰撞,导致这些碳活性基团失活,相当于降低了碳活性基团的浓度,也可以达到控制石墨烯成核的目的(图 2-25)。[42]

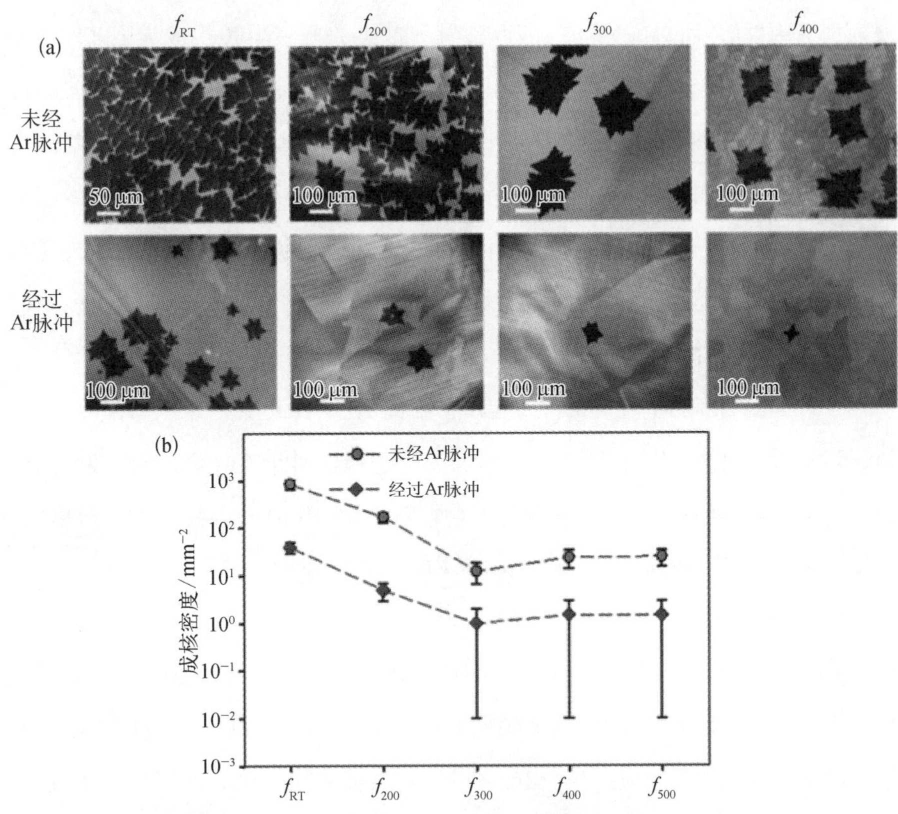

图 2-25 氧气预处理后的铜箔上生长石墨烯的结果

(a)不同温度铜箔氧气预处理后,石墨烯生长之前经过 Ar 脉冲和未经过 Ar 脉冲的石墨烯生长结果的 SEM 图像;(b)不同温度铜箔氧气预处理后,石墨烯生长之前经过 Ar 脉冲和未经过 Ar 脉冲的石墨烯成核密度统计结果

氧气对石墨烯成核和生长的影响,在近几年的石墨烯 CVD 生长方面也逐渐被重视和研究。这主要是因为氧气预处理可以有效除去生长衬底表面的碳污染物,而且氧气可以钝化衬底表面的缺陷,而这些缺陷往往是石墨烯生长的成核位

点。[43]另外，在石墨烯生长过程中，衬底表面存在的活性氧可以有效降低碳活性基团键连到石墨烯骨架的能垒，加快石墨烯的生长。[43]

气体也会在宏观上通过影响体系的压力来影响石墨烯的生长动力学和生长结果，如生长速度、形状、畴区尺寸和层数。石墨烯生长的碳源需要通过衬底上方的黏滞层，然后再在衬底表面吸附裂解。对于 APCVD 体系，碳源在黏滞层中的输运成为决速步骤，因此在 APCVD 下石墨烯的生长速度取决于黏滞层中碳源输运速度。[18]而 LPCVD 时，体系压力较低，碳源可以快速通过黏滞层，到达衬底表面吸附裂解，而衬底表面的碳源裂解和后续的成核生长将成为 LPCVD 的决速步骤。[18]另外，体系压力较高时，石墨烯的畴区常为规则的六边形和四边形(石墨烯的对称性取决于衬底的对称性)，而压力较低时，石墨烯的畴区形状多为枝杈状的分形结构。通常在压力较高时，更易形成多层石墨烯。如 Cu 上的石墨烯生长，低压下石墨烯为自限制生长，即当单层石墨烯满覆盖时石墨烯生长几乎停止。而在常压下，由于黏滞层中碳源浓度相对较高，自限制机制一定程度上被打破，当石墨烯满覆盖铜箔表面时，多层石墨烯的生长仍然进行。

压力也影响高温下金属的挥发速度。在高温(生长温度为 900～1080℃)下，Cu 和 Ni 的饱和蒸气压为 $1\times10^{-7}\sim6\times10^{-5}$ Torr。对于 Cu(111)面来说，在超高真空下，每秒有 4 个原子层的铜挥发(挥发速度为 4 ML/s，其中 ML 指单层，monolayer)；而由于 Ni 的熔点较高，Ni(111)挥发速度为 7×10^{-3} ML/s。在 LPCVD 生长石墨烯过程中，通入气体后体系的压力范围一般在 mTorr 量级，在接近 Cu 熔点(1084℃)的条件下，Cu 的挥发比较剧烈。大量金属的挥发给石墨烯的生长带来了显著的影响。Cu 挥发脱离表面后，进入衬底上方的边界层，进而对碳源在气相中的反应产生影响。大量的 Cu 挥发除了再沉积到 Cu 衬底表面外，挥发的 Cu 沉积在整个石英管内(生长体系)，石英管多次生长以后往往观察到大量的 Cu 沉积，这些沉积的 Cu 也会对碳源裂解和石墨烯的生长产生额外的影响，这也导致了新鲜使用的石英管与多次使用的石英管在石墨烯畴区尺寸和层数上的差异。Cu 的挥发也会导致衬底的表面起伏度增大。[44]而当石墨烯覆盖 Cu 表面以后，Cu 的挥发受到明显抑制，因此被石墨烯覆盖和未被石墨烯覆盖的 Cu 的区域有明显 Cu 挥发量的差异，进而导致随着石墨烯的生长进行衬底高度差异产生。一些课题组也利用 Cu 的快速挥发和再次沉积来降低衬底的起伏度和修复衬底缺陷，减少衬底表面的活性位点。[44]

研究发现，CVD 反应过程中气体流速也会影响石墨烯的生长。气体的流速将影响气体在 CVD 腔体内的停留时间，进而影响石墨烯生长的碳源供给。石墨烯 CVD 生长涉及诸多影响因素，在接下来的一章中，我们将分别对金属和非金属衬底上石墨烯的生长过程做详细讨论。

参考文献

[1] Lin L, Deng B, Sun J, et al. Bridging the gap between reality and ideal in chemical vapor deposition growth of graphene[J]. Chemical Reviews, 2018, 118(18): 9281 - 9343.

[2] Li X, Cai W, An J, et al. Large-area synthesis of high-quality and uniform graphene films on copper foils[J]. Science, 2009, 324(5932): 1312 - 1314.

[3] Zhang W, Wu P, Li Z, et al. First-principles thermodynamics of graphene growth on Cu surfaces[J]. The Journal of Physical Chemistry C, 2011, 115(36): 17782 - 17787.

[4] Sun Z, Yan Z, Yao J, et al. Growth of graphene from solid carbon sources[J]. Nature, 2010, 468(7323): 549 - 552.

[5] Mattevi C, Kim H, Chhowalla M. A review of chemical vapour deposition of graphene on copper[J]. Journal of Materials Chemistry, 2011, 21(10): 3324 - 3334.

[6] Li X, Colombo L, Ruoff R S. Synthesis of graphene films on copper foils by chemical vapor deposition[J]. Advanced Materials, 2016, 28(29): 6247 - 6252.

[7] Song X, Liu J, Yu L, et al. Direct versatile PECVD growth of graphene nanowalls on multiple substrates[J]. Materials Letters, 2014, 137: 25 - 28.

[8] Wei D, Lu Y, Han C, et al. Critical crystal growth of graphene on dielectric substrates at low temperature for electronic devices[J]. Angewandte Chemie, 2013, 125(52): 14371 - 14376.

[9] Öberg H, Nestsiarenka Y, Matsuda A, et al. Adsorption and cyclotrimerization kinetics of C_2H_2 at a Cu(110) surface[J]. The Journal of Physical Chemistry C, 2012, 116(17): 9550 - 9560.

[10] Wu P, Zhang Y, Cui P, et al. Carbon dimers as the dominant feeding species in epitaxial growth and morphological phase transition of graphene on different Cu

substrates [J]. Physical Review Letters, 2015, 114(21): 216102(1 - 5).
[11] Muñoz R, Gómez-Aleixandre C. Review of CVD synthesis of graphene [J]. Chemical Vapor Deposition, 2013, 19(10 - 11 - 12): 297 - 322.
[12] Lin L, Zhang J, Su H, et al. Towards super-clean graphene [J]. Nature Communications, 2019, 10(1): 1912.
[13] Li Z, Zhang W, Fan X, et al. Graphene thickness control via gas-phase dynamics in chemical vapor deposition[J]. The Journal of Physical Chemistry C, 2012, 116 (19): 10557 - 10562.
[14] Lin H C, Chen Y Z, Wang Y C, et al. The essential role of Cuvapor for the self-limit graphene via the Cucatalytic CVD method [J]. The Journal of Physical Chemistry C, 2015, 119(12): 6835 - 6842.
[15] Li X, Cai W, Colombo L, et al. Evolution of graphene growth on Ni and Cu by carbon isotope labeling[J]. Nano Letters, 2009, 9(12): 4268 - 4272.
[16] Shu H, Tao X M, Ding F. What are the active carbon species during graphene chemical vapor deposition growth? [J]. Nanoscale, 2015, 7(5): 1627 - 1634.
[17] Wu P, Zhang W, Li Z, et al. Mechanisms of graphene growth on metal surfaces: theoretical perspectives[J]. Small, 2014, 10(11): 2136 - 2150.
[18] Bhaviripudi S, Jia X, Dresselhaus M S, et al. Role of kinetic factors in chemical vapor deposition synthesis of uniform large area graphene using copper catalyst[J]. Nano Letters, 2010, 10(10): 4128 - 4133.
[19] Wang H, Xu X, Li J, et al. Surface monocrystallization of copper foil for fast growth of large single-crystal graphene under free molecular flow[J]. Advanced Materials, 2016, 28(40): 8968 - 8974.
[20] Li Z, Wu P, Wang C, et al. Low-temperature growth of graphene by chemical vapor deposition using solid and liquid carbon sources[J]. ACS Nano, 2011, 5(4): 3385 - 3390.
[21] Van Wesep R G, Chen H, Zhu W, et al. Communication: Stable carbon nanoarches in the initial stages of epitaxial growth of graphene on Cu(111)[J]. The Journal of Chemical Physics, 2011, 134(17): 171105.
[22] Gao J, Yuan Q, Hu H, et al. Formation of carbon clusters in the initial stage of chemical vapor deposition graphene growth on Ni (111) surface[J]. The Journal of Physical Chemistry C, 2011, 115(36): 17695 - 17703.
[23] Coraux J, Engler M, Busse C, et al. Growth of graphene on Ir (111)[J]. New Journal of Physics, 2009, 11(2): 023006.
[24] Gao J, Yip J, Zhao J, et al. Graphene nucleation on transition metal surface: structure transformation and role of the metal step edge [J]. Journal of the American Chemical Society, 2011, 133(13): 5009 - 5015.
[25] Kim H, Mattevi C, Calvo M R, et al. Activation energy paths for graphene nucleation and growth on Cu[J]. ACS Nano, 2012, 6(4): 3614 - 3623.
[26] Zhang X, Wang L, Xin J, et al. Role of hydrogen in graphene chemical vapor

deposition growth on a copper surface[J]. Journal of the American Chemical Society, 2014, 136(8): 3040 - 3047.

[27] Huang P Y, Ruiz-Vargas C S, van der Zande A M, et al. Grains and grain boundaries in single-layer graphene atomic patchwork quilts[J]. Nature, 2011, 469 (7330): 389 - 392.

[28] Yu Q, Jauregui L A, Wu W, et al. Control and characterization of individual grains and grain boundaries in graphene grown by chemical vapour deposition[J]. Nature Materials, 2011, 10(6): 443 - 449.

[29] Zhang X, Xu Z, Yuan Q, et al. The favourable large misorientation angle grain boundaries in graphene[J]. Nanoscale, 2015, 7(47): 20082 - 20088.

[30] Gao J, Zhao J, Ding F. Transition metal surface passivation induced graphene edge reconstruction[J]. Journal of the American Chemical Society, 2012, 134 (14): 6204 - 6209.

[31] Luo Z, Kim S, Kawamoto N, et al. Growth mechanism of hexagonal-shape graphene flakes with zigzag edges[J]. ACS Nano, 2011, 5(11): 9154 - 9160.

[32] Ma T, Ren W, Zhang X, et al. Edge-controlled growth and kinetics of single-crystal graphene domains by chemical vapor deposition[J]. Proceedings of the National Academy of Sciences, 2013, 110(51): 20386 - 20391.

[33] Yan Z, Lin J, Peng Z, et al. Toward the synthesis of wafer-scale single-crystal graphene on copper foils[J]. ACS Nano, 2012, 6(10): 9110 - 9117.

[34] Han G H, Günes F, Bae J J, et al. Influence of copper morphology in forming nucleation seeds for graphene growth[J]. Nano Letters, 2011, 11(10): 4144 - 4148.

[35] Wood J D, Schmucker S W, Lyons A S, et al. Effects of polycrystalline Cu substrate on graphene growth by chemical vapor deposition[J]. Nano Letters, 2011, 11(11): 4547 - 4554.

[36] Byun S J, Lim H, Shin G Y, et al. Graphenes converted from polymers[J]. Journal of Physical Chemistry Letters, 2011, 2(5): 493 - 497.

[37] Wu B, Geng D, Xu Z, et al. Self-organized graphene crystal patterns[J]. NPG Asia Materials, 2013, (5): e36.

[38] Ren H, Wang H, Lin L, et al. Rapid growth of angle-confined large-domain graphene bicrystals[J]. Nano Research, 2017, 10(4): 1189 - 1199.

[39] Choubak S, Biron M, Levesque P L, et al. No graphene etching in purified hydrogen[J]. The Journal of Physical Chemistry Letters, 2013, 4(7): 1100 - 1103.

[40] Vlassiouk I, Regmi M, Fulvio P, et al. Role of hydrogen in chemical vapor deposition growth of large single-crystal graphene[J]. ACS Nano, 2011, 5(7): 6069 - 6076.

[41] Zhou H, Yu W J, Liu L, et al. Chemical vapour deposition growth of large single crystals of monolayer and bilayer graphene[J]. Nature Communications, 2013, (4): 2096.

[42] Eres G, Regmi M, Rouleau C M, et al. Cooperative island growth of large-area single-crystal graphene on copper using chemical vapor deposition[J]. ACS Nano, 2014, 8(6): 5657 - 5669.

[43] Hao Y, Bharathi M S, Wang L, et al. The role of surface oxygen in the growth of large single-crystal graphene on copper[J]. Science, 2013, 342(6159): 720 - 723.

[44] Chen S, Ji H, Chou H, et al. Millimeter-size single-crystal graphene by suppressing evaporative loss of Cu during low pressure chemical vapor deposition [J]. Advanced Materials, 2013, 25(14): 2062 - 2065.

第3章

石墨烯在金属衬底上的催化生长

早在20世纪60—70年代，人们就发现在高温化学气相沉积(chemical vapor deposition，CVD)体系中通入烃类气体，可以在金属衬底表面得到薄层的石墨。进入21世纪，Geim和Novoselov用机械剥离方法成功获得少层甚至单层石墨烯后，掀起了石墨烯的研究热潮。随着研究的不断深入，人们发现利用CVD方法，可以在过渡金属(如Cu、Ni等)表面上生长出高质量石墨烯薄膜，为石墨烯薄膜材料的工业化制备提供了可能。自2009年Ruoff等人报道金属Cu表面上的石墨烯CVD生长之后[1]，人们已经在多种过渡金属表面上实现了石墨烯薄膜的生长，例如Ru、Ir、Co、Ni、Pt、Pd、Cu以及多种金属合金。由于过渡金属价层电子排布方式的差异，致使金属衬底具有不同的碳溶解度、催化活性以及金属-碳相互作用。这些差异进而决定了石墨烯在不同的金属表面遵循不同的生长机理，使得到的石墨烯样品的层数、质量、畴区尺寸和生长速度各不相同。

回溯碳纳米管CVD制备的研究发展历程可以发现，Fe、Ni和Co等金属具有未全部充满的d轨道，此类金属反应活性高，可以较好地吸附碳源和催化碳源裂解，因此在碳纳米管CVD制备中经常使用。与之类似，石墨烯的生长也几乎需要相同的金属。美国南佛罗里达大学的Batzill课题组总结了不同金属与石墨烯的相互作用能力，如图3-1所示。[2]在石墨烯CVD生长过程中，蓝色标注的金属和碳会先形成更加稳定的碳化物，此时，石墨烯是直接在碳化物上生长，而非纯金属上。而对于石墨烯直接在金属表面生长的情况，又可分为石墨烯与金属相互作用强、弱两种情况。

当金属和石墨烯相互作用较强时，金属会影响石墨烯的π轨道，两者之间表现出更高的结合能(1～3 eV)，如图3-2所示。这种较强的相互作用甚至会打开石墨烯的带隙[3]。在相互作用较强的金属衬底上生长得到的石墨烯往往表现出与金属衬底一致的晶格取向；而在相互作用较弱的情况下，石墨烯表现出多种晶格取向。

当石墨烯与金属相互作用较强时，会形成摩尔条纹(moiré-pattern)，金属表

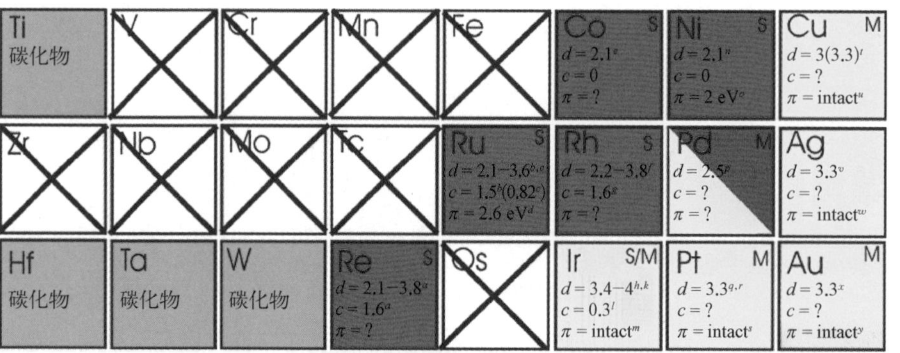

图3-1 不同金属与石墨烯的相互作用能力

注：黄色表示与石墨烯相互作用较弱的金属；红色表示与石墨烯相互作用较强的金属；蓝色表示石墨烯 CVD 生长过程中优先形成碳化物的金属。d 表示石墨烯与金属之间的距离；c 表示石墨烯在金属表面的起伏大小（单位为 Å）；π 表示石墨烯和金属接触后石墨烯狄拉克点移动的大小（单位为 eV）。

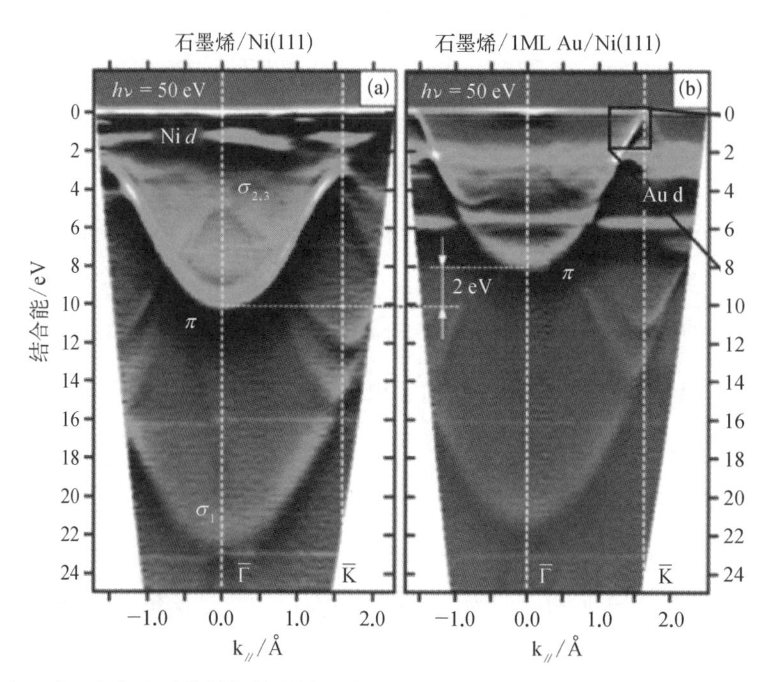

图3-2 Ni（111）表面上石墨烯的电子能带结构表征

（a）Ni（111）表面石墨烯的角分辨光电子能谱结果；（b）在 Ni 与石墨烯之间插层单原子层的金后，石墨烯的角分辨光电子能谱结果

注：金插层可以减弱石墨烯和 Ni 之间的相互作用。金自身与石墨烯的相互作用较弱，此时石墨烯能带更为本征，接近悬空石墨烯，Ni 与石墨烯的直接接触使石墨烯的 π 轨道移动 2 eV。

面的石墨烯表现出较大的起伏（>1Å）。摩尔条纹主要是由石墨烯和金属之间存在一定程度的晶格失配导致的，而晶格失配迫使石墨烯晶格中的碳原子占据金属表面不同的吸附位点（adsorption site）。[3] 以面心立方金属（face centered cubic, fcc)为例,当金属原子位于石墨烯碳六元环中心时[图 3-3(a)],石墨烯和金属的相互作用力最小,此时金属和石墨烯的间距也最大,与石墨层间距相近。而当石墨烯的一种碳原子占据金属原子的上方位点,另一种碳原子处在三个金属原子的空隙处时,石墨烯和金属相互作用力最大,此时金属与石墨烯的间距可缩小为 2.1Å[图 3-3(b)]。

图3-3 石墨烯中碳原子在 fcc 金属表面占据不同的吸附位点

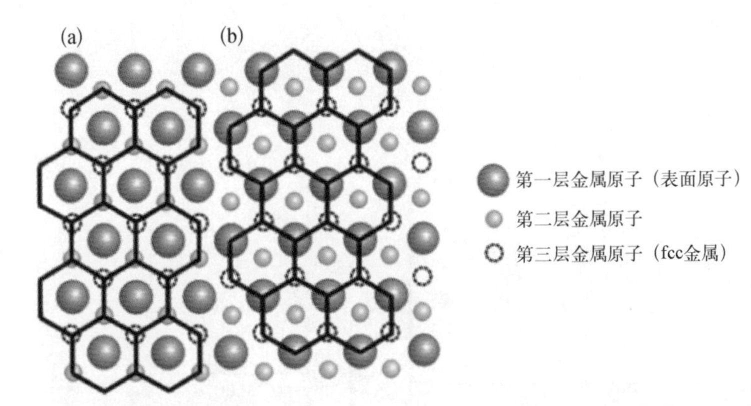

（a）金属原子位于石墨烯碳六元环中心;（b）石墨烯的一种碳原子处于金属原子上方位点，另一种碳原子处在三个金属原子的空隙处

相互作用较弱的金属几乎不会改变石墨烯的能带结构,但是需要指出的是,这类金属仍然可以对石墨烯形成一定程度的 p 型(空穴)或 n 型(电子)掺杂,如图 3-4 所示。其中,Pt、Au 可以对石墨烯产生 p 型掺杂;Ag、Cu 和 Al 则会对石墨烯产生 n 型掺杂。[4]

图3-4 理论计算金属与石墨烯不同距离时，不同金属引起的石墨烯费米能级移动大小和金属与石墨烯功函的差异

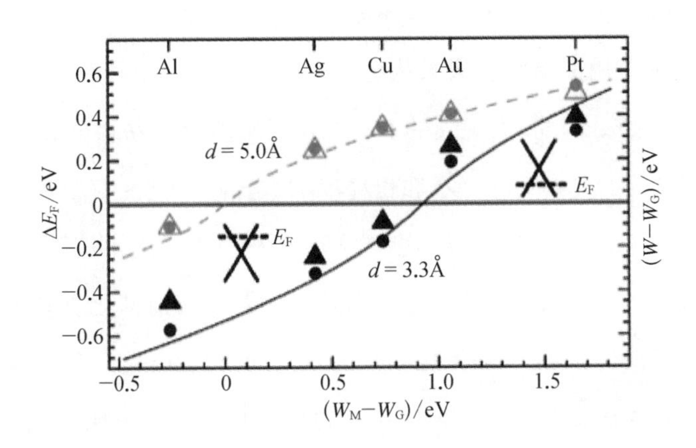

如图 3-5 所示，通过分析碳与金属的相图可以发现，Ni 中碳的溶解度较高。对此类金属来说，石墨烯的生长遵循偏析机制。在高温下，由于较高的碳溶解度，碳会溶解在金属衬底体相内。在降温过程中，碳溶解度的降低迫使溶解在体相中的碳原子在金属衬底表面析出，形成石墨烯。对于碳溶解度较低的金属，例如 Cu，碳源在金属衬底表面脱氢裂解后，形成的活性碳物种很难溶解进入金属体相内，只能在金属表面直接形成石墨烯，因而遵循表面催化机制。[5]

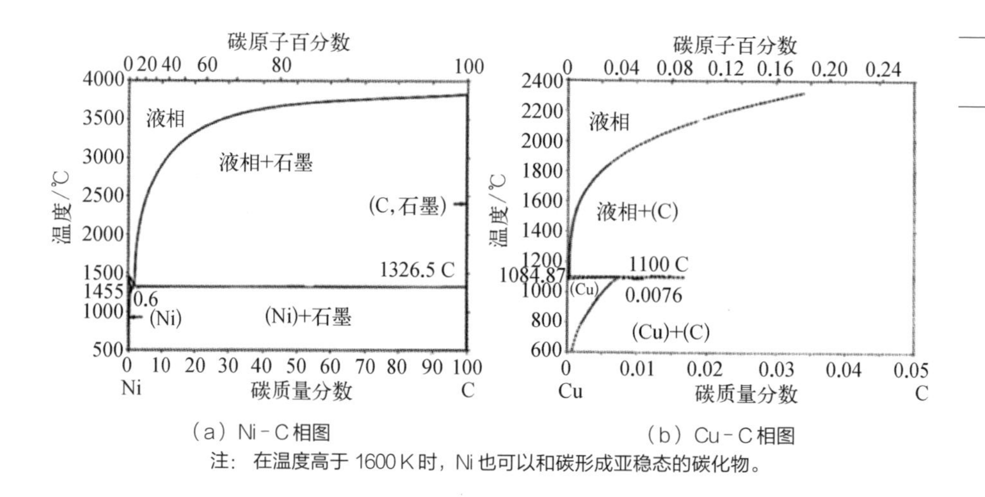

（a）Ni-C 相图　　（b）Cu-C 相图

注：在温度高于 1600 K 时，Ni 也可以和碳形成亚稳态的碳化物。

图 3-5

生长机制的不同导致石墨烯生长的畴区形状、尺寸、层数和缺陷密度等均有差异。在选择合适的金属衬底用于石墨烯薄膜的 CVD 生长时，除了要考虑石墨烯的均匀性和质量等自身属性外，还需要考虑生长使用的金属衬底的价格，因为石墨烯的应用需要将石墨烯从金属衬底转移到目标衬底上，往往需要将金属衬底刻蚀掉。因此，大规模的石墨烯制备需要廉价易得的金属衬底。[6]

金属衬底自身晶畴尺寸大小和粗糙度都会影响得到的石墨烯的结晶质量和层数。比如，以偏析机制主导的金属表面上石墨烯的生长，石墨烯生长跨过衬底的晶界会产生缺陷并形成多层石墨烯。而对于表面催化机制主导的金属表面上石墨烯的生长，金属晶界往往具有较高的催化活性，导致石墨烯在金属衬底的晶界处具有较低的成核势垒，因此衬底晶界处往往表现出更高的成核密

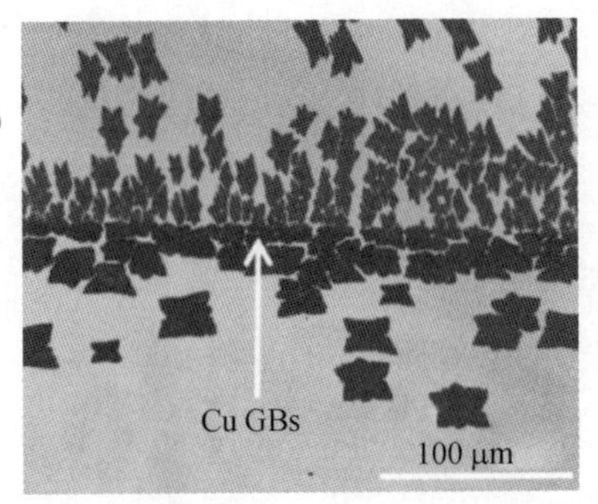

图 3-6 石墨烯在 Cu 晶界处（Cu GBs）① 的密集成核

度(图 3-6)。[7] 商业化的多晶金属箔材经常通过压延法制备，如 Cu 箔和 Ni 箔。此类金属表面存在大量的压延线，这些压延线的起伏在几百纳米至 1 μm 范围，也会严重影响石墨烯的成核和层数。此外，金属衬底固有的缺陷和杂质，也会作为石墨烯生长的成核位点，增加石墨烯的成核密度。值得注意的是，当金属表面具有较高粗糙度时，在转移过程中更易引起石墨烯褶皱的形成，进一步影响石墨烯的质量和性质。

从微观角度看，金属衬底往往还具有原子尺度的台阶起伏。理论计算表明，碳与 Ni、Co、Ru、Rh 等金属的表面台阶处的金属原子相互作用力更强，石墨烯更易在台阶处成核。

如前所述，受金属衬底自身制备工艺的限制，商业化廉价的金属衬底具有大量的缺陷、杂质和压延线，会影响制备的石墨烯的质量。大面积金属箔材往往是多晶结构。而单晶衬底价格高昂，目前几乎仅用于超高真空体系等精细基础研究中。因此在石墨烯生长之前，通常通过对金属衬底进行预处理来增加金属衬底的晶畴尺寸，降低其粗糙度并修复金属表面的缺陷。常见的金属预处理包括高温退火和电化学抛光等方法。值得一提的是，最近的研究结果显示，可以通过长时间高温退火、局域熔融[8]、单晶衬底外延溅射金属[9] 等方法消除金属衬底的晶界，得到大面积的单晶金属衬底。

在氢气形成的还原性气氛下，对金属衬底进行长时间高温退火，可以有效去除衬底表面的碳杂质和金属氧化物，并提高其晶畴尺寸。需要注意的是，箔材的厚度也会影响退火后的晶畴尺寸。同时，Cu 箔的氢脆现象也会限制 Cu 的迁移和单晶尺寸的增加。另外，在低压条件下高温退火，如果接近金属(如 Cu)的熔点，会伴有大量的金属原子的挥发和再沉积，这个过程会影响金属表面的粗糙度。

美国宾夕法尼亚大学的 Johnson 课题组研究发现，通过长时间的电化学抛光

① Cu 晶界处，Cu grain boundaries，Cu GBs。

也可以降低金属表面的粗糙度。电化学抛光的方法因而被广泛用于金属衬底的预处理。其原理为，将待处理的金属衬底连接在电解池的阳极上，有电流通入时，金属原子会失去电子，发生氧化进入电解液，而金属表面凸起位点的电流密度往往很高，会优先失去电子发生氧化，溶解到电解液中。因此在牺牲凸起或其他活性位点的金属后，金属衬底表面的粗糙度会明显降低。电化学抛光装置（待抛光金属作为阳极）如图 3-7 所示。[10]

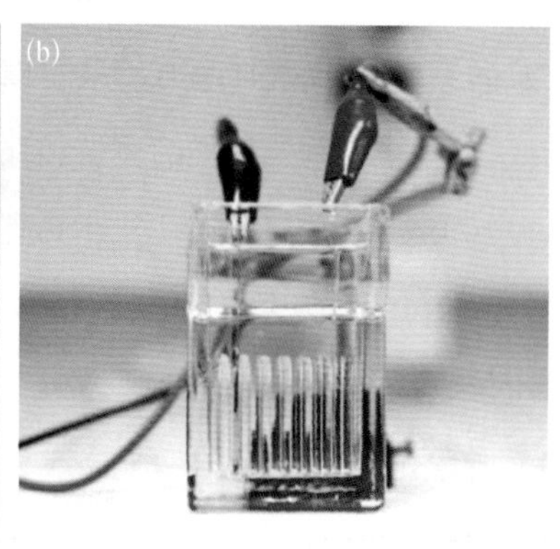

图 3-7 常见的 Cu 箔抛光装置不同角度的照片

另外，金属衬底的晶格取向也对生长得到的石墨烯的取向、成核、生长速度等产生影响。举例来说，美国伊利诺伊大学厄巴纳-香槟分校的 Lyding 课题组通过对比不同 Cu 晶面石墨烯的生长结果发现，Cu 衬底晶格取向对石墨烯生长的影响要大于衬底起伏。[11] Cu(111)晶面上，得到的石墨烯往往质量更高，且石墨烯生长速度更快。这主要是因为 Cu(111)晶面具有更高的活性碳物种吸附和迁移能力。Cu(111)晶面是 Cu 最稳定的晶面，实验也证实多晶 Cu 箔在氢气气氛下长时间退火可以提高 Cu(111)晶面的比例。需要指出的是，退火得到的不同晶面的比例，与 Cu 箔的制备工艺、厚度、退火的气氛和时间等诸多因素都密切相关。晶面对石墨烯生长的影响，将在本章后面部分详细讨论。

从商业化的角度看，Ni 和 Cu 箔材已经实现大规模廉价的工业化制备，所以 Ni 和 Cu 箔材作为廉价易得的石墨烯生长金属衬底，得到了更广泛的关注。Ni 上生长得到的石墨烯，因生长遵循偏析生长机制，往往分布着密集的多层石墨烯畴区，影响了石墨烯的层数均匀度。而 Cu 上制备的石墨烯，因生长遵循表面自限制生长机制，多以单层为主，层数均匀度更高，可控性更好。因此相较于 Ni，近几年 Cu 上石墨烯生长的研究及相关报道更多。Cu 上制备的石墨烯在畴区尺寸、洁净度、生长速度、目标衬底转移等方面都有了长足的进展。

另外需要指出的是，一些金属合金（如 Cu - Ni 合金）可以结合两种金属上石墨烯 CVD 生长的优点，因此在这些合金表面生长石墨烯可以很好地实现层数、畴区尺寸和生长速度等方面的控制。

本章将详述石墨烯在金属表面的生长，包括具有代表性的 Cu 和 Ni 衬底上的石墨烯生长，以及其他过渡金属衬底和合金表面上的石墨烯生长，同时将详细讨论金属晶面取向和表面粗糙度对石墨烯生长结果的影响。

3.1 铜表面上的生长

3.1.1 表面自限制生长

Cu 具有较低的碳溶解度和催化活性、较弱的铜-碳相互作用，而且活性碳物种在 Cu 衬底表面的迁移势垒也较低。因此，在 Cu 表面裂解产生的活性碳物种，不会进入 Cu 体相，而是在表面快速迁移并成核生长。此时，石墨烯生长仅在 Cu 表面进行，即遵循表面催化生长机理。最早报道 Cu 衬底上高质量石墨烯生长的是 Ruoff 课题组。[1] 该课题组成功地在 25 μm 厚的多晶 Cu 箔上实现了厘米尺寸的连续石墨烯多晶薄膜的制备。此后，Cu 箔上石墨烯的 CVD 生长研究就如火如荼地展开了。

Ruoff 课题组研究人员首先将多晶 Cu 箔在 1000℃、氢气形成的还原性氛围中进行退火，除去 Cu 箔表面的杂质。之后通入 CH_4 和 H_2 的气氛，在 Cu 表面生长石墨烯。生长的石墨烯完全覆盖 Cu 衬底后，体系降温至室温结束生长。在 Cu 箔表面得到的石墨烯大部分（95%）为单层石墨烯，生长结果见扫描电子显微镜（scanning electron microscope，SEM）图像[图 3 - 8(a)(b)]。石墨烯满覆盖的 Cu 箔表面在 SEM 图像中表现出不同衬度的区域。衬度的差别反映了 Cu 衬底的不同晶畴。如前所述，生长之前的高温退火步骤可以增大 Cu 的晶畴尺寸，可以达

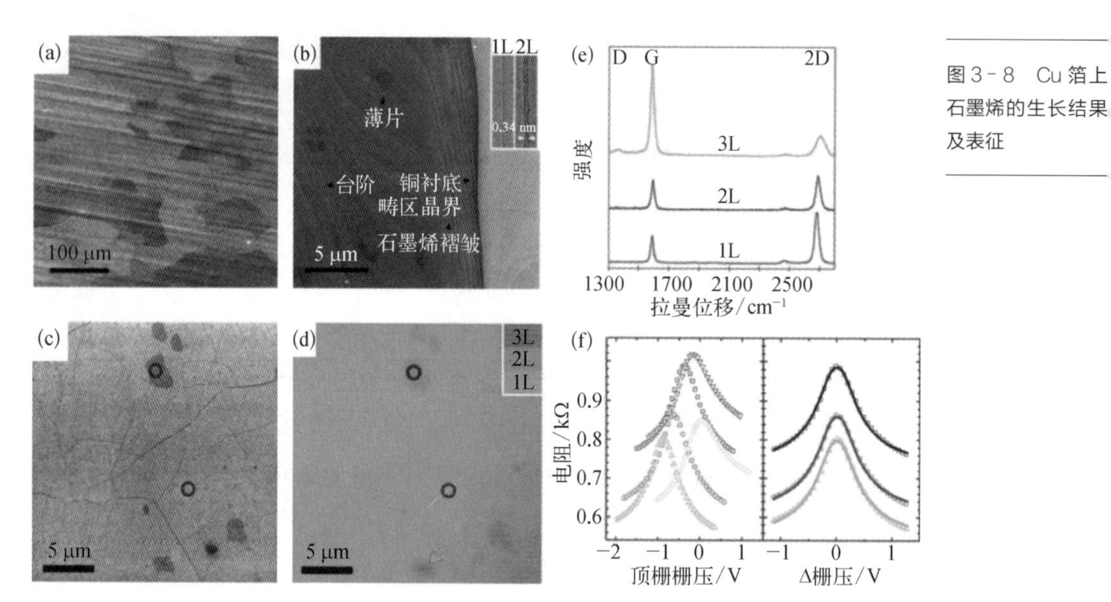

图 3-8 Cu 箔上石墨烯的生长结果及表征

（a）（b）Cu 箔上得到的石墨烯 SEM 图像；（c）（d） 转移到 SiO_2 衬底上的石墨烯的 SEM 和 OM 图像［3L、2L 和 1L 分别代表三层（绿色）、两层（蓝色）和单层石墨烯（红色）］；（e） Cu 上生长的石墨烯的拉曼光谱分析结果；（f） 石墨烯场效应晶体管转移特性曲线（右图为将石墨烯狄拉克点位置统一到 0 V 后的结果）

到几百微米。在更高放大倍数下观察发现，石墨烯表面表现出很多 Cu 台阶的起伏。值得注意的是，在石墨烯的表面分布着一些衬度更深、形状无规的区域，对应于多层石墨烯的区域。此外，在石墨烯的表面还分布着一些衬度更深的线条，这些线条为石墨烯褶皱。褶皱是由石墨烯和 Cu 衬底的热膨胀系数不同，在降温过程中应力释放形成的。该课题组利用高聚物聚甲基丙烯酸甲酯（polymethyl methacrylate，PMMA）辅助支撑的方法，通过刻蚀 Cu 衬底，将生长得到的石墨烯成功转移到 SiO_2/Si 衬底上。转移后，排除了 Cu 衬底对石墨烯衬度的影响，石墨烯的层数分布在光学显微镜（optical microscopy，OM）观察下更加清楚。统计结果显示，该石墨烯样品中单层石墨烯的面积比例超过 95%，而双层石墨烯的比例为 3%～4%，大于两层的石墨烯的比例小于 1%［图 3-8(c)(d)］。该课题组研究人员进一步用拉曼光谱对比研究了石墨烯的层数和质量：单层石墨烯拉曼光谱结果显示，拉曼光谱中可以观察到典型的石墨烯的特征峰，分别为 2680 cm^{-1} 左右的 2D 峰和1580 cm^{-1} 左右的 G 峰。单层石墨烯的 G 峰和 2D 峰强度比约为 0.5，且与缺陷相关的 D 峰强度接近背景噪声强度［图 3-8(e)］。上述拉曼光谱结果可以证实，得到的石墨烯的质量较高，没有明显的缺陷存在。随着石墨烯的层数增加，得到的拉曼光谱的2D峰强度逐渐降低，与机械剥离得到的石墨烯表现出一致的层数依赖性。为了进一步表征得到的石墨烯的电学性质，研究人员把转移到 SiO_2/Si 衬底的石墨烯加工成双栅场效应器件(field effect transistor，FET)，测得石墨烯的迁移率为4050 $cm^2 \cdot V^{-1} \cdot s^{-1}$ 左右，也证实Cu箔上得到的石墨烯品质较高[图3-8(f)]。该方法表明，通过进一步优化得到的石墨烯的畴区和洁净度等，Cu衬底上得到的石墨烯质量可以和机械剥离的石墨烯质量相媲美。同时，由于该方法可以拓展到廉价的工业Cu箔，因此也为大规模制备石墨烯提供了理想的备选衬底。

基于前一章节的分析讨论可知，由于碳原子在Cu中较低的溶解度和Cu有限的催化活性，高温CVD生长石墨烯时，Cu表面主要的碳活性基团为CH基团，且CH基团不会溶解在Cu的体相中，而是直接在表面迁移和成核生长，遵循表面催化机制。Ruoff课题组利用同位素标记的方法详细地研究了石墨烯在Cu箔上的生长过程[图3-9(a)][12]：利用含有不同碳同位素的甲烷($^{12}C-CH_4$ 和

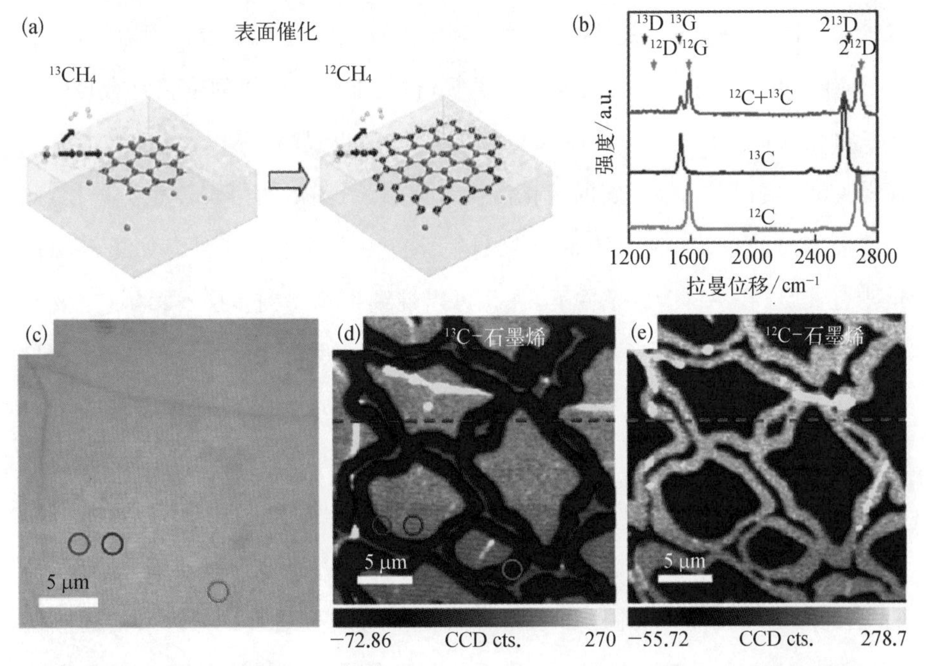

图3-9 石墨烯生长的同位素研究

(a) 石墨烯在Cu表面催化生长过程的示意图；(b) $^{12}C-CH_4$ 和 $^{13}C-CH_4$ 生长得到的石墨烯的拉曼光谱分析结果；(c) 依次通入 $^{12}C-CH_4$ 和 $^{13}C-CH_4$ 后得到的连续的石墨烯薄膜转移到 SiO_2/Si 衬底上的OM图像；(d)(e) ^{13}C-石墨烯(d)和 ^{12}C-石墨烯(e)的拉曼光谱G峰峰位的空间面扫描分析结果

$^{13}C-CH_4$)进行石墨烯的生长，可以得到含有不同碳同位素的石墨烯(^{12}C-石墨烯和^{13}C-石墨烯)。^{12}C-石墨烯和^{13}C-石墨烯的拉曼光谱分析结果显示，^{12}C-石墨烯和^{13}C-石墨烯G峰和2D峰的峰位由于同位素碳原子原子量的差异，会发生相对位移[图3-9(b)]。因此可以通过对拉曼光谱G峰或2D峰峰位置的空间分布进行分析，来了解不同同位素标记的石墨烯在所得的连续石墨烯薄膜中的空间分布。Ruoff课题组研究人员在石墨烯的生长过程中，依次循环通入$^{12}C-CH_4$和$^{13}C-CH_4$，并对得到的石墨烯G峰峰位的空间分布进行分析，结合通入$^{12}C-CH_4$和$^{13}C-CH_4$的时间顺序，得到了不同时间段石墨烯的生长行为，即石墨烯畴区随时间的演变过程。实验得到的连续的石墨烯薄膜[图3-9(c)]的拉曼光谱G峰面扫描结果如图3-9(d)(e)所示：^{12}C-石墨烯和^{13}C-石墨烯空间分布从成核中心在二维空间按照通入$^{12}C-CH_4$和$^{13}C-CH_4$的时间顺序依次展开，这证明Cu衬底表面石墨烯的生长符合外延生长机制。值得注意的是，第四次和更多次循环通入的$^{12}C-CH_4$和$^{13}C-CH_4$没有在Cu箔表面形成石墨烯，即连续的石墨烯薄膜仅含有前三次通入的$^{12}C-CH_4$和$^{13}C-CH_4$形成的石墨烯。第三次循环通入以后，尽管仍然有碳源供给，但石墨烯已经满覆盖Cu衬底表面，生长几乎停止。此实验也证实了Cu衬底上的石墨烯的生长符合自限制生长过程，Cu箔上石墨烯的生长依赖Cu箔来催化裂解碳源，当石墨烯完全覆盖Cu衬底以后，Cu衬底的催化活性被抑制，石墨烯的生长停止。但是，此处需要指出的是，Cu箔表面的自限制生长行为有其限制条件。如果碳源供给十分充足，在APCVD条件下，往往可以继续生长得到多层石墨烯，主要是因为石墨烯生长过程中，在Cu箔上方的黏滞层中也存在气相反应，具有大量的自由基和碳活性基团，当浓度足够高时，气相反应中的活性碳物种也可以促进多层石墨烯的生长。另外，如图3-10所示，研究发现，Cu的$4p_z$轨道的分波态密度可以穿过石墨烯在费米能级附近的态密度曲线，说明Cu可以一定程度透过石墨烯继续催化碳源裂解。此种催化方式称为隔层催化。但是，Cu箔的隔层催化能力有限，加之随着石墨烯的层数继续增加，Cu箔的隔层催化能力会被进一步抑制，因此后续生长的多层石墨烯覆盖度较低且质量较差。

图 3-10 Cu 箔的隔层催化

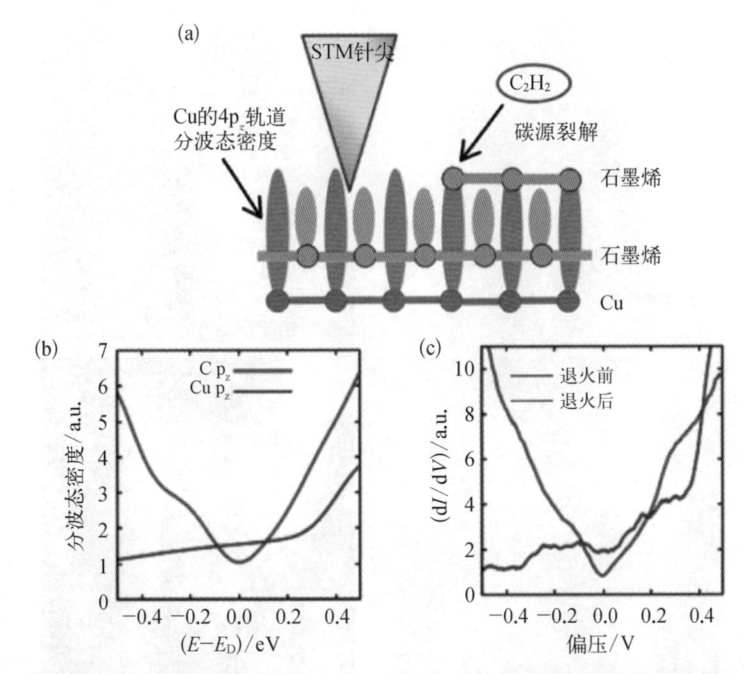

(a) Cu 箔隔层催化的示意图; (b) Cu 的 $4p_z$ 轨道穿过石墨烯的分波态密度计算模拟结果; (c) 实验测得的 Cu 上石墨烯的扫描隧道能谱结果 (其中高温退火后的结果与计算得到的 Cu 的 $4p_z$ 轨道穿过石墨烯的分波态密度结果近似, 进一步证实了 Cu 的 $4p_z$ 轨道的分波态密度可以穿过石墨烯的态密度曲线, 影响碳源催化裂解)

石墨烯在 Cu 衬底上的生长会经历成核、外延生长和不同核之间相互拼接等过程。如前所述,如果石墨烯核的晶格取向不同,石墨烯畴区之间相互拼接时无法形成完美的拼接,则会产生大量的五元环、七元环和扭曲的六元环等拓扑缺陷构成的畴区晶界。所以晶格取向不一致的石墨烯成核密度越高,越会造成大量含有缺陷的晶界产生,这必然导致石墨烯的质量下降。因此控制石墨烯成核密度、减少石墨烯的晶界密度是制备高品质石墨烯的关键。这一部分内容将在第 5 章进行详细讨论。

另外,Cu 表面得到的石墨烯的畴区形状也存在多种形式,包括规则的六边形、四边形,四瓣花或六瓣花型,树枝状分叉结构甚至圆形(图 3-11)。如前所述,石墨烯的畴区形状的对称性是由金属衬底的晶格取向的对称性决定的[11],当然也有关于五边形石墨烯等其他对称性的报道。其他因素,如碳源浓度、温度等因素也会导致石墨烯畴区形状的差异。

图 3-11 石墨烯的多种畴区形状

（a）规则六边形；（b）四瓣花形；（c）树枝状分叉结构；（d）圆形

衬底 Cu 与石墨烯较弱的相互作用，使石墨烯生长的边缘状态与在其他金属上的不同。理论计算预测，由于石墨烯锯齿型边稳定性较差，在金属衬底上通常需要经过重构，形成五元环、七元环构成的边缘结构来增加稳定性。然而在 Cu(111)上生长石墨烯时，理论计算表明，锯齿型边重构以后稳定性反而变差。[13] 这主要是因为锯齿型边重构以后石墨烯边缘自钝化，导致石墨烯和 Cu 衬底之间作用力进一步减弱。计算发现，Cu 上生长的石墨烯的扶手椅型边容易被 Cu 原子钝化，如图 3-12(a)所示。可以利用式(3-1)计算石墨烯边界的形成能(E_f)来估算边界稳定性[13]。

$$E_f = (E_T - E_{GNR} - E_S - N_{Cu} \times \varepsilon_{Cu})/L \tag{3-1}$$

式中，E_T、E_{GNR}、E_S 分别对应石墨烯在 Cu 衬底、石墨烯自身以及 Cu 衬底自身的能量；N_{Cu}为用于终止石墨烯边缘的 Cu 原子的数量；ε_{Cu}为 Cu 原子在体相中的结合能，eV/atom；L 为石墨烯边缘的长度。如图 3-12(a)所示，扶手椅型边被 Cu 原子钝化以后，两种不同结构的稳定性均有提高，形成能分别为 −0.54 eV/nm

图 3-12 石墨烯两种边界的理论计算

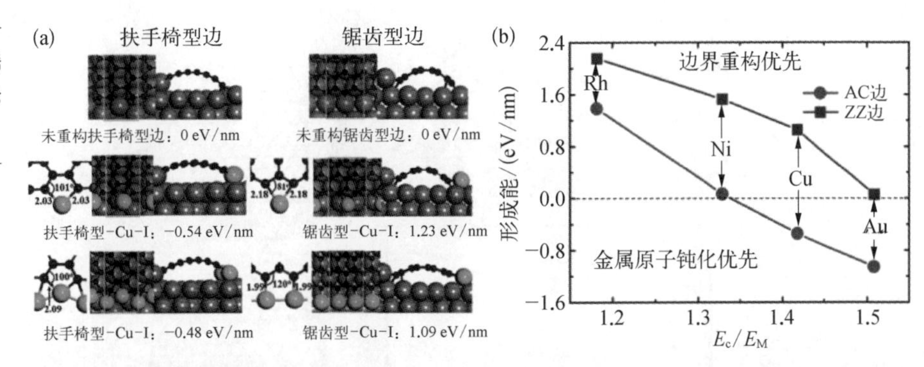

（a）Cu 上扶手椅型边和锯齿型边的能量和构型计算模拟结果（被 Cu 原子钝化和未被 Cu 原子钝化，由于石墨烯在 Cu 台阶处成核势垒更低，因此此模型中，石墨烯的一端键连在金属台阶处，另一端用于生长石墨烯）；（b）不同金属衬底上石墨烯扶手椅型边和锯齿型边的形成能计算结果［虚线以下的金属（Cu 和 Au）上生长的石墨烯，其边缘会被金属原子终止］

和 −0.48 eV/nm，明显低于未被 Cu 原子钝化的结果。而锯齿型边被 Cu 原子钝化以后，石墨烯边界的稳定性反而变差。通过边缘结构分析发现，Cu 原子钝化的扶手椅型边的 Cu 原子和碳原子的夹角更接近六元环结构的 120°，因此稳定性较高。而锯齿型边被 Cu 原子钝化时，当 Cu 原子尽可能多地钝化碳原子时，Cu－C之间的夹角在 80°左右，因而稳定性较差。通过进一步对比不同金属上石墨烯边界的形成能可知，当石墨烯与金属作用能力（Rh＞Ni＞Cu＞Au）强时，石墨烯不会被金属原子终止［3－12(b)］。[13]

石墨烯的生长速度可以用锯齿型和扶手椅型边界的生长速度来表示：

$$R = c_{AC} \times R_{AC} + c_{ZZ} \times R_{ZZ} \tag{3-2}$$

式中，R_{AC}和 R_{ZZ}分别是扶手椅型和锯齿型边界的生长速度；c_{AC}和 c_{ZZ}则是扶手椅型和锯齿型边界的比例。真实的石墨烯的边界与锯齿型边的夹角为 θ，如图 3－13(a)所示。则 $c_{AC} = (4/\sqrt{3})\sin\theta$，而 $c_{ZZ} = 2\sin(30^\circ - \theta)$。从动力学角度分析石墨烯的生长速度可表达为

$$R \approx \exp[-E_b/(kT)] \tag{3-3}$$

式中，k 为玻耳兹曼常数；T 为反应温度；E_b 为反应能垒。石墨烯生长速度和锯齿型边界生长速度比值（R/R_{ZZ}）与 θ 关系如图 3－13(b)所示[13]。未被金属原子钝化时，锯齿型的 E_b 为 2.19 eV，低于扶手椅型的 E_b(2.47 eV)，这导致扶手椅

图 3-13 不同角度 θ 下石墨烯边界的结构和生长速度

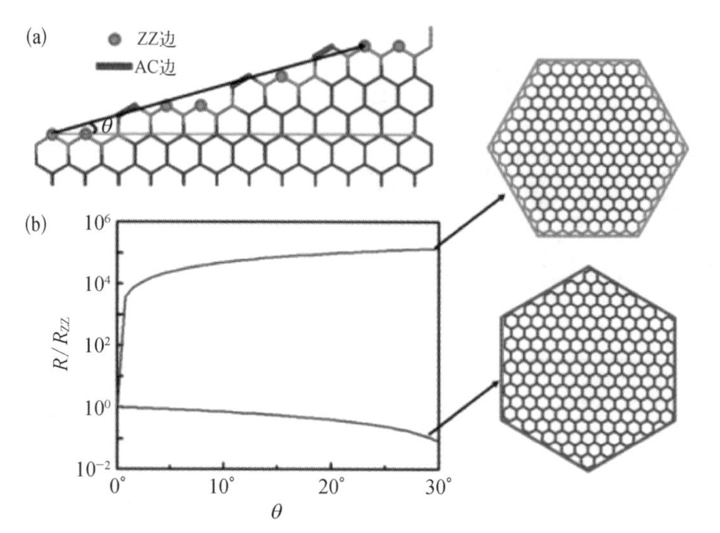

（a）角度 θ 下石墨烯的边界锯齿型和扶手椅型排布方式；（b）理论计算不同角度 θ 下石墨烯整体生长速度和锯齿型边界生长速度比值（R/R_{ZZ}）的变化情况

型边生长缓慢，而生长速度快的锯齿型边最终将消失，得到的石墨烯应只有扶手椅型边。但是，如果考虑到 Cu 原子终止以后扶手椅型边的 E_b 降为 0.8 eV，生长速度明显提高，最终得到的石墨烯应为锯齿型主导。美国宾夕法尼亚大学的 Johnson 课题组通过实验证实，六边形石墨烯的边界为锯齿型边缘结构。[14] 如图 3-14 所示，文献中该课题组研究人员通过拉曼光谱分析发现，正六边形石墨烯畴区的 D 峰与 G 峰峰强度比值低于 0.1，而文献报道扶手椅型的 D 峰与 G 峰峰强度比值应在 0.3 左右。进而证实规则六边形的石墨烯畴区边缘为锯齿型。

图 3-14 六边形石墨烯的拉曼光谱表征结果

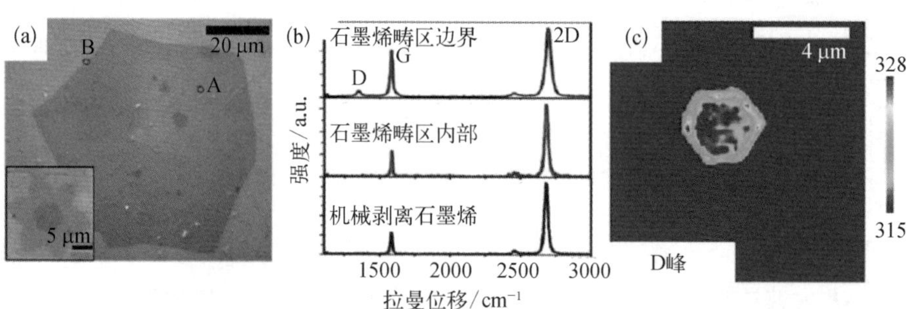

（a）生长得到的规则六边形石墨烯畴区转移到 SiO_2/Si 衬底上的 OM 图像；（b）石墨烯畴区边界、内部和机械剥离的石墨烯样品的拉曼光谱结果；（c）六边形石墨烯畴区的 D 峰强度的拉曼光谱分析面扫描结果

3.1.2 双层石墨烯的生长方法

如前所述,石墨烯在 Cu 衬底上的生长,尽管遵循自限制生长过程,但是得到的石墨烯往往分布着少量的双层石墨烯,甚至层数更多的石墨烯。

一方面,为了强调得到的石墨烯层数的均匀性,应该尽量减少多层石墨烯的分布(面积比例)。另一方面,双层石墨烯和多层石墨烯具有某些不同于单层石墨烯的新奇的电学和光学等性质,这些性质与石墨烯层数以及层与层之间的堆垛方式密切相关,因此激发了一系列在 Cu 衬底上石墨烯层数和堆垛方式的控制生长研究。

双层石墨烯按照第二层与第一层石墨烯的堆垛方式不同,可分为有序堆垛和无序堆垛两种,其中有序堆垛根据碳原子的占据位置不同又包括 AB 堆垛和 AA 堆垛两种方式。由于 AA 堆垛中上下两层碳原子完全重合,在热力学上不稳定,此处不做详细讨论。如图 3-15 所示,当上层石墨烯的碳原子位于底层石墨烯碳原子形成的六元环的中心,即采取与石墨层和层之间一致的堆垛方式时,双

图 3-15 双层石墨烯的原子排布方式和能带结构

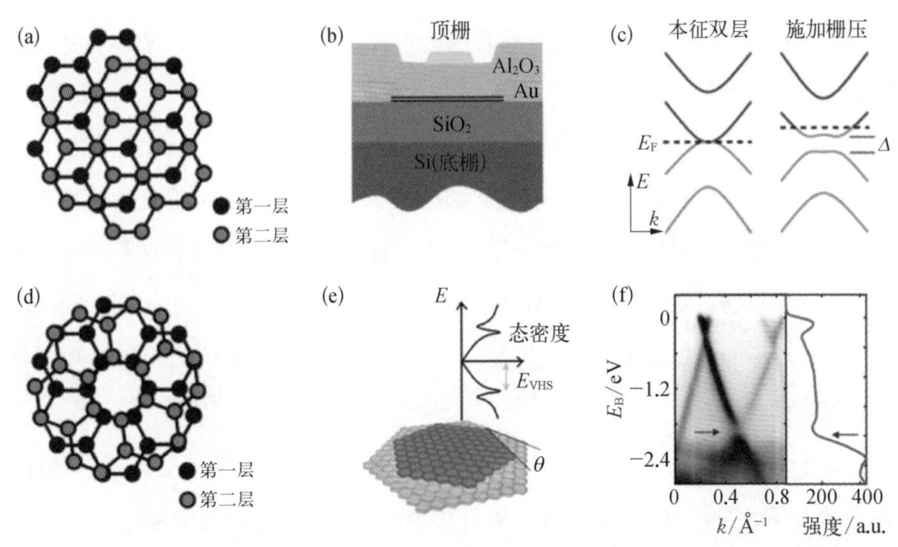

(a)(d) AB 堆垛石墨烯(a)和非 AB 堆垛双层石墨烯(d)的原子排布方式;(b)(c) 双栅调控打开 AB 堆垛石墨烯带隙的器件结构(b)和能带结构(c)示意图;(e) 扭转双层石墨烯的结构和范霍夫奇点的位置示意图;(f) 扭转双层石墨烯的角分辨光电子能谱测量结果和范霍夫奇点的位置(红色箭头)

层石墨烯为 AB 堆垛石墨烯，此时层与层之间相互的扭转角度规定为零[图 3-15(a)]。[15]理论和实验均证实 AB 堆垛双层石墨烯具有抛物线形的能带结构。对于 AB 堆垛双层石墨烯，当在垂直于石墨烯平面的方向上施加电场时，由于对称性破缺，可以在石墨烯中打开带隙，带隙大小可通过施加的电场强度来调节[图 3-15(b)(c)]。在场效应晶体管应用中，打开石墨烯带隙可以实现高的开关比，这是十分重要的。

在 AB 堆垛双层石墨烯的基础上，将其中一层旋转一定的角度 θ，即形成扭转双层石墨烯[或非 AB 堆垛石墨烯，图 3-15(d)]。[15]扭转角度大小将决定非 AB 堆垛石墨烯的能带结构和性质。当扭转角度较大时，双层石墨烯层间耦合强度较弱。非 AB 堆垛双层石墨烯的能带结构类似于单层石墨烯，因此可以保持较高的载流子迁移率。当扭转角度较小时，层与层之间存在较强的耦合，这种耦合一定程度上降低了双层石墨烯的迁移率。另外，非 AB 堆垛的双层石墨烯费米面附近，在费米能级两侧，会出现态密度奇异点，即范霍夫奇点(van Hove singularity, VHS)[图 3-15(e)(f)]。范霍夫奇点的相对位置(范霍夫奇点的能量差值，ΔVHS)与扭转角度有关。由于范霍夫奇点的存在，当范霍夫奇点的能量差 ΔVHS 与入射光的能量匹配时，电子受到激发从价带向导带跃迁的数量就会显著增加，因此扭转双层石墨烯对特定波长的光具有更高的吸收，也被用于特定波长的光电探测研究。[16]

关于金属 Cu 衬底上双层石墨烯的控制生长，目前报道的文献主要集中在 AB 堆垛的双层石墨烯上。从热力学稳定性角度来看，AB 堆垛的双层石墨烯相对于非 AB 堆垛的双层石墨烯更加稳定，因此在 Cu 衬底上得到的双层石墨烯多为 AB 堆垛双层石墨烯。而非 AB 堆垛双层石墨烯的控制生长仍然难以实现。目前 AB 堆垛的双层石墨烯控制生长主要集中在双层石墨烯的面积比例和单晶畴区尺寸的优化上。

对于 Cu 衬底上的双层石墨烯生长，目前仍然存在关于第二层石墨烯(即面积小的石墨烯层)生长是位于第一层石墨烯(即面积大的石墨烯层)上，还是位于第一层石墨烯的下方(即在第一层石墨烯和 Cu 衬底之间)的争议[图 3-16(a)]。如 Kalbac 等人利用氢气刻蚀的方法证实第二层石墨烯位于第一层石墨

图 3-16 双层石墨烯的可控生长

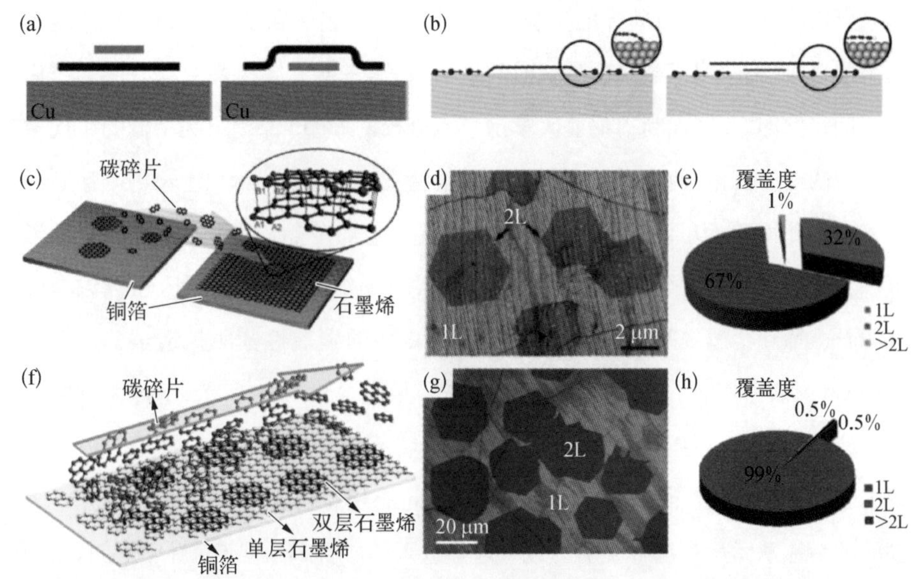

(a)第二层石墨烯不同的生长方式：在第一层石墨烯上方(左)，在第一层石墨烯和 Cu 箔之间(右)；(b)当第二层石墨烯位于第一层石墨烯和 Cu 箔之间时，石墨烯边界状态对双层石墨烯生长的影响[当边界被金属原子终止时(左)，碳物种无法迁移至第二层石墨烯生长前沿；当边界被氢原子终止、呈现悬浮状态时(右)，活性碳物种更加容易迁移至第二层石墨烯的生长前沿]；(c)二次生长原理示意图；(d)二次生长得到六边形双层石墨烯的 SEM 图像；(e)二次生长得到的不同层数石墨烯的覆盖度统计结果；(f)高面积比双层生长原理示意图；(g)长条 Cu 箔下游得到石墨烯的 SEM 图像；(h)下游得到的不同层数石墨烯的覆盖度统计结果

烯的上方。[17]与之相反，Nie 等人利用低能电子显微镜(LEEM)研究发现，第二层石墨烯在第一层石墨烯和 Cu 衬底之间生长。[18]美国麻省理工学院的孔敬课题组结合石墨烯氟化和同位素标记石墨烯拉曼光谱研究方法，确认了对于铜"信封"结构(即堆垛的两层 Cu 箔四周紧密密封结构)外侧的双层石墨烯生长，第二层石墨烯位于单层石墨烯和 Cu 衬底之间。[15]尽管存在争议，但可以确定的是，第二层石墨烯生长的具体位置与生长的具体条件密切相关，如石墨烯和 Cu 衬底之间的键合强度、氢气的含量、Cu 衬底的厚度以及 Cu 衬底的含氧量等。

双层石墨烯的面积比例，取决于双层石墨烯相对于单层石墨烯的生长速度和生长时间。由于 Cu 衬底上石墨烯生长是表面自限制过程，因此一般情况下，当第一层石墨烯在 Cu 衬底上达到满覆盖时，石墨烯生长整体停止。也就是说，双层石墨烯的生长时间取决于何时第一层石墨烯在 Cu 衬底表面达到满覆盖。

如果可以降低第一层石墨烯的生长速度，即单层石墨烯需要更长的时间才能达到满覆盖，那么双层石墨烯的生长时间就会更长，进而有效提高双层石墨烯的面积比例。例如，美国加利福尼亚大学洛杉矶分校的 Duan 课题组利用低的甲烷流量和大的氢气流量，使得单层石墨烯的生长速度极为缓慢（48 h 生长仍未达到满覆盖），由此得到了几百微米的 AB 堆垛双层石墨烯单晶。[19] 大的氢气流量除了可以利用氢气对石墨烯的刻蚀作用降低单层石墨烯的生长速度外，还可以有效减弱石墨烯和金属之间的键合作用，有利于更多的碳活性基团扩散至单层石墨烯和 Cu 衬底之间，用于双层石墨烯的生长。如图 3－16(b)所示，丁峰课题组通过理论计算证实，在高的氢气分压时，氢气会将石墨烯的边缘由金属原子终止转变为氢原子终止，进而减弱金属和石墨烯之间的相互作用[20]。这样可以允许更多的碳活性基团从单层石墨烯的边缘迁移进入单层石墨烯和 Cu 衬底之间，用于第二层石墨烯的生长。需要指出的是，这种方法的问题是，石墨烯的整体生长速度较低，宏量制备的能量消耗自然也更大。而且体系中依然存在着碳物种被单层石墨烯生长前沿捕获和用于第二层石墨烯生长的竞争关系。显然更大比例的活性碳物种会直接用于第一层石墨烯的生长，所以这种方法很难实现更高的双层石墨烯面积比。随着生长的进行，石墨烯和衬底之间的活性碳物种需要迁移更长距离到达第二层石墨烯的生长前沿，这也导致了双层石墨烯的生长速度降低。另外，迁移的活性碳物种之间相互碰撞，也容易形成新的第二层石墨烯的核，进而导致双层石墨烯的单晶尺寸下降。

在以上方法中，造成双层石墨烯的面积比例提高受到限制的主要原因是当单层石墨烯满覆盖以后，直接用于双层石墨烯生长的活性碳物种供给终止，导致双层石墨烯的生长停滞。因此如果可以持续为第二层石墨烯生长提供活性碳物种，则可以显著提高双层石墨烯的面积比例。比如，可以通过提供额外的催化剂来实现第二层石墨烯生长所需的活性碳物种的持续供给。如图 3－16(c)所示，北京大学刘忠范课题组将一片已经满覆盖的单层石墨烯放置于另一片新鲜的 Cu 衬底下游，进行石墨烯的二次生长。在满覆盖单层石墨烯的基础上，成功地实现了高面积比的双层石墨烯的制备[图 3－16(d)(e)]。[21] 因为在进行二次生长时，新鲜 Cu 箔具有高的催化活性，催化产生大量的活性碳物种，这些活性碳物种可以在 Cu 箔表面脱附至气相中，随着气流迁移至下游的单层石墨烯处，进而形成第二层石墨烯。美国加利福尼亚大学洛杉矶分校的 Duan 课题组基于同样的原理，在长条 Cu 箔的生长气流方向下游的位置得到了面积比例高达 99%的双层石墨烯[图 3-16(f)～(h)]。[22]这主要是因为，上游产生的活性碳物种会持续通过气相扩散到下游，而下游的活性碳物种很难扩散到气流上游的 Cu 箔处，因此 Cu 箔下游的石墨烯的生长速度要快于上游处的生长速度。当 Cu 箔沿气流方向长度变长时，上下游的生长速度差异增加。这导致当 Cu 箔下游石墨烯几乎满覆盖时，Cu 箔上游石墨烯的覆盖度仍然很低，催化活性仍然很高。因此 Cu 箔上游相当于为 Cu 箔下游第二层石墨烯的生长提供了持续的催化剂，导致下游双层石墨烯的覆盖度明显增大。

Ruoff 课题组发现在氧气预处理的铜"信封"的外表面[图 3-17(a)]，经过6 h 的生长可以得到畴区尺寸在亚毫米级的 AB 堆垛双层石墨烯[图 3-17(b)(c)]。[23]这是因为额外的碳源供给促进了第二层石墨烯的持续生长。具体来说，Ruoff 课

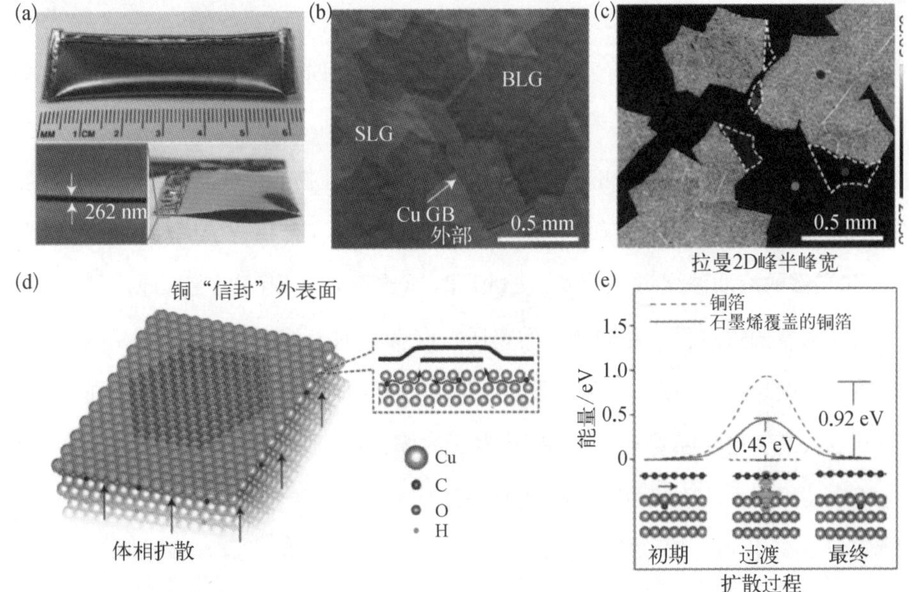

图 3-17 铜"信封"上石墨烯的生长行为

（a）铜"信封"的照片及其密封处的 SEM 图像；（b）（c）铜"信封"外表面得到的石墨烯的 SEM 图像（b）和拉曼光谱 2D 峰半峰宽面扫描结果（c）（黄色区域对应 2D 峰半峰宽相对较大的石墨烯区域，即 AB 堆垛的双层石墨烯区域）；（d）铜"信封"外表面双层石墨烯的生长机理示意图（活性碳原子通过 Cu 箔体相扩散）；（e）碳原子从 Cu 体相扩散过程的扩散势垒计算结果

题组研究人员发现由于铜“信封”的密封结构，铜“信封”内部碳源供给稀少，进而导致铜“信封”内表面石墨烯生长缓慢。因而，当铜“信封”外表面的石墨烯满覆盖时，其内表面石墨烯覆盖度极低。而内表面产生的活性碳物种可以通过铜“信封”的Cu体相迁移至外表面，因此铜“信封”内表面可以持续为铜“信封”外表面第二层石墨烯的生长提供活性碳物种[图3－17(d)(e)]。需要指出的是，碳源必须完全裂解形成活性碳原子，才可以进入Cu的体相并迁移至外表面。他们通过实验和理论计算发现，氧气的存在可以有效降低碳源完全脱氢裂解形成碳原子的势垒，因此只有在氧气预处理的铜“信封”外表面才能得到大面积的双层石墨烯。

3.2 镍表面上的生长

3.2.1 偏析生长

石墨烯在金属Ni衬底上的生长遵循偏析机制。讨论石墨烯在Ni上生长的机理之前，我们首先区分两个概念：偏析和析出。[24]偏析是指在两种或多种物质组成的混合物中，一种组分在混合物的表面或界面富集的现象。偏析的过程不发生物质的相变。混合物可以是固体溶液，其中一种物质为主体，其他物质是溶质。而析出的过程则伴随着物质的相变。它是由于混合物或者固体溶液中的突变，如局部的溶质浓度激烈改变或过饱和，导致物质的相的改变。通常情况下，析出伴随着偏析过程。比如特定的物质在混合物的表面富集，即偏析，导致局部物质的浓度超过平衡点，进而导致特定物质在界面的析出。石墨烯在金属Ni表面的生长其实也伴随着碳原子在Ni表面的偏析和析出的过程：首先溶解在Ni体相中的碳原子在Ni表面偏析，此时温度区间为1065～1180 K。[24]当体系温度降低到1065 K以下时，在Ni表面富集的碳原子开始析出形成石墨烯。

偏析过程又分为平衡偏析和非平衡偏析过程。其中，平衡偏析为热力学平衡过程。溶质、溶剂原子的自身特性和热力学相互作用导致溶质在体相和表面层的分布存在差异。而非平衡偏析是一个动力学控制的过程。

金属表面往往存在不饱和原子，因此具有较高的自由能，常常通过表面吸附或体相杂原子在表面富集来降低表面自由能，所以偏析过程可以有效地降低体系的表面自由能。以二元组分为例，二元体系组分多的称为溶剂，而少的组分称为溶质。如图 3-18 所示，A 为溶质，B 为溶剂。溶质和溶剂在表面的原子数分别为 n_A 和 n_B，而在体相中分别为 N_A 和 N_B。原子的总数分别为 $n = n_A + n_B$ 和 $N = N_A + N_B$。溶质原子在体相中和表面的能量分别为 E_A^b 和 E_A^s，而溶剂为 E_B^b 和 E_B^s。体系的熵可以分为原子晶格振动（S_A^b、S_A^s、S_B^b、S_B^s）和溶质与溶剂混合引起的熵（混合熵 S_{mix}），则体系的自由能可以表示为

$$F = E - TS = n_A(E_A^s - TS_A^s) + N_A(E_A^b - TS_A^b) + n_B(E_B^s - TS_B^s) + N_B(E_B^b - TS_B^b) - TS_{mix} \quad (3-4)$$

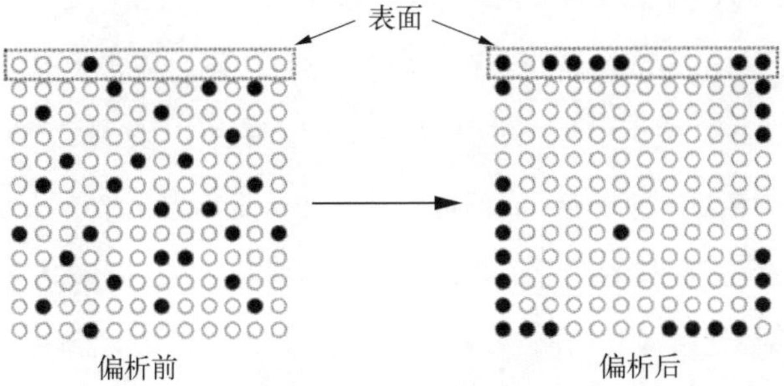

图 3-18　偏析概念示意图

注：黑色球为溶质，白色球为溶剂。

式中，$S_{mix} = k_B \ln W$，W 为体系原子所有的排布方式总数。当原子数很大时，S_{mix}可以简化为

$$S_{mix} = k_B(N\ln N - N_A\ln N_A - N_B\ln N_B) + k_B(n\ln n - n_A\ln n_A - n_B\ln n_B) \quad (3-5)$$

当体系达到热力学平衡时，体系自由能 F 达到极小值，此时符合 $\mathrm{d}F/\mathrm{d}n = 0$。由于 n 和 N 均为定值，所以 $\mathrm{d}F/\mathrm{d}n_A = 0$。因此有

$$\mathrm{d}F/\mathrm{d}n_A = (E_A^s - E_A^b) - T(S_A^s - S_A^b) - (E_B^s - E_B^b) + T(S_B^s - S_B^b) - k_B T\ln\left(\frac{N_A n_B}{N_B n_A}\right) = 0 \quad (3-6)$$

当忽略溶剂和溶质原子晶格振动部分的熵在表面和体相中的差异[($S_A^s - S_A^b$)和($S_B^s - S_B^b$)近似为0]时，同时定义溶质偏析能 $\Delta E_A = E_A^b - E_A^s$ 和溶剂偏析能 $\Delta E_B = E_B^b - E_B^s$，则式(3-6)可以改写为

$$\left(\frac{n_A}{n_B}\right)_{表面} = \left(\frac{N_A}{N_B}\right)_{体相} e^{\frac{\Delta E_A - \Delta E_B}{k_B T}} \tag{3-7}$$

当溶质的偏析能大于溶剂（$\Delta E_A > \Delta E_B$）时，则 $\left(\frac{n_A}{n_B}\right) > \left(\frac{N_A}{N_B}\right)$，溶质A在表面富集。因此，偏析的驱动力来自 $\Delta E_A - \Delta E_B$。

接下来我们区分一下石墨烯的偏析生长与CVD偏析过程制备石墨烯。石墨烯的偏析生长是指不使用外来气态碳源，利用金属体相碳物种偏析现象，直接来生长石墨烯的方法，此处不再赘述。而CVD偏析过程生长石墨烯包括很多步骤：① 气态碳源在衬底表面吸附裂解；② 裂解形成的活性碳原子溶解进入金属体相；③ 降温过程中，活性碳原子在金属中溶解度降低，体相中的碳在表面偏析、成核和生长。CVD偏析过程往往是以动力学控制为主，受到气体流量、压力、温度、降温速率等诸多因素影响，而偏析生长则通常是热力学平衡状态。

美国麻省理工学院的孔敬课题组利用APCVD方法，在多晶Ni膜上率先实现了少层石墨烯连续薄膜的制备(图3-19)。[25]具体来说，他们在900～1000℃温度区间内，通入高度稀释的碳源气体，在多晶Ni膜上得到了层数为1～8层的连续石墨烯薄膜。研究发现，在石墨烯生长前，经过高温退火可以使Ni膜的单晶尺寸达到1～20 μm。如图3-19(a)所示，退火后Ni膜的晶畴内部较为平整，表现出原子级的起伏。高温下，碳原子在Ni中的溶解度较高，所以高温催化裂解形成的活性碳原子会溶解在金属Ni体相中。另外，碳在金属Ni中的溶解度表现出较高的温度依赖性，所以在样品降温过程中，碳原子会在Ni的表面偏析，并在Ni的催化作用下析出形成石墨烯。尽管多晶Ni表面自身存在大量的畴区晶界，石墨烯生长过程中还是可以跨过这些金属晶畴，得到连续的石墨烯薄膜[图3-19(b)]。进一步通过PMMA辅助转移的方法，利用盐酸溶液刻蚀金属Ni，可以将石墨烯薄膜转移到 SiO_2/Si 衬底上[图3-19(c)]。转移后的石墨烯OM图像上可以清晰地识别出石墨烯的层数及其分布[图3-19(d)]，其中浅粉

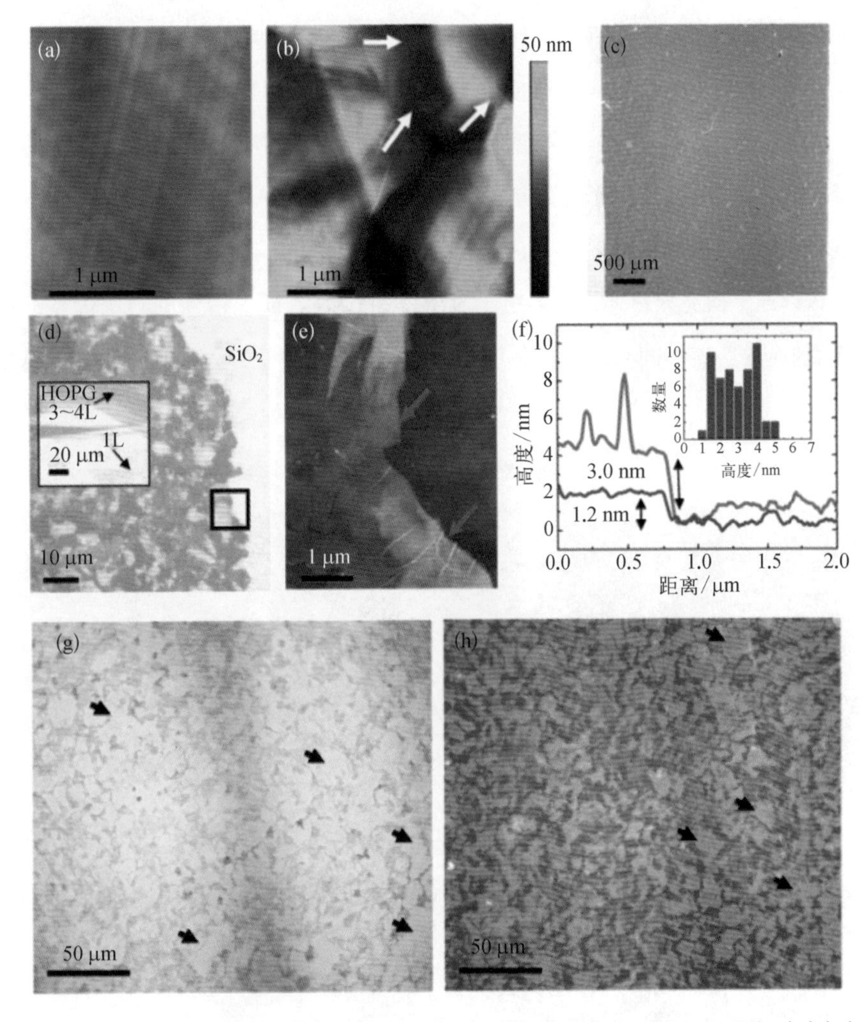

图 3-19 Ni 表面石墨烯的 CVD 生长结果

（a）多晶 Ni 膜畴区内部的 AFM 图像；（b）石墨烯生长后的多晶 Ni 膜表面的 AFM 图像；（c）（d）石墨烯转移到 SiO_2/Si 表面的 OM 图像；（e）转移后的石墨烯的 AFM 图像（由于转移过程的污染和 SiO_2/Si 衬底自身起伏，测得单层石墨烯和双层石墨烯高度比理论值略高）；（f）AFM 图像提取的不同区域的高度分析结果（插图为不同区域高度统计结果）；（g）（h）转移前 Ni 膜上石墨烯的 OM 图像和转移到 SiO_2/Si 表面后的石墨烯 OM 图像

色的区域对应单层石墨烯或双层石墨烯的区域，该课题组研究人员通过原子力显微镜(atomic force microscope，AFM)分析证实此处石墨烯的高度在 1 nm 左右。而颜色更深的区域，如紫色区域对应的则是多层石墨烯，其高度在 3 nm 左右[图 3-19(d)～(f)]。他们发现，在连续的石墨烯薄膜内部，分布着大量层数仅为单层和双层的连续区域，其大小在 20 μm 左右，这些单层和双层区域被多层

石墨烯的区域分隔开来。通过仔细对比可以发现，石墨烯的层数分布与 Ni 薄膜生长前的结构较一致[图 3 - 19(g)(h)]。因而单层和双层石墨烯的区域主要分布在 Ni 的晶畴内部，而在 Ni 衬底的晶界处多分布多层石墨烯。这主要是因为在降温过程中，活性碳原子优先在缺陷的晶界处析出，导致晶界处的石墨烯成核密度较高，形成多层石墨烯。

该课题组研究人员通过透射电子显微镜（TEM）表征了得到的石墨烯卷起的边缘，进而证实连续的石墨烯薄膜层数为 1～8 层[图 3 - 20(a)～(c)]。同时，他

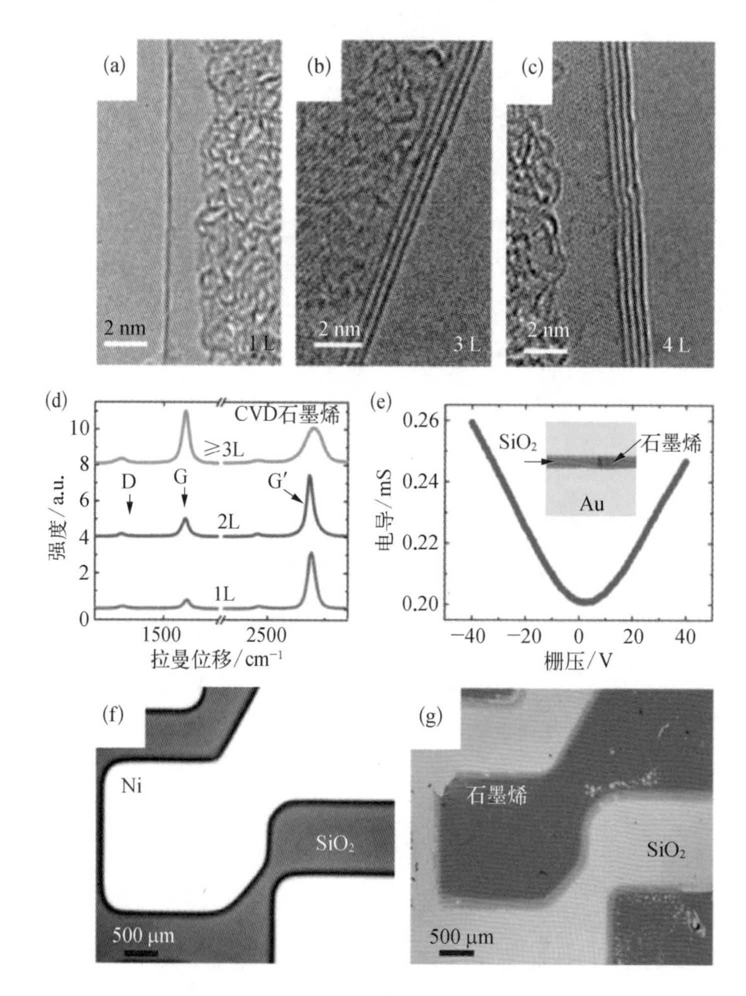

图 3 - 20　Ni 膜表面生长得到的石墨烯表征

（a）～（c）单层、三层和四层石墨烯的 TEM 图像；（d）石墨烯薄膜的拉曼光谱；（e）石墨烯场效应晶体管的转移特性曲线；（f）（g）图案化 Ni 膜生长衬底和生长后转移到 SiO_2/Si 表面的石墨烯薄膜的 OM 图像

们也利用TEM分析了多层石墨烯的堆垛形式，发现多层石墨烯并不是采取与石墨类似的AB堆垛结构，而是表现出部分的层间扭转。当层间扭转存在时，石墨烯层间的耦合减弱，多层石墨烯表现出与单层石墨烯类似的性质。他们对转移后的连续石墨烯薄膜进行拉曼光谱分析发现，石墨烯表现出较为明显的D峰强度，这也证实得到的石墨烯内部分布着大量的畴区晶界。另外，根据拉曼光谱的2D峰的峰型可以推测石墨烯的层数和层间耦合强度。分析发现，不同层数的石墨烯2D峰的峰型类似，半峰宽大小均为30 cm^{-1}左右，因此可以推断大部分多层石墨烯之间存在一定扭转和较弱的层间耦合作用[图3-20(d)]。后续器件加工测量测得石墨烯的迁移率为100～2000 $cm^2 \cdot V^{-1} \cdot s^{-1}$[图3-20(e)]。同时，通过在二氧化硅的衬底上图案化沉积金属Ni，该课题组研究人员实现了石墨烯的图案化生长，如图3-20(f)(g)所示。

Ruoff课题组利用同位素标记的方法研究了石墨烯在Ni表面的生长过程。[12]在Ni膜上生长石墨烯时，按时间顺序分别通入$^{12}C-CH_4$和$^{13}C-CH_4$[图3-21(a)]。通过对得到的石墨烯的G峰峰位空间分布分析证实，Ni上的石墨烯中^{12}C和^{13}C均匀分布[图3-21(b)(c)]。这也证实了Ni上生长石墨烯的过

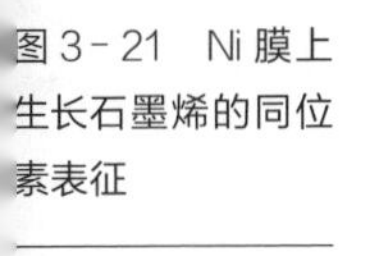
图3-21　Ni膜上生长石墨烯的同位素表征

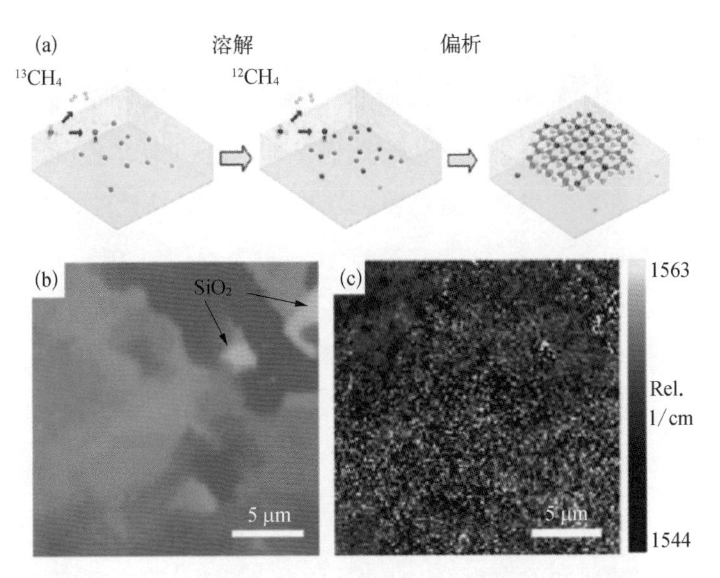

(a) Ni上石墨烯CVD偏析过程示意图；(b) 依次通入$^{12}C-CH_4$和$^{13}C-CH_4$后得到的连续的石墨烯薄膜转移到SiO_2/Si衬底上的OM图像；(c) 石墨烯薄膜的拉曼光谱G峰峰位的面扫描结果

程遵循偏析生长机制，即不同时间段通入的^{12}C和^{13}C在生长过程中不断溶解在金属Ni的体相中，在降温过程中不同的碳原子在金属Ni的表面一起析出得到石墨烯。因此碳同位素没有表现出空间分布的差异。

那么，溶解的碳在Ni的体相中是怎么分布的呢？在什么温度区间碳原子开始进入Ni的体相呢？根据菲克第一定律计算得到的不同温度下的碳原子在Ni体相中的分布如图3-22所示，可以看出在高温的石墨烯CVD生长阶段，碳原子可以进入Ni的体相并均匀分布。

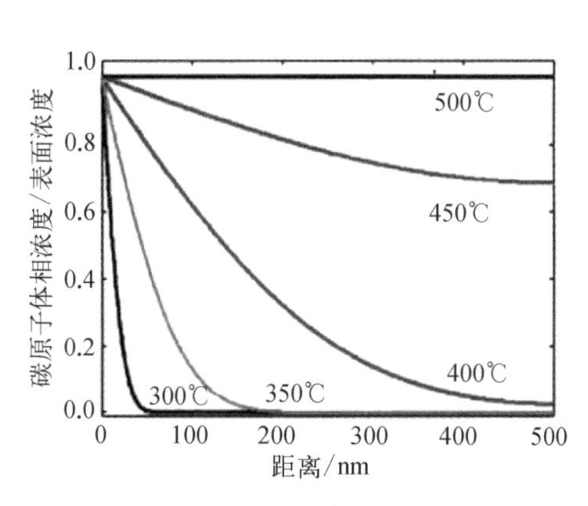

图3-22 不同温度下，碳原子在Ni体相中的浓度和表面浓度的比值与离Ni表面的距离的关系

与此同时，研究人员在Ni上生长得到的石墨烯中还观察到了褶皱的形成。这主要是由Ni和石墨烯热膨胀系数差异导致的。金属Ni在1000℃和25℃时的热膨胀系数分别为21×10^{-6} K^{-1}和13×10^{-6} K^{-1}，而石墨烯的热膨胀系数分别为-1.2×10^{-6} K^{-1}和0.7×10^{-6} K^{-1}。因此在降温过程中Ni收缩，而石墨烯表现为膨胀，这导致降温过程中Ni受到拉伸应力，而石墨烯受到压缩应力。正是因为应力的存在导致了石墨烯褶皱的形成。

需要指出的是，在Ni不同的晶面上，石墨烯生长结果不同。如在850℃时石墨烯在Ni(100)晶面上仍然难以形成，而在Ni(111)和Ni(110)晶面上已经可以形成质量较好的石墨烯。这是由晶面结构的差异导致的。碳原子在Ni(100)晶面上与四个Ni原子相互接触，而在Ni(111)晶面上碳原子只接触三个Ni原子，在Ni(110)晶面上则接触两个Ni原子，因此Ni(111)和Ni(110)晶面的金属与碳原子相互作用较弱，导致碳原子之间相互作用增强，更易形成石墨烯。而Ni(100)晶面的金属与碳的相互作用较强，一定程度上减弱了碳原子之间的相互作用。因而，在偏析过程中，只有当碳原子过饱和浓度较高时，才会有石墨烯形成。

根据第一性原理计算发现，在Ni表面的石墨烯成核阶段，碳的链状结构更加稳定。[26]这主要是因为碳链的两端碳原子和Ni具有较强的相互作用，使得链状结构稳定。与之相反,碳的环状结构稳定性较差,无法在 Ni 衬底表面稳定存在。碳的链状结构在 Ni 的表面迁移速度甚至要快于单个碳原子的迁移速度(图 3-23)。因此在 Ni 表面,在石墨烯的成核初期,碳原子形成碳链结构后,链状结构在 Ni 表面快速迁移并捕获活性碳原子[图 3-23(a)],使链状结构碳原子数不断增多,直到链状结构稳定性低于网状结构。此时,碳链优先形成星状的枝杈结构且迁移能力变弱,但是热力学上更加稳定。之后此枝杈结构作为稳定的石墨烯的核继续生长。

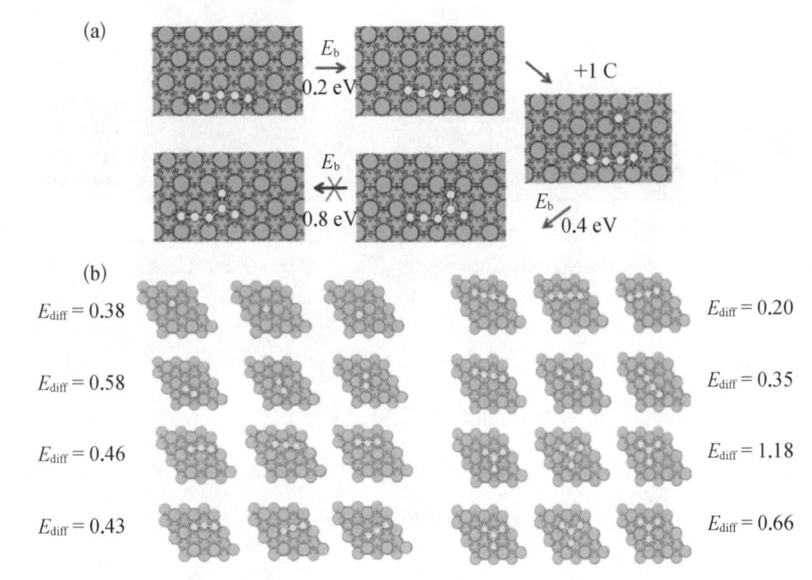

图 3-23 碳团簇在金属表面的迁移势垒

(a) C_5 链状结构捕获一个碳原子,形成分枝结构并在 Ni 表面迁移过程的势垒计算和示意图(当分枝结构形成后,链状结构迁移势垒增大);(b) 不同长度的链状碳团簇在 Ni 表面的迁移势垒

3.2.2 层数控制

多晶 Ni 膜上生长得到的石墨烯通常是多层石墨烯,厚度均匀性较差。因此控制石墨烯的层数是 Ni 上制备高品质石墨烯的关键。美国南加利福尼亚大学 Zhou 课题组通过对比单晶 Ni 和多晶 Ni 上石墨烯的生长结果,确认了多晶 Ni 衬底的金属晶界是导致大量多层石墨烯生成的主要原因(图3-24)。[27] 在相同生长条件下,Ni(111)单晶上得到的少层石墨烯(单层和双层石墨烯)的面积

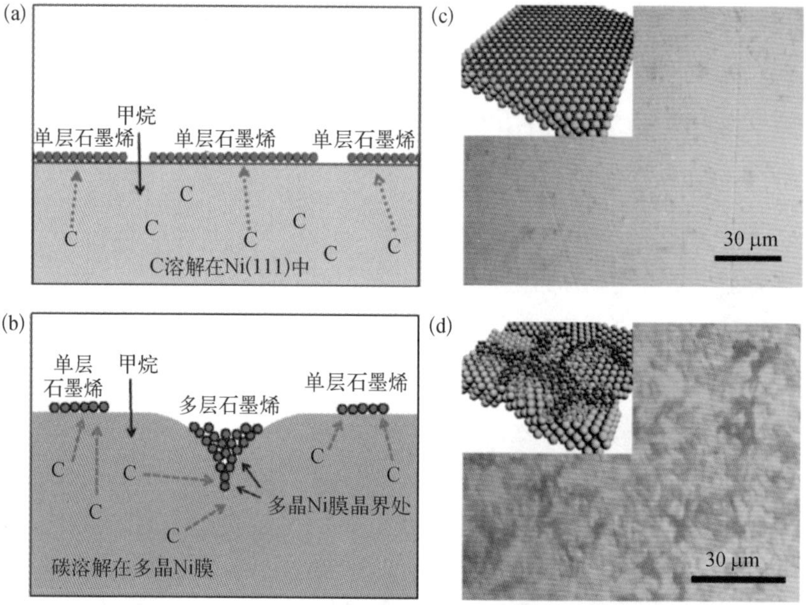

图 3-24 单晶 Ni 和多晶 Ni 表面上石墨烯的生长

（a）（b）单晶 Ni（111）生长得到少层石墨烯和多晶 Ni 膜晶界处形成多层石墨烯的机理示意图；（c）（d）单晶 Ni（111）表面和多晶 Ni 表面生长得到的石墨烯 OM 图像（插图为石墨烯的层数分布示意图）

比例可以达到 91.4%，而在多晶 Ni 的表面少层石墨烯的面积比例只有72.8%。这主要是因为 Ni 晶界处具有大量的活性位点，导致大量碳原子在此处析出形成多层石墨烯[图 3-24(b)]。而对于原子级平整的 Ni(111)单晶，因为没有晶界的存在，碳原子会比较均匀地在 Ni(111)表面析出，所以得到的少层石墨烯面积比例较高[图 3-24(a)]。该课题组研究人员通过对比 OM 图像发现，Ni 单晶上得到的石墨烯衬度较为均匀，而多晶 Ni 表面生长的石墨烯则有大量深色的区域，证实为多层石墨烯[图 3-24(c)(d)]。这种方法提供了一种在 Ni 上控制石墨烯层数的思路，即减少 Ni 衬底的晶界密度。文献报道，通过氢气长时间退火，可以增大 Ni 晶畴的尺寸，进而降低 Ni 衬底的晶界密度。同时，长时间退火还可以消除金属表面的杂质，而这些杂质通常也是多层石墨烯的成核位点。尽管直接在单晶衬底上生长更有利于抑制多层石墨烯的形成，但是单晶 Ni 衬底价格昂贵，因此如何通过较低的成本得到单晶金属衬底显得尤为重要。

美国麻省理工学院 Kong 课题组通过控制碳源供给和多晶 Ni 衬底的冷却速

度，得到了少层石墨烯面积比例达87%的连续石墨烯薄膜(图3-25)。[28]当碳源供给较大(甲烷浓度为0.7%)时，少层石墨烯的面积比仅为5%～11%，此时无论降温速度如何，在晶界处总有多层石墨烯的形成[图3-25(b)(c)]。而当碳源浓度较低(甲烷浓度为0.5%～0.6%)、降温速度较慢时，得到的石墨烯样品中，分布着大量少层石墨烯[图3-25(d)(e)]，并且此时不是所有的Ni晶界处都会有多层石墨烯形成。这是因为碳源供给的减少，导致用于溶解在Ni体相中的活性碳

图3-25 Ni膜上的石墨烯层数的控制

(a)

甲烷浓度(体积分数)/%	降温速度 $(dT/dt)/(℃/min)$						
	100.0	33.0	25.0	16.6	8.3	5.5	4.2
0.4	没有石墨烯						
0.5	没有石墨烯		B				
0.6	A		B				
0.7	A						

A类石墨烯薄膜(少层石墨烯较少分布)

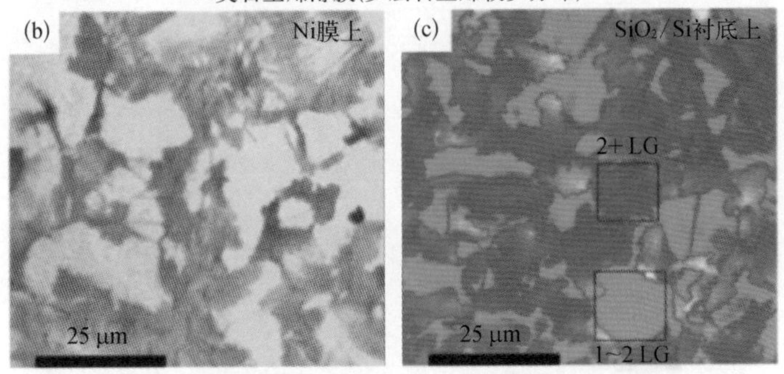

B类石墨烯薄膜(少层石墨烯较多分布)

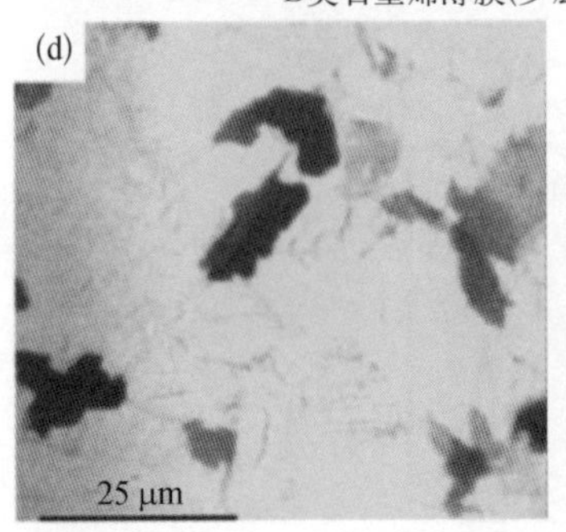

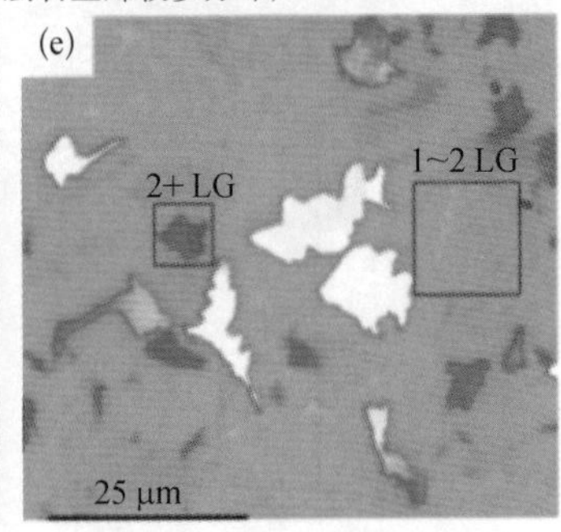

(a)不同甲烷浓度(体积分数)和降温速度条件下，多晶Ni上石墨烯的生长情况；(b)(c)A类石墨烯薄膜(少层石墨烯较少分布)Ni膜上和转移到SiO_2/Si衬底上的OM图像；(d)(e)B类石墨烯薄膜(少层石墨烯较多分布)Ni膜上和转移到SiO_2/Si衬底上的OM图像

原子数量减少，同时降温和速度减小可保证偏析时体系更加接近平衡状态，从而导致多层石墨烯的成核密度降低。多层石墨烯成核位点的降低，一个表现是多层石墨烯的分布减少，另一个表现是多层石墨烯的层数变多。这里需要指出的是，快速降温可以防止过多的碳原子偏析，因为许多碳原子没有充足的时间迁移到金属表面，此时尽管多层的成核密度增高，但是总体用于偏析生长石墨烯的碳原子总数降低，因此降温速度的取舍取决于具体生长的条件，如碳源供给等。需要指出的是，当降温速度过快（100℃/min）且碳源供给低（0.5%）时，Ni 的表面几乎没有石墨烯形成。

如前所述，降低碳源供给可以有效地减少多层石墨烯的形成。基于此，如图 3－26 所示，美国莱斯大学的 Tour 课题组在 SiO_2/Si 衬底表面预先旋涂定量的高聚物作为碳源，并在高聚物表面蒸镀金属 Ni。[29] 通过高温退火直接在绝缘衬底上得到了双层石墨烯为主的石墨烯薄膜。另外，通过制备 Cu－Ni 合金，利用 Ni 的含量调节合金的溶碳量，可进一步实现对石墨烯层数的控制，此部分将在合金生长部分详细讨论。

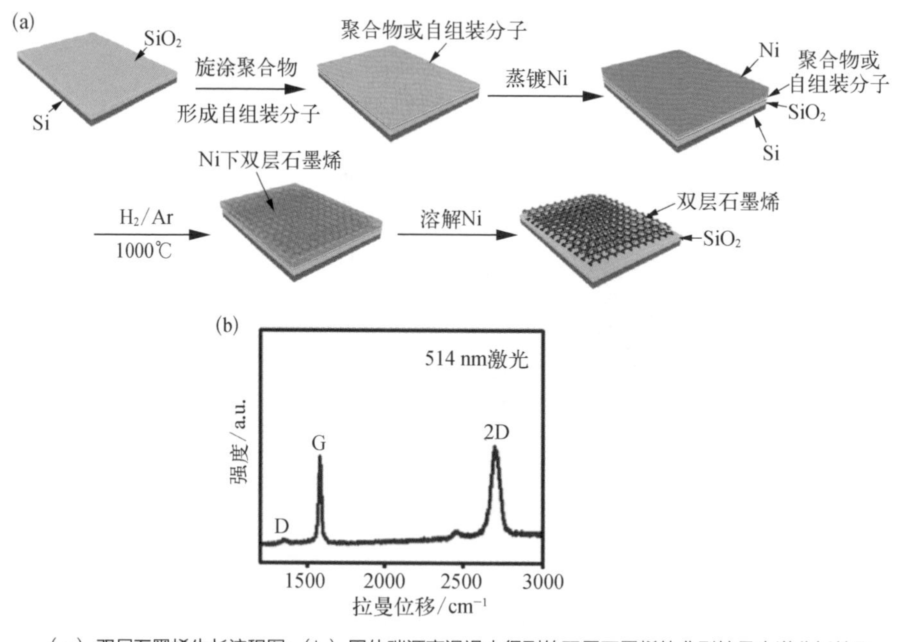

图 3－26 双层石墨烯的生长及表征

（a）双层石墨烯生长流程图；（b）固体碳源高温退火得到的双层石墨烯的典型拉曼光谱分析结果

3.3 其他金属表面上的生长

在金属衬底表面生长石墨烯时，金属衬底的选择至关重要。石墨烯生长初期阶段是碳源在金属衬底表面吸附和裂解，因此所选择的金属衬底必须对碳源的裂解具有一定的催化活性。金属衬底对于碳源的裂解能力会直接影响到碳源的裂解温度、裂解程度以及活性碳物种的供给量，进而影响石墨烯的生长速度和质量。与此同时，金属衬底还对活性碳原子的石墨化具有一定的催化能力，从而降低石墨化所需要的温度。除了前面章节所重点阐述的金属 Cu 和 Ni 衬底以外，人们也在积极探索其他过渡金属衬底上石墨烯的生长，目前已经可以实现在元素周期表中诸多过渡金属衬底上的石墨烯生长，例如ⅠB－ⅡB 族过渡金属 Au，[30] ⅧB 族过渡金属 Rh、Ni、Fe、Ir，ⅣB－ⅥB 族过渡金属 Cr、Mo、W、Ti、V[31] 等。值得注意的是，不同金属衬底上石墨烯的生长行为不尽相同，会受到金属溶碳量、金属-碳相互作用等因素的影响。例如在某些过渡金属上的石墨烯生长过程中，复杂的金属碳化物的形成会对石墨烯的生长模式、层数控制等行为产生重要影响。

3.3.1 ⅠB－ⅡB 族过渡金属上石墨烯的生长

在ⅠB－ⅡB 族过渡金属中，Cu 是石墨烯生长最常用的衬底，前面已经做了详细阐述，在此不再赘述。除 Cu 衬底以外，Au 也可以有效地催化石墨烯的生长。但由于价格昂贵，Au 的应用受限。图 3－27 是利用 CVD 方法在 Au 衬底上制备得到的石墨烯表征结果。拉曼光谱表征发现，Au 衬底上制备的石墨烯多为单层结构，与 Cu 衬底上石墨烯的生长行为相似。与 Cu 衬底上生长的石墨烯相比，Au 上的石墨烯具有更高的缺陷峰，主要归因于石墨烯与 Au 之间存在较大的晶格失配（石墨烯的晶格常数：2.46Å；Au 六方密堆晶面的晶格常数：2.88Å）。[32] 值得注意的是，ⅠB－ⅡB 族过渡金属的溶碳量普遍较低，且在石墨烯生长条件下无金属碳化物形成。因此，该类衬底上石墨烯的生长主要遵循表面催化生长机制。

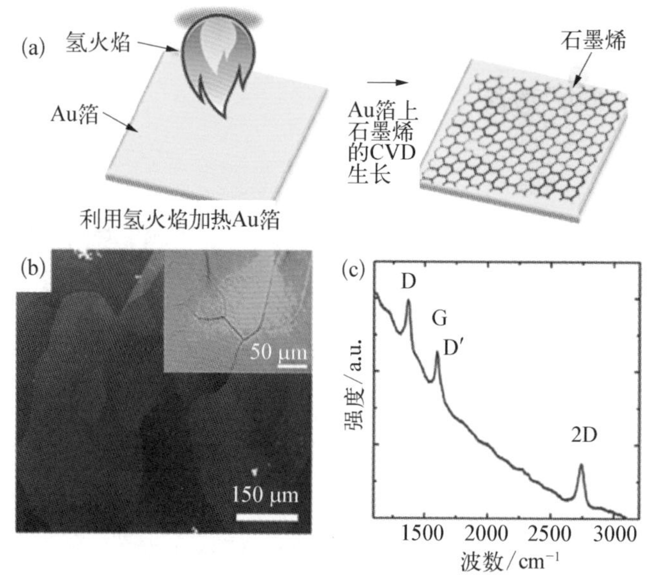

图 3-27 Au 衬底上石墨烯的生长及表征

（a）Au 衬底上 CVD 生长石墨烯的示意图；（b）（c）Au 衬底上石墨烯的 SEM 图像及拉曼光谱表征（插图为 Au 上生长的石墨烯的光学照片）

3.3.2 VIIIB 族过渡金属上石墨烯的生长

石墨烯的早期研究主要是在两类金属衬底表面进行的，包括以 Cu 为代表的 ⅠB-ⅡB 族过渡金属和以 Ni 为代表的 ⅧB 族过渡金属。以 Ni 为代表的 ⅧB 族金属，其上石墨烯的生长与 ⅠB-ⅡB 族过渡金属略有不同，主要原因是金属的溶碳量以及金属-碳相互作用的强弱不同。

Ni 衬底上石墨烯的生长过程主要包括：① 将 Ni 衬底在高温（900～1000℃）下退火，增加 Ni 的晶畴大小，降低晶界密度；② 通入 CH_4/H_2，在高温下 CH_4 会发生裂解，活性碳原子溶解于 Ni 体相之中；③ 在氩气氛围下，将样品降至室温。在此过程中，由于金属衬底的溶碳量随着温度的降低逐渐减小，溶解在体相中的碳原子会逐渐偏析到金属衬底表面形成石墨烯。

在金属 Ni 衬底上石墨烯的生长会伴随着亚稳态金属碳化物的形成[图 3-28(a)～(c)]。[33] 随着后续的高温退火处理，金属碳化物会逐渐转变成石墨烯。例如，在金属 Ni 衬底上，扫描隧道显微镜(scanning tunneling microscope, STM)与俄歇电子能谱(Auger electron spectroscopy, AES)显示，460℃左右退火可以实现碳化镍(Ni_2C)到石墨烯的转变[图 3－28(e)～(j)]。理论计算表明，碳化镍与石墨烯的转变可能通过原子替换或者原子转移实现[图 3－28(d)]。

除金属 Ni 外，人们也积极地探索 Rh、Ir 等金属衬底上石墨烯的生长。图 3－29 为在金属单晶 Rh(111)[34]、Ir(111)[35]衬底上制备得到的石墨烯的 STM 表征结

图 3－28 Ni 衬底上石墨烯的生长及表征

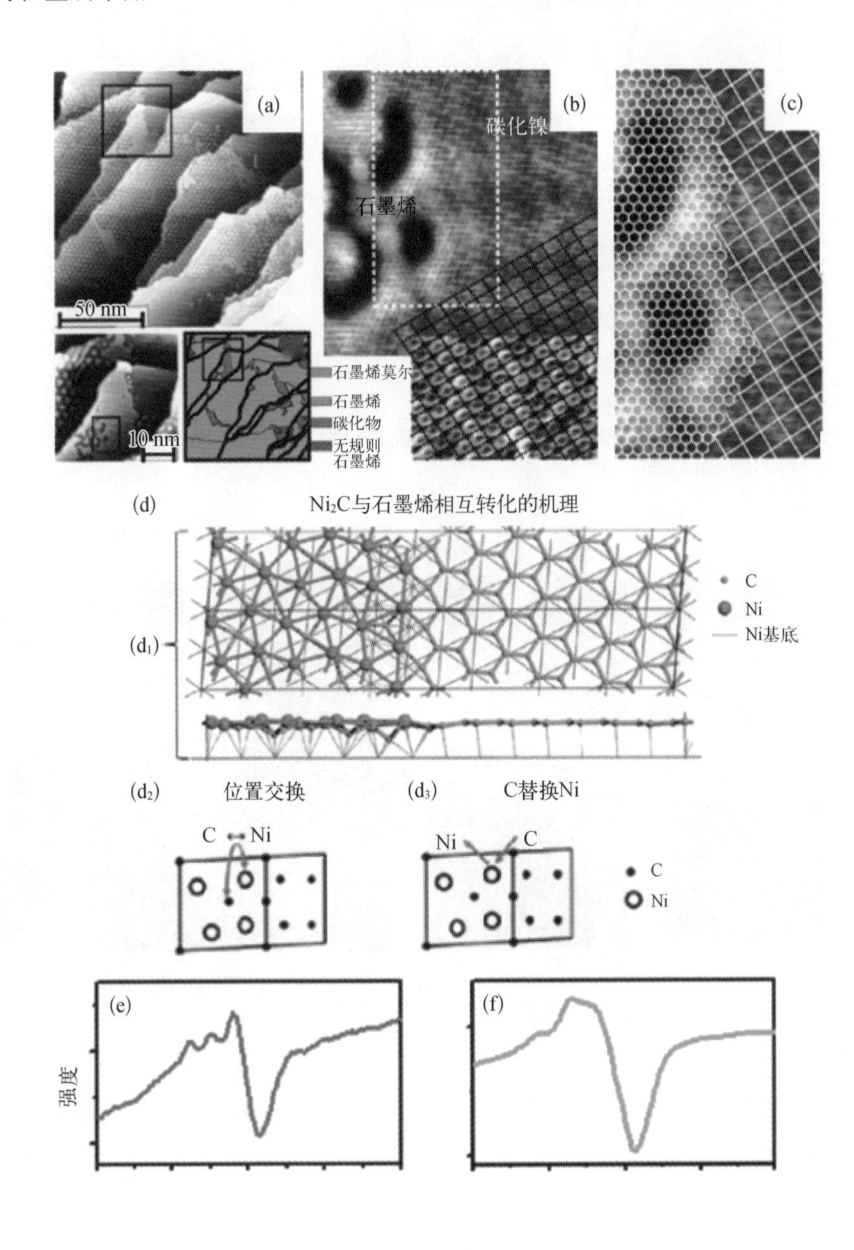

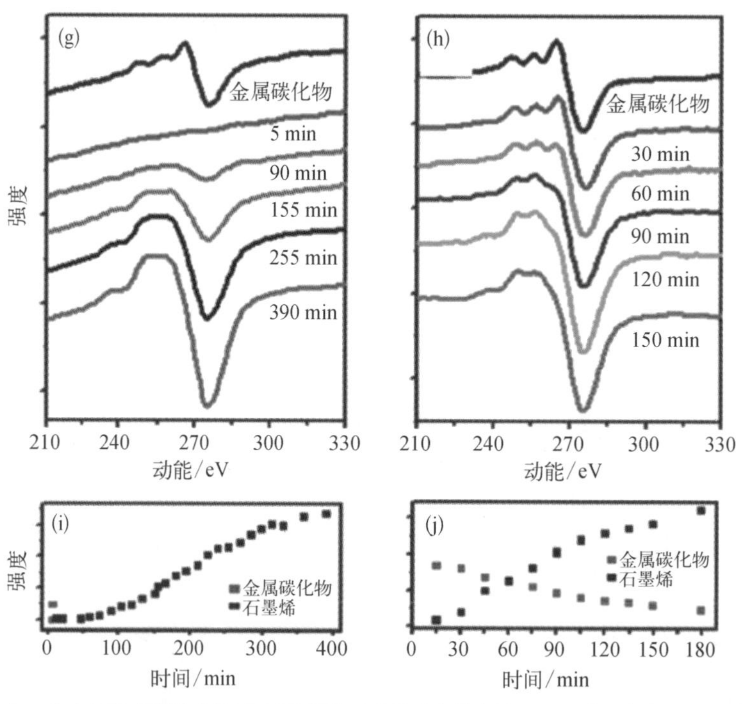

图 3-28 续图

（a）~（c）VIIIB 族过渡金属 Ni 上石墨烯与碳化镍共存状态的 STM 图像；（d）碳化镍向石墨烯转变示意图（Ni 上形成的亚稳态碳化物相，在高温下通过原子替换或者原子转移的方式转变成石墨烯）；（e）~（j）碳化镍向石墨烯转变的 AES[33]

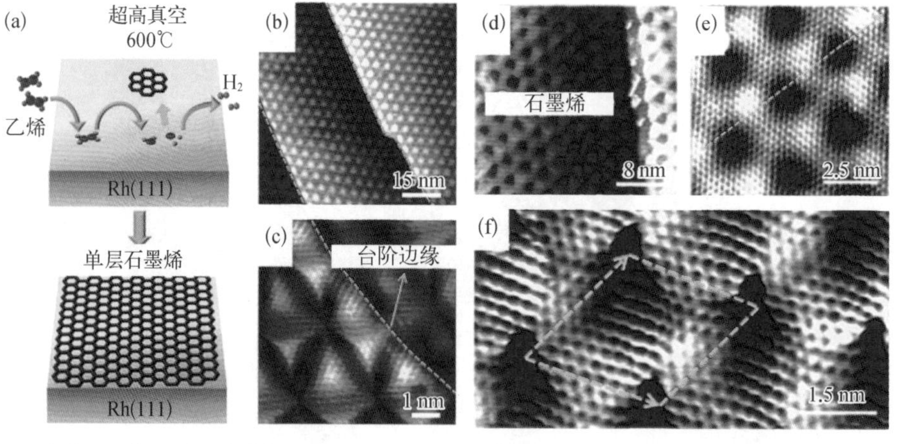

图 3-29 Rh 和 Ir 衬底上石墨烯的生长及表征

（a）~（c）Rh（111）[34]、（d）~（f）Ir（111）[35] 上制备得到的石墨烯的 STM 表征 [从（c）和（f）中可以看到石墨烯的原子结构及摩尔超结构]

果，从 STM 图像中可以清晰地观察到石墨烯的原子结构及其与衬底堆垛产生的摩尔超结构。

3.3.3 ⅣB－ⅥB 族过渡金属上石墨烯的生长

与催化活性较高的 Ni(ⅧB 族)金属衬底相比，ⅣB－ⅥB 族过渡金属(例如 Cr、Mo、W)对石墨烯的生长具有较弱的催化活性，但是当该类金属与碳形成金属碳化物后，对石墨烯生长的催化活性会显著提高。[31] 对于ⅣB－ⅥB 族过渡金属，例如 Cr、Mo、W，其金属碳化物表现出与ⅠB－ⅡB 族、ⅧB 族金属完全不同的性质，这也导致其上石墨烯表现出不同的生长行为。在 CVD 生长条件下，金属碳化物的形成先于石墨烯，并且稳定存在于整个石墨烯生长过程中[图3－30(a)]。[31] 金属碳化物的形成可以有效地实现金属衬底上石墨烯层数的控制，主要归结于两方面影响因素：一方面，金属表面碳化物的形成减弱了金属与碳碎片之间的相互作用，从而降低了碳原子穿过第一层石墨烯到达金属表面的驱动力；另一方面，稳定性极高的金属碳化物的形成抑制了降温过程中体相碳原子的偏析，从而降低了偏析形成第二层石

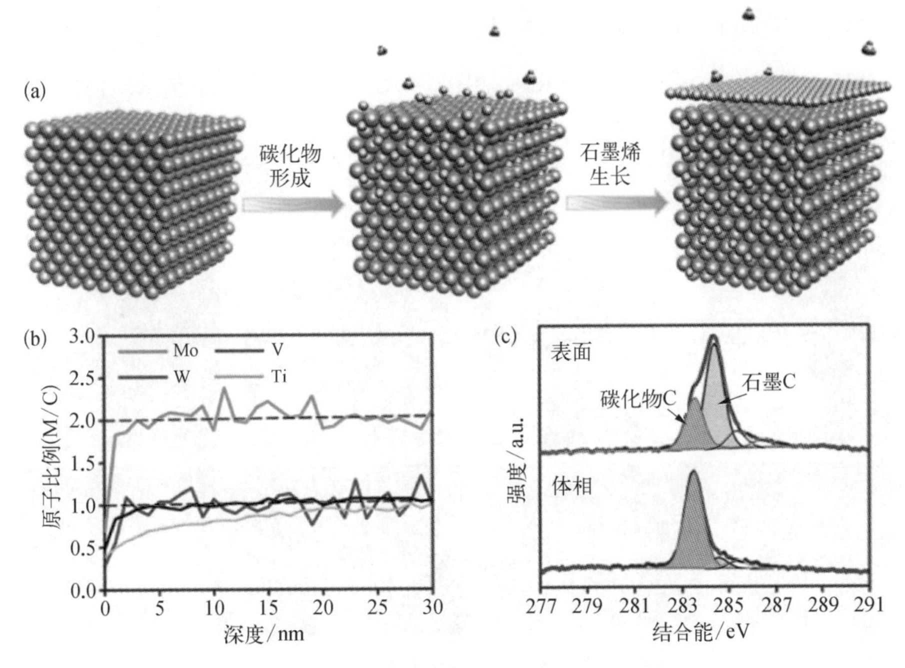

图 3－30 ⅣB－ⅥB 族过渡金属上石墨烯的生长及表征

(a) ⅣB－ⅥB 族过渡金属上石墨烯的生长示意图；(b) Ti、V、Mo、W 衬底上 M/C 比例深度分析；(c) Mo衬底表面及体相的 X 射线光电子能谱 (X－ray photoelectron spectroscopy, XPS) C 1s 谱[31]

墨烯的可能性。图 3－30(b)显示了金属 Ti、V、Mo、W 衬底上，金属/碳(M/C)比例的 XPS 深度分析，在距离表面 5 nm 以下，原子比例(M/C)基本稳定在 2、1、1、1。这说明体相中稳定的金属碳化物相分别为 Mo_2C、WC、VC、TiC。图 3－30(c)为 C 1 s 从金属表面到体相的变化趋势，表明金属体相中碳化物的形成。[31]

3.3.4 ⅦB 族过渡金属上石墨烯的生长

利用 CVD 方法同样可以实现ⅦB 族过渡金属衬底上石墨烯的制备，但是该类研究目前较少。北京大学刘忠范课题组实现了在 Re(0001)衬底上石墨烯的生长，并且通过原位-高温低能电子衍射(low-energy electron diffraction, LEED)及原子级 STM 表征揭示了 Re 金属衬底上石墨烯与金属碳化物之间新奇的转变行为。该课题组研究人员首次发现在 Re(0001)衬底上生长的石墨烯经过高温退火会逐渐转变为金属碳化物。该转变趋势与Ⅷ B 族过渡金属衬底上石墨烯向金属碳化物转变的趋势截然相反。研究表明，该转变行为主要包括以下三个阶段：① 903 K 时，乙烯在 Re(0001)衬底上催化裂解形成石墨烯；② 953～1113 K 高温退火过程中，石墨烯逐步碎裂、碳原子溶解于 Re 体相；③ 降温过程中，碳原子从 Re 体相偏析到金属衬底表面形成金属碳化物，如图 3－31 所示。[36]

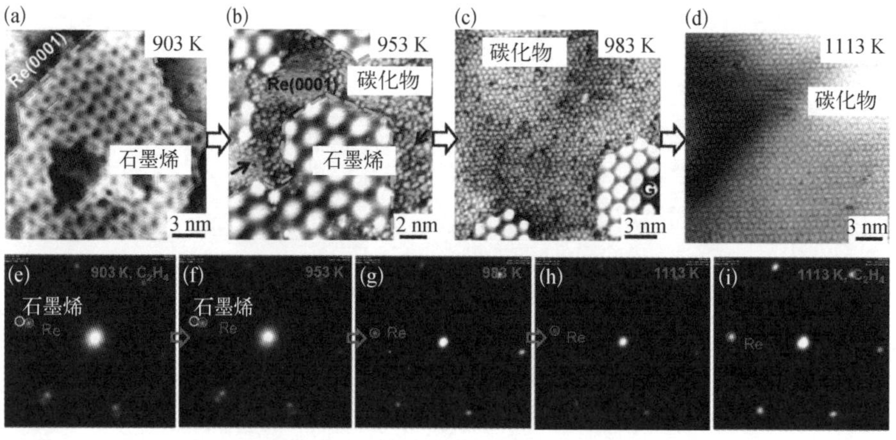

图 3－31 ⅦB 族过渡金属衬底上石墨烯的生长及表征

(a)～(d) Re(0001) 衬底上石墨烯通过高温退火转变为金属碳化物的 STM 表征；(e)～(i) 石墨烯向金属碳化物转变过程的原位-高温 LEED 表征（该转变过程主要包括石墨烯在高温下发生裂解、碳原子向体相溶解、在降温过程中碳原子向表面析出形成碳化物）[36]

上述一系列的研究表明，元素周期表中同一族或者相邻族的金属元素对于石墨烯生长的影响具有相似的特点，并且在元素周期表中也表现出了规律性的变化。但是，不同金属衬底上石墨烯的生长是一个极其复杂的过程，其中所蕴含的复杂生长机制仍需进一步的研究。

3.4 合金表面上的生长

合金指两种或两种以上化学物质（至少一种组分为金属）混合而成的、具有金属特性的物质。在冶金工业中，由于单一纯金属在强度、硬度、可塑性等方面无法满足特定的需求，需要在其中加入其他金属或非金属组分对金属原有的性质进行改善，实现 $1+1>2$ 的效果，最终满足人们的各类需要。相同的理念也可以应用到石墨烯的制备过程中。在过渡金属衬底上石墨烯的生长中，单一组分的金属衬底表现出了一定的局限性，例如无法实现石墨烯层数的有效控制、生长时间较长等。面对这些问题，利用合金催化石墨烯生长的思路引起了研究者的广泛关注。

如前面章节所述，在 Ni、Co、Ru 等溶碳量较高的金属衬底上，石墨烯的生长过程较为复杂，主要包括以下几个基本步骤：碳源在金属衬底表面的吸附、裂解与扩散、表面碳原子向金属体相的溶解、降温过程中碳原子从金属体相向表面的偏析、碳原子在金属表面成键形成石墨烯。在此过程中，由于碳原子的溶解和偏析受到多种因素的影响，例如碳源用量、生长温度、退火时间、降温速度等。因此，该过程存在较大的不可控性，可能造成石墨烯薄膜层厚不均匀、不可控。Cu 衬底上石墨烯的生长与上述过渡金属上石墨烯的生长完全不同。Cu 衬底具有较低的溶碳量，石墨烯生长过程中碳原子的溶解及偏析步骤基本可以忽略，整个生长过程可以简化为碳源在金属衬底表面的吸附、裂解与扩散、活性碳物种生成石墨烯。在该金属衬底上石墨烯遵循自限制生长过程，利用该生长特点可以实现严格单层石墨烯的可控制备。

基于以上分析，在具有较高溶碳量的金属衬底上对碳原子偏析过程进行有效的调控，则可以实现对于石墨烯层数的有效控制。经过不断地探索，人们发现元素周期表中某些过渡金属元素（如第ⅣB－ⅥB族过渡金属）可以与碳原子形成十分稳定的金属碳化物。人们借助这一特点提出了利用互补性二元合金催化石墨烯生长的思路。在二元合金催化剂中，一种（或者两种）金属元素有效地催化碳源的裂解以及碳原子的重构，而另一种元素与溶入体相的碳原子形成稳定的金属碳化物相，将碳原子固定于体相之中，抑制其在降温过程中的偏析。在此生长机制下，通过调节金属组分的相对比例、生长时间及降温速率等因素，可实现对石墨烯层数的控制。迄今为止，人们尝试了多种合金衬底上石墨烯的生长，主要包括Cu－Ni合金、Ni－Mo合金、Au－Ni合金、Pd－Co合金等。

3.4.1 Cu－Ni合金

在石墨烯CVD生长条件下，过渡金属Ni具有很高的碳溶解度，动力学过程难以控制。当体相碳溶解度太低时，无法得到石墨烯；当体相碳溶解度太高时，又容易得到多层石墨烯。而且在降温过程中，金属衬底晶界处会偏析出大量的碳原子形成厚层石墨烯，从而造成整个衬底上石墨烯层数分布不均匀。相反，Cu衬底在高温下具有极低的碳溶解度，石墨烯在其表面为自限制生长，因此，在该衬底上很容易得到大面积单层石墨烯。为了有效结合Ni与Cu两种金属衬底在石墨烯生长过程中的优势，人们设计了Cu－Ni二元合金催化剂作为石墨烯的生长衬底，期待从热力学角度对碳原子的偏析过程进行调控，从而实现对石墨烯层数的控制。

在Cu－Ni合金中，两种金属可以完全互溶，从而得到组分均一的衬底材料。在Ni与Cu的互溶过程中将碳原子溶入Cu－Ni合金体相之中，利用碳原子溶解度与偏析能的变化关系可以实现对石墨烯层数的有效控制。北京大学刘忠范课题组利用Cu－Ni合金偏析法成功实现了石墨烯的制备。基本过程包括：① 在硅片上依次蒸镀Ni、Cu薄膜；② 通过高温退火使两种金属发生完全互溶形成均匀的合金相，如图3－32(a)所示。在石墨烯生长过程中，碳源来自金属Ni中溶解的碳原子。维持Cu膜厚度不变（370 nm），通过调节

图 3-32 Cu-Ni 合金上石墨烯的生长及表征

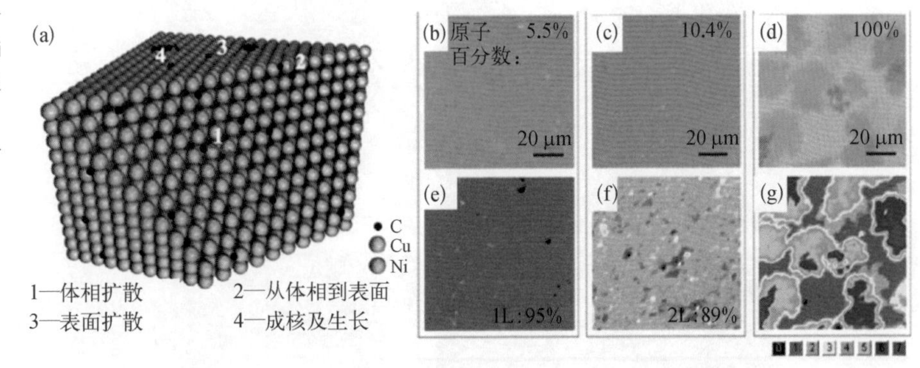

（a）Cu-Ni 合金上石墨烯的偏析生长示意图；（b）～（d）Cu-Ni 合金中，不同 Ni 原子百分数（5.5%、10.4%、100%）下得到的石墨烯的 OM 图像；（e）～（g）采用软件分析 OM 图像（b）～（d）的 RGB 通道中的绿色分量得到的层数分布图

Ni 膜的厚度可实现合金中的碳含量的调节，进而实现对石墨烯层厚的调控。随着 Ni 含量的升高，石墨烯的层数会相应增加。当 Ni 原子百分数为5.5%时，可以得到 95%单层覆盖度的石墨烯；当 Ni 原子百分数升高至 10.4%时，石墨烯双层的覆盖度可达 89%；当 Ni 原子百分数达 18.9%时，得到的主要为双层及少层石墨烯[图 3-32(b)～(g)]。与金属 Cu 衬底相比，Cu-Ni 合金上石墨烯的生长打破了自限制生长机制，为双层、少层石墨烯的可控制备提供了有效途径。

2011 年，Ruoff 课题组采用商用 Cu-Ni 合金箔，经过高温退火处理得到了毫米级的单晶畴区，以此作为生长衬底获得了层数可控的单层至多层的石墨烯薄膜。在生长过程中通过调控生长温度和降温速度即可实现对石墨烯层数的控制。当生长温度为 930℃、降温速度为 100℃/s 时，得到的是亚单层石墨烯；当生长温度为 975℃时，可得到均匀的单层石墨烯；当生长温度达到 1000℃时，可获得畴区尺寸为几百微米、覆盖度为 70%的双层石墨烯；当生长温度继续升高至 1030℃时，得到的石墨烯主要为 2～5 层。当降温速度为 5℃/s 时，以上不同生长温度下获得的均为石墨，而非石墨烯（图 3-33）。

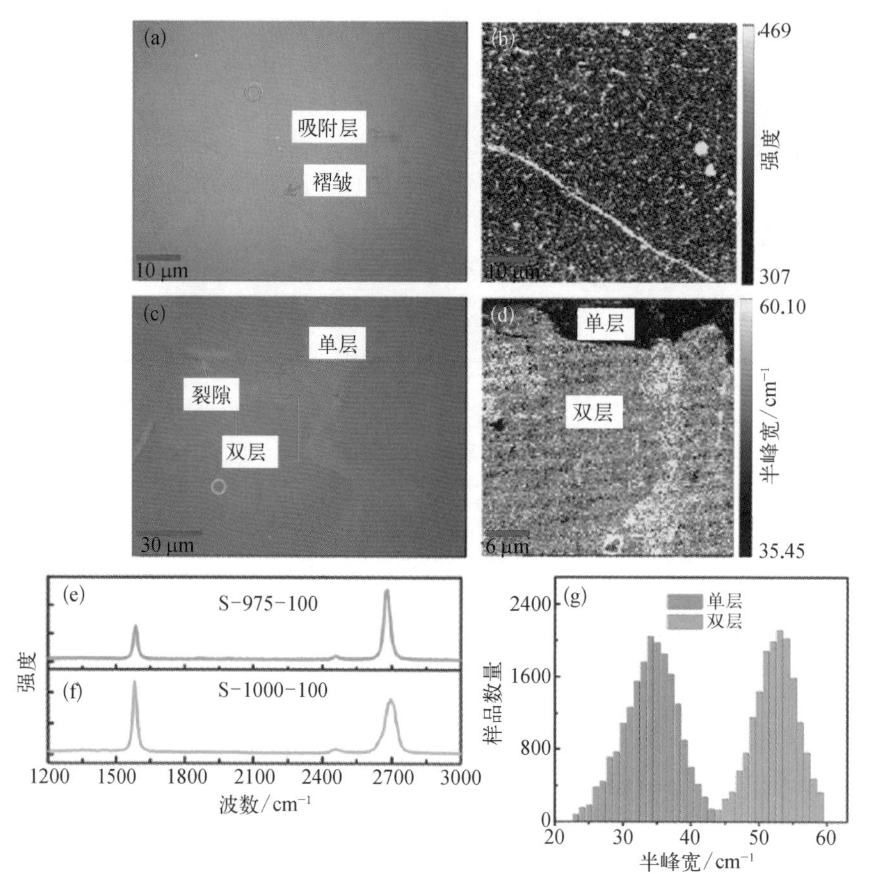

图 3-33 Cu-Ni 合金上石墨烯的生长及表征

（a）~（d）生长温度为 975℃［（a）（b）］和 1000℃［（c）（d）］、降温速率均为 100℃/s 时，制备得到的石墨烯的光学照片和拉曼 G 峰 mapping 图像；（e）（f）圆圈标注区域的拉曼谱图；（g）单层和双层区域石墨烯拉曼谱图 2D 峰半峰宽的统计直方图

3.4.2 Ni-Mo 合金

除 Cu-Ni 合金以外，北京大学刘忠范课题组利用 Ni-Mo 合金作为石墨烯的生长衬底，实现了对层数的有效控制。一方面，金属 Ni 可以有效地催化碳源的裂解；另一方面，金属 Mo 与溶入体相的碳原子可以形成稳定的金属碳化物，从而有效地抑制碳原子的偏析。图 3-34(a)为 Ni-Mo 合金表面石墨烯的生长过程示意图。纯 Ni 衬底与 Ni-Mo 合金衬底（200 nm-Ni/SiO_2/Si 衬底和200 nm-Ni/25 μm-Mo）上石墨烯的生长结果对比表明，Ni-Mo

图 3-34 Ni-Mo 合金表面石墨烯的生长

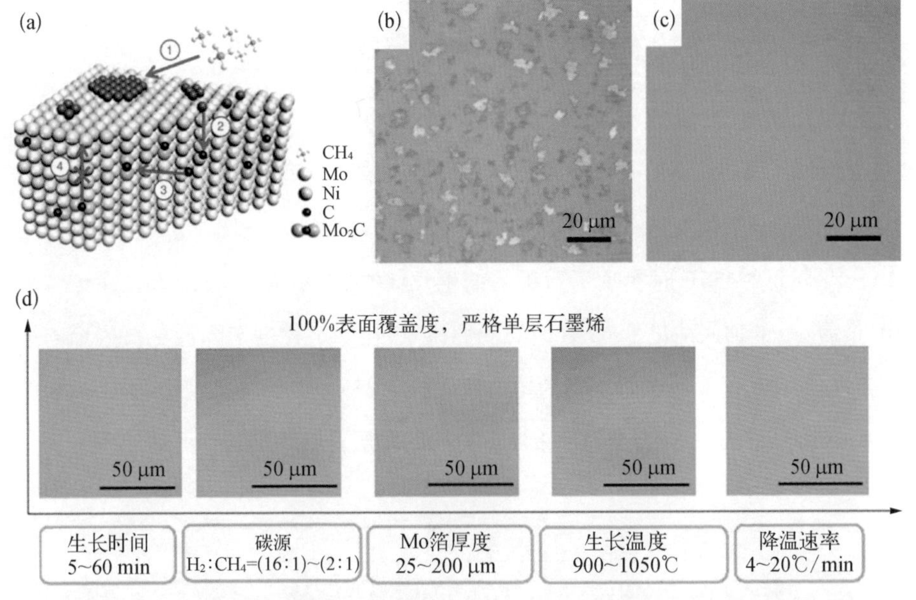

（a）Ni-Mo 合金上石墨烯的生长示意图；（b）200 nm-Ni/SiO_2/Si 上生长的石墨烯转移至 300 nm-SiO_2/Si 上的 OM 图像；（c）200 nm-Ni/25 μm-Mo 上生长的石墨烯转移至 300 nm-SiO_2/Si 上的 OM 图像；（d）不同生长条件下，Ni-Mo 合金上生长得到的单层石墨烯的 OM 图像

合金可以有效地实现对石墨烯层数的控制。转移至 300 nm-SiO_2/Si 衬底上的石墨烯的 OM 图像如图 3-34(b)(c)所示。实验结果表明，在纯 Ni 衬底上生长的石墨烯层数分布不均匀，除单层区域之外，还包含大量少层（深紫色）甚至厚层区域（蓝色或黄色）；而在 Ni-Mo 合金衬底上生长的石墨烯均为单层，没有出现少层或厚层区域[图 3-34(c)]。在 Ni-Mo 合金衬底上制备的石墨烯同样具有较高的质量，电学测量得到的室温下载流子迁移率可达 973 $cm^2 \cdot V^{-1} \cdot s^{-1}$。

值得注意的是，Ni、Co、Ru 等单晶金属衬底上石墨烯的生长对于生长条件的要求较为苛刻，需要精确控制各项参数，例如生长温度、降温速率、碳源供给量等，方能获得大面积均匀、高质量的单层石墨烯。对于 Ni-Mo 合金而言，大范围地改变碳源浓度、生长温度、降温速率、合金组成等参数对于单层石墨烯制备的影响并不显著，这极大地降低了设备放大、放量生产的难度[图 3-34(d)]。

3.4.3 Au - Ni 和 Pd - Co 合金

除 Cu - Ni、Ni - Mo 合金之外，人们还积极拓展其他可用于石墨烯生长的合金体系，例如 Au - Ni 及 Pd - Co 合金。2011 年，Hofmann 课题组以乙炔为碳源，采用 Au - Ni 合金在 450℃时实现了石墨烯的生长，畴区面积可达 220 μm。在该体系中，金属 Au 的加入钝化了 Ni 表面的活性位点，在一定程度上降低了石墨烯的成核密度，从而提升了石墨烯层厚的均匀性(图 3 - 35)。生长结果表明，当生长温度为 450℃时，在 Au - Ni 合金衬底上制备得到的单层石墨烯覆盖度可达 74%。

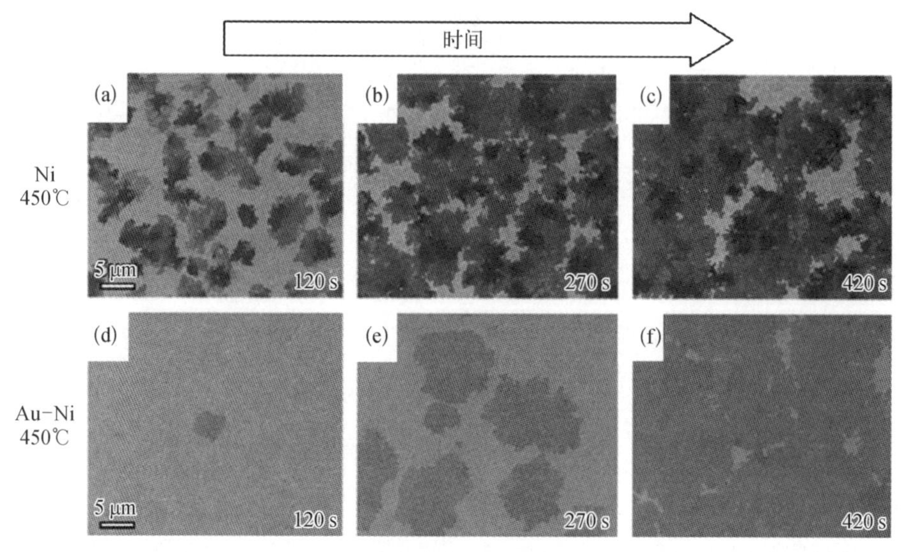

图 3 - 35 Au - Ni 合金表面石墨烯的生长和表征

纯 Ni 衬底 [（a）（c）（e）] 与 Au - Ni 合金衬底 [（b）（d）（f）] 上，不同生长时间下制备得到的石墨烯 SEM 图像

2011 年，Y.H. Lee 课题组利用射频等离子体化学气相沉积法实现了 Pd - Co 合金上石墨烯的生长。图 3 - 36(a)(b)为在 Pd - Co 合金及多晶 Ni 衬底上制备的石墨烯的拉曼光谱对比。在多晶 Ni 衬底上，400℃生长温度下无法实现石墨烯的生长；然而在相同条件下，在 Pd - Co 合金衬底上成功实现了石墨烯的生长。将石墨烯转移至 300 nm SiO_2/Si 上的 OM 图像[图 3 - 36(d)]及 TEM 图像[图 3 - 36(e)]表明，制备得到的石墨烯层厚均匀。

图3-36 Pd-Co合金表面石墨烯的生长和表征

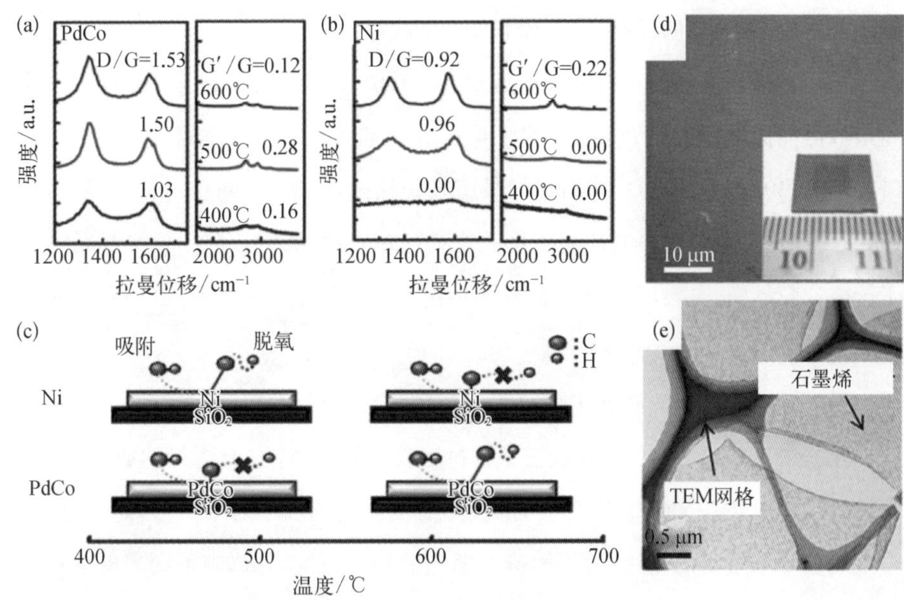

(a)(b)Pd-Co合金和多晶Ni衬底上，不同生长温度下制备得到的石墨烯拉曼谱图；(c)气态碳源分子在Pd-Co合金和纯Ni衬底上发生的反应示意图；(d)转移至300 nm SiO_2/Si上的石墨烯的OM图像；(e)石墨烯的TEM图像

在石墨烯生长过程中，金属合金的利用为双层和少层石墨烯的可控制备开辟了新的路径。该思路巧妙地利用两种金属元素不同的性质，例如金属的溶碳量及碳-金属相互作用，在石墨烯生长过程中成功实现了1+1>2的效果，为石墨烯的制备增加了更多的可能性及可控性。但是，目前该制备方法仍存在诸多问题，包括石墨烯层数可控性较差、合金的制备技术不够成熟等，需要更加深入的研究。

3.5 晶面取向对生长的影响

不同取向的金属晶面具有各异的对称性、表面热力学、表面动力学和化学催化裂解能力，因此对石墨烯的生长有重要影响。本节将主要基于Cu金属(兼顾其他典型的过渡金属)，结合生长的基元步骤，讨论晶面取向对生长的影响，包括石墨烯生长速度、取向控制、形貌控制等方面。

用于石墨烯生长的主要金属衬底(Cu、Ni、Pt 等),都为 fcc 晶体结构。由于高指数晶面通常难以获得,常用的生长衬底一般为低指数晶面,主要为(111)、(100)和(110)。(111)为六重对称的最密堆积晶面,(100)为四重对称的晶面,而(110)为二重对称晶面。其原子密度顺序为(111)>(100)>(110)。多晶箔材由于价格比较低廉,是石墨烯生长普遍使用的衬底,在这些箔材中,也经常存在大量高指数晶面。

石墨烯生长主要的基元步骤包括: ① 碳源在生长衬底表面的吸附;② 碳源的催化裂解或热裂解;③ 活性碳物种在衬底表面的扩散;④ 石墨烯的成核;⑤ 石墨烯的外延生长;⑥ 石墨烯畴区的拼接。催化衬底的晶面对于石墨烯生长的多个基元步骤有重要的作用,进而影响石墨烯的生长行为。例如,不同的催化衬底晶面上碳源吸附能力、催化碳源裂解能力、碳源的表面扩散速度、石墨烯成核初期与衬底的相互作用和取向都各不相同。通过影响这些基元步骤,晶面对石墨烯生长的一些基本问题有着关键的影响,包括石墨烯的生长速度、成核取向、形状控制、石墨烯和 Cu 衬底的耦合作用强弱等。以下将主要从这四个方面,结合基元步骤,说明衬底的晶面取向在石墨烯生长中的重要作用。

3.5.1 晶面对石墨烯生长速度的影响

根据阿伦尼乌斯方程

$$k = A\mathrm{e}^{-\frac{E_\mathrm{a}}{RT}} \tag{3-8}$$

石墨烯生长速度与活性物种浓度和活化能有关。碳源的裂解产生活性碳物种,为石墨烯成核和生长提供碳源,是启动生长的重要步骤。碳源的催化裂解能力首要取决于催化衬底的种类,而且在不同的催化衬底上,碳源裂解的产物也不同。例如,在 Ni、Pd 和 Ru 等强催化作用衬底上,甲烷能够充分裂解,产物主要为活性碳原子;而在 Cu 和 Au 等弱催化作用衬底上,甲烷部分裂解,主要形成活性碳氢物种 CH_i($i=1, 2, 3$)。碳源裂解的产物对石墨烯的生长行为具有重要的影响，比如生长速度、层数、形貌等。在催化衬底种类一定时，碳源裂解主要取决于晶面取向。不同的晶面取向上，原子有不同的配位不饱和情况，因而具有不同的催化裂解能力。下面以 CH_4 在 Cu 晶面上的裂解，说明晶面对催化裂解的影响。

甲烷在 Cu 衬底不同晶面表面的催化裂解势能如图 3－37(a)所示。[37] 催化裂解起始于气相甲烷分子吸附到催化衬底表面。甲烷完全裂解由以下四个基元步骤组成：

$$CH_3—H \longrightarrow CH_2—H + H \tag{1}$$

$$CH_2—H \longrightarrow CH—H + H \tag{2}$$

$$CH—H \longrightarrow CH + H \tag{3}$$

$$C—H \longrightarrow C + H \tag{4}$$

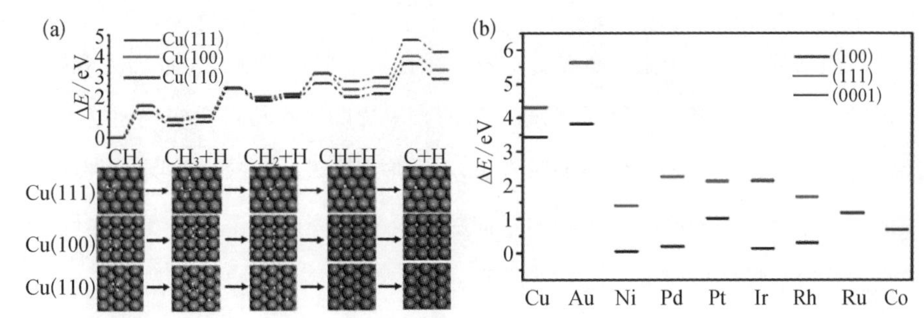

图 3－37 不同晶面碳源催化裂解能力的差别

(a) 甲烷在三种典型 Cu 晶面上催化裂解基元步骤反应能；(b) 不同金属的三种典型晶面催化甲烷裂解的总反应能

在反应热力学方面，总反应能高低顺序为 Cu(111)＞Cu(100)＞Cu(110)，这意味着 Cu(110)具有最高而 Cu(111)具有最低的反应活性。需要注意到，在三个晶面上碳源的裂解都是高度吸热的反应，因此活性碳物种的浓度非常低。在反应动力学方面，对于 Cu(111)晶面，反应(4)具有最高的势垒，因此表面活性物种主要为 CH；而对于 Cu(100)和 Cu(110)晶面，反应(1)和(2)具有最高的势垒，因此表面主要的活性物种为 CH_3 和 CH。

在其他的 fcc 堆积金属(如 Au、Pd、Pt、Ir、Ni)和 hcp 堆积金属(如 Ru、Co)表

面，不同晶面催化碳源裂解能力的差别具有普适性。图 3－37(b)为 9 种代表性金属的共 18 种典型晶面上甲烷裂解的总反应能。总体而言，(100)晶面的反应活性高于(111)晶面。此外，不同金属的催化活性有很大的差别，基本上可以分为两类：(1) 以 Cu 和 Au 为代表的弱催化作用金属衬底，在这些衬底上，活性前驱体浓度极低，导致生长浓度梯度较大，表现为扩散限制的生长模式(diffusion-limited growth)，石墨烯的生长速度较慢，形状不规则；(2) 以 Ni、Pd、Pt、Ir 等为代表的强催化作用衬底，在这些衬底上，甲烷能快速裂解成为活性碳氢物种 CH_i，催化剂表面活性物种浓度高，浓度梯度小，主要表现为生长限制的生长模式(attachment-limited growth)，石墨烯生长速度快，形状规则。

3.5.2　晶面对石墨烯取向的影响

石墨烯的取向对于生长高质量石墨烯具有非常重要的意义。取向无规则的石墨烯畴区拼接会形成晶界，而取向一致的石墨烯畴区拼接可以实现无缝拼接，是一种制备大面积单晶石墨烯的重要方法。研究表明，石墨烯在催化剂表面的取向取决于其成核的取向。金属的不同晶面具有不同的原子排布和对称性，对石墨烯在其表面的成核取向具有至关重要的影响。

根据金属自身的特性和晶面取向的不同，石墨烯在金属表面的成核具有三种典型的构型[38]：(1) 石墨烯的一条边和金属台阶键连成核，以减小石墨烯边缘的形成能，这种模式称为台阶生长(step-attached growth)；(2) 石墨烯在平整的金属台面上成核，石墨烯边缘弯曲和金属原子键连，这种模式称为台面生长(on-terrace growth)；(3) 高温下，催化剂表面原子快速扩散和重构，石墨烯“陷入”催化剂表面成核，这种生长模式称为嵌入生长(sunk growth)。这三种典型的构型如图 3－38 所示。在具有高的台阶形成能的晶面上，比如 Ni(111)、Rh(111)、Ir(111)和 Ru(0001)，台阶生长和台面生长占主导地位；而在台阶形成能低的金属表面，比如 Au(111)、Cu(111)和 Pd(111)，嵌入生长和台阶生长更加常见。

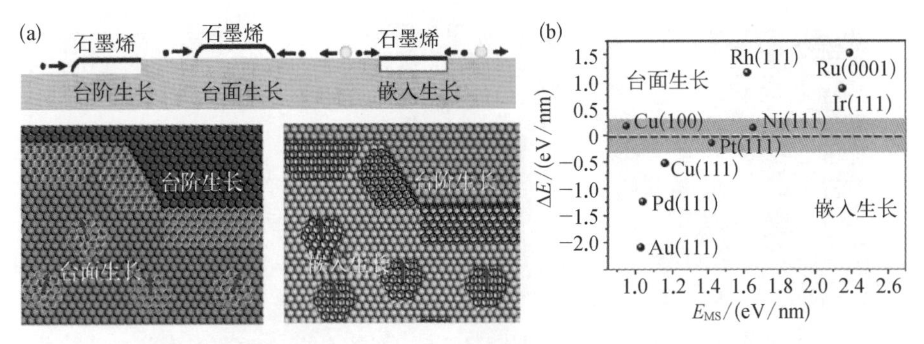

图3-38 石墨烯在金属表面成核的键连方式

(a) 三种不同的成核模式示意图；(b) 不同金属晶面的台阶形成能以及主导的生长模式（红色虚线代表嵌入生长和台面生长的过渡区）

石墨烯的边缘构型与金属原子台阶连接方式决定了石墨烯在金属衬底上的相对取向[39]。以石墨烯在 Cu 上的生长为例，计算表明，石墨烯的锯齿型边与 Cu(111)的[01－1]原子台阶键连时（定义为 $\theta=0°$），具有最低的能量；而石墨烯的扶手椅型边与[01－1]原子台阶键连时（定义为 $\theta=30°$），具有次低的能量；介于锯齿型和扶手椅型之间的石墨烯边缘，由于无法与金属台阶较好地匹配，具有高的形成能。[38]在台阶生长和嵌入生长的生长模式下，由于金属衬底的模板效应，石墨烯倾向于与金属衬底形成 0°或者 30°的相对取向。而在台面生长的模式下，由于没有金属台阶的限制作用，石墨烯通常取向无规。因此，若目的在于控制石墨烯的取向，就需要选择台阶生长和嵌入生长占主导作用的生长衬底。

以 Cu 为例，Cu(111)为六重对称的结构，石墨烯在其表面为嵌入生长，所以石墨烯在 Cu(111)表面成核几乎完全与 Cu[01－1]方向一致；Cu(100)为四重对称结构，石墨烯在其表面主要沿着 Cu[－110]和 Cu[110]两种方向，也即 0°和 30°两种取向[40]；而 Cu(110)为二重对称结构，石墨烯在其表面主要沿着 Cu[01－1]方向。[41]韩国的 Lee 研究组[42]采用抛光 Cu 箔长时间退火，得到晶面(111)占优的 Cu 箔生长石墨烯，如图 3－39 所示。他们发现 Cu(111)上生长的石墨烯取向一致的概率达到 98%。而在 Cu(100)和 Cu(110)上，石墨烯的取向转角从 0°到 30°分布广泛。计算表明，石墨烯在 Cu(100)和 Cu(110)上的生长，最低能量角度为 0°和 30°，然而在实验中并没有观察到这两种取向角度的择优分布，可能的原因是不同转角成核的能量差别不大。需要注意的是，生长温度、气体用量、催化

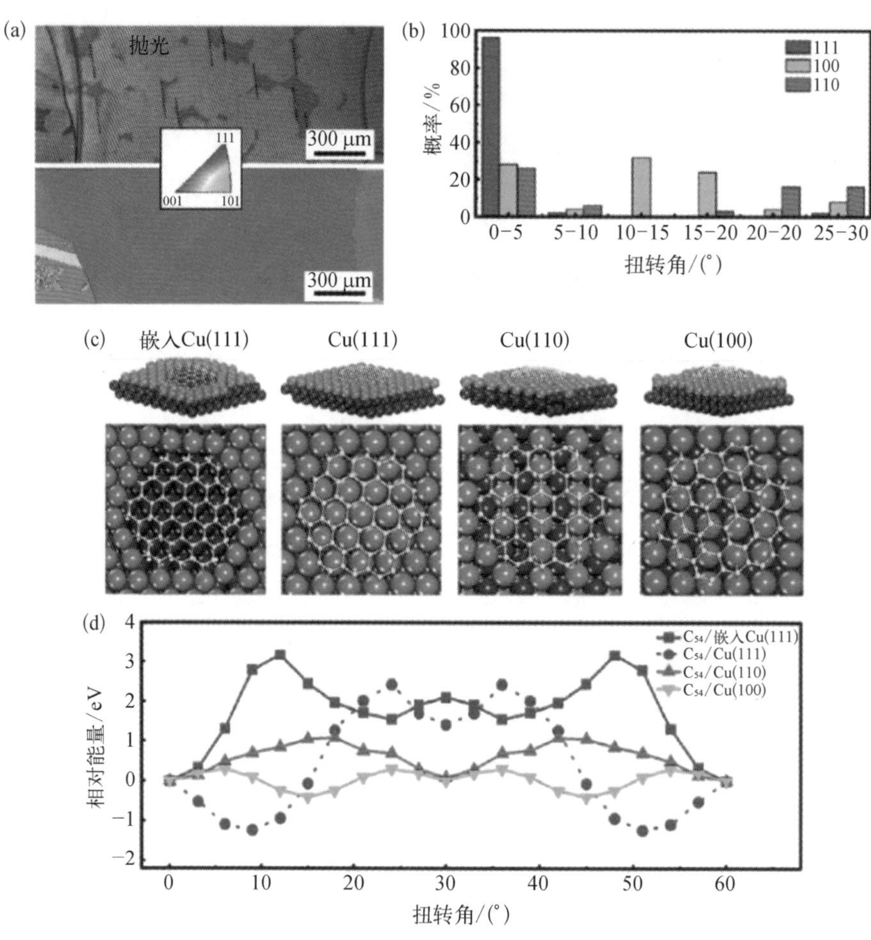

图 3-39 三种典型 Cu 晶面上石墨烯的取向分布

（a）抛光 Cu（111）衬底上石墨烯取向一致成核；（b）三种晶面上石墨烯取向的统计分布；（c）C_{54}原子簇在不同 Cu 晶面上的构型；（d）三种不同晶面上 C_{54}团簇总形成能与扭转角的关系

剂表面杂质、催化衬底表面平整度等生长条件都有可能对石墨烯取向产生影响，使其偏离以上取向关系。[43-46]

另一种被广泛研究用于石墨烯取向控制的生长衬底是锗(Ge)。锗是一种具有金刚石结构的面心立方半导体材料。2014 年，韩国 Whang 课题组[47]发现石墨烯在 Ge(110)单晶衬底上取向一致成核，并发现石墨烯的扶手椅型(AC)方向与 Ge[-110]晶向一致，如图 3-40 所示。取向一致的石墨烯畴区无缝拼接，形成晶圆尺寸的单晶石墨烯。Ge(110)晶面是二重对称的晶面，研究者认为这种二重对称性决定了石墨烯的各向异性成核。后续狄增峰课题组和袁清红课题组[48]

图3-40 Ge(110)晶面上石墨烯的取向一致生长

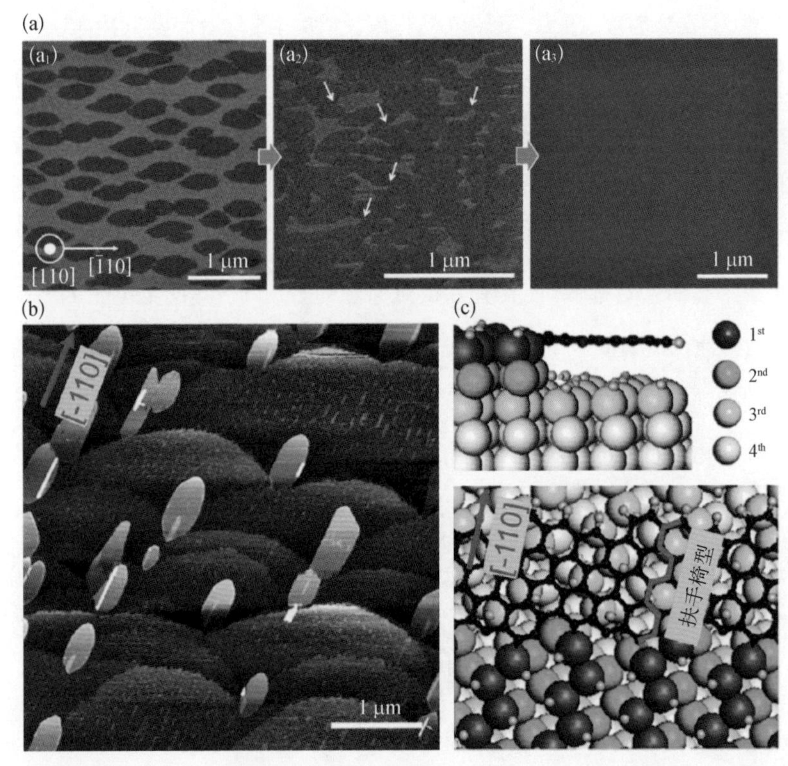

（a）石墨烯在Ge（110）上生长的电子显微镜图像［取向一致成核（a_1）、无缝拼接（a_2）、最终形成晶圆尺寸单晶（a_3）］；（b）生长在具有台阶的Ge（110）单晶上的石墨烯畴区原子力显微镜图像；（c）石墨烯边缘与Ge（110）台阶化学键连示意图，石墨烯的AC方向与Ge［－110］晶向一致

的研究发现，Ge(110)表面的台阶对于石墨烯的取向一致成核具有决定性的作用。石墨烯成核时倾向于与Ge(110)的原子台阶形成强的化学键合。当石墨烯的AC方向与Ge[－110]方向一致时，键合的作用力最强，而与原子台阶的方向无关。Ge(110)晶面上石墨烯取向一致成核有赖于其具有丰富原子台阶的表面状态，而且需要处于特定的生长窗口使得石墨烯边缘与Ge衬底键合而非被氢原子终止。

3.5.3 晶面对石墨烯形状的影响

石墨烯的形状取决于其生长模式，扩散控制的反应往往形成具有分形结构的石墨烯，而生长控制的反应通常导致规则形状的石墨烯。这两种生长模式由生长参数(主要为温度、压力、甲烷氢气分压比等)与催化衬底共同决定。

以 Cu 衬底为例,在 Cu 表面外延生长的石墨烯形貌受到诸多因素的影响,会形成分形、四方、星状、六方、花瓣状等丰富多样的形貌。晶面对石墨烯生长形状的影响主要通过各向异性的表面扩散实现。石墨烯畴区的形状的对称性与生长衬底的对称性有很强的相关性,例如,具有四重对称的 Cu(100)晶面上生长的石墨烯通常具有四重对称性,而具有六重对称性的 Cu(111)晶面上生长的石墨烯也通常具有六重对称性。Meca 等人[49]基于相场模拟的方法,主要依据碳源的供给和扩散的各向异性解释了不同对称性晶面上石墨烯形貌的演变,如图3-41所示。活性碳物种在 Cu 衬底表面的扩散具有方向性,碳物种在 Cu(100)晶面的[-110]和[110]方向具有相同的扩散系数,因此得到的石墨烯通常都具有四重对称性;而在 Cu(111)晶面的[1-10]、[01-1]和[-101]三个方向有相同的扩散系数,因此石墨烯具有六重对称性。需要注意到,石墨烯的形貌也受到碳源的供给、石墨烯自身的边缘结构等多重因素的影响。

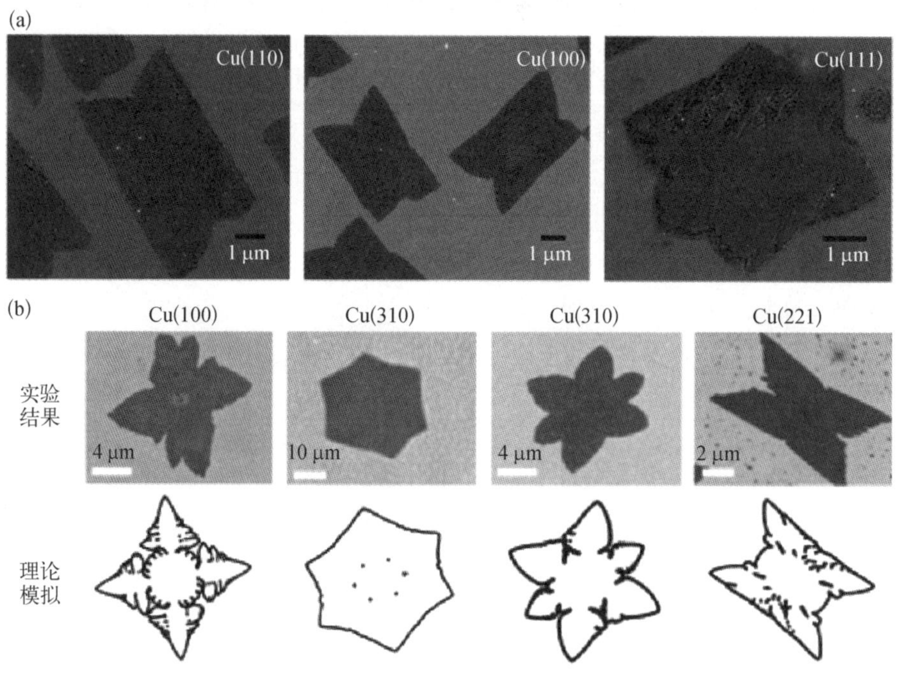

图3-41 Cu不同晶面上石墨烯形状的差别

(a)三种典型 Cu 晶面上石墨烯的形状;(b)三种晶面上石墨烯的形状[其中 Cu(310)晶面上两种不同的石墨烯形状为不同甲烷供给条件下的生长结果]以及理论模拟

3.5.4 衬底晶面与石墨烯的相互作用

石墨烯和金属衬底的相互作用是一个非常本征的参数，对石墨烯在金属衬底上的形貌、石墨烯和衬底之间的分离、插层等具有重要的影响。石墨烯与金属衬底的相互作用首先取决于金属衬底的类别本身。一般而言，石墨烯与金属相互作用的强弱遵循如下的顺序：Ru(0001)＞Rh(111)＞Ni(111)＞Ir(111)＞Pt(111)＞Cu(111)＞Au(111)。

在衬底类型相同时，衬底的晶面取向、石墨烯与衬底的相互取向都会对石墨烯和金属衬底的相互作用强弱有显著的影响。以 Cu 为例，石墨烯和 Cu 衬底的相互作用与 Cu 衬底的晶面取向密切相关。石墨烯和金属衬底的相互作用强弱可以用两者之间的电荷转移定量描述。Cu(111)与石墨烯的相互作用较强，石墨烯受到 Cu 衬底的电子掺杂引起的费米能级位移达到 -300 meV；而 Cu(100)与石墨烯的相互作用较弱，石墨烯在 Cu(100)衬底上接近无掺杂的本征状态。石墨烯和 Cu 晶面相互作用的差异也从其扫描隧道显微镜图像得到印证。北京大学的刘忠范/彭海琳团队[50]研究了相同扫描条件(-0.004 V，-10.121 nA)下的石墨烯/Cu(111)和石墨烯/Cu(100)超结构，如图 3-42 所示。石墨烯在 Cu(111)上由于相互作用强，起伏达到 0.143 nm；而在 Cu(100)上由于相互作用弱，起伏很小(0.049 nm)。

相互作用大小决定了石墨烯和 Cu 的耦合强弱，对石墨烯和 Cu 衬底的分离、插层等性质有显著的影响。北京大学刘开辉课题组[51]报道了石墨烯/Cu(111)和石墨烯/Cu(100)之间分子插层能力的差别：水氧可以很容易插入弱相互作用的 Cu(100)衬底下方氧化 Cu 衬底，而几乎完全不能插入强相互作用 Cu(111)衬底和石墨烯界面。因此，Cu(111)上的石墨烯具有良好的抗氧化性能，可以保护 Cu(111)在空气中放置两年不被氧化，而 Cu(100)上石墨烯的抗氧化性能很弱。与此同时，Ruoff 课题组[52]也发现相对于 Cu 箔上生长的多晶石墨烯，Cu(111)上的石墨烯具有较大的应力，这导致 Cu(111)上的石墨烯具有较强的化学反应活性。

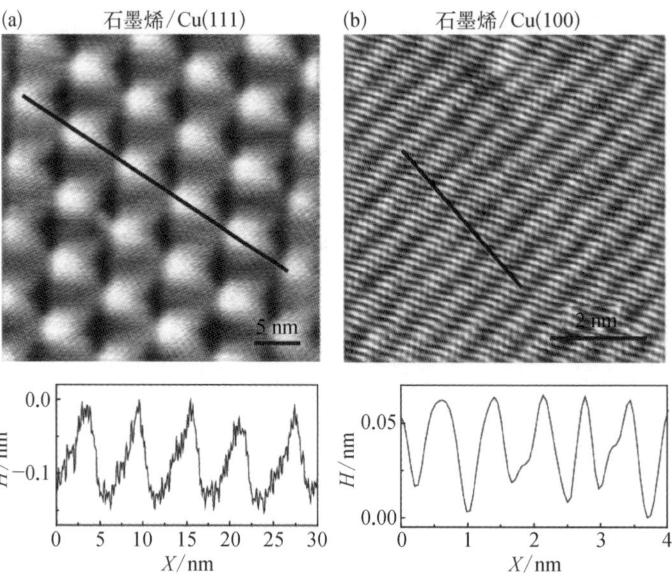

图 3-42 石墨烯在 Cu 晶面上的扫描隧道显微镜图像

（a）石墨烯/Cu（111）的扫描隧道显微镜图像及其高度起伏；（b）石墨烯/Cu（100）的扫描隧道显微镜图像及其高度起伏

3.6 褶皱的定义与形成机制

理论上，石墨烯是一种严格平整的二维单原子厚度晶体。然而，由于热力学不稳定性，理想平整的石墨烯不可能存在，而会由于热扰动产生本征的涟漪(ripple)。此外，化学气相沉积生长过程，由于石墨烯与基底的热膨胀系数(thermal expansion coefficient, TEC)失配会导致石墨烯的褶皱(wrinkle)。而由于生长基底的不平整，在后续的转移过程中，石墨烯也会在三维方向发生折叠而导致褶皱(ripple)。本节将主要介绍石墨烯褶皱的形成机理、主要的影响因素、褶皱对石墨烯性质的影响，以及消除石墨烯褶皱的方法。

3.6.1 热力学导致的本征涟漪

基于固体物理的简谐近似原理，严格的二维晶体不能存在。悬空的单层石墨烯不是理想平整的，会在三维空间发生微弱地形变，形成所谓的“涟漪”。2007年，马克斯・普朗克科学促进学会的 Meyer 等人[53]用透射电子显微镜研究了悬空单层石墨烯的结构。他们发现石墨烯在垂直于碳原子平面方向发生了一定的形变，在面内维度为 10～25 nm 时，高度变化达到 1 nm。图 3－43(c)是按照石墨烯的微观形变绘制的悬空石墨烯模型图。Fasolino 课题组[54]随后采用原子蒙特卡洛模拟的方法解释了这种形变的理论起源。

图 3－43　石墨烯的本征涟漪和平整度

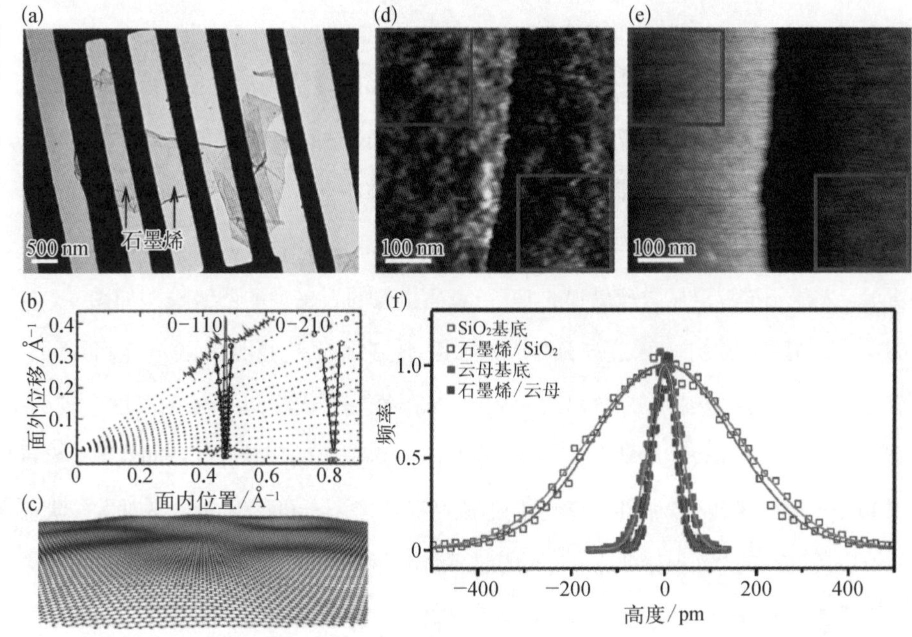

（a）透射电子显微镜载网上的悬空单层石墨烯；（b）单层石墨烯的电子衍射峰随倾角的演变；（c）石墨烯本征涟漪起伏的结构模型；（d）石墨烯在二氧化硅衬底上的原子力显微镜图像；（e）石墨烯在云母衬底上的原子力显微镜图像；（f）石墨烯在二氧化硅衬底和云母衬底上的粗糙度统计

当石墨烯放置在某种衬底上时，由于石墨烯和衬底的界面范德瓦耳斯相互作用，石墨烯的本征不稳定性被抑制。如图 3－43(d)(f)所示，哥伦比亚大学的 Heinz 课题组[55]将石墨烯机械剥离到 SiO_2 衬底和云母衬底上进行了原子力显微镜测量。他们发现石墨烯在云母上的表观粗糙度小于 25 pm，达到原子级平整的极限。作为对比，在二氧化硅衬底上的石墨烯粗糙度达到 154 pm，与二氧化硅衬底自身的粗糙度相当，这说明单层石墨烯基本复制了衬底的形貌。

3.6.2 化学气相沉积生长过程形成的褶皱

在衬底上化学气相沉积生长的石墨烯并非理想平整，有多种粗糙度的来源：(1) 石墨烯复制衬底的形貌特征而导致的宏观起伏；(2) 石墨烯和衬底的热膨胀系数失配，在降温过程中石墨烯形成褶皱；(3) 降温过程中石墨烯对衬底施加的应力导致衬底表面重构，石墨烯复制衬底重构后的表面形貌。以下将主要讨论石墨烯的褶皱和衬底的表面重构。

石墨烯褶皱是由于石墨烯与生长衬底的热膨胀系数失配导致的。石墨烯具有负的热膨胀系数($\alpha = -7\times10^{-6}/K$)，而一般生长衬底都具有正的热膨胀系数，因此在几乎所有的生长衬底上褶皱都无法避免。包括 Cu、Ni、Pt、Ir、Co、Pd 等金属衬底，以及蓝宝石、金刚石、碳酸锶等非金属衬底上都报道有褶皱的形成，如图 3-44 所示。基于扫描隧道显微镜得到的 Cu 箔表面生长的石墨烯的褶皱模型如图 3-44(d)所示。褶皱的大小和密度与石墨烯和衬底的热膨胀系数差别有关。一般而言，绝缘衬底有比较小的热膨胀系数，其表面生长的石墨烯褶皱较少，褶皱的高度也较小；金属衬底一般有比较大的热膨胀系数，相对而言褶皱比较严重。N'Diaye 等人[56]利用 LEEM 原位研究了金属 Ir 上褶皱的形成过程，如图 3-44(e)所示。高温生长状态的石墨烯没有应力而保持非常平整的状态；降温过程中，由于石墨烯和生长衬底的热膨胀系数失配，石墨烯发生应力积聚，当应力增大到某个临界值时，石墨烯面外弯曲形成褶皱；若再对衬底升温，石墨烯的应力逐渐释放，褶皱再度消失。

除了石墨烯褶皱，生长衬底也会由于石墨烯的应力作用发生特殊的表面重构，尤其是熔点比较低的金属衬底。以 Cu 为例，Cu 的熔点为 1083℃，而石墨烯在 Cu 表面的生长温度通常高达 1000℃，在如此高的温度下，Cu 会发生表面熔化(surface melting)，形成具有高度无序性的预熔层。预熔层的存在及其厚度与 Cu 晶面有关。德国 Willinger 课题组[57]采用环境扫描电镜(environmental scanning electron microscopy, ESEM)的方法原位观察了石墨烯生长过程中 Cu 的表面动力学，如图 3-45(a)所示。在高温和低压的生长条件下，Cu 的表面具有高度的流动性和严重的挥发性。生长的石墨烯畴区阻隔了底下 Cu 的挥发，而未被石墨

图 3-44 化学气相沉积生长过程导致的石墨烯褶皱

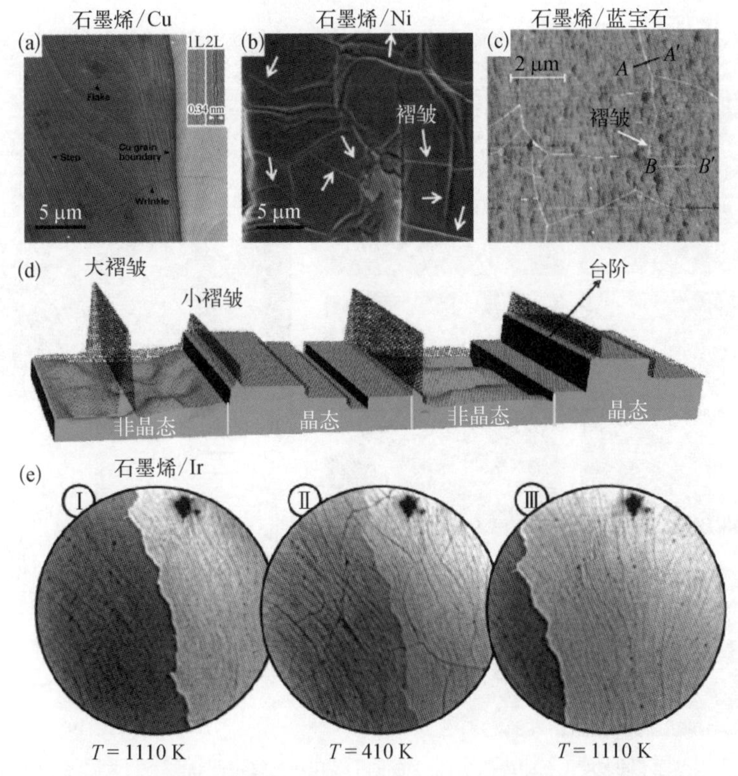

（a）Cu 箔上生长石墨烯的电子显微镜图像；（b）Ni 箔上生长石墨烯的电子显微镜图像；（c）蓝宝石衬底上生长石墨烯的原子力显微镜图像；（d）Cu 箔上生长的石墨烯褶皱结构模型图；（e）Ir 衬底上生长的石墨烯在不同温度下的 LEEM 图像

烯覆盖的 Cu 挥发，因此会形成岛状的表面结构。降温时，Cu 的预熔化层发生重构形成密集的台阶束(step bunches)。如图 3-45(c)所示，这种密集的台阶束通常具有良好的取向性，宽度通常为几百纳米，高度为几纳米到几十纳米。与石墨烯褶皱的形成原因类似，Cu 台阶束的形成也是由石墨烯与 Cu 之间降温过程中应力积聚导致的，Cu 表面粗糙化有利于释放 Cu 和石墨烯之间的应力。Cu 台阶束的特征尺寸(高度和宽度)与石墨烯的层数有关，双层或多层区域台阶束宽而高，单层区域台阶束窄而低，这表明多层石墨烯区域应力释放更加充分。[58] 此外，Cu 台阶束的形成还与 Cu 晶面密切相关。Cu(111)晶面上具有比较微弱的表面重构，而其他所有的 Cu 晶面几乎都会有严重的台阶束的形成，这与不同 Cu 晶面的动力学稳定性有关。由于 Cu(111)具有最密原子堆积和最高的对称性，其表面比较稳定，因此重构较弱；而其他的晶面开放性比较高，高温下更加无序，更容易

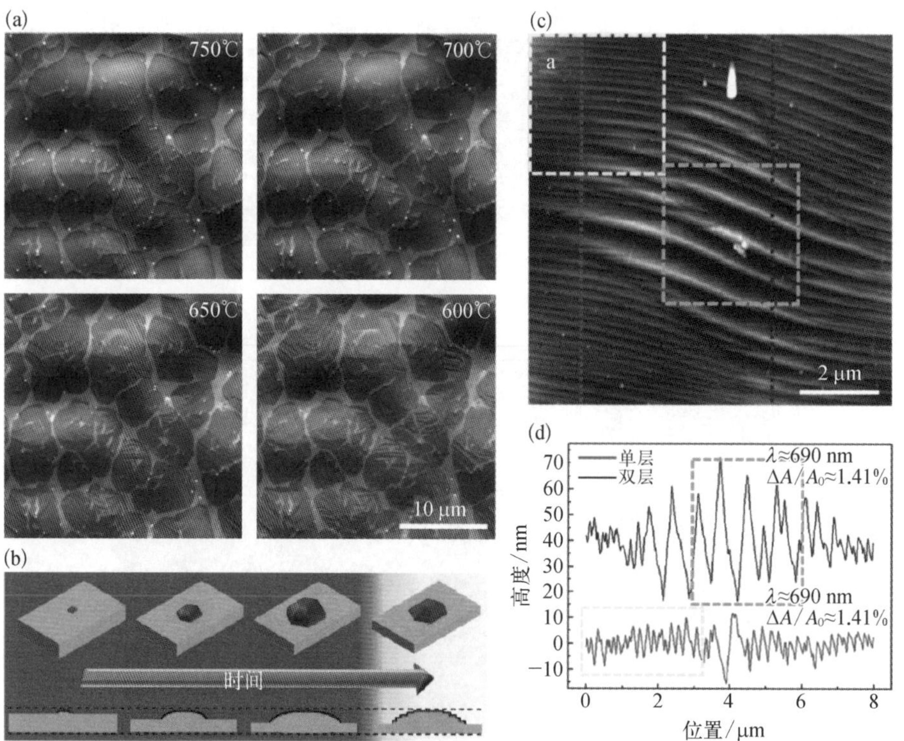

图 3-45 石墨烯覆盖下 Cu 的表面重构

（a）降温过程不同温度下石墨烯在 Cu 箔表面的形貌电子显微镜图像；（b）降温过程中 Cu 的表面重构结构示意图；（c）Cu 表面粗化的原子力显微镜图像；（d）Cu 表面粗化后的起伏度

在石墨烯的应力作用下发生强烈的重构。

3.6.3 转移过程导致的褶皱

生长形成的褶皱一般无法通过后续的转移释放，同时，转移本身也会引入褶皱，转移的褶皱主要源于衬底的表面起伏。如图 3-46 所示，生长有石墨烯的 Cu 表面重构形成密集的台阶束。在间接转移方法中，通常使用 PMMA 或其他高分子作为转移介质，PMMA 层会复制 Cu 台阶束的结构，导致其后续与目标衬底无法完全贴合。[59]溶解 PMMA 之后，Cu 台阶束上的石墨烯会折叠形成褶皱结构。这样形成的褶皱非常密集，取向比较规则。金属衬底的其他表面粗糙度特征，比如多晶金属箔材的晶界，也会导致褶皱的形成。[60]此外，Cu 台阶束也会对直接转

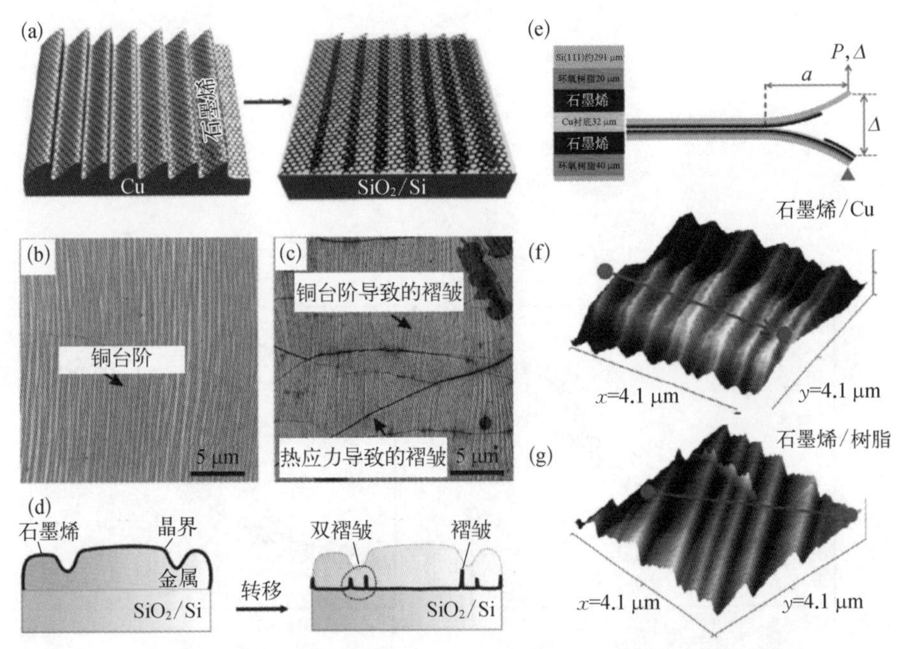

图 3-46 转移过程导致的石墨烯褶皱

（a）Cu 台阶束导致的转移褶皱示意图；（b）（c）Cu 上生长的石墨烯以及转移到 SiO_2/Si 衬底上的石墨烯电子显微镜图像；（d）金属晶界导致的转移褶皱示意图；（e）机械剥离直接转移方法示意图；（f）（g）Cu 上生长石墨烯以及直接转移到树脂衬底上石墨烯的原子力显微镜图像

移方法产生重要的影响。图 3-46(e)是一种典型的直接转移方法，其原理为树脂和石墨烯之间的相互作用强于石墨烯和 Cu 衬底的相互作用。其转移过程为将长有石墨烯的 Cu 箔衬底与树脂衬底贴合，在合适的机械力大小和方向下，直接将石墨烯从 Cu 衬底上剥离开。[61]这种转移方法会将 Cu 表面形貌特征完全复制到树脂层上，使得转移得到的石墨烯非常粗糙。

3.6.4 褶皱对石墨烯性质的影响

褶皱对石墨烯的性质有多方面的负面影响，会降低石墨烯的迁移率、热导率、机械强度、化学稳定性和抗腐蚀能力等。此外，石墨烯褶皱的线性特征会导致多种性质的各向异性，亦即跨过褶皱和沿着褶皱方向性质的差异。

石墨烯褶皱对电学性能的影响主要表现在迁移率和表面电势（surface potential）等方面。如图 3-47 所示，根据特征形貌，石墨烯褶皱可以分为三类，

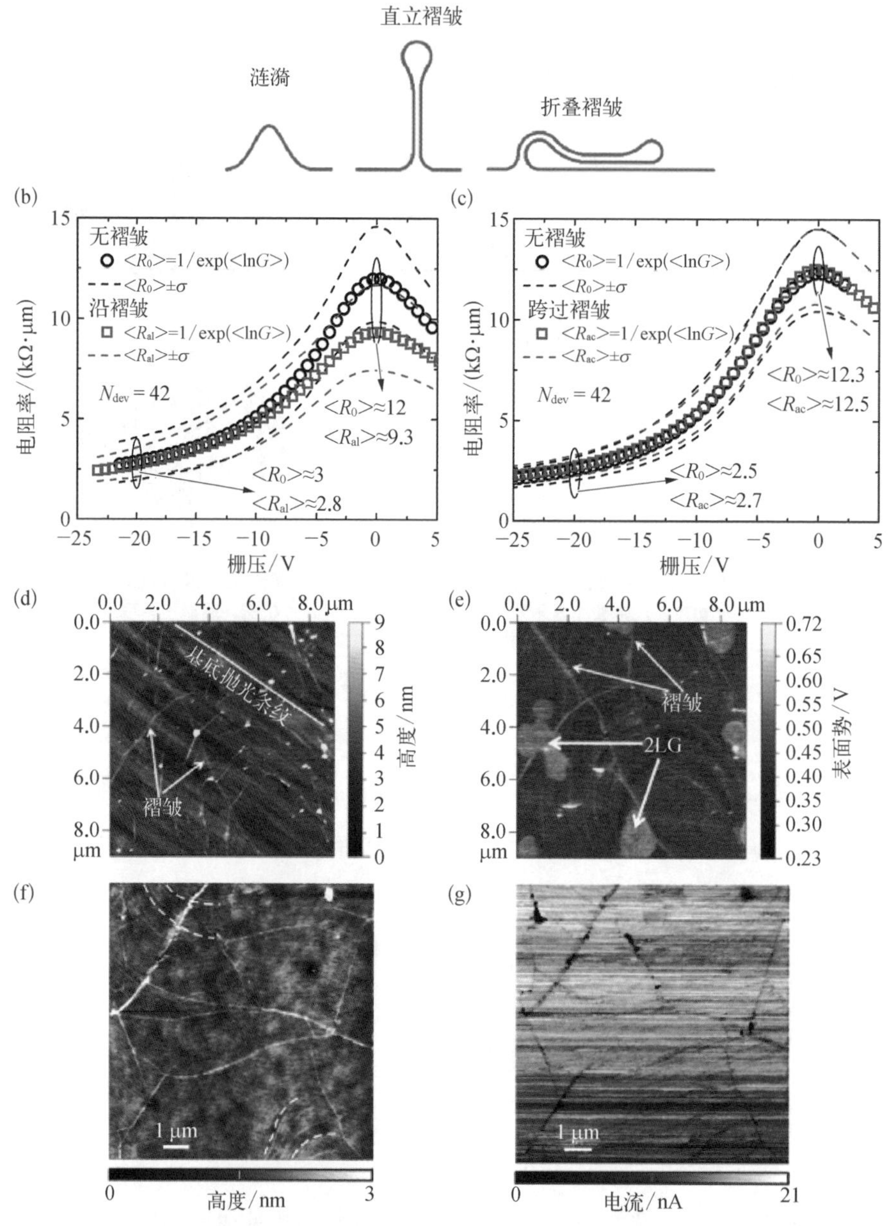

图 3-47 褶皱对石墨烯电学性质的影响

（a）褶皱的三种类型；（b）（c）沿着石墨烯褶皱方向与跨过石墨烯褶皱方向的电阻率与无褶皱区域的比较；（d）（e）石英衬底上有褶皱石墨烯的原子力显微镜形貌图和表面电势分布图；（f）（g）SiO_2/Si 衬底上有褶皱石墨烯的原子力显微镜形貌图和导电型原子力显微镜（conductance atomic force microscopy，C-AFM）图

即涟漪、直立褶皱和折叠褶皱，后两者的主要区别在于折叠褶皱坍塌形成多层结构，而直立褶皱保持三维翘曲。[62] 折叠褶皱导致了石墨烯电学性质的各向异性：在相同沟道和偏压的条件下，沿着褶皱的电阻率小于没有褶皱的区域，而跨过褶皱的电阻与没有褶皱区域的电阻率基本相同。此外，转移导致的褶皱也会造成各向异性的电学输运，降低了石墨烯的迁移率和电导率。[63]

人们基于原子力显微镜研究了石墨烯褶皱对其电学均一性的影响。对于石墨烯作为电极方面的应用而言，均一的电导和表面电势分布非常重要。对转移到石英衬底上的石墨烯同时进行形貌成像和表面电势成像，如图 3 - 47(d)(e)所示。石墨烯褶皱比平坦区域具有更大的表面电势，而与石墨烯双层区域非常类似，这表明石墨烯褶皱区域有一定的电荷积聚。[64] 此外，对转移到 SiO_2/Si 衬底上的石墨烯进行形貌和电流的同时成像，如图 3 - 47(f)(g)所示。电流在生长导致的褶皱区域降低严重，而在转移导致的褶皱区域保持较高。这表明生长过程中形成的褶皱相比于转移导致的褶皱更严重地降低了石墨烯的电导。

除了电学性质，人们也用原子力显微镜对石墨烯褶皱的力学性质进行了研究，比如石墨烯褶皱的纳米摩擦和磨损行为。石墨烯是一种强度极高、摩擦系数很低的材料，可以用作最薄的固体润滑剂和抗磨损材料。然而，褶皱会影响石墨烯的摩擦和磨损特性。人们采用摩擦力显微镜研究了化学气相沉积生长的石墨烯褶皱的纳米摩擦行为，如图 3 - 48(a)～(f)所示。[65] 当褶皱垂直于探针扫描方向时，具有高于无褶皱区域的摩擦力；反之，当褶皱与探针扫描方向平行时，具有比较低的摩擦力。垂直于褶皱方向的摩擦力约为平行于褶皱方向摩擦力的 1.94 倍。人们也对石墨烯褶皱对磨损性能的影响进行了研究。采用原子力显微镜的接触模式对石墨烯施加一定的作用力，操控前和操控后的石墨烯状态如图 3 - 48 (g)(h)所示。可以发现，石墨烯从褶皱的位置剥离，这归因于原子力显微镜探针与石墨烯褶皱之间较强的侧向力作用。这说明石墨烯褶皱的存在降低了石墨烯的抗磨损性能。[66]

此外，人们还发现褶皱对石墨烯的热导率有一定的影响。厦门大学蔡伟伟课题组[67] 采用微区拉曼光谱方法测量了悬空石墨烯有褶皱区域和没有褶皱区域的热导率，发现没有褶皱区域的石墨烯热导率高，如图 3 - 49 所示。没有褶皱区

图 3-48 褶皱对石墨烯力学性能的影响

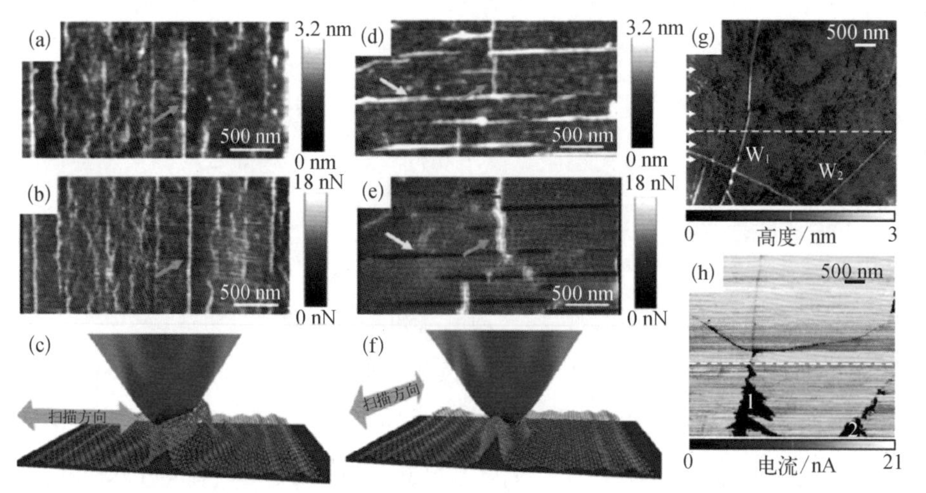

（a）（b）探针垂直于褶皱方向扫描的形貌和摩擦力图；（d）（e）探针平行于褶皱方向扫描的形貌和摩擦力图；（c）（f）探针垂直或平行于褶皱方向扫描的示意图；（g）SiO_2/Si 衬底上石墨烯 AFM 操控前的形貌图；（h）石墨烯 AFM 操控后的 C-AFM 图像

图 3-49 褶皱对石墨烯热导率的影响

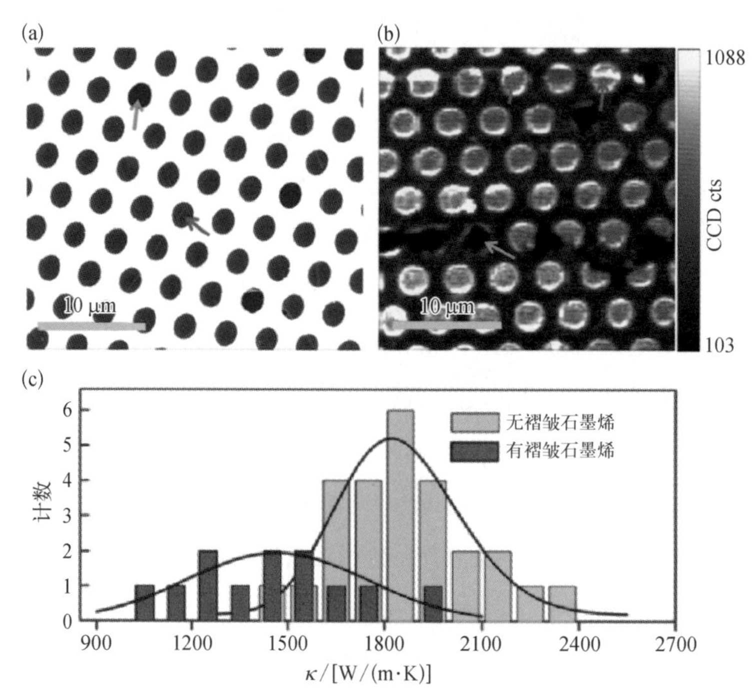

（a）悬空石墨烯的电子显微镜图像；（b）悬空石墨烯的拉曼分布图；（c）有褶皱与没有褶皱石墨烯的热导率统计图

域的石墨烯热导率的平均值为1875 W/(m·K),这比有褶皱区域石墨烯的热导率高约27%。有褶皱区域与没有褶皱区域石墨烯的热导率差别具有一定的温度依赖性,这可能来源于褶皱存在对于晶格振动的扰动。此外,基于非平衡分子动力学模拟的计算[68]表明,褶皱会导致石墨烯各向异性的热导率,沿着褶皱方向的热导率几乎不受影响,而在垂直于褶皱的方向热导率有较大的改变。因此,褶皱的存在也是一种调控石墨烯热导率的方法。

石墨烯褶皱还会影响其优良的抗腐蚀性能。研究发现,Cu箔上生长的多晶石墨烯薄膜在高温下最先氧化的位点是褶皱区域,而不是晶界。[69]褶皱具有较大的曲率,应力集中,化学反应活性高,容易发生反应断裂。[70]褶皱形成的纳米通道导致水氧的插层加剧,使得Cu箔进一步氧化。

总之,褶皱对石墨烯的电学迁移率、表面电势、表面摩擦力、抗磨损能力、热导率、抗腐蚀能力等一系列性质都有不利的影响,因此消除褶皱是石墨烯生长领域的一个重要方向。

3.6.5 无褶皱石墨烯的生长方法

由于石墨烯与生长衬底的热膨胀系数失配是固有的性质,消除石墨烯褶皱是一个非常困难的问题。基于理论分析和实验上的观察,减少乃至消除石墨烯褶皱主要考虑如下三方面:减少生长衬底和石墨烯的热膨胀系数失配,降低生长温度,增强石墨烯和生长衬底的相互作用。具体而言,主要有如下的方法:(1) 通过抛光的方法降低生长衬底自身的粗糙度;(2) 使用等离子体增强化学气相沉积等降低石墨烯的生长温度;(3) 使用具有尽可能低的热膨胀系数的生长衬底;(4) 改善转移过程,减少转移过程中由于衬底形貌形成的褶皱。

用于石墨烯生长的金属箔材通常非常粗糙,有大量的晶界以及金属加工过程中形成的压延线等。电化学抛光是使用最广泛的提高Cu箔表面平整度的方法。[71]通过精确控制电化学抛光条件,如抛光温度、搅拌速度、样品放置等,Cu箔表面可以实现远高于未抛光状态的平整度,以此衬底生长的石墨烯具有较好的平整度和机械强度。[72]如图3-50所示,电化学抛光(electrochemical polishing,

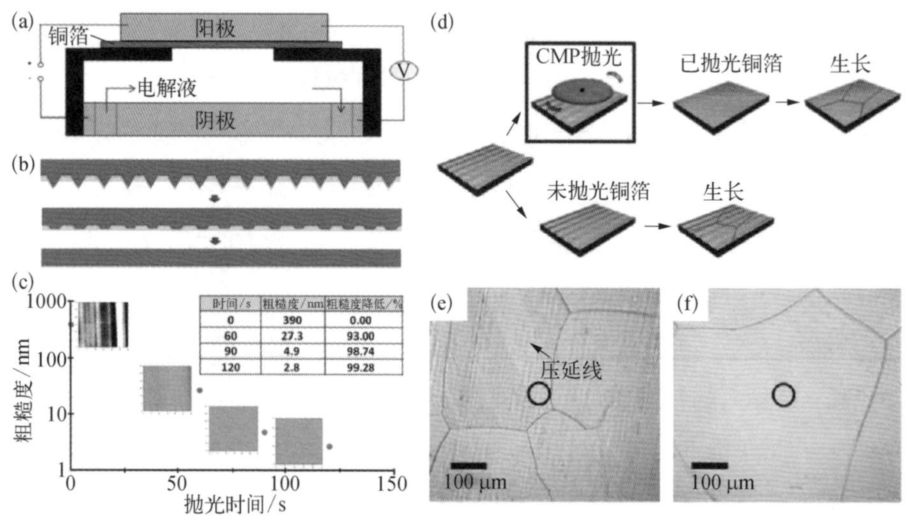

时间/s	粗糙度/nm	粗糙度降低/%
0	390	0.00
60	27.3	93.00
90	4.9	98.74
120	2.8	99.28

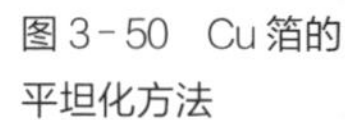
图 3-50　Cu 箔的平坦化方法

（a）Cu 箔的电化学抛光装置图；（b）Cu 箔电化学抛光平坦化示意图；（c）Cu 箔的粗糙度与抛光时间的关系；（d）Cu 箔的化学机械抛光过程；（e）未抛光 Cu 箔的光学显微镜图像；（f）抛光 Cu 箔的光学显微镜图像

EP)可以在 2 min 内实现 Cu 箔表面粗糙度由 390 nm 变为 2.8 nm,大大改善了表面平整度。然而,电化学抛光是一种局部平坦化的方法,无法消除大范围的表面粗糙度。基于此,韩国 Lee 课题组[73]采用化学机械抛光(chemical mechanical polishing, CMP)的方法实现了 Cu 箔的全局平坦化,其原理如图 3-50(d)所示。化学机械抛光可以有效地去除大尺度范围的 Cu 箔压延线。需要注意的是,化学机械抛光的局限性是只适用于厚度较大、具有一定刚度的金属箔材,而且设备复杂昂贵,限制了其广泛的应用。

除了块体单晶,物理气相沉积方法可以在绝缘衬底上沉积超平整金属薄膜,这对于制备平整石墨烯具有重要的意义。薄膜金属衬底与体相金属衬底相比具有一些优势,比如物理沉积的过程可以很好地控制金属衬底的纯度、硬质的衬底支撑具有较好的可操作性、兼容于晶圆制程等。然而由于沉积的金属薄膜厚度通常很薄(几百纳米),在石墨烯高温生长的过程中,金属薄膜的挥发非常严重。韩国的 Cho 课题组[74]提出在 Ni 和 SiO_2 衬底之间插入一层还原氧化石墨烯(reduced Graphere Oxide, rGO)作为缓冲层,以提高 Ni 薄膜的平整度,其设计原理如图 3-51(a)～(c)所示。rGO 层有利于释放金属薄膜的热应力,抑制了应

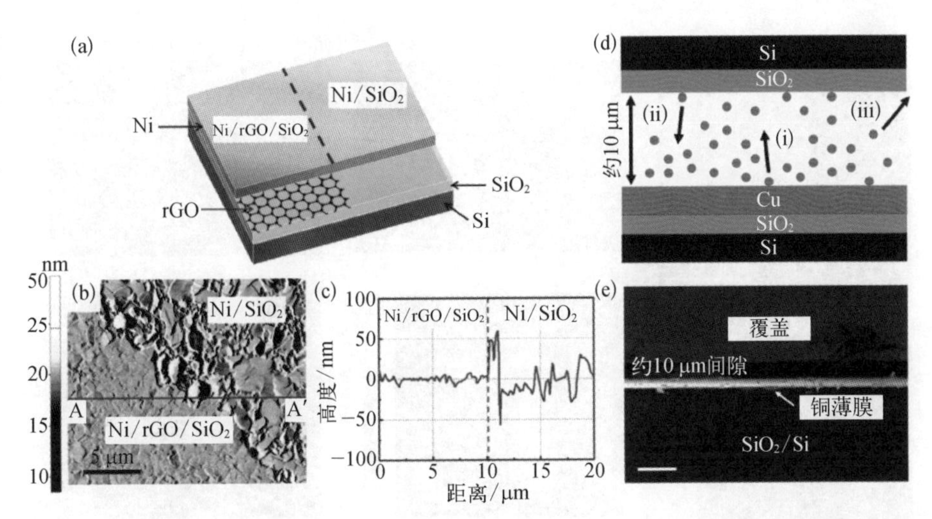

图 3-51 可控应力释放减少石墨烯褶皱

（a）Ni 金属薄膜和 SiO_2/Si 衬底之间插入 rGO 作为应力缓冲层；（b）（c）Ni 薄膜的原子力显微镜图像及其表面高度起伏的线扫描；（d）（e）“限域”空间防止 Cu 蒸发的原理图及电子显微镜图像

力诱导的晶粒生长。在这种超平整的 Ni 薄膜上生长的石墨烯褶皱被大大抑制。此外，限域空间的生长方法也可以有效地抑制 Cu/SiO_2 生长衬底上 Cu 的蒸发损失，如图 3-51(d)(e)所示。简而言之，在 Cu/SiO_2 衬底上放置一块 SiO_2/Si 衬底，形成大约 10 μm 的间隙，Cu 薄膜在限域空间内挥发后能快速沉积到表面，有效地减少了挥发损失。[75]

还有一种显而易见的减少石墨烯褶皱的方法是降低生长衬底的热膨胀系数。由于热膨胀系数是衬底材料的本征特性，改变衬底的热膨胀系数非常困难，因此寻找特定的生长衬底非常重要。韩国 Whang 课题组[47]实验上发现Ge(110)上生长的石墨烯完全没有褶皱，如图 3-52(a)(b)所示。他们认为其原因是 Ge 具有比较小的热膨胀系数($\alpha = 6 \times 10^{-6}$/K)，而且石墨烯在氢终止的 Ge 上具有极弱的相互作用，石墨烯基本处于完全自由状态。另一个例子是六方氮化硼(h-BN)在蓝宝石衬底上的生长。[76]在蓝宝石衬底上生长的六方氮化硼表面非常平整，粗糙度为 0.169 nm，而且没有任何褶皱结构。作为对比，Pt 上生长的 h-BN 具有大量的褶皱。最近，北京大学彭海琳/刘忠范课题组[77]发现 Cu 上生长的石墨烯的褶皱形成行为与 Cu 的晶面密切相关。他们采用磁控溅射和固体外延重结晶的方法制备了晶圆级别的单晶 Cu(111)薄膜，并用常压化学气相沉积

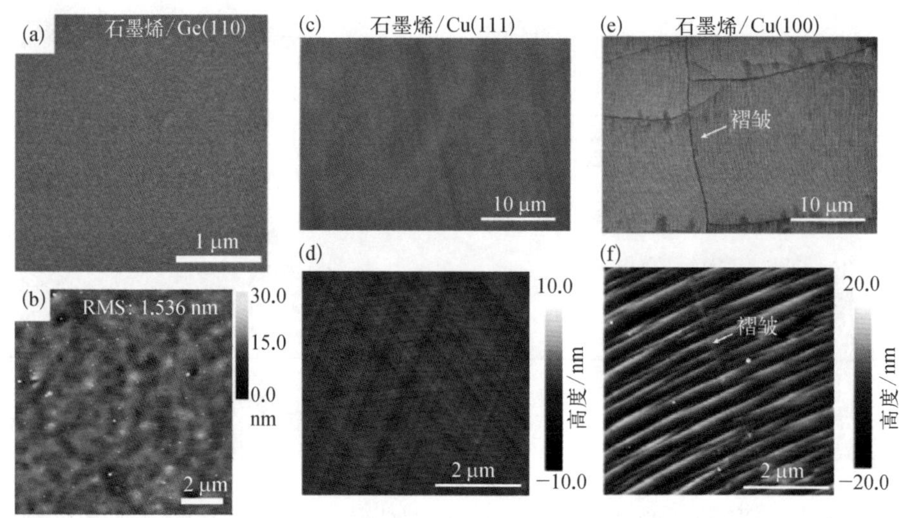

图 3-52 特定衬底上无褶皱石墨烯的生长

(a)(b) Ge(110)单晶衬底上生长的石墨烯的电子显微镜图像和原子力显微镜图像;(c)(d) Cu(111)单晶薄膜上生长的石墨烯的电子显微镜图像和原子力显微镜图像;(e)(f) Cu(100)箔上生长的石墨烯的电子显微镜图像和原子力显微镜图像

法在其表面生长了石墨烯。他们实验上观察到 Cu(111)薄膜上的石墨烯没有褶皱,而 Cu(100)箔上的石墨烯有大量的褶皱,如图 3-52(c)~(f)所示。这是由于 Cu(111)相对于 Cu(100)具有比较小的热膨胀系数,而且石墨烯和 Cu(111)衬底的相互作用较强,有利于抑制褶皱的形成。随后,Ruoff 课题组[52]也在 Cu(111)箔材上观察到了类似的现象。他们提出 Cu(111)上的石墨烯具有外延生长和非外延生长两种模式。对于外延生长的石墨烯,非常平整,没有褶皱;而非外延生长的石墨烯则有许多褶皱。他们将此归因于外延石墨烯和 Cu(111)比较大的界面摩擦力。

前面提到,石墨烯生长过程中形成的褶皱不能通过转移的过程消除。然而,由于生长衬底的粗糙形貌导致的褶皱可以部分地通过改善转移的过程优化。比如,基于 PMMA 的间接转移方法转移石墨烯,通常转移会导致大量的褶皱形成,如图 3-53(a)所示。如果在刻蚀 Cu 箔后将 PMMA/石墨烯层在水中长时间淋洗,水的表面张力有利于抚平 PMMA 层,转移得到的石墨烯由于 Cu 台阶形成的起伏可以被大部分消除,如图 3-53(b)所示。[59]除了利用水的表面张力之外,也可以通过采用温和的机械力的方式消除由于 Cu 箔表面粗糙度导致的褶皱。韩

图 3-53 减少转移过程中产生的褶皱

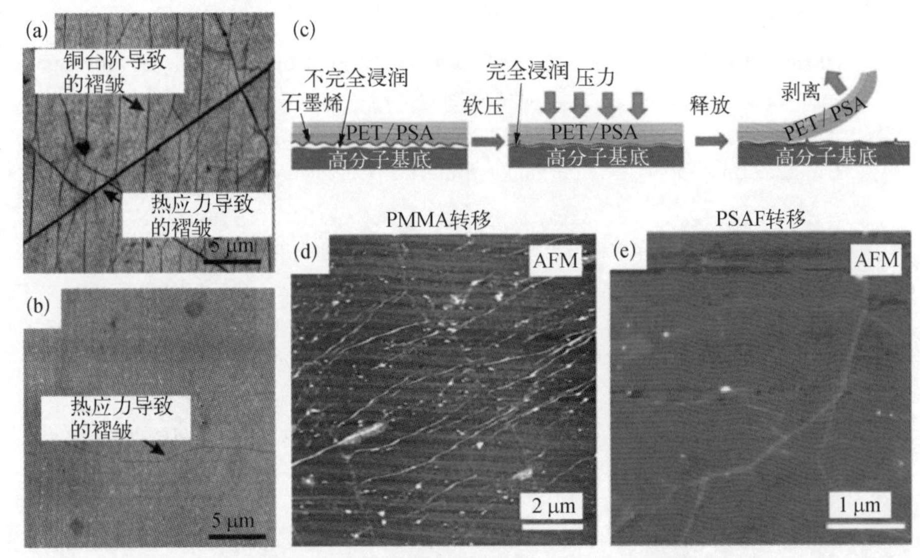

（a）PMMA 转移方法得到的石墨烯电子显微镜图像；（b）PMMA 转移时，长时间淋洗得到的石墨烯电子显微镜图像；（c）采用压敏高分子消除转移导致的褶皱的原理示意图；（d）采用 PMMA 转移方法得到的石墨烯的原子力显微镜图像；（e）采用压敏高分子转移方法得到的石墨烯的原子力显微镜图像

国 Hong 课题组采用了一种特殊的压力敏感高分子作为转移介质消除了转移导致的石墨烯褶皱。[78]其原理如图 3-53(c)所示，这种转移方法采用压力敏感高分子(Pressure-Sensitive Adhesive, PSA)作为转移介质，刻蚀 Cu 箔之后将 PET/PSA/石墨烯与目标衬底贴合，对堆叠结构施加一定的应力，使得石墨烯与目标衬底紧密贴合，避免了石墨烯和衬底之间的不完全浸润，有效地避免了石墨烯褶皱的形成。

参考文献

[1] Li X, Cai W, An J, et al. Large-area synthesis of high-quality and uniform graphene films on copper foils[J]. Science, 2009, 324(5932): 1312-1314.

[2] Batzill M. The surface science of graphene: Metal interfaces, CVD synthesis, nanoribbons, chemical modifications, and defects[J]. Surface Science Reports, 2012, 67(3-4): 83-115.

[3] Dahal A, Batzill M. Graphene-nickel interfaces: a review[J]. Nanoscale, 2014, 6

(5): 2548 - 2562.

[4] Giovannetti G, Khomyakov P A, Brocks G, et al. Doping graphene with metal contacts[J]. Physical Review Letters, 2008, 101(2): 026803.

[5] Mattevi C, Kim H, Chhowalla M. A review of chemical vapour deposition of graphene on copper[J]. Journal of Materials Chemistry, 2011, 21(10): 3324 - 3334.

[6] Lin L, Peng H, Liu Z. Synthesis challenges for graphene industry[J]. Nature Materials, 2019, 18(6): 520 - 524.

[7] Lin L, Li J, Ren H, et al. Surface engineering of copper foils for growing centimeter-sized single-crystalline graphene[J]. ACS Nano, 2016, 10(2): 2922 - 2929.

[8] Xu X, Zhang Z, Dong J, et al. Ultrafast epitaxial growth of metre-sized single-crystal graphene on industrial Cu foil[J]. Science Bulletin, 2017, 62(15): 1074 - 1080.

[9] Tao L, Lee J, Holt M, et al. Uniform wafer-scale chemical vapor deposition of graphene on evaporated Cu (111) film with quality comparable to exfoliated monolayer[J]. The Journal of Physical Chemistry C, 2012, 116(45): 24068 - 24074.

[10] Zhang B, Lee W H, Piner R, et al. Low-temperature chemical vapor deposition growth of graphene from toluene on electropolished copper foils[J]. ACS Nano, 2012, 6(3): 2471 - 2476.

[11] Wood J D, Schmucker S W, Lyons A S, et al. Effects of polycrystalline Cu substrate on graphene growth by chemical vapor deposition[J]. Nano Letters, 2011, 11(11): 4547 - 4554.

[12] Li X, Cai W, Colombo L, et al. Evolution of graphene growth on Ni and Cu by carbon isotope labeling[J]. Nano Letters, 2009, 9(12): 4268 - 4272.

[13] Shu H, Chen X, Tao X, et al. Edge structural stability and kinetics of graphene chemical vapor deposition growth[J]. ACS Nano, 2012, 6(4): 3243 - 3250.

[14] Luo Z, Kim S, Kawamoto N, et al. Growth mechanism of hexagonal-shape graphene flakes with zigzag edges[J]. ACS Nano, 2011, 5(11): 9154 - 9160.

[15] Fang W, Hsu A L, Song Y, et al. A review of large-area bilayer graphene synthesis by chemical vapor deposition[J]. Nanoscale, 2015, 7(48): 20335 - 20351.

[16] Yin J, Wang H, Peng H, et al. Selectively enhanced photocurrent generation in twisted bilayer graphene with van Hove singularity[J]. Nature Communications, 2016, (7): 10699.

[17] Kalbac M, Frank O, Kavan L. The control of graphene double-layer formation in copper-catalyzed chemical vapor deposition[J]. Carbon, 2012, 50(10): 3682 - 3687.

[18] Nie S, Wu W, Xing S, et al. Growth from below: bilayer graphene on copper by

chemical vapor deposition[J]. New Journal of Physics, 2012, 14(9): 093028.

[19] Zhou H, Yu W J, Liu L, et al. Chemical vapour deposition growth of large single crystals of monolayer and bilayer graphene[J]. Nature Communications, 2013, 4 (1): 1-8.

[20] Zhang X, Wang L, Xin J, et al. Role of hydrogen in graphene chemical vapor deposition growth on a copper surface[J]. Journal of the American Chemical Society, 2014, 136(8): 3040-3047.

[21] Yan K, Peng H, Zhou Y, et al. Formation of bilayer bernal graphene: layer-by-layer epitaxy via chemical vapor deposition[J]. Nano Letters, 2011, 11(3): 1106-1110.

[22] Liu L, Zhou H, Cheng R, et al. High-yield chemical vapor deposition growth of high-quality large-area AB-stacked bilayer graphene[J]. ACS Nano, 2012, 6(9): 8241-8249.

[23] Hao Y, Wang L, Liu Y, et al. Oxygen-activated growth and bandgap tunability of large single-crystal bilayer graphene[J]. Nature Nanotechnology, 2016, 11(5): 426-431.

[24] 张朝华,付磊,张艳锋,等. 石墨烯催化生长中的偏析现象及其调控方法[J]. 化学学报, 2013, 71(3): 308-322.

[25] Reina A, Jia X, Ho J, et al. Large area, few-layer graphene films on arbitrary substrates by chemical vapor deposition[J]. Nano Letters, 2009, 9(1): 30-35.

[26] Barcaro G, Zhu B, Hou M, et al. Growth of carbon clusters on a Ni (111) surface [J]. Computational Materials Science, 2012, 63: 303-311.

[27] Zhang Y, Gomez L, Ishikawa F N, et al. Comparison of graphene growth on single-crystalline and polycrystalline Ni by chemical vapor deposition[J]. The Journal of Physical Chemistry Letters, 2010, 1(20): 3101-3107.

[28] Reina A, Thiele S, Jia X, et al. Growth of large-area single-and Bi-layer graphene by controlled carbon precipitation on polycrystalline Ni surfaces[J]. Nano Research, 2009, 2(6): 509-516.

[29] Peng Z, Yan Z, Sun Z, et al. Direct growth of bilayer graphene on SiO_2 substrates by carbon diffusion through nickel[J]. ACS Nano, 2011, 5(10): 8241-8247.

[30] Zhou X, Qi Y, Shi J, et al. Modulating the electronic properties of monolayer graphene using a periodic quasi-one-dimensional potential generated by hex-reconstructed Au (001)[J]. ACS Nano, 2016, 10(8): 7550-7557.

[31] Zou Z, Fu L, Song X, et al. Carbide-forming groups IVB-VIB metals: a new territory in the periodic table for CVD growth of graphene[J]. Nano Letters, 2014, 14(7): 3832-3839.

[32] Oznuluer T, Pince E, Polat E O, et al. Synthesis of graphene on gold[J]. Applied Physics Letters, 2011, 98(18): 183101.

[33] Lahiri J, Miller T, Adamska L, et al. Graphene growth on Ni (111) by transformation of a surface carbide[J]. Nano Letters, 2011, 11(2): 518-522.

［34］ Liu M, Gao Y, Zhang Y, et al. Single and polycrystalline graphene on Rh (111) following different growth mechanisms[J]. Small, 2013, 9(8): 1360 - 1366.
［35］ Liu M, Li Y, Chen P, et al. Quasi-freestanding monolayer heterostructure of graphene and hexagonal boron nitride on Ir (111) with a zigzag boundary[J]. Nano Letters, 2014, 14(11): 6342 - 6347.
［36］ Qi Y, Meng C, Xu X, et al. Unique transformation from graphene to carbide on Re (0001) induced by strong carbon-metal interaction[J]. Journal of the American Chemical Society, 2017, 139(48): 17574 - 17581.
［37］ Wang X, Yuan Q, Li J, et al. The transition metal surface dependent methane decomposition in graphene chemical vapor deposition growth[J]. Nanoscale, 2017, 9(32): 11584 - 11589.
［38］ Yuan Q, Yakobson B I, Ding F. Edge-catalyst wetting and orientation control of graphene growth by chemical vapor deposition growth[J]. The Journal of Physical Chemistry Letters, 2014, 5(18): 3093 - 3099.
［39］ Gao J, Yip J, Zhao J, et al. Graphene nucleation on transition metal surface: structure transformation and role of the metal step edge[J]. Journal of the American Chemical Society, 2011, 133(13): 5009 - 5015.
［40］ Ogawa Y, Hu B, Orofeo C M, et al. Domain structure and boundary in single-layer graphene grown on Cu(111) and Cu(100) films[J]. The Journal of Physical Chemistry Letters, 2012, 3(2): 219 - 226.
［41］ Murdock A T, Koos A, Britton T B, et al. Controlling the orientation, edge geometry, and thickness of chemical vapor deposition graphene[J]. ACS Nano, 2013, 7(2): 1351 - 1359.
［42］ Nguyen V L, Shin B G, Duong D L, et al. Seamless stitching of graphene domains on polished copper (111) foil[J]. Advanced Materials, 2015, 27(8): 1376 - 1382.
［43］ Gao L, Guest J R, Guisinger N P. Epitaxial graphene on Cu(111)[J]. Nano Letters, 2010, 10(9): 3512 - 3516.
［44］ Brown L, Lochocki E B, Avila J, et al. Polycrystalline graphene with single crystalline electronic structure[J]. Nano Letters, 2014, 14(10): 5706 - 5711.
［45］ Jeon C, Hwang H N, Lee W G, et al. Rotated domains in chemical vapor deposition-grown monolayer graphene on Cu (111): an angle-resolved photoemission study[J]. Nanoscale, 2013, 5(17): 8210 - 8214.
［46］ Hu B, Ago H, Ito Y, et al. Epitaxial growth of large-area single-layer graphene over Cu(111)/sapphire by atmospheric pressure CVD[J]. Carbon, 2012, 50(1): 57 - 65.
［47］ Lee J H, Lee E K, Joo W J, et al. Wafer-scale growth of single-crystal monolayer graphene on reusable hydrogen-terminated germanium[J]. Science, 2014, 344 (6181): 286 - 289.
［48］ Dai J, Wang D, Zhang M, et al. How graphene islands are unidirectionally aligned on the Ge(110) surface[J]. Nano Letters, 2016, 16(5): 3160 - 3165.

[49] Meca E, Lowengrub J, Kim H, et al. Epitaxial graphene growth and shape dynamics on copper: phase-field modeling and experiments[J]. Nano Letters, 2013, 13(11): 5692 - 5697.

[50] Deng B, Pang Z, Chen S, et al. Wrinkle-free single-crystal graphene wafer grown on strain-engineered substrates[J]. ACS Nano, 2017, 11(12): 12337 - 12345.

[51] Xu X, Yi D, Wang Z, et al. Greatly enhanced anticorrosion of Cu by commensurate graphene coating[J]. Advanced Materials, 2018, 30(6): 1702944.

[52] Li B W, Luo D, Zhu L, et al. Orientation-dependent strain relaxation and chemical functionalization of graphene on a Cu(111) foil[J]. Advanced Materials, 2018, 30(10): 1706504.

[53] Meyer J C, Geim A K, Katsnelson M I, et al. The structure of suspended graphene sheets[J]. Nature, 2007, 446(7131): 60 - 63.

[54] Fasolino A, Los J H, Katsnelson M I. Intrinsic ripples in graphene[J]. Nature Materials, 2007, 6(11): 858 - 861.

[55] Lui C H, Liu L, Mak K F, et al. Ultraflat graphene[J]. Nature, 2009, 462 (7271): 339 - 341.

[56] N'Diaye A T, van Gastel R, Martinez-Galera A J, et al. In situ observation of stress relaxation in epitaxial graphene[J]. New Journal of Physics, 2009, 11: 113056.

[57] Wang Z J, Weinberg G, Zhang Q, et al. Direct observation of graphene growth and associated copper substrate dynamics by in situ scanning electron microscopy [J]. ACS Nano, 2015, 9(2): 1506 - 1519.

[58] Kang J H, Moon J, Kim D J, et al. Strain relaxation of graphene layers by Cu surface roughening[J]. Nano Letters, 2016, 16(10): 5993 - 5998.

[59] Pan Z, Liu N, Fu L, et al. Wrinkle engineering: a new approach to massive graphene nanoribbon arrays[J]. Journal of the American Chemical Society, 2011, 133(44): 17578 - 17581.

[60] Liu N, Pan Z, Fu L, et al. The origin of wrinkles on transferred graphene[J]. Nano Research, 2011, 4(10): 996 - 1004.

[61] Na S R, Suk J W, Tao L, et al. Selective mechanical transfer of graphene from seed copper foil using rate effects[J]. ACS Nano, 2015, 9(2): 1325 - 1335.

[62] Zhu W, Low T, Perebeinos V, et al. Structure and electronic transport in graphene wrinkles[J]. Nano Letters, 2012, 12(7): 3431 - 3436.

[63] Ni G X, Zheng Y, Bae S, et al. Quasi-periodic nanoripples in graphene grown by chemical vapor deposition and its impact on charge transport[J]. ACS Nano, 2012, 6(2): 1158 - 1164.

[64] Wang R, Pearce R, Gallop J, et al. Investigation of CVD graphene topography and surface electrical properties [J]. Surface Topography: Metrology and Properties, 2016, 4(2): 025001.

[65] Long F, Yasaei P, Yao W, et al. Anisotropic friction of wrinkled graphene grown

by chemical vapor deposition[J]. ACS Applied Materials & Interfaces, 2017, 9 (24): 20922 - 20927.

[66] Vasić B, Zurutuza A, Gajić R. Spatial variation of wear and electrical properties across wrinkles in chemical vapour deposition graphene[J]. Carbon, 2016, 102: 304 - 310.

[67] Chen S, Li Q, Zhang Q, et al. Thermal conductivity measurements of suspended graphene with and without wrinkles by micro-Raman mapping [J]. Nanotechnology, 2012, 23(36): 365701.

[68] Wang C, Liu Y, Li L, et al. Anisotropic thermal conductivity of graphene wrinkles[J]. Nanoscale, 2014, 6(11): 5703 - 5707.

[69] Zhang Y H, Wang B, Zhang H R, et al. The distribution of wrinkles and their effects on the oxidation resistance of chemical vapor deposition graphene[J]. Carbon, 2014, 70: 81 - 86.

[70] Zhang Y H, Zhang H R, Wang B, et al. Role of wrinkles in the corrosion of graphene domain-coated Cu surfaces[J]. Applied Physics Letters, 2014, 104 (14): 143110.

[71] Wang H, Wang G, Bao P, et al. Controllable synthesis of submillimeter single-crystal monolayer graphene domains on copper foils by suppressing nucleation[J]. Journal of the American Chemical Society, 2012, 134(8): 3627 - 3630.

[72] Griep M H, Sandoz-Rosado E, Tumlin T M, et al. Enhanced graphene mechanical properties through ultrasmooth copper growth substrates[J]. Nano Letters, 2016, 16(3): 1657 - 1662.

[73] Han G H, Günes F, Bae J J, et al. Influence of copper morphology in forming nucleation seeds for graphene growth[J]. Nano Letters, 2011, 11(10): 4144 - 4148.

[74] Mun J H, Cho B J. Synthesis of monolayer graphene having a negligible amount of wrinkles by stress relaxation[J]. Nano Letters, 2013, 13(6): 2496 - 2499.

[75] Lee A L, Tao L, Akinwande D. Suppression of copper thin film loss during graphene synthesis[J]. ACS Applied Materials & Interfaces, 2015, 7(3): 1527 - 1532.

[76] Jang A R, Hong S, Hyun C, et al. Wafer-scale and wrinkle-free epitaxial growth of single-orientated multilayer hexagonal boron nitride on sapphire[J]. Nano Letters, 2016, 16(5): 3360 - 3366.

[77] Deng B, Wu J, Zhang S, et al. Anisotropic strain relaxation of graphene by corrugation on copper crystal surfaces[J]. Small, 2018,14(22): 1800725.

[78] Kim S J, Choi T, Lee B, et al. Ultraclean patterned transfer of single-layer graphene by recyclable pressure sensitive adhesive films[J]. Nano Letters, 2015, 15(5): 3236 - 3240.

第4章

石墨烯在绝缘衬底上的生长

过去十年来，石墨烯的化学气相沉积（CVD）生长技术取得了长足进步，石墨烯薄膜的质量有了大幅度提升。然而，这些生长在金属衬底表面的石墨烯薄膜在实际应用中，通常需要转移到绝缘衬底上。不难想象，单原子层的石墨烯薄膜的剥离和转移是一个重大的技术挑战。迄今为止，人们已经发展了多种石墨烯薄膜转移技术，其中具有代表性的有聚甲基丙烯酸甲酯（PMMA）辅助转移技术、电化学鼓泡技术等。但是，转移过程对石墨烯的污染问题常常很难避免，同时由转移所引起的破损、褶皱、金属和溶剂残留等问题，都严重影响石墨烯的性能。

在绝缘性的目标衬底表面直接生长石墨烯是人们关注的另一个技术解决方案。这种技术路线避免了转移问题，对于石墨烯薄膜材料在电子学和光电子学领域的应用具有重要价值。然而，石墨烯在绝缘衬底表面上的 CVD 生长绝非易事，须解决催化效率低、生长速度慢、畴区尺寸小等诸多难题。

本章对石墨烯在绝缘衬底上的生长过程和生长机理进行分析，在此基础上重点介绍几种常见的生长方法。在本章的最后，将着重介绍二维六方氮化硼（hexagonal Boron Nitride，h-BN）表面上的石墨烯生长工作。h-BN 是一种原子级平整的表面，在这种绝缘衬底表面上生长石墨烯可降低衬底的掺杂效应，有效减少电子散射，从而大幅度提升石墨烯电子器件的性能。

4.1 绝缘衬底的特殊性

石墨烯在金属衬底上的生长机理已有很多深入的理论和实验研究。根据金属溶碳能力的强弱，可分为偏析生长（如 Ni、Co、Ru 等高溶碳金属）[1,2] 和表面扩散生长（如 Cu 等低溶碳金属）。[3,4] 绝缘衬底表面缺乏催化活性，石墨烯的生长过程通常相当复杂，生长机理研究也比较欠缺，目前尚缺少非常明晰的认知。本节将通过讨论石墨烯的裂解、扩散和成核等过程，引导读者对石墨烯在绝缘衬底表面的生长机理和生长过程有一个入门级的认识。

4.1.1 碳源热裂解

金属催化裂解并非碳源裂解的唯一途径。[5]对于缺少催化活性的绝缘衬底而言，高温热裂解是石墨烯生长过程中碳源裂解的主要途径，而氢气对热裂解过程可起到促进作用。在热裂解情况下，碳氢化合物原子间的化学键通过吸收热能发生断裂，因此碳源的热裂解效率与反应温度和碳源种类密切相关。

反应温度对碳源热裂解效率的影响是显而易见的。温度越高，碳源分子的化学键越容易断裂，裂解程度和裂解效率也就越高。相反，当温度降低至一定程度，碳源分子从环境中吸收的热量无法满足化学键断裂的需求，热裂解过程停止，石墨烯的生长过程也自然终止。因此，热裂解要求反应温度须达到一定阈值，阈值温度的高低取决于发生裂解的碳源分子化学键的强弱。

甲烷是一种非常稳定的碳氢化合物，它的C—H键很强，断裂所需的能量很高。金属衬底可催化甲烷的裂解过程，降低裂解所需的活化能。控制适当的反应温度，可以抑制气氛中的热裂解反应，使甲烷的裂解主要在金属衬底表面上进行，从而有效控制石墨烯的生长过程。然而，在绝缘衬底表面，甲烷的催化裂解反应很难发生，热裂解过程至关重要。由于热裂解反应在气氛中和表面上同时发生，因此石墨烯的生长过程相当复杂，可控性也变差。研究表明，通过增大甲烷浓度[6]、提高热裂解温度[7]、延长热裂解时间[8]等方式可以有效提升活性碳物种的浓度，从而满足石墨烯成核和生长的需要。

除甲烷外，乙炔、[9]乙醇[10]等化学活性相对活泼的分子也被用于绝缘衬底表面的石墨烯生长。这些分子的化学键较弱，热裂解所需要的温度也较低，因此可以在较低的温度下实现石墨烯在绝缘衬底上的生长。

4.1.2 传质和表面反应过程

在 CVD 反应腔中，气体的流动遵循流体力学规律，须考虑气体流动状态对石墨烯生长的影响。如图 4－1(a)所示，当反应腔内气体的流动呈层流状态时，气体分子沿着轴向平行方向互不干扰地向前流动。贴近表面的流体会完全润湿衬底表面，速度降为零。而黏附在衬底表面的流体与相邻流体层间有相对运动，产生的摩擦使得流体的速度减小。这种层间摩擦导致的减速作用随着远离衬底表面而逐渐减小，而流体速度则逐渐增大。根据边界层的定义，当流体速度为主体速度的 99% 时，所对应的位置到衬底表面的距离即为边界层的厚度 δ。如图 4－1(b)所示，随着气体沿着管壁 x 向前流动，边界层的厚度 $\delta(x)$ 逐渐增加，其厚度可用式(4－1)和式(4－2)来估算：

$$\frac{\delta(x)}{x} = \frac{4.64}{Re^{0.5}} \tag{4-1}$$

$$Re = \frac{\rho \nu L}{\mu} \tag{4-2}$$

式中，ρ、ν、μ 分别为流体的密度、流速和黏性常数；L 为特征长度；Re 为雷诺数

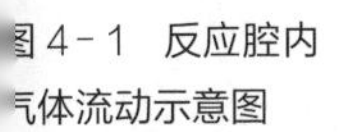
图 4－1 反应腔内气体流动示意图

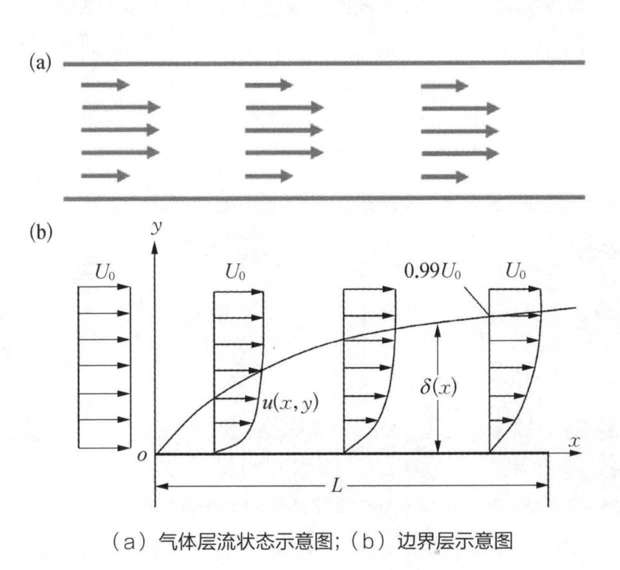

（a）气体层流状态示意图；（b）边界层示意图

(Reynolds number，*Re*)。在石墨烯生长条件下，气体遇到衬底后向前运动 1～2 mm，边界层厚度即达到最大。因此可认为衬底表面边界层厚度是一致的，其厚度为衬底到管壁距离的一半。

碳源的热裂解主要发生在反应腔体相中，裂解产生的活性碳物种需要到达衬底表面才能参与石墨烯生长过程。图 4-2 给出了绝缘衬底表面上的石墨烯生长过程示意图。首先，体相中的气体分子穿越衬底表面厚度为 δ 的边界层。在该传质过程中，穿越边界层到达衬底表面的分子流量可表示为[11]

$$F_{\text{mass transport}} = h_{\text{g}}(C_{\text{g}} - C_{\text{s}}) \tag{4-3}$$

式中，C_{g}和 C_{s}分别为体相和衬底表面的气体分子浓度；h_{g}为传质系数。到达衬底表面的活性碳物种经过表面迁移、碰撞，继而反应生成石墨烯。该表面反应过程消耗的活性碳物种可表示为[11]

$$F_{\text{surface reaction}} = K_{\text{s}} C_{\text{s}} \tag{4-4}$$

式中，K_{s}为表面反应常数，与衬底表面温度有关。

当反应达到平衡时，$F_{\text{mass transport}} = F_{\text{surface reaction}} = F_{\text{total flux}}$，则

$$F_{\text{total flux}} = \frac{K_{\text{s}} h_{\text{g}}}{K_{\text{s}} + h_{\text{g}}} C_{\text{g}} \tag{4-5}$$

因此，当 $h_{\text{g}} \gg K_{\text{s}}$ 时，$F = K_{\text{s}} C_{\text{g}}$，表面反应过程成为限制石墨烯生长速度的关键因素；当 $h_{\text{g}} \ll K_{\text{s}}$ 时，$F = h_{\text{g}} C_{\text{g}}$，传质过程成为限制石墨烯生长速度的关键因素。

当以甲烷作为石墨烯生长的碳源时，根据热裂解的要求必须给予其充分的

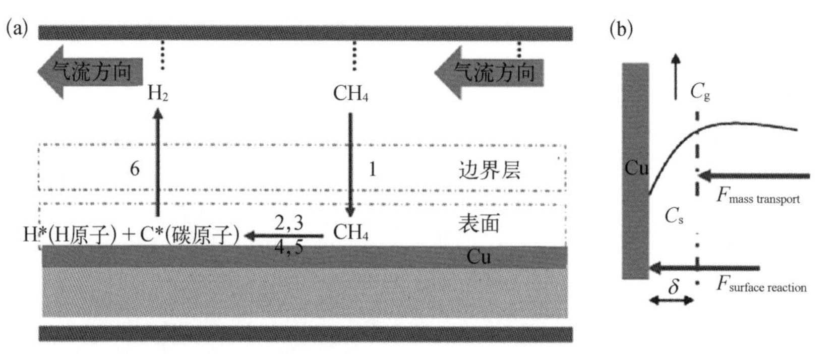

图 4-2 绝缘衬底表面的石墨烯生长动力学过程

(a) 石墨烯生长所涉及的传质和各种基元过程；(b) 传质过程引起的黏滞层两侧活性碳物种浓度变化[10]

热裂解时间,通常采用常压 CVD 生长方式。[6,8,12-15]这时反应腔内气体分子浓度很高(约为 10^{18} 个/mL),气体分子之间的碰撞概率极大,传质系数 h_g 远小于表面反应常数 K_s[16],因此常压 CVD 通常是传质限制过程。受到传质过程的限制,体相中热裂解产生的活性碳物种只有很少一部分能到达绝缘衬底表面,导致衬底表面的活性碳物种浓度很低,极大限制了石墨烯的生长速度。因此,绝缘衬底上的石墨烯常压 CVD 生长过程一般需要很长时间。[8,12-15]

绝缘衬底上的表面反应过程非常复杂。尤其对于非晶态绝缘基底,其表面结构和形貌复杂,理论研究很难给出明确的生长机理。迄今为止,人们提出了表面反应[17]、范德瓦耳斯外延生长[18]、硅表面碳化[19]等各种生长机理,如图 4-3 所示。这些生长机理仅适用于特定的绝缘衬底,很难推广到其他衬底。

图 4-3 绝缘衬底表面的石墨烯生长类型

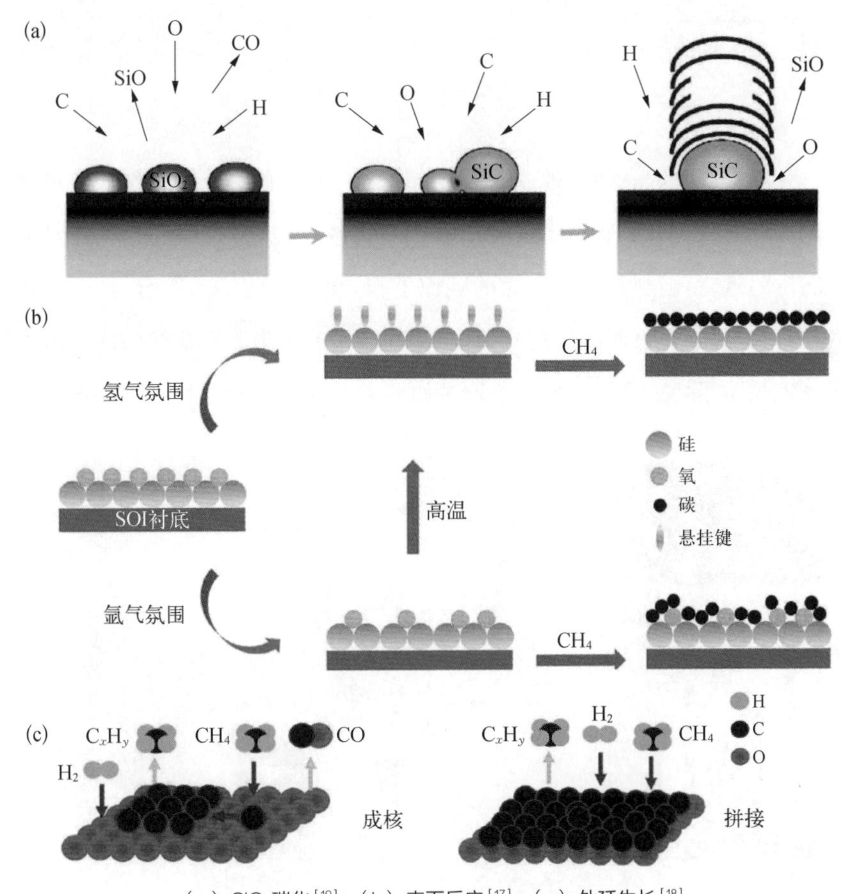

(a) SiO_2碳化[19];(b) 表面反应[17];(c) 外延生长[18]

下面讨论绝缘衬底表面上的迁移和成核过程。如图 4-4 所示，碳原子在绝缘衬底表面的迁移势垒可高达 1 eV[20,21]，远高于其在金属表面的迁移势垒[22]，导致碳原子的表面迁移很难。另外，由于绝缘衬底的溶碳量极低，吸附到表面的碳原子被限制在很小的范围内移动。因此，通常石墨烯在绝缘衬底上的生长类似于金属衬底的表面扩散生长模式。随着衬底表面吸附的碳原子不断增加，当超过临界浓度时，就会在活性位点处成核。相比于金属表面，非晶态的绝缘衬底表面更加粗糙，缺陷密度更大，因此成核密度通常比金属表面高出几个数量级。

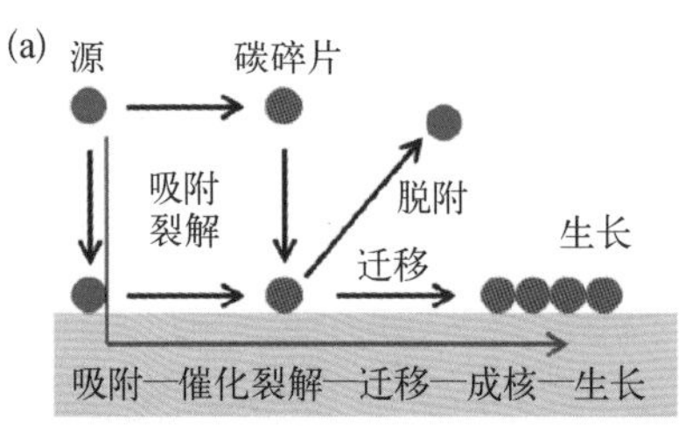

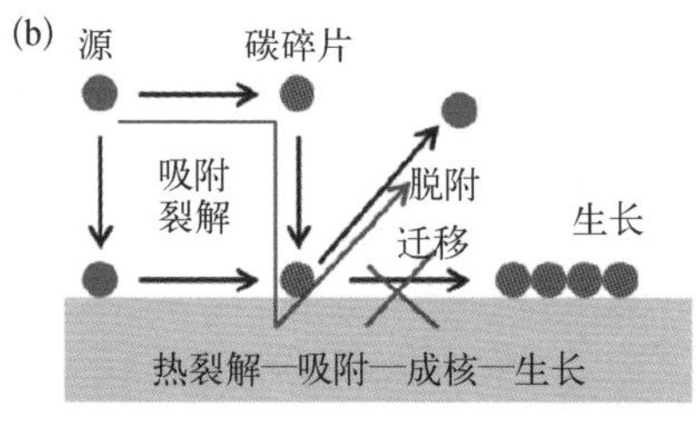

图 4-4 石墨烯在金属和绝缘衬底上的生长过程比较

（a）金属基底；（b）绝缘基底

与金属衬底上的表面扩散生长模式相比，绝缘衬底上石墨烯生长的区别在于抓取碳原子的方式。碳原子在金属表面可以较为自由地迁移，当其运动到石墨烯畴区附近时，会与石墨烯边缘的碳原子以 sp^2 杂化的形式结合；而对于绝缘衬底而言，碳原子在表面的运动受到很大限制，只有吸附到石墨烯畴区附近的碳原子才能被石墨烯边缘的碳原子抓取。如图 4-5 所示，金属衬底上的石墨烯生

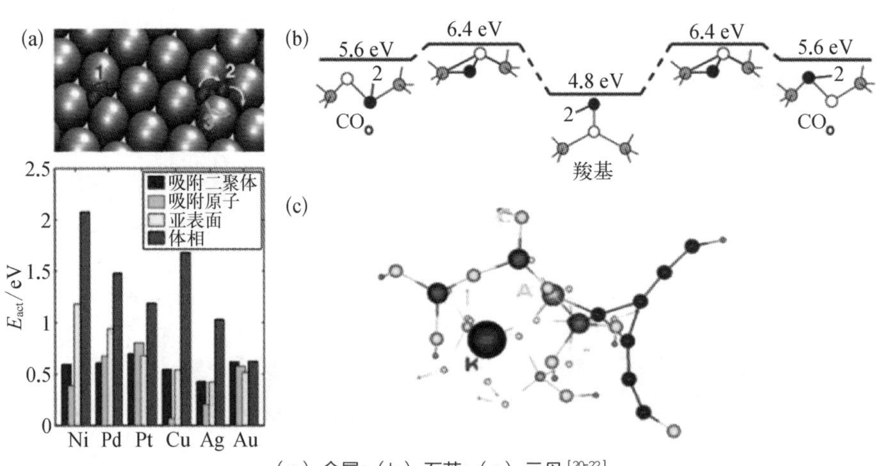

图 4-5 碳原子在不同衬底表面的扩散路径与势垒

（a）金属；（b）石英；（c）云母[20-22]

长过程可概括为“吸附—催化裂解—迁移—成核—生长”，而绝缘衬底表面的石墨烯生长缺少碳原子迁移过程，可概括为“热裂解—吸附—成核—生长”。

4.2 绝缘衬底上的石墨烯生长方法

上一节讨论了绝缘衬底表面上石墨烯生长过程的特殊性，明确了影响生长过程的主要因素，包括碳源裂解、活性碳物种输运与迁移，以及成核与生长等。相对而言，碳源的裂解是绝缘衬底表面石墨烯生长的主要限制因素。近年来，人们发展了热裂解、金属辅助催化裂解、等离子体增强裂解等多种实验技术，本节将重点介绍这些实验技术。

4.2.1 热裂解生长方法

利用高温使碳源分子的化学键断裂是最直接的裂解手段，也是绝缘衬底生长石墨烯最常用到的手段。高温热裂解的优势在于反应不引入其他物质，避免了对石墨烯的掺杂和污染，同时高温有利于石墨烯的生长，可以获得质量更高的石墨烯薄膜。

热裂解的生长过程较为简单，图 4-6 给出了热裂解生长方法的基本工艺流程。甲烷仍然是绝缘衬底生长石墨烯最常用的碳源。由于甲烷热裂解效率较低，通常采用常压 CVD 生长工艺。当温度升至生长温度后，一般会进行一段时间的热退火，以去除衬底表面的污染物。不同气体氛围下退火会对衬底带来不同的影响，图 4-7 给出了未经处理、氧气热处理和氢气热处理的 SiO_2 表面生长

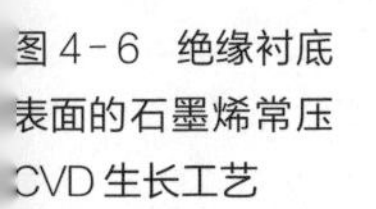
图 4-6 绝缘衬底表面的石墨烯常压 CVD 生长工艺

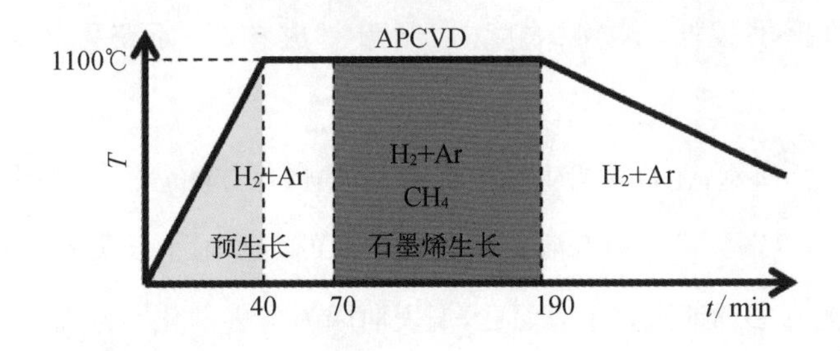

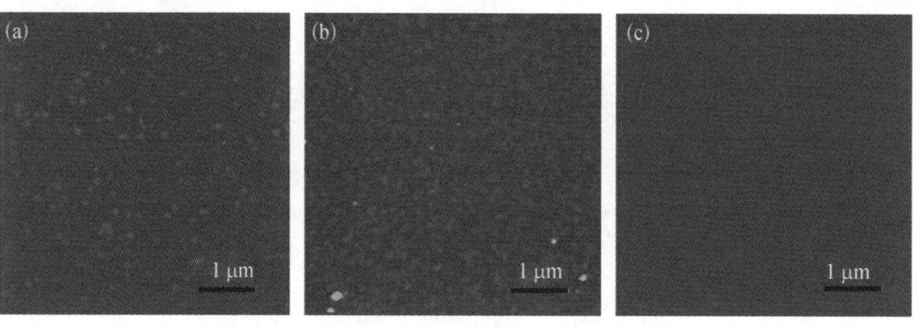

图 4-7 不同处理条件下 SiO_2 衬底生长石墨烯的 AFM 图像

（a）未经处理；（b）氧气热处理；（c）氢气热处理[14]

石墨烯的结果。[14]在氧气氛围下退火的衬底，表面吸附的氧能够捕获碳氢化合物自由基，有利于石墨烯成核；相反，还原气氛下退火处理的衬底不利于石墨烯成核。

在退火结束后，开始向反应腔内通入氢气和甲烷，由于采用常压 CVD，通常会同时通入较大流量的氩气对反应气进行稀释。需要指出的是，由于热裂解产生的活性碳物种只有很少一部分能到达衬底表面参与反应，这样就需要有更多的碳源进行热裂解，因此反应气体中的碳氢比相较于金属衬底要大得多。在这种生长方式下，碳源浓度、反应时间、反应温度等参数对于生长的结果影响很大。碳源浓度对石墨烯生长的影响与金属表面类似，高的碳源浓度有利于提升石墨烯生长速度，但同时会使石墨烯成核密度增大，拼接成石墨烯薄膜的单晶畴区尺寸减小。在不同生长阶段，对碳源浓度的要求不同。由于成核要求局域碳原子浓度达到临界值，以克服成核势垒，因此成核过程所需的碳源浓度高于生长过程所需的浓度。由于绝缘衬底的催化活性很差，石墨烯的成核和生长过程时间都很长，容易发生重复成核，导致石墨烯晶畴的尺寸较小。如图 4-8 所示，可以采用“两段法”对碳源浓度进行控制，在成核阶段提供较高的碳源浓度，在生长阶段提供较低的碳源浓度，抑制重复成核，从而获得较大畴区的石墨烯。[13]

如图 4-9 所示，在石墨烯生长过程中，石墨烯尺寸随着生长时间的延长逐渐增大，[14]这与以铜为代表的低溶碳量金属表面的石墨烯生长类似。对于金属铜衬底来说，当石墨烯铺满整个表面后，铜表面因为失去催化活性而停止生长石墨

图4-8 “两段法”生长石墨烯的成核与生长过程示意图[13]

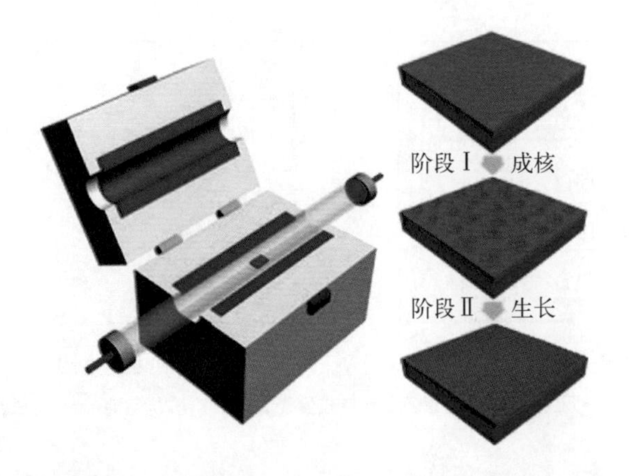

图4-9 SiO_2衬底表面不同生长时间所得石墨烯的AFM图像

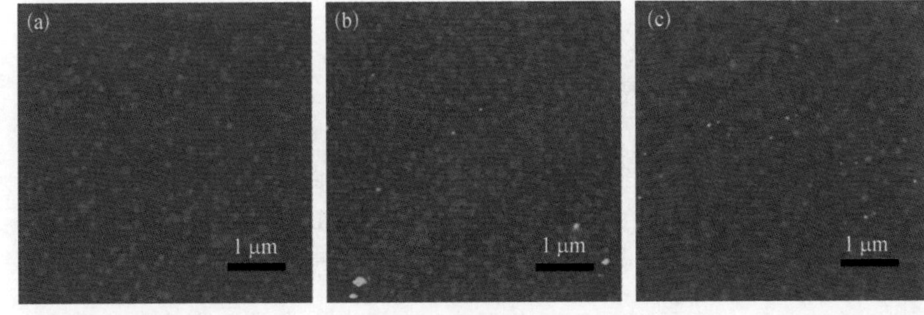

(a) 0.5 h; (b) 1 h; (c) 2 h[14]

烯。但对于绝缘衬底,由于热裂解产生的活性碳物种仍源源不断地输运到衬底表面,因此会在第一层石墨烯上方继续成核生长。随着生长时间的增加,绝缘衬底上的石墨烯会越来越厚。

生长温度对石墨烯生长的影响是多方面的。一方面,温度越高,碳源的热裂解效率越高,相当于反应腔中有了更多的活性碳物种,石墨烯的生长速度加快,同时成核密度也增大。另一方面,高温有助于碳原子克服绝缘衬底表面的迁移势垒,碳原子的运动范围更大,有助于石墨烯的生长。碳原子的自由迁移有利于获得更大畴区的石墨烯,但成核密度的增大也限制了单晶畴区的尺寸。除此之外,长时间的高温处理使得石墨烯中碳原子排布更加规则,缺陷密度降低。如图4-10所示,随着生长温度的提高,石墨烯拉曼光谱D峰逐渐降低,2D峰与G峰的比值逐渐增大,说明所制备的石墨烯缺陷减少,结晶质量明显提升。[15]

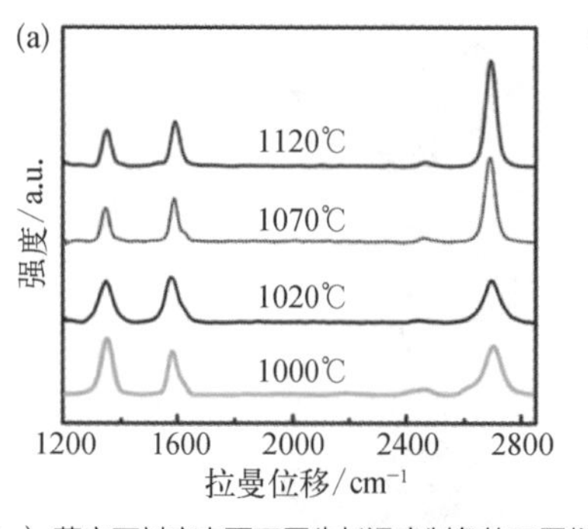

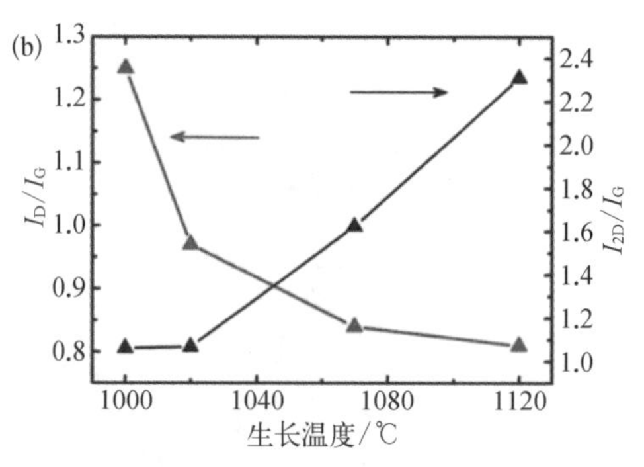

图 4-10 不同生长温度下石墨烯的拉曼光谱

（a）蓝宝石衬底表面不同生长温度制备的石墨烯的拉曼光谱；（b）I_D/I_G与I_{2D}/I_G随生长温度的变化趋势[15]

4.2.2 等离子体增强化学气相沉积生长方法

除了常规的热裂解之外，碳源还可以通过其他辅助手段进行裂解，等离子体增强化学气相沉积(plasma enhanced chemical vapor deposition，PECVD)技术是纳米材料制备中常用的手段。等离子体是气体分子在高能电磁场的作用下发生电离所形成的电子和正离子的离子态气体，具有很高的能量，化学活性很强，容易参与反应形成目标产物。等离子体增强技术的优点是能够增大反应速度、增加反应物化学活性。因此，利用 PECVD 技术可以克服非金属催化过程中碳源裂解温度高、裂解效率低等问题，在更低的生长温度下实现石墨烯的高效生长。

利用 PECVD 生长石墨烯装置如图 4-11 所示，在反应腔前端加装一套等离子体发生装置。[23] 当碳源气体进入高强电磁场区域时会形成高能等离子体，进而

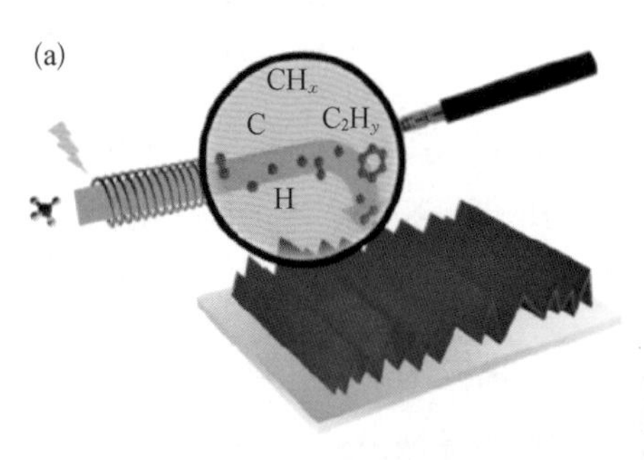

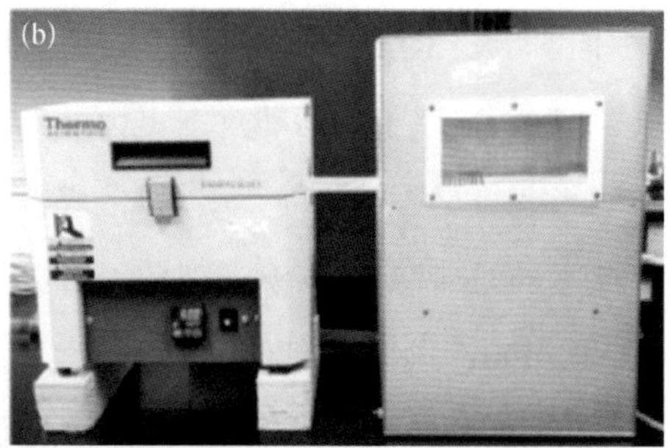

图 4-11 PECVD 方法制备石墨烯

（a）PECVD 系统中石墨烯生长的示意图；（b）由等离子体线圈（右）与管式炉（左）构成的 PECVD 装置[23]

裂解成活性碳物种。裂解的活性碳物种进入反应腔后，一部分通过传质过程到达绝缘衬底表面，参与石墨烯的成核和生长过程。由于PECVD需要低压条件，因此反应腔内气体分子浓度较低，分子间发生碰撞的概率大幅降低，使得传质系数增大，体相中的气体分子能够有效输运到衬底表面，此时制约石墨烯生长速度的关键因素是表面反应速度。

在PECVD体系下，碳源裂解由于等离子体的增强作用，裂解所需的温度大幅降低，在500～600℃便可实现绝缘衬底上石墨烯的生长。[23] 石墨烯生长温度的降低产生两方面的影响：一方面，可以在无法耐受1000℃以上高温的衬底表面生长石墨烯，如玻璃和镀有电路的氧化硅等；另一方面，石墨烯的结晶性能也随着生长温度的降低而下降，在较低温度下生长的石墨烯缺陷较多，畴区尺寸较小，一般只有几十纳米至几百纳米。

利用PECVD制备的石墨烯表面形貌与热CVD制备的石墨烯相差很大。一般情况下，石墨烯等二维材料沿着衬底表面平铺生长，但在PECVD体系下，由于反应腔中存在电磁场，带电的活性碳物种在电磁场的作用下生长方式发生改变，容易形成如图4-12所示的三维石墨烯“纳米墙”。[23] 这种“纳米墙”的厚度可以通过生长时间进行控制，一般在几个纳米至几百纳米之间。相比于二维平铺的石墨烯薄膜，这种三维的“纳米墙”结构接触面更大，具有更好的疏水性能，在某些特定领域具有很好的应用前景。石墨烯“纳米墙”的形成是受反应腔中电磁场的作用产生的，因此可以通过屏蔽电磁场的方式使石墨烯恢复二维平面生长。如图4-13所示，北京大学刘忠范课题组在衬底外包裹一层泡沫铜形成法拉

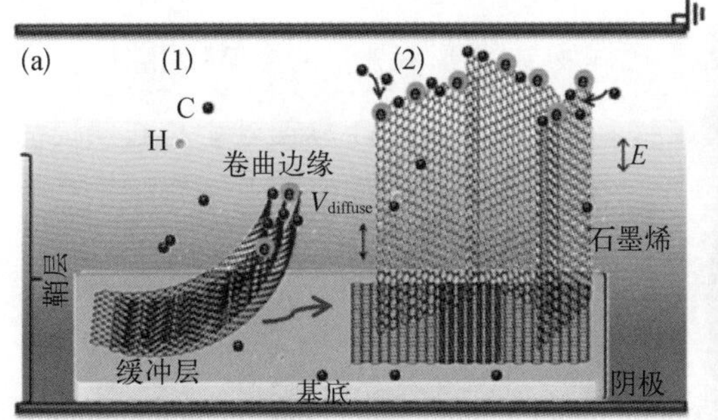

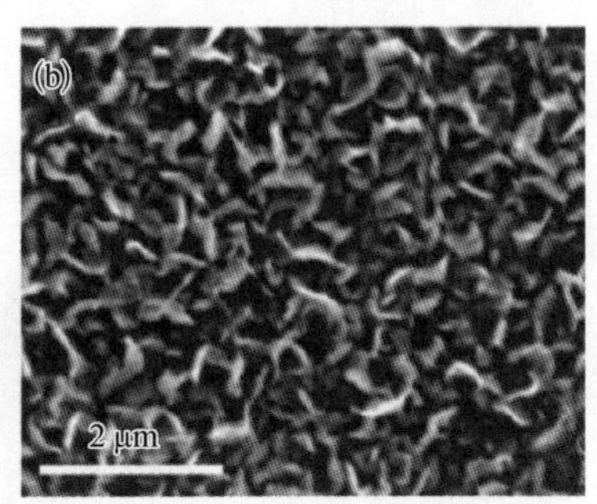

图4-12 三维石墨烯“纳米墙”

（a）三维石墨烯“纳米墙”形成示意图；（b）石墨烯“纳米墙”的SEM图像[23]

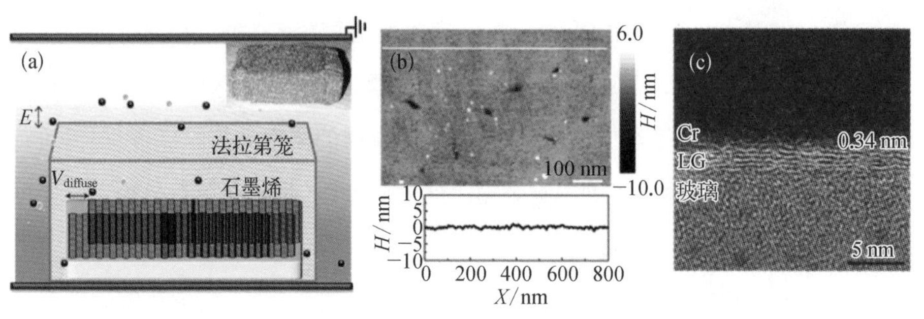

图 4-13 利用法拉第笼方法制备平面石墨烯

（a）法拉第笼制备二维平铺石墨烯示意图；（b）二维石墨烯薄膜的 AFM 图像；（c）少层石墨烯薄膜的 TEM 图像[24]

第笼,[24]屏蔽衬底附近的电磁场,从而制备出二维石墨烯薄膜。

4.2.3 催化剂辅助生长法

金属具有催化碳源裂解的能力,因此金属辅助催化是促进碳源裂解的另一种有效手段。根据金属与绝缘衬底之间的位置关系,金属辅助催化可细分为近程催化和远程催化两类。

所谓近程催化是指金属与绝缘衬底放在一起,通过金属催化裂解产生的活性碳物种在绝缘衬底表面生长石墨烯。如图 4-14 所示,在绝缘衬底表面蒸镀一层几十纳米厚的铜薄膜,碳源在铜表面进行催化裂解,产生的活性碳物种在表面生长成石墨烯。[25]由于高温条件下铜的蒸发速度较快,在生长过程中铜薄膜逐渐挥发,直至铜完全被去除,最终石墨烯附着在绝缘衬底表面。这种近程催化方法并非直接在绝缘衬底上生长石墨烯,因此石墨烯与衬底之间的附着力通常较弱。另外,金属表面形成石墨烯后,很难彻底挥发掉,易形成大量的金属残留物。

针对上述问题,Li 课题组发展了一种直接在 Cu/SiO_2 界面处生长石墨烯的

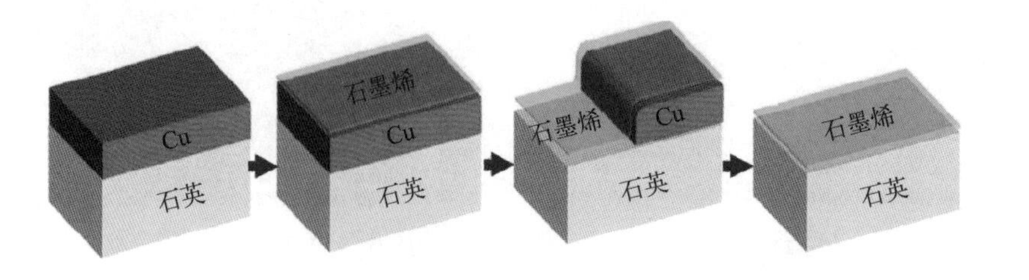

图 4-14 镀铜绝缘衬底表面生长石墨烯示意图[25]

方法。[26] 如图 4-15(a)所示，在绝缘衬底表面蒸镀一层 300 nm 厚的金属铜，甲烷分子在 Cu 表面催化裂解成活性碳物种。虽然 Cu 的溶碳量很低[3]，但蒸镀的铜薄膜有大量的晶界，碳原子通过这些晶界扩散到金属和绝缘衬底的界面。如图 4-15(b)(c) 所示，在 Cu 的辅助下，石墨烯薄膜直接生长在 SiO_2、石英玻璃等表面。如图 4-15(d)所示，这种方法可用于绝缘衬底表面图形化石墨烯电路的制备。

图 4-15 石墨烯在 Cu/SiO_2 界面的生长过程

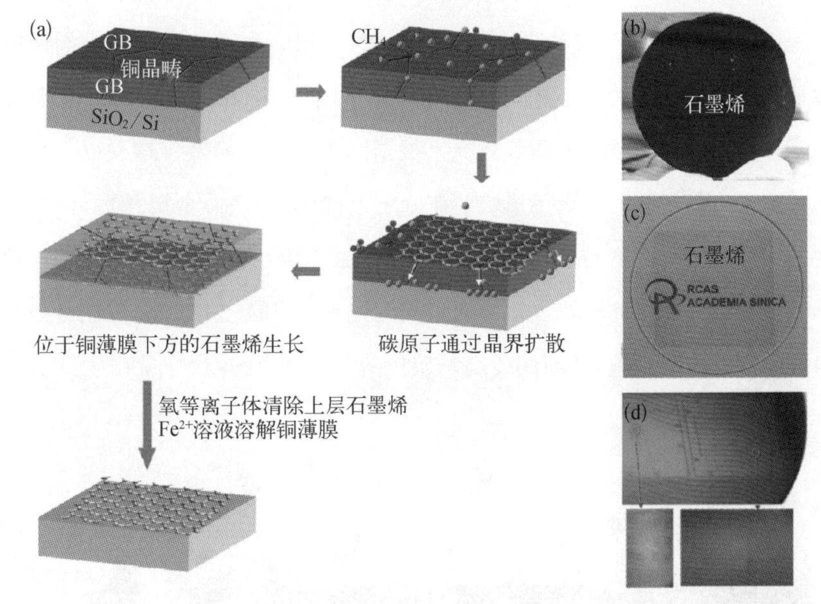

(a) 石墨烯在 Cu/绝缘衬底界面生长示意图；(b) SiO_2 表面得到的石墨烯；(c) 石英玻璃表面得到的石墨烯；(d) 图形化石墨烯电路 [26]

镍是一种高溶碳量的金属，通过镍的偏析生长机理可以在绝缘衬底表面生长出石墨烯薄膜。[27] 如图 4-16 所示，在绝缘衬底表面镀一层镍，然后在镍层上方旋涂一层固体碳源，在高温条件下碳原子溶解进入镍的体相中，在降温过程中，过饱和的碳在镍与绝缘衬底界面处析出，形成石墨烯薄膜[27]。这种方法可以

图 4-16 在镍/绝缘衬底界面偏析生长石墨烯薄膜示意图 [27]

直接在绝缘衬底界面处形成石墨烯薄膜，最后只须将顶层的金属除去即可。

近程催化虽然有效利用了金属的催化作用，但难以避免金属对石墨烯和衬底的污染。相对而言，远程催化将金属催化剂与绝缘衬底分离，利用体相中的金属蒸气催化碳源的裂解，使碳原子在远处的绝缘衬底上成核、生长。[28,29]如图 4－17 所示，沿载气流动方向，在绝缘衬底上游合适位置放置一块铜箔，高温条件下铜箔蒸发产生的铜蒸气催化碳源的裂解，裂解产生的活性碳物种向下游流动，并在绝缘衬底表面成核、生长。[28]与单纯的热裂解相比，体相中漂浮的金属催化剂使得碳源裂解的反应活化能降低，裂解效率提高，同时使得碳氢化合物的分解更加完全，制备的样品中缺陷更少，质量更高。根据图 4－17，金属蒸气远程催化生长石墨烯受到金属与衬底间距离的影响：在一定范围内，基底距金属越远，催化裂解产生的活性碳物种浓度越大，石墨烯生长速度也越快，这将对石墨烯的均匀性造成不利影响。为此，Choi 课题组[29]通过图 4－18 所示的技术方案，控制金属铜箔与衬底表面的距离一致，从而制备出高质量的单层石墨烯薄膜。

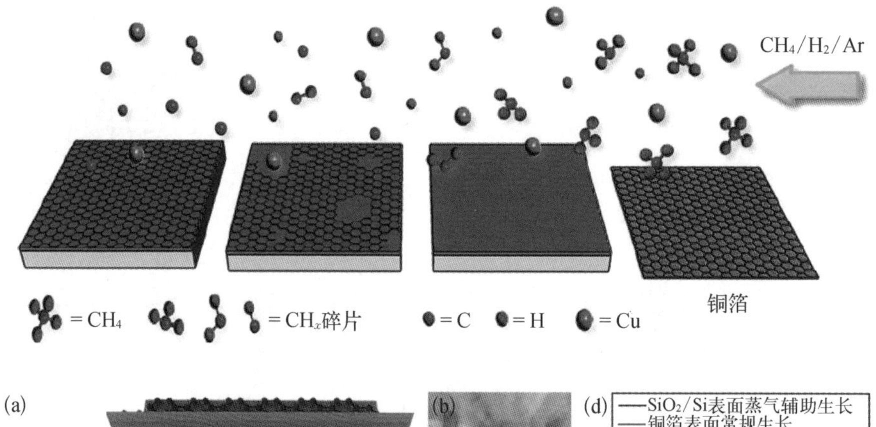

图 4－17　金属铜远程催化石墨烯生长示意图[28]

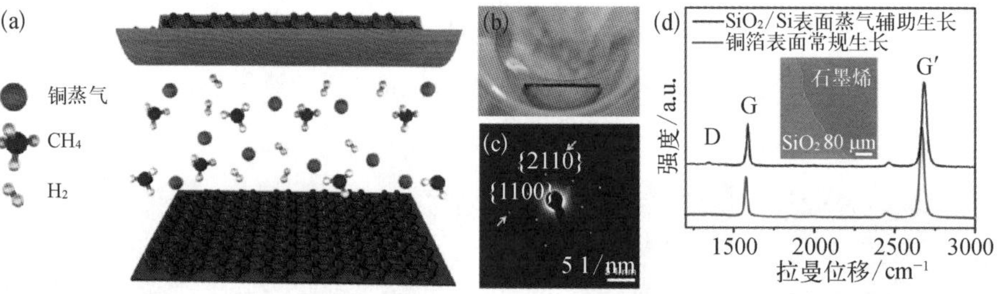

图 4－18　金属铜远程催化生长石墨烯

（a）金属铜远程催化石墨烯生长原理示意图；（b）铜箔与绝缘衬底相对位置照片；（c）绝缘衬底表面制备的单层石墨烯选区电子衍射图；（d）利用 Cu 蒸气远程催化生长的单层石墨烯与 Cu 箔表面生长石墨烯拉曼光谱对比[29]

4.3 六方氮化硼表面生长石墨烯

六方氮化硼(h-BN)是由 B 原子和 N 原子交替构成的蜂窝状二维原子晶体,和石墨烯的原子结构非常相似,但是电子结构相差甚远。石墨烯是零带隙的狄拉克材料;而六方氮化硼的带隙约为 5.8 eV,是具有宽带隙能带结构的良好绝缘体材料。因此,六方氮化硼和石墨烯是结构相似、性能优势互补的两种二维原子晶体,具体参数详见表 4-1。

表 4-1 六方氮化硼和石墨烯的基本结构和性质对比

	六方氮化硼	石 墨 烯
晶格参数 /nm	0.250	0.246
层间距 /nm	0.330	0.333
导电性	绝缘(5.8 eV)	半金属(0 eV)
介电常数	3～5	/

4.3.1 六方氮化硼表面生长石墨烯的意义

六方氮化硼受到人们的广泛关注,主要是由于它具有许多优异的物理、化学性质,如高机械强度、高热导率、高透光性、化学惰性等。此外,由于六方氮化硼是宽带隙绝缘体,具有和石墨烯相似的原子结构,以及原子级平整的表面,表面无悬挂键和陷阱电荷,这些特性决定了六方氮化硼可作为石墨烯电子学器件的完美基底。

传统的石墨烯基场效应晶体管(field effect transistor, FET)器件测得的石墨烯迁移率远低于理论预测的石墨烯本征迁移率,这一现象主要是由石墨烯本征缺陷以及石墨烯和 SiO_2 基底之间的电子散射导致的。[30] 利用氮化硼作为石墨烯 FET 器件的基底,可以有效减少石墨烯和基底之间的电子散射,提高石墨烯的迁移率和器件的性能。[31] 如图 4-19(a)所示,Hone 课题组[31]通过层-层转移的方法将机械剥离的石墨烯转移到机械剥离的氮化硼基底上，构筑石墨烯在氮化硼上的 FET 器件。机械剥离的石墨烯纳米片在氮化硼基底上的迁移率要比在 SiO_2 基底上高一个数量级[图 4-19(b)]。Hone 课题组在氮化硼上测得的石墨烯迁移率(低温 2 K)高达 60000 $cm^2 \cdot V^{-1} \cdot s^{-1}$，室温下测量的迁移率也达到 40000 $cm^2 \cdot V^{-1} \cdot s^{-1}$，远高于之前文献报道的石墨烯迁移率。[3]

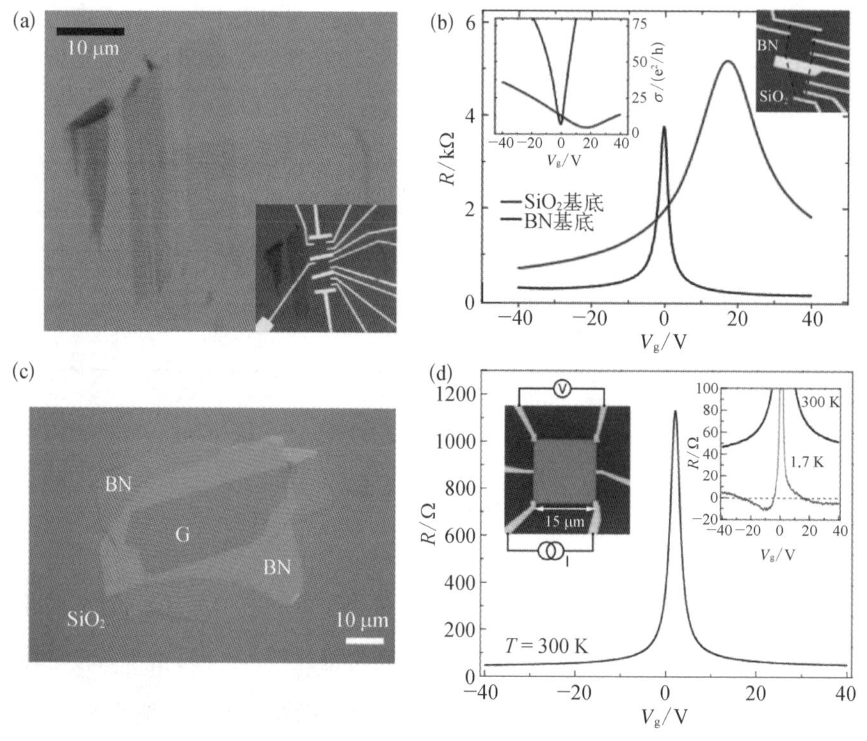

图 4-19 氮化硼基底上的石墨烯 FET 器件

（a）转移后的石墨烯/氮化硼层间结构的光学图像；（b）石墨烯电阻随栅压调制的变化[31]（氮化硼基底和 SiO_2 基底对比）；（c）氮化硼/石墨烯/氮化硼三明治结构的光学图像；（d）三明治结构器件中石墨烯电阻随栅压调制的变化[32]

此外，Dean 课题组[32]进一步构筑了石墨烯包埋在上下两层氮化硼中的氮化硼/石墨烯/氮化硼三明治结构，试图进一步减少石墨烯上下界面的电子散射[图 4-19(c)]。他们的实验结果显示，这种三明治结构的器件测得的石墨烯室温迁移率高达 140000 $cm^2 \cdot V^{-1} \cdot s^{-1}$，接近石墨烯的理论迁移率值。可见氮化硼作为石墨烯的基底，可以显著减少石墨烯的电子散射，提高石墨烯迁移率，有效地构筑高效石墨烯基 FET 器件。

六方氮化硼作为石墨烯的基底，可以通过弱的范德瓦耳斯力形成石墨烯/氮化硼层间异质结构。这种范德瓦耳斯层间异质结（van der Waals heterostructures）[33]是将不同的二维材料以选定的顺序人为地堆叠在一起形成的新的复合结构，这种范德瓦耳斯异质结构会产生许多新奇的物理化学特性，近年来受到人们的广泛关注。石墨烯/氮化硼层间异质结（Gr/h-BN heterostructure）由于其微小的晶格失配，会形成周期约为 14 nm 的超晶格结构，因此会出现公度-非公度的相变（commensurate-incommensurate transition），[34]如图 4-20(a)所示。石墨烯/氮化硼之间形成的超晶格结构等同于对石墨烯附加周期性的势场，LeRoy 课题组[35]发现石墨烯/氮化硼层间结构会在石墨烯的能带中产生新的狄拉克点，这是由超晶格结构导致的迷你狄拉克点（mini-Dirac core），并且狄拉克点的位置和超晶格周期密切相关，如图 4-20(b)(c)所示。除此之外，Geim 课题组、Kim 课题组、Ashoori 课题组相继在石墨烯/氮化硼层间异质结构体系中观察到了霍夫施塔特蝴蝶效应（Hofstader's butterfly effect）。[36-38]这是由于石墨烯/氮化硼层间结构出现新的电荷中和点[图 4-20(d)]，在可变磁场中表现为霍夫施塔特蝴蝶效应，如图 4-20(e)(f)所示。

由于石墨烯/氮化硼层间结构不仅在纳米电子学[31,39]、光电子学[40,41]和能量存储与转换方面具有广泛应用前景，[42]而且在这一新材料体系内还存在许多新奇的物理特性，[36-38]因此，发展一种稳定可靠的方法来合成大面积、高质量、堆垛形式可控、界面清洁的异质结构是相关领域的重要研究内容。目前石墨烯/氮化硼的制备主要采用层-层转移的方法，[31,35,36]将机械剥离或者 CVD 生长得到的石墨烯和氮化硼材料堆叠在一起构筑层间结构。Hone 课题组[31]在 2010 年首次利用层-层转移的方法构筑了石墨烯/六方氮化硼的层间异质结构。在该方法中，机械剥离的六方氮化硼片先被转移至 SiO_2/Si 基底上，与此同时，机械剥离的石墨烯也被转移到一个高分子叠层结构上，该结构包括 PMMA 和一个水溶层；待石墨烯/PMMA 结构和基底分离后，利用一个载玻片将其转移至之前制备

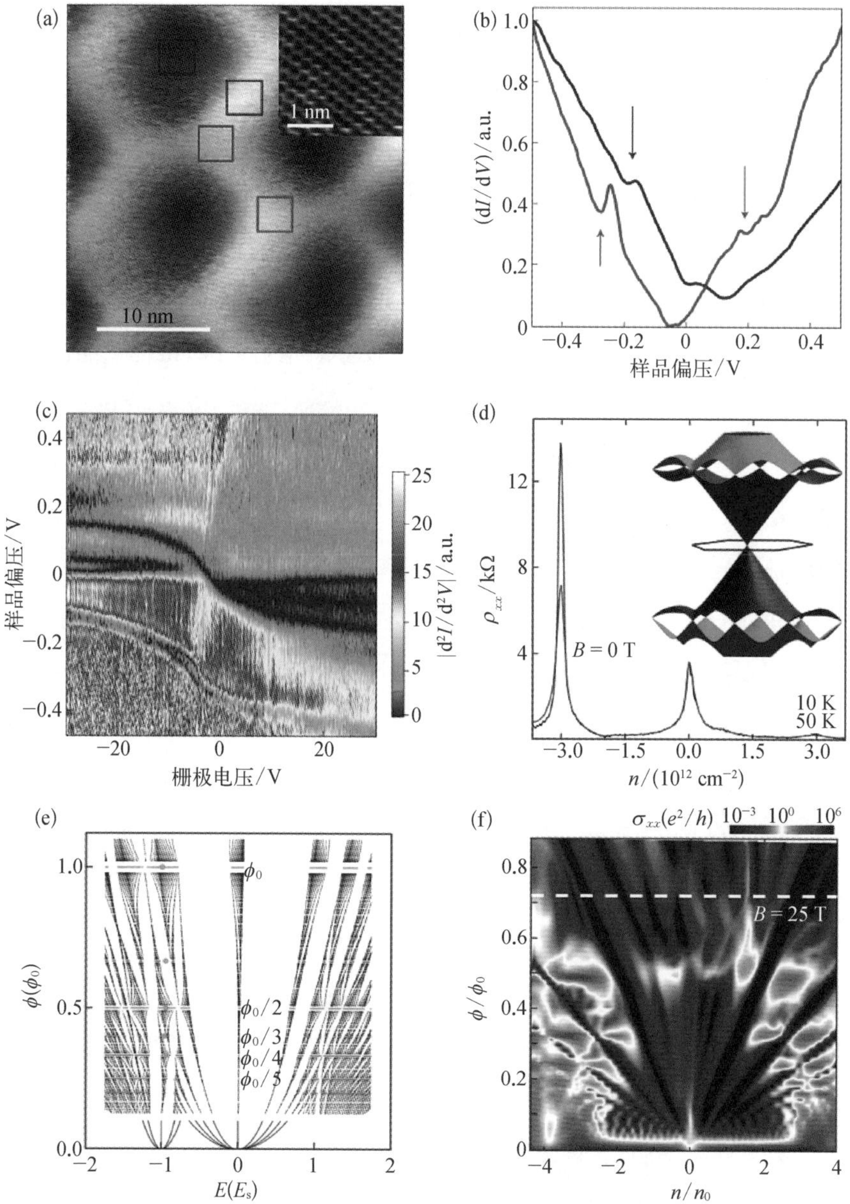

图 4-20 石墨烯/氮化硼层间结构的新奇物理特性

（a）石墨烯/氮化硼层间结构的 STM 图像；[34]（b）石墨烯/氮化硼层间结构的 STS 谱①（表现出新的狄拉克点）；（c）石墨烯/氮化硼层间结构的 dI/dV 谱随偏压和门压的二维成像；[35]（d）石墨烯/氮化硼摩尔超结构中电阻率随载流子浓度的变化；（e）（f）石墨烯/氮化硼层间结构中观察到的霍夫施塔特蝴蝶效应[36-38]

① 扫描隧道谱(scanning tunneling spectroscopy，STS)。

得到的六方氮化硼上，从而实现了石墨烯/六方氮化硼的层间异质结构的构筑，如图 4-21 所示。然而这种方法具有明显的缺点：首先，层-层转移的方法容易在石墨烯和氮化硼之间的界面内引入聚合物等杂质；[43]其次，这种转移方法烦琐，难以在大规模制备中应用；最后，这种方法对于石墨烯和氮化硼的层数以及它们之间的堆叠角度难以控制。这些缺点必将降低石墨烯/氮化硼层间结构的电子学器件性能。

图 4-21 石墨烯/氮化硼层间异质结构的层-层转移制备方法[31]

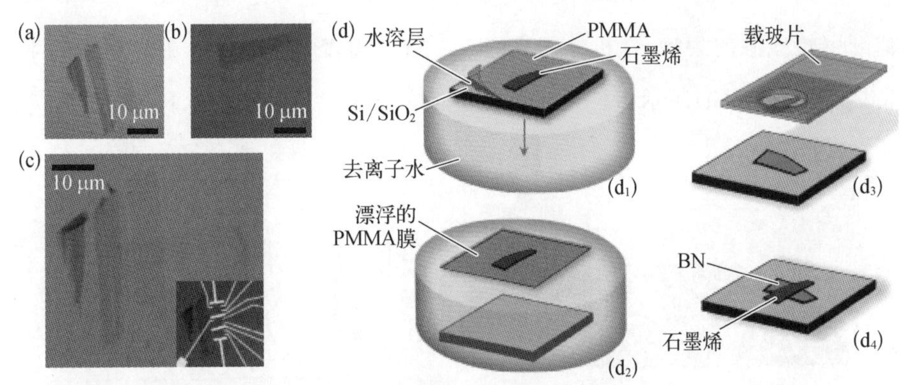

（a）机械剥离石墨烯的光学图像；（b）机械剥离氮化硼的光学图像；（c）层-层转移法得到的石墨烯/氮化硼层间结构；（d）层-层转移法操作步骤

CVD 制备方法可实现大尺寸、高质量、大畴区以及层厚可控的二维材料生长，因此发展利用 CVD 方法在六方氮化硼表面直接生长石墨烯，对于构筑高质量石墨烯/氮化硼层间结构是一个重要的探索方向。利用 CVD 直接生长法可以实现对石墨烯和氮化硼层数的精确控制，并且可以实现对畴区取向的调控，进而控制石墨烯和氮化硼之间的堆叠角度。更重要的是，直接生长得到的石墨烯/氮化硼层间结构具有清洁的界面。下面的小节将对氮化硼表面生长石墨烯的方法进行详细介绍。

4.3.2 六方氮化硼表面生长石墨烯的方法

六方氮化硼上直接生长石墨烯的主要困难在于氮化硼表面无催化活性，石墨烯在氮化硼表面的生长行为不同于在金属衬底上的直接生长。石墨烯在氮化硼表面的生长包括以下基元过程：碳源在氮化硼表面吸附；碳源裂解；碳碎片在氮化硼表面迁移；石墨烯的成核生长。在无金属催化的体系，无论是碳源的裂解速度、表面迁移速率，还是石墨烯生长的速率都很低，导致石墨烯在氮化硼表面的生长速度慢(约为 1 nm/min)、[44]畴区尺寸小等问题。为了解决这些问题，近年来人们做了许多有益的探索，下面将分别阐述。

1. 等离子体辅助法

2013 年，中国科学院物理研究所张广宇课题组[45]选择利用 PECVD 来辅助甲烷碳源的裂解，在机械剥离的六方氮化硼表面实现了石墨烯单晶的生长，如图 4－22(a)所示。拉曼光谱证实了在厚层氮化硼表面生长了单层和双

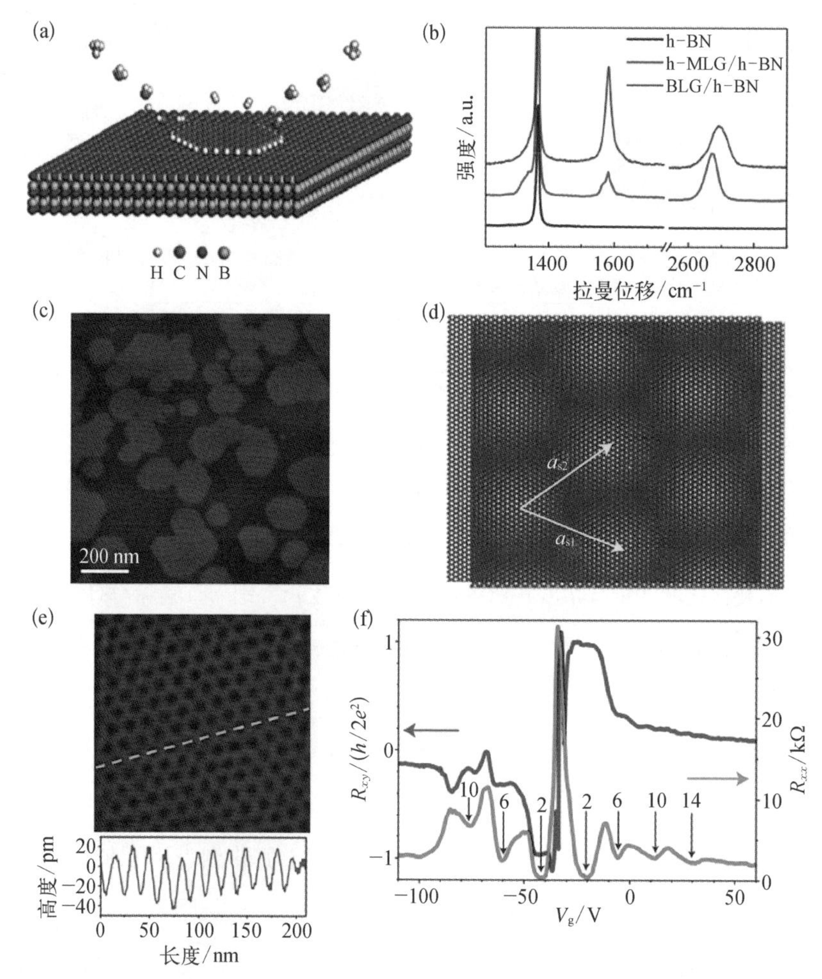

图 4－22 等离子体增强 CVD 法制备石墨烯/氮化硼层间结构[45]

(a) Gr/h－BN 层间结构生长示意图；(b) Gr/h－BN 层间结构的 Raman 表征；(c) Gr/h－BN 异质结的 AFM 图像；(d) Gr/h－BN 的莫尔结构示意图；(e)(f) Gr/h－BN 的莫尔结构

层的石墨烯[图 4 - 22(b)],原子力显微镜(AFM)图像显示出六边形的石墨烯畴区[图 4 - 22(c)]。他们在利用高分辨原子力显微镜对氮化硼表面的石墨烯进行表征时发现,其表面存在一个周期长约 14 nm 的莫尔条纹[图 4 - 22(d)(e)],这表明石墨烯和底层的氮化硼晶格取向一致,为范德瓦耳斯外延生长。样品的电子器件测量结果显示,该异质结构在 1.5 K 低温下表现出高达 5000 $cm^2 \cdot V^{-1} \cdot s^{-1}$ 的迁移率和半整数的量子霍尔效应[图 4 - 22(f)]。

2. 硅烷辅助催化法

2015 年,中国科学院上海微系统与信息技术研究所谢晓明课题组[46]发现,利用硅烷和锗烷等气相催化剂能够促进机械剥离的六方氮化硼上石墨烯的生长,使得石墨烯的畴区可以在 20 min 内长大至 20 μm,如图 4 - 23(a)(b)所示。相比于未引入气体催化剂,该方法中六方氮化硼上石墨烯的生长速度增加了两个数量级,与直接在金属表面的石墨烯生长速度相当[图 4 - 23(c)]。理论计算表明,硅原子能够降低碳碎片吸附在石墨烯边缘的势垒,从而增加其生长速度。此外,硅烷催化剂的引入增加了石墨烯和六方氮化硼之间的取向一致性,并将其器件在室温下的载流子迁移率提高至 20000 $cm^2 \cdot V^{-1} \cdot s^{-1}$[图 4 - 23(e)],还可以观察到量子霍尔效应[图 4 - 23(f)]。

3. 共偏析生长法

不同于外加碳源的表面催化生长方法,偏析生长方法主要依靠衬底中的溶解碳源从衬底偏析至表面形成石墨烯。在前期偏析法生长石墨烯工作的基础上,北京大学刘忠范课题组[47]设计了一种共偏析的方法来直接在镍箔上构筑石墨烯/六方氮化硼的层间异质结构。在该方法中,利用电子束蒸镀的方法在碳掺杂的镍薄膜上先后沉积一层氮化硼和镍薄膜,然后将得到的衬底在高真空条件下高温退火。被镍包裹的硼和氮源逐渐扩散到镍和石墨烯之间的界面形成六方氮化硼薄膜,如图 4 - 24(a)所示。该方法能够实现大尺寸的石墨烯/六方氮化硼的层间异质结构的可控生长,石墨烯的厚度可以从单层到少层调节,如图 4 - 24

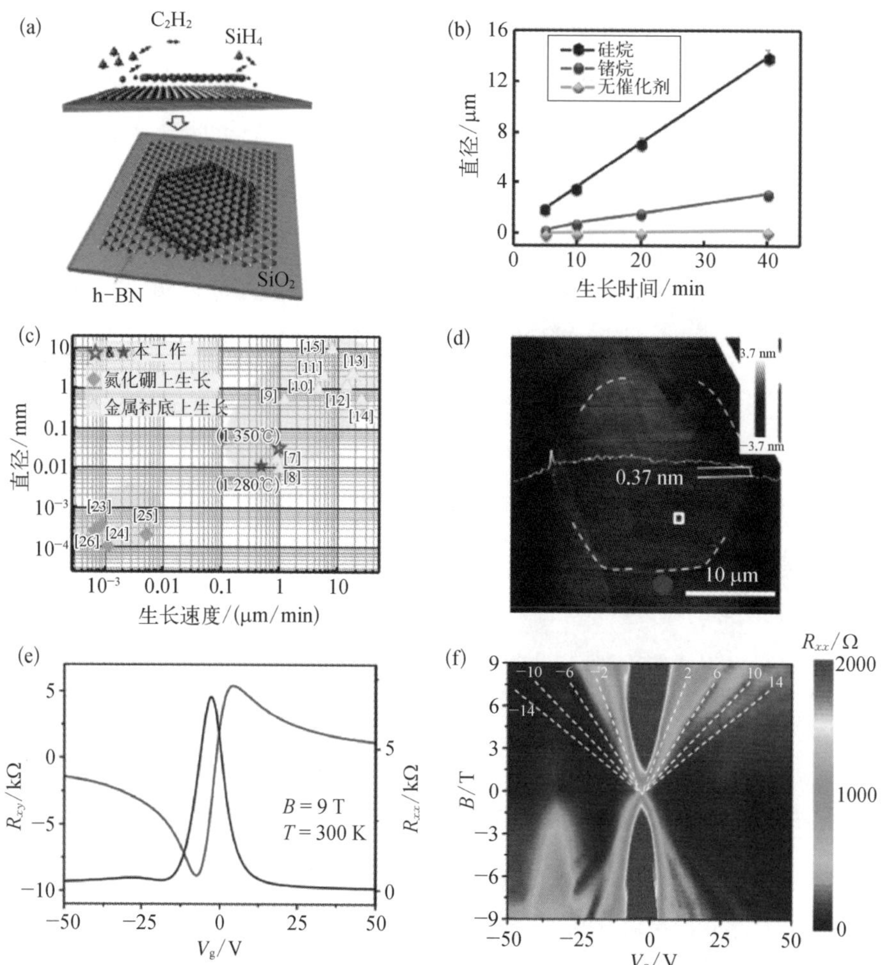

图 4-23 硅烷辅助催化石墨烯在氮化硼表面生长[46]

（a）生长示意图；（b）硅烷、锗烷催化剂和无催化剂时的石墨烯生长速度；（c）石墨烯在氮化硼上和金属衬底上的生长速度；（d）大单晶 Gr/h-BN 的 AFM 图像；（e）（f）Gr/h-BN 层间结构的迁移率和量子霍尔效应

(b)(c)所示。共偏析法是另一种批量构筑石墨烯/六方氮化硼的层间异质结构的方法，由于硼氮源和碳源都是埋在衬底中的，所以不存在缺少催化剂的问题。但是这种制备方法会导致石墨烯和氮化硼之间的混相，并非严格的层间材料。从样品的 XPS 表征[图 4-24(e)～(g)]和拉曼表征[图 4-24(h)]可以看出，得到的石墨烯/h-BN 层间异质结构内存在 C—N、C—B 成键，结晶质量也并不高。因此，通过优化偏析过程来避免硼和氮对石墨烯的掺杂是该方法需要改进的地方。

图 4-24 石墨烯/氮化硼异质结构的共偏析生长法[47]

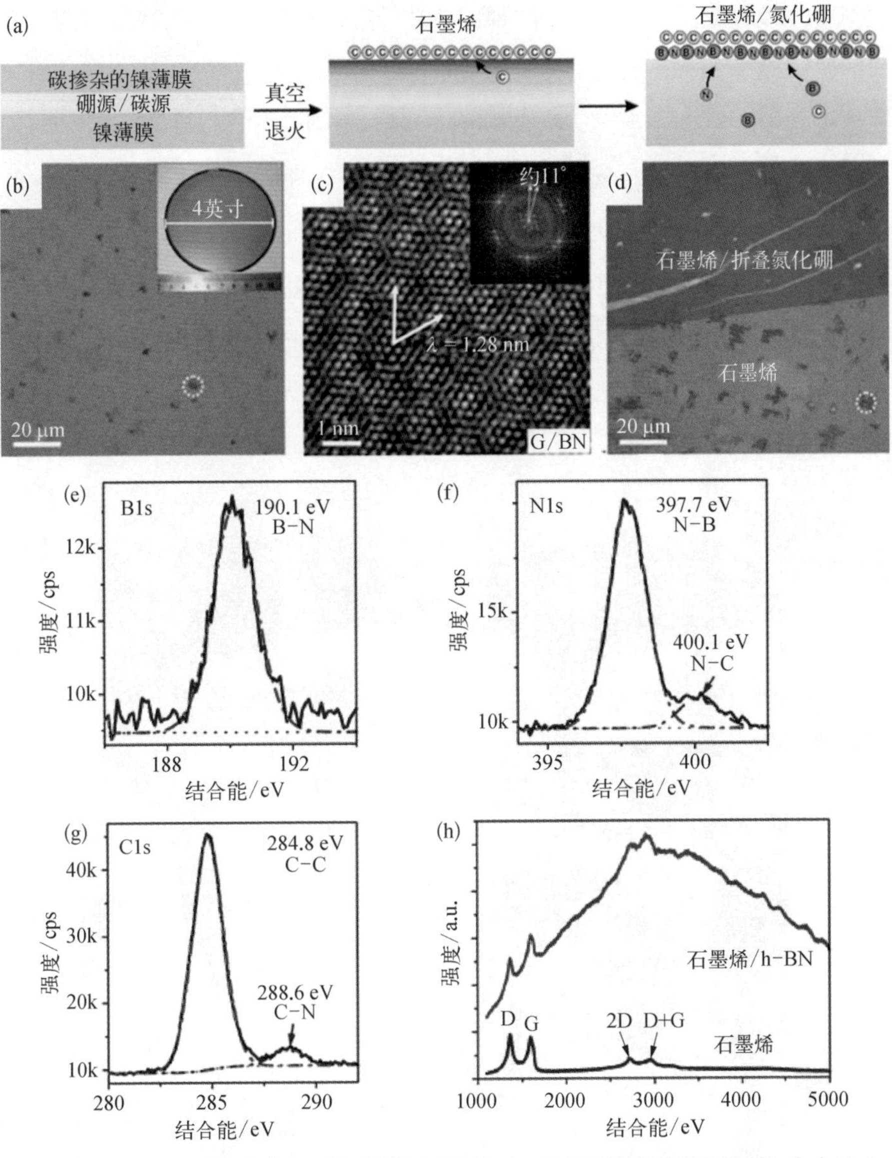

（a）生长方法示意图；（b）Ni 膜上生长的大面积 Gr/h-BN 异质结样品的光学图像；（c）Gr/h-BN 层间结构的莫尔超结构；（d）转移至 SiO_2基底上的 Gr/h-BN 层间结构；（e）～（g）Gr/h-BN 层间结构的 XPS 光谱；（h）Gr/h-BN 层间结构的拉曼光谱

4. 两步 CVD 生长法

两步 CVD 生长法是指在 CVD 体系内先后进行六方氮化硼和石墨烯的生长，直接进行大面积石墨烯/氮化硼层间结构的制备，这种方法能够有效克服机械剥离的六方氮化硼固有的尺寸限制。2013 年，Lee 课题组[48]首次采用两步生长的方法，在铜箔表面依次生长氮化硼和石墨烯，构筑成石墨烯/氮化硼层间异质结构，如图 4-25(a)所示。他们利用扫描隧道显微镜(STM)观察了石墨烯/氮化硼的莫尔结构[图 4-25(b)]，扫描隧道谱(STS)证明氮化硼上生长的石墨烯的狄拉克点位于费米能级附近，无掺杂效应[图 4-25(c)]。通过比较利用该方法和利用层-层转移方法得到的石墨烯/氮化硼异质结构的电学性质，两步 CVD 生长法直接生长的石墨烯/氮化硼异质结构具有更本征的电子性质[图 4-25(d)]和更高的石墨烯迁移率[图 4-25(e)]，因此可以确定该方法得到的异质结拥有更干净的界面。

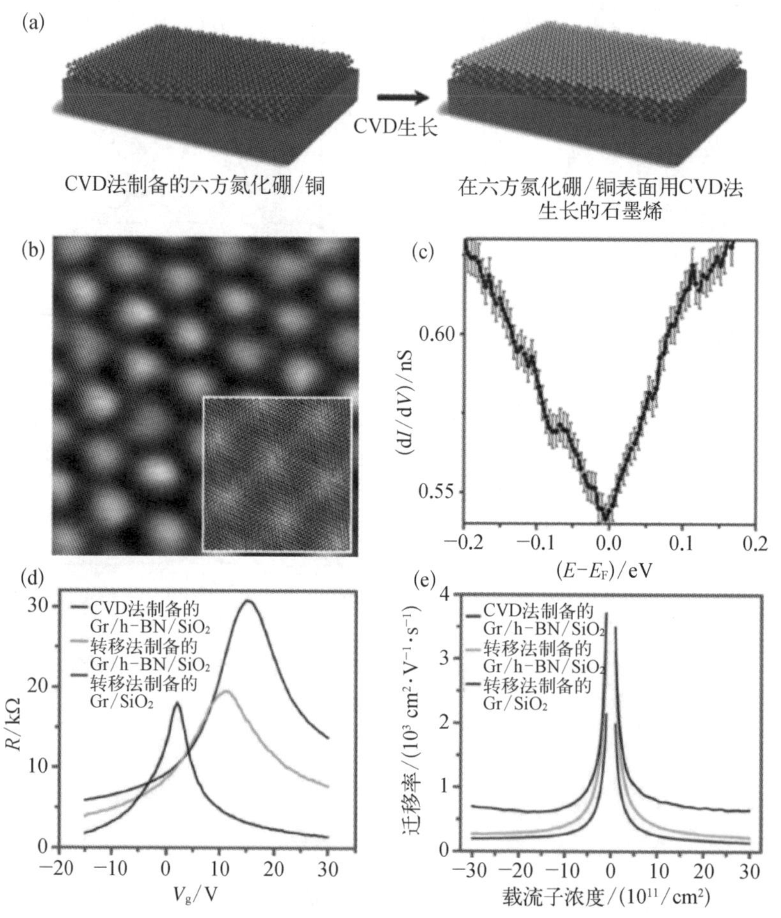

(a) 生长示意图；(b) Gr/h-BN 异质结构的 STM 图像；(c) Gr/h-BN 异质结构的 STS 谱；(d)(e) 对比两步生长法和层-层转移法得到的 Gr/h-BN 异质结构的转移特性曲线和迁移率

图 4-25 两步 CVD 生长法制备 Gr/h-BN 异质结构[48]

采用类似的两步生长方法，北京大学刘忠范课题组[23]利用苯甲酸作为碳源，在低温(850℃)下进行石墨烯的生长，在铜箔上制备了石墨烯/氮化硼层间异质结构[图4-26(a)]。利用苯甲酸这种高碳氢比的碳源，实现了低温石墨烯生长，可有效避免在石墨烯生长时衬底氮化硼被氢气等活性分子刻蚀导致的混相结构出现。他们用这种方法成功制备了大面积、高品质、均匀的石墨烯/氮化硼层间异质结构[图4-26(b)～(f)]，测量其FET器件得到的室温载流子迁移率高达15000 $cm^2 \cdot V^{-1} \cdot s^{-1}$[图4-26(g)]。

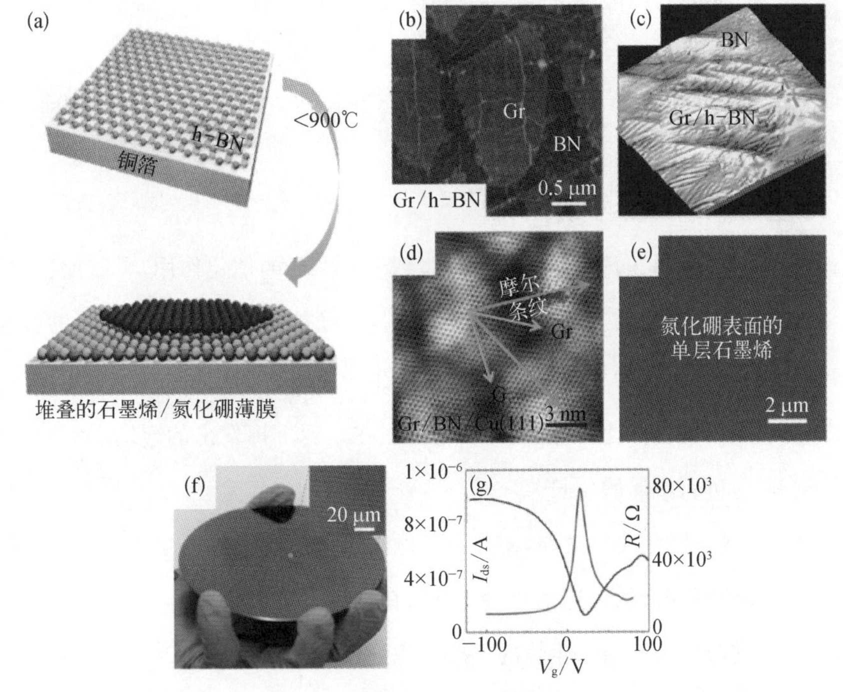

图4-26 利用苯甲酸碳源生长Gr/h-BN层间异质结构[23]

(a) 生长示意图；(b) Gr/h-BN异质结构的AFM图像；(c)(d) Gr/h-BN异质结构的STM表征；(e) 满层Gr/h-BN异质结构的SEM图像；(f) 转移至SiO_2基底上的晶圆级Gr/h-BN样品；(g) Gr/h-BN样品的迁移率

为了更好地控制石墨烯在氮化硼表面的成核和畴区尺寸，刘忠范课题组[49]进一步设计了PMMA晶种辅助的Gr/h-BN阵列的生长方法，如图4-27(a)所示。这种方法利用在铜箔上构筑的PMMA阵列作为成核晶种，在CVD体系内通过两步生长的方法先后生长氮化硼和石墨烯，可以获得六方氮化硼上的石墨烯阵列结构[图

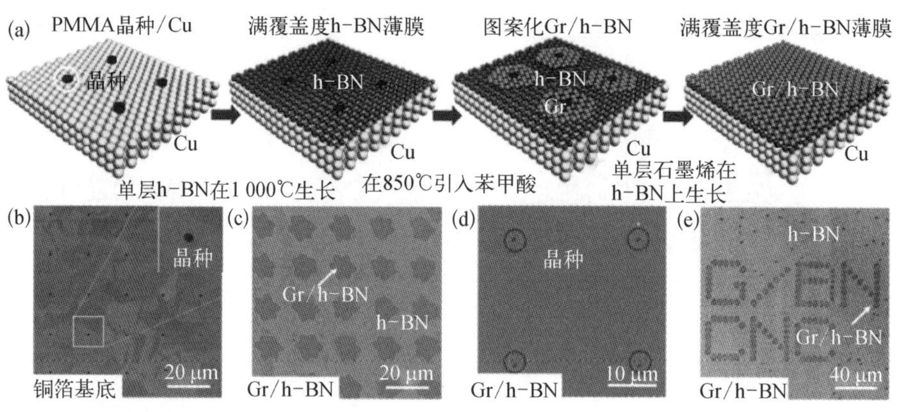

（a）氮化硼表面图案化生长石墨烯阵列结构的示意图；（b）～（e）对应结构的 SEM 图像

图 4－27　六方氮化硼上的石墨烯阵列结构[49]

4－27(b)～(e)]。这种石墨烯单晶阵列结构在透明电子学领域有潜在的应用前景。

5. 金属辅助催化生长法

众所周知，金属在石墨烯的生长中起到至关重要的催化作用，可以促进碳源的裂解和石墨烯的生长。理论计算表明，金属原子会吸附到石墨烯生长的边缘，显著降低石墨烯生长的势垒，提高石墨烯的生长速度。[50]在绝缘衬底上生长石墨烯，经常会用到远程催化的方法，即利用金属在高温下挥发出的金属蒸气作为气态催化剂，促进石墨烯的生长。

基于金属辅助催化的思路，刘忠范课题组选取二茂镍作为生长碳源，实现了石墨烯在氮化硼表面的快速生长。二茂镍在高温下可以裂解产生镍原子和碳五元环，可以同时作为石墨烯生长的气态催化剂和碳源，如图 4－28(a)所示。这种方法可以获得大畴区的石墨烯单晶，畴区尺寸高达 20 μm[图 4－28(b)(c)]，同时还可以实现大规模满覆盖的石墨烯/氮化硼样品的制备[图 4－28(d)]。利用二茂镍碳源的催化能力，可以实现石墨烯在氮化硼表面的快速生长，有效提高绝缘衬底上石墨烯生长的速度，如图 4－28(e)所示。他们还对这一现象进行了深入的理论分析，二茂镍裂解产生的镍原子可以参与石墨烯生长的反应，显著降低反应势垒，提高反应速度[图 4－28(f)(g)]，从而实现大规模、高质量石墨烯/氮化硼层间结构的可控制备。

图 4-28 二茂镍碳源催化石墨烯在氮化硼表面的快速生长[51]

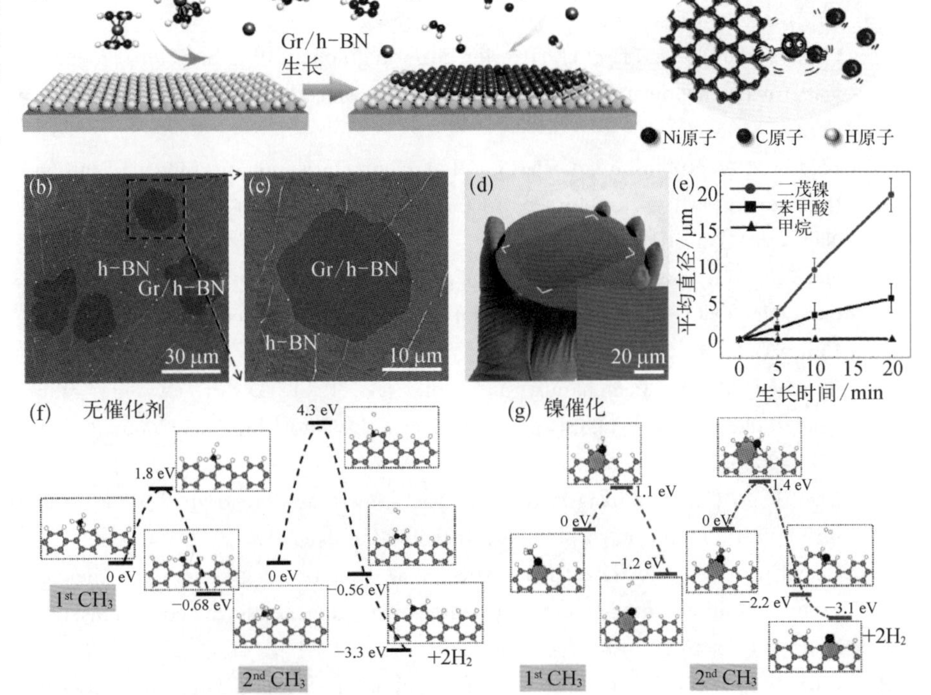

（a）二茂镍碳源生长石墨烯示意图；（b）（c） Gr/h-BN 异质结构的 SEM 图像；（d） 晶圆级 Gr/h-BN异质结构的照片；（e） 二茂镍、苯甲酸、甲烷碳源生长石墨烯的速率对比；（f）（g） 理论计算镍原子参与石墨烯生长过程

参考文献

[1] Yan K, Fu L, Peng H, et al. Designed CVD growth of graphene via process engineering[J]. Accounts of Chemical Research, 2013, 46(10): 2263-2274.

[2] Sutter P W, Flege J I, Sutter E A. Epitaxial graphene on ruthenium[J]. Nature Materials, 2008, 7(5): 406-411.

[3] Li X, Cai W, An J, et al. Large-area synthesis of high-quality and uniform graphene films on copper foils[J]. Science, 2009, 324(5932): 1312-1314.

[4] Lin L, Li J, Ren H, et al. Surface engineering of copper foils for growing centimeter-sized single-crystalline graphene[J]. ACS Nano, 2016, 10(2): 2922-2929.

[5] Bi H, Sun S, Huang F, et al. Direct growth of few-layer graphene films on SiO_2

substrates and their photovoltaic applications[J]. Journal of Materials Chemistry, 2012, 22(2): 411 - 416.

[6] Chen Y, Sun J, Gao J, et al. Growing uniform graphene disks and films on molten glass for heating devices and cell culture[J]. Advanced Materials, 2015, 27(47): 7839 - 7846.

[7] Fanton M A, Robinson J A, Puls C, et al. Characterization of graphene films and transistors grown on sapphire by metal-free chemical vapor deposition[J]. ACS Nano, 2011, 5(10): 8062 - 8069.

[8] Sun J, Gao T, Song X, et al. Direct growth of high-quality graphene on high-κ dielectric $SrTiO_3$ substrates[J]. Journal of the American Chemical Society, 2014, 136(18): 6574 - 6577.

[9] Rümmeli M H, Bachmatiuk A, Scott A, et al. Direct low-temperature nanographene CVD synthesis over a dielectric insulator[J]. ACS Nano, 2010, 4(7): 4206 - 4210.

[10] Chen X D, Chen Z, Jiang W S, et al. Fast growth and broad applications of 25-inch uniform graphene glass[J]. Advanced Materials, 2017, 29(1): 1603428.

[11] Bhaviripudi S, Jia X, Dresselhaus M S, et al. Role of kinetic factors in chemical vapor deposition synthesis of uniform large area graphene using copper catalyst[J]. Nano Letters, 2010, 10(10): 4128 - 4133.

[12] Chen J, Guo Y, Jiang L, et al. Near-equilibrium chemical vapor deposition of high-quality single-crystal graphene directly on various dielectric substrates[J]. Advanced Materials, 2014, 26(9): 1348 - 1353.

[13] Chen J, Guo Y, Wen Y, et al. Two-stage metal-catalyst-free growth of high-quality polycrystalline graphene films on silicon nitride substrates[J]. Advanced Materials, 2013, 25(7): 992 - 997.

[14] Chen J, Wen Y, Guo Y, et al. Oxygen-aided synthesis of polycrystalline graphene on silicon dioxide substrates[J]. Journal of the American Chemical Society, 2011, 133(44): 17548 - 17551.

[15] Sun J, Chen Y, Priydarshi M K, et al. Direct chemical vapor deposition-derived graphene glasses targeting wide ranged applications[J]. Nano Letters, 2015, 15(9): 5846 - 5854.

[16] Withers F, Del Pozo-Zamudio O, Schwarz S, et al. WSe_2 light-emitting tunneling transistors with enhanced brightness at room temperature[J]. Nano Letters, 2015, 15(12): 8223 - 8228.

[17] Hong G, Wu Q H, Ren J, et al. Mechanism of non-metal catalytic growth of graphene on silicon[J]. Applied Physics Letters, 2012, 100(23): 231604.

[18] Hwang J, Kim M, Campbell D, et al. Van der Waals epitaxial growth of graphene on sapphire by chemical vapor deposition without a metal catalyst[J]. ACS Nano, 2013, 7(1): 385 - 395.

[19] Bachmatiuk A, Börrnert F, Grobosch M, et al. Investigating the graphitization

mechanism of SiO_2 nanoparticles in chemical vapor deposition[J]. ACS Nano, 2009, 3(12): 4098 - 4104.

[20] Köhler C, Hajnal Z, Deák P, et al. Theoretical investigation of carbon defects and diffusion in α - quartz[J]. Physical Review B, 2001, 64(8): 085333.

[21] Lippert G, Dabrowski J, Lemme M, et al. Direct graphene growth on insulator [J]. Physica Status Solidi (b), 2011, 248(11): 2619 - 2622.

[22] Yazyev O V, Pasquarello A. Effect of metal elements in catalytic growth of carbon nanotubes[J]. Physical Review Letters, 2008, 100(15): 156102.

[23] Gao T, Song X, Du H, et al. Temperature-triggered chemical switching growth of in-plane and vertically stacked graphene-boron nitride heterostructures[J]. Nature Communications, 2015, (6): 6835.

[24] Qi Y, Deng B, Guo X, et al. Switching vertical to horizontal graphene growth using faraday cage-assisted PECVD approach for high-performance transparent heating device[J]. Advanced Materials, 2018, 30(8): 1704839.

[25] Ismach A, Druzgalski C, Penwell S, et al. Direct chemical vapor deposition of graphene on dielectric surfaces[J]. Nano Letters, 2010, 10(5): 1542 - 1548.

[26] Su C Y, Lu A Y, Wu C Y, et al. Direct formation of wafer scale graphene thin layers on insulating substrates by chemical vapor deposition[J]. Nano Letters, 2011, 11(9): 3612 - 3616.

[27] Kwak J, Chu J H, Choi J K, et al. Near room-temperature synthesis of transfer-free graphene films[J]. Nature Communications, 2012, (3): 645.

[28] Teng P Y, Lu C C, Akiyama-Hasegawa K, et al. Remote catalyzation for direct formation of graphene layers on oxides[J]. Nano Letters, 2012, 12(3): 1379 - 1384.

[29] Kim H, Song I, Park C, et al. Copper-vapor-assisted chemical vapor deposition for high-quality and metal-free single-layer graphene on amorphous SiO_2 substrate [J]. ACS Nano, 2013, 7(8): 6575 - 6582.

[30] Zhang Y, Zhang L, Kim P, et al. Vapor trapping growth of single-crystalline graphene flowers: synthesis, morphology, and electronic properties[J]. Nano Letters, 2012, 12(6): 2810 - 2816.

[31] Dean C R, Young A F, Meric I, et al. Boron nitride substrates for high-quality graphene electronics[J]. Nature Nanotechnology, 2010, 5(10): 722 - 726.

[32] Wang L, Meric I, Huang P Y, et al. One-dimensional electrical contact to a two-dimensional material[J]. Science, 2013, 342(6158): 614 - 617.

[33] Geim A K, Grigorieva I V. Van der Waals heterostructures[J]. Nature, 2013, 499 (7459): 419 - 425.

[34] Woods C R, Britnell L, Eckmann A, et al. Commensurate-incommensurate transition in graphene on hexagonal boron nitride[J]. Nature Physics, 2014, 10 (6): 451 - 456.

[35] Yankowitz M, Xue J, Cormode D, et al. Emergence of superlattice Dirac points

in graphene on hexagonal boron nitride[J]. Nature Physics, 2012, 8(5): 382-386.

[36] Dean C R, Wang L, Maher P, et al. Hofstadter's butterfly and the fractal quantum Hall effect in moiré superlattices[J]. Nature, 2013, 497(7451): 598-602.

[37] Hunt B, Sanchez-Yamagishi J D, Young A F, et al. Massive Dirac fermions and Hofstadter butterfly in a van der Waals heterostructure[J]. Science, 2013, 340(6139): 1427-1430.

[38] Ponomarenko L A, Gorbachev R V, Yu G L, et al. Cloning of Dirac fermions in graphene superlattices[J]. Nature, 2013, 497(7451): 594-597.

[39] Britnell L, Gorbachev R V, Jalil R, et al. Field-effect tunneling transistor based on vertical graphene heterostructures[J]. Science, 2012, 335(6071): 947-950.

[40] Yu W J, Liu Y, Zhou H, et al. Highly efficient gate-tunable photocurrent generation in vertical heterostructures of layered materials[J]. Nature Nanotechnology, 2013, 8(12): 952-958.

[41] Britnell L, Ribeiro R M, Eckmann A, et al. Strong light-matter interactions in heterostructures of atomically thin films[J]. Science, 2013, 340(6138): 1311-1314.

[42] Withers F, Del Pozo-Zamudio O, Mishchenko A, et al. Light-emitting diodes by band-structure engineering in van der Waals heterostructures[J]. Nature Materials, 2015, 14(3): 301-306.

[43] Wehling T O, Katsnelson M I, Lichtenstein A I. Adsorbates on graphene: Impurity states and electron scattering[J]. Chemical Physics Letters, 2009, 476(4-6): 125-134.

[44] Tang S, Ding G, Xie X, et al. Nucleation and growth of single crystal graphene on hexagonal boron nitride[J]. Carbon, 2012, 50(1): 329-331.

[45] Yang W, Chen G, Shi Z, et al. Epitaxial growth of single-domain graphene on hexagonal boron nitride[J]. Nature Materials, 2013, 12(9): 792-797.

[46] Tang S, Wang H, Wang H S, et al. Silane-catalysed fast growth of large single-crystalline graphene on hexagonal boron nitride[J]. Nature Communications, 2015, (6): 6499.

[47] Zhang C, Zhao S, Jin C, et al. Direct growth of large-area graphene and boron nitride heterostructures by a co-segregation method[J]. Nature Communications, 2015, (6): 6519.

[48] Wang M, Jang S K, Jang W J, et al. A platform for large-scale graphene electronics-CVD growth of single-layer graphene on CVD-grown hexagonal boron nitride[J]. Advanced Materials, 2013, 25(19): 2746-2752.

[49] Song X, Gao T, Nie Y, et al. Seed-assisted growth of single-crystalline patterned graphene domains on hexagonal boron nitride by chemical vapor deposition[J]. Nano Letters, 2016, 16(10): 6109-6116.

[50] Shu H, Chen X, Tao X, et al. Edge structural stability and kinetics of graphene chemical vapor deposition growth[J]. ACS Nano, 2012, 6(4): 3243-3250.
[51] Qin S, Wang F, Liu Y, et al. A light-stimulated synaptic device based on graphene hybrid phototransistor[J]. 2D Materials, 2017, 4(3): 035022.

第5章

大单晶石墨烯的生长方法

在实际应用中，通常需要大面积、连续的石墨烯导电薄膜，而不是小尺寸(微米级)孤立的石墨烯晶畴。除了前面所述的碳源催化裂解、成核长大等过程，石墨烯薄膜的生长还须经历畴区拼接成膜的阶段。畴区拼接时，存在以下两种可能：(1) 当畴区之间具有相同的晶格取向时，畴区之间可以实现六元环构成的完美拼接，保持原有的晶格取向并形成更大的单晶畴区；(2) 当畴区之间晶格取向不一致时，无法形成完美的拼接，而会形成由五元环、七元环和扭曲的六元环构成的畴区晶界，以弥补不同畴区之间晶格取向的差异。需要注意的是，畴区取向在成核阶段就已经确定了。

前文提到，石墨烯的畴区取向对金属衬底的晶面具有强烈的依赖性，即使在单晶的金属衬底上，石墨烯也可能会表现出几种不同的优势晶格取向。因此，石墨烯在多晶金属衬底上的化学气相沉积(CVD)生长存在畴区取向不一致的问题，致使石墨烯畴区在相互拼接时会产生晶界。显然，石墨烯成核密度越高，晶格取向不同的石墨烯畴区之间拼接的概率会越大，导致石墨烯畴区尺寸受限，晶界密度较高。因此，连续的石墨烯薄膜中单晶畴区尺寸受到成核密度的制约。普通 CVD 工艺制备的石墨烯薄膜单晶尺寸通常只有微米量级，薄膜内部具有大量的晶界缺陷。实验和理论均证实，畴区晶界的存在会严重降低石墨烯的电学、力学、热学等性质。因此，提高石墨烯薄膜的单晶尺寸、降低晶界密度，是制备高品质石墨烯的关键前提。

然而石墨烯单晶尺寸究竟需要多大呢？这取决于生长条件和实际应用的需求。目前利用 CVD 方法可以得到两类石墨烯材料，一种是类似于半导体工业中单晶硅的石墨烯晶圆，另外一种是基于金属箔材的连续成卷的石墨烯薄膜。前者主要是将石墨烯应用于电子逻辑器件或射频器件等，通常需要晶圆级单晶以保证其超高的载流子迁移率。而石墨烯在用于透明导电薄膜材料时，则需要连续成卷生长的石墨烯薄膜，且要求石墨烯具有较高的电导率和透光率。石墨烯电导率不仅取决于其载流子迁移率，同时也受石墨烯载流子浓度的影响。石墨烯作为零带隙半金属材料，当费米能级位于狄拉克点时，载流子浓度很低。因此通常需要通过掺杂以提高载流子浓度，进而提高电导率，此部分内容将在第7章详细讨论。所以在将石墨烯用于透明导电薄膜时，主要追求高的电导率，而对单晶尺寸的要求没有在电子器件中那么严格。总之，对石墨烯单晶尺寸的需求，应该综合考虑生长条件、制备成本和应用需求。

发展简单高效的制备方法来获得大单晶石墨烯是科研人员一直追求的目标之一。目前普遍的做法可分为两种：一种是通过控制成核密度，以提高单晶尺寸[图5-1(a)]；另外一种是通过控制石墨烯核的晶格取向，以实现畴区之间的完美拼接，进而形成更大尺寸的单晶畴区[图5-1(b)]。

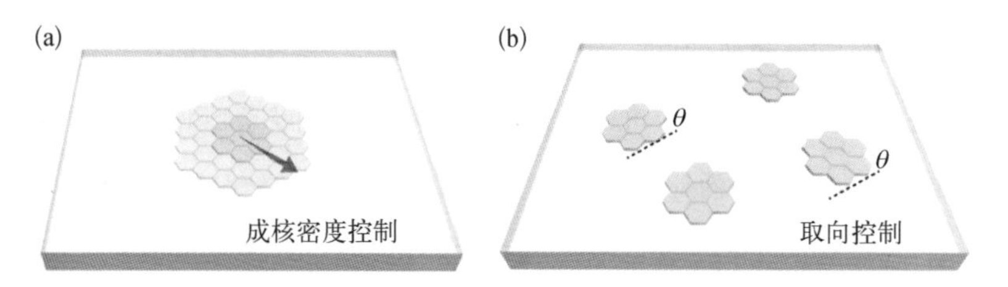

(a) 控制石墨烯成核密度；(b) 控制石墨烯核的晶格取向

图5-1 大单晶石墨烯制备方法的原理示意图

石墨烯在金属衬底表面的生长属于二维外延生长的过程。一方面，为了制备大单晶石墨烯，通常要求石墨烯的成核密度很低，但是低的成核密度会导致石墨烯薄膜生长时间延长；另一方面，为了降低成核密度，供给的碳源浓度也通常较低，从而降低了生长速度，因此需要更长的生长时间以形成连续的石墨烯薄膜。石墨烯的生长过程通常需要在很高的温度条件下进行，较长的生长时间会带来更多的能量消耗。所以，如何实现高品质石墨烯的快速制备也成为石墨烯CVD生长的研究重点。本章将从石墨烯成核出发，阐述石墨烯的成核行为和成核密度的影响因素，进而阐述石墨烯畴区之间的拼接过程，最后将对近年来大单晶石墨烯的代表性制备方法进行综述，并探讨如何实现高品质石墨烯的快速生长。

5.1 成核

5.1.1 成核过程

碳源在金属衬底表面吸附脱氢裂解，产生碳活性基团，如铜(Cu)衬底以CH基团为主，而镍(Ni)衬底以活性碳原子为主。如前所述，由于金属Ni对碳的溶解度较高，大部分活性原子会进入金属体相。与之不同的是，金属Cu的催化活性和溶碳能力都较低，CH基团在Cu表面很难进一步脱氢裂解，CH基团之间会发生相互作用，脱氢并环化形成更大的C_xH_y基团。理论计算表明，相比活性碳原子，碳二聚体(C_2H_2)在Cu衬底表面更加稳定，而且其在金属表面迁移的势垒相对较低(0.44 eV)。实验上通过在Cu(100)表面通入乙炔气体，利用和频振动光谱可以检测到C_2H_2在Cu表面不同吸附位点上的特征峰，进一步证实了二聚体的存在[图5-2(a)]。[1]二聚体形成后，会继续捕获碳活性基团，其继续生长的可能路径如图5-2(b)所示，具体过程为C_2H_2捕获另一个二聚体形成C_4H_4，继而捕获第三个二聚体形成C_6H_6，此链状

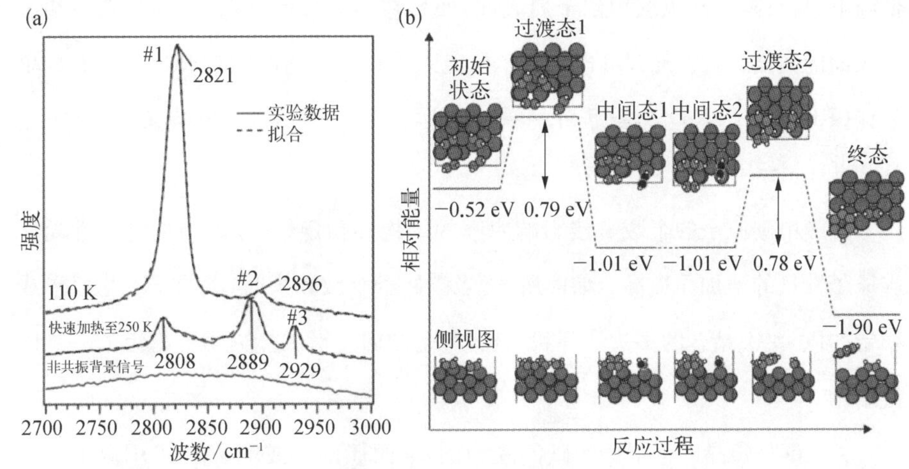

图5-2 石墨烯成核过程中碳二聚体(C_2H_2)的研究

(a) 在100 K的温度下向Cu(100)表面通入乙炔并快速加热到250 K后和频振动光谱表征的结果；(b) 二聚体(C_2H_2)继续生长环化的可能路径和势垒计算结果

C_6H_6可进一步环化形成稳定的C_6H_6环状结构(类苯环结构)。随着C_xH_y中碳原子数量的增加,碳碳之间相互作用不断增强,而碳与衬底间的相互作用持续减弱。同时,碳原子在不同晶面上的能量差异不断减小,从而保证了石墨烯晶畴在多晶金属衬底上可以保持原有的晶格取向,跨晶界继续生长。

综上所述,石墨烯在多晶Cu衬底上的成核过程可描述为:CH基团在衬底表面快速迁移,彼此之间会发生碰撞,导致活性碳物种之间形成碳原子数更多且更稳定的碳活性基团,即碳的多聚体或碳团簇。进而,碳团簇通过不断碰撞继续捕获更多的活性碳物种,最终使碳团簇不断长大,以此形成稳定的石墨烯核。尽管有文献报道在CVD系统的气相氛围中,即使没有催化剂,也可以通过自由基反应形成不同结构的碳团簇,但是碳团簇在金属衬底上的形成和演化历程与其在气相中截然不同。这是因为金属原子和碳团簇之间的相互作用会改变碳团簇的稳定性及其在金属表面上的迁移能力,从而影响整个团簇的生长过程。

碳团簇的尺寸通常为几纳米,结构单元主要为以sp^2键为主的碳六元环,同时会包含少量的五元环、七元环和不饱和的碳原子。实验中观测碳团簇的形成过程主要采用程序升温生长(temperature programmed growth, TPG)方法:在低温下,将有限的碳源沉积到金属表面,通过在不同温度下退火,观察碳源在金属表面的演化过程。通过TPG实验,研究人员在一些活泼的过渡金属表面如单晶铑(Rh)和钌(Ru)上发现了一些分布均匀、尺寸在1 nm左右的碳团簇(图5-3)。[2,3]

团簇中碳原子的个数直接影响团簇的结构和稳定性,碳团簇的稳定性随着碳原子数量的增加而提高。如前所述,当碳原子个数较少时,碳原子不足以形成稳定的以sp^2键结合的多边形环状结构,而是倾向于形成热力学上稳定的一维碳链结构。

以Cu(111)晶面上形成的碳团簇为例,碳团簇的形成能E_{form}可用以下公式计算:

图 5-3 碳团簇在不同金属表面上的扫描隧道显微镜表征

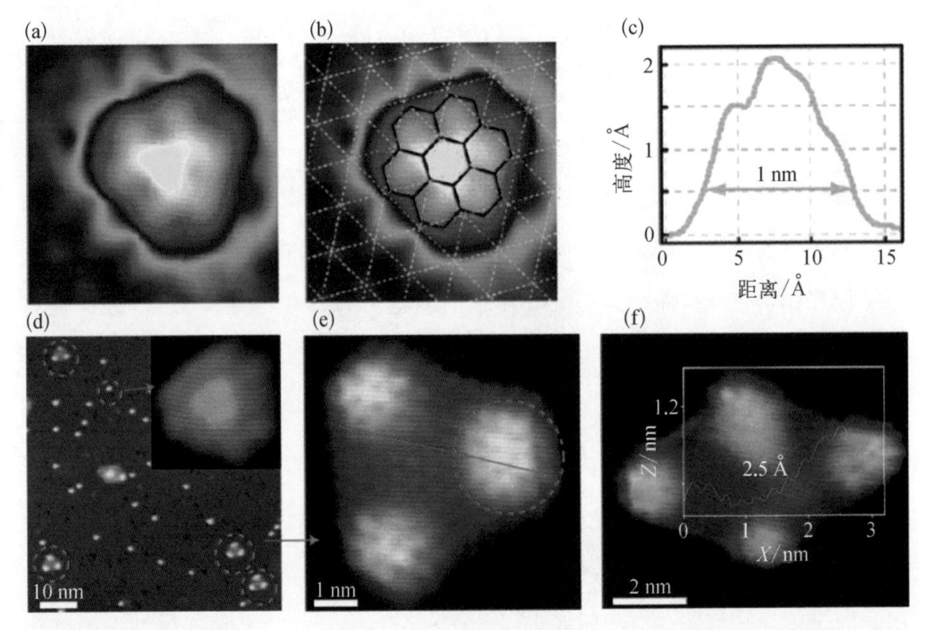

（a）～（c）Rh（111）表面碳团簇的 STM 表征结果［图（c）为与 STM 图像对应的高度图，证实团簇的尺寸在 1 nm 左右］；（d）～（f）Ru（0001）表面碳团簇的 STM 表征结果

$$E_{\text{form}} = [E_{\text{tot}} - E_{\text{Cu(111)}} - N \times E_{\text{C, alone}}]/N \tag{5-1}$$

式中，E_{tot}为体系弛豫以后的总能量；$E_{\text{Cu(111)}}$为 Cu(111)晶面弛豫以后的能量；$E_{\text{C, alone}}$为单独碳原子的能量。[4]

理论计算表明，当碳团簇中碳原子数少于 13 时，一维碳链状结构的形成能总是低于二维碳环状结构的形成能。当碳原子数为 4 或 8 时，两种结构的能量差异最大，此时环状结构无法闭合形成更为稳定的六元环结构。

链状碳团簇中的碳原子多以 sp 键的形式存在。同时，相较于 Ni 等高溶碳量金属，Cu 衬底上金属-碳相互作用较弱，导致碳原子的悬挂键无法被金属原子饱和，使体系能量升高。碳链越长，体系越稳定，这主要是因为内部的碳碳键较强，更多的碳碳键会使体系更加稳定。需要指出的是，碳链中较强的碳碳作用和较弱的链端碳与 Cu 的相互作用导致碳链呈现拱形结构。

当碳团簇中碳原子的数量继续增加时，碳链和碳环状结构之间转换的势垒逐渐降低，稳定的碳团簇结构逐渐向环状结构进行转变。当碳原子数大于 13 时，由 sp^2 键结合的碳网状结构稳定性更高，成为碳团簇的主要存在形式。而且随着碳原子数的继续增多，网状结构的稳定性会进一步提高。因此，碳团簇逐渐长大的演化过程需要经历从链状结构到网状结构的转变，而这个转变需要克服的势垒也成为石墨烯成核势垒的一部分。

值得一提的是，在不同碳的网状结构中，当结构中具有少量的五元环时，结构可能会更加稳定。这是因为团簇的边缘原子越多，团簇的稳定性越差（铜与碳原子相互作用较弱），而加入五元环可以有效地降低边缘原子的数量，进而提高团簇的稳定性。

理论计算预测，具有 C_{3v} 对称性且由三个六元环和三个五元环间隔构成的 C_{21} 团簇结构相比其他碳原子数的团簇具有更高的稳定性[图 5－4(a)]。[5] 这是因为此结构的边界碳原子数量相对较少。同时，三个五元环的存在使碳团簇在金属衬底上呈现出拱形的结构[图 5－4(b)(c)]，而完全由六元环构成的 C_{24} 团簇结构倾向于更加平行地存在于衬底上[图 5－4(d)(e)]。C_{21} 团簇这种拱形的结构可以增强团簇和金属衬底之间的作用力，有利于提高团簇稳定性。需要指出的是，由于实验观测手段限制了对石墨烯成核过程的探测，因而大部分的认识仍然处于初期的理论模拟阶段。

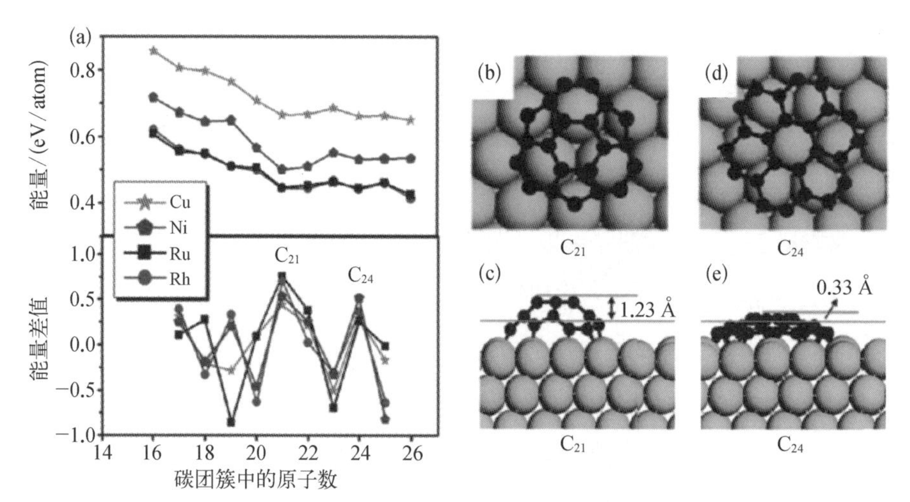

图 5-4 碳团簇的形成能和稳定结构

（a）不同金属衬底上含有不同碳原子数的碳团簇形成能和相对能量差值；（b）（c）C_{21} 团簇在衬底表面形成稳定结构的示意图；（d）（e）C_{24} 团簇在衬底表面形成稳定结构的示意图

注：能量差值的定义为 $0.5[E(N+1)+E(N-1)]-E(N)$，其中 $E(N)$ 代表碳原子数为 N 的碳团簇形成能。

从另一个角度看，成核过程是从 C_xH_y 活性基团向只含有碳的石墨烯核的转化过程。小尺寸的碳团簇需要氢原子来提高稳定性。因此，可以通过计算无须氢原子稳定的碳团簇的大小来估算石墨烯的临界成核尺寸。例如，在石墨烯生长温度为 1300 K 时，当气相中氢气（H_2）、甲烷（CH_4）达到反应平衡时，Cu 上 C 和 H 的化学势关系可以表达为[6]

$$\mu_C = -2\mu_H - 10.152 + 0.112\ln\chi \tag{5-2}$$

式中，χ 为甲烷和氢气的分压比例；μ_C 和 μ_H 分别为 C 和 H 的化学势。在理想气体近似下，μ_H 直接与氢气的分压（p_{H_2}）相关。如图 5-5 所示，当氢气和甲烷的分压比例固定时，μ_C 也和氢气的分压相关。当碳团簇的化学势大于 μ_C 时，该团簇会和氢气发生反应。例如，单个碳原子的化学势可以由碳原子的吸附能近似得到（约 4.85 eV），在大部分的生长条件下该值都要大于 μ_C，这也从侧面证明活性碳原子在 Cu 上不能稳定地存在。另外，当氢气分压相对于甲烷分压很大时，石墨烯的化学势会高于 μ_C，此时石墨烯就会和氢气反应，发生刻蚀。理论计算发现，当氢气的分压在 $10^{-5} \sim 2\times10^{-4}$ bar① 时，石墨烯核至少由 6 个碳原子数构成才能稳定存在，如果降低 CH_4/H_2 的分压比例，构成稳定石墨烯核的碳原子数需要达到 24 个（$\chi = 1/20$）。根据此公式，我们可以将 CVD 体系的生长条件与成核过程相关联：较大的氢气分压时，形成稳定存在的核需要更多的碳原子，即石墨烯成核速度变慢，发生成核的概率降低，从而达到降低石墨烯成核密度的目的。

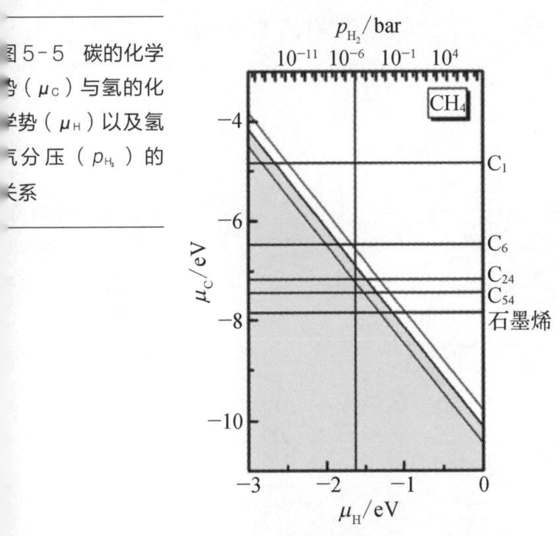

图5-5 碳的化学势（μ_C）与氢的化学势（μ_H）以及氢气分压（p_{H_2}）的关系

注：计算模拟的条件是在 Cu（111）表面上，温度为 1300 K，甲烷作为碳源。图中的黑线、蓝线和红线分别对应 χ = 1、χ = 20 和 χ = 1/20 的情况，其中 χ 为甲烷和氢气的分压比例。

另外，基于表面催化生长机制，在石墨烯成核的初期阶段，金属衬底表面的活性碳

① 1 bar（巴）= 10^5 Pa（帕）。

物种浓度随着生长时间的变化趋势如图 5-6 所示。[7] 刚通入碳源时，碳源在金属衬底表面吸附裂解，产生大量的活性碳物种，导致金属表面的活性碳物种浓度不断上升。而当活性碳物种浓度增加至临界过饱和浓度（c_{nuc}）时，活性碳物种会发生激烈碰撞，从而导致石墨烯成核的发生。而石墨烯的成核和继续生长都会消耗周围的活性碳物种，导致核周围的活性碳物种浓度不断降低，远远低于离成核较远的区域，从而在浓度差的驱动下，活性碳物种不断向成核区域迁移。整体而言，衬底表面的活性碳物种浓度会因为被持续消耗而不断降低。当活性碳物种的浓度降到一定程度时，石墨烯的成核速率几乎可以忽略，此时活性碳物种主要用于在形成的石墨烯核边缘进行外延生长。随着石墨烯的继续生长，活性碳物种的浓度降低至某一特定浓度时，碳源裂解产生的活性碳物种、衬底表面迁移的活性碳物种和石墨烯生长消耗的活性碳物种之间达到了动态平衡，石墨烯的生长停止，此时活性碳物种的浓度为平衡浓度（c_{eq}）。需要指出的是，这种动态平衡是指石墨烯生长与石墨烯刻蚀之间的平衡，即活性碳物种产生和消耗的平衡。对 c_{eq} 的大小和影响因素的分析详见第 2 章。

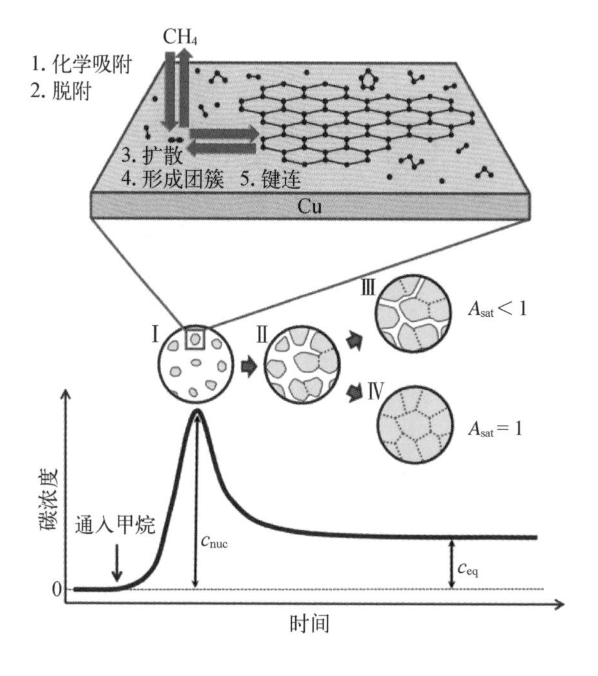

图 5-6 石墨烯成核生长阶段的过程示意图和活性碳物种的浓度变化

5.1.2 成核密度与成核势垒

因为不同晶格取向的石墨烯畴区无法实现完美的拼接，所以当石墨烯核继续生长并拼接形成连续的薄膜时，单位面积内石墨烯的成核数量，即石墨烯的成核密度，将直接决定最终连续石墨烯薄膜的畴区尺寸和晶界的密度。因此，降低石墨烯的成核密度是制备大单晶石墨烯的关键。金属衬底上，特定区域内，石墨烯成核发生的概率取决于以下几个因素。

第一，石墨烯的成核势垒。根据阿伦尼乌斯方程：

$$k = A\mathrm{e}^{-\frac{E_a}{RT}} \tag{5-3}$$

式中，k 为成核速率常数；E_a 为成核势垒；T 为成核温度；A 为指前因子。石墨烯的成核过程是从单个碳原子的碳活性基团到多个碳原子组成的团簇的演化，随着组成团簇的碳原子数量增加，碳团簇的稳定性逐渐提高，继而形成稳定的石墨烯核。整个过程需要克服的势垒称为石墨烯的成核势垒。显然，石墨烯的成核势垒越高，石墨烯的形核速率越低，成核越难发生。

第二，成核区域周围的活性碳物种浓度。如前所述，当活性碳物种的浓度达到临界过饱和浓度时，成核才会发生。成核时，快速迁移的活性碳物种相互碰撞，克服成核势垒，形成更大的碳团簇，并不断捕获迁移的活性碳物种。因此，在特定成核势垒下，活性碳物种浓度越高，碰撞概率越高，成核越容易发生，形核速度越快，成核密度也越高。基于这种活性碳物种浓度调控成核概率的思想，研究人员实现了石墨烯在金属衬底表面上的定点生长。[8] 如图 5-7 所示，利用电子束曝光技术在铜箔表面预先形成聚甲基丙烯酸甲酯(PMMA)碳化的晶种，晶种的存在使 Cu 箔表面的局部碳源浓度增高，使得石墨烯选择性地在晶种处优先成核生长，进而实现了石墨烯的定点生长。

第三，生长衬底。一方面，金属衬底的催化活性越高，其催化碳源裂解产生活性碳物种的能力越强，因此可以提供更多的活性碳物种，从而使石墨烯成核更易发生。特别是金属衬底表面的活性位点(如金属的位错、空位、晶界和杂质等)

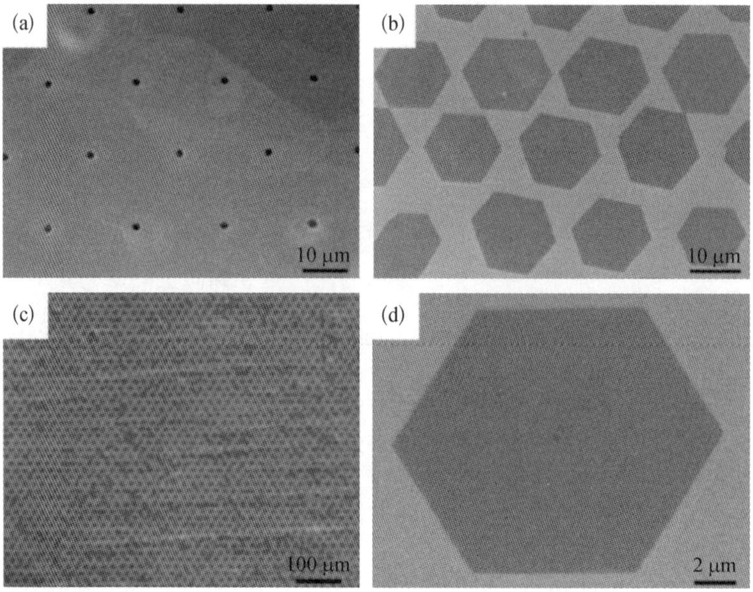

图 5-7 PMMA 辅助石墨烯定点生长

（a）Cu 箔上 PMMA 晶种的 SEM 图像；（b）~（d）不同放大倍数下石墨烯晶畴定点生长的 SEM 图像

处的金属原子催化活性更高，因此更易催化碳源裂解，进而导致局部区域活性碳物种浓度较高，石墨烯更容易成核。多晶 Cu 箔为石墨烯规模化制备常用的金属衬底，其形貌起伏主要分为三类：(1) 用压延法制备 Cu 箔时产生的压延线(起伏在几百纳米，甚至微米级别)，凹痕和凸起[图 5-8(a)]；(2) 多晶 Cu 箔的晶界[图 5-8(b)]；(3) Cu 的台阶起伏。另一方面，碳团簇和金属之间的相互作用越

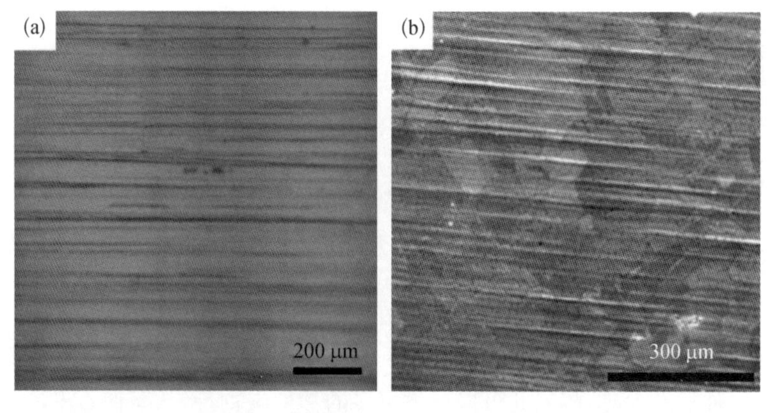

图5-8 多晶Cu箔衬底的表征结果[9]

（a）多晶 Cu 箔的光学图像（横线为压延线）；（b）多晶 Cu 箔的 SEM 图像（衬度不同区域对应 Cu 不同的晶畴，晶畴之间为 Cu 箔的晶界）

强，在成核过程中，碳团簇的稳定性越高，成核越容易发生。也就是说，金属和碳团簇之间的强相互作用有助于降低石墨烯的成核势垒，导致成核密度较高。

除此之外，影响石墨烯成核密度的因素还有很多，如活性碳物种在衬底表面的迁移速度。由于石墨烯的成核并不是同时发生的，因此存在活性碳物种用于成新核还是在已形成的核位点上进行外延生长的竞争关系。当活性碳物种的迁移速率较高时，由于石墨烯的外延生长势垒通常低于成核势垒，因此活性碳物种更易迁移至石墨烯核的邻近区域，用于已经形成的核的外延生长，使新核的形成更加困难。反之，当迁移速率较低时，活性碳物种在局部区域的浓度过高，导致更易形成新核。比如活性碳物种在绝缘衬底上具有较低的迁移能力，导致在绝缘衬底上的局部活性碳物种浓度较高，石墨烯 CVD 生长会产生较多的成核位点，即较高的成核密度。

下面我们将具体讨论石墨烯成核势垒的物理意义和影响因素。

成核过程中，碳团簇的大小必须超过特定临界尺寸（成核尺寸 N^*），才会形成稳定的石墨烯核。整个过程需要克服的能垒为成核势垒（G^*）。根据传统的晶体生长理论，成核过程中，碳团簇吉布斯自由能随着团簇的尺寸增加先变大再变小，在曲线的最高点对应的团簇大小和能垒大小分别为成核尺寸和成核势垒。成核势垒 $G(N)$可以通过式(5-4)进行描述[10]：

$$G(N) = E(N) - \Delta \mu \times N \tag{5-4}$$

式中，$\Delta \mu$是碳源和石墨烯晶格的化学势差；$E(N)$是碳团簇在金属衬底上的形成能，其由下式得到[11]：

$$E(N) = E(\mathrm{C}_N@\mathrm{M}) - E(\mathrm{M}) - N \times \varepsilon_\mathrm{G} \tag{5-5}$$

式中，$E(\mathrm{C}_N@\mathrm{M})$是金属衬底上具有 N 个原子组成 C_N 团簇的能量；$E(\mathrm{M})$是金属衬底的能量；ε_G 是石墨烯骨架中每个碳原子的能量。结合以上两个公式，即可算出石墨烯的成核势垒。

第 2 章中提到，丁峰课题组分别计算了不同尺寸的碳团簇在 Ni (111)衬底的平台和原子台阶处的形成能，以及相应的成核势垒和成核尺寸[图 2-16(c)(d)]。计算发现在台阶处的不饱和金属原子与碳原子之间具有更强的相互作用力，这可以提高大尺寸碳团簇的稳定性。因此，石墨烯更易在金属衬底的台阶处成核。

如图 2-16(e)所示，成核势垒和成核尺寸都会随着 $\Delta\mu$ 的变化而改变，当 $\Delta\mu$ 在 0.35～0.81 eV 时，石墨烯成核尺寸在金属平台处是 12 个碳原子，而在金属台阶处仅为 10 个碳原子。当碳源和石墨烯晶格能量差异更大时，石墨烯的成核势垒会进一步降低，石墨烯成核尺寸会更小。极限情况下，任何活性碳原子都可以作为稳定的石墨烯核，即石墨烯的临界成核尺寸为 1 个碳原子。

那么，成核密度、碳源供给和成核势垒之间的关系如何呢？首先需要清楚石墨烯的成核和生长过程：(1) 碳源在衬底表面吸附裂解（其势垒为 E_{ad}）；(2) 碳源裂解产生的活性碳物种在衬底表面迁移（其势垒为 E_d）；(3) 活性碳物种键连到石墨烯骨架中（其势垒为 E_{att}）；(4) 活性碳物种在衬底表面脱附（其势垒为 E_{des}）。英国伦敦帝国理工学院 Mattevi 课题组通过分析不同温度下石墨烯的成核密度，详细讨论了石墨烯的成核势垒和成核密度的关系。[7] 如图 5-9 所示，不同温度区间（高于或低于 870℃），石墨烯成核密度随着温度倒数的变化趋势表现为两条斜率不同的直线，根据阿伦尼乌斯方程可知，这是由不同温度区间势垒大小不同导致的。根据 Robinson 和 Robins 理论模型可知，假设石墨烯的成核尺寸在不同温度下近似相同，出现两段不同的成核与温度变化区间是由活性碳物种在衬底表面的吸附、迁移和脱附之间的相互竞争导致的。当温度低于 870℃时，

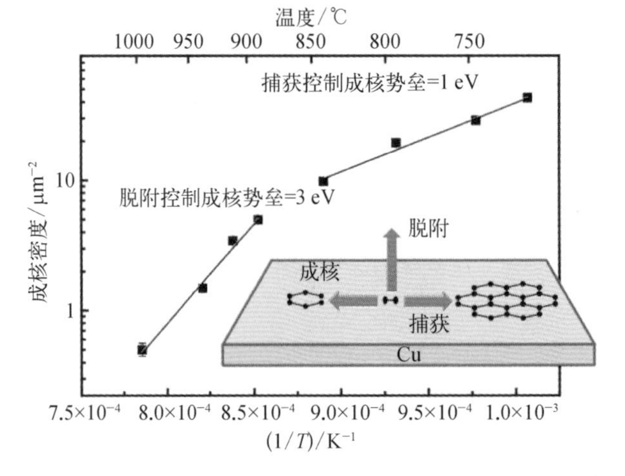

图 5-9 在不同温度区间内，石墨烯的成核密度随着生长温度倒数的变化关系

注：插图为活性碳物种在 Cu 表面成核、被团簇捕获或从衬底表面脱附的三种路径示意图。

活性碳物种从衬底表面的脱附能力太弱，可以忽略不计，成核的速度受限于团簇捕获活性碳物种的能力，这一温度区间也被称为捕获控制区间。当温度高于870℃时，活性碳物种的脱附速度不可忽略，此温度区间被称为脱附控制区间。石墨烯的成核密度(N_s)在捕获控制区间可由式(5－6)求出：

$$N_s^3 \approx p_{CH_4} \times \exp\left(\frac{2E_{att} - E_d - E_{ad}}{kT}\right) \tag{5-6}$$

式中，p_{CH_4}是甲烷分压。表观成核势垒 $E = (2E_{att} - E_d - E_{ad})/3 = 1$ eV（表观成核势垒可根据阿伦尼乌斯方程，由图 5－9 直线斜率求得）。而对于脱附控制区间来说，其成核密度与成核势垒的关系为

$$N_s^2 \approx p_{CH_4} \times \exp\left(\frac{E_{des} + E_{att} - E_d - E_{ad}}{kT}\right) \tag{5-7}$$

根据实验结果，求出高温下表观成核势垒为 $E = (E_{att} + E_{att} - E_d - E_{ad})/2 =$ 3 eV。升高温度，石墨烯的成核密度将会降低。其原因可以理解为在脱附控制区间，温度升高导致活性碳物种脱附速率增加，成核密度降低。而在低温捕获控制区间，升高温度会增大其迁移速率，导致活性碳物种更易被已经形成的核捕获，而不是用于新核的形成。

5.2 畴区拼接

如果多晶铜衬底表面未经工艺优化，得到的连续石墨烯薄膜中单晶畴区尺寸通常只有微米级别。显然，普通 CVD 工艺得到的连续石墨烯薄膜实际上是具有大量晶界的多晶薄膜。

美国康奈尔大学 Muller 课题组利用原子级分辨的透射电子显微镜（TEM）研究了石墨烯晶界处的碳原子排布方式。[12]如图 5－10(a)所示，晶界两侧的石墨烯晶格取向差别约为 27°，而清晰可见的晶界是由五元环、七元环和扭曲的六元环组成的。该课题组研究人员也利用选区电子衍射（selected area electron diffraction, SAED)方法详细研究了石墨烯畴区晶格取向的分布。由于石墨烯是六方对称的结构,同一取向的石墨烯晶格在 SAED 图中表现为同一套六方衍射点。通过对连续石墨烯薄膜的 SAED 结果分析,他们发现在分析区域的石墨烯具有多套六方衍射点,即分析区域是由多种不同取向的石墨烯晶畴组成的多晶结构[图 5-10(b)]。暗场 TEM 的成像原理是只选择性地允许某支衍射束通过物镜光阑进行成像。因此,在石墨烯的暗场 TEM 图像中,只有当石墨烯晶格取向与物镜光阑选取的衍射方向一致时,才能采集到石墨烯的图像,即只有相同晶格取向的石墨烯才可以同时成像。因此,他们根据 SAED 得到的衍射取向结果,调整物镜光阑和透过的衍射束的角度,并对得到的不同衍射取向的石墨烯图像进行叠加染色,得到了处理后的暗场 TEM 图像。如图 5-10(c)(d)所示,连续的石墨烯薄膜具有不同的晶格取向,石墨烯的畴区尺寸为几微米。这也证明了多晶石墨烯薄膜中含有大量的晶界缺陷。

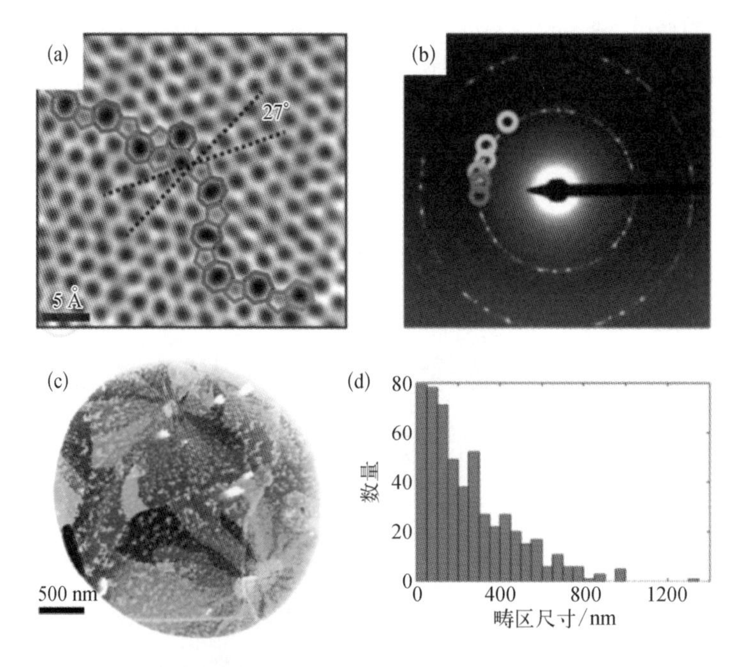

图 5-10 多晶石墨烯薄膜的 TEM 表征

(a)石墨烯晶界的原子级分辨的透射电子显微镜图像(五元环、七元环和扭曲的六元环分别用蓝色、红色和绿色标记出来,虚线分别代表相互拼接的两个畴区的晶格取向,即相对取向差异为 27°);(b)(c)多晶石墨烯薄膜的典型衍射花样的结果(b)和对应的暗场 TEM 图像(c);(d)多晶石墨烯薄膜畴区尺寸的统计结果

多晶石墨烯薄膜中存在的大量晶界缺陷严重影响了石墨烯的电学、力学和热学等性质。如图 5－11(a)所示，美国普渡大学 Chen 课题组通过常压 CVD 方法在多晶 Cu 箔上制备了畴区形貌为六边形而尺寸为几微米的石墨烯单晶，并系统研究了畴区晶界对石墨烯电学性质的影响[8]。由于石墨烯单晶表现出规则的六边形结构，畴区晶界的位置比较容易判断。该课题组研究人员对比了单晶内部和跨晶界的石墨烯输运性质的差异[图 5－11(b)]。研究发现，石墨烯的电阻会因跨过晶界而明显增加[图 5－11(c)]。这主要是由于石墨烯晶界处的大量缺陷对石墨烯载流子产生散射，因此石墨烯迁移率和电导率降低。在磁场的作用下，在石墨烯晶界的区域观测到了杂质散射导致的弱局域化相关的特征峰，而该峰没有在单晶石墨烯内部区域观测到[图 5－11(d)]。弱局域化峰的出现，通常意味着晶格缺陷的存在。因此，该实验证实了晶界缺陷引起的载流子散射是多晶石墨烯器件中载流子迁移率降低的主要原因。

图5－11 畴区晶界对石墨烯电学性质的影响

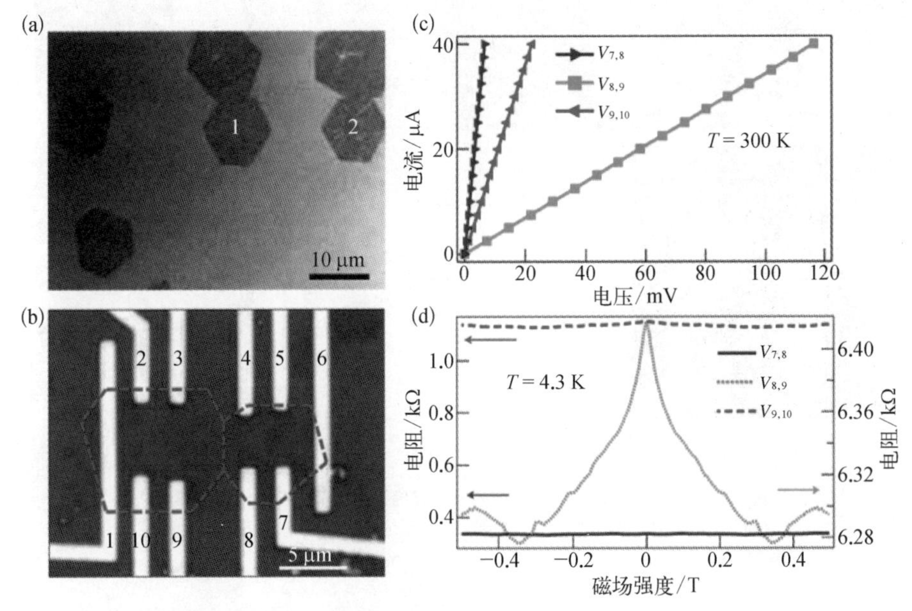

（a）常压 CVD 生长得到的六边形石墨烯单晶 SEM 图像；（b）分区域测量石墨烯单晶内部和石墨烯畴区晶界的电学性质所对应的器件结构的光学图像（数字 1～10 代表器件的不同电极）；（c）典型的单晶石墨烯（7～8、9～10）和晶界处石墨烯（8～9）的电流-电压（$I-V$）测量结果；（d）单晶石墨烯（7～8、9～10）和晶界处石墨烯（8～9）电阻随着垂直方向上施加的磁场场强的变化曲线

美国康奈尔大学 Muller 课题组进一步利用原子力显微镜(AFM)纳米压痕技术测量了多晶石墨烯薄膜的机械强度[12]。结果显示,当通过 AFM 针尖施加一定应力时,石墨烯薄膜多在石墨烯的晶界处开始断裂[图 5－12(a)(b)]。多晶石墨烯的平均断裂载荷在 100 nN 左右,远小于单晶石墨烯的测量结果(1.7 μN)。显然晶界的存在是导致石墨烯的断裂强度等机械性能变差的主要因素。美国加利福尼亚大学伯克利分校 Rasool 课题组研究发现,断裂强度的降低程度和晶界处石墨烯晶畴的相对取向有关。当要拼接的石墨烯畴区取向差异较大时,晶界处石墨烯的机械强度相较于单晶石墨烯降低较小,断裂载荷可以达到单晶石墨烯的 92%左右[图 5－12(c)(d)]。但需要指出的是,除了晶界的存在会影响测量的机械强度以外,石墨烯表面的污染物等因素也会影响最终的测量结果。

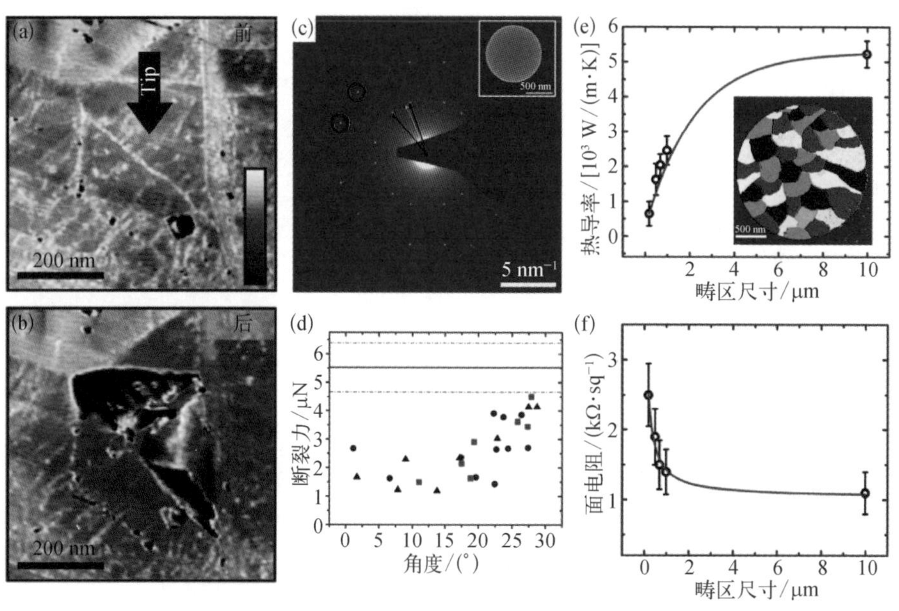

图 5－12　多晶石墨烯的力学和热学性质研究

(a)(b) 纳米压痕测量前、后的石墨烯 AFM 图像;(c) 典型的多晶石墨烯薄膜 SAED 图像(插图为转移到透射载网上的石墨烯的 TEM 图像);(d) 不同晶格取向夹角的石墨烯双晶薄膜断裂强度的测量结果;(e)(f) 多晶石墨烯薄膜的热导(e)和面电阻(f)随石墨烯畴区尺寸的变化(插图为多晶石墨烯薄膜的暗场 TEM 图像)

此外,中国科学院金属研究所任文才/成会明课题组通过 CVD 方法在 Pt 金属表面制备了不同单晶畴区尺寸的多晶石墨烯薄膜,并系统研究了畴区尺寸对石墨烯的热学和电学性质的影响。[13]研究人员利用暗场 TEM 证实，不同条件下制备的石墨烯单晶的畴区尺寸分别为(1013 ± 90)nm、(721 ± 79)nm、(470 ± 74)nm和(224 ± 739)nm。通过在不同激光强度下测量石墨烯拉曼光谱中 G 峰和 2D 峰的位移，可以得到不同畴区尺寸的石墨烯薄膜的热导率。如图 5 - 12(e)所示，随着石墨烯单晶畴区尺寸的减小，石墨烯的热导率会明显地降低。同时，石墨烯的面电阻与单晶尺寸也有相同的变化趋势[图 5 - 12(f)]，即单晶畴区尺寸越小，面电阻越高。显然，晶界的存在严重地降低了石墨烯的热学和电学性能。

基于以上讨论得知，石墨烯的单晶畴区尺寸决定了石墨烯的晶界密度，从而影响了最终石墨烯薄膜的质量。由此可见，减少石墨烯的晶界缺陷，是获得高品质石墨烯薄膜的必经之路。

5.3 大单晶石墨烯的生长方法

虽然 CVD 方法制备的石墨烯薄膜兼具大面积和高质量的优势，但常规 CVD 工艺得到的石墨烯薄膜通常是多晶结构，存在高密度的晶界缺陷，与理想石墨烯的质量之间存在巨大的差距，从而严重地限制了石墨烯的应用。因此，降低石墨烯薄膜的晶界密度，增加单晶畴区尺寸，以此获得大单晶石墨烯薄膜是发挥石墨烯“杀手锏”应用的关键前提，也成为石墨烯 CVD 生长研究的重要目标之一。

由前面的介绍可知，石墨烯的晶界产生于晶畴拼接成连续薄膜的过程中，其密度和结构取决于石墨烯晶畴的尺寸和相对取向。通常情况下，石墨烯的成核势垒会远远高于其从核外延生长所需的能量，即当石墨烯核取向不一致时，其畴区尺寸主要取决于石墨烯成核密度。因此，抑制石墨烯的成核位点，从单一成核位点外延生长是获得大单晶石墨烯、降低晶界密度的主要方法之一。另外，当相邻的石墨烯晶畴取向一致时，理论上它们会无缝拼接融合成为更大尺寸的石墨烯单晶。在单晶衬底上，无须刻意控制成核密度，利用异质外延生长机制可得到多点同取向的石墨烯晶畴，通过延长生长时间即可获得由单晶衬底尺寸决定的大单晶石墨烯薄膜。因此，单一成核位点外延生长和多点同取向成核无缝拼接是制备大单晶石墨烯的两种主流技术，本节将从这两方面对大单晶石墨烯的生长方法进行论述。

5.3.1 单一成核位点外延生长方法

在衬底表面形成的碳团簇达到一定尺寸后，才能趋于稳定，从而作为成核中心来继续吸附活性碳物种并沿着原有的晶格方向在二维平面内进行外延生长。成核势垒越高，成核概率越小，即成核密度越低。因此，单一成核位点外延法主要通过调控石墨烯的CVD生长参数来增加石墨烯在衬底表面的成核势垒，实现对成核密度的有效控制，以此获得大单晶石墨烯。影响石墨烯成核势垒的因素很多，主要包括分解的活性碳物种浓度、氢气分压、碳源的供给区域、金属衬底的表面性质等。

1. 活性碳物种的浓度

通过调控含碳前驱体的流量（分压）来限制碳源的供给，会降低活性碳物种的浓度，使碳团簇在石墨烯成核初期时难以达到临界成核尺寸，导致稳定的碳原子簇只能形成在衬底表面成核势垒相对较低的区域，以此来降低石墨烯的成核密度，最终获得大单晶石墨烯。Ruoff课题组系统地研究了活性碳物种浓度对石墨烯单晶尺寸的影响，通过调节生长温度和甲烷的流量（分压），实现了对石墨烯成核密度和单晶畴区尺寸的控制。[14] 由于温度在热力学上决定了甲烷的分解能力，低于某个临界值时，甲烷的分解速率太低而使得活性碳物种浓度难以达到石墨烯成核所需的临界浓度，导致石墨烯成核难以发生。而生长温度在临界值之上时，石墨烯的成核密度会随着生长温度的升高而降低，与上节所述一致。同理，甲烷的流量（或分压）也必须达到某个临界值，石墨烯才能成核，而成核密度与甲烷的流量（或分压）成正比。因此，在石墨烯的生长初期即成核阶段，通过提高温度，减小碳源的流量（或分压）可以降低石墨烯的成核密度，从而获得大尺寸的石墨烯单晶。

由于石墨烯CVD生长的主要氛围是氢气和含碳的气态物质（如甲烷），因而除了降低碳源的供给，也可以通过提高氢气的流量（或分压）来间接降低活性碳物种的浓度，当然也可以通入非活性气体（如氩气）来稀释活性碳物种在生长系统中的浓度和分压，以此来降低石墨烯的成核密度。

此外，衬底表面的催化能力也会间接决定碳源的浓度和石墨烯的成核能力。[15]中国科学院金属研究所成会明团队在常压条件下，通过使用较高的氢气/甲烷比例（流量比为 700：4）在贵金属铂上获得了具有毫米级尺寸的六边形石墨烯单晶畴区。研究人员发现，使用相同的氢气/甲烷流量比例，石墨烯却很难在铜箔表面成核和生长。这主要是由于金属铂具有更强的催化能力，使甲烷裂解能力增强，从而使活性碳物种的浓度在这种极高的氢气分压条件下，还能达到石墨烯成核所需要的临界浓度，促使石墨烯在铂表面的成核和生长。

2. 氢气分压

如第 2 章所述，氢气对石墨烯的生长具有多重作用，从影响石墨烯的成核密度、单晶畴区尺寸和形貌角度考虑，氢气分压的作用可以概括为以下五个方面：(1) 作为还原剂，清洁衬底表面，使表面具有更高的催化能力，同时去除污染物和杂质，修复表面缺陷；(2) 协助衬底表面重构，扩大多晶衬底表面的单晶畴区尺寸，降低表面粗糙度；(3) 稀释活性碳物种浓度；(4) 协助碳氢键的活化和解离，促进高质量石墨烯的生长；(5) 作为刻蚀剂，尤其在高氢气分压下，会与石墨烯的缺陷和边缘进行反应，对非 sp^2 杂化的碳团簇进行刻蚀，以此获得更高结晶质量和具有规则形状的单晶石墨烯畴区。在某种意义上，提高氢气分压与降低活性碳物种浓度对于生长大单晶石墨烯的作用机理是类似的。然而，由于氢气对石墨烯畴区边缘的反应会影响石墨烯畴区的形貌和边缘结构，也会决定石墨烯边缘与衬底表面原子台阶的连接方式，从而将会影响到石墨烯畴区的拼接方式。因此，即使在活性碳物种浓度相同的情况下，如果氢气的分压不同，石墨烯的生长机制、畴区形貌、质量和均匀程度也都会有所不同。

在这里需要说明的是，基于单一成核位点外延生长大单晶石墨烯的制备理念，无论是采用何种方法来突破大单晶石墨烯的畴区尺寸，通常情况下都是建立在较高的氢气/甲烷流量比例的基础上，再结合其他处理方法协同抑制石墨烯的成核位点。然而随着石墨烯不断生长和覆盖，暴露的可催化铜箔面积逐渐减小，碳源的分解效率和活性碳物种的浓度都随之降低，使得石墨烯边缘的生长和刻蚀处于平衡状态，导致石墨烯生长十分缓慢，畴区尺寸难以长大。同时，石墨烯畴区边界需要活性碳物种达到过饱和浓度之上才能发生拼接，因此后续的生长过程通常需要进一步提高甲烷的分压来提高活性碳物种的浓度和单晶生长速度，以此获得连续的大单晶石墨烯薄膜。

3. 碳源的供给区域

通过限制碳源的供给来降低活性碳物种的浓度，虽然在一定程度上可以降低石墨烯的成核密度，但是在一定区域内还不能实现单一成核位点的控制。为此，中国科学院上海微系统与信息技术研究所谢晓明研究团队通过对具有一定溶碳能力的铜-镍合金（$Cu_{85}Ni_{15}$）衬底局域提供碳源，使该局部区域产生过饱和的碳浓度，攻克了石墨烯单个成核位点的技术难题（图 5－13）。[16]

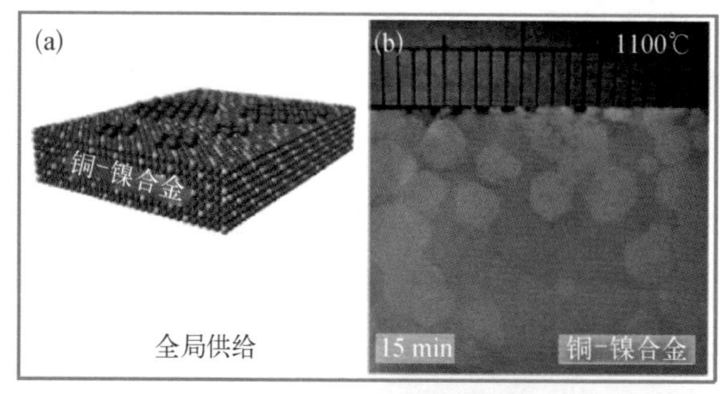

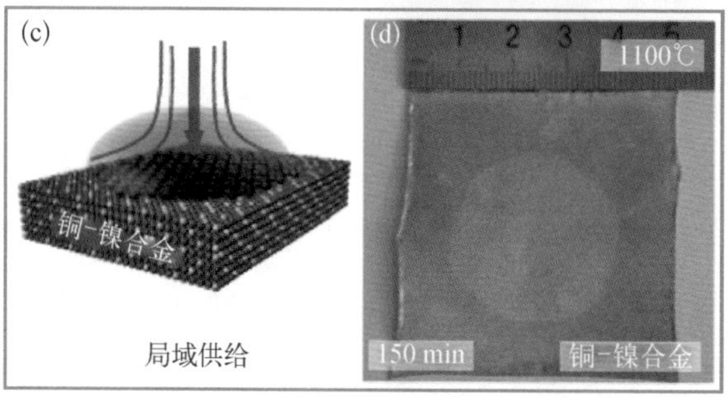

图 5－13 石墨烯在铜－镍合金上生长

（a）（b）全局供给（global feeding）碳源进行石墨烯生长的示意图（a）和石墨烯生长 15 min 后的照片（b）；（c）（d）仅在局部区域供给（local feeding）碳源进行石墨烯生长的示意图（c）和石墨烯生长 150 min 后的照片（d）

不同于铜箔的表面催化生长机制和镍衬底的偏析生长机制，石墨烯在 $Cu_{85}Ni_{15}$ 合金衬底上的生长机理为等温析出。溶解在合金衬底内的碳原子会逐渐析出并参与衬底表面石墨烯的生长，从而加快单晶石墨烯的生长速度，生长畴区尺寸为 1.5 英寸的石墨烯单晶仅需要 2.5 h，即单晶畴区的生长速度达到 180 μm/min。

4. 金属衬底的表面性质

前面我们介绍到石墨烯成核时需要克服一定的成核势垒，并达到临界尺寸形成稳定的碳团簇结构后，才能成核和长大。成核势垒越高，石墨烯成核越难，即成核密度越低。而金属衬底的表面性质是决定成核势垒的关键要素。从生长机制和成本的角度考虑，商业的多晶铜箔是石墨烯 CVD 生长中最常使用的金属衬底，而铜箔表面的台阶、晶界、划痕和凸处等缺陷位更易形成稳定的碳原子簇，导致石墨烯在这些区域成核势垒较低，使成核密度难以控制。因此，抑制多晶铜箔衬底表面的这些活性位点，可以有效地降低石墨烯的成核密度，从而获得大单晶石墨烯。

除了在氢气氛围中对铜箔进行高温退火处理以优化其表面性质外，电化学抛光也是提高商业多晶铜箔表面平整度最常用的一种预处理方法，两者也经常被联合使用。电解液通常由磷酸和有机溶液组成，阳极为要生长石墨烯的铜箔衬底，对电极（阴极）通常为耐腐蚀的材料。当在铜箔和对电极之间施加一定的电压时，铜箔表面因失去电子而发生溶解，凸处会因电流密度高而导致铜箔溶解速率快，即优先被溶解，以此达到铜箔表面平整化的目的（图 5-14）。目前基于石墨烯生长的铜箔抛光电解液组成主要有两种，[17,18] 如表 5-1 所示，根据实验目的，抛光条件（如抛光液组成比例、时间、电压和电流）会有微小差异。商业多晶铜箔表面的粗糙度一般在 250 nm 左右，在经过电化学抛光处理之后可以降到 50 nm 以下。值得注意的是降低铜箔表面的粗糙度不仅可以抑制石墨烯的成核密度，同时还可以提高石墨烯薄膜的均匀性。因此，电化学抛光已成为铜箔在高温退火处理之前常用的预处理方法。

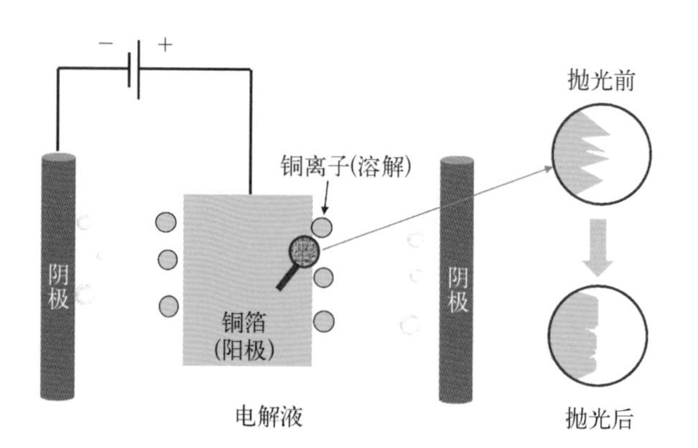

图 5-14 电化学抛光示意图

表 5-1 常见的铜箔抛光条件

抛光液组成成分和比例	工作电压/V	抛光时间
磷酸(500 mL),乙醇(500 mL),异丙醇(100 mL),尿素(10 g)	3.0～6.0	60 s
磷酸(300 mL),聚乙二醇(100 mL)	1.0～2.0	0.5 h

经过电化学抛光和高温退火的预处理后,铜箔表面还需要经过后处理工艺进一步抑制石墨烯成核位点,主要包括蒸发再沉积、熔化再固化、熔融化、钝化或覆盖活性位点、化学氧化以及多种方式相结合的方法等。下面我们将结合相关的研究工作来具体阐述不同的处理方式对铜箔表面性质的优化,从而实现对石墨烯成核密度的控制,以此获得大单晶石墨烯。

2012 年,美国莱斯大学 Tour 课题组通过电化学抛光的方法来移除铜箔表面的污染物和降低其表面粗糙度,然后在高压(1500 Torr)、高温(1077℃)和高流量氢气(500 sccm)的条件下对铜箔进行长达 7 h 的退火处理,来进一步修复其表面的缺陷,以此抑制石墨烯的成核位点。[19]经过以上处理过程后,石墨烯的成核密度大幅降低,结合高的氢气/甲烷流量比例,在中低压力的生长条件下获得了畴区尺寸为 2.3 mm 的六边形石墨烯单晶(图 5-15)。虽然此工作只通过电化学抛光和退火方法就实现了石墨烯成核位点的有效抑制,但是需要在苛刻的高压条件下对铜箔进行长时间处理,耗时长、成本高,不利于高质量石墨烯薄膜的大规模制备。

通常情况下,石墨烯的生长温度在 1000℃以上,在低压条件下此温度接近铜箔的熔点,使铜箔表面处于预熔状态,经过长时间的高温退火后,会有大量的铜原子从铜箔表面蒸发,导致铜箔表面还是比较粗糙。为此,Ruoff 研究团队发明

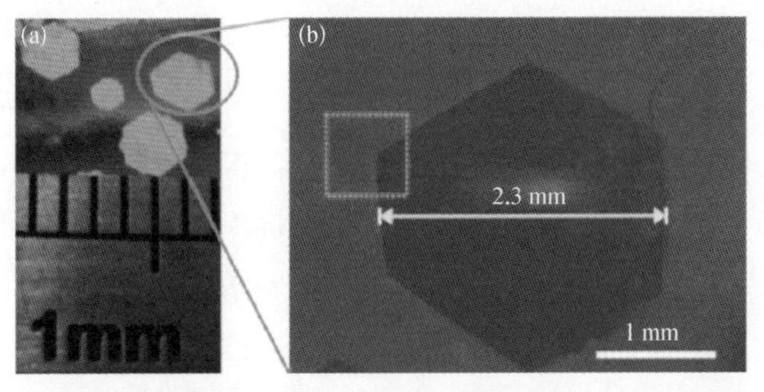

图 5 - 15　铜箔衬底经过电化学抛光和高温高压方法处理后生长石墨烯的结果表征

（a）毫米级单晶石墨烯的照片；（b）规则六边形石墨烯单晶的 SEM 图像

了铜箔的信封结构[图 5 - 16(a)(b)]，在此种铜箔构型下，铜原子会在狭小的信封空间内达到蒸发与沉积的平衡，从而减少铜原子的大量挥发。[20] 经过一段时间的退火处理后，铜箔表面变得非常平整[图 5 - 16(c)(d)]，再通过使用合适的氢气/甲烷流量比例，成功抑制了石墨烯的成核位点，经过 6 h 的生长，获得了畴区尺寸为 2 mm 的六边形石墨烯单晶[图 5 - 16(e)]。

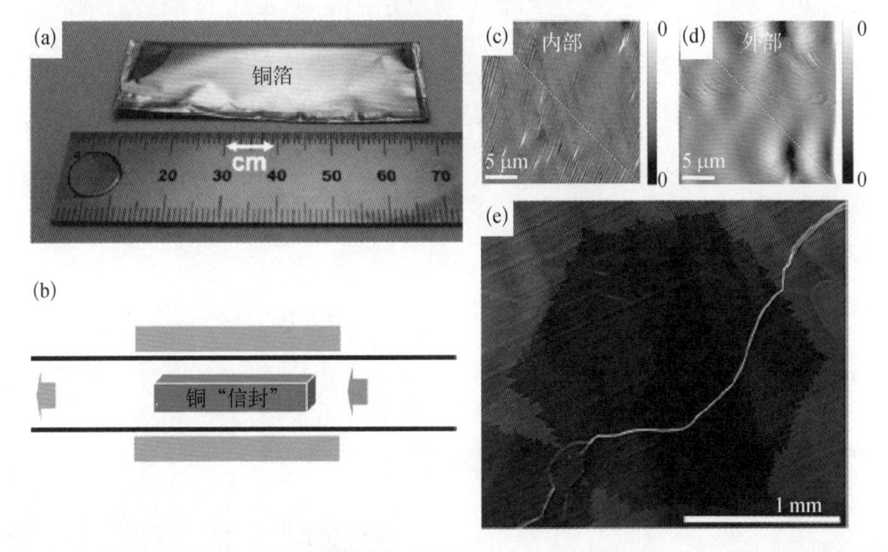

图 5 - 16　石墨烯在铜箔信封内生长的结果表征

（a）铜箔信封结构的照片；（b）石墨烯在铜箔信封上生长的示意图；（c）石墨烯生长后铜箔信封内部的 AFM 图像；（d）石墨烯生长后铜箔信封外部的 AFM 图像；（e）大单晶石墨烯的 SEM 图像

为了克服固态金属衬底固有的晶界和台阶等缺陷对于石墨烯生长的不利影响，研究人员发展了在流动的液态金属表面进行石墨烯生长的方法。2012 年，中国科学院化学研究所刘云圻课题组率先报道了在液态铜上直接生长石墨烯的工作。[21]他们首先让生长系统的温度高于铜箔的熔点，使固态铜箔变成熔融的状态，并通过选取合适的基底（一般为钨、钼）使液态铜在其表面均匀地铺展。利用液态铜的流动性和均匀性，石墨烯可以在液态铜表面均匀地生长，结合合适的氢气/甲烷流量比例，可以获得规则的六边形石墨烯畴区。但由于液态铜和钨基底较强的浸润性，石墨烯转移的难度增加了，其应用受到一定限制。

另外，液态铜的流动性可能会限制活性碳物种的扩散，导致局部区域活性碳物种浓度过高，不能有效地控制石墨烯的成核密度，使得液态铜上生长的石墨烯单晶尺寸通常局限于几十微米到几百微米。为进一步增加石墨烯的单晶尺寸，美国田纳西大学 Gu 课题组对此方法进行了改进，发展了熔化-再固化的处理方法，获得了平整的固态铜箔表面。[22]他们首先在 1100℃ 的温度下加热固态铜箔，使其变成液态铜，然后再将系统的温度降到铜箔熔点（1075℃）以下进行再固化[图 5-17(a)]。由于液态铜原子会在铜箔表面高低不平的区域流动，从而使铜箔表面更加平整化。通过此方法，铜箔的均方根（root mean square，RMS）粗糙度从原来的 116 nm 降到 8 nm[图 5-17(b)(c)]。研究人员通过对比发现，相较于电化学抛光的手段，高温熔化-再固化的方法可以得到更加平整的铜箔表面，而平整度的提高可以有效降低石墨烯的成核密度。在合适的氢气/甲烷流量比例下，可以获得毫米级的六边形石墨烯单晶[图 5-17(d)]。

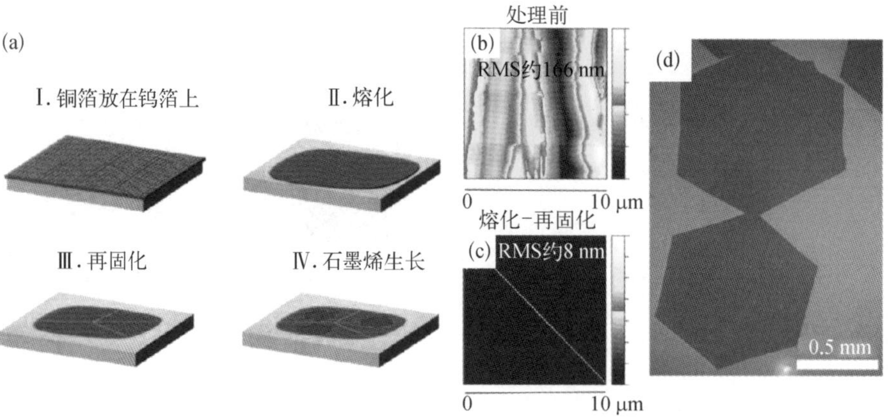

图 5-17 石墨烯生长在熔化-再固化的铜箔表面

（a）铜箔在钨箔上进行熔化-再固化处理以及石墨烯生长的示意图；（b）（c）铜箔经过熔化-再固化处理前后的 AFM 表征结果；（d）毫米级六边形石墨烯单晶的 SEM 图像

上述的处理方法都是通过减少或消除生长衬底表面的缺陷来实现对石墨烯成核位点的抑制，但表面残留的缺陷还是难以实现更大尺寸的单晶石墨烯生长，而且此类处理方式比较复杂费时。为此，北京大学刘忠范课题组另辟蹊径，发展了活性位点钝化法，利用外置“材料”优先覆盖铜箔表面的活性位点，成功抑制了石墨烯的成核位点，获得了厘米级大单晶石墨烯[图 5-18(a)(b)]。[23] 他们首先利用三聚氰胺作为钝化的前驱体，优先在铜箔的晶界处生成碳氮化合物，由于活性位点被覆盖，在通入碳源后，石墨烯只能在成核势垒高的铜平台区域成核[图 5-18(c)(d)]。而随着氢气的通入，已形成的碳氮化合物迅速被氢气刻蚀而分解，并随气体流出生长系统。同时由于石墨烯成核势垒远高于其外延生长所需要的能量，因此外加的活性碳物种主要用于石墨烯的生长，而不会在裸露的铜箔处再成核。通过优化钝化的时间和合适的氢气/甲烷流量比例，可以有效地抑制石墨烯的成核密度，以此获得大单晶石墨烯。

图 5-18 活性位点钝化法制备厘米级尺寸的石墨烯单晶

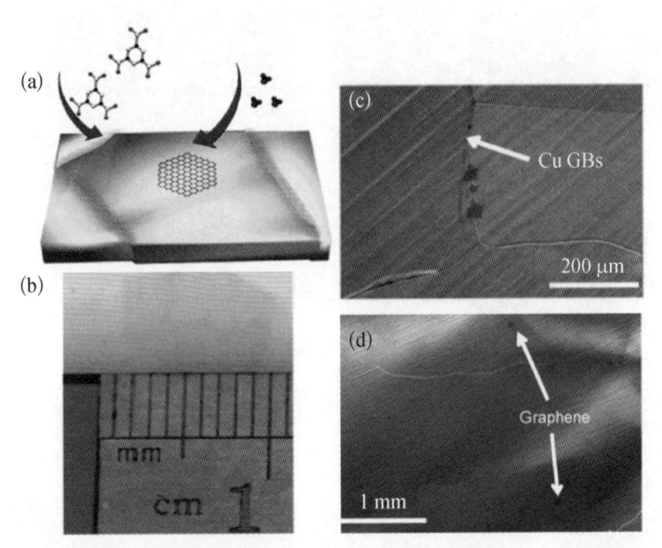

（a）三聚氰胺钝化铜箔晶界控制石墨烯成核位点和成核密度的示意图；（b）厘米级单晶石墨烯转移到二氧化硅基底的照片；（c）在未经过三聚氰胺处理的铜箔表面进行石墨烯生长的初期 SEM 图像（石墨烯倾向于在铜箔晶界处成核）；（d）在经过三聚氰胺处理的铜箔表面进行石墨烯生长的初期 SEM 图像（石墨烯只能在铜箔平台区域成核）

由于只有金属对碳氢化合物的裂解具有催化作用，因此通常情况下，在石墨烯生长之前要通入一定量的氢气，在高温条件下还原铜箔表面的氧化铜和氧化亚铜来活化铜箔表面。而逆向思维考虑，我们恰恰可以利用这些氧化物来提高石墨烯的成核势垒，使石墨烯难以成核，实现对石墨烯成核位点的抑制，从而获得大单晶石墨烯。Ruoff 课题组发现对铜箔表面进行氧化处理或者使用富氧铜箔，可以有效地抑制铜箔表面的活性位点，从而控制了石墨烯的成核密度。[24]通过合理控制氧气浓度和氢气/甲烷流量比例，石墨烯的成核密度可降至 0.01 mm^{-2}，石墨烯的单晶畴区尺寸可达到 1 cm(图 5 - 19)。该工作也引发了人们重新思考氧气对于石墨烯 CVD 生长的作用和意义。同时，理论计算表明，氧会加快碳氢键在铜箔表面的催化裂解速度，从而增加石墨烯的生长速度，但此工作得到的石墨烯生长速度为 17 μm/min，还有巨大的提升空间。

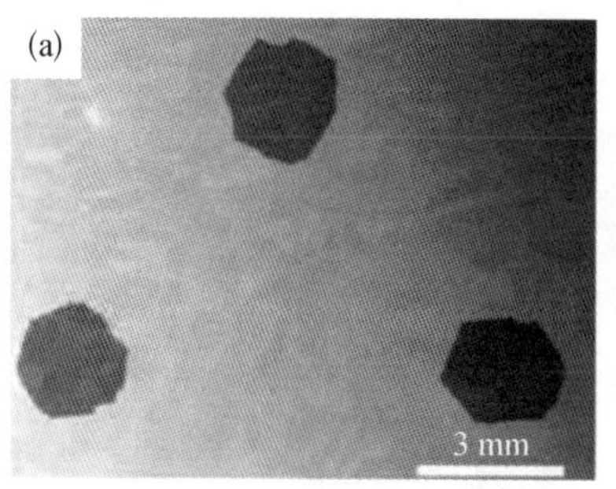

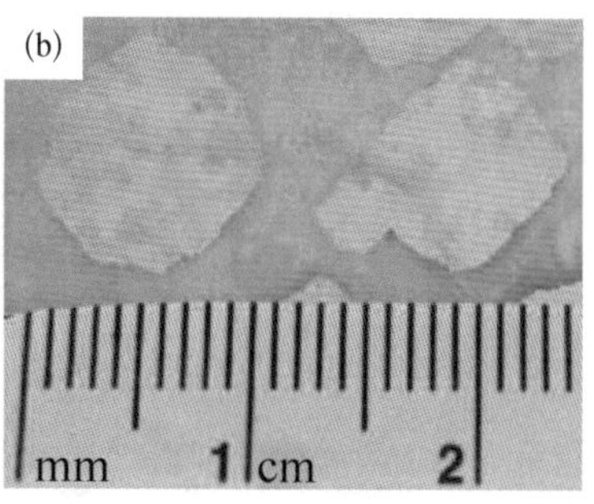

图 5 - 19　氧对石墨烯生长的作用及结果表征

（a）通过氧气钝化活性位点方法制备石墨烯的 SEM 图像；（b）厘米尺寸单晶石墨烯畴区的照片

前文提到，基于单一成核位点外延的生长方法制备单晶石墨烯时，通常需要使用较高的氢气/甲烷流量比例，导致石墨烯生长比较缓慢，不利于石墨烯的规模化生产和使用。因此，石墨烯的单晶生长速度和单晶尺寸都非常重要。为提高单晶石墨烯的生长速度，北京大学刘忠范课题组采用了氧气多次钝化法和梯度供气相结合的方法[图 5 - 20(a)]，[25]成功克服了石墨烯在快速生长中会自发成核的问题，大幅度降低了石墨烯的成核密度[图 5 - 20(b)]，获得了毫米级石墨烯单晶[图 5 - 20(c)]，并且生长速度可达到 100 μm/min。该处理方法简单有效，有望实现放大生产。

氧气除了可以钝化铜箔表面的活性位点，从而抑制石墨烯的成核密度以外，还可参与多晶铜箔表面的重构化过程。北京大学刘忠范课题组通过构筑铜箔的限域空间，利用微量氧的化学吸附诱导方法使商业的多晶铜箔表面快速转化为

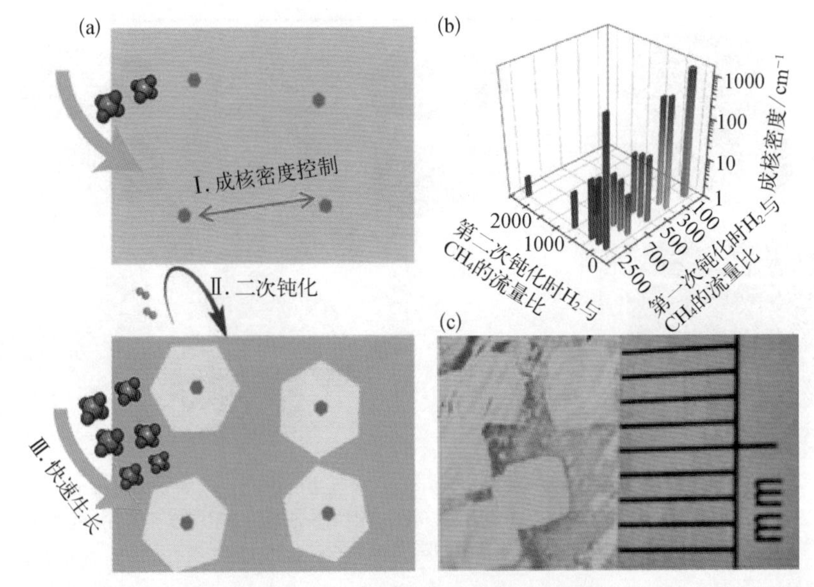

图5-20 结合多次钝化法和梯度供气法实现毫米级石墨烯单晶的快速生长

（a）结合多次钝化法和梯度供气法实现石墨烯成核密度的控制和单晶石墨烯快速生长的示意图；（b）氢气与甲烷流量比例在第一次钝化和第二次钝化过程中对石墨烯成核密度的影响；（c）毫米级单晶石墨烯畴区的照片

单晶 Cu(100)[图 5-21(a)～(c)]，为石墨烯的生长提供了高质量的平整单晶基底，进而有效地抑制了石墨烯的成核密度。[26] 此外，堆垛铜箔间隙距离为 10～30 μm，远小于生长压力下气体分子的平均自由程。在这限域的空间内，反应气体甲烷和氢气的运动状态为分子流模式，促使甲烷、氢气在面对面的催化剂铜箔衬底之间来回碰撞。碰撞次数的显著提高会增加甲烷在铜箔催化剂表面的碳氢活化和分解效率，从而提升局域的活性碳物种浓度[图 5-21(d)]。在甲烷通入的 10 min 内，即可获得畴区尺寸为 3 mm 的石墨烯单晶阵列[图 5-21(e)]，即单晶阵列的生长速度可达到 300 μm/min，远高于同期单晶石墨烯的生长速度。该制备方法不仅可以快速制备毫米级大单晶石墨烯阵列，而且前期处理工艺简单省时，大大缩短了大单晶石墨烯的制备时间，显著降低了生产能耗和成本。该课题组在此工作的基础上，通过调控前驱体，利用乙烷作为碳源，快速获得了畴区尺寸超过 5 mm 的石墨烯单晶阵列，生长速度达到 420 μm/min，有望推动高质量石墨烯薄膜的规模化制备和工业化应用。[27]

前面提及，氧会协助碳氢键的催化裂解进而提高石墨烯单晶的生长速度，基

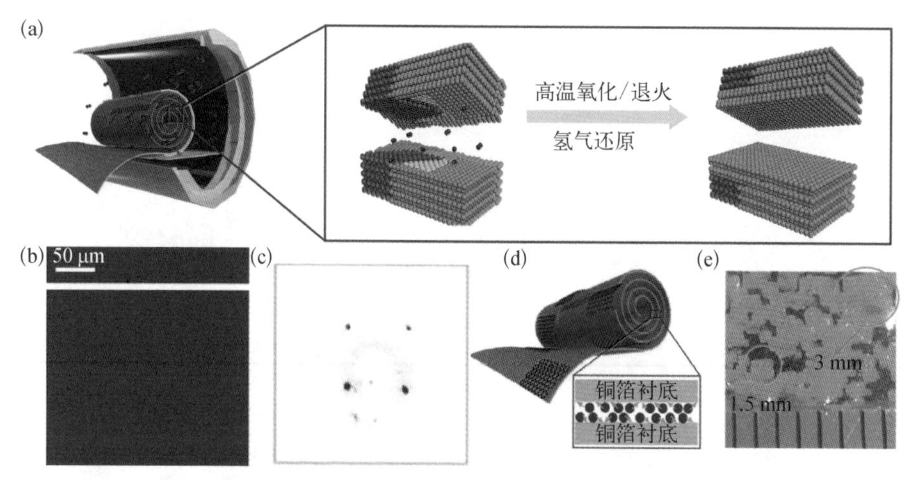

图 5-21　多晶铜箔表面的单晶化处理及石墨烯单晶阵列的快速生长

（a）多晶铜箔转化为单晶 Cu（100）的示意图；（b）单晶 Cu（100）的电子背散射衍射图像；（c）单晶 Cu（100）的低能电子衍射表征；（d）石墨烯快速生长示意图（甲烷分子在铜箔间隙处发生剧烈碰撞）；（e）毫米级石墨烯单晶阵列在铜箔上的照片

于此，北京大学刘开辉课题组发展了氧化物基底辅助的持续供氧法，实现了石墨烯的超快生长。[28]他们首先将多晶铜箔衬底置于氧化物衬底上，在高温生长条件下，氧化物衬底可以为铜箔表面提供连续的活性氧，从而显著降低了甲烷分解的势垒(从 1.57 eV 降低到 0.62 eV)，进而提高了石墨烯的生长速度。利用这种方法，他们在 5 s 内生长出尺寸为 300 μm 的石墨烯晶畴，即单晶石墨烯的生长速度可达到 60 μm/s(图 5-22)。

上述几种处理方法都是针对铜箔衬底发展的，基于与铜类似的表面催化生长机制，多晶铂衬底的表面优化也受到了关注。英国牛津大学 Grobert 研究小组首先在多晶铂衬底表面沉积一层二氧化硅薄膜，然后在高温氢气氛围下进行退火处理，二氧化硅被还原成硅，金属铂和硅会在表面反应生成液态的硅化物，而这层流动的硅化物会提高铂表面的平整度并修复其表面的缺陷，进而降低石墨烯的成核密度[图 5-23(a)]。[29]同时，这层硅化物的存在也会减弱石墨烯与铂基底的相互作用力，使活性碳物种扩散速率提高，进而可以在很短的时间内获得毫米级石墨烯单晶[图 5-23(b)]，并且生长速度可以达到 120 μm/min[图 5-23(c)]。同时，研究人员研究了二氧化硅退火温度对石墨烯生长速度的影响，发现随着退火温度的升高，石墨烯生长速度也会提高。

图 5-22　氧化物持续供氧法实现石墨烯的超快生长

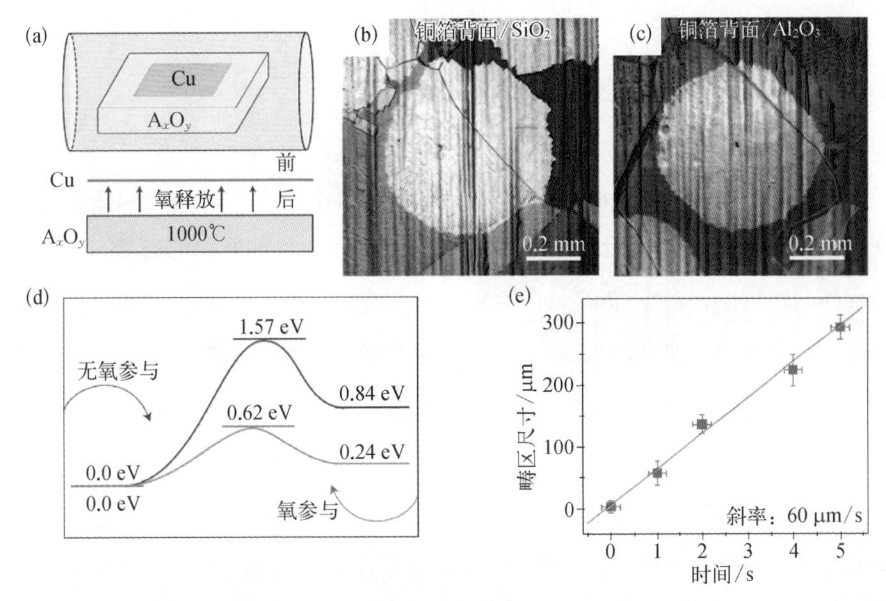

（a）石墨烯在铜箔和氧化物（A_xO_y）衬底之间进行快速生长的示意图（其中 A_xO_y 衬底在高温条件下会向与之直接接触的铜箔背面持续供氧）；（b）与二氧化硅（SiO_2）接触的铜箔背面上的石墨烯光学图像；（c）与氧化铝（Al_2O_3）接触的铜箔背面上的石墨烯光学图像；（d）甲烷在有氧（黄线）和无氧（紫线）条件下分解势垒的差异性比较；（e）单晶石墨烯畴区尺寸随生长时间的变化曲线（单晶生长速度可由曲线的斜率得到，即为 60 μm/s）

图 5-23　铂衬底表面缺陷修复法实现毫米级单晶石墨烯的快速生长

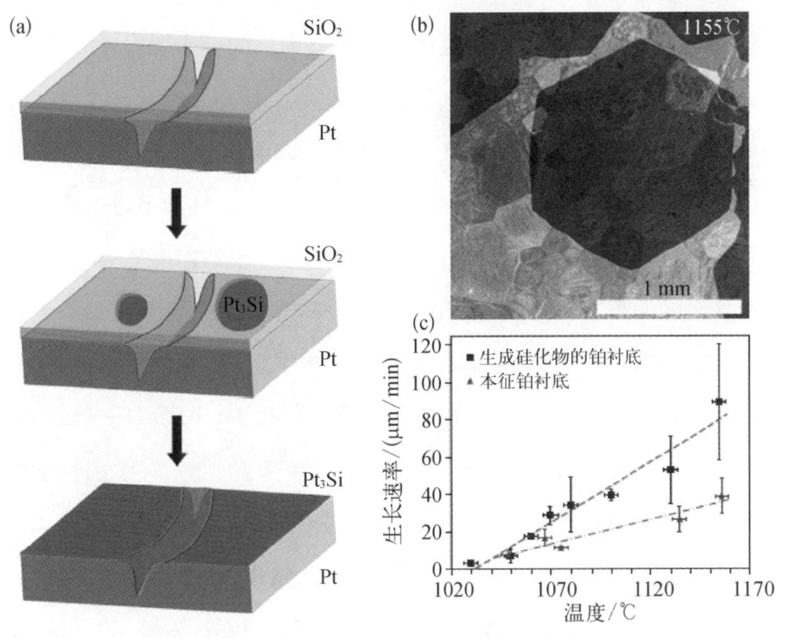

（a）利用二氧化硅在铂衬底表面生成液态的硅化物（Pt_3Si）进而修复铂表面缺陷的示意图；（b）毫米级石墨烯单晶的 SEM 图像；（c）单晶石墨烯生长速度与退火温度的关系

5.3.2 多点同取向成核的无缝拼接法

同取向拼接法类似于薄膜外延的思路，是基于在单晶衬底上外延生长同取向的石墨烯畴区，然后再外延长大拼接为更大尺寸的单晶石墨烯薄膜。与单一成核外延法相比，该方法不要求严格地抑制石墨烯的成核密度，只要保证石墨烯畴区取向完全相同即可，因此有望实现石墨烯单晶薄膜的快速生长。但该方法要求单晶金属衬底，并且晶格参数与石墨烯晶格参数要相匹配。理论上讲，单晶石墨烯薄膜的尺寸仅受限于单晶衬底的大小。

早在20世纪90年代初，人们发现碳化硅(SiC)单晶加热到一定温度后，会在表面发生石墨化的现象。2004年，美国佐治亚理工学院 de Heer 课题组率先发表了 SiC 单晶基底外延生长石墨烯的工作。[30]其过程主要是在超高真空的环境下，将单晶 SiC 基底加热到1400℃以上，使衬底的 C—Si 键发生断裂，Si 原子优先于 C 原子升华而脱离表面，而富集在表面的 C 原子会发生重构形成石墨烯薄膜。然而在碳化硅衬底上的石墨烯外延生长需要超高的温度以及高真空的环境，制备费用高，条件比较苛刻，而且在碳化硅上生长的石墨烯很难转移下来，不利于对石墨烯电学等方面的性质的研究。

随后，科学家们将 SiC 单晶衬底扩展到单晶的贵金属如钌、铑等，发展了金属单晶表面的石墨烯外延生长法。虽然也需要在高真空环境下进行石墨烯的外延生长，但原理却截然不同。这类贵金属通常具有一定的溶碳能力，因而与石墨烯在镍衬底上的偏析生长机制有些许类似。首先，含碳前驱体在单晶金属表面催化裂解，部分碳原子会溶解到单晶衬底的体相中，而随着温度下降，体相中的碳原子在金属表面逐渐析出，同时在单晶金属的作用下，生成取向一致的石墨烯岛，进而在表面外延生长、拼接形成连续的石墨烯薄膜。例如，中国科学院高鸿钧课题组发现含碳的单晶钌衬底在超高真空的环境下经过高温退火可以在表面形成单层石墨烯，并且通过 LEED 结果证明石墨烯具有毫米级的有序性。但贵金属单晶外延生长法制备的石墨烯存在以下问题：(1) 石墨烯薄膜均匀性较难控制；(2) 石墨烯和衬底之间的共格界面会影响石墨烯的本征性质；(3) 超强的作用力导致石墨烯很难从衬底转移下来;(4) 单晶贵金属的高成本和制备条件的苛刻性均限制了石墨烯的大规模制备。

经过不断探索,近年来,科学家们在非贵金属的单晶表面成功实现了单晶石墨烯的外延生长,并且避免了超高真空的使用。通常情况下,石墨烯的边缘结构与台阶的相互作用决定了石墨烯在单晶衬底上的晶格取向。因而,外延生长单晶石墨烯的关键在于寻找晶格参数匹配的单晶外延衬底。目前用于石墨烯外延生长的单晶金属大多都是通过多晶衬底表面的重构或者在非金属基底上异质外延获得的单晶薄膜。基于这两种方法,目前已发展的单晶金属表面包括 Ge(110)、Cu(111)以及铜-镍合金 $Cu_{90}Ni_{10}$(111)等。

单晶 Cu(111)和石墨烯的晶格参数十分接近,均是 C_3 对称性,晶格失配度只有 4%,因此单晶 Cu(111)理论上应该是外延生长单晶石墨烯比较理想的衬底。如前所述,在较高的氢气分压下,石墨烯的畴区形貌为六边形,石墨烯边缘一般是以锯齿型(zigzag)构型存在的,即可通过量取六边形的边界角度判断石墨烯晶格的相对取向。相关的理论计算表明石墨烯的锯齿型边与 Cu[01 - 1]原子台阶相连时,形成能最低,即为石墨烯成核最优势取向。又由于单晶 Cu(111)上的原子台阶沿 Cu[01 - 1]方向是高度一致的,通过调控氢气分压和生长压力,即可在单晶 Cu(111)表面上得到同取向且为六边形几何形貌的石墨烯晶畴。韩国成均馆大学 Lee 课题组采用多次抛光和高温退火的处理方法,得到表面由 Cu(111)取向为主的铜箔表面[图 5 - 24(a)(b)],并采用合适的氢气/甲烷流量比例,在 Cu(111)晶面上外延生长得到了六边形的石墨烯单晶,其晶格取向的一致性可达 98%[图 5 - 24(c)]。[31] 同时,研究人员通过 STM 等表征方法证明了取向一致的六边形石墨烯畴区在拼接时不会产生晶界,即石墨烯可以在 Cu(111) 晶面外延生长并无缝拼接为大尺寸的石墨烯单晶。理论计算表明碳原子簇在 Cu(111)表面成核时会嵌入 Cu(111)晶面内进行外延生长,需要克服很高的势垒才能改变石墨烯畴区的取向,因而石墨烯在 Cu(111)晶面上生长具有高度取向性[图 5 - 24(d)(e)]。而在 Cu(100)和 Cu(110)晶面上,石墨烯在不同取向上成核时,能量差异较小,即无优势取向,因而成核具有随机性。需要注意的是,生长温度、氢气/甲烷流量比例、衬底表面

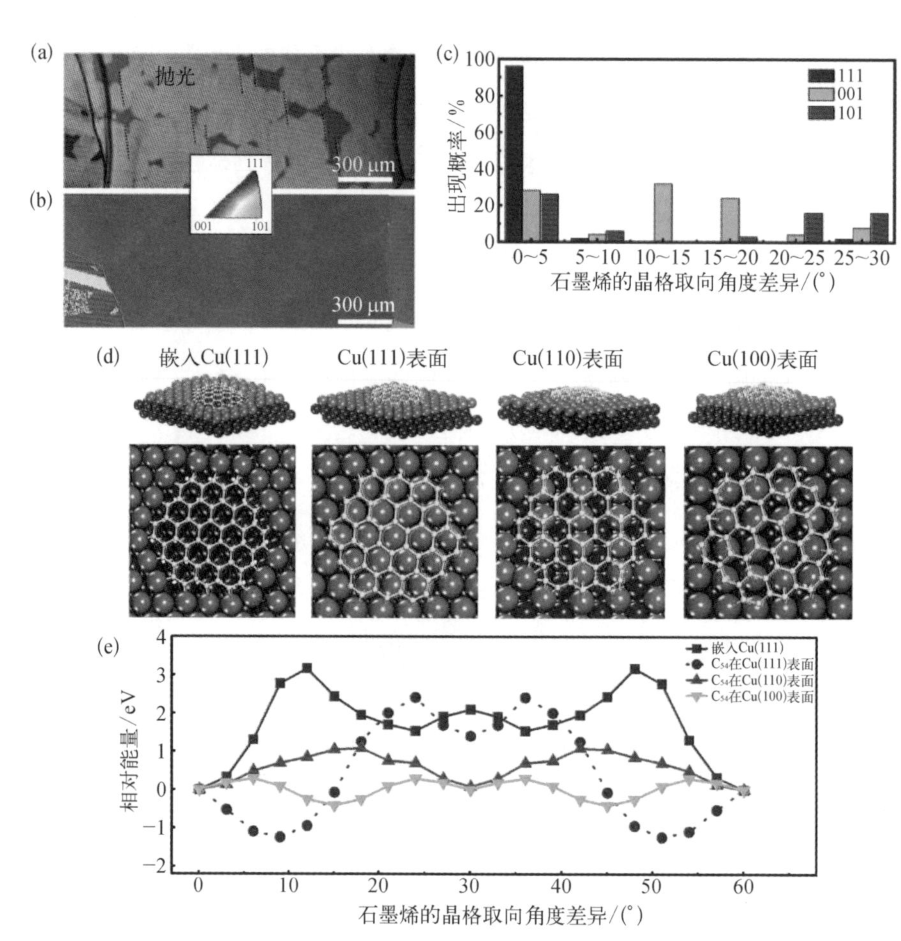

图 5-24 经过多次抛光和高温退火处理获得大面积 Cu(111)晶面并制备取向一致的石墨烯畴区

(a)六边形石墨烯在 Cu(111)晶面生长的光学图像[其中 Cu(111)晶面是通过高温处理和抛光方法得到的];(b)铜箔表面 EBSD 图;(c)石墨烯在 Cu(111)、Cu(001)、Cu(101)表面生长时,出现的与 Cu 衬底晶格取向角度差异的概率统计;(d)碳原子簇在铜不同晶面上的结构构型和成核模式;(e)在不同晶面上碳原子簇形成能与畴区取向角度的关系[蓝色实线表示石墨烯核嵌入 Cu(111)晶面内部的形成能与畴区取向角度的关系,蓝色虚线、紫色实线和绿色实线分别表示 54 个碳原子构成的碳团簇在 Cu(111)、Cu(110)和 Cu(100)表面的形成能与畴区取向角度的关系]

的平整度以及杂质等因素都会影响石墨烯晶畴的取向。此外,该方法获得的 Cu(111)晶面尺寸有限,而且不能证明 Cu(111)晶面的取向性,即是否为单晶 Cu(111)表面。

随后,北京大学刘开辉课题组发展了一种基于温度梯度驱动晶界运动的技术,成功将工业多晶铜箔转化成为高度定向的单晶 Cu(111)。[32] Cu(111) 在高温条件下是最稳定的晶面,首先将高温反应炉的中心温度设置为 1035℃,然后利用滚轮逐步将铜箔向中心区域传送,炉子中心高温区域的温度梯度可驱使铜箔的晶界发生连续热移动[图 5－25(a)]，从而使多晶的铜箔表面转变为单晶 Cu(111)。通过此方法，他们获得了尺寸为 50 cm 的 Cu(111)单晶表面[图 5－25(b)]。研究人员利用 LEED 对已获得的单晶 Cu(111)进行表征，发现 Cu 晶格取向完全一致(图 5－25(c))。同时，使用合适的氢气/甲烷流量比例，在单晶 Cu(111)表面进行石墨烯的外延生长，实现了石墨烯畴区取向的一致性高达 99%以上，通过进一步延长生长时间即可获得与单晶 Cu(111)表面尺寸相同的石墨烯单晶薄膜[图 5－25(d)～(f)]。

图 5－25　多晶铜箔转化为单晶 Cu(111)并外延生长石墨烯单晶薄膜

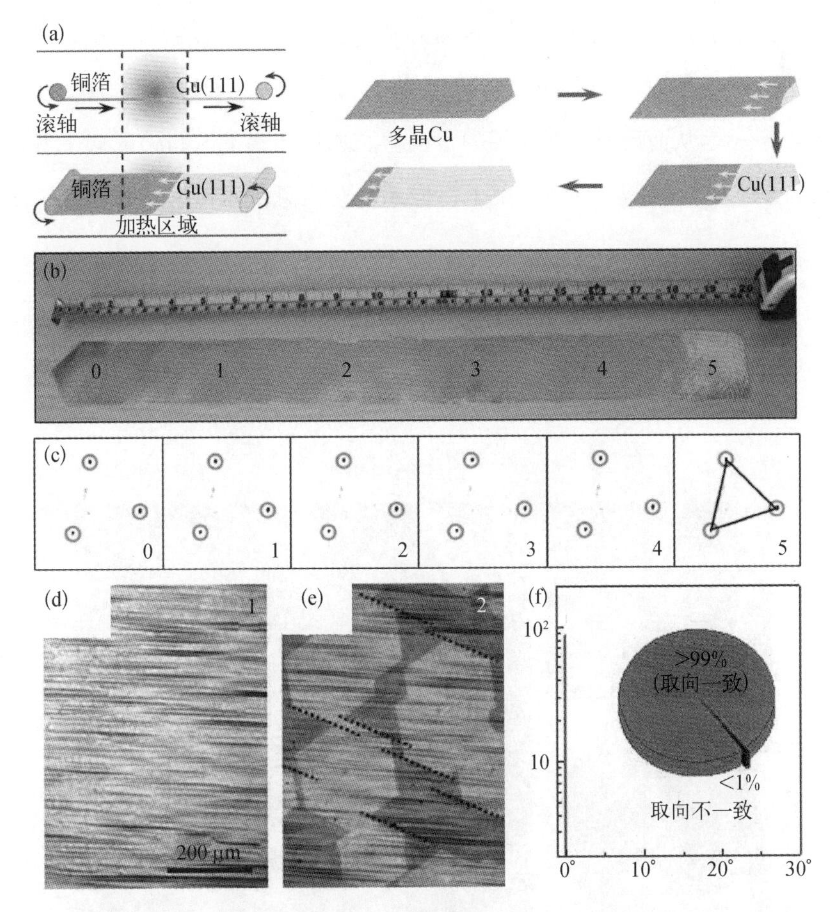

（a）多晶铜箔经过滚轮传送到加热区转变为单晶 Cu（111）的示意图；（b）（c）大面积单晶 Cu（111）的照片（b）以及在不同位置处 Cu（111）的 LEED 表征结果（c）；（d）（e）不同石墨烯覆盖率下的光学图像［图（d）为完全长满的石墨烯薄膜，图（c）为未长满时晶格取向一致的六边形石墨烯畴区］；（f）石墨烯畴区取角度向的统计图（晶格取向一致的石墨烯畴区占比大于 99%，而晶格取向不一致的石墨烯畴区占比小于 1%）

金属箔材经过特殊处理和重构后，虽然多晶表面能转化为单晶结构，但是还存在高低不平的起伏度、杂质吸附以及晶界等问题，从而存在不能有效控制石墨烯畴区取向的可能性。相比之下，非金属表面的异质外延单晶金属薄膜，再通过CVD方法外延生长同取向的石墨烯单晶畴区，在一定程度上可以避免这些问题。

2014年，韩国Whang课题组在硅基底上通过异质外延生长得到了单晶Ge(110)薄膜，使石墨烯在单晶Ge(110)衬底表面进行同取向成核，进而获得了石墨烯单晶晶圆[图5-26(a)～(c)]。[33]他们认为单晶Ge(110)的两重对称性决定了石墨烯的各向异性成核行为，进而外延生长成取向一致的石墨烯单畴。同时，研究人员也采用了单晶Ge(111)衬底进行石墨烯的生长，他们发现石墨烯畴区取向不一致，从而证明了石墨烯的定向生长取决于在Ge(110)衬底上各向异性的生长行为。随后，中国科学院上海微系统与信息技术研究所戴家赟课题组

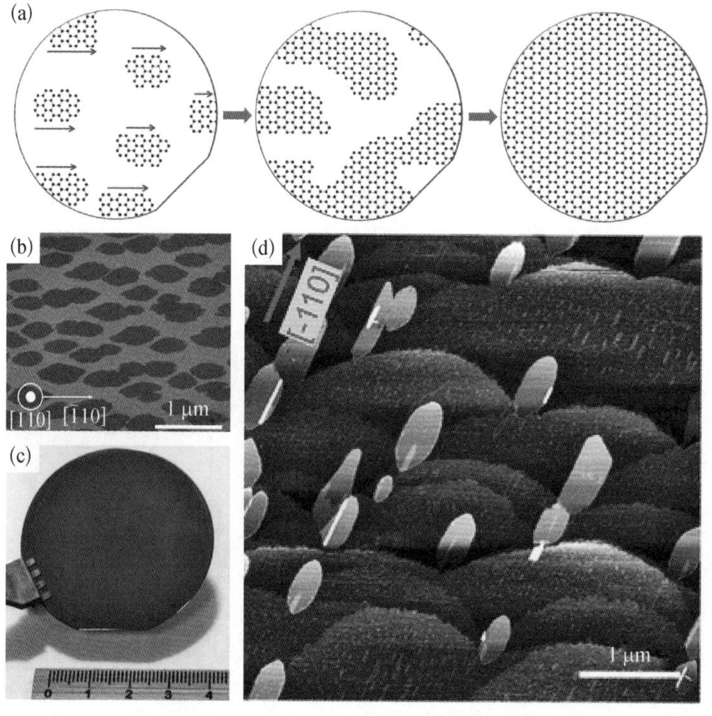

图5-26 石墨烯单晶晶圆在单晶Ge(110)表面的制备和表征

(a) 在单晶Ge(110)表面上生长晶格取向一致的石墨烯畴区，进而拼接形成大单晶石墨烯薄膜的示意图；(b) 石墨烯晶畴的SEM图像；(c) 准单晶石墨烯晶圆在硅片上的照片；(d) 石墨烯生长在具有高密度台阶的单晶Ge(110)衬底上的AFM图像

对石墨烯在单晶 Ge(110)上的取向生长机制进行了更深入的研究，发现 Ge(110)表面的原子台阶决定了石墨烯的成核取向。[34]他们发现在原子台阶密度高的 Ge(110)衬底表面，石墨烯畴区通常位于台阶边缘，并且具有高度取向性[图 5－26(d)]，而在经过高温退火处理后比较平坦的 Ge(110)表面上生长的石墨烯取向性较差。通过理论计算发现，石墨烯在成核时，锗与碳原子会在台阶边缘处形成 Ge—C 化学键，结合石墨烯与 Ge(110)的点阵匹配性，协同决定了石墨烯的取向生长。但单晶 Ge(110)上外延生长得到的单晶石墨烯迁移率远低于理论值，因此具体的生长机制和石墨烯畴区的拼接行为还需要更加深入地挖掘。

值得注意的是，由于石墨烯和金属衬底的热膨胀系数存在差异，会导致石墨烯在降温过程中产生褶皱。这不仅会降低石墨烯的本征性质，也会使石墨烯畴区取向发生错位，造成石墨烯晶畴不能完美地进行无缝拼接。除此之外，石墨烯生长衬底的平整度及在降温过程中的重构也会对石墨烯的畴区取向和表面形貌造成影响。因此，动力学稳定的平整单晶衬底对于制备无褶皱和同取向石墨烯晶畴及实现畴区之间的无缝拼接是非常必要的。为此，北京大学彭海琳/刘忠范团队利用磁控溅射和退火重结晶的方法在单晶蓝宝石即 $a-Al_2O_3$(0001)上获得了 4 英寸的 Cu(111)单晶薄膜，并且利用界面应力调控的手段，成功避免了 Cu(111)孪晶的存在，为石墨烯的外延生长提供了高质量的平整单晶基底。[35]采用常压 CVD 方法，在单晶 Cu(111)表面上成功制备了晶圆尺寸的石墨烯薄膜[图5－27(a)～(d)]。由于单晶 Cu(111)具有最密堆积构型，使其在石墨烯生长过程中不会发生重构并保持最高的平整度。同时，石墨烯与 Cu(111)晶面具有的最强相互作用，使石墨烯在生长和降温过程中成功避免了褶皱的生成[图 5－27(e)(f)]。基于以上因素，石墨烯晶畴之间可以进行无缝拼接，从而实现了无褶皱石墨烯单晶晶圆的制备。

为了进一步提高 Cu(111)金属薄膜对碳氢键的催化裂解能力，从而提高石墨烯的生长速度，以及减少铜原子在高温生长过程中的蒸发而造成表面平整度的降低，彭海琳/刘忠范团队采用与上述类似的外延策略进一步在蓝宝石基底上制备了 $Cu_{90}Ni_{10}$(111)单晶薄膜，实现了无褶皱石墨烯单晶晶圆的快速生长[图 5－28(a)～(e)]。[36]在这里，Ni 的存在可以有效提高碳源的裂解速度，从而提升石

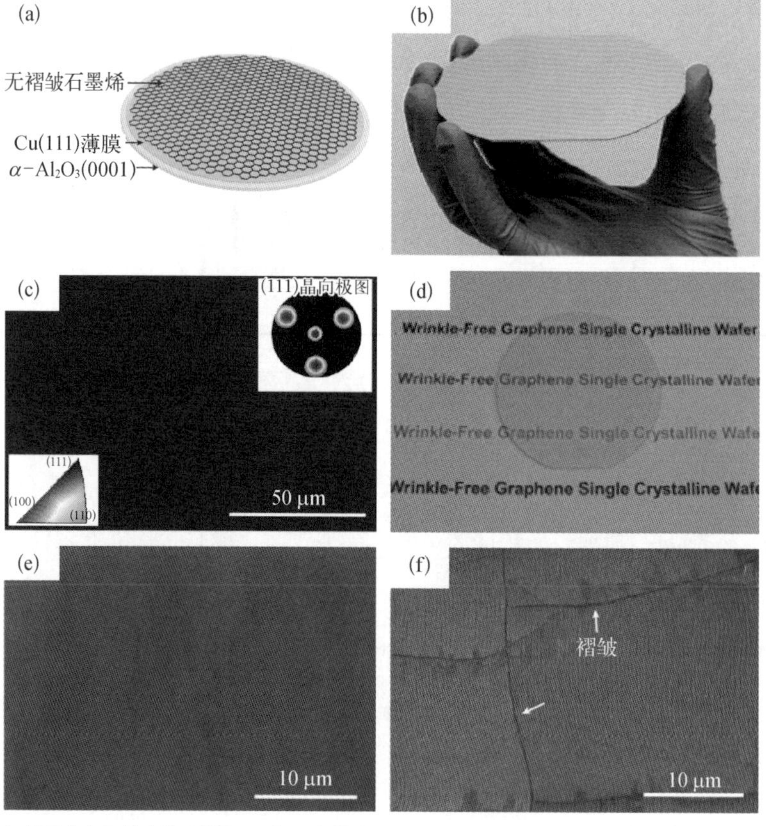

图 5-27 单晶蓝宝石基底外延单晶 Cu(111)薄膜，实现无褶皱石墨烯单晶晶圆的制备

（a）单晶蓝宝石基底外延单晶 Cu（111）薄膜及在其表面生长无褶皱石墨烯的示意图；（b）单晶蓝宝石基底制备 Cu（111）单晶晶圆的照片；（c）Cu（111）单晶薄膜的 EBSD 图；（d）晶圆尺寸石墨烯转移到蓝宝石基底上的照片（图中英文代表晶圆尺寸无褶皱石墨烯单晶，此内容打印在纸上以体现石墨烯较高的透光率）；（e）Cu（111）单晶薄膜上生长石墨烯的 SEM 图像；（f）Cu（100）晶面上生长石墨烯的 SEM 图像（箭头所指是石墨烯褶皱）

墨烯的单晶生长速度，在 10 min 内即可完成 4 英寸石墨烯单晶晶圆的生长。同时 $Cu_{90}Ni_{10}$(111)单晶薄膜在生长过程中可以保持高的平整度，从而有效地降低了石墨烯的成核密度，不仅能保持石墨烯畴区取向的高度一致性，而且使畴区在拼接前的最大尺寸提高 5 倍，即单晶畴区生长速度提升了 50 倍[图 5-28(f)(g)]。更值得一提的是该团队成功研发出了石墨烯单晶晶圆批量生产的设备，实现了单批次 25 片 4 英寸石墨烯单晶晶圆的快速生产[图 5-28(h)]。该装备的研发和石墨烯单晶晶圆制备方法的开发将大大推动高质量石墨烯薄膜的生产及面向高端电子器件领域的应用开发，可谓石墨烯单晶晶圆制备领域的重要突破。

图5-28 $Cu_{90}Ni_{10}$(111)单晶薄膜，实现无褶皱石墨烯单晶晶圆的快速和批量制备

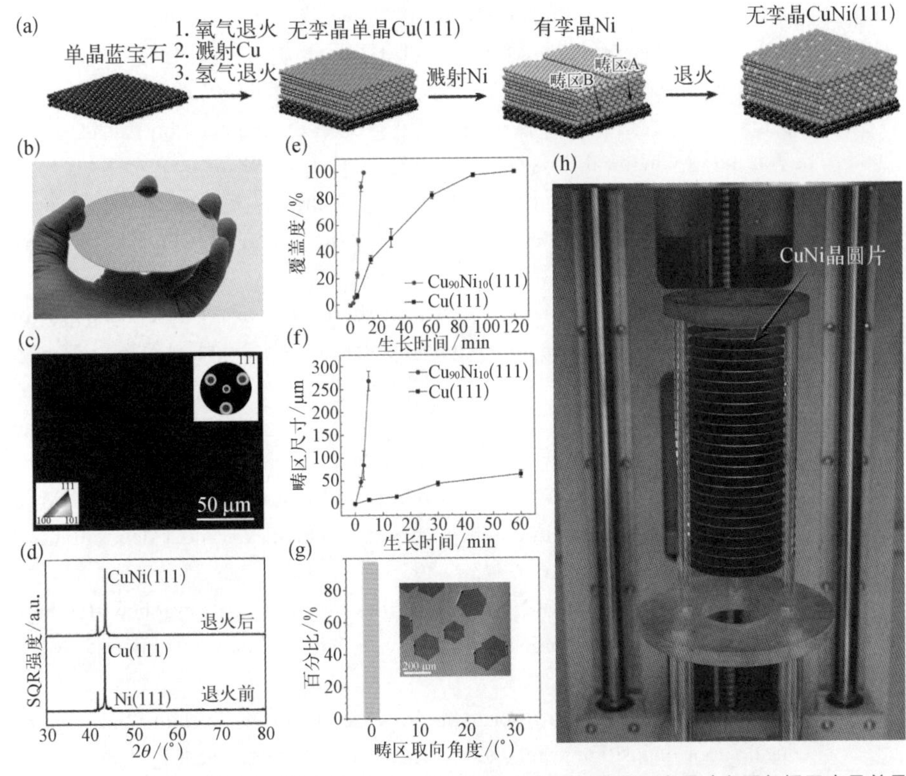

（a）单晶蓝宝石衬底上外延无孪晶 $Cu_{90}Ni_{10}$（111）单晶薄膜的示意图（主要包括无孪晶单晶 Cu（111）薄膜的外延生长、Ni 溅射、氢气气氛内的退火处理）；（b）单晶蓝宝石基底制备 4 英寸 $Cu_{90}Ni_{10}$（111）单晶薄膜的照片；（c）$Cu_{90}Ni_{10}$（111）单晶薄膜的 EBSD 图；（d）$Cu_{90}Ni_{10}$（111）在退火处理前后的 XRD 表征［黑线表示 Cu-Ni 沉积后但未退火的 XRD 结果，红线表示退火（After annealing）后的 XRD 结果］；（e）在 $Cu_{90}Ni_{10}$（111）和 Cu（111）单晶薄膜上石墨烯覆盖度随生长时间的变化对比；（f）$Cu_{90}Ni_{10}$（111）和 Cu（111）单晶薄膜上石墨烯畴区尺寸随生长时间的变化对比；（g）在 $Cu_{90}Ni_{10}$（111）单晶薄膜上，石墨烯畴区晶格取向角度的分布概率［插图为石墨烯畴区在 $Cu_{90}Ni_{10}$（111）表面生长的 SEM 图像，箭头表示石墨烯晶畴的相对取向］；（h）石墨烯单晶晶圆的批量化制备及炉体照片［箭头所指是单晶 $Cu_{90}Ni_{10}$（111）晶圆片］

参考文献

[1] Öberg H, Nestsiarenka Y, Matsuda A, et al. Adsorption and cyclotrimerization kinetics of C_2H_2 at a Cu(110) surface[J]. The Journal of Physical Chemistry C, 2012, 116(17): 9550-9560.

[2] Wang B, Ma X, Caffio M, et al. Size-selective carbon nanoclusters as precursors to the growth of epitaxial graphene[J]. Nano Letters, 2011, 11(2): 424-430.

[3] Coraux J, N'Diaye A T, Engler M, et al. Growth of graphene on Ir (111)[J]. New Journal of Physics, 2009, 11(3): 039801.
[4] Van Wesep R G, Chen H, Zhu W, et al. Communication: Stable carbon nanoarches in the initial stages of epitaxial growth of graphene on Cu(111)[J]. The Journal of Chemical Physics, 2011, 134(17): 171105.
[5] Yuan Q, Gao J, Shu H, et al. Magic carbon clusters in the chemical vapor deposition growth of graphene[J]. Journal of the American Chemical Society, 2012, 134(6): 2970 - 2975.
[6] Zhang W, Wu P, Li Z, et al. First-principles thermodynamics of graphene growth on Cu surfaces[J]. The Journal of Physical Chemistry C, 2011, 115(36): 17782 - 17787.
[7] Kim H, Mattevi C, Calvo M R, et al. Activation energy paths for graphene nucleation and growth on Cu[J]. ACS Nano, 2012, 6(4): 3614 - 3623.
[8] Yu Q, Jauregui L A, Wu W, et al. Control and characterization of individual grains and grain boundaries in graphene grown by chemical vapour deposition[J]. Nature Materials, 2011, 10(6): 443 - 449.
[9] Polat E O, Balci O, Kakenov N, et al. Synthesis of large area graphene for high performance in flexible optoelectronic devices[J]. Scientific Reports, 2015, 5: 16744.
[10] Gao J, Yuan Q, Hu H, et al. Formation of carbon clusters in the initial stage of chemical vapor deposition graphene growth on Ni (111) surface[J]. The Journal of Physical Chemistry C, 2011, 115(36): 17695 - 17703.
[11] Gao J, Yip J, Zhao J, et al. Graphene nucleation on transition metal surface: structure transformation and role of the metal step edge[J]. Journal of the American Chemical Society, 2011, 133(13): 5009 - 5015.
[12] Huang P Y, Ruiz-Vargas C S, van der Zande A M, et al. Grains and grain boundaries in single-layer graphene atomic patchwork quilts[J]. Nature, 2011, 469 (7330): 389 - 392.
[13] Ma T, Liu Z, Wen J, et al. Tailoring the thermal and electrical transport properties of graphene films by grain size engineering[J]. Nature Communications, 2017, (8): 14486.
[14] Li X, Magnuson C W, Venugopal A, et al. Graphene films with large domain size by a two-step chemical vapor deposition process[J]. Nano Letters, 2010, 10(11): 4328 - 4334.
[15] Gao L, Ren W, Xu H, et al. Repeated growth and bubbling transfer of graphene with millimetre-size single-crystal grains using platinum[J]. Nature Communications, 2012, (3): 699.
[16] Wu T, Zhang X, Yuan Q, et al. Fast growth of inch-sized single-crystalline graphene from a controlled single nucleus on Cu-Ni alloys[J]. Nature Materials, 2016, 15(1): 43 - 47.

[17] Zhang B, Lee W H, Piner R, et al. Low-temperature chemical vapor deposition growth of graphene from toluene on electropolished copper foils[J]. ACS Nano, 2012, 6(3): 2471 - 2476.

[18] Luo Z, Lu Y, Singer D W, et al. Effect of substrate roughness and feedstock concentration on growth of wafer-scale graphene at atmospheric pressure[J]. Chemistry of Materials, 2011, 23(6): 1441 - 1447.

[19] Yan Z, Lin J, Peng Z, et al. Toward the synthesis of wafer-scale single-crystal graphene on copper foils[J]. ACS Nano, 2012, 6(10): 9110 - 9117.

[20] Chen S, Ji H, Chou H, et al. Millimeter-size single-crystal graphene by suppressing evaporative loss of Cu during low pressure chemical vapor deposition [J]. Advanced Materials, 2013, 25(14): 2062 - 2065.

[21] Geng D, Wu B, Guo Y, et al. Uniform hexagonal graphene flakes and films grown on liquid copper surface[J]. Proceedings of the National Academy of Sciences, 2012, 109(21): 7992 - 7996.

[22] Mohsin A, Liu L, Liu P, et al. Synthesis of millimeter-size hexagon-shaped graphene single crystals on resolidified copper[J]. ACS Nano, 2013, 7(10): 8924 -8931.

[23] Lin L, Li J, Ren H, et al. Surface engineering of copper foils for growing centimeter-sized single-crystalline graphene[J]. ACS Nano, 2016, 10(2): 2922 - 2929.

[24] Hao Y, Bharathi M S, Wang L, et al. The role of surface oxygen in the growth of large single-crystal graphene on copper[J]. Science, 2013, 342(6159): 720 - 723.

[25] Lin L, Sun L, Zhang J, et al. Rapid growth of large single-crystalline graphene via second passivation and multistage carbon supply[J]. Advanced Materials, 2016, 28(23): 4671 - 4677.

[26] Wang H, Xu X, Li J, et al. Surface monocrystallization of copper foil for fast growth of large single-crystal graphene under free molecular flow[J]. Advanced Materials, 2016, 28(40): 8968 - 8974.

[27] Sun X, Lin L, Sun L, et al. Graphene: low-temperature and rapid growth of large single-crystalline graphene with ethane[J]. Small, 2018, 14(3): 1870011.

[28] Xu X, Zhang Z, Qiu L, et al. Ultrafast growth of single-crystal graphene assisted by a continuous oxygen supply[J]. Nature Nanotechnology, 2016, 11(11): 930 - 935.

[29] Babenko V, Murdock A T, Koós A A, et al. Rapid epitaxy-free graphene synthesis on silicidated polycrystalline platinum[J]. Nature Communications, 2015, (6): 7536.

[30] Berger C, Song Z, Li T, et al. Ultrathin epitaxial graphite: 2D electron gas properties and a route toward graphene-based nanoelectronics[J]. The Journal of Physical Chemistry B, 2004, 108(52): 19912 - 19916.

[31] Nguyen V L, Shin B G, Duong D L, et al. Seamless stitching of graphene domains

on polished copper (111) foil[J]. Advanced Materials, 2015, 27(8): 1376 - 1382.
[32] Xu X, Zhang Z, Dong J, et al. Ultrafast epitaxial growth of metre-sized single-crystal graphene on industrial Cu foil[J]. Science Bulletin, 2017, 62(15): 1074 - 1080.
[33] Lee J H, Lee E K, Joo W J, et al. Wafer-scale growth of single-crystal monolayer graphene on reusable hydrogen-terminated germanium[J]. Science, 2014, 344 (6181): 286 - 289.
[34] Dai J, Wang D, Zhang M, et al. How graphene islands are unidirectionally aligned on the Ge(110) surface[J]. Nano Letters, 2016, 16(5): 3160 - 3165.
[35] Deng B, Pang Z, Chen S, et al. Wrinkle-free single-crystal graphene wafer grown on strain-engineered substrates[J]. ACS Nano, 2017, 11(12): 12337 - 12345.
[36] Deng B, Xin Z, Xue R, et al. Scalable and ultrafast epitaxial growth of single-crystal graphene wafers for electrically tunable liquid-crystal microlens arrays[J]. Science Bulletin, 2019, 64(10): 659 - 668.

第6章

超洁净石墨烯的制备方法

化学气相沉积(CVD)技术被广泛用于高质量石墨烯薄膜的制备,并已实现规模化生产。然而,这种CVD石墨烯薄膜的表面常常很脏,覆盖着大量的污染物,这也是其性能一直难以媲美机械剥离样品的原因之一。长期以来,人们普遍认为污染来自“转移”环节,即将石墨烯薄膜从生长衬底上剥离并转移到目标衬底上的过程带来了污染问题。因为人们普遍使用的转移技术常常用到聚合物转移媒介(参见第12章),导致聚合物的部分残留,所以造成了这种认识误区。

实际上,在石墨烯的高温CVD生长过程中,伴随着许多副反应。这些副反应导致石墨烯薄膜表面沉积大量的无定形碳污染物,造成石墨烯薄膜的“本征污染”现象。研究表明,对于干净的石墨烯薄膜表面,转移后也非常干净;而对于污染的石墨烯薄膜表面,转移后常常变得更脏。这些污染物会给石墨烯材料和器件的性能带来严重的影响。事实上,超洁净生长方法可以解决上述“本征污染”问题,由此得到的超洁净石墨烯薄膜,在载流子迁移率、透光率、接触电阻,以及机械强度等诸多指标上都给出了目前文献报道的最好结果。

本章将首先阐述CVD石墨烯的“本征污染”问题及其产生根源。在此基础上,详细介绍迄今为止人们发展的两种主要的超洁净石墨烯制备技术。

6.1 CVD生长过程中石墨烯的本征污染问题

在碳材料的大家族中,根据碳原子的成键类型和排列方式等,可对其同素异形体进行更精细的划分。其中,具有 sp^2 杂化形式的石墨和具有 sp^3 杂化形式的金刚石,是最为常见和典型的代表。在高温高压下,这两种碳材料家族的明星材料可相互转换。而介于两者之间同时含有一定程度的 sp^2 和 sp^3 杂化碳的材料,即是无定形碳。无定形碳的共性是长程无序而短程有序,碳碳键长和键角相对

于理想的 sp^2 或 sp^3 杂化的碳有明显的差异。通常根据无定形碳中 sp^2 和 sp^3 杂化碳的相对含量、有序结构的连续尺寸，以及悬挂键被氢氧等元素饱和的程度，可对无定形碳进行更具体的分类，也可结合碳氢相图来具体分析。[1]

在 CVD 生长条件下，在衬底表面生成石墨烯的同时，也伴随着各种无定形碳的生成，造成对石墨烯薄膜的“本征污染”。这一现象是北京大学刘忠范课题组[2]最早发现的，其普遍存在于高温环境下的石墨烯 CVD 生长过程中。刘忠范课题组利用原子力显微镜(AFM)对各种生长条件下得到的石墨烯/铜箔表面进行了详细的形貌表征，发现即便是刚刚从反应腔中取出的样品表面也非常脏，覆盖着大量的污染物。为排除石墨烯制备系统和制备工艺的个体差异带来的影响，该课题组对来自国内外知名课题组的 CVD 石墨烯样品进行了普查，得出了相同的结论。如图 6-1 所示，这些污染物主要分布在石墨烯薄膜的上表面，间距不足 100 nm，且多呈连续或半连续的网络状分布，高度分布在 0.3～3 nm，相当于 1～10 层石墨烯的厚度。因为样品并未经历任何剥离-转移处理过程，这些污染物显然不是由转移过程引入的，而应属于 CVD 制备过程中的“本征污染”。

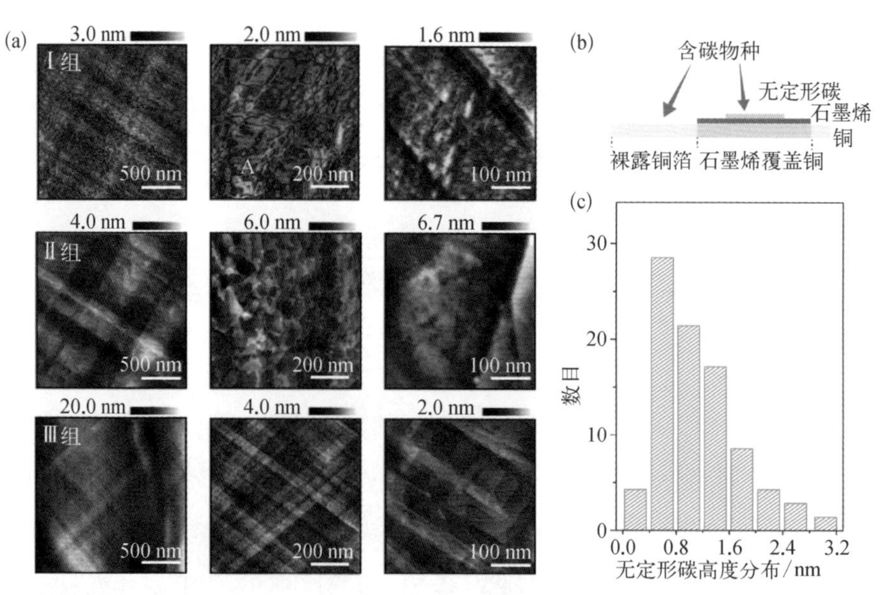

图6-1 常规 CVD 工艺在铜箔上生长的石墨烯表面的 AFM 表征

(a) 国内外不同课题组的石墨烯/铜箔样品表面形貌的典型 AFM 扫描结果；(b) 石墨烯表面污染物、石墨烯和铜衬底相对位置示意图；(c) 石墨烯表面污染物高度的统计结果[2]

需要指出的是，有关“本征污染”问题，尽管之前并未引起人们足够的重视，但已经被多个课题组在实验中观测到。早在 2014 年，英国曼彻斯特大学 Kinloch 课题组[3]就利用扫描电子显微镜（SEM），借助超高分辨率的透射光阑探测器，直接在石墨烯/铜箔表面观测到了纳米间隔的、卷曲网状分布的无定形碳污染物[图 6-2(a)]。无独有偶，2015 年，韩国 Lee 课题组[4]使用扫描隧道显微镜（STM）也观测到石墨烯/铜箔样品表面大量污染物的存在[图 6-2(b)]。

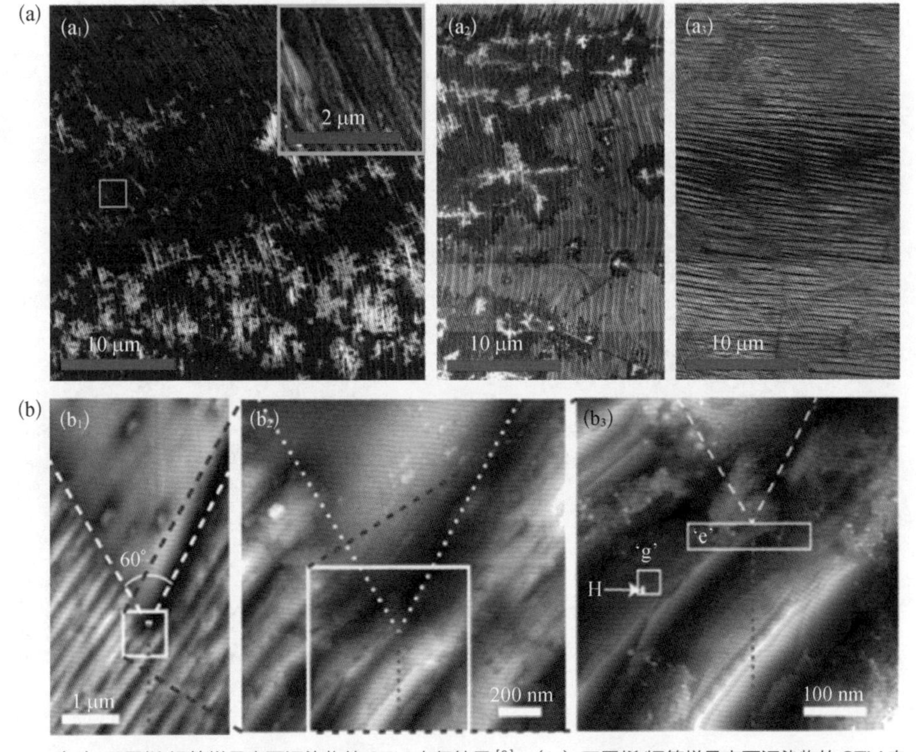

图6-2 铜箔衬底上使用常规 CVD 工艺生长的石墨烯薄膜表面的污染物表征

（a）石墨烯/铜箔样品表面污染物的 SEM 表征结果[3]；（b）石墨烯/铜箔样品表面污染物的 STM 表征结果[4]

使用无胶洁净转移方法[5]制备悬空石墨烯，能够有效避免常规聚合物辅助转移法引入的聚合物残留等污染物对本征污染物评估的影响，同时也便于利用原子力显微镜和透射电子显微镜（TEM）等高分辨手段对石墨烯表面本征污染物的分布情况、成分和结构等进行精细表征。[6,7]如图 6-3 所示，在生长过程中暴露在反应气氛中的石墨烯上表面非常脏，有大量的污染物存在；而面向铜箔的石墨烯下表面则非常干净，未检测到明显的污染物。该结果进一步表明，污染物主要形成于石墨烯的上表面，而非石墨烯与铜箔之间。

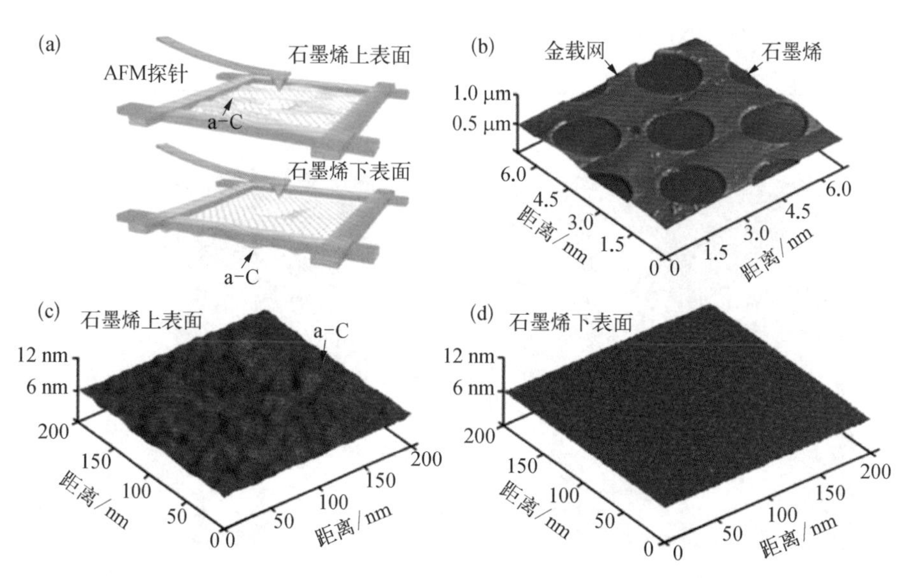

图6-3 悬空石墨烯薄膜上、下表面的AFM表征结果

（a）AFM表征悬空石墨烯上、下表面无定形碳污染物分布情况示意图；（b）无胶洁净转移到多孔碳膜基底上的悬空石墨烯的三维AFM图像；（c）石墨烯上表面的AFM表征结果；（d）石墨烯下表面的AFM表征结果[2]

通过透射电子显微镜，在较大的观察视野内采集常规CVD工艺制备的石墨烯薄膜样品的原位明场像和暗场像，可以清晰地看出污染物呈网络状分布[图6-4(a)(b)]。结合图6-4(c)给出的原位元素分布的面扫描结果可知，石墨烯表面污染物的成分以碳元素为主。

使用球差校正透射电子显微镜，能够采集到石墨烯及其表面污染物的高分辨TEM图像，并基于此分析无定形碳污染物的晶格结构，如图6-5所示。图6-5(c)～(e)分别是对图6-5(a)、图6-5(a)红框区域、图6-5(b)蓝框区域进行快速傅里叶变换后的结果。对于无污染的石墨烯区域，反向傅里叶变换得到对应石墨烯信号的一套明锐的衍射点。而对于污染的石墨烯表面，除了出现对

图6-4 石墨烯表面污染物的形貌及元素成分分析

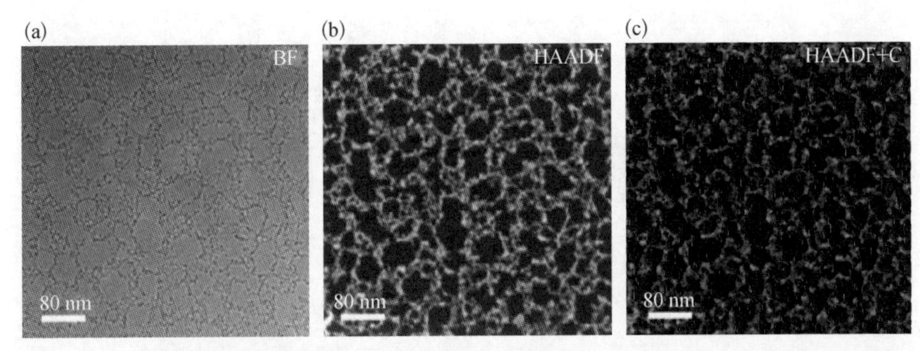

(a)石墨烯及表面污染物的低倍 TEM 明场像;(b)石墨烯及表面污染物的扫描透射电子显微镜①成像模式下得到的高角环形暗场像②;(c)石墨烯及表面污染物的碳元素分布面扫描结果[2]

应石墨烯信号的晶格衍射点外,还出现清晰的衍射环,且衍射环与石墨烯的衍射点有空间交叠,这正是由无定形碳污染物的存在所致。通过从快速傅里叶变换图像中扣除石墨烯对应的衍射点,并在此基础上进行反向快速傅里叶变换,就可以将 TEM 图像中石墨烯的晶格作为背底扣除掉,[8]得到如图 6-5(b)所示的只含有无定形碳晶格像的图像。通过对该图像进行局域放大,结合不同区域的衬度变化,可以拟合出碳原子在无定形碳中的分布情况,从而了解其排布的有序性和规律性。

图6-5 石墨烯表面无定形碳结构的分析

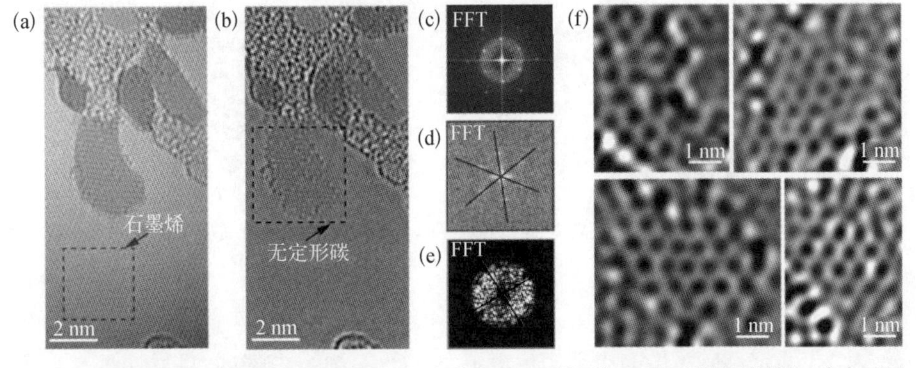

(a)石墨烯及其表面无定形碳的晶格结构;(b)扣除石墨烯晶格后无定形碳的晶格结构;(c)对图(a)快速傅里叶变换③的结果;(d)对图(a)中红框区域进行 FFT 处理后的结果;(e)对图(b)中蓝框区域进行 FFT 处理后的结果;(f)无定形碳区域结晶性较好的纳米畴区的典型形貌[7]

① 扫描透射电子显微镜(scanning transmission electron microscopy, STEM)。
② 高角环形暗场像(high angle annular dark field, HAADF)。
③ 快速傅里叶变换(fast Fourier transform, FFT)。

整体来看，无定形碳污染物可视为由类石墨烯结构的纳米尺寸“畴区”拼接而成，“畴区”拼接处污染物发生堆叠，厚度增加，且碳原子的排布更加无序。无定形碳污染物中碳原子的分布规律，与现代玻璃结构理论中的“晶子假说”有一定相似性。根据“晶子假说”，玻璃这一非晶物质的结构具有不连续性、有序性和微不均匀性(图 6－6)。玻璃由晶子与无定形物质两部分构成，其内部存在一定的有序区域。所谓“晶子”不同于一般微晶，而是带有晶格变形的有序区域。在晶子中心质点处排列较有规律，越远离中心变形程度就越大，“晶子”分散在无定形介质中，从有序到无序的过渡是逐步完成的，两者间无明显界限。

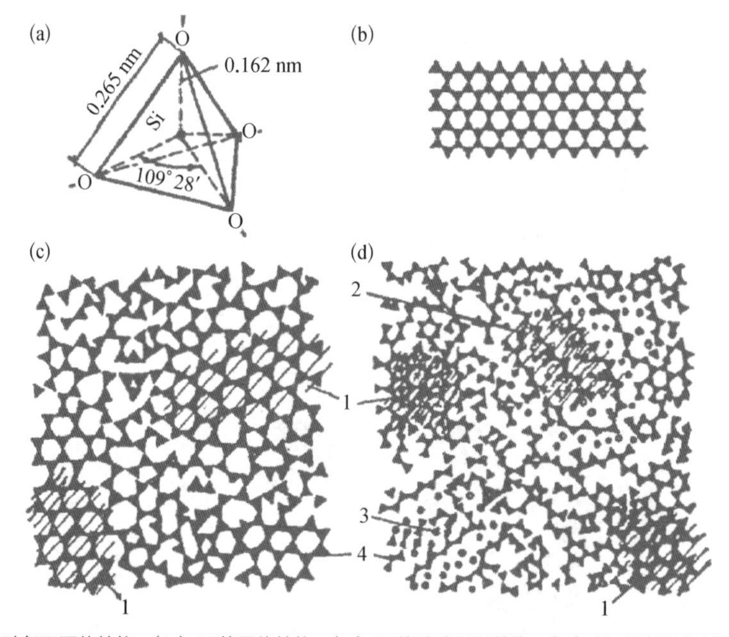

图 6－6 $[SiO_4]$ 石英晶体结构以及石英玻璃、钠硅酸盐玻璃晶子结构示意图

（a）硅氧四面体结构；（b）石英晶体结构；（c）石英玻璃晶子结构；（d）钠硅酸盐玻璃晶子结构
1—石英晶子；2—硅酸钠晶子；3—钠离子；4—四面体

对于无定形碳污染物中有序度较高的类石墨烯纳米畴区，可以通过量取不同 TEM 图像内的碳碳键长和键角，给出定量的统计结果。如图 6－7(a)(b)所示，碳碳键的夹角以 120°为中心，在 90°～150°波动，同时碳碳键长也基本以石墨烯的标准键长 0.142 nm 为中心在 0.09～0.22 nm 波动。这说明，即使在有序度较高的类石墨烯纳米畴区，大部分碳碳键也发生了一定的畸变，其内部存在大量五

图6-7 石墨烯表面无定形碳的结构分析与统计结果

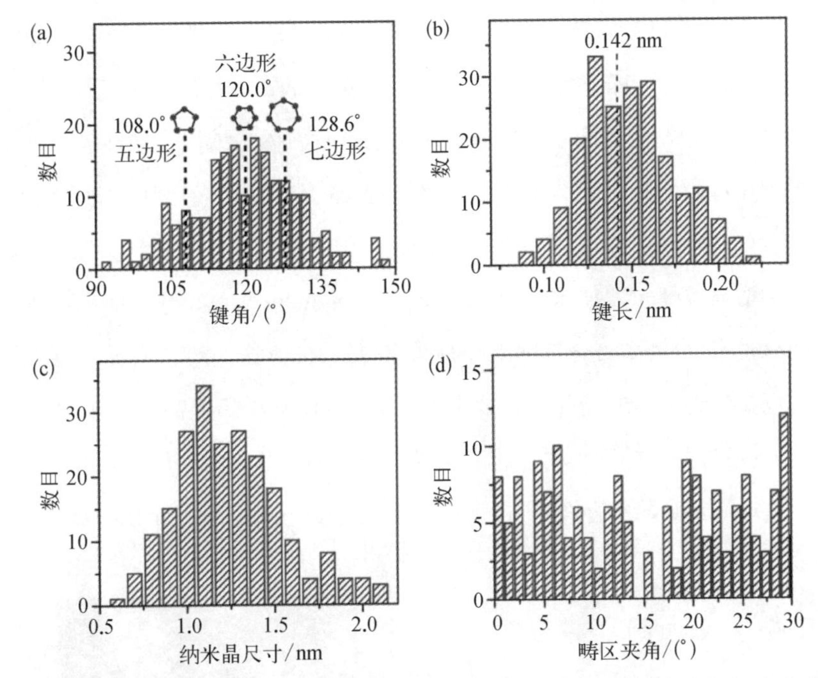

(a) 碳碳键形成的键角统计;(b) 碳碳键的键长统计;(c) 有序区域畴区尺寸统计;(d) 相邻纳米畴区的取向夹角统计[7]

元环、七元环和畸变的六元环。需要补充说明的是,无定形碳中的碳碳键所在平面可能并不完全平行于石墨烯所在平面。因此,该方法只能对垂直于电子束方向的平面投影结果进行统计,有一定的局限性。

刘忠范课题组将类石墨烯结构中有序区域连续出现的尺寸定义为组成无定形碳的纳米晶的畴区大小。由图6-7(c)可知,其尺寸主要分布在0.5~2.2 nm,平均尺寸为1.3 nm,约为10个碳碳键长。根据每个纳米畴区内部规则六元环的排布方向,可以获取结晶性较好的纳米畴区的取向信息。图6-7(d)的统计结果表明,相邻纳米畴区之间的取向夹角在0°~30°分布都较为随机,并未呈现明显的规律性。一个可能的解释是,在这些无定形碳污染物形成过程中,由于其在石墨烯表面旋转须跨越的能垒很高,使得最初的取向得以保存下来。此外,在污染物中间位置的厚层区域,往往能观察到片层状的石墨化结构,其对应的晶格间距与少层石墨烯的层间距相当,这可能归因于相邻纳米畴区拼接时,相互挤压形成了类似垂直石墨烯的结构。早期的研究表明,垂直石墨烯结构的生成往往是由于碳源供给过量或者生长衬底的催化活性不足。2014年，苏州大学 Rummeli 课题组[9]研究了 PECVD 制备垂直石墨烯的生长机理。他们认为，当碳源供给过量时，在生长衬底表面容易形成无定形碳缓冲层或洋葱状石墨化结构，也可能形成富含缺陷的垂直石墨烯结构。这种解释或许也适用于上述观测到的纳米尺寸的石墨化结构，既有可能涉及碳源供给量过大的问题，也可能涉及铜箔被石墨烯覆盖后催化能力下降导致的石墨化不充分问题。

针尖增强拉曼光谱技术(tip-enhanced Raman spectroscopy, TERS)是一种高空间分辨率(分辨率可达数纳米)的近场拉曼表征方法。刘忠范研究团队分别使用远场拉曼光谱和近场 TERS 技术对常规 CVD 石墨烯样品进行了表征。他们发现，远场拉曼未探测到明显的缺陷峰(D 峰)的样品，使用 TERS 技术则可以间歇性地探测到 D 峰的存在[图 6-8(a)]，在100 nm×100 nm 范围内 D 峰出现的

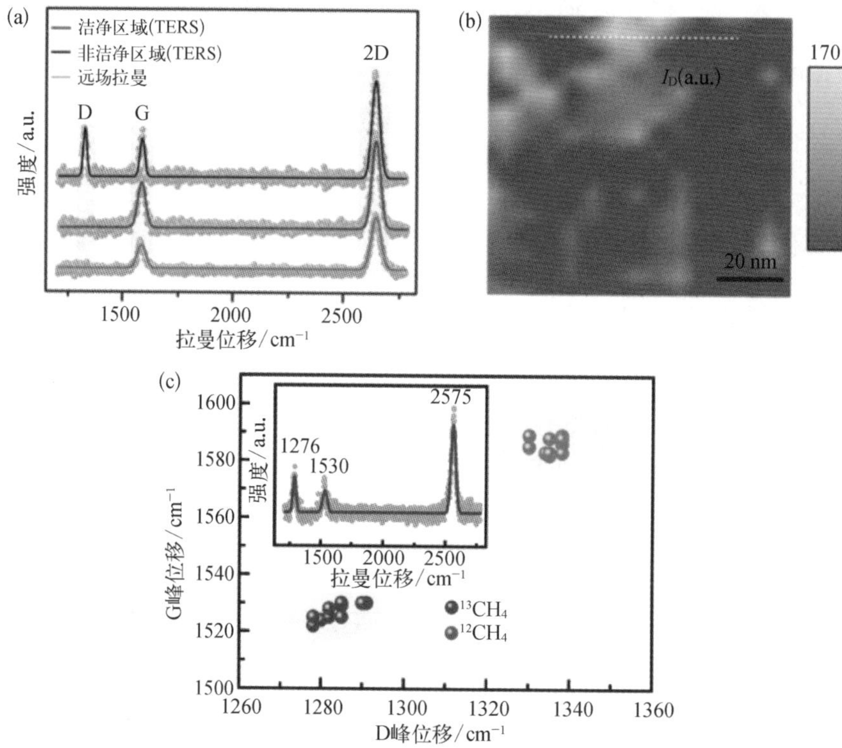

图6-8 石墨烯表面污染物的 TERS 表征结果[2]

(a) 石墨烯表面不同区域的拉曼谱图(自上而下依次为针尖增强拉曼光谱表征的石墨烯非洁净和洁净区域的单谱，以及相应位置的普通远场拉曼谱图，空间分辨率分别为 8 nm、8 nm 和 1000 nm)；(b) TERS模式下 100 nm×100 nm 范围内石墨烯表面 D 峰扫描的典型结果(可清晰看到部分区域出现明显的缺陷 D 峰，分布规律与透射电镜表征无胶转移得到的悬空石墨烯表面的污染物类似)；(c) $^{13}CH_4$ 碳源与 $^{12}CH_4$ 碳源生长的石墨烯样品的 TERS 谱图中 D 峰的位置分布统计结果(插图为 $^{13}CH_4$ 生长的普通非洁净石墨烯的典型 TERS 谱图)

概率可达三分之一以上。石墨烯拉曼谱图中的D峰是由无序性(如缺陷)引起的,既可能来源于石墨烯自身的晶格缺陷,也可能来源于表面无定形碳污染物。如果TERS探测到的D峰全部来源于石墨烯自身的点缺陷,则远场拉曼也会探测到D峰。因此,高分辨TERS结果也可以证实石墨烯表面无定形碳污染物的存在。

石墨烯在拉曼光谱中特征峰的峰位与组成石墨烯的碳原子的有效质量密切相关。具体来说,由^{13}C原子构成的石墨烯的D峰和G峰相较于由^{12}C原子构成的石墨烯会发生50 cm^{-1}左右的蓝移,而2D峰会发生100 cm^{-1}左右的蓝移。利用TERS表征^{13}C标记的石墨烯样品时,明显观测到了D峰的蓝移。这表明D峰的出现与石墨烯生长阶段的碳源直接相关,再次证明这些污染物并非是外部引入的,而是CVD生长过程中带来的“本征污染物”[图6-8(c)]。事实上,飞行时间二次离子质谱(time of flight secondary ion mass spectrometry, ToF-SIMS)研究也给出了相同的结论。如图6-9所示,刘忠范课题组利用ToF-SIMS技术,研究了^{12}C和^{13}C标记的CVD石墨烯样品。图中CH^-离子峰是石墨烯被轰击后产生的,而CH_2^-和CH_3^-离子峰则对应于结晶性较差的无定形碳污染物。显然,三个特征峰CH^-、CH_2^-和CH_3^-都表现出明显的同位素依赖性。这一证据有力地说明了石墨烯表面的无定形碳是生长阶段引入的。

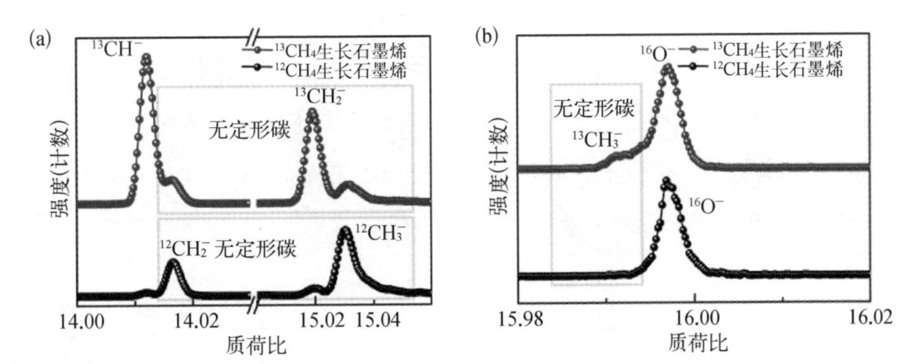

图6-9 ^{12}C和^{13}C标记的甲烷生长石墨烯的ToF-SIMS表征结果[2]

(a)质荷比在14~15.05时不同碳氢物种特征峰的强度分布;(b)质荷比在15.98~16.02时不同碳氢物种特征峰的强度分布

6.2 本征污染的成因

高温环境下 CVD 方法生长纳米碳材料的过程中，副反应的发生很难避免，无定形结构与有序结构常常相伴而生。实际上，“本征污染”问题普遍存在，且由来已久。例如，在碳纳米管的 CVD 生长过程中，也存在“本征污染”问题，通常称为“积碳”，亦即碳纳米管在生长时被无定形碳包覆的现象（图 6－10）。[10] 即便在 sp^3－C 构成的类金刚石薄膜的 CVD 制备过程中，也会不可避免地生成 sp^2－C 杂质。[11,12]

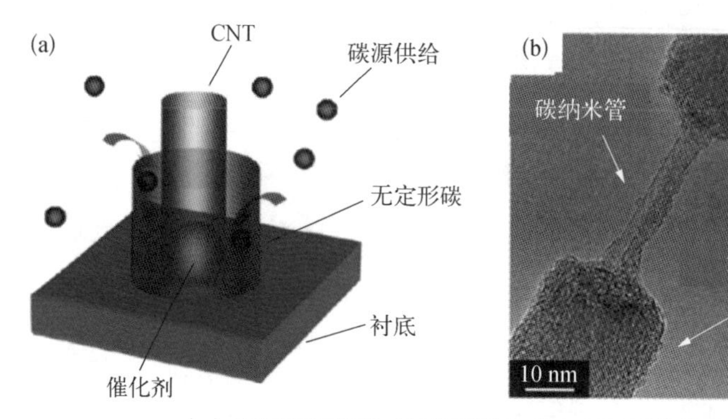

（a）无定形碳杂质生成过程示意图；（b）TEM 表征结果

图 6－10 CVD 生长碳纳米管过程中的“本征污染”问题[10]

本节内容将主要以甲烷碳源和铜衬底为例，结合图 6－11 所示的石墨烯高温生长的基元步骤，从气相反应和表面反应两个方面，讨论石墨烯“本征污染”问题的成因、无定形碳副产物可能的形成路径和主要影响因素。需要指出的是，气相中活性碳物种的尺寸、浓度和稳定性等因素对于石墨烯生长和无定形碳形成的影响同样不容忽视。现已报道的石墨烯生长相关工作，主要关注衬底表面的基元步骤，对气相热力学和动力学的讨论很有限。

6.2.1 气相反应的复杂性

从图 6－12 可以看出，碳源和氢气通入反应腔后，高温裂解可能会引发二十余

图6-11　石墨烯CVD生长的基元步骤

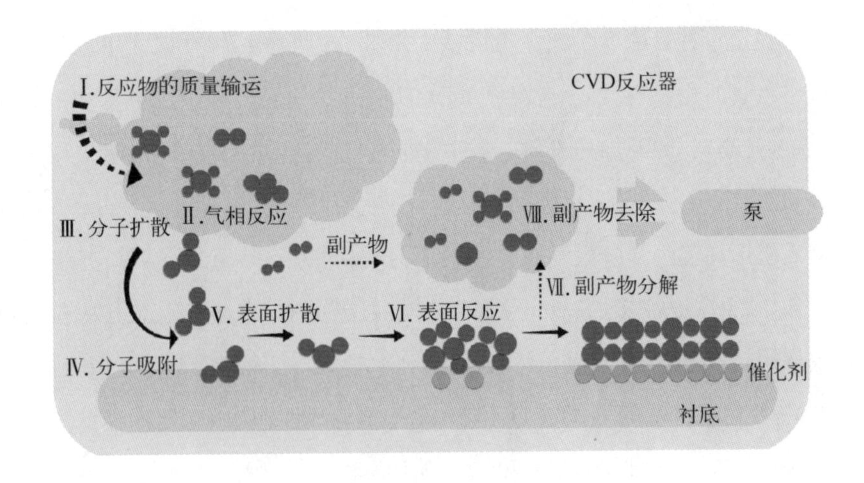

图6-12　石墨烯CVD生长过程中存在的反应路径[13]

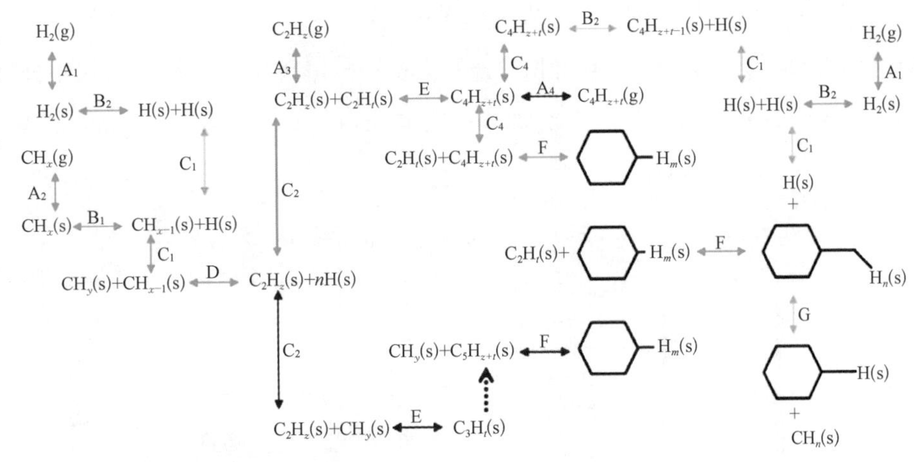

组可逆过程。其中，蓝色箭头对应最可能的反应路径，仍多达十五组。具体来说，从A到G的七类基元过程依次为：活性物种吸脱附、脱氢加氢、表面扩散和迁移、碳单体聚合成二聚体或二聚体裂解反应、碳多聚体聚合或裂解、芳构化与化合物的重整、氢攻击引起的裂解反应。这些反应的发生，将大大增加气相产物的复杂性和多样性。

关于CVD系统中碳源气相裂解产物的研究，最早可追溯到20世纪80—90年代。人们在使用含有C、H、O等元素的有机物分子作为前驱体生长定向热解石墨的过程中，通过质谱联用对碳源高温（约1100℃）热裂解的产物实时监测。质谱表征检测到的气体组分里有大量C_2H_4和C_3H_6，同时也检测出很多芳香族物质。这表明，C_nH_m、苯、多苯环等作为从碳源形成石墨化结构的中间物种，能在气相中稳定存在且浓度不低。肯塔基大学 Saito 课题组[14]在以二甲苯为碳源生长碳纳米管时也发现，当反应温度低于 973 K 时，气相物种以二甲苯和甲苯为主；而温度升高时，碳源加速裂解，气相物种中 C_2H_2 含量明显增多，除生成多环芳烃外，也会出现大量无定形碳副产物。

对石墨烯高温生长阶段气相物种的研究也可采用(热重)质谱仪、光谱仪联用等手段。2016 年，韩国 Kwon 课题组[15]将石墨烯 CVD 生长系统与原位质谱分析仪联用，发现使用聚甲基丙烯酸甲酯(PMMA)作为固体碳源时，气相成分以 CH_3 为主，并伴有少量的 H_2O、CO、CO_2、H_2 等成分；而当使用无定形碳薄膜作为固体碳源时，气相成分则以 C_2H_4 和 CO_2 为主。电子科技大学李雪松课题组[16]通过 CVD 系统与热重质谱仪联用，发现以甲烷为碳源生长石墨烯时，除相对分子质量小于 20 的裂解产物外，还有相对分子质量大于 40 的碳氢物种，这表明小分子的聚合反应在气相中也在发生[图 6－13(a)(b)]。2016 年，Shivayogimath 等

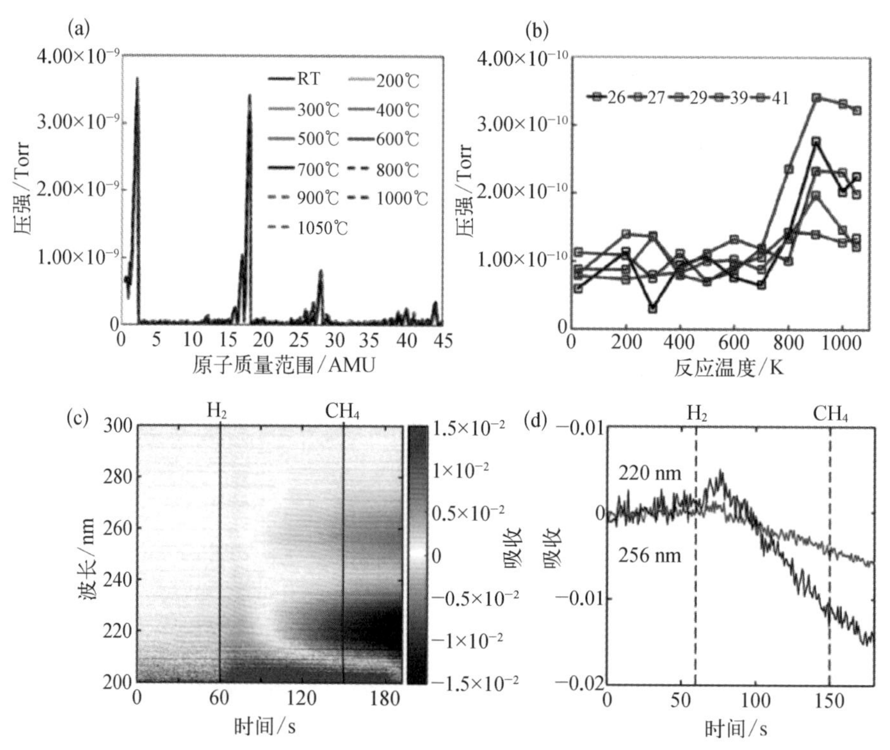

图 6－13 石墨烯高温生长体系中气相物种的原位检测

(a)(b)热重质谱仪联用检测不同温度下气相裂解产物的种类及含量变化[16]；(c)(d)原位紫外-可见吸收光谱仪联用检测 CVD 系统中的气相裂解产物[17]

人[17]使用原位紫外-可见吸收光谱仪表征气相产物在 220 nm 和 256 nm 特征吸收峰的强度演变规律，也证实了气相中存在相对分子质量较大的含碳化合物[图 6-13(c)(d)]。

碳源类型、载气流量、反应温度、系统压力等工艺参数的改变，将进一步增加 CVD 气相反应的复杂性。英国曼彻斯特大学 Kinloch 课题组[3]从反应热力学的角度研究了 CVD 生长石墨烯时，不同反应条件下气相平衡产物的类型、相对含量及其对石墨烯质量的影响(图 6-14)。通过改变反应温度(T_r)、碳氢元素比(R_{CH})、系统压力(p_A)等参数，他们进行了理论计算，结果表明，当 T_r 较低、R_{CH} 较大、p_A 较高时，气相平衡产物中含有较多 C_7H_8、C_6H_6、C_3H_6、C_8H_6 等大分子碳氢化合物。相应地，他们在实验中也观察到，当生长温度低于 926℃、CVD 系统压力从 0.001 mbar 逐渐升高到 1 mbar 时，满层石墨烯表面和孤立石墨烯畴区之间沉积的无定形碳副产物的含量都在逐渐增加。

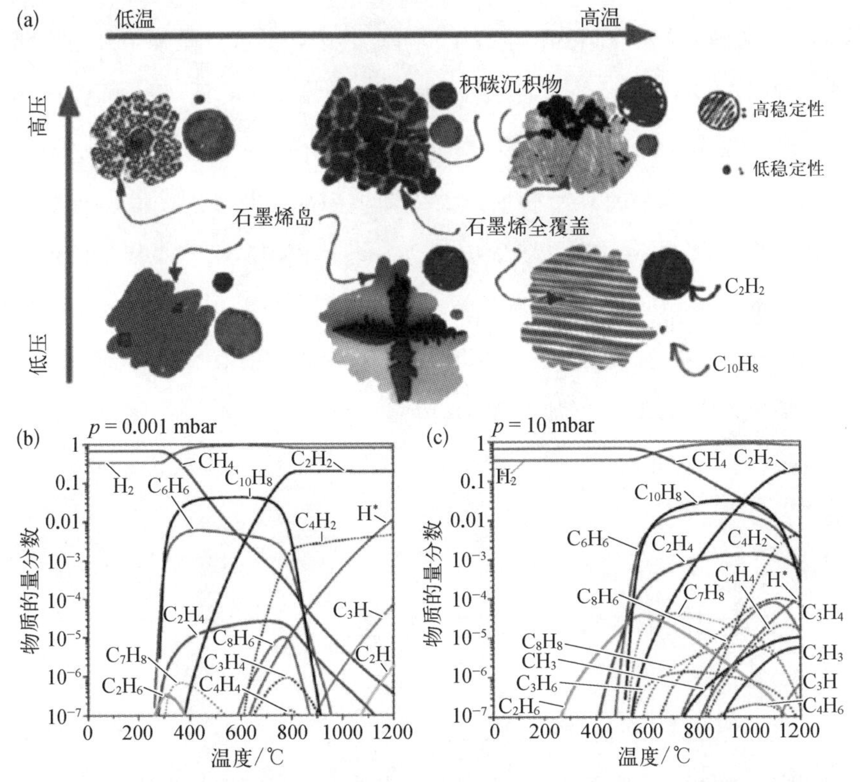

图 6-14 温度和压力对 CVD 气相平衡物种和石墨烯质量的影响

(a) 温度和压力对石墨烯质量的影响；(b)(c) 不同压力下气相平衡物种的种类和含量与温度的关系[3]

上述讨论仅涉及碳源的热裂解平衡过程，而未涉及气体的流动方向、反应腔的温度差异，以及铜衬底等对碳源裂解和气相产物的影响。反应腔内实际的气相反应更为复杂。中国科学技术大学侯建国课题组[18]基于 H、H_2、CH_3、C_2H_2、C_2H、C_2H_4、C_2H_6 等 CH_4 裂解产物的温度稳定性和转换势垒，研究了铜衬底上石墨烯的生长对气相物种类型和含量的影响[图 6－15(a)(b)]。其中，在 1000℃的石墨烯生长温度附近，甲烷裂解产物以 CH_3 为主，同时 C_2H_2 也能在气相中稳定存在。需要指出的是，作为 CVD 生长石墨烯的碳源，甲烷的有效利用率极低，通常远低于 1%。因此，CH_4 仍是气相中含量最多的碳氢物种，而 CH_3 自由基的含量也比其他活性碳物种高出几个数量级。而正是这不足 1%的碳物种给石墨烯的生长行为带来了极大影响。

此外，CVD 反应腔不同位置的活性碳物种浓度也存在较大差异，这也是石墨烯上下游生长行为差异较大的原因所在[图 6－15(c)]。中国科学技术大学 Li 等人[19]使用流体动力学模拟，对反应腔中 CH_4、CH_3、C_2H_5、C_2H 这四种活性碳物种，从上游到下游的含量变化进行了计算。其中，0.3 m 处是铜箔开始出现的位置。如图 6－15(d)所示，从上游到下游，CH_4 浓度逐渐降低，CH_3 和 C_2H 浓度不断升高。C_2H_5 在没有铜的催化作用时含量很高，而随着铜催化剂的出现，裂解更充分，迅速生成大量的 C_2H 物种。这也表明，增加铜催化剂的含量，能够极大地促进气相中碳氢化合物的脱氢裂解。Caussat 研究团队[20]在低压下的模拟结果与之基本吻合。所不同的是，他们发现当体系压力小于 0.5 Torr 时，CH_3 是含量最高的气相产物，而随着体系压力增大，C_2H 则成为主要产物。与此同时，当体系反应压力从 0.5 Torr 增加到 70 Torr 时，只有 C_2H 的含量从上游到下游逐渐升高并最终达到饱和值，其他气相物种如 CH_3、C_2H_3、C_2H_5 很快达到峰值并快速降低[20]。

6.2.2 衬底表面上的碳化和石墨化过程

描述活性碳物种在铜衬底表面的反应，需要引入“碳化”和“石墨化”两个概念。其中，“碳化”是指将有机前驱体转换成几乎全部含碳的材料的过程，所得产

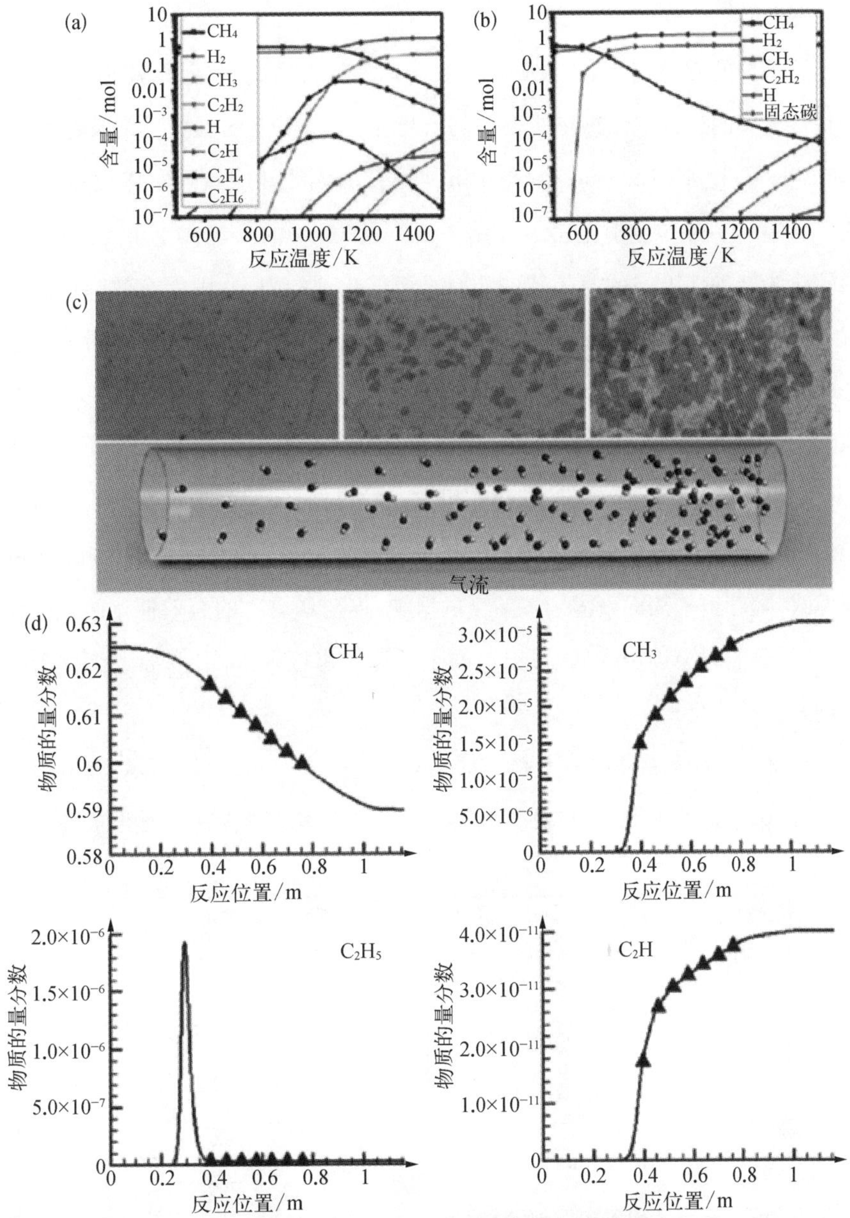

图 6-15 生长衬底和反应位置对气相物种类型和含量的影响

(a)(b)气相平衡(a)和气固相平衡(b)状态下气相物种类型和含量的比较;(c)反应腔不同位置石墨烯生长行为的差异性;[18] (d)石英管内不同位置气相裂解产物的浓度分布[19]

物由少层堆叠的 sp^2 杂化为主的碳碎片组成，不具有长程有序性，同时还有少量氢氧元素共存;“石墨化”是将所有的碳变成 sp^2-C 成键形式的石墨碳的一种特殊碳化过程。可以说，石墨烯 CVD 生长的本征污染问题，正是碳源石墨化程度不充分所致。

石墨烯的 CVD 生长是吸附在衬底表面的活性碳物种迁移、碰撞、成核并逐渐拼接成膜的过程。仅靠热能驱动的石墨化过程，需要的温度通常高达 1700～3000℃[21]。比如，Rouzaud 和 Oberlin 使用石墨化的片层状前驱体，在2800℃合成了石墨[22]。原位透射电镜表征结果证实，2000 K 的反应温度下，无定形碳能够转化为结晶性极好的石墨烯薄膜[8]。而催化剂的引入，则能有效降低碳源裂解和成核的反应势垒，提高反应速率和产物的石墨化程度。原位透射电镜表征证明，Ni 催化剂的加入会将无定形碳的石墨化温度降低至 500～600℃，Fe、Cr 和 Ti 催化剂的加入则分别会将该温度降低至 550℃、750℃和1000℃[23]。台湾大学 Pai 课题组[24]借助液态 Ga 的催化作用，在绝缘衬底和柔性塑料衬底表面直接生长出石墨烯薄膜，反应温度仅为 50℃。石墨烯在 Cu 衬底表面为自限制的吸附生长模式，随着铜箔表面石墨烯覆盖度的增加，铜箔暴露出的有效催化面积逐渐降低，其催化能力会逐步降低，石墨烯的生长速度也逐渐下降，并导致活性碳物种不能充分石墨化。

温度是影响衬底催化活性的重要因素。如图 6－16(a)(b)所示，随着生长温度降低，铜催化能力下降，黏滞层内残存的过量碳氢物种无法继续形成高质量的

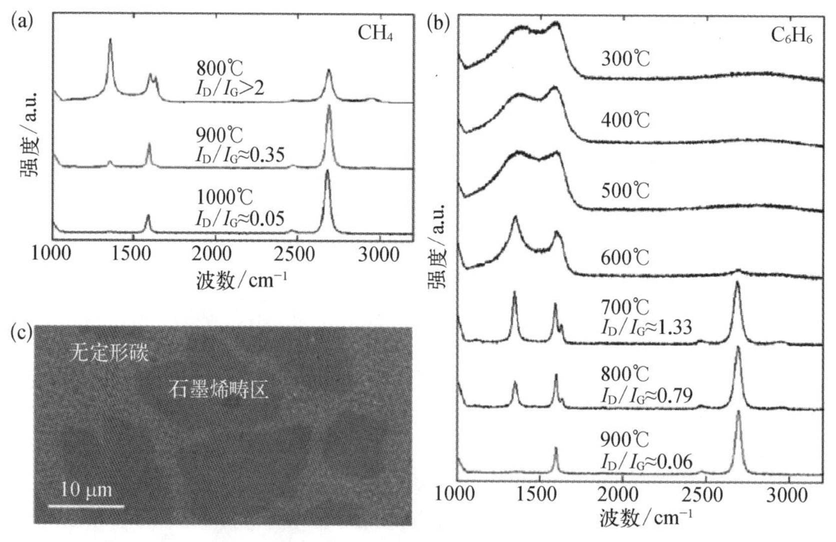

图 6－16　石墨烯结晶质量的温度依赖性

(a)(b) 不同温度下以甲烷（a）和苯（b）为碳源生长石墨烯的典型拉曼表征结果；[25]（c）降温过程中孤立石墨烯畴区之间的积碳现象

石墨烯薄膜，此时石墨烯表面无定形碳污染物的含量就会增加。[25]一个常见的现象是，当孤立石墨烯样品生长结束后，将铜箔抽离炉体快速降温，在石墨烯孤岛间隔处，极易形成一层连续的无定形碳薄膜[图 6-16(c)]。除生长条件外，降温条件也对石墨烯的质量有影响。韩国蔚山科学技术院 Park 课题组[26]发现，高质量石墨烯薄膜的生长温度是 1000℃，而甲烷热裂解产物的初始键合温度仅为 900℃。因此，在 900～1000℃快速降温，能够减少甲烷热裂解产物在石墨烯晶界和缺陷处的成核，减少少层石墨烯、缺陷石墨烯和无定形碳污染物的生成。此外，由于结合力较弱的碳原子被氢气刻蚀的最低温度一般为 850℃，在 850～900℃通入大量氢气缓慢降温也能在一定程度上减少石墨烯和铜衬底表面不稳定碳物种的吸附量。

除温度外，载气流量、系统压力、碳氢比例等也会对石墨烯产物的石墨化程度有影响。如图 6-17 所示，韩国 Hwang 课题组[27]在 900～930℃通过改变 CVD 氢气分压，在 Ge 衬底表面实现了无定形碳和石墨烯的可控生长。他们发现，随着氢气分压的增加，无定形碳面积逐渐减少，石墨烯的含量逐渐增多，直至面内非石墨化碳成分消失[图 6-17(a)]。在非石墨烯区域，所有碳原子仍以 sp^2 杂化形式存在，且其厚度仅为单原子层，但球差校正 TEM 表征并未观测到蜂窝状的有序结晶，因此该结构被称为准二维无定形碳结构[图 6-17(b)～(d)]。需要指出的是，这些无定形碳薄膜与 CVD 石墨烯薄膜类似，近一半区域仍被少层无定形碳污染物覆盖[图 6-17(b)]。这也进一步说明了 CVD 高温反应过程中“本征污染”问题的普遍性。

石墨烯在 CVD 生长阶段产生的缺陷可能作为无定形碳成核长大的初始位点[图 6-18(a)]。可以想象，缺陷处的碳原子更为活泼，其暴露的悬挂键更易于捕获气相中的活性碳物种，成为无定形碳污染物的成核中心。北京大学刘忠范研究团队使用原位透射电镜跟踪了无定形碳污染物的原位清洁过程[图 6-18(b)]。他们发现，在超高真空腔内，使用低压电子束辐照将石墨烯表面的污染物去除后，很多缺陷位点暴露出来。由于辐照电压低于石墨烯晶格破坏的阈值电压，原本洁净的石墨烯区域并没有新的缺陷产生。

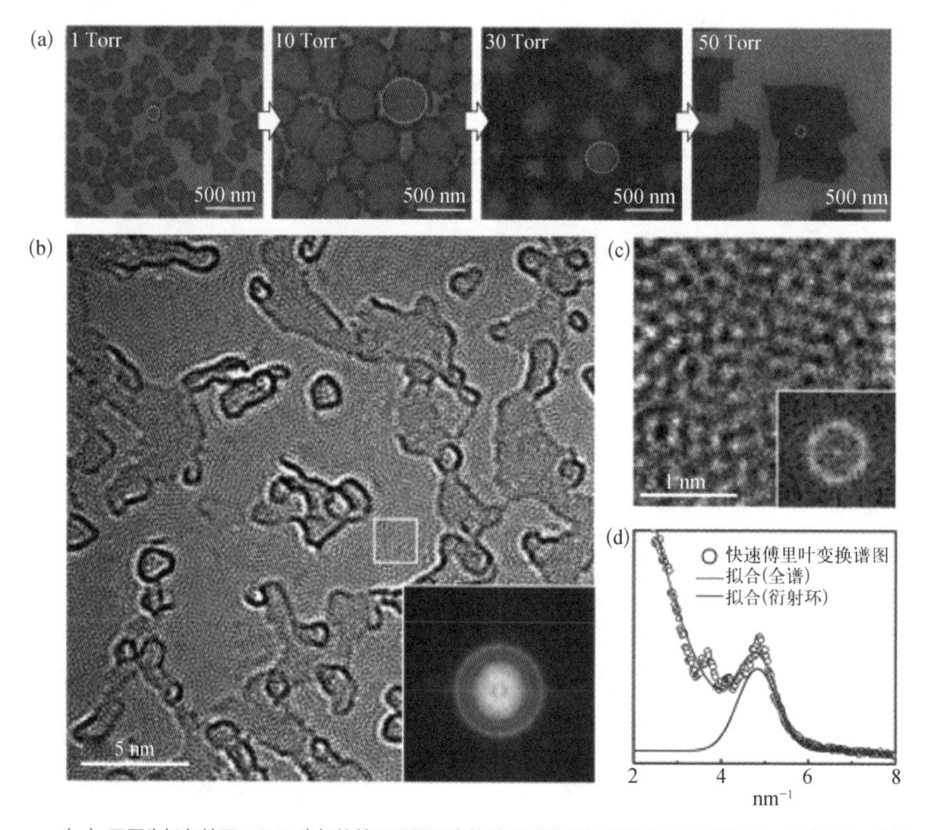

图6-17 高温CVD生长的准二维无定形碳结构

（a）不同生长条件下，CVD生长的单原子层厚度的纳米碳薄膜的典型SEM表征结果；（b）准二维单原子层全 sp^2-C结构的无定形碳的高分辨透射电镜表征结果［插图为图（b）的FFT结果］；（c）对图（b）中白框区域局部放大的高分辨透射电镜表征结果和相应FFT结果；（d）对图（b）中插图的精细分析结果[27]

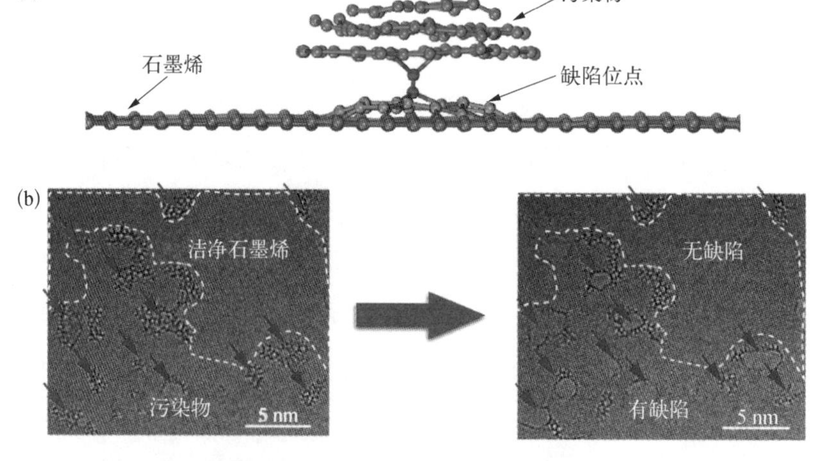

图6-18 石墨烯薄膜的缺陷与无定形碳污染物的相关性

（a）无定形碳在石墨烯缺陷位点生长的示意图；（b）无定形碳清除后暴露出缺陷位点

该研究团队选用常见的石墨烯双空位 5－8－5 缺陷结构，比较了它与完美石墨烯对 CH、CH_2、CH_3、C_2H_2、C_2H_4、C_2H_5 这六种气相中常见的活性碳物种吸附能力的差别。如图 6－19(a)所示，缺陷石墨烯对活性碳物种的吸附能普遍较大，且随着活性碳物种相对分子质量的增大，缺陷石墨烯与完美石墨烯的吸附能差异也在增大。这一结论很好地解释了石墨烯的缺陷与无定形碳污染物的相关性，同时也能解释透射电镜下经常观察到的石墨烯缺陷位点容易快速积碳的现象[图6－19(b)(c)]。

图 6－19 完美石墨烯和缺陷石墨烯对活性碳物种吸附能的比较

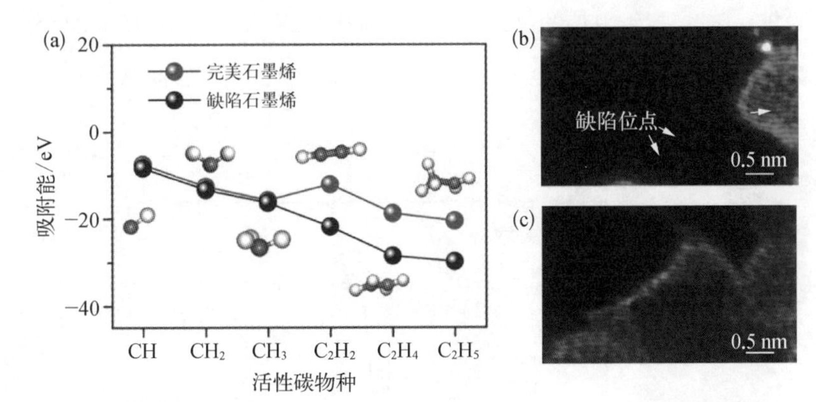

（a）完美石墨烯和缺陷石墨烯对活性碳物种的吸附能比较；（b）（c）透射电镜下石墨烯缺陷位点处无定形碳污染物的形成过程

6.3 直接生长法制备超洁净石墨烯

如前所述，在石墨烯的常规 CVD 生长过程中，会不可避免地产生“本征污染”现象，导致无定形碳在石墨烯表面的沉积。那么，能否通过 CVD 生长工艺的设计，直接生长出没有无定形碳污染物的“超洁净石墨烯”呢？北京大学刘忠范课题组率先开展了这种“超洁净 CVD 生长方法”的尝试。

在 CVD 反应腔内，碳源在气相中的裂解包括热裂解和催化裂解两部分。以甲烷为例，其裂解速度为

$$y = k' \times p(CH_x) + k \times p(CH_x) \times p(Cu_{gas}) \tag{6-1}$$

式中，前半部分为热裂解速度，受活性碳物种分压 $p(CH_x)$ 和反应速率常数 k' 影响；后半部分为催化裂解速度，同时受活性碳物种分压 $p(CH_x)$、气相中铜催化剂分压 $p(Cu_{gas})$ 和反应速率常数 k 的影响。在这里，气相中催化剂铜蒸气的存在是高温生长条件下金属铜衬底不可避免的蒸发造成的。

根据阿伦尼乌斯方程 $k = Ae^{\frac{-E_a}{RT}}$，要定量计算反应速率常数，需要知道反应势垒的大小。刘忠范课题组选用 13 个铜原子组成的铜团簇作为模型结构，计算出了甲烷的催化裂解势垒，并与热裂解势垒进行了比较。从图 6－20 可以看出，随着脱氢反应的进行，甲烷的热裂解势垒逐渐从 1.29 eV 增大到 2.75 eV，而催化裂解势垒则始终低于 0.6 eV。这说明，气相铜蒸气的存在不容忽视，可以作为催化剂显著降低碳源裂解势垒。

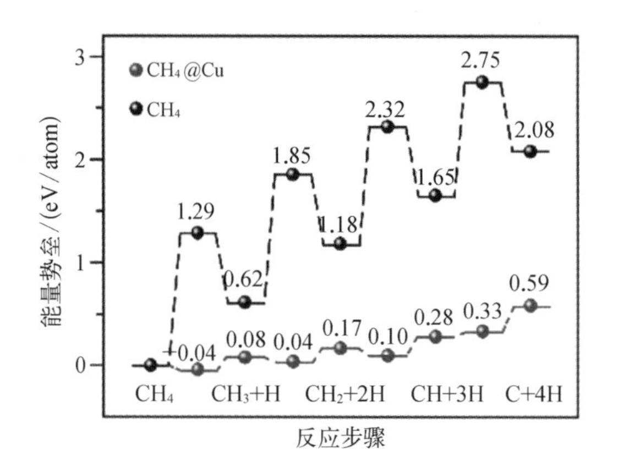

图 6－20 活性碳物种热裂解（蓝）和催化裂解（红）的势垒比较

假设热裂解和催化裂解的指前因子均为 A，T 取反应温度 1020℃，可以计算出在有、无催化剂的情况下甲烷逐级裂解的反应速率常数。由表 6－1 可知，对于每一步碳源脱氢裂解的反应，催化裂解速率都比热裂解高 5～6 个数量级。然而，Cu 在生长温度下的饱和蒸气压仅为 3×10^{-7} bar。而且，随着衬底铜表面石墨烯的覆盖，铜的蒸发受到抑制，导致气相中的铜蒸气催化剂量会逐渐减少且很难调控。

表 6－1 甲烷催化裂解和热裂解反应速率常数的比较

k	$CH_4 \longrightarrow CH_3 + H$	$CH_3 \longrightarrow CH_2 + H$	$CH_2 \longrightarrow CH + H$	$CH \longrightarrow C + H$
热裂解	9.56×10^{-6}	1.64×10^{-6}	3.66×10^{-6}	5.24×10^{-6}
催化裂解	1.43	1.43	1.87	0.64

基于上述分析，刘忠范研究团队提出了在气相中引入“助催化剂”，以提高气相催化裂解效率、抑制无定形碳副反应的研究思路。他们尝试了两种实验策略，一种是引入拥有巨大表面积的泡沫铜助催化剂，[2] 另一种是直接使用含铜碳源醋酸铜，[28] 成功地制备出了超洁净石墨烯薄膜。下面分别予以介绍。

6.3.1 泡沫铜助催化生长法

泡沫铜是一种在铜基体中均匀分布着大量连通或不连通孔洞的新型多孔金属材料，比表面积大，导电性和延展性好，是很多有机化学反应的催化剂。大比表面积的特性，使得泡沫铜能在高温低压条件下挥发出大量铜蒸气，进而促进碳源在气相中的充分裂解。如图 6-21 所示，刘忠范课题组[2]引入泡沫铜作为助催化剂，首次生长出了洁净度高达 99%的超洁净石墨烯薄膜。

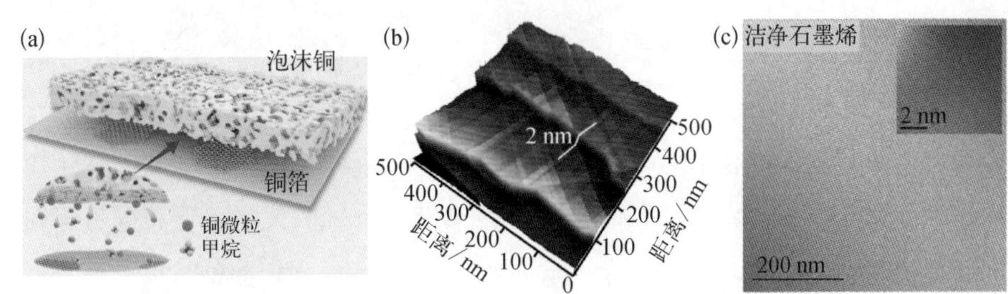

图 6-21 泡沫铜辅助生长大面积超洁净石墨烯薄膜[2]

（a）泡沫铜/铜箔垂直堆垛生长超洁净石墨烯的示意图；（b）（c）泡沫铜辅助生长的超洁净石墨烯的 AFM（b）和 TEM（c）表征结果

需要指出的是，泡沫铜与铜箔的相对位置大有讲究。具体说来，将泡沫铜放在铜箔上游，能够在一定程度上提高石墨烯的洁净度；放在下游，则完全没有效果；而将泡沫铜放置在铜箔正上方，则是生长超洁净石墨烯薄膜的最佳方式[图 6-21(a)]。如图 6-22(a)所示，为保证泡沫铜挥发产物的高效利用，需将铜箔和泡沫铜的间隙控制在 10～20 μm。在该限域空间内，泡沫铜在高温下剧烈挥发，能保证铜箔正上方黏滞层内大量铜蒸气的持续供给，以促进气相中活性碳物种的裂解，进而减少副反应的发生。如图 6-22(b)(c)所示，石墨烯可以在 20 min

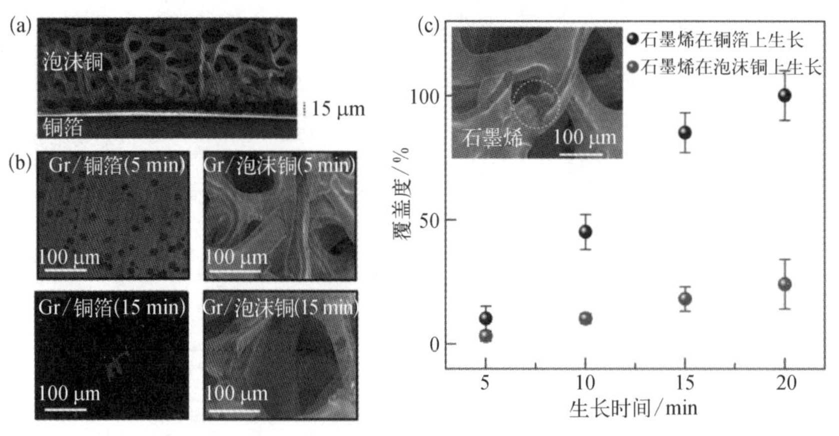

图 6-22　石墨烯在泡沫铜和铜箔上生长的覆盖度比较[2]

（a）泡沫铜/铜箔垂直堆垛结构的 SEM 截面图；（b）石墨烯在铜箔（左）和泡沫铜（右）上生长 5 min 和 15 min 后的 SEM 图像；（c）石墨烯在泡沫铜和铜箔表面覆盖度随生长时间的变化（插图为石墨烯在泡沫铜表面生长不均匀的典型 SEM 图像）

内完全覆盖铜箔表面，而此时泡沫铜表面石墨烯覆盖度很低，仅在部分凸起和台阶处成核生长。这就保证了在石墨烯的整个高温生长过程中，泡沫铜都能向气相中持续供给充足的铜蒸气，进而抑制无定形碳污染物的形成。同时，泡沫铜具有较强的吸附能力，也能够吸附气相黏滞层中多余的铜/碳团簇，进一步减少石墨烯的污染。

泡沫铜的加入，极大地改变了石墨烯高温生长过程中 CVD 反应腔内气相物种的组分和含量。如图 6-23(a)所示，使用石英片分别收集泡沫铜和铜箔挥发出的气相铜蒸气后，其颜色发生了明显变化，并且泡沫铜产生的铜蒸气含量远大于铜箔。SEM 和 X 射线光电子能谱(X-ray photoelectron spectroscopy, XPS)表征结果也很好地证明了这一点[图 6-23(b)(c)]。这组样品同时能提供关于气相碳氢物种的丰富信息。首先，气相碳物种的 XPS 分析结果表明，与使用铜箔相比，泡沫铜的引入能大大降低 sp^3-C 与 sp^2-C 的强度比，提高碳材料的结晶质量[图 6-23(d)]。其次，拉曼表征结果显示，使用铜箔时，铜团簇表面会被无定形碳包覆；而使用泡沫铜后，无定形碳的信号消失，在铜团簇上仅探测到石墨烯信号[图 6-23(e)]。这说明，气相铜催化剂的充足供给能够有效抑制无定形碳的生成，促进衬底表面的石墨化过程。

将石墨烯薄膜从生长衬底剥离并转移到目标衬底的过程中，常常需要聚

图 6-23 泡沫铜辅助制备超洁净石墨烯薄膜的机理研究[2]

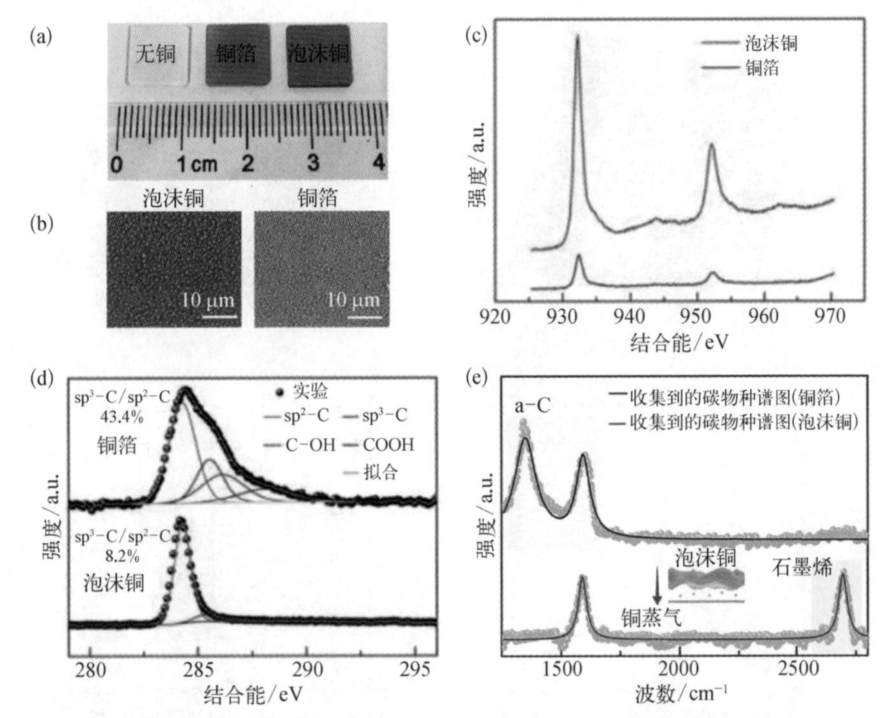

（a）石英片收集使用铜箔和泡沫铜的 CVD 反应腔内产生的气相物种后的实物图；（b）泡沫铜和铜箔产生的铜团簇的 SEM 图像；（c）石英片上铜元素的 XPS 谱；（d）铜团簇表面碳物种的 XPS 谱；（e）铜团簇表面碳物种的拉曼表征结果

合物作为转移媒介。常规 CVD 工艺制备的石墨烯薄膜样品转移后，表面会有大量聚合物残留，带来污染问题[图 6-24(a)]。这些污染物的存在对石墨烯材料和器件的性能带来严重影响，但一直没能被彻底消除。刘忠范课题组发现，对于干净的石墨烯薄膜表面，转移后也非常干净；而对于无定形碳污染的石墨烯薄膜表面，转移后常常变得更脏。如图 6-24(b)(c)所示，转移后的超洁净石墨烯薄膜，表面平整洁净，高度起伏接近机械剥离的石墨烯样品。他们使用氘标记的 PMMA 转移石墨烯薄膜，随后借助 ToF-SIMS 探测石墨烯表面的氘元素含量，进而推断聚合物残留量。由图 6-24(d)可知，超洁净石墨烯转移后表面无 PMMA 残留，而普通石墨烯薄膜表面则有大量 PMMA 残留。

使用泡沫铜助催化法生长的超洁净石墨烯薄膜性能优异，其载流子迁移率、透光率、接触电阻，以及机械强度等诸多指标都具有目前文献报道的最好结果。

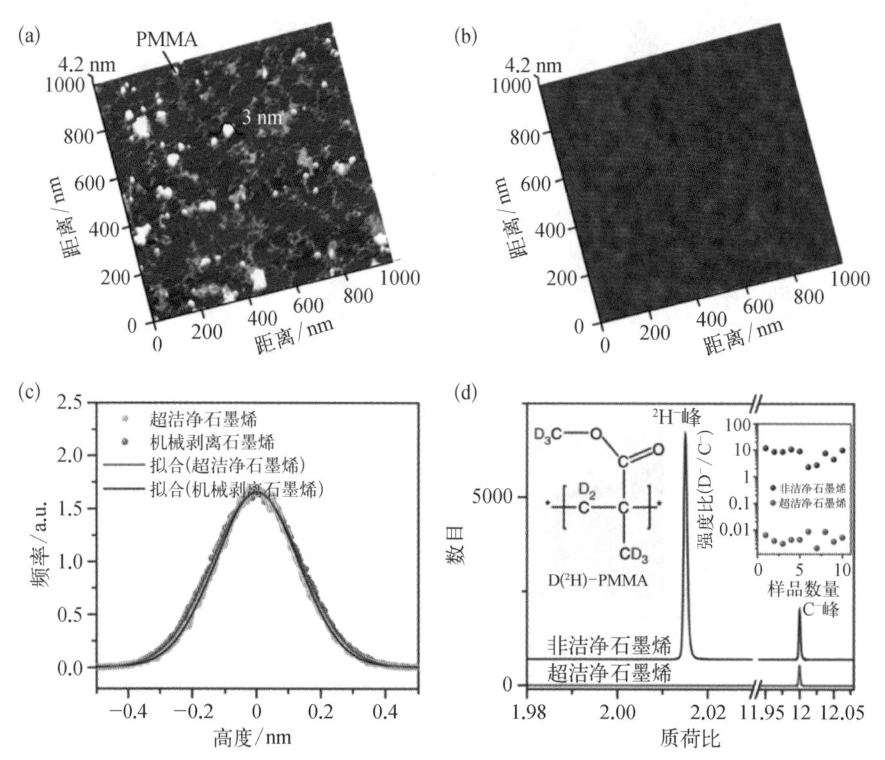

图 6-24 超洁净和非洁净石墨烯薄膜转移后的表面洁净度比较[2]

(a)(b)非洁净(a)和超洁净(b)石墨烯转移后的 AFM 图像;(c)超洁净石墨烯和机械剥离石墨烯在 SiO_2/Si 衬底上的高度起伏;(d)ToF-SIMS 对超洁净和非洁净石墨烯表面聚合物残留量的表征结果(插图分别为氘标记的 PMMA 的结构式和对大面积转移的石墨烯样品表面聚合物残留量的统计结果)

载流子迁移率是公认的评估石墨烯质量的关键指标。超洁净石墨烯在 SiO_2/Si 衬底上测量的电子的室温场效应迁移率为 18500 $cm^2 \cdot V^{-1} \cdot s^{-1}$,低温场效应迁移率为 31000 $cm^2 \cdot V^{-1} \cdot s^{-1}$(1.9 K),而通过构筑氮化硼/石墨烯/氮化硼的三明治结构测量的低温电子迁移率更是高达 1083000 $cm^2 \cdot V^{-1} \cdot s^{-1}$(1.7 K)[6-25(a)]。超洁净石墨烯与金属电极的接触电阻仅为 92 Ω·μm[图 6-25(b)],面电阻平均值为 272 $\Omega \cdot sq^{-1}$[图 6-25(c)],在 550 nm 波长处的单层透光率约为 97.6%[图 6-25(d)],热导率大于 3200 W/(m·K)[图 6-25(e)],机械强度可达 36.4 $N \cdot m^{-2}$,杨氏模量约为 328.6 $N \cdot m^{-2}$,这些性能都明显优于普通非洁净石墨烯。此外,新鲜制备的超洁净石墨烯的静态接触角比非洁净石墨烯的平均值低 20°左右,表现出明显的亲水特性[图 6-25(f)]。

图6-25 泡沫铜辅助生长的超洁净石墨烯的优异性能[2]

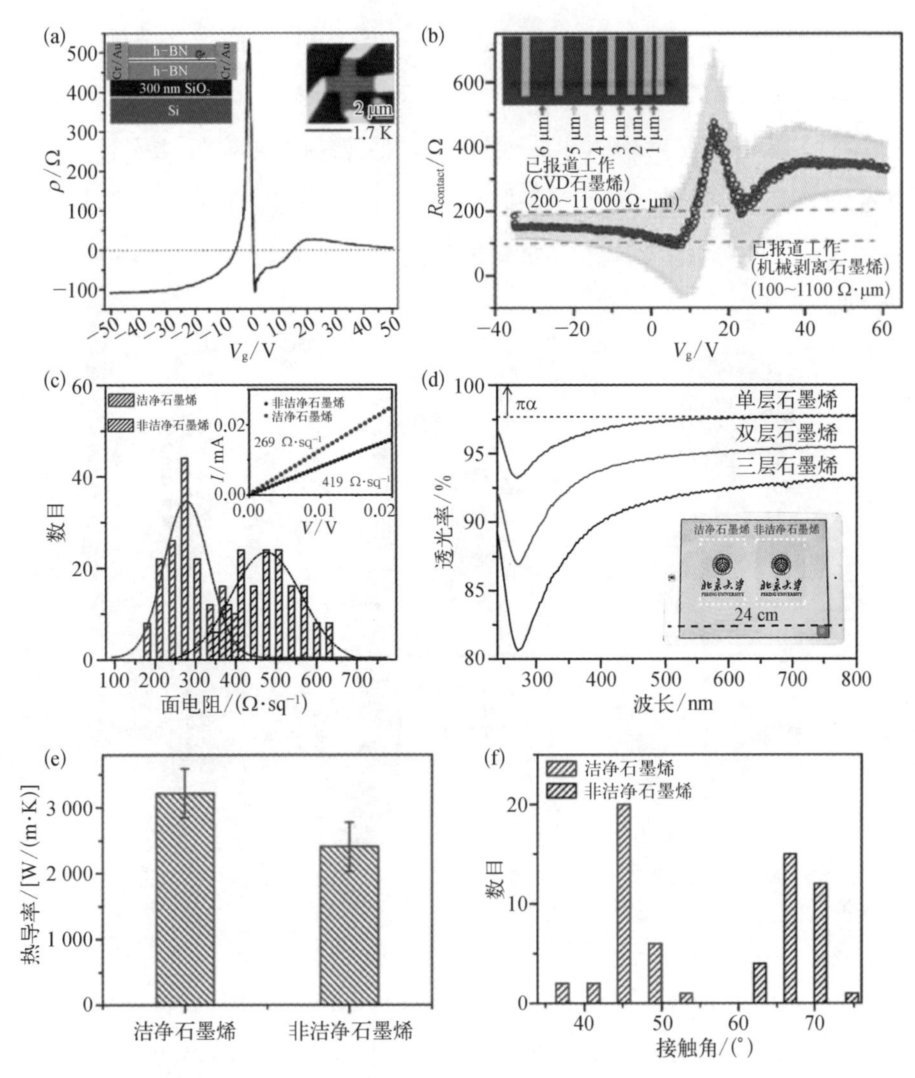

（a）高载流子迁移率；（b）低接触电阻；（c）洁净和非洁净石墨烯的面电阻比较（插图为典型 $I-V$ 曲线）；（d）1~3层超洁净石墨烯薄膜的透光率测量［插图为将单层洁净石墨烯和非洁净石墨烯薄膜转移到聚对苯二甲酸乙二醇酯衬底上的实物图］；（e）洁净石墨烯和非洁净石墨烯的热导率比较；（f）洁净石墨烯和非洁净石墨烯的亲水性比较

6.3.2 含铜碳源助催化生长法

醋酸铜是一种易挥发性固体碳源，脱水、挥发和分解的起始温度分别为 120℃、210℃和 260℃。刘忠范课题组[28]使用醋酸铜作为碳源，保证了石墨烯生长过程中铜蒸气的持续稳定供给和碳氢化合物的充分裂解，在无须额外助催化剂的条件下，制备出了超洁净石墨烯薄膜[图 6-26(a)(b)]。为实现固体碳源生长参数的精确调控，他们将两个加热炉串联起来，其中上游炉体用于加热醋酸铜(低温炉)，下游炉体用于石墨烯生长(高温炉)[图 6-26(c)]。为保证石墨烯生长时铜蒸气的有效供给，低温炉的温度须控制在分解温度以下，以确保醋酸铜能在氢气的传送下整体迁移至高温炉。

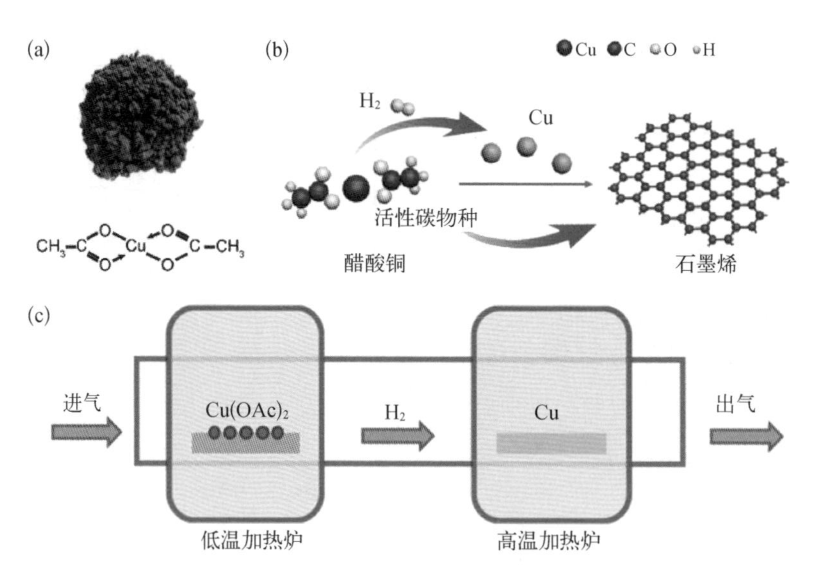

图 6-26 醋酸铜生长石墨烯的实验设计[28]

（a）醋酸铜实物图及分子式；（b）醋酸铜生长石墨烯的示意图；（c）醋酸铜生长石墨烯的 CVD 系统示意图

与甲烷相比，醋酸铜生长超洁净石墨烯薄膜更有优势[图 6-27(a)]。由图 6-27(b)(c)可知，以甲烷为碳源，石墨烯表面有明显污染物，AFM 表征其高度起伏约 2.4 nm，TEM 下石墨烯连续洁净尺寸不足 30 nm。由图 6-27(d)(e)可知，以醋酸铜为碳源，石墨烯薄膜的洁净度有显著提高，使用 AFM 仅探测到铜台阶对应的表面高度起伏(约 0.5 nm)，而 TEM 下可观测到数百纳米衬度均匀的洁净区域。清晰的六方衍射点和高分辨晶格像则表明醋酸铜生长的石墨烯薄膜表面洁净且无缺陷。

刘忠范等人认为，以甲烷为碳源、铜箔为衬底生长石墨烯时，气相中存在大量不能充分裂解的 CH_3 等活性碳物种，它们会不断聚集并沉积在石墨烯表面形成无定形碳污染物；而用醋酸铜替代甲烷后，在还原性气氛中铜离子还原生成铜蒸气，这些铜蒸气催化剂显著降低活性碳物种的脱氢裂解势垒，导致气相中的活

图 6-27 醋酸铜和甲烷生长的石墨烯洁净度比较[28]

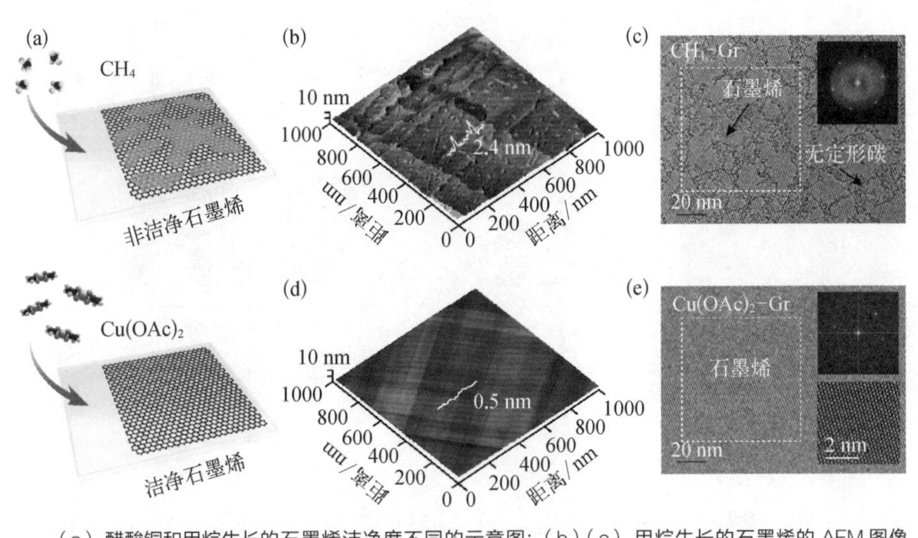

(a) 醋酸铜和甲烷生长的石墨烯洁净度不同的示意图;(b)(c) 甲烷生长的石墨烯的 AFM 图像(b)和 TEM 图像(c);(d)(e) 醋酸铜生长的石墨烯的 AFM 图像(d)和 TEM 图像(e)

性碳物种迅速裂解成 CH_2、CH 等并随着气体离开,使石墨烯表面无定形碳污染物的含量大幅减少[图 6-28(a)]。为验证该机理,他们利用氧化铝分子筛收集并表征了相同生长条件下,醋酸铜和甲烷分别作为碳源时的气相裂解产物[图 6-28(b)]。当以醋酸铜为碳源时,分子筛颜色发生明显变化[图 6-28(c)],XPS 也检测到了明显的 Cu 信号[图 6-28(d)]。这说明,醋酸铜可以迁移到 CVD 反应腔内并提供大量铜蒸气。进一步通过拉曼表征结果可知,通入甲烷时,分子筛表面有无定形碳沉积;而使用醋酸铜时,则未检测到污染物信号[6-28(e)]。由此可知,醋酸铜能通过增加气相黏滞层中铜催化剂的含量,促进碳源充分裂解,进而抑制无定形碳的生成,实现超洁净石墨烯薄膜的生长。

醋酸铜生长的超洁净石墨烯转移后表面仍然洁净[图 6-29(a)],同时力学、光学和电学性能均有所提升。由于表面聚合物残留的减少,转移后超洁净石墨烯的摩擦性能更接近机械剥离样品,表现出超润滑性;而甲烷生长的普通非洁净石墨烯的表面摩擦力更大,更接近 PMMA[图 6-29(b)]。如图 6-29(c)所示,大面积转移到石英衬底的超洁净石墨烯薄膜衬度更弱,单层透光率接近理论值。同时,醋酸铜生长的石墨烯薄膜的室温场效应迁移率为 9700 $cm^2 \cdot V^{-1} \cdot s^{-1}$,面电阻平均值仅为 270 $\Omega \cdot sq^{-1}$,展现出了良好的电学性能。

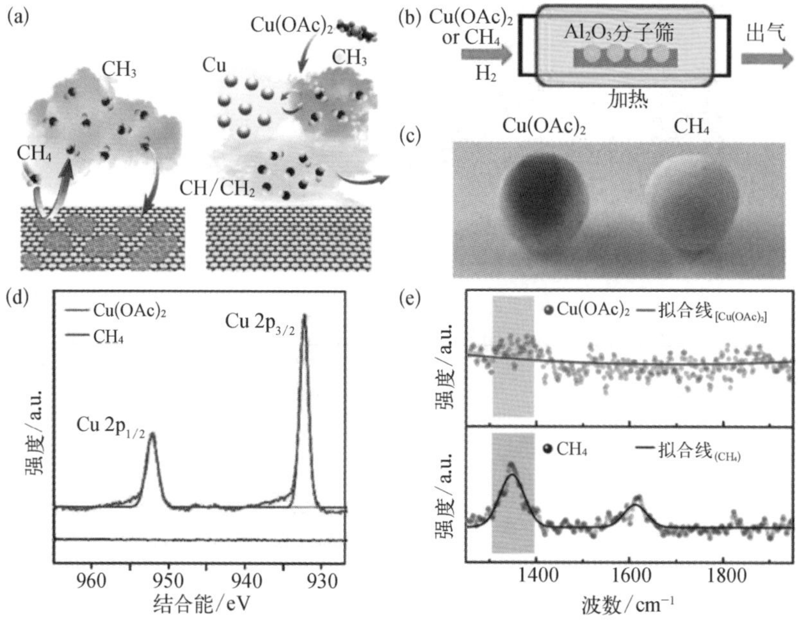

图 6-28 醋酸铜生长超洁净石墨烯的机理分析[28]

（a）醋酸铜额外提供铜蒸气，促进活性碳物种裂解的示意图；（b）使用氧化铝分子筛收集 CVD 系统气相物种的示意图；（c）收集有醋酸铜和甲烷作为碳源的 CVD 系统气相物种的分子筛实物图；（d）收集到的气相物种的 XPS 表征结果；（e）收集到的气相产物的拉曼表征结果

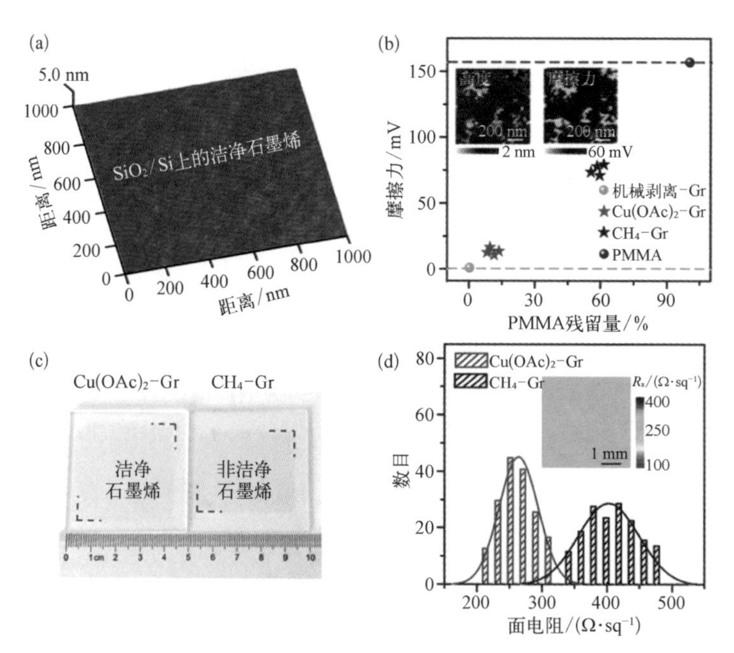

图 6-29 醋酸铜生长的超洁净石墨烯转移后的性能评估[28]

（a）醋酸铜生长的石墨烯转移后的 AFM 图像；（b）洁净石墨烯（红）和非洁净石墨烯（蓝）的摩擦性能比较；（c）洁净石墨烯和非洁净石墨烯转移到石英衬底上的实物图；（d）洁净石墨烯（红）和非洁净石墨烯（蓝）的面电阻比较（插图为超洁净石墨烯的面扫描结果）

6.4 后处理法制备超洁净石墨烯

一直以来，人们主要关注转移带来的污染问题，并发展了等离子体刻蚀、[29]高温退火、[30]机械摩擦清除[31]等后处理方法清洁转移后的石墨烯表面。但上述方法存在处理面积小、效率低、成本高等缺点。事实上，在石墨烯转移之前，通过后处理方法直接去除石墨烯/铜箔样品表面的无定形碳污染物，可以快速制备出大面积超洁净石墨烯薄膜，进而得到转移后也干净的样品。与超洁净生长方法相比，后处理清洁法所需工艺温度较低，与现有的石墨烯 CVD 生长工艺兼容性好，更加适合规模化生产。刘忠范课题组发展了两种后处理法制备超洁净石墨烯的技术：二氧化碳氧化刻蚀技术和魔力粘毛辊技术，其中前者已经实现超洁净石墨烯薄膜的规模化制备。

6.4.1 二氧化碳氧化刻蚀技术

如前所述，无定形碳污染物内部存在大量五元环、七元环和畸变的六元环，大部分碳碳键都发生了畸变，反应活性高于完美石墨烯。因此，有望通过选择合适的刻蚀剂，实现对污染物的选择性化学去除，而不破坏石墨烯结构。刘忠范课题组[7]巧妙地使用二氧化碳作为刻蚀剂，通过优化反应参数，实现了对无定形碳污染物的高选择性刻蚀而未损坏石墨烯自身晶格结构，制备出了洁净度高达99%的石墨烯薄膜(图 6 - 30)。

温度是二氧化碳选择性刻蚀法制备超洁净石墨烯薄膜的核心参数。刻蚀温度过高(>600℃)时，二氧化碳会同时刻蚀石墨烯和无定形碳，失去选择性；而温度过低(<350℃)时，反应速率太慢，同样无法实现无定形碳的有效刻蚀(图 6 - 31)。刘忠范等人的研究表明，450～550℃的刻蚀温度最优。需要指出的是，高温下二氧化碳会失去刻蚀选择性，即使未被刻蚀的石墨烯，其表面洁净度也没有提升。此外，增大刻蚀压力、延长刻蚀时间、减少石墨烯样品尺寸，都能在一定

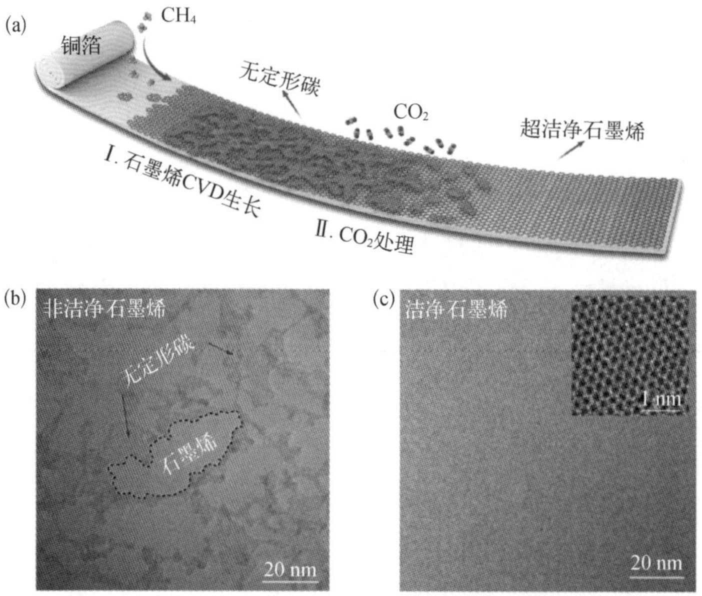

图6-30 二氧化碳刻蚀法制备大面积超洁净石墨烯薄膜[7]

（a）二氧化碳选择性刻蚀无定形碳的示意图；（b）（c）二氧化碳处理前（b）后（c）石墨烯薄膜洁净度的 TEM 表征结果

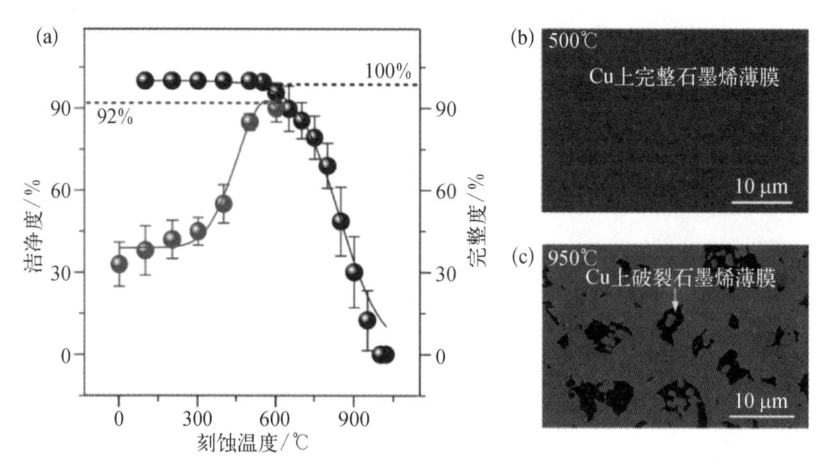

图6-31 二氧化碳刻蚀温度对石墨烯薄膜洁净度的影响[7]

（a）二氧化碳刻蚀温度对石墨烯薄膜洁净度和完整度的影响；（b）（c）500℃（b）和 950℃（c）刻蚀石墨烯的 SEM 图像

程度上提高石墨烯薄膜的洁净度。

二氧化碳选择性刻蚀无定形碳的机理可通过理论计算进一步解释。基于无定形碳的结构特点，刘忠范等人选择石墨烯常见的 5-8-5、555-777 和 55-77 缺陷结构作为无定形碳的简化模型。图 6-32(a)以 5-8-5 缺陷碳结构为例，给出了二氧化碳刻蚀无定形碳和石墨烯的反应路径和反应势垒。由图 6-32(b)可知,二氧化碳刻蚀无定形碳的势垒(2.03～3.31 eV)远低于刻蚀完美石墨烯的势垒(4.76 eV)。他们随后根据阿伦尼乌斯方程计算出了不同温度下二氧化碳刻蚀无定形碳和完美石墨烯的反应速率常数[图 6-32(c)]。结果表明,二氧化碳刻蚀无定形碳比刻蚀石墨烯的速率高 5～10 个数量级。同时,根据 $k = 10^{-14}$ 是反应是否容易发生的重要判断依据,并结合反应方程式 $CO_2 + sp^2-C \rightarrow CO$ 的吉布斯自由能的计算结果可知,为避免石墨烯的刻蚀,选择 550℃ 作为刻蚀的上限温度较为合适。这与实验结果吻合得很好。

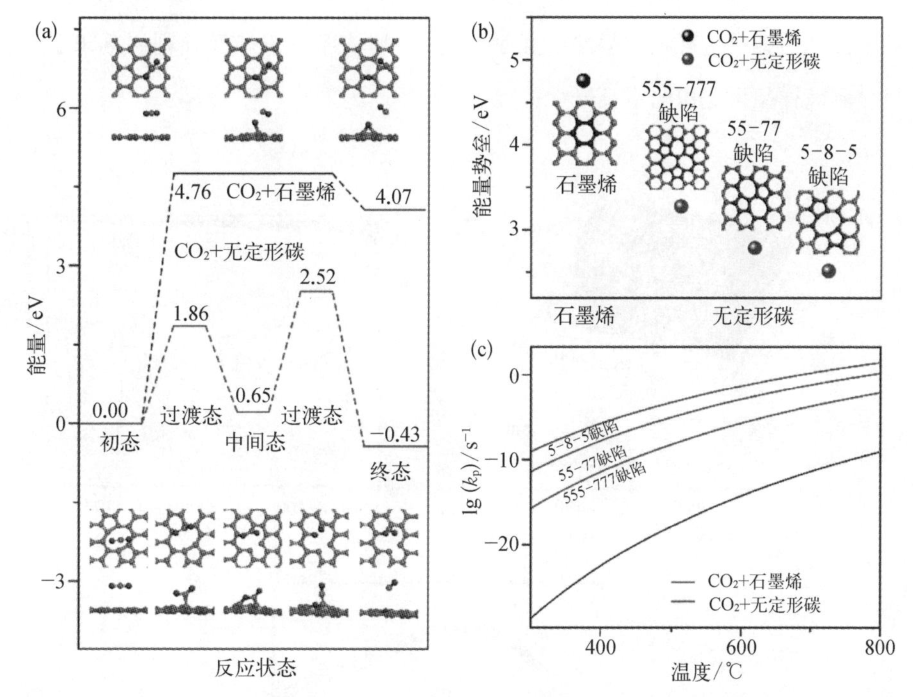

图 6-32　二氧化碳选择性刻蚀无定形碳污染物的机理分析[7]

(a) 二氧化碳刻蚀石墨烯和无定形碳污染物的反应路径和势垒比较;(b) 二氧化碳刻蚀无定形碳和石墨烯的势垒比较;(c) 二氧化碳刻蚀石墨烯和无定形碳的反应速率常数比较

需要补充说明的是,虽然最常见的小分子刻蚀剂除了 CO_2 外,还有H_2O和O_2,但 CO_2作为一种温和的气相刻蚀剂,在用于选择性刻蚀无定形碳污染物制备超洁净石墨烯薄膜时,具有独特的优势和不可替代性。这是因为 H_2O 在常温下呈液态,相较于 CO_2来说可操纵性较差;而氧气的氧化能力太强,反应 $C + O_2 \rightarrow$

CO_x 的吉布斯自由能始终小于零，即意味着使用 O_2 刻蚀无定形碳污染物的过程中，会不可避免地刻蚀石墨烯。

如图 6-33(a)所示，二氧化碳选择性刻蚀法制备的超洁净石墨烯薄膜，使用氘标记的 PMMA 聚合物辅助转移后，表面也非常干净，没有明显的聚合物残留。使用 Tof-SIMS 对洁净和非洁净石墨烯薄膜表面氘元素的扫描结果进一步证实了该结论[图 6-33(b)]。将该方法制备的超洁净石墨烯薄膜转移到 SiO_2/Si 和 PET 衬底上，其面电阻分别为 390 $\Omega \cdot sq^{-1}$ 和 1200 $\Omega \cdot sq^{-1}$，是普通样品测量结果的一半左右。同时，单层超洁净石墨烯在 550 nm 波长处的透光率为 97.6%，比普通样品高出 0.6%左右。图 6-33(c)中原位衬度谱的测量结果也表明，石墨烯表面的污染物会影响石墨烯的光学行为，而超洁净石墨烯薄膜则展现出了与机械剥离样品可比拟的本征光学特性。

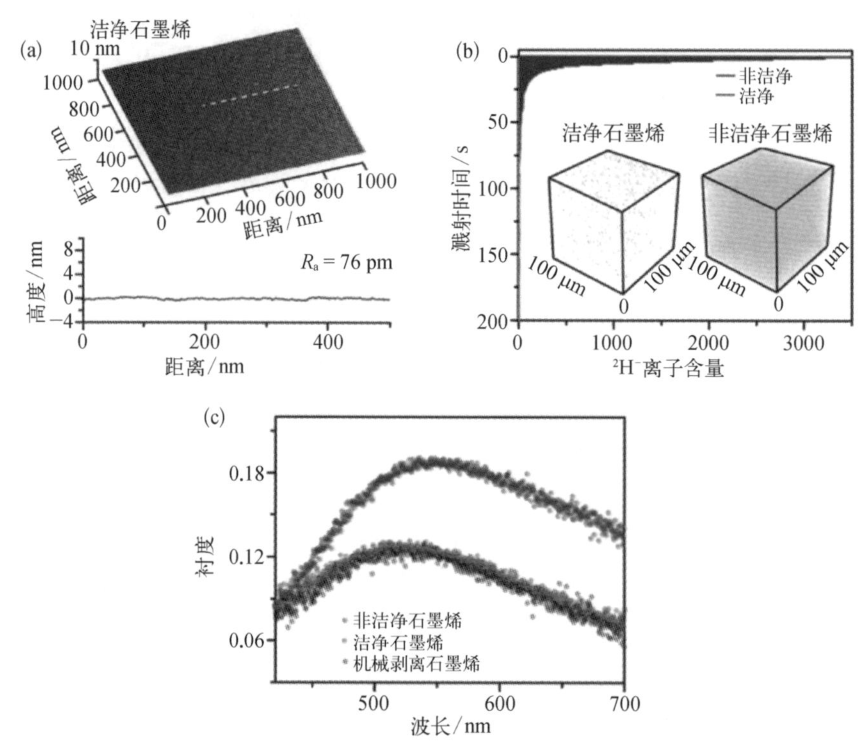

图 6-33 二氧化碳氧化刻蚀法制备的石墨烯转移后表面洁净度和光学性能评估[7]

(a) 二氧化碳选择性刻蚀法制备的石墨烯转移后的 AFM 图像；(b) 洁净石墨烯和非洁净石墨烯转移后表面残胶量的 ToF-SIMS 测量结果（插图为氘元素分布的三维扫描图）；(c) 洁净（红）和非洁净（蓝）石墨烯转移到 SiO_2/Si 衬底的衬度谱测量结果

最后，值得强调的是，二氧化碳氧化刻蚀技术可用于规模化的超洁净石墨烯薄膜生产。在装备设计上，只须在 CVD 生长腔体后，经过转换腔，串接一个二氧化碳刻蚀腔即可，刘忠范课题组的最新工作已经证明了其可行性。

6.4.2 魔力粘毛辊技术

如图 6－34 所示，在 TEM 测量中，当加速电压为 80 kV、束流为 3 nA 时，能够观察到无定形碳在石墨烯表面快速移动的现象，这说明无定形碳污染物和石墨烯间的相互作用并不强。因此基于污染物的主要成分、形状和富含缺陷的特点，可以利用多孔碳材料与其形成较强的黏附作用，将其从石墨烯表面去除，进而实现石墨烯的表面清洁。活性炭比表面积大、吸附能力强，是一种廉价且效果很好的吸附剂。前期已有工作报道，将转移后的悬空石墨烯埋入活性炭粉末中，并加热处理，可有效清洁石墨烯表面。[32] 这种方法虽然有效，但也存在着处理面积小、活性炭粉末残留多等问题。

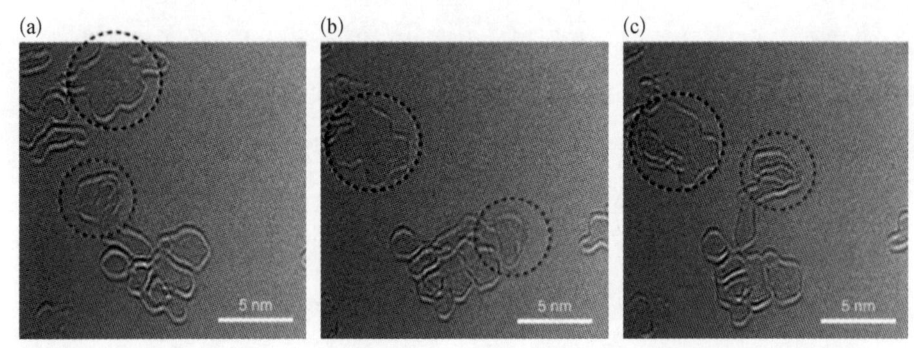

图 6－34 80 kV 电子束辐照不同时间后，石墨烯表面无定形碳位置变化的 TEM 图像[6]

受生活中常用的滚动粘毛器的启发，北京大学刘忠范课题组[6] 将活性炭做成滚轮状，实现了清洁石墨烯薄膜表面的目的，研究人员将此技术称为“魔力粘毛辊技术”。图 6－35(a)即为活性炭滚轮处理石墨烯表面的示意图，活性炭在加热的条件下在石墨烯薄膜表面滚动，可除去大量的无定形碳污染物，经过多次滚压，可以得到大面积高洁净度的石墨烯薄膜。

图 6－35(b)为活性炭与无定形碳之间黏附力的模型示意图。图中有两个

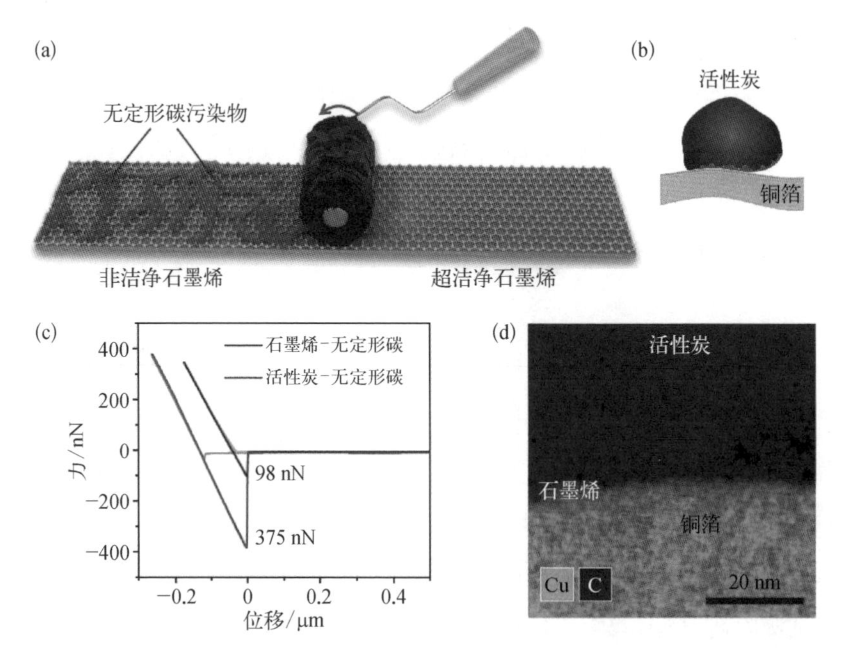

图 6-35 活性炭滚轮清洁石墨烯表面[6]

（a）活性炭滚轮处理石墨烯表面污染物的过程示意图；（b）活性炭-污染物-石墨烯的接触模型；（c）无定形碳与石墨烯和活性炭的黏附力比较；（d）活性炭和石墨烯接触的截面透射电子显微镜的元素分布图

十分重要的界面：活性炭与无定形碳之间的界面和无定形碳与石墨烯薄膜之间的界面。两个界面之间相互作用的强弱是石墨烯薄膜清洁的关键。为进一步确认黏附模型，研究人员分别测量了无定形碳污染物与石墨烯之间、无定形碳污染物与活性炭之间的黏附力。具体方式为将长满了无定形碳的微球黏结在 AFM 悬臂上，通过 AFM 针尖分别趋近石墨烯薄膜表面和活性炭表面，从而测出黏附力大小。由图 6-35(c)可知，与石墨烯相比，活性炭对无定形碳的黏附力更强。同时，样品截面的透射电镜元素分布图[图 6-35(d)]也显示出活性炭和石墨烯样品有着良好的接触，这有助于活性炭将无定形碳从石墨烯薄膜表面剥离。

图 6-36(a)为在铜箔上生长的石墨烯薄膜的原子力显微镜图像，可看出其台阶内部有很多 0.5～2 nm 的起伏。而通过活性炭滚轮处理后，石墨烯薄膜表面变得很平[图 6-36(b)]。图 6-36(c)是处理前后样品表面高度分布的统计图，其中非洁净石墨烯的高度分布曲线拟合为两个子峰，分别对应石墨烯和表面污染物的高度分布；而处理后的石墨烯高度分布曲线的高斯拟合

图 6-36 活性炭滚轮清洁石墨烯的效果[6]

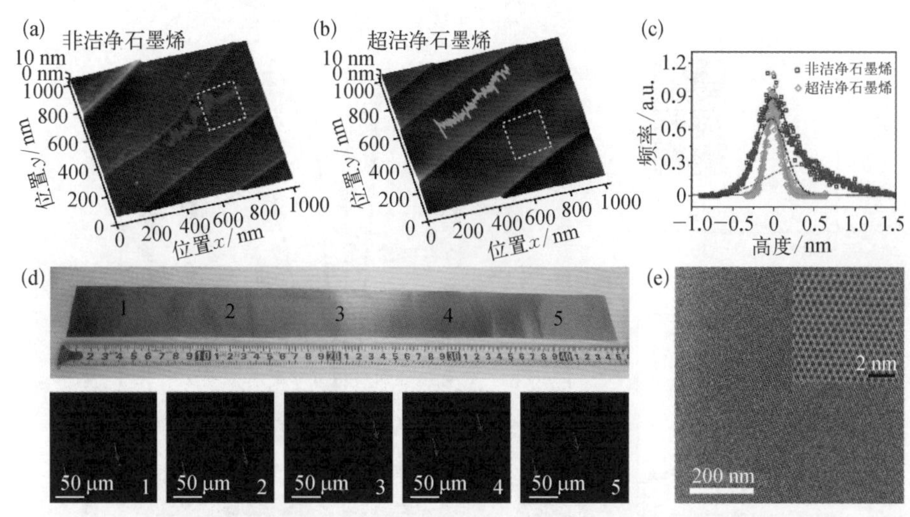

(a)(b) 普通非洁净石墨烯(a)和采用活性炭滚轮处理之后的超洁净石墨烯(b)的 AFM 图像;(c) 图(a)和图(b)中虚线框中的高度分布统计,其中红线和绿线分别对应图(a)和图(b);(d) 大面积洁净石墨烯利用二氧化钛显影的光学照片(下图为不同位置取样的暗场光学显微镜图像);(e) 采用活性炭滚轮处理之后的超洁净石墨烯的 TEM 图像(插图为高分辨球差电镜所得的石墨烯晶格像)

结果为石墨烯单峰,高度分布统计图的半高峰宽为 0.22 nm。此外,采用二氧化钛显影的方法观察活性炭后处理的石墨烯薄膜表面洁净情况,可发现其表面几乎不吸附二氧化钛颗粒[图 6-36(d)]。同时,将处理之后的石墨烯转移到透射电镜载网上,也能得到洁净面积达 99% 的石墨烯薄膜[图 6-36(e)]。

魔力粘毛辊技术制备的大面积超洁净石墨烯薄膜转移之后表面很干净,平均洁净度可达 99%。该样品在 SiO_2/Si 衬底上测量电子的低温场效应迁移率为 17000 $cm^2 \cdot V^{-1} \cdot s^{-1}$;基于氮化硼封装结构测得电子的低温场效应迁移率为 400000 $cm^2 \cdot V^{-1} \cdot s^{-1}$(1.7 K),而其霍尔迁移率则高达 500000 $cm^2 \cdot V^{-1} \cdot s^{-1}$[图 6-37(a)(b)],并出现了明显的朗道能级劈裂现象[图 6-37(c)]。同时,该样品的接触电阻很低,平均值为 117.6 Ω · μm,接近机械剥离样品;面电阻测量结果为(618.0 ± 19.6)$\Omega \cdot sq^{-1}$,优于非洁净石墨烯[(879.8.0 ± 173.7)$\Omega \cdot sq^{-1}$]。将石墨烯薄膜转移到石英衬底,550 nm 波长处的平均透光率为 97.4%;逐层转移到 PET 衬底,透光率也高于普通非洁净样品。

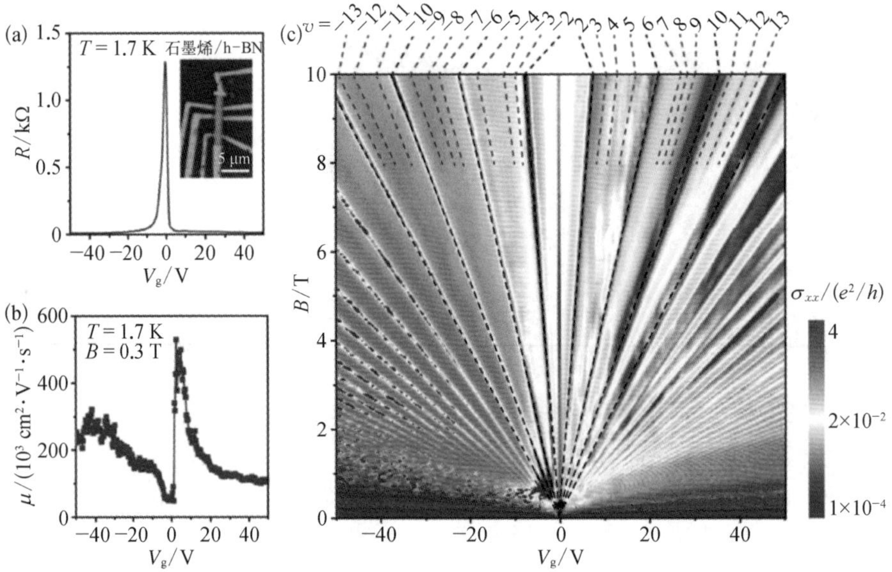

图 6-37 魔力粘毛辊技术制备的超洁净石墨烯薄膜的优异电学性质[6]

（a）氮化硼封装的超洁净石墨烯薄膜的转移特性曲线（插图为霍尔器件的光学显微镜图像）；（b）霍尔迁移率随栅压的变化；（c）纵向电导率随磁场和栅压的变化

参考文献

［1］ Heimann R B, Evsvukov S E, Koga Y. Carbon allotropes: A suggested classification scheme based on valence orbital hybridization[J]. Carbon, 1997, 35 (10-11): 1654-1658.

［2］ Lin L, Zhang J, Su H, et al. Towards super-clean graphene [J]. Nature Communications, 2019, (10): 1912.

［3］ Lewis A M, Derby B, Kinloch I A. Influence of gas phase equilibria on the chemical vapor deposition of graphene[J]. ACS Nano, 2013, 7(4): 3104-3117.

［4］ Nguyen V L, Shin B G, Duong D L, et al. Seamless stitching of graphene domains on polished copper (111) foil[J]. Advanced Materials, 2015, 27(8): 1376-1382.

［5］ Zhang J, Lin L, Sun L, et al. Clean transfer of large graphene single crystals for high-intactness suspended membranes and liquid cells[J]. Advanced Materials, 2017, (29): 1700639.

［6］ Sun L, Lin L, Wang Z, et al. A Force-engineered lint roller for superclean graphene[J]. Advanced Materials, 2019, 31(43): 1902978.

［7］ Zhang J, Jia K, Lin L, et al. Large-area synthesis of superclean graphene via selective etching of amorphous carbon with carbon dioxide[J]. Angewandte Chemie International Edition, 2019, 58(41): 14446 - 14451.

[8] Westenfelder B, Meyer J C, Biskupek J, et al. Transformations of carbon adsorbates on graphene substrates under extreme heat[J]. Nano Letters, 2011, 11(12): 5123 - 5127.

[9] Zhao J, Shaygan M, Eckert J, et al. A growth mechanism for free-standing vertical graphene[J]. Nano Letters, 2014, 14(6): 3064 - 3071.

[10] Schuünemann C, Schäffel F, Bachmatiuk A, et al. Catalyst poisoning by amorphous carbon during carbon nanotube growth: Fact or fiction? [J]. ACS Nano, 2011, 5(11): 8928 - 8934.

[11] Khaliullin R Z, Eshet H, Kühne T D, et al. Nucleation mechanism for the direct graphite-to-diamond phase transition [J]. Nature Materials, 2011, 10(9): 693 - 697.

[12] Robertson J. Diamond-like amorphous carbon [J]. Materials Science and Engineering: R: Reports, 2002, 37(4 - 6): 129 - 281.

[13] Muñoz R, Gómez-Aleixandre C. Review of CVD synthesis of graphene[J]. Chemical Vapor Deposition, 2013, 19(10 - 11 - 12): 297 - 322.

[14] Kuwana K, Li T, Saito K. Gas-phase reactions during CVD synthesis of carbon nanotubes: Insights via numerical experiments[J]. Chemical Engineering Science, 2006, 61(20): 6718 - 6726.

[15] Kwak J, Kwon T Y, Chu J H, et al. In situ observations of gas phase dynamics during graphene growth using solid-state carbon sources[J]. Physical Chemistry Chemical Physics, 2013, 15(25): 10446 - 10452.

[16] Qing F, Jia R, Li B W, et al. Graphene growth with 'no' feedstock[J]. 2D Materials, 2017, 4(2): 025089.

[17] Shivayogimath A, Mackenzie D, Luo B, et al. Probing the gas-phase dynamics of graphene chemical vapour deposition using *in-situ* UV absorption spectroscopy[J]. Scientific Reports, 2017, (7): 6183.

[18] Li Z, Zhang W, Fan X, et al. Graphene thickness control via gas-phase dynamics in chemical vapor deposition[J]. The Journal of Physical Chemistry C, 2012, 116(19): 10557 - 10562.

[19] Li G, Huang S H, Li Z. Gas-phase dynamics in graphene growth by chemical vapour deposition[J]. Physical Chemistry Chemical Physics, 2015, 17(35): 22832 -22836.

[20] Trinsoutrot P, Rabot C, Vergnes H, et al. The role of the gas phase in graphene formation by CVD on copper[J]. Chemical Vapor Deposition, 2014, 20(1 - 2 - 3): 51 - 58.

[21] Ōya A, Marsh H. Phenomena of catalytic graphitization[J]. Journal of Materials Science, 1982, 17(2): 309 - 322.

[22] Rouzaud J N, Oberlin A. Structure, microtexture, and optical properties of

anthracene and saccharose-based carbons[J]. Carbon, 1989, 27(4): 517-529.
[23] Sinclair R, Itoh T, Chin R. In situ TEM studies of metal-carbon reactions[J]. Microscopy and Microanalysis, 2002, 8(4): 288-304.
[24] Fujita J, Hiyama T, Hirukawa A, et al. Near room temperature chemical vapor deposition of graphene with diluted methane and molten gallium catalyst[J]. Scientific Reports, 2017, (7): 12371.
[25] Kidambi P R, Ducati C, Dlubak B, et al. The parameter space of graphene chemical vapor deposition on polycrystalline Cu[J]. The Journal of Physical Chemistry C, 2012, 116(42): 22492-22501.
[26] Seo J, Lee J, Jang A R, et al. Study of cooling rate on the growth of graphene via chemical vapor deposition[J]. Chemistry of Materials, 2017, 29(10): 4202-4208.
[27] Joo W J, Lee J H, Jang Y, et al. Realization of continuous Zachariasen carbon monolayer[J]. Science Advances, 2017, 3(2): e1601821.
[28] Jia K, Zhang J, Lin L, et al. Copper-containing carbon feedstock for growing superclean graphene[J]. Journal of the American Chemical Society, 2019, 141(19): 7670-7674.
[29] Cunge G, Ferrah D, Petit-Etienne C, et al. Dry efficient cleaning of poly-methyl-methacrylate residues from graphene with high-density H_2 and H_2—N_2 plasmas[J]. Journal of Applied Physics, 2015, 118(12): 123302.
[30] Cheng Z, Zhou Q, Wang C, et al. Toward intrinsic graphene surfaces: a systematic study on thermal annealing and wet-chemical treatment of SiO_2-supported graphene devices[J]. Nano Letters, 2011, 11(2): 767-771.
[31] Peltekis N, Kumar S, McEvoy N, et al. The effect of downstream plasma treatments on graphene surfaces[J]. Carbon, 2012, 50(2): 395-403.
[32] Algara-Siller G, Lehtinen O, Turchanin A, et al. Dry-cleaning of graphene[J]. Applied Physics Letters, 2014, 104(15): 153115.

第7章

掺杂石墨烯的生长方法

本征石墨烯虽然具有极高的载流子迁移率，但其费米能级处于导带和价带之间，载流子浓度极低，这也导致本征石墨烯的电导率较低。而目前石墨烯的应用，如透明导电薄膜等，通常需要石墨烯具有较高的电导率，因而通过石墨烯的掺杂来提高石墨烯的载流子浓度和电导率是十分必要的。尽管石墨烯在转移过程中会受到一些因素（诸如水和氧气）的影响，产生一定掺杂的效果（石墨烯的剩余载流子浓度可以达到 10^{11} cm^{-2} 量级），但是其面电阻仍为千欧量级，难以与其他透明导电材料如 ITO（氧化铟锡）、碳纳米管阵列等材料相比拟。同时，转移过程引入的掺杂均匀性和稳定性较差，掺杂的效果也受到转移工艺和存储环境等因素的影响。

在硅基半导体的发展中，为了提高本征硅的电导率，通常做法是在本征硅中混入其他元素如磷或砷、硼或镓，来实现本征硅的 n 型或 p 型掺杂，实现本征硅的载流子浓度的提高，进而提高本征硅的导电性。对于石墨烯来说，最稳定的掺杂为替位掺杂，即杂质原子替代石墨烯晶格中的碳原子。这一过程可以通过在 CVD 过程中引入含有杂原子的前驱体来实现。前驱体的选择和生长参数将进一步影响掺杂类型与结构。

本章将分别介绍单一元素和多元素掺杂石墨烯的 CVD 生长方法。在单一元素掺杂中，着重介绍元素周期表中与碳相邻的氮和硼两种元素的石墨烯掺杂。而在多元素掺杂中将着重介绍硼氮共掺杂和选区掺杂。本章最后将探讨如何实现掺杂结构的调控和优化。

7.1 石墨烯的掺杂类型

通过掺杂，石墨烯的费米能级位于狄拉克点之上的为 n 型掺杂，位于狄拉克点之下则为 p 型掺杂(图 7-1)。石墨烯的掺杂也可以分为物理掺杂和化学掺杂。其中,吸附掺杂为物理掺杂的主要方式,主要是通过吸附物和石墨烯之间的电荷转移实现石墨烯的 n 型或 p 型掺杂;而化学掺杂主要包括共价修饰掺杂和替位掺杂。

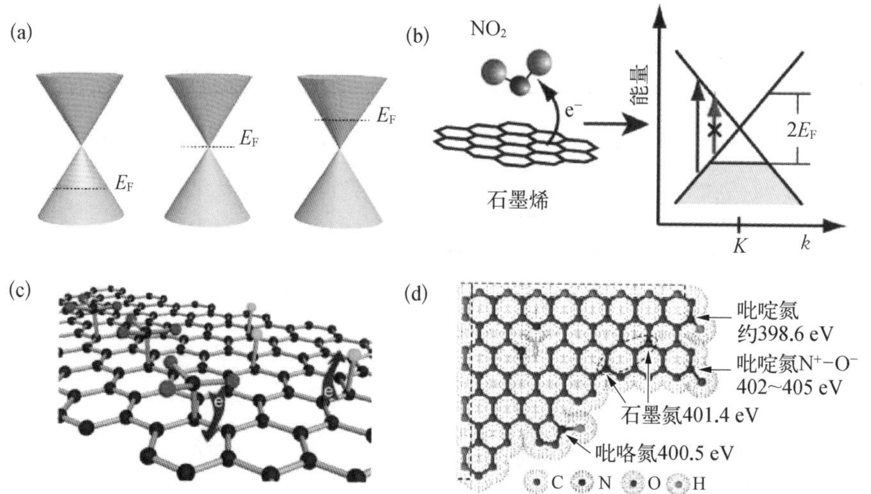

图 7-1 掺杂石墨烯的结构

(a)p型、本征和n型掺杂石墨烯的能带结构;(b)~(d)化学掺杂示意图[表面转移掺杂(b)、共价修饰掺杂(c)以及替位掺杂(d)]

吸附掺杂的稳定性通常较差,主要通过具有吸电子或给电子的基团小分子、聚合物或金属等与石墨烯之间的电荷转移来实现。空气中的水和氧气本身可以吸附在石墨烯的表面导致石墨烯的水氧掺杂(p 型掺杂),尤其是考虑到石墨烯转移过程中往往涉及水溶液反应,水氧掺杂在石墨烯应用中往往是不可避免的。尽管水氧可以实现石墨烯的 p 型掺杂,但由于其掺杂的均匀度和稳定性较差,实际情况中需要尽可能减少和避免。表面电荷转移掺杂的小分子包括一些具有较强吸电子能力的 NO_2、Br_2 和 I_2 等。同时,较强的给电子基团如 NH_3 等可以对石墨烯进行 n 型掺杂。取决于功函的差异,金属与石墨烯接触时,也会发生电荷转移,实现石墨烯的掺杂。另外,对石墨烯的转移目标衬底进行表面修饰也可以对石墨烯进行掺杂,如韩国首尔大学 Hong 课题组通过在石墨烯表面吸附二亚乙基三胺,并通过自组装的方式,在转移的衬底表面覆盖含有氨基的分子。由于二亚乙基三胺和氨基都可以对石墨烯实现 n 型掺杂，从而实现了更加有效的“双掺杂”。

在化学掺杂中，共价修饰掺杂的方法是基于石墨烯中碳碳双键(大 π 键)的加成反应，使得石墨烯中碳原子由 sp^2 杂化形式转变为 sp^3 杂化形式，并引入修饰基团，如 H、Cl、F 等原子或甲基等官能团，根据引入的修饰基团的吸电子或给电子能力强弱对石墨烯形成不同类型的掺杂。

另外，替位掺杂是将杂质原子代替石墨烯晶格中的部分碳原子，改变石墨烯的空间电荷分布，进而对其能带结构进行调节。这种掺杂可以通过在 CVD 石墨烯的制备过程中引入含杂原子(如硼、氮、磷等)的前驱体来实现。替位掺杂具有良好的掺杂均匀性和稳定性，因而得到了越来越多的关注，也成为本章详细讨论的重点。

在讨论掺杂石墨烯的具体制备方法之前，首先我们要明确掺杂在引起载流子浓度提高的同时，掺杂中心势必会对石墨烯中载流子产生散射，导致石墨烯的迁移率降低，因此石墨烯掺杂引起的导电性的提高，并不是简单的越多越好。

目前所制备的掺杂石墨烯电导率和迁移率统计如图 7-2 所示。针对石墨烯的不同应用，掺杂的目的也不一样。石墨烯作为透明导电薄膜使用时，掺杂追求的是电导率的提高，此时需要在兼顾载流子迁移率的同时，有效地提高载流子浓度，并减少掺杂对石墨烯本身性质和结构的影响。另外，掺杂可以调节石墨烯的

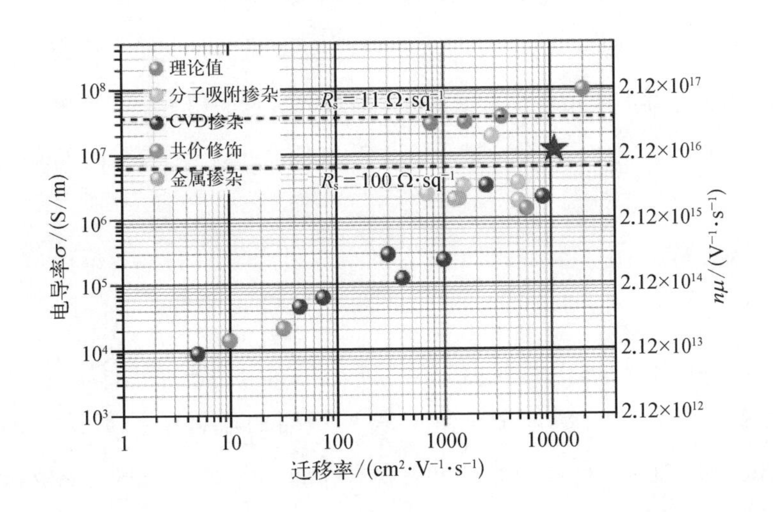

图 7-2 目前所制备的掺杂石墨烯电导率和迁移率的统计

费米能级位置，进而实现与电极或其他功能性材料良好的电学接触，此时，石墨烯的费米能级位置极为重要。不同的接触材料往往需要石墨烯的不同掺杂类型，即不同的费米能级位置，因此一种可控调节石墨烯费米能级位置的方法显得尤为重要。将杂原子引入石墨烯的骨架当中，利用杂原子作为活性位点，石墨烯在催化领域也具有潜在的应用价值，此时杂原子在石墨烯的骨架中的键合方式和浓度显得更为重要。例如，氮原子在石墨烯骨架中键连方式主要包括石墨氮、吡啶氮、吡咯氮等，氮原子作为催化活性中心，不同类型的氮原子表现出不同的催化活性，因此实现对掺杂类型的调控非常重要。

7.2 单一元素掺杂

在半导体中，杂质原子在体相中有两种存在形式：一是杂质原子位于晶格原子间隙位置，称为间隙式杂质；二是杂质原子取代晶格原子而位于晶格点处，称为替位式杂质。石墨烯为二维材料，不能形成有效的间隙，因此稳定的掺杂一般是指替位式掺杂。与制备本征石墨烯不同，CVD 法制备掺杂石墨烯需要考虑以下两点：首先，要同时提供含碳源和杂质源的前驱体；其次，由于杂质原子和碳原子形成的键能一般小于石墨烯自身的碳碳键能，因此为了能够有效掺入杂质元素，需要将石墨烯生长的能量供给调控在合适的范围。一般形成替位式掺杂时，要求替位杂质原子的大小和碳原子大小相近，还要求其价电子壳层结构和碳原子相近，与其相邻的硼元素和氮元素是目前最为常见的用于石墨烯掺杂的两种元素，其形成的碳氮和碳硼化学键十分稳定，键长也近似于石墨烯的碳碳键。[1]

7.2.1 氮掺杂

氮（$1s^2 2s^2 2p^3$）与碳（$1s^2 2s^2 2p^2$）在元素周期表中相邻，易通过共价键与碳相连。氮元素掺入石墨烯中主要有三种不同的成键结构形式：吡啶氮(pyridinic N)、吡咯氮(pyrrolic N)和石墨氮(graphitic N)。吡啶氮指氮原子在石墨烯的边缘或者缺陷位与两个碳原子成键，并向π体系提供一个p电子；吡咯氮是指向π体系提供两个p电子，一般呈现为五元环；石墨氮是指氮原子直接替换六元环中的碳原子。以上三种氮存在的形式中，吡啶氮和吡咯氮会破坏石墨烯的结构，从而增加载流子散射；与之相反，石墨氮则可以维持石墨烯较高的载流子迁移率(在7.4节中详细介绍)。在电子和光电子器件的应用中，人们希望通过掺杂调节石墨烯功函，同时保持较高的迁移率，因此不改变石墨烯骨架结构的石墨氮更被青睐。而在催化领域，人们有时希望存在更多的反应活性位点，因此吡啶氮和吡咯氮也是所需要的掺杂类型。

CVD法生长氮掺杂石墨烯主要采取自限制生长的模式，大部分工作选取Cu或Pt这种溶碳量较低的金属衬底为生长衬底，因此其生长过程和本征石墨烯类似。一般主要存在以下几个基元步骤：(1) 碳源和氮源前驱体在金属催化剂表面吸附和裂解；(2) 裂解形成的碳原子或碳氢物种以及氮原子或含氮团簇(含氮原子的活性碳物种)在催化剂表面迁移、成核和生长；(3) 在碳原子形成石墨烯骨架的同时，裂解形成的氮原子或含氮团簇在催化剂表面迁移并键连至石墨烯骨架，形成氮掺杂石墨烯。其中，前驱体的选择决定了裂解之后生成的含氮团簇的存在形式。图7-3(b)列出了氮掺杂石墨烯制备的基元步骤以及碳、氢和氮的一些键能，可以看出C—N键最不稳定。在高温和催化剂的作用下，氮原子很容易和碳原子分离，而在成键的过程中，碳氮键仍然很弱。因此，在高温下氮原子难以掺入石墨烯骨架中，掺杂浓度较低。而低温情况下CVD生长得到的石墨烯点缺陷密度较高，畴区尺寸较小，会影响石墨烯的品质，这就导致了高品质的氮掺杂石墨烯制备的困难。

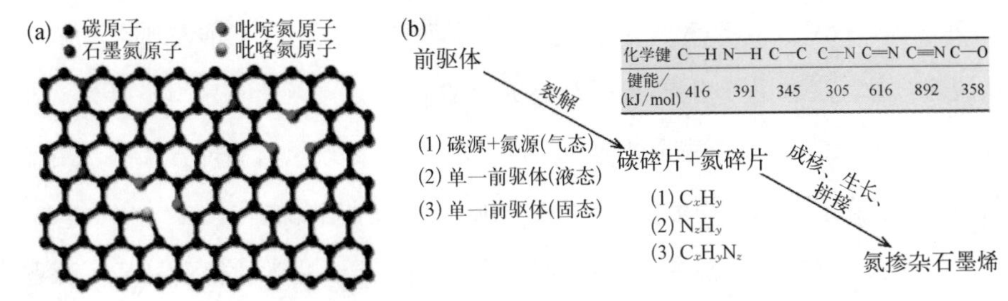

图7-3 氮掺杂石墨烯的结构与生长过程

(a) 氮原子在石墨烯中的存在形式；[2] (b) 氮掺杂石墨烯CVD制备过程

一般来讲，氮掺杂石墨烯生长的前驱体主要有以下几种选择方式。(1) 分别选择小分子的碳源和氮源(分立前驱体)，碳源可以选择常用于本征石墨烯 CVD 制备的甲烷(CH_4)、乙烷(C_2H_6)、乙烯(C_2H_4)、乙醇(C_2H_5OH)等，氮源可选择氨气(NH_3)、肼(N_2H_4)、二氧化氮(NO_2)等。这种方式通常是通过控制碳源和氮源的流量比例以及生长温度来调控掺杂浓度。需要注意的是，氮源通常具有腐蚀性和毒性，在 CVD 系统的搭建中需要特别注意防护。(2) 选择同时含碳和氮元素的有机小分子作为碳源和氮源(单一前驱体)。这类前驱体常温常压下大多为液体或固体，比如乙腈(CH_3CN)、吡啶(C_5H_5N)、吡咯(C_4H_5N)和一些三嗪及其衍生物(固态)等。这类方法可以通过低压或加热的方式将前驱体挥发至反应腔，并通过控制反应温度来调控掺杂浓度，也可以同时将这些前驱体和纯碳源(如甲烷、乙醇等)引入反应，通过控制流量比来调控掺杂浓度。(3) 选择含碳和氮的大分子有机聚合物，主要是固体碳源和氮源，先涂到衬底表面，通过高温退火形成氮掺杂石墨烯。这类方法很难可控调节石墨烯的掺杂浓度。接下来分别介绍分立前驱体、单一前驱体以及旋涂含氮大分子高温退火的方法。

1. 分立前驱体制备氮掺杂石墨烯

采用分立碳源和氮源作为前驱体，需要考虑氮源和碳源的裂解过程。NH_3 在催化剂上的裂解方式和 CH_4 类似，也包括吸附和逐步脱氢的过程，但是难易程度有所区别。理论计算表明，在 Cu(100)表面，甲烷逐步脱氢势垒为 1.90 eV、2.45 eV、2.51 eV 和 3.40 eV；在 Cu(111)表面，甲烷的逐步脱氢势垒为 1.77 eV、2.32 eV、2.77 eV和 4.09 eV。而对于氨气，在 Pd-Cu(111)上逐步脱氢的势垒分别为1.32 eV、1.36 eV 和 1.56 eV；在 Cu-Pd(111)上逐步脱氢势垒分别为 1.72 eV、2.38 eV和 2.15 eV，[2] 甲烷与氨气两者相对比，我们不难发现氨气第一次脱氢难易程度和甲烷相当，但是最终完全脱氢所需的能量明显小于甲烷。因此在高温下，氨气倾向于完全裂解为氮自由基，直接键连至石墨烯骨架中。用氨气生长氮掺杂石墨烯容易形成不太稳定的吡啶氮和吡咯氮结构。

首先实现氮掺杂石墨烯 CVD 生长的是中国科学院化学研究所刘云圻课题组，过程如图 7-4 所示。[3] 该工作分别以 CH_4 和 NH_3 作为碳源和氮源，25 nm 的

图 7-4 氨气为氮源制备氮掺杂石墨烯

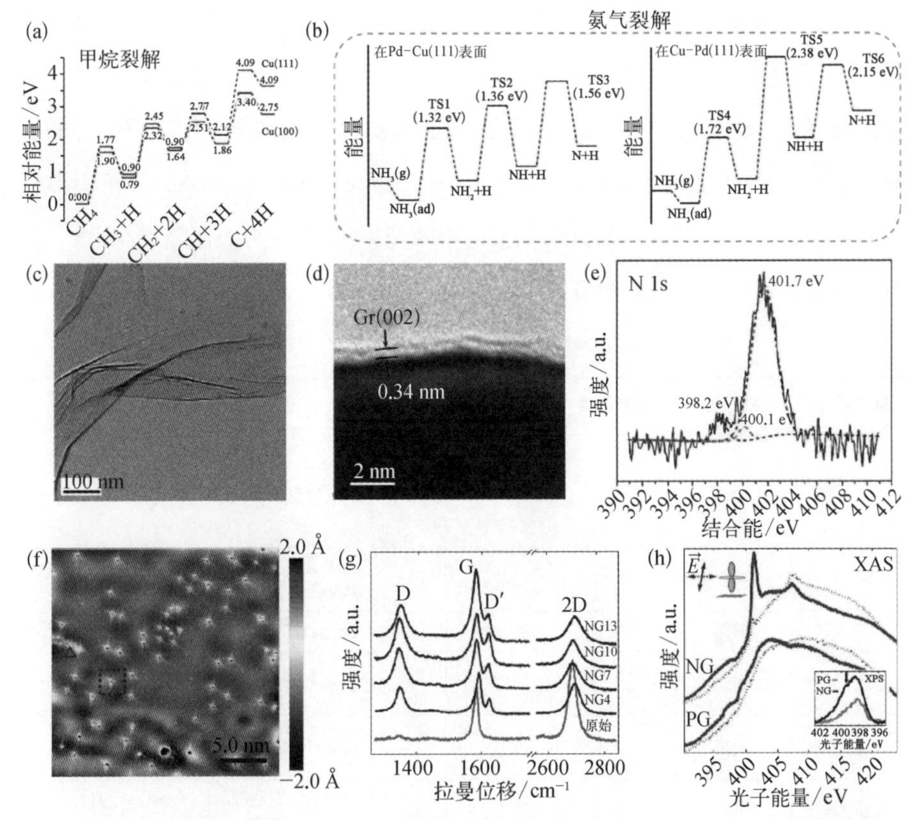

（a）甲烷在金属上的裂解过程；（b）氨气在金属上的裂解过程；[2]（c）（d）氨气制备的氮掺杂石墨烯透射电子显微镜图像；（e）氮掺杂石墨烯 XPS；[3]（f）氮掺杂石墨烯的扫描隧道显微镜表征；（g）氮掺杂石墨烯的拉曼光谱；（h）氮掺杂石墨烯的 XAS[4]

铜薄膜作为衬底及催化剂，在 800℃下制备出少层的氮掺杂石墨烯。对样品进行 X 射线光电子能谱（XPS）分析，发现氮元素的峰可分为如下三个子峰：401.7 eV、400.1 eV 和 398.2 eV，分别对应石墨氮、吡啶氮和吡咯氮（一般认为石墨氮的峰位＞401 eV、吡啶氮在 400 eV 左右，吡咯氮峰位＜399 eV）。用这种方法，研究人员通过调节 NH_3 和 CH_4 的流量比例，实现了掺杂浓度的控制。研究表明，当 NH_3 和 CH_4 的流量比例为 1∶1、1∶2 和 1∶4 时，XPS 探测出氮元素的浓度分别为 8.9%、3.2%和 1.2%。同样采用氨气为氮源在铜箔上生长氮掺杂石墨烯，新加坡南洋理工大学的 Ting Yu 等人采用 He 稀释的 NH_3（体积比为 10%）在 900℃下生长，碳源选择乙烯，发现氮元素在石墨烯中均呈现为吡啶氮，其 N 与 C 的元素比例随着 NH_3 流量的增加先升高后降低，当流量适中时，所得到的石墨烯氮含量高达16%。美国哥伦比亚大学Pasupathy课题组采用氨气为氮源，生长温度为1000℃，通过改变氨气的分压（0.04～0.13 Torr，总压1.9 Torr）调控掺杂浓度，采用扫描隧道显微镜（STM）精细表征了其氮元素的含量为0.23%～0.35%。同时，他们采用X射线吸收光谱（X－ray absorption spectroscopy，XAS）分析所得到的氮掺杂石墨烯在400.7 eV处有明显的吸收峰，可以归属为石墨氮结构。[4]分立前驱体制备氮掺杂石墨烯的相关参数如表7－1所示。

表7－1 分立前驱体制备氮掺杂石墨烯的相关参数

碳源/氮源	衬　底	生长温度	氮类型/含量		参　考　文　献
甲烷/氨气	铜膜	800℃	吡啶氮 吡咯氮 石墨氮	8.9%	Nano Letters, 2009, 9(5): 1752－1758.
乙烯/氨气	铜箔	900℃	吡啶氮	16%	Journal of Material Chemistry, 2011, 21(22): 8038－8044.
甲烷/氨气	铜箔	1000℃	石墨氮	—	Science, 2011, 333(6045): 999－1003.
甲烷/氨气	铜箔	980℃ 850℃	石墨氮 吡啶氮	—	Scientific Report, 2012, 2: 586.
甲烷/氨气	铜箔	1000℃	吡啶氮 石墨氮	—	Nano Letters, 2012, 12(8): 4025－4031.
丙烷/氮气	SiC	1600℃	吡啶氮 石墨氮	—	Journal of Applied Physics, 2014, 115(23): 233504.
—/氨气	二氧化硅	1100℃	—	—	Science, 2009, 324(5928): 768－771.
—/氨气	二氧化硅	1100℃	—	—	Nano Letters, 2010, 10(12): 4975－4980.

除了同时引入碳源和氨气前驱体外，还有人通过先制备本征石墨烯、后用氨气退火的方式引入氮原子，一般通过氨气流量、退火温度、时间控制氮元素的掺入浓度。需要注意的是，这种方式容易引入额外缺陷。

2. 单一前驱体制备氮掺杂石墨烯

与分立前驱体制备氮掺杂石墨烯不同，单一前驱体在常温常压下多为液态或固态。因为单一前驱体中同时含有碳元素和氮元素，通过控制反应条件，有望实现在C—N键不裂解的前提下将氮元素直接键连至石墨烯骨架中。采用液态前驱体制备石墨烯时，多采用如下方法控制引入前驱体的量：在体系的上游设置液体容器，内置前驱体，通过加热或气流鼓泡的方式将液体蒸气引入高温CVD

体系内，对于低压 CVD 系统使用沸点低、蒸气压高的液体前驱体，也可以利用前躯体自身挥发的性质传质到反应腔。

从元素组成上考虑，有很多含碳和氮元素的小分子有机物均可作为这种前驱体的备选，比如：(1) 含一个碳原子的分子如甲胺($CH_3—NH_2$)和硝基甲烷($CH_3—NO_2$)；(2) 含两个碳原子的分子如乙胺($CH_3—CH_2—NH_2$)、硝基乙烷($CH_3—CH_2—NO_2$)、乙醇胺[$CH_2(OH)—CH_2—NH_2$]和乙腈($CH_3—C\equiv N$)；(3) 含环状的分子如苯胺($C_6H_5—NH_2$)和硝基苯($C_6H_5—NO_2$)等。但是在实际操作中，须考虑每一种前驱体在生长过程中的基元步骤。

一般来讲，胺类物质中的氮原子与氢原子成键，在高温下易被催化裂解，从而形成氮掺杂石墨烯；硝基中 N 和 O 之间形成离域的 π 键($2\Pi_3^4$)，难以裂解；乙腈比较特殊，其分子中含有键能很大的 C≡N，在高温下易形成 C—N 的团簇，在衬底上迁移并键连至石墨烯骨架。

由于采用单一前驱体，其掺杂浓度的控制主要通过调控反应温度而非碳氮比例来实现。由于这些前驱体中所含化学键的键能大小顺序为 $E_{C—N}<E_{C—C}<E_{N—H}<E_{C—H}$[图 7-3(b)]，在高温催化裂解时，碳氮单键最先断裂，这对于石墨烯是否可以掺入氮元素十分重要。如果前驱体裂解后分别形成含 C 物种和含 N 物种，则在高温下也很难形成 C—N 键，因此容易形成本征石墨烯，而非氮掺杂石墨烯；而在较低温度下，尽可能地抑制 C—N 键断裂，使其作为整体掺入石墨烯中，则可得到高掺杂浓度的石墨烯。以吡啶这种环状小分子为例，多个课题组采用其作为前驱体制备氮掺杂石墨烯。比如 Tour 课题组的研究发现，吡啶分子在 1000℃高温下被催化裂解成碳原子和氮原子，然后在铜箔表面形成 N 掺杂石墨烯，但是其掺杂浓度较低(2.5%左右)。[5] 而日本东京大学的 Saiki 课题组同样用吡啶作为碳源和氮源，在 Pt(111)上(温度为 500℃)生长，可以实现较高浓度吡啶氮的掺杂，氮原子的含量大约为 4.0%。同时他们发现温度高于 700℃时，氮元素不能掺到石墨烯晶格中，这是因为吡啶分子的脱氢温度比苯环开环的温度(620～650℃)低，在较低温度下会部分裂解，形成的碳碎片中含有氮元素，一起在衬底上形成氮掺杂石墨烯。而高温下，吡啶会裂解得更充分，主要为 C_2 和 CN 物种，不利于形成氮掺杂石墨烯。类似地，他们解释了用丙烯腈生长掺杂石墨烯

时，因为 C—C 单键更易断裂，丙烯腈裂解为 C_2 物种和 CN 物种，C_2 物种易形成本征石墨烯。而 CN 物种易挥发，因此并不能得到氮掺杂石墨烯。[6] 中国科学院化学研究所刘云圻课题组进一步将掺杂石墨烯的生长温度降低到 300℃左右，此时吡啶分子仅部分裂解，在铜箔表面可形成氮掺杂石墨烯薄膜，因为温度较低，得到的氮掺杂石墨烯的氮原子比例高达 16.7%(图 7-5)。[7]

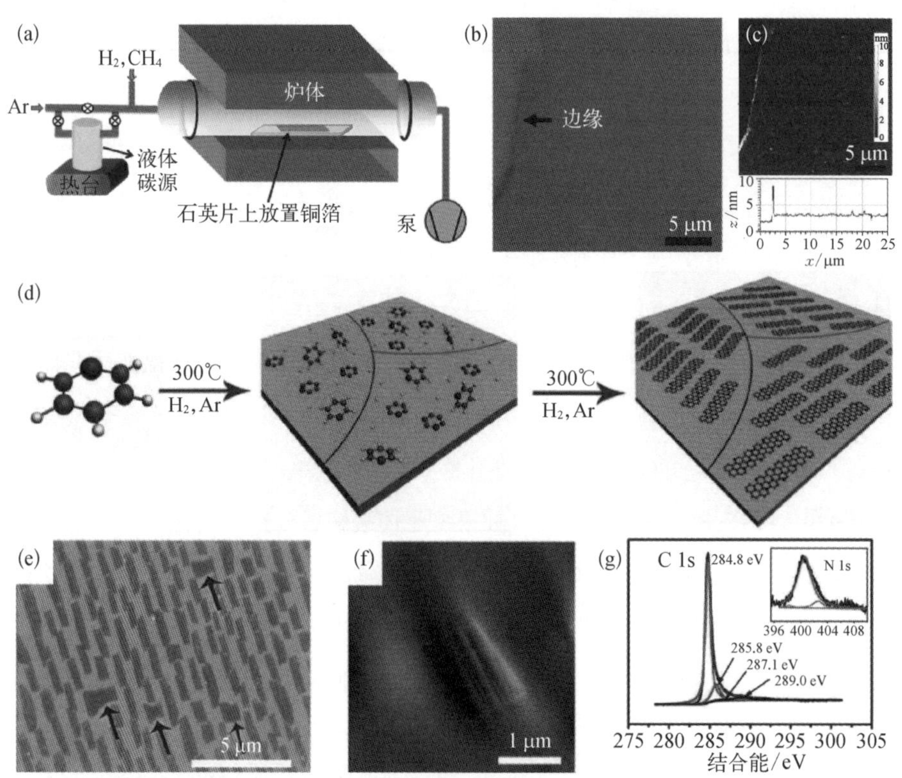

图 7-5 液体碳源/氮源制备氮掺杂石墨烯

(a) 液体碳源/氮源制备掺杂石墨烯示意图；(b)(c) 吡啶作为前驱体高温(1000℃)制备的氮掺杂石墨烯光学图像(b)和 AFM 图像(c)；(d) 吡啶作为前驱体低温(300℃)在衬底上自组装成方形石墨烯阵列；(e)~(g) 吡啶作为前驱体低温制备的氮掺杂石墨烯 SEM 图像(e)、AFM 图像(f)和 XPS 表征(g)[7]

同时，生长过程中氢和氧的含量对于催化裂解及碳、氮原子键连至石墨烯骨架过程的势垒也有着重要的影响。Müllen 等人研究了多种单一前驱体制备氮掺杂石墨烯的实验条件，他们发现采用甲胺、乙胺、乙醇胺、乙腈作为前驱体时，不需要额外引入氢气即可得到石墨烯，而硝基苯、苯胺和吡啶等前驱体则必须在氢气氛围下才可以得到高质量的石墨烯薄膜。与本征石墨烯的生长类似，氢气的分压较大时，对缺陷有一定的刻蚀作用。因此，提高氢气的分压有利于提升氮掺杂石墨烯的品质，同时也可能会降低氮元素的含量。[8] 单一前驱体制备氮掺杂石墨烯的相关参数如表 7-2 所示。

表 7-2 单一前驱体制备氮掺杂石墨烯的相关参数

碳源/氮源	衬底	生长温度	氮类型/含量		参 考 文 献
乙 腈	铜箔	950℃	吡啶氮 吡咯氮 石墨氮	9%	ACS Nano, 2010, 4(11): 6337-6342.
吡 啶	Pt(111)	500～700℃	吡啶氮	4.0%	Journal of Physics Chemistry C, 2011, 115 (20): 10000-10005.
丙烯腈	Pt(111)	室温至 600℃	—	—	
吡 啶	铜箔	1000℃	吡啶氮 石墨氮	1.71% 0.69%	ACS Nano, 2011, 5(5): 4112-4117.
吡 啶	铜箔	300℃	吡啶氮 石墨氮	6.7%	Journal of the American Chemical Society, 2012, 134(27): 11060-11063.
三嗪分子	Ni(111)	500～635℃	吡啶氮 石墨氮	0.08% 0.4%	Nano Letters, 2011, 11(12): 5401-5407.
DMF	铜箔	950℃	石墨氮 吡啶氮 吡咯氮	3.4%	Carbon, 2012, 50(12): 4476-4482.
$C_2H_5-NH_2$ $HO-C_2H_4-NH_2$ CH_3-NO_2 $C_2H_5-NO_2$ CH_3-CN $C_6H_5-NH_2$ $C_6H_5-NO_2$	铜箔	—	—	—	ACS Nano, 2014, 8(4): 3337-3346.
吡 啶	Cu(111)	—	—	—	Journal of the American Chemical Society, 2014, 136(4): 1391-1397.
喹 啉	Pt(111)	500℃	吡啶氮	—	RSC Advances, 2016, 6(16): 13392-13398.
吡啶、嘧啶	Pt(111)	500℃	吡啶氮 石墨氮	—	
吡 咯	Pt(111)	500℃	吡咯氮	—	
聚苯乙烯/尿素	铜箔	1000℃	—	0.9%～4.8%	New Journal of Chemistry, 2012, 36(6): 1385-1391.

除了气体和液体氮源，固体氮源也可用于生长氮掺杂石墨烯，美国莱斯大学 Tour 课题组通过旋涂固态三聚氰胺和 PMMA 的混合物作为碳源和氮源，成功生长出氮掺杂石墨烯薄膜。具体方法为：将三聚氰胺和 PMMA 混合后旋涂至铜衬底上，再经过高温形成氮掺杂石墨烯，如图 7-6 所示。XPS 中 N 1s 只有 399.8 eV

一个峰，说明只有石墨氮这一种氮原子存在形式。[9] 中国科学院化学研究所王朝晖课题组采用聚(4-乙烯吡啶)(P4VP)作为固体碳源，也成功制备出了氮掺杂石墨烯薄膜。[10] 固体碳源/氮源制备氮掺杂石墨烯的相关参数见表7-3。

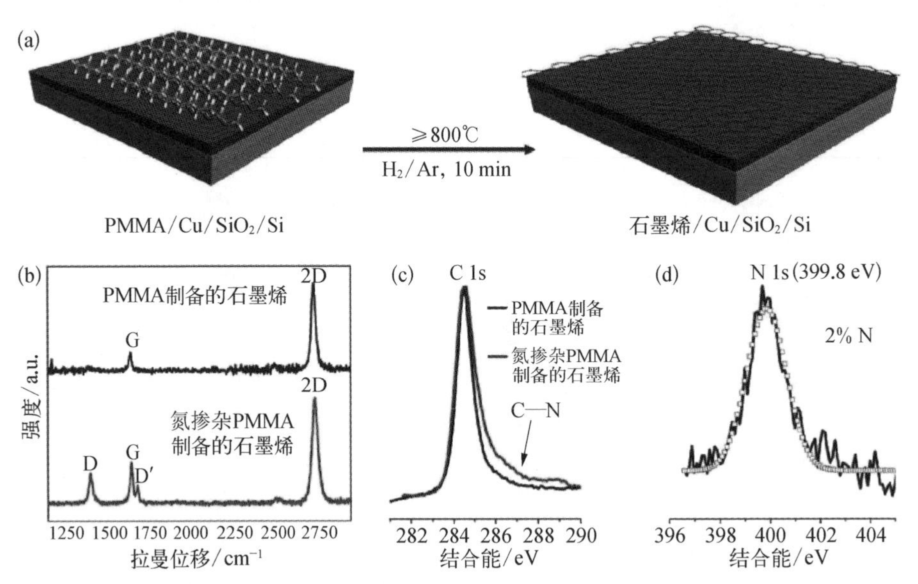

图7-6 固体碳源/氮源制备氮掺杂石墨烯

(a) PMMA旋涂高温碳化制备石墨烯的示意图；(b) PMMA为碳源制备的本征石墨烯和氮掺杂PMMA制备的石墨烯的拉曼光谱；(c) PMMA为碳源制备的石墨烯中碳的化学环境；(d) PMMA为碳源制备的氮掺杂石墨烯中氮的化学位移[9]

表7-3 固体碳源/氮源制备氮掺杂石墨烯的相关参数

碳源/氮源	衬底	制备温度	氮类型/含量		参考文献
掺氮PMMA	铜膜	800～1000℃	吡啶氮	2%～3.5%	Nature, 2010, 468(7323): 549-552.
			吡咯氮		
聚苯乙烯/尿素	铜箔	1000℃	—	0.9%～4.8%	New Journal of Chemistry, 2012, 36(6): 1385-1391.
聚(4-乙烯吡啶)(P4VP)	铜箔	1000℃	吡啶氮	—	Journal of Material Chemistry C, 2015, 3(24): 6172-6177.
			吡咯氮		
			石墨氮		

7.2.2 硼掺杂

硼元素($1s^2 2s^2 2p^1$)与碳相邻，比碳少一个价电子，因此容易掺入石墨烯骨架中并提供额外的空穴，从而引起石墨烯费米能级下移，形成 p 型掺杂。C—B 键（约 1.50Å）比 C—C 键（1.40～1.42Å）稍长一些，会产生略微的局部应力。目前的报道中硼元素掺杂浓度比较高，这对于调控石墨烯的功函更加有利。但也需要注意，当硼掺杂浓度较高时，容易出现 BC_4 等结构，严重影响石墨烯的性质。与氮掺杂类似，CVD 制备硼掺杂石墨烯的前驱体选择也可分为分立前驱体和单一前驱体。

硼掺杂石墨烯的生长衬底大多数仍选择 Cu。因为 B—Cu 键（330 kJ/mol）和 B—B 键（297 kJ/mol）远弱于 C—C 键（472 kJ/mol）和 C—B 键（448 kJ/mol），硼原子在高温下不会形成铜的硼化物。和氮掺杂石墨烯不太相同的一点是，因为硼单质为固态，因此可以选择硼粉作为硼源。事实上，首先报道 CVD 制备硼掺杂石墨烯的方法就是采用硼单质作为硼源掺杂，清华大学朱宏伟课题组将硼粉超声分散到乙醇中并喷涂到铜表面，然后将涂有硼源的铜箔放置在 CVD 炉体中，以乙醇为碳源高温（950℃）生长，可以得到大面积连续的硼掺杂石墨烯薄膜。所得到的石墨烯多为 3～5 层，XPS 结果显示其掺入的硼元素有两种形式：峰位在 200.5 eV 处的石墨型硼原子和峰位在 198.5 eV 处的硼硅烷型硼原子。[11] 同样采用硼粉为硼源，台湾清华大学 Chueh 课题组将硼粉放置在高温区石英舟上，同时在上游采用镍辅助催化裂解碳源，与高温下产生的硼蒸气直接在石英衬底上制备硼掺杂石墨烯，所得到的石墨烯多为少层石墨烯。XPS 能谱显示其硼元素的峰可分为 5 个子峰，这些峰和硼元素的化学环境有关：186.7 eV 处为硼元素的峰，187.7 eV 处为 B_4C 的峰，最强的 188.5 eV 处的峰为石墨硼的峰，190 eV 和 191 eV 处为硼氧碳的峰。对于所得到的多层硼掺杂石墨烯，该课题组做了 XPS 的深度分析，发现靠近衬底和最表层的石墨烯含硼元素的量很小，而在中央的几层石墨烯中硼的含量更多。其截面透射的电子能量损失谱（electron energy loss spectroscopy，EELS）分析结果同样支持该结论。[12] 硼单质为碳源制备硼掺杂石墨烯的过程和实验结果如图 7 - 7 所示。

上述两种前驱体的挥发温度相差很大，这对于石墨烯掺杂的浓度和均匀性控制不利，因此人们想通过引入挥发温度相近的分立前驱体制备硼掺杂石墨烯。与氮掺杂石墨烯采用氨气的想法类似，意大利帕多瓦大学 Agnoli 课题组首先采用乙

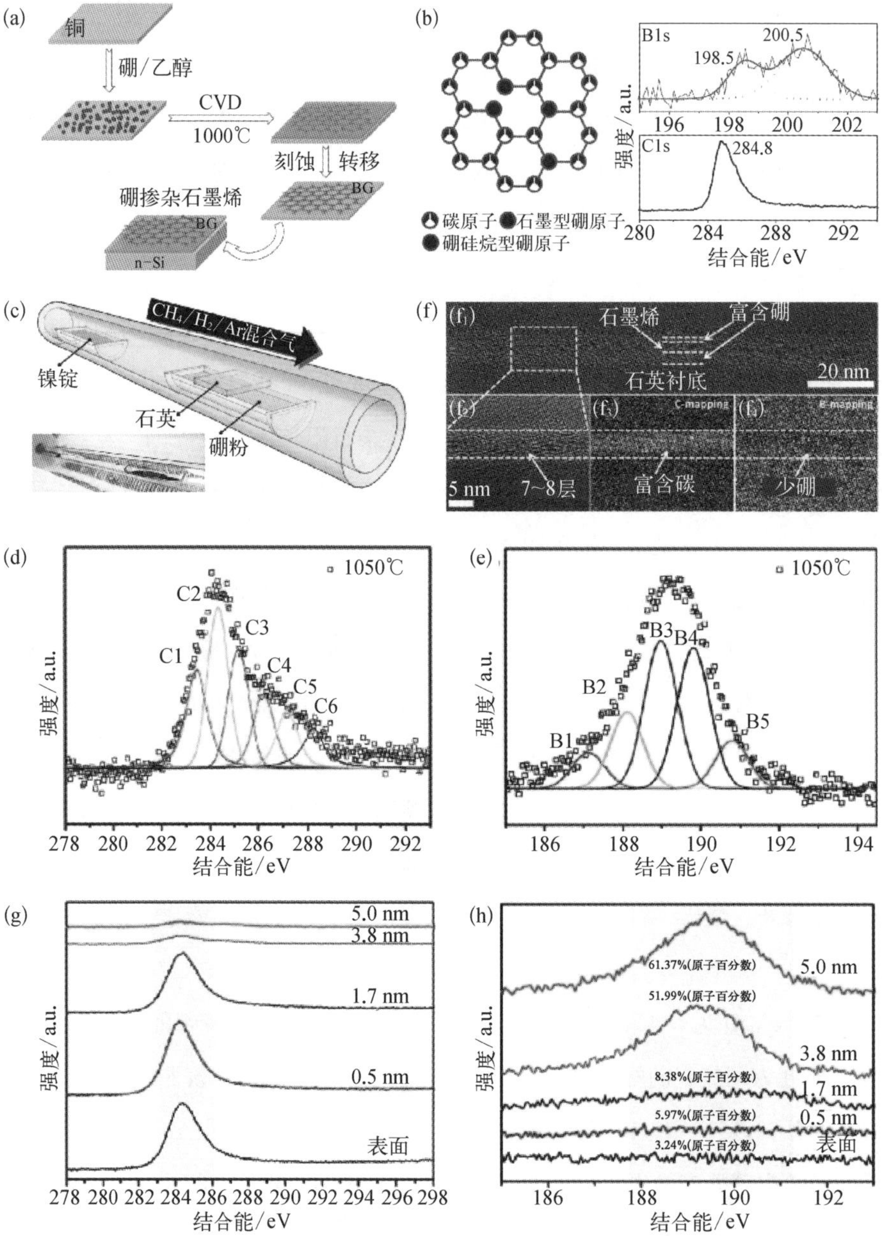

图 7-7　硼单质为硼源制备硼掺杂石墨烯

（a）（b）乙醇分散的硼粉喷涂在铜衬底上 CVD 制备硼掺杂石墨烯的示意图和 XPS 表征；[11]（c）~（h）硼粉高温区挥发在石英衬底上制备硼掺杂少层石墨烯及其 XPS 和截面透射表征[12]

硼烷为硼源制备出硼掺杂石墨烯，其碳源选择了常用的甲烷。他们采取了两步法制备：首先在高温下制备本征石墨烯，然后在高温下通入甲烷和乙硼烷的混合气

($CH_4/B_2H_6 \approx 250$)。在这种生长条件下,可以有效地将硼元素掺入石墨烯晶格,对于未覆盖石墨烯的区域,会形成 B_xC_y 的纳米颗粒,这些纳米颗粒实际上可以进一步作为前驱体进行掺杂。他们通过控制乙硼烷处理的时间来调控硼原子的比例。[13]

类似地,南京航空航天大学沈鸿烈团队采用聚苯乙烯(PS)和硼酸(H_3BO_3)分别作为碳源、硼源,也成功获得了硼掺杂石墨烯,他们通过控制硼源的挥发温度来控制硼源的挥发量,进而调控硼元素的掺杂比例。通过 XPS 的分析可测定其得到的硼掺杂石墨烯硼元素的掺杂量在 0.7%~4.3% 可调。[14] 挥发温度相近的分立前驱体制备硼掺杂石墨烯的过程及实验结果如图 7-8 所示。

虽然采用挥发温度相近的前驱体,但是两种分立的前驱体在铜箔表面分解

图 7-8 挥发温度相近的分立前驱体制备硼掺杂石墨烯

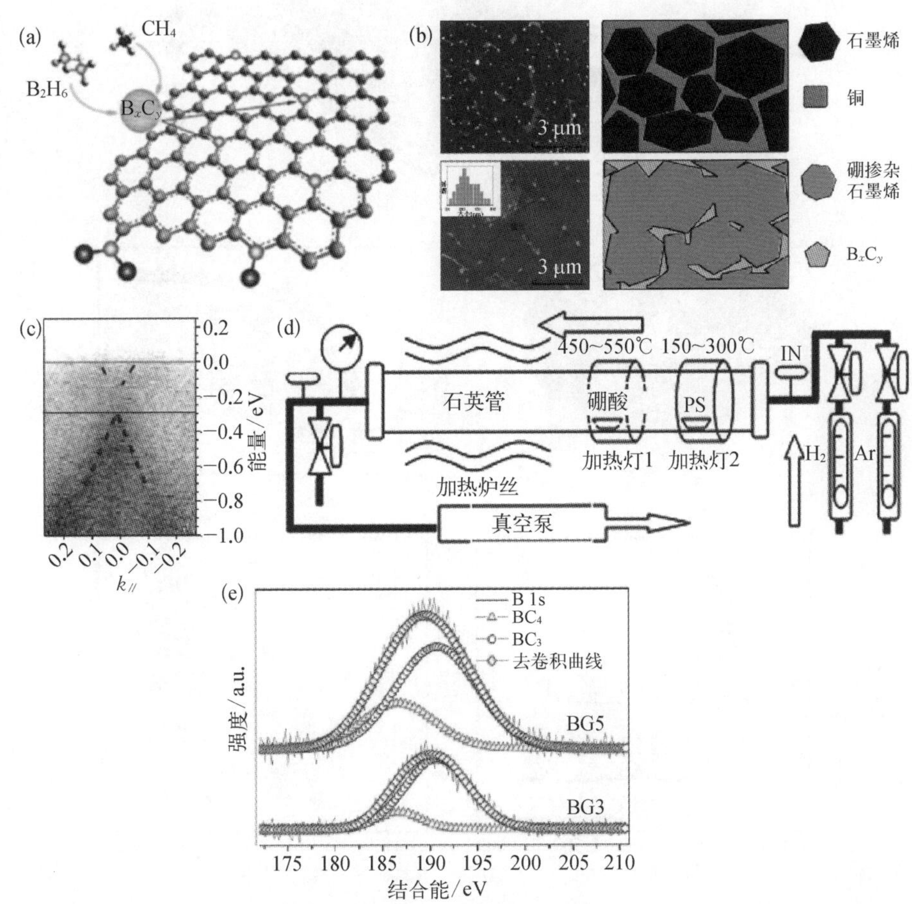

(a)~(c) 甲烷和乙硼烷分别为碳源和硼源制备硼掺杂石墨烯及其结果; [13] (d)(e) 聚苯乙烯和硼酸分别作为碳源和硼源制备硼掺杂石墨烯及其 XPS [14]

时热学行为、分解速率、与铜箔的反应行为仍然会有所不同，这些均会影响其结晶质量、层数、掺杂位点和浓度的可控性。考虑到这些因素，北京大学刘忠范课题组首先采用了单一前驱体制备硼掺杂石墨烯，所选用的前驱体为苯硼酸，如图7-9所示。主要方法为将苯硼酸固体粉末放置在炉体腔室上游，使用加热带对其进行加热(热重分析其挥发温度约为180℃)，使其挥发到反应腔室的高温区(950℃)中用于石墨烯生长。虽然苯硼酸作为前驱体可以在较低温度下制备出石墨烯，但是研究人员发现，在低于苯环裂解的温度时，石墨烯的形成主要是因

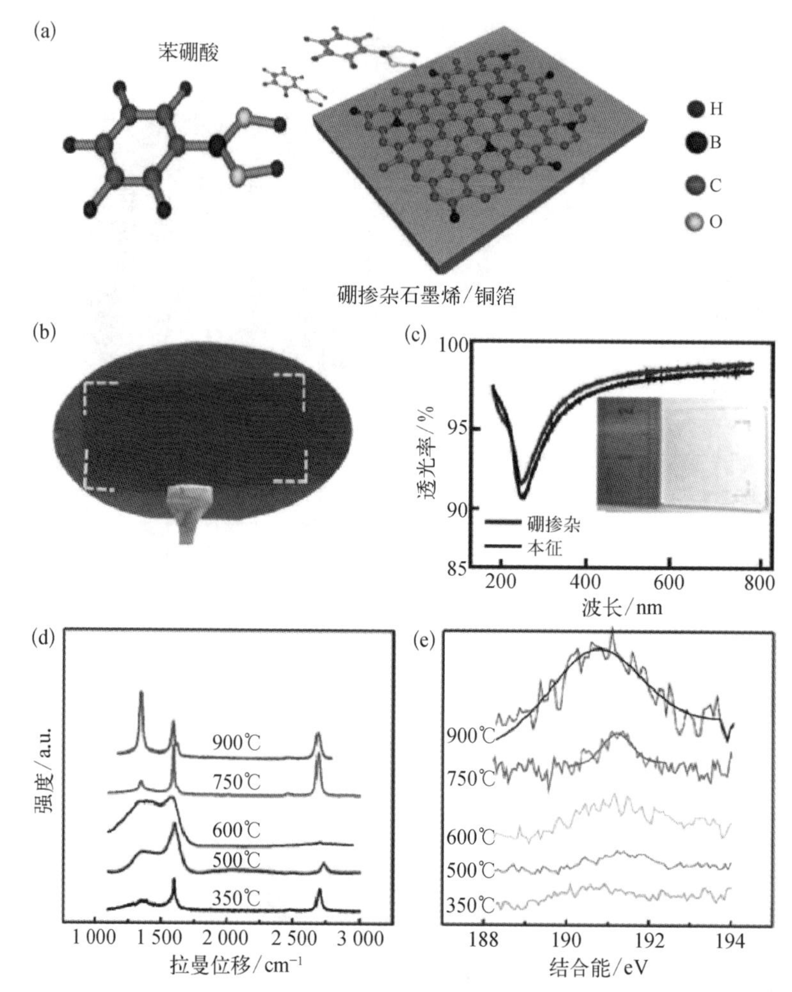

图7-9 苯硼酸作为单一前驱体制备硼掺杂石墨烯

(a) 苯硼酸作为单一前驱体制备硼掺杂石墨烯的示意图；(b) 4英寸硼掺杂石墨烯薄膜；(c) 硼掺杂石墨烯的透光性；(d)(e) 不同温度下制备的硼掺杂石墨烯拉曼光谱(d)和XPS表征(e)[15]

为苯环自组装，硼元素不能有效掺入石墨烯骨架中，因此在低温时制备出的主要是本征石墨烯。而随着温度升高（500～600℃），苯硼酸中部分苯环逐渐分解，而此生长温度下不足以让石墨烯形成很好的结晶，故质量较低。温度再增加至750℃时，在部分苯环分解碳原子与硼的氛围中，生成不均匀掺杂的硼掺杂石墨烯。而在950℃条件下，苯环充分分解，在充分混合的碳、硼和氢的氛围中，形成均匀的硼掺杂石墨烯。[15] 硼掺杂石墨烯的制备方法相关参数如表7-4所示。

表7-4 硼掺杂石墨烯的制备方法相关参数

碳源/硼源	衬 底	源挥发温度	生长温度	掺杂浓度/%（原子分数）	参考文献
乙醇/硼粉	铜箔	—	950℃	0.5	Advanced Energy Materials, 2012, 2(4): 425-429.
聚苯乙烯/硼酸	铜箔	(150～300)/(450～550)℃	1000℃	0.7～4.3	New Journal of Chemistry, 2012, 36(6): 1385-1391.
苯硼酸	铜箔	130℃	950℃	1.5	Small, 2013, 9(8): 1316-1320.
甲烷/乙硼烷	铜箔	室温/室温	1000℃	—	Nano Letters, 2013, 13(10): 4659-4665.
甲烷/乙硼烷	铜箔	室温/室温	1000℃	1	Chemical Materials, 2013, 25(9): 1490-1495.
甲烷/硼粉	石英	室温/(1100～1150)℃	1000～1150℃	3.24～61.37	Journal of Physics Chemistry C, 2014, 118(43): 25089-25096.
4-甲氧基苯硼酸	铜箔	300℃	960℃	—	Journal of Nanoscience and Nanotechnology, 2015, 15(7): 4883-4886.
丙烯/碳硼烷	Ni(111) Co(0001)	—	600～630℃	19	ACS Nano, 2015, 9(7): 7314-7322.
溶液：三乙基硼烷：己烷(0.5 mol/L)	铜箔	室温（氩气鼓泡）	1000℃	1.75	Proceedings of the National Academy of Sciences (USA), 2016, 113(3): E406-E406.
乙硼酸	铜箔	200℃	900℃	2.3	Journal of Applied Physics, 2017, 121(2): 025305.

7.2.3 其他元素掺杂

除了和碳元素相邻的B和N掺杂，其他非金属元素的掺杂也会对石墨烯的电子结构产生影响。下面分别简要介绍ⅤA族的磷(P)元素、ⅥA族的氧(O)和硫(S)元素，以及ⅦA族的氟(F)、氯(Cl)、溴(Br)和碘(I)元素对石墨烯的掺杂情况。需要指出的是，对于这些元素掺杂石墨烯的 CVD 制备方法报道得较少，因此本节的介绍也将兼顾其他制备方法及这些掺杂石墨烯的特殊性质。

磷和氮同属于ⅤA 族，但是磷原子比氮原子更大，磷对石墨烯掺杂引起的结构变形比氮引起的更大，因此磷元素的引入会使石墨烯平面产生金字塔式的隆起[图 7－10(a)]。磷的电负性(2.19)比氮元素(2.55)更小，因此相对于石墨氮电荷转移(0.5e)，磷元素掺杂引起的电荷转移(0.21e)也更小。幸运的是，磷掺杂的双层石墨烯可以保证在 n 型掺杂的基础上具有比本征双层石墨烯高 5 倍的电子迁移率，这比氮掺杂的双层石墨烯具有更大的优势。[16] 也有理论计算表明，0.5% 的磷掺杂石墨烯可以打开 0.3～0.4 eV 的带隙。

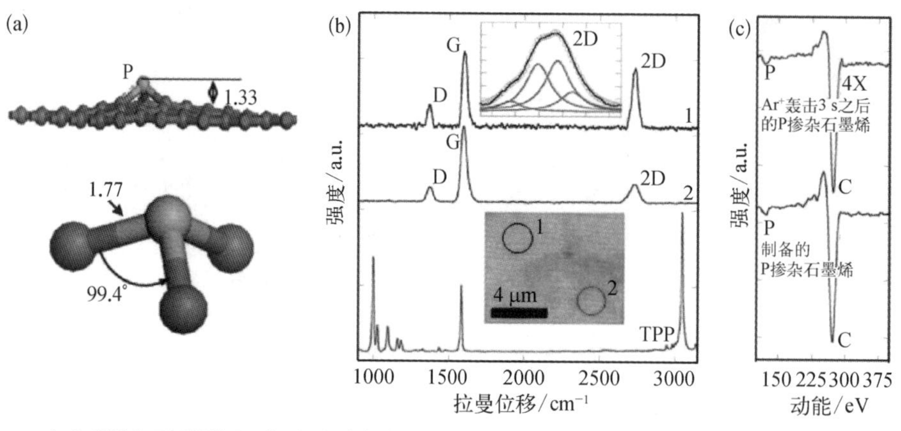

图 7－10　磷掺杂石墨烯

(a) 磷掺杂石墨烯的原子构型；(b)(c) 以三苯基膦为碳源和磷源制备的磷掺杂石墨烯拉曼光谱(b)和俄歇电子能谱(c)[17]

在制备方面，美国新墨西哥大学 Kalugin 课题组利用三苯基膦为固体碳源和氮源制备了磷掺杂石墨烯，拉曼光谱中表现出明显的 D 峰，说明磷元素的掺入改变了石墨烯的骨架结构，引入了缺陷。而通过俄歇电子能谱可以看出其在 120 eV 处有明显的 P 元素峰。进一步经过 Ar 离子的轰击，俄歇电子能谱中仍然有明显的 P 元素峰，排除了 P 元素仅仅在表面吸附的情况[图 7－10(c)]。[17]

ⅥA 族的掺杂主要介绍硫(S)元素的掺杂。硫的掺杂有些类似氧化石墨烯(graphene oxide, GO)，比如含有如下构型：C—S—C、C—SO_x—C($x = 2, 3, 4$)和 C—SH。因为 C—S 键(1.78Å)比 C—C 键长约 25%，所以 S 元素在石墨烯中会引起面外的起伏。一般来讲,S掺杂的石墨烯导电性比本征石墨烯更差一些。对于S掺杂石墨烯的制备,目前还未有采用CVD方法的报道,但可以通过将氧化石墨烯和二硫化苄在氩气中共同退火来制备[图7-11(a)]。[18]

图7-11　硫元素掺杂和卤族元素的掺杂

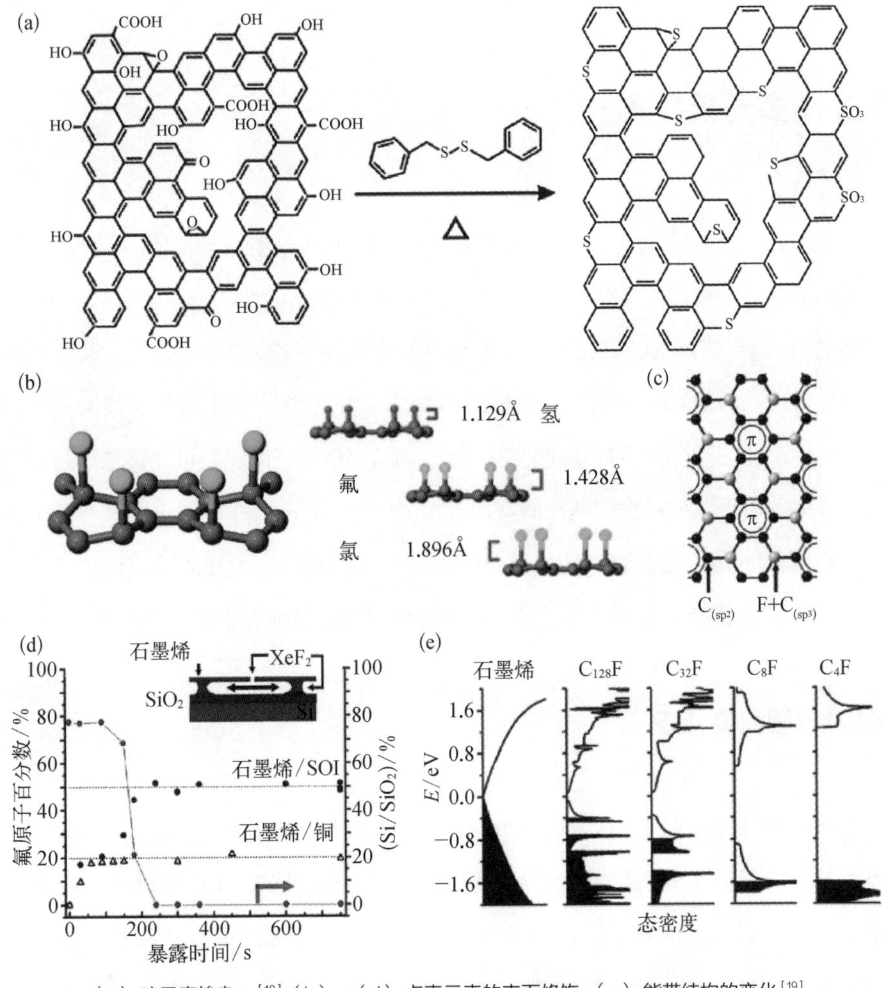

(a)硫元素掺杂;[18](b)~(d)卤素元素的表面修饰;(e)能带结构的变化[19]

ⅦA族的反应活性比上述元素反应活性都强,由于它们对石墨烯的掺杂会将碳的杂化形式从sp^2变为sp^3,也经常被称为对石墨烯的表面修饰。以氟元素为例,它会形成很强的F—C键,键连至石墨烯上,形成氟化石墨烯。氢元素由于也可以得一个电子达到稳定态,性质和卤素有些类似,其对石墨烯的掺杂也比较类似,会和石墨烯的碳成键，形成石墨烷[图 7－11(b)]。卤素元素在石墨烯表面的掺杂会引起能带结构的变化，比如 25%覆盖的氟化石墨烯即可打开 2.93 eV 的带隙。[19]对于卤素掺杂石墨烯的制备，多采用后处理的方法，比如采用 XeF_2 气体处理的方式制备氟化石墨烯，这是因为卤素元素活性高，后处理制备更简单方便。

7.3 多元素共掺杂

除了单一元素的掺杂，人们还关注多元素共掺杂的石墨烯制备，主要包括两类：一是对石墨烯进行硼氮共掺杂以调节石墨烯带隙和催化活性，二是选区掺杂制备石墨烯的面内 pn 结。人们对石墨烯进行硼氮共掺杂的兴趣来源于对二维 BNC 材料的研究，理论计算和实验均表明 BNC 的纳米结构会有半导体性质和不错的机械性能。而 B、C、N 三种元素的相似性使其形成二维的 BNC 结构成为可能。选区掺杂则是半导体领域里对材料性能调控的常用方法，比如在生长过程中通过调节合成气的比例而制备量子阱、超晶格结构以及在制备材料之后利用离子注入等方法掺杂制备 pn 结等。选区掺杂在石墨烯电子和光电子器件应用中扮演着十分重要的角色。

7.3.1 硼氮共掺杂

硼氮共掺杂实际上可以认为是单一掺杂的组合，但是由于硼和氮在 CVD 过程中的反应活性不同，其生长行为不等同于单一元素掺杂的简单加和。在制备硼氮共掺杂或者二维 BNC(h－BNC)时，多采用甲烷为碳源，而氮源和硼源选择硼烷氨(液态)。其中硼烷氨放置在可加热的液体容器中，通过控制温度调节其挥发量，进而调控硼和氮元素的比例。

美国莱斯大学 Ajayan 课题组首先实现了二维 BNC(h－BNC)的制备。他们通过调节生长条件，发现硼烷氨的加热温度越高，硼氮的掺杂比例越高，因为硼烷氨中硼和氮的原子比例相当，所以其在石墨烯中的掺杂浓度也几乎相同。由图 7－12(b)可以看出，所制备的二维 BNC 薄膜十分均匀，而透射电镜的表征表明其

图 7-12 硼氮共掺杂制备二维 BNC 薄膜

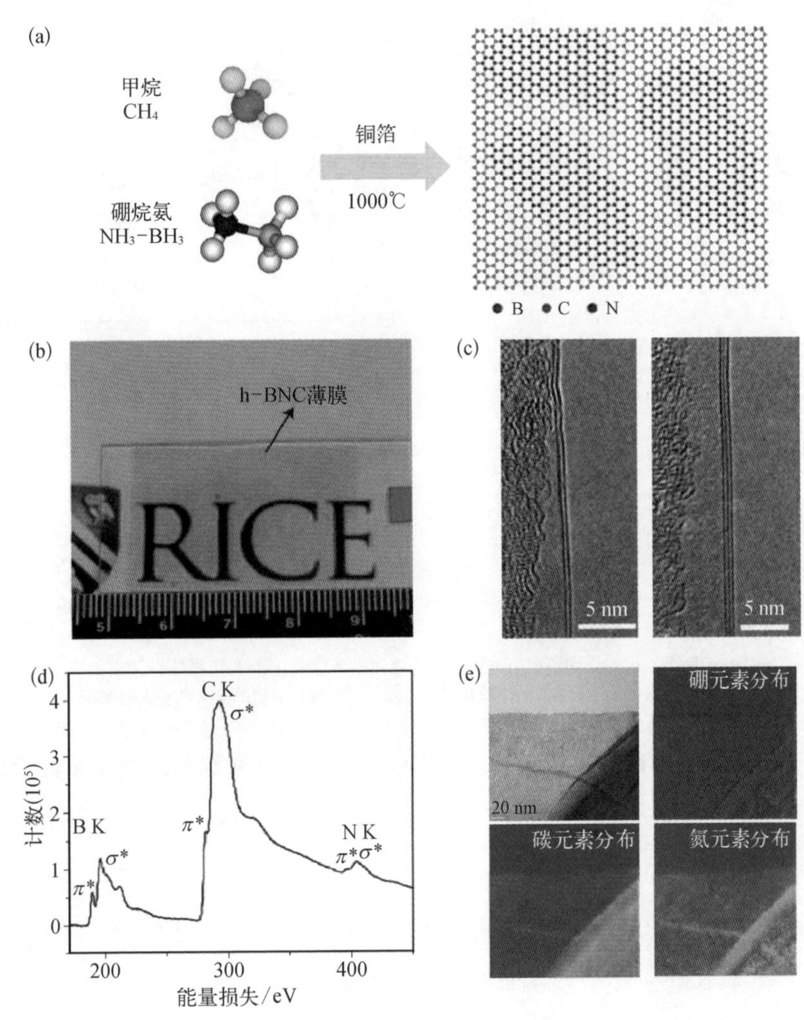

（a）利用甲烷和硼烷氨为前驱体制备二维 BNC 薄膜示意图；（b）二维 BNC 薄膜的光学照片；（c）二维 BNC 的截面透射表征；（d）（e）二维 BNC 的电子能量损失谱及其元素分布图[20]

薄膜主要为两层和三层，电子能量损失谱中可以检测到明显的硼和氮的信号。[20]

类似地，中国台湾中央研究院的 Chen 课题组也采用甲烷和硼烷氨为前驱体制备了硼氮共掺杂的石墨烯，与上文课题组不同的是，他们研究了不同掺杂浓度的石墨烯结构及其性质的变化。拉曼结果显示，随着 BN 掺杂浓度的提高，拉曼光谱中 D 峰和 D′峰逐渐增加，当掺杂浓度达到 27%以上时，2D 峰会消失，这意味着此时 BN 的掺杂已经严重破坏了石墨烯晶格[图 7-13(b)]。同时，他们通过 X 射线吸收精细结构谱研究了二维 BNC 产生的带隙，发现当掺杂浓度从 2%

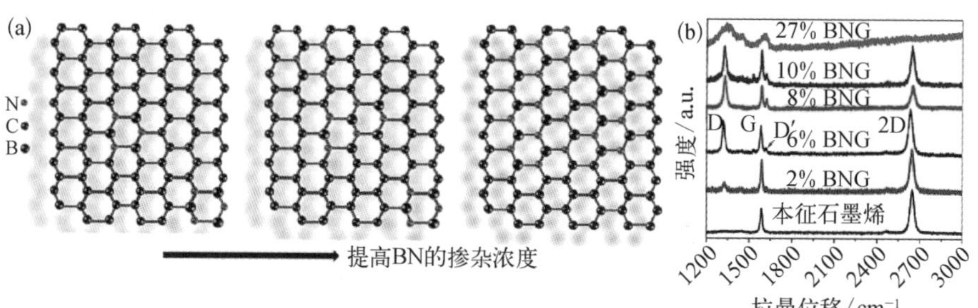

(c) (d)

(e)

C/%	B/%	N/%	带隙/eV
100	0	0	0
87.5	6.25	6.25	0.39
87.5	7.8125	4.6875	0.49
87.5	6.25	6.25	0.2735
95.3125	2.3475	2.3475	0.13
94.5313	3.125	2.34375	0.21
94.5313	2.34375	3.125	0.04

图 7－13 硼氮共掺杂制备不同掺杂浓度的 BNC 薄膜及其相关性质

（a）BN 共掺杂石墨烯的结构随掺杂浓度提高而变化的示意图；（b）不同掺杂浓度的 BN 共掺杂石墨烯拉曼光谱；（c）（d）两种 BN 掺杂结构的能带；（e）不同掺杂浓度的 BN 共掺杂石墨烯的带隙[22]

（原子百分数）提高到 6%（原子百分数）时，可打开 0.2 eV 到 0.6 eV 的带隙；继续提高掺杂浓度至 26%（原子百分数），带隙会降低至 0.4 eV；而提高到 56%（原子百分数）时，带隙继续降低到 0.1 eV。[21] 美国南伊利诺伊大学卡本代尔分校 Talapatra 课题组的理论计算结果也表明，当硼元素和氮元素同时掺入石墨烯晶格后，会影响其电子态密度，从而影响其能带结构。所产生的带隙如图7－13(e)所示。应当指出的是，不同的掺杂元素的构型会影响其导带和价带的位置，即影响其电子导电或空穴导电。[22]

7.3.2 选区掺杂

对材料进行选区掺杂是半导体领域里对材料性能调控的常用方法。通常有两种方式：一是在材料生长的过程中对合成气进行调节，进而得到特殊性质的复合材料，比如在Ⅲ-Ⅴ族半导体外延生长过程中引入同族或者相邻元素形成量子阱甚至超晶格结构；二是在生长完一种材料之后，采用模板的方法对其进行选区后掺杂，这种方式经常用于硅基半导体制造领域。石墨烯的选区掺杂也可以分为这两种方式。

首先在生长过程中实现选区外延掺杂的是北京大学刘忠范课题组，他们采用甲烷和乙腈分别作为本征石墨烯和掺杂石墨烯的碳源，实现了选区掺杂石墨烯的制备。和共掺杂不同，选区掺杂需要迅速地切换前驱体，即在成核初期采用甲烷为前驱体生长本征石墨烯(I－G)，生长一定时间后迅速更换为乙腈，从而在本征石墨烯的基础上外延生长氮掺杂石墨烯(N－G)。为了实现前驱体的迅速切换，最好采用低压CVD体系。同时，可采取预先光刻制备的PMMA晶种控制成核的方法制备出大面积分布均匀的选区掺杂石墨烯。因为本征石墨烯和氮掺杂石墨烯的功函不同，在扫描电镜下的明暗衬度也有所区别，因此可以看出所得到的本征石墨烯和氮掺杂石墨烯表现为马赛克的形状分布，这也被称为“马赛克”石墨烯(图7－14)。用类似的方法，也可以多次调控碳源的开关，从而实现多级in结的制备(图7－14)。光电子显微镜(photoelectron microscope, PEEM)表征可以看出，所制备的本征石墨烯和氮掺杂石墨烯之间有明显的功函差(0.2 eV)，所形成的in结区大概为80 nm。由电学输运的结果可以看出跨in结的电阻率随栅压的变化出现两个峰，即本征区和氮掺杂区域各存在一个狄拉克点。[23]

图7－14 选区掺杂制备本征-氮掺杂的“马赛克”石墨烯

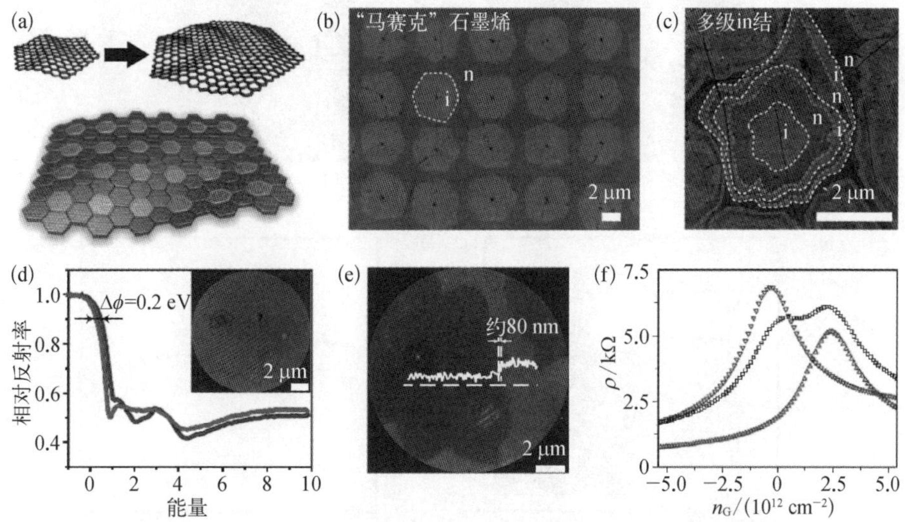

（a）选区掺杂制备“马赛克”石墨烯示意图；（b）“马赛克”石墨烯的SEM图像；（c）多级调控制备形成的石墨烯多级in结；（d）（e）“马赛克”石墨烯的PEEM能谱表征；（f）利用选区掺杂制备的in结电学转移曲线[23]（蓝色曲线：本征石墨烯区域；红色曲线：p型掺杂区域；黑色曲线：跨越本征和p型掺杂区域）

在应用中，石墨烯 in 结所产生的功函差值往往是不够的。因此需要对石墨烯进行选区的 n 掺和 p 掺。鉴于此，北京大学刘忠范课题组采用 2,4,6－三(2－吡啶基)－1,3,5－三嗪衍生物作为含氮的前驱体，苯硼酸作为含硼的前驱体选区掺杂制备石墨烯的 pn 结(图 7－15)。所选用的衬底仍然为 Cu 箔。需要注意的是，对石墨烯进行氮掺杂和硼掺杂均选用的是固体前驱体，原因是两者的挥

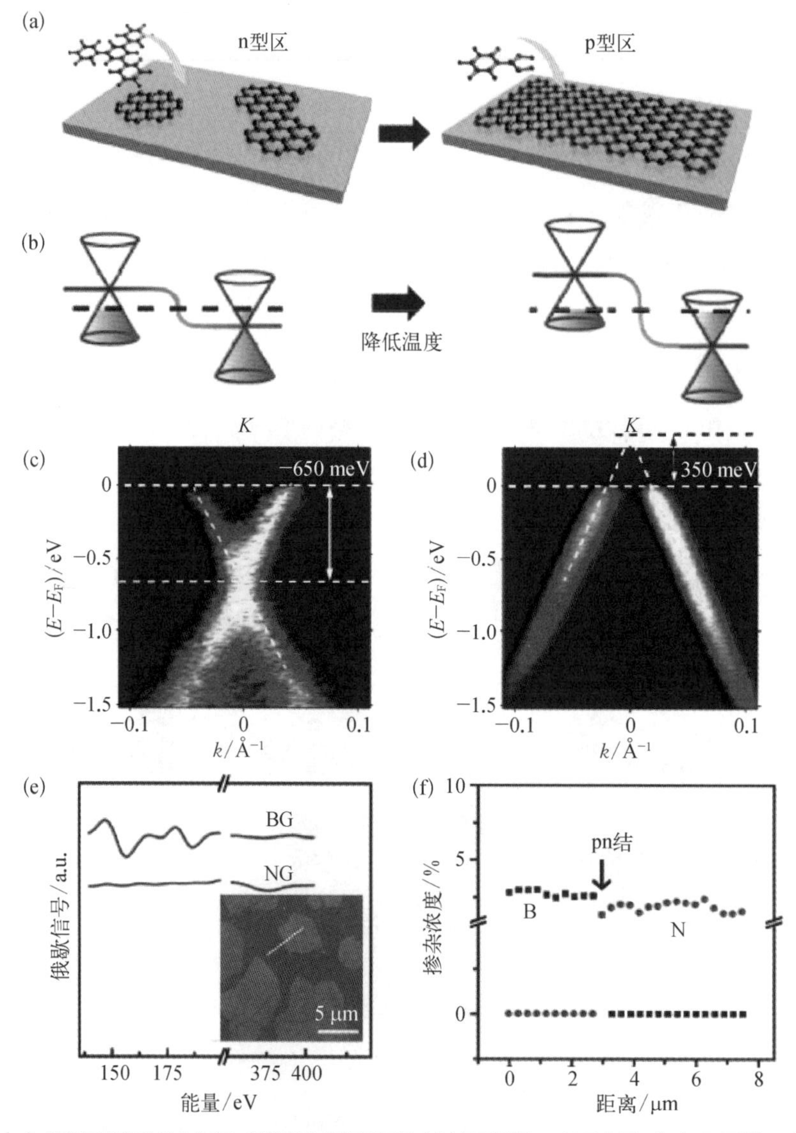

图 7－15 选区掺杂制备硼掺－氮掺石墨烯 pn 结

(a) 利用三嗪衍生物为氮源、苯硼酸为硼源选区掺杂制备石墨烯 pn 结示意图; (b) 石墨烯 pn 结功函差值的调控; (c)(d) 石墨烯 pn 结的能带结构解析; (e)(f) 石墨烯 pn 结的俄歇电子能谱表征[24]

发温度和沉积温度比较相近，在制备选区掺杂石墨烯时更容易控制。值得一提的是，两种前驱体均处在 CVD 反应腔室上游，考虑到两种碳源在加热时会相互污染的问题，最好是在反应腔室前增加支路，分别将两种碳源置于两个支路之中。在石墨烯生长前，铜箔在氢气氛围下升温至 1000℃退火。生长时，先对其中一种碳源加热处理使其挥发至高温区，然后迅速切断该碳源供给，同时对另一种碳源加热，从而实现选区掺杂石墨烯的生长。[24]

本小节最开始提到，第二种选区掺杂的方法是在石墨烯薄膜上刻蚀出空洞，进而在裸露的区域二次生长掺杂石墨烯，从而形成选区掺杂石墨烯或 pn 结。美国康奈尔大学 Park 课题组首先采用光刻和反应离子束刻蚀的方法对单层石墨烯薄膜进行选区刻蚀，形成石墨烯孤岛，然后在 CVD 体系中二次生长二维材料，实现了石墨烯和二维材料的面内异质结的构筑，所提到的二维材料可以是氮化硼或掺杂的石墨烯。[25] 而美国田纳西大学 Gu 课题组采取的是将在铜上的满层石墨烯在 CVD 体系的氢气氛围中高温刻蚀，形成六边形的新鲜边缘，这些石墨烯新鲜边缘具有很高的反应活性，可以实现在其边缘继续外延生长硼氮共掺杂石墨烯。[26] 上述制备方法见图 7-16。

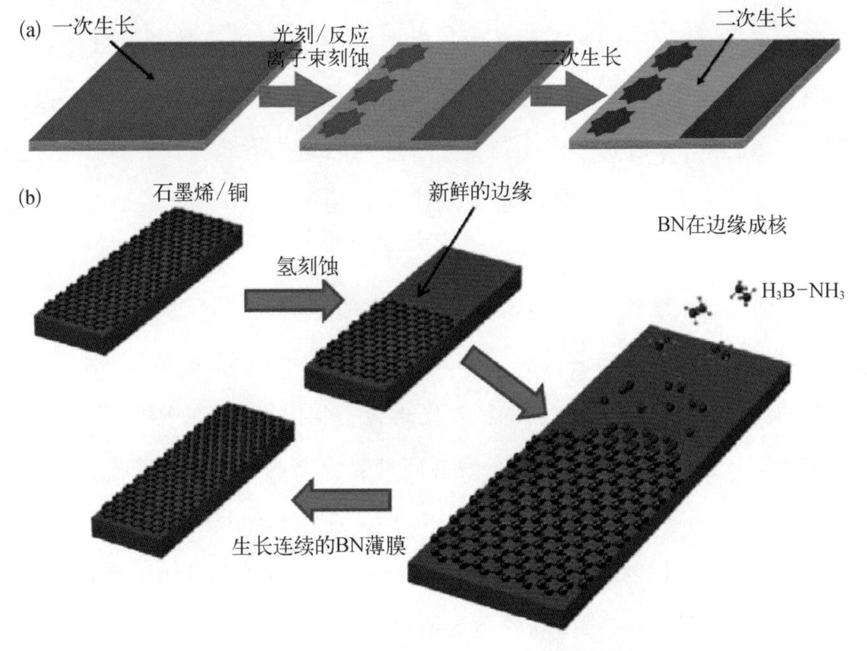

图7-16 后刻蚀+二次生长法制备选区掺杂石墨烯

（a）采用光刻方法选区刻蚀并生长制备掺杂石墨烯；[25]（b）后刻蚀石墨烯并外延制备掺杂石墨烯[26]

7.4 掺杂结构的调控

CVD 掺杂石墨烯主要存在两大问题与挑战：一是掺杂结构不可控，即杂原子掺入石墨烯骨架与碳原子形成的结构具有很大的随机性；二是掺杂石墨烯的迁移率降低，即杂原子掺入石墨烯晶格后势必引入更多的散射位点，降低石墨烯的迁移率。

以氮掺杂石墨烯为例，虽然氮的价电子比碳多一个，看似会向石墨烯的共轭体系中提供额外的电子，因此产生 n 型掺杂的结果。但实际上并非如此，除了石墨氮，其他形式的氮掺杂均会破坏石墨烯的六元环结构，从而引入碳的空位。我们知道本征石墨烯的功函大约为 4.43 eV，若向石墨烯晶格中引入 1%的空位结构，则会引起 p 型掺杂，功函升高至 4.7 eV 左右；同样引入 1%的氮掺杂结构，吡啶氮、腈基氮、亚胺氮和氨基氮所提供的电子不足以抵消引入空位所导致的空穴掺杂，因此也表现为 p 型掺杂；而石墨氮的掺入不会导致空位的引入，氮原子向共轭体系中提供 π 电子，形成 n 型掺杂。另外，吡啶氮 + 氢引入也可以形成弱的 n 型掺杂。[27] 由此可见，若想通过氮掺杂实现对石墨烯的 n 型掺杂，需要严格控制氮原子掺入的结构形式。而目前不论是采用分立前驱体还是单一前驱体制备氮掺杂石墨烯，大多不能控制氮掺杂的形式。

不同的氮掺杂结构，对石墨烯电子态密度的影响也不同，从而对载流子传输的散射也不相同。日本筑波大学 Nakamura 课题组用 STM 观察了吡啶氮和石墨氮的形貌，并与电子态密度的模拟图像进行比对，同时在吡啶氮和石墨氮的掺杂位点采集扫描隧道谱（STS），发现两种氮掺杂的结构的电子态密度有不同的特征，其中石墨氮掺杂对石墨烯的电子结构影响更小。[28] 类似地，硼掺杂石墨烯也存在着不同的掺杂结构，美国宾夕法尼亚州立大学 Terrones 课题组也利用 STM 观察了硼掺杂石墨烯的微观结构，并采用密度泛函的方法计算了不同硼掺杂结构的电子态密度。可以发现石墨硼掺杂的石墨烯费米能级明显下移，态密度曲线在较大范围内保持着比较好的线性关系，而缺陷的硼掺杂对石墨烯态密度影响更大。[29]氮元素在石墨烯中的存在结构及对石墨烯性质的影响如图 7－17 所示。

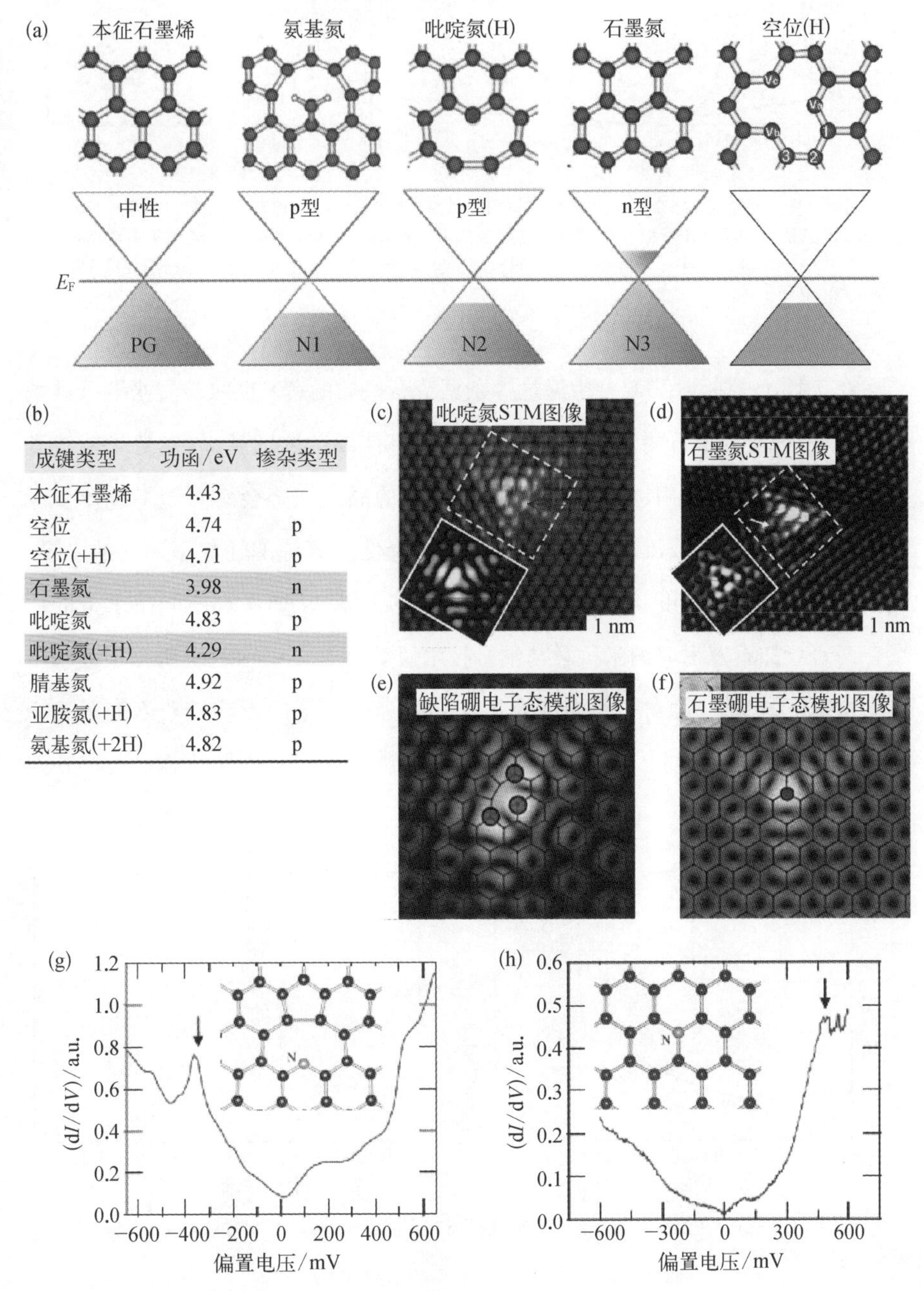

成键类型	功函/eV	掺杂类型
本征石墨烯	4.43	—
空位	4.74	p
空位(+H)	4.71	p
石墨氮	3.98	n
吡啶氮	4.83	p
吡啶氮(+H)	4.29	n
腈基氮	4.92	p
亚胺氮(+H)	4.83	p
氨基氮(+2H)	4.82	p

图 7－17　氮元素在石墨烯中的存在结构及对石墨烯性质的影响

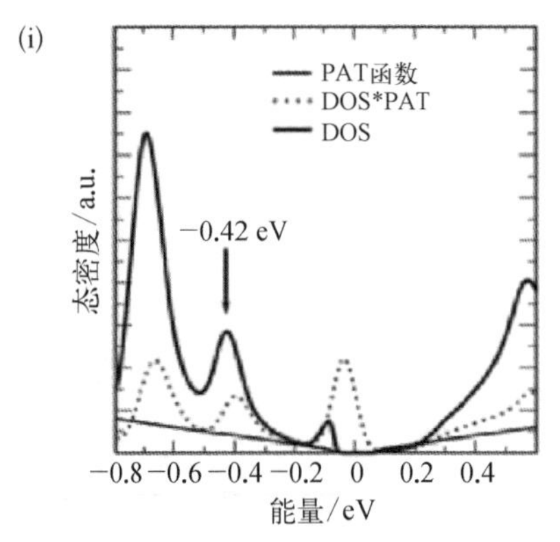

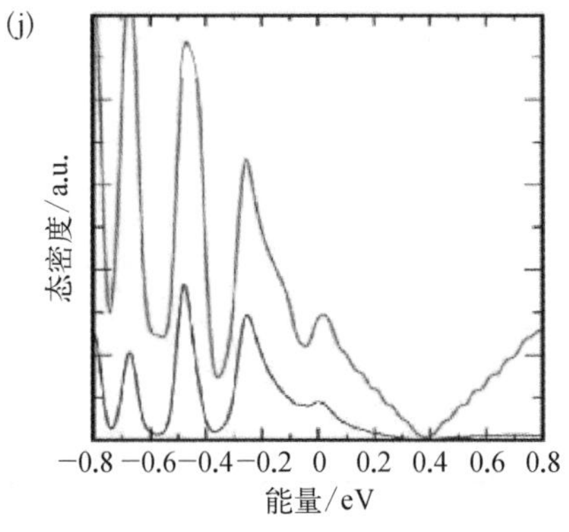

图 7-17 续图

（a）（b）不同氮结构掺杂对石墨烯功函的调控；[27]（c）（d）吡啶氮和石墨氮掺杂的石墨烯 STM 图像及其相应的态密度分布模拟；[28]（e）（f）缺陷硼掺杂和石墨硼掺杂的石墨烯电子态密度模拟图像；[29]（g）（h）吡啶氮和石墨氮掺杂石墨烯的 STS 谱；[28]（i）（j）缺陷硼掺杂和石墨硼掺杂的石墨烯电子态密度分布[29]

在 7.1 节中提到，我们希望通过掺杂调节石墨烯的费米能级位置来调节其载流子密度，进而调节石墨烯的导电性。一般来讲，掺杂浓度越高，对费米能级和载流子密度的调节作用也越大，但是掺杂引起的晶格缺陷会对石墨烯载流子产生散射，因此在提高载流子密度的同时，也会降低石墨烯的迁移率。总的来说，我们需要平衡掺杂浓度和载流子迁移率两者的关系，从而实现不同需求下的掺杂。西班牙加泰罗尼亚纳米科学与纳米技术研究所 Roche 课题组研究了硼和氮掺杂情况下，掺杂浓度对石墨烯载流子迁移率和电导率的影响随费米能级的变化关系（图 7-18）。可以看出，对于零栅压工作下的器件（即费米能级在 0 附

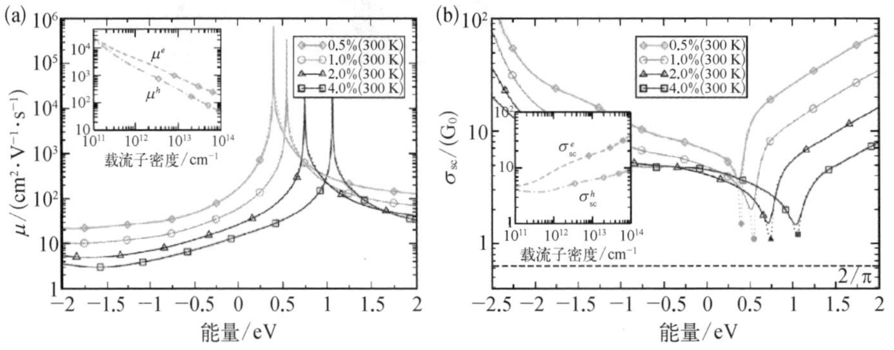

图 7-18 硼和氮掺杂石墨烯对石墨烯载流子迁移和电导率的影响

（a）不同掺杂浓度下石墨烯的载流子迁移率随费米能级的变化；（b）不同掺杂浓度下石墨烯电导率随费米能级的变化[30]

近)，掺杂浓度从 0.5%变化到 4.0%，其迁移率将会有一个数量级的变化，因此其电导率没有升高反而下降。[30] 总的来说，普通的元素掺杂导致的迁移率降低严重影响了石墨烯的性质，这和掺杂的目的南辕北辙。

考虑到上述石墨烯掺杂存在的问题，一方面我们希望实现对掺杂石墨烯的掺杂结构的控制，减少对石墨烯晶格的破坏；另一方面我们希望减少引入的杂原子对载流子的散射，从而维持石墨烯高的迁移率。从布洛赫波的角度来看，周期性的结构对电子的散射最小，因此理想的掺杂是杂原子周期性地掺入石墨烯骨架，其实现难度可想而知。退而求其次，若可以实现杂原子成簇状掺入石墨烯晶格，在同样掺杂浓度下，散射位点会大大减少，即降低石墨烯载流子的散射，进而提高迁移率。需要指出的是，载流子的输运行为中一个很重要的参数为传输系数，由图 7－19(b)可知，对于 n 型掺杂，簇状石墨氮掺杂石墨烯的传输系数比单点掺杂要高很多。[31]

图 7－19 簇状石墨氮掺杂石墨烯的结构和电学性质

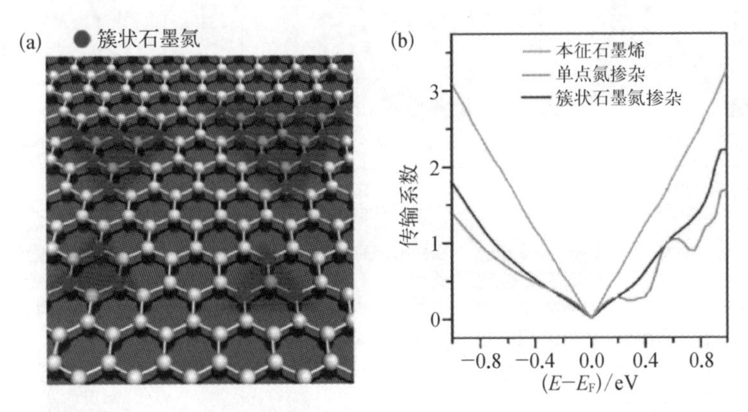

(a) 簇状石墨氮结构；(b) 本征石墨烯、簇状石墨氮掺杂石墨烯及单点氮掺杂石墨烯的载流子传输系数[31]

北京大学刘忠范课题组首先实现了簇状石墨氮掺杂石墨烯(图 7－20)，在掺杂浓度为 0.6%(原子百分数)时，其在二氧化硅衬底上的迁移率即可达 11000 $cm^2 \cdot V^{-1} \cdot s^{-1}$，掺杂浓度为 1.4%(原子百分数)时，其迁移率为 8600 $cm^2 \cdot V^{-1} \cdot s^{-1}$。其电导率比普通 CVD 掺杂石墨烯高一个数量级。为实现簇状石墨氮掺杂，采用乙腈为前驱体，因为乙腈分子中含有 C≡N，其键能较大，在高温下易形成含有碳氮元素的团簇，这些团簇在石墨烯生长过程中，直接键连

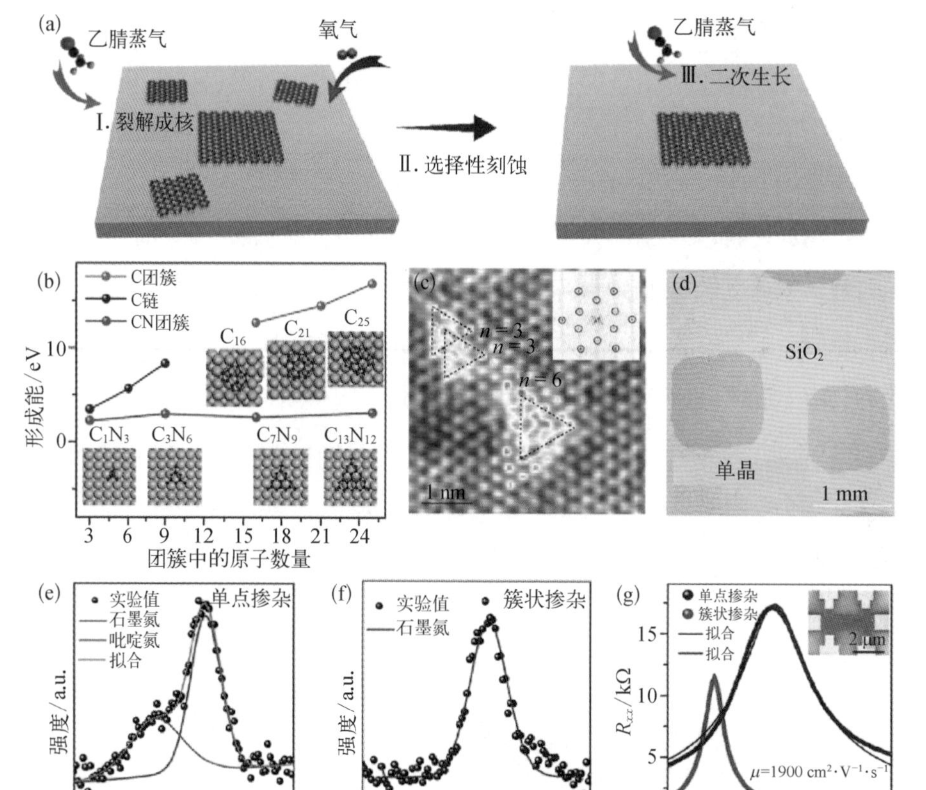

图 7-20 簇状大单晶石墨氮掺杂石墨烯

（a）乙腈为碳源/氮源前驱体制备簇状石墨氮掺杂石墨烯的过程示意图；（b）簇状石墨氮在石墨烯中形成过程计算；（c）簇状石墨氮掺杂石墨烯的 STM 高分辨图像；（d）大单晶簇状石墨氮掺杂石墨烯的光学显微镜图像；（e）单点掺杂石墨烯的 XPS 氮元素位移；（f）簇状石墨氮掺杂石墨烯的 XPS 氮元素化学位移；（g）单点掺杂及簇状石墨氮掺杂石墨烯的电学性质[31]

到石墨烯骨架中，进而形成了簇状石墨氮掺杂的石墨烯结构。当碳氮元素共同存在时，相比于本征石墨烯生长过程中形成的碳团簇，碳氮更易形成稳定的团簇。五元环的氮团簇不够稳定，而氮原子的数量在 3、6 和 9 时可以形成比较稳定的团簇。同时，在生长过程中引入了微量的氧气对氮掺杂石墨烯进行处理，可以选择性刻蚀不稳定的吡啶氮和吡咯氮结构，刻蚀后的二次生长则会修复石墨烯的空位，提高石墨氮的比例。通过 XPS 分析可以发现，经过氧气处理后二次生长的氮掺杂石墨烯几乎全部为石墨氮掺杂，而 STM 的精细扫描结果显示所有的氮原子均以簇状的形式掺入石墨烯骨架，团簇中氮的个数多为 3、6 和 9。同时，因为在生长过程中引入了微量的氧，会对不稳定的成核进行有效刻蚀，并且降低反应活化能，从而实现了毫米级大单晶氮掺杂石墨烯的快速生长(生长速度达160 μm/min)。XPS分析发现，引入氧选择性刻蚀所制备的氮掺杂石墨烯均为石墨氮掺杂，而未经过微量氧气处理的石墨烯中含有一定比例的吡啶氮。同时，电学输运的结果表明，簇状石墨氮掺杂的石墨烯迁移率具有明显的优势。[31]

应该指出的是，虽然采用乙腈作为前驱体，并通过高温氧气钝化的方式实现了簇状石墨氮掺杂石墨烯，从而在保证迁移率的前提下提高了载流子密度，但是所得到掺杂团簇中氮的个数和排布并不均匀，这实际上限制了载流子迁移率的提高。若想实现更高质量的掺杂石墨烯，精细调控氮原子在石墨烯中分布的均匀性甚至是周期性排布，值得研究人员继续探索。

参考文献

[1] Rani P, Jindal V K. Designing band gap of graphene by B and N dopant atoms[J]. RSC Advances, 2013, 3(3): 802-812.

[2] Jiang Z, Qin P, Fang T. Theoretical study of NH_3 decomposition on Pd-Cu(111) and Cu-Pd (111) surfaces: A comparison with clean Pd (111) and Cu(111)[J]. Applied Surface Science, 2016, 371: 337-342.

[3] Wei D, Liu Y, Wang Y, et al. Synthesis of N-doped graphene by chemical vapor deposition and its electrical properties[J]. Nano Letters, 2009, 9(5): 1752-1758.

[4] Zhao L, He R, Rim K T, et al. Visualizing individual nitrogen dopants in monolayer graphene[J]. Science, 2011, 333(6045): 999-1003.

[5] Jin Z, Yao J, Kittrell C, et al. Large-scale growth and characterizations of nitrogen-doped monolayer graphene sheets[J]. ACS Nano, 2011, 5(5): 4112-4117.

[6] Imamura G, Saiki K. Synthesis of nitrogen-doped graphene on Pt(111) by chemical vapor deposition[J]. The Journal of Physical Chemistry C, 2011, 115(20): 10000-10005.

[7] Xue Y, Wu B, Jiang L, et al. Low temperature growth of highly nitrogen-doped single crystal graphene arrays by chemical vapor deposition[J]. Journal of the American Chemical Society, 2012, 134(27): 11060-11063.

[8] Ito Y, Christodoulou C, Nardi M V, et al. Chemical vapor deposition of N-doped graphene and carbon films: the role of precursors and gas phase[J]. ACS

Nano, 2014, 8(4): 3337 - 3346.
[9] Sun Z, Yan Z, Yao J, et al. Growth of graphene from solid carbon sources[J]. Nature, 2010, 468(7323): 549 - 552.
[10] He B, Ren Z, Qi C, et al. Synthesis of nitrogen-doped monolayer graphene with high transparent and n-type electrical properties[J]. Journal of Materials Chemistry C, 2015, 3(24): 6172 - 6177.
[11] Li X, Fan L, Li Z, et al. Boron doping of graphene for graphene-silicon p-n junction solar cells[J]. Advanced Energy Materials, 2012, 2(4): 425 - 429.
[12] Yen W C, Medina H, Huang J S, et al. Direct synthesis of graphene with tunable work function on insulators via in situ boron doping by nickel-assisted growth[J]. The Journal of Physical Chemistry C, 2014, 118(43): 25089 - 25096.
[13] Cattelan M, Agnoli S, Favaro M, et al. Microscopic view on a chemical vapor deposition route to boron-doped graphene nanostructures[J]. Chemistry of Materials, 2013, 25(9): 1490 - 1495.
[14] Wu T, Shen H, Sun L, et al. Nitrogen and boron doped monolayer graphene by chemical vapor deposition using polystyrene, urea and boric acid[J]. New Journal of Chemistry, 2012, 36(6): 1385 - 1391.
[15] Wang H, Zhou Y, Wu D, et al. Synthesis of boron-doped graphene monolayers using the sole solid feedstock by chemical vapor deposition[J]. Small, 2013, 9(8): 1316 - 1320.
[16] Some S, Kim J, Lee K, et al. Highly air-stable phosphorus-doped n-type graphene field-effect transistors[J]. Advanced Materials, 2012, 24(40): 5481 - 5486.
[17] Ovezmyradov M, Magedov I V, Frolova L V, et al. Chemical vapor deposition of phosphorous-and boron-doped graphene using phenyl-containing molecules[J]. Journal of Nanoscience and Nanotechnology, 2015, 15(7): 4883 - 4886.
[18] Yang Z, Yao Z, Li G, et al. Sulfur-doped graphene as an efficient metal-free cathode catalyst for oxygen reduction[J]. ACS Nano, 2012, 6(1): 205 - 211.
[19] Robinson J T, Burgess J S, Junkermeier C E, et al. Properties of fluorinated graphene films[J]. Nano Letters, 2010, 10(8): 3001 - 3005.
[20] Ci L, Song L, Jin C, et al. Atomic layers of hybridized boron nitride and graphene domains[J]. Nature Materials, 2010, 9(5): 430 - 435.
[21] Chang C K, Kataria S, Kuo C C, et al. Band gap engineering of chemical vapor deposited graphene by *in situ* BN doping[J]. ACS Nano, 2013, 7(2): 1333 - 1341.
[22] Muchharla B, Pathak A, Liu Z, et al. Tunable electronics in large-area atomic layers of boron-nitrogen-carbon[J]. Nano Letters, 2013, 13(8): 3476 - 3481.
[23] Yan K, Wu D, Peng H, et al. Modulation-doped growth of mosaic graphene with single-crystalline p-n junctions for efficient photocurrent generation[J]. Nature Communications, 2012, (3): 1280.
[24] Lin L, Xu X, Yin J, et al. Tuning chemical potential difference across alternately

doped graphene p-n junctions for high-efficiency photodetection[J]. Nano Letters, 2016, 16(7): 4094 - 4101.
[25] Levendorf M P, Kim C J, Brown L, et al. Graphene and boron nitride lateral heterostructures for atomically thin circuitry[J]. Nature, 2012, 488(7413): 627 - 632.
[26] Liu L, Park J, Siegel D A, et al. Heteroepitaxial growth of two-dimensional hexagonal boron nitride templated by graphene edges[J]. Science, 2014, 343 (6167): 163 - 167.
[27] Schiros T, Nordlund D, Pálová L, et al. Connecting dopant bond type with electronic structure in N - doped graphene[J]. Nano Letters, 2012, 12(8): 4025 - 4031.
[28] Kondo T, Casolo S, Suzuki T, et al. Atomic-scale characterization of nitrogen-doped graphite: Effects of dopant nitrogen on the local electronic structure of the surrounding carbon atoms[J]. Physical Review B, 2012, 86(3): 035436.
[29] Lv R, Chen G, Li Q, et al. Ultrasensitive gas detection of large-area boron-doped graphene[J]. Proceedings of the National Academy of Sciences of the United States of America, 2015, 112(47): 14527 - 14532.
[30] Lherbier A, Blase X, Niquet Y M, et al. Charge transport in chemically doped 2D graphene[J]. Physical Review Letters, 2008, 101(3): 036808.
[31] Lin L, Li J, Yuan Q, et al. Nitrogen cluster doping for high-mobility/conductivity graphene films with millimeter-sized domains[J]. Science Advances, 2019, 5(8): eaaw8337.

第8章

石墨烯玻璃的 CVD 生长方法

迄今为止,我们系统地介绍了石墨烯薄膜的化学气相沉积生长方法。需要指出的是,作为原子尺度厚度的二维原子晶体材料,石墨烯薄膜自身是无法自支撑的。因此,在实际应用中,需要将石墨烯薄膜转移到合适的支撑衬底上。例如作为透明导电薄膜领域的应用,通常将其转移到透明塑料衬底上。在本书第12章,我们将专门讨论金属催化剂表面上生长的超薄石墨烯薄膜的剥离和转移技术。可以想象的是,这是一个重大技术挑战,甚至不亚于高质量石墨烯薄膜生长技术本身。人们也一直在思考其他创新性的解决办法,石墨烯玻璃就是一个典型的例子。

玻璃是一种最古老的透明装饰材料,拥有逾5000年的发展历史。今天,玻璃已经成为人类生活中不可或缺的材料,从建筑家居到电视、手机、电脑等高科技产业,几乎无处不在。[1-3]在本书第4章,我们介绍了石墨烯在绝缘衬底上的CVD生长方法。这种绝缘衬底,自然也可以包括传统的玻璃表面。如果能够在透明玻璃表面上直接生长出高质量的石墨烯薄膜,将是石墨烯应用领域的一大突破。一方面,石墨烯可以搭乘玻璃载体,走向实际应用,走进千家万户。另一方面,人们可以回避超薄石墨烯薄膜的转移问题,因为这种“石墨烯玻璃”本身就是一种全新的复合材料。石墨烯与玻璃的完美结合,可以给人们带来广阔的想象空间。这种新型石墨烯玻璃材料将兼具透明性、导电性、导热性等诸多特性,既能为传统的玻璃家族增添新丁,又能为石墨烯材料的应用找到新的突破口。实际上,曾经有人尝试用粉体石墨烯涂膜法和石墨烯薄膜转移法来实现石墨烯与玻璃的有机结合,[4-11]但因其显而易见的局限性,并未得到人们的重视。

本章将重点介绍石墨烯玻璃的直接CVD生长方法。首先阐述玻璃作为CVD生长衬底的特殊性和技术挑战,然后详细介绍近年发展起来的典型石墨烯玻璃制备技术。最后,简单总结石墨烯玻璃的规模化制备技术发展现状,并举例展示石墨烯玻璃的实用前景。

8.1 玻璃的化学组成及其作为 CVD 生长衬底的特殊性

玻璃是一类非晶态固体材料，种类繁多。日常生活中经常使用的玻璃包括钠钙玻璃、石英玻璃、蓝宝石玻璃、硼硅玻璃等。玻璃中最基础的成分为二氧化硅。最常见的钠钙玻璃含有大约70%的二氧化硅，其余成分包括氧化钠(来自碳酸钠)、氧化钙等。根据具体用途，玻璃中常常加入一些添加物。例如，光学玻璃一般会添加金属氧化物来调节其折射系数。玻璃没有固定的熔点，随外界温度升高而发生软化变形时有一个温度范围，即玻璃的软化点。表 8-1 列出了几种常见玻璃的成分、性质及用途。可以看出，不同种类的玻璃，其软化点差别非常大，低的在几百摄氏度，高的甚至达到两千摄氏度以上。

表 8-1 几种常见玻璃的成分、性质及用途

种　类	成　分	软化点/℃	特　点	用　途
石英玻璃	SiO_2 含量大于 99.5%	1530～1720	热膨胀系数低、耐高温、化学稳定性好、透紫外光和红外光	多用于半导体、电光源、光导通信、激光等技术和光学仪器中
钠钙玻璃	以 SiO_2 为主要成分，还含有 15% 的 Na_2O 和 16%的 CaO	约 620	成本低廉、易成型，适宜大规模生产	用于生产玻璃瓶罐、平板玻璃、器皿、灯泡等
铅硅酸盐玻璃	以 SiO_2 和 PbO 为主要成分	约 800	高折射率和高体积电阻，与金属有良好的浸润性	用于制造灯泡、真空管芯柱、晶质玻璃器皿、火石光学玻璃等。含有大量 PbO 的铅玻璃能阻挡 X 射线和 γ 射线
蓝宝石玻璃	以 Al_2O_3 为主要成分	1970～2040	耐高温、硬度好、化学稳定性好	用于光学棱镜，光学窗口、精密仪器等
硼硅玻璃	以 SiO_2 和 B_2O_3 为主要成分	785～1050	良好的耐热性和化学稳定性	用来制作实验室用的玻璃器皿、镜片和其他精密仪器

玻璃的化学结构是硅原子和氧原子以共价键互相连接形成的骨架。其中，硅原子以 sp^3 杂化形式与氧原子结合，构成基本的结构单元——硅氧四面体。相较于石英(二氧化硅)晶体而言，石英玻璃的原子排布呈现出非晶态的短程有序、

长程无序的特点[图 8-1(a)(b)]。而广泛使用的钠钙玻璃则呈现出更为无序且断裂的硅氧骨架结构，在其骨架结构的空隙中，填充有钠离子和钙离子[图 8-1(c)]。[12]需要指出的是，钠钙玻璃通常含有一些杂质成分，如铁杂质等。

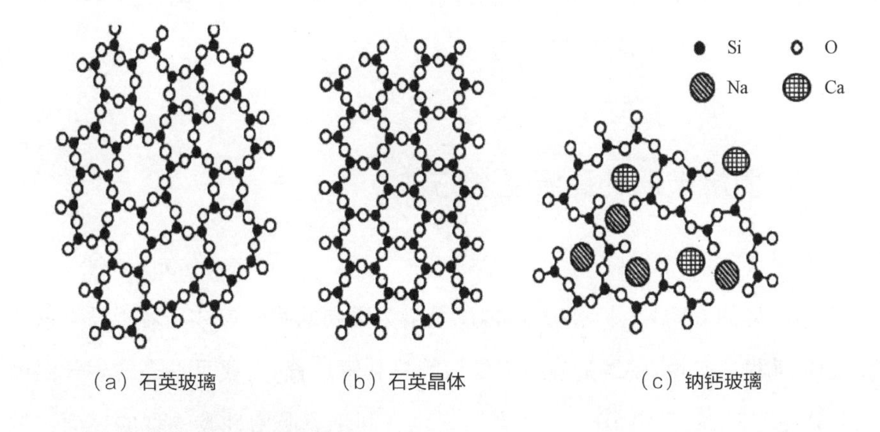

图 8-1 石英玻璃、石英晶体以及钠钙玻璃的结构示意图

图 8-2 石英玻璃表面上石墨烯的成核与生长过程示意图

第 4 章已详细阐述了绝缘衬底上生长石墨烯的各种基元过程，如碳源热裂解、传质、表面成核及生长等。一般而言，在玻璃表面上的石墨烯生长过程也是类似的，尽管其存在一定的特殊性(图 8-2)。[13]但是，这一过程与铜、镍等金属衬底表面上的石墨烯生长有着根本的差异。首先，玻璃衬底对碳源的裂解基本上无催化活性，因此通常主要通过热裂解过程来提供活性碳物种，这就需要很高的石墨烯生长温度。实际上，在玻璃表面上碳源裂解产物的组分和比例也不同于金属衬底。第二，由于玻璃表面特殊的富氧化学结构，活性碳物种的迁移势垒(约 1 eV)相比于金属表面要高得多，而且仅有表面迁移一种方式。[14]因此，玻璃表面上石墨烯的生长过程所波及的范围很小，活性碳物种一般直接拼接在邻近的石墨烯畴区边缘，导致生长速度非常缓慢。此外，玻璃表面上的石墨烯成核也具有特殊性。由于其表面氧物种对活性碳物种有较强的吸附作用，在一定程度上降低了成核势垒，因此表面氧会成为石墨烯的成核中心。高密度的表面氧物种使得玻璃表面的成核中心非常多，不可避免地造成石墨烯畴区尺寸

的减小，这是玻璃表面上生长高质量石墨烯的重大挑战。需要指出的是，作为非晶态玻璃衬底，也不能期待来自衬底的外延作用。不同晶格取向的晶畴拼接会造成大量的晶界和高密度的晶格缺陷，这也是制备高品质石墨烯玻璃必须面对的技术挑战。下面将针对不同种类的玻璃和不同的应用需求，阐述近年发展起来的一些制备石墨烯玻璃的实用方法。

8.2 石墨烯玻璃的高温生长方法

在石墨烯的CVD生长过程中，温度是最为重要的实验参数。对于没有催化活性的玻璃衬底来说，碳源的裂解主要依赖热裂解过程，需要足够高的生长温度(对于甲烷而言，大于1000℃)。提高温度也有利于克服活性碳物种的表面扩散势垒，加快扩散和石墨烯生长速度。更重要的是，温度越高，石墨化程度越好，石墨烯的质量自然越高。玻璃的软化温度是必须考量的重要参数。[15-17]对于石英玻璃等具有高软化温度的玻璃衬底来说，可以通过高温热裂解过程直接制备石墨烯玻璃。然而，对于普通钠钙玻璃，软化点只有620℃左右，远低于常规碳源(例如甲烷)的热裂解温度和石墨化温度。此时，需要发展低温生长方法。本节将重点介绍高温生长方法，而有关低温生长方法则在下一节中介绍。

8.2.1 常压CVD生长法

石英玻璃、蓝宝石玻璃以及耐热硼硅玻璃是常见的耐高温玻璃，其软化温度均高于1000℃。对于此类高软化点玻璃，可以直接利用碳源的高温热裂解过程在表面上生长石墨烯薄膜。北京大学刘忠范研究团队在国际上率先提出石墨烯玻璃的概念，并利用常压CVD技术，在各种耐高温玻璃上成功地实现了石墨烯的直接生长。[18]他们以甲烷为碳源，在1000～1120℃生长温度下，在石英玻璃、蓝宝石玻璃以及硼硅玻璃上都获得了较高质量的石墨烯薄膜(图8-3)。如上节所述，石墨烯薄膜在玻璃表面生长缓慢，需要1～7 h甚至更长时间。拉曼光谱数

图 8-3 耐高温玻璃上石墨烯的常压 CVD 生长

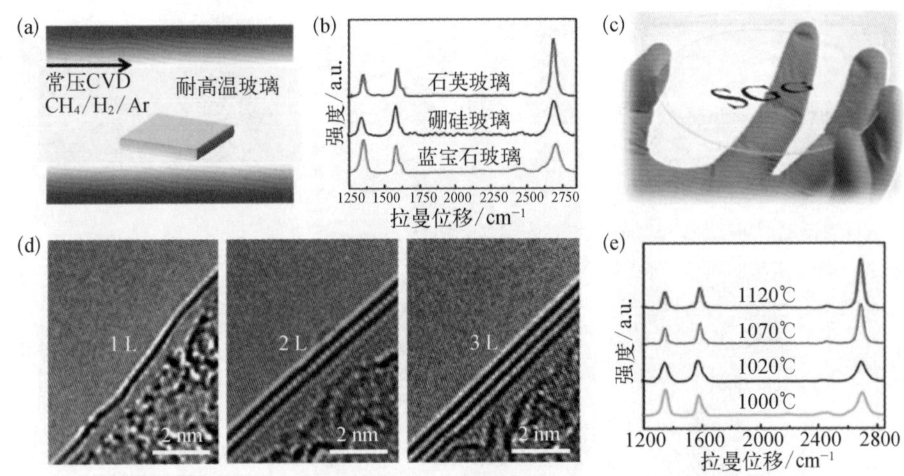

（a）常压 CVD 反应腔示意图；（b）在各种耐高温玻璃上生长的石墨烯拉曼光谱图；（c）3.5 英寸石墨烯/石英玻璃晶圆实物照片；（d）所获得石墨烯的高分辨透射电子显微镜图像；（e）不同生长温度下在蓝宝石玻璃上获得的石墨烯拉曼光谱图

据显示，尽管存在明显的 D 缺陷峰[图 8-3(b)]，所得石墨烯的质量仍然较高，图 8-3(c)是常压 CVD 方法获得的 3.5 英寸石墨烯/石英玻璃晶圆的实物照片，显示出非常高的均匀性和光学透光度。高分辨透射电镜结果表明，石墨烯的层数为 1～3 层，与生长时间密切相关[图 8-3(d)]。

前已述及，温度是影响石墨烯生长质量的关键因素。在无催化剂辅助的热 CVD 生长过程中，甲烷的主要裂解途径是热裂解，温度越高裂解越充分，活性碳物种的浓度相对也越高。另外，高温有助于活性碳物种克服玻璃表面的迁移势垒，增加迁移速率，进而增大石墨烯的畴区尺寸，并减少石墨烯的结构缺陷，从而提高石墨烯薄膜的质量。如图 8-3(e)所示，升温实验的确证实了这一点。随着生长温度的升高，拉曼光谱的 D 缺陷峰逐渐降低，而 2D 峰与 G 峰比则逐渐增大，与 Fanton 等人在蓝宝石衬底上的石墨烯超高温(1500℃)生长结果一致。[19]

针对玻璃衬底上石墨烯生长速度过慢的问题，刘忠范研究团队还发展了一种气流限域常压 CVD 生长方法。[20] 他们把一片毛玻璃置于目标玻璃衬底的上方，在两者之间形成一个 2～4 μm 高度的狭缝作为“限域反应室”[图 8-4(a)]。在 CVD 生长过程中，毛玻璃粗糙的表面对碳源气流造成扰动，加之狭小的反应空间，可有效增加碰撞概率和活性碳物种的局域浓度，从而改善反应动力学行

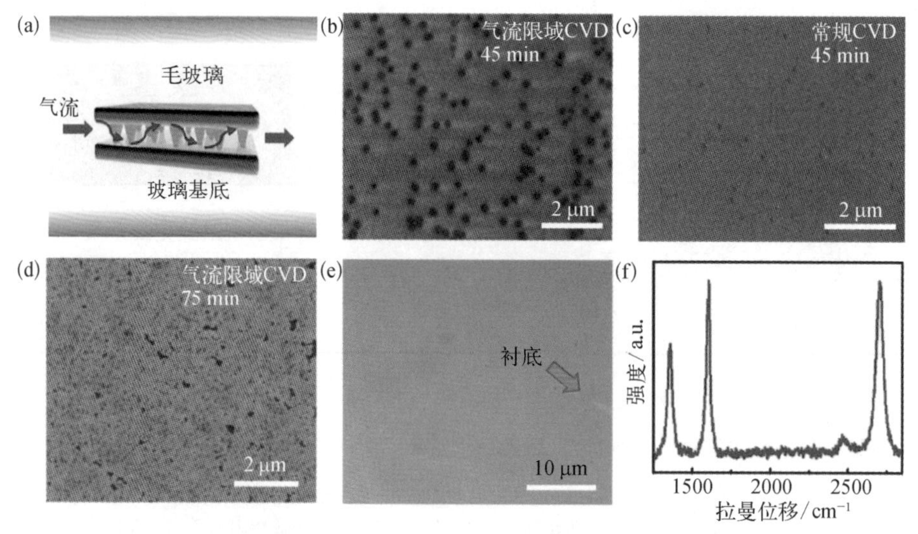

图 8-4 石墨烯玻璃的气流限域 CVD 生长方法

（a）气流限域 CVD 反应腔示意图；（b）~（d）在石英玻璃上利用气流限域 CVD（b）和常规 CVD（c）生长 45 min，以及气流限域生长 75 min（d）的石墨烯扫描电子显微镜图像［其他生长条件保持一致（约1040℃，Ar/H_2/CH_4：150/30/10 sccm）］；（e）转移到 SiO_2/Si 衬底上的石墨烯光学显微镜图像；（f）所制备的石墨烯拉曼光谱图

为。如图 8－4(b)(c)所示，气流限域生长法的成核密度和生长速度远高于常规 CVD 方法，在 75 min 内即可获得满层覆盖的石墨烯[图 8－4(d)(e)]。拉曼光谱数据显示出单层到少层石墨烯的特征峰，D 缺陷峰相对较低[图 8－4(f)]。

毋庸置疑，在玻璃表面上直接生长得到的石墨烯，其质量是无法与金属铜箔上的石墨烯相竞争的。一般情况下，玻璃表面上的石墨烯晶畴尺寸很小，通常在微米级甚至更小。在第 6 章，我们讨论了 CVD 石墨烯的本征污染问题。在玻璃表面，这种本征污染问题也是存在的，甚至更为严重。因此，有效提升石墨烯的生长质量，是制备石墨烯玻璃面临的重大技术挑战。在这方面，北京大学刘忠范研究团队做了大量的探索工作，其中水辅助 CVD 技术就是一个代表性的例子。[21]通过在 CVD 反应腔中引入微量水，高温生长条件下，这些微量水会同步刻蚀伴生的无定形碳以及不稳定的成核中心，从而获得几乎没有无定形碳污染的高质量石墨烯玻璃(图 8－5)。调节水的体积分数，从扫描电镜和拉曼光谱上均可观测到石墨烯质量的变化。通过优化生长工艺，他们成功地制备出透光率约为 93%（550 nm）、面电阻约为 1170 Ω·sq^{-1}的石墨烯玻璃，该面电阻仅为无水存在时的 20%。

图 8-5 石墨烯玻璃的水辅助 CVD 生长方法

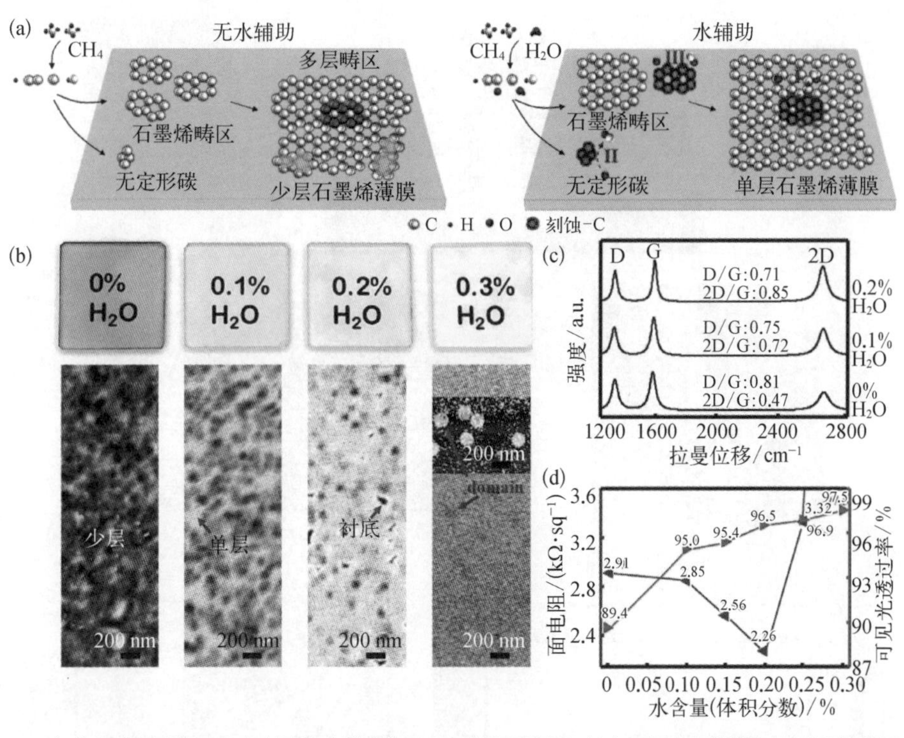

(a) 无水辅助常压 CVD 过程与水辅助常压 CVD 过程示意图;(b) 不同体积分数的水存在时所得石墨烯玻璃的实物照片和扫描电子显微镜图像;(c) 不同体积分数的水存在时所得石墨烯玻璃的拉曼光谱;(d) 石墨烯玻璃的光透过率和面电阻随水含量变化的统计图

8.2.2 低压 CVD 生长法

如第 4 章所述,常压 CVD 方法通常是传质限制过程(mass-transport limited process)。受到传质过程的限制,体相中热裂解产生的活性碳物种只有很少一部分能到达玻璃基底表面,导致表面的活性碳物种浓度很低,极大地限制了石墨烯的生长速度。此外,常压 CVD 系统中高的气体分子浓度及剧烈的分子碰撞也使无定形碳污染问题更加严重。与此相比,低压 CVD 方法通常是表面反应限制过程(surface-reaction limited process)。由于低压体系内存在较少的气体分子间碰撞,反应腔内的气体流速、浓度等参数与常压 CVD 相比都会均匀很多,这将带来石墨烯薄膜生长质量的提升。刘忠范/张艳锋研究团队利用乙醇碳源,展示了低压 CVD 方法在石墨烯玻璃制备上的优势。[22,23] 如图 8-6(b)(c)所示,光学显

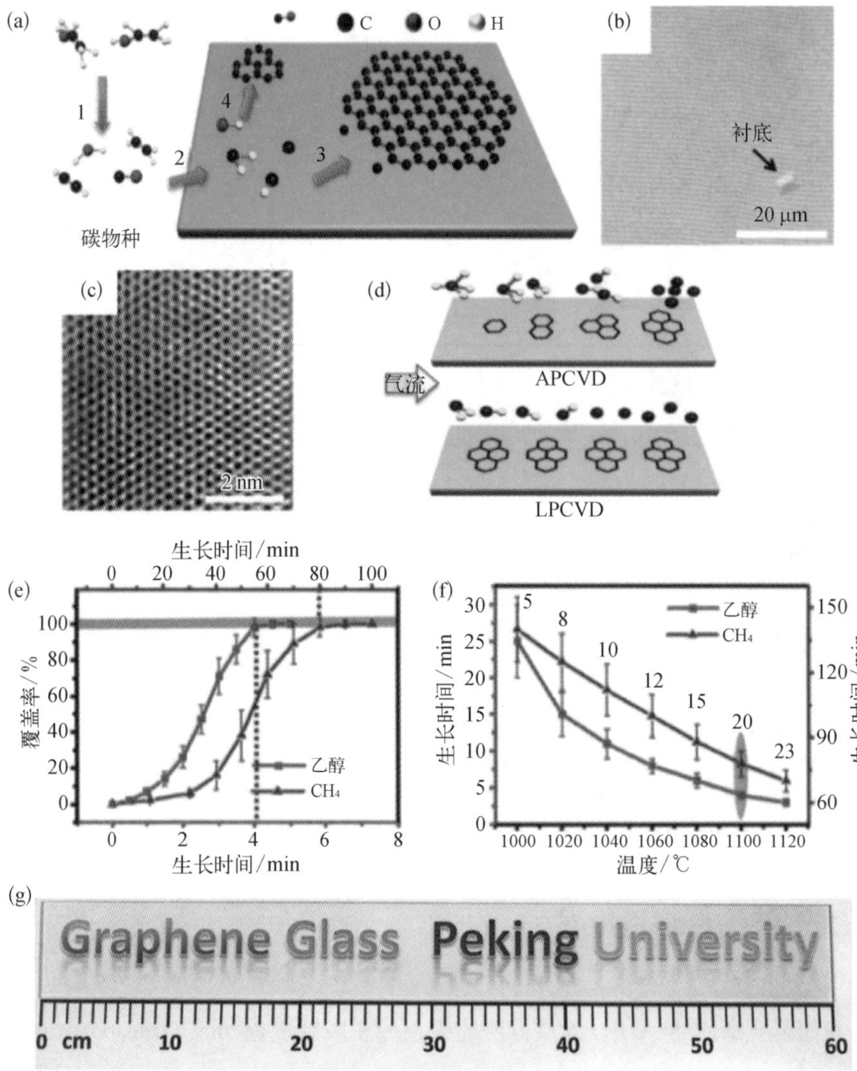

图 8-6　石墨烯玻璃的低压 CVD 制备方法

（a）工艺过程示意图；（b）转移到 SiO_2/Si 衬底上的石墨烯光学显微镜图像；（c）所制备的石墨烯高分辨透射电子显微镜图像；（d）低压和常压 CVD 体系中的物料分布和成膜均匀度比较；（e）（f）低压乙醇体系与常压甲烷体系的生长结果比较；（g）长度为 60 cm 的大尺寸石墨烯/石英玻璃实物照片

微镜和高分辨透射电子显微镜的表征结果均表明，这种方法获得的石墨烯具有更高的生长质量。值得强调的是乙醇碳源的作用。乙醇是一种较容易裂解的碳源，在温度高于 800℃时即可发生热裂解反应。在 1100℃生长温度和低压 CVD（1250 Pa）条件下，乙醇提供了充足的活性碳物种并快速扩散到石英玻璃衬底表面，成核生长石墨烯。因此，大大提升了生长速度[图 8-6(e)(f)]，在 4 min 内即可制备出满覆盖率的 60 cm 的石墨烯/石英玻璃[图 8-6(g)]。与甲烷作为碳源的常压 CVD 结果相比,其均匀性得到了大幅度提升。刘忠范等人指出,乙醇热裂解产生的 OH 自由基对无定形碳的生成具有明显的抑制作用。

利用乙醇碳源低压 CVD 生长方法,刘忠范研究团队进一步研制了 4 英寸石墨烯玻璃晶圆的批量制备设备,每批次可同时生长 30 片的 4 英寸石墨烯玻璃(图 8-7)。气流场仿真模拟显示,当玻璃晶圆垂直于气流方向时,在每片边缘位置均存在气流的旋涡,使片间几乎无气体交换,在生长过程中呈现静态流场状态[图 8-7(c)],从而可以确保批次生长的均匀性。在 1050℃生长 2 h,即可获得 4 英寸石墨烯/石英玻璃晶圆,透光率为 96%,平均面电阻约为 2000 $\Omega \cdot sq^{-1}$。这是石墨烯玻璃规模化制备的重要进展,为开发新一代石墨烯器件奠定了材料基础[图 8-7(d)]。

图 8-7 4 英寸晶圆级石墨烯玻璃的批次连续化制备

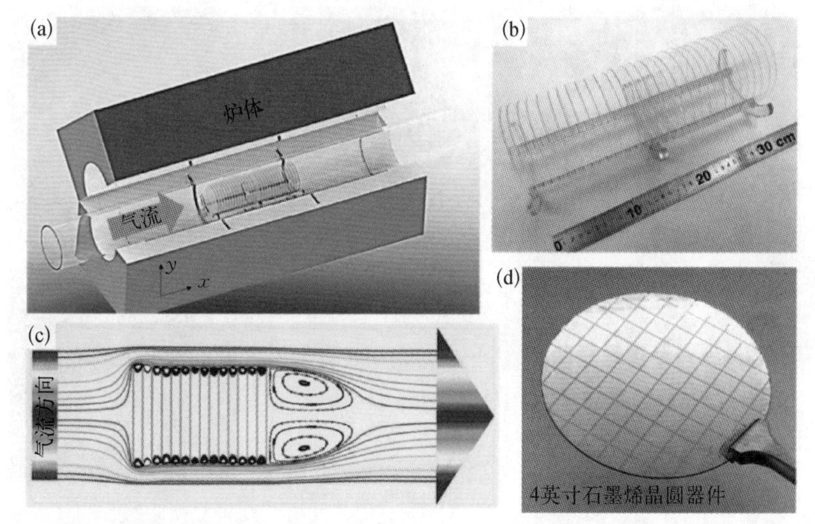

(a) 晶圆级石墨烯玻璃的批次制备示意图;(b) 使用载具和 4 英寸石英玻璃晶圆样品的实物照片;(c) 石英玻璃晶圆垂直于气流放置的气流场模拟;(d) 4 英寸石墨烯晶圆器件的实物照片

8.2.3 熔融床 CVD 生长法

普通钠钙玻璃的软化温度为 600~700℃,显然无法耐受 1000℃以上的石墨烯生长条件。那么,在软化的玻璃表面上能否实现石墨烯的生长呢? 事实上,类似的尝试在熔融态金属铜表面已经取得成功。2015 年,北京大学刘忠范团队首次报道了石墨烯在熔融态玻璃表面上的生长研究，并称之为熔融床 CVD 生长法。[24]他们首先在远高于普通玻璃软化温度的条件下将玻璃衬底退火 30 min，形成熔融态表面；随后引入甲烷作为碳源，在常压 CVD 条件下生长石墨烯，反应时间控制在 2 h 左右。他们发现，熔融态玻璃表面的石墨烯成核均匀且很密，随着温度的升高及生长时间的延长，最初均匀分布的圆盘状结构逐渐长大、拼接，最后形成完整的单层石墨烯薄膜[图 8-8(b)]。成核过程很快，在生长进行到

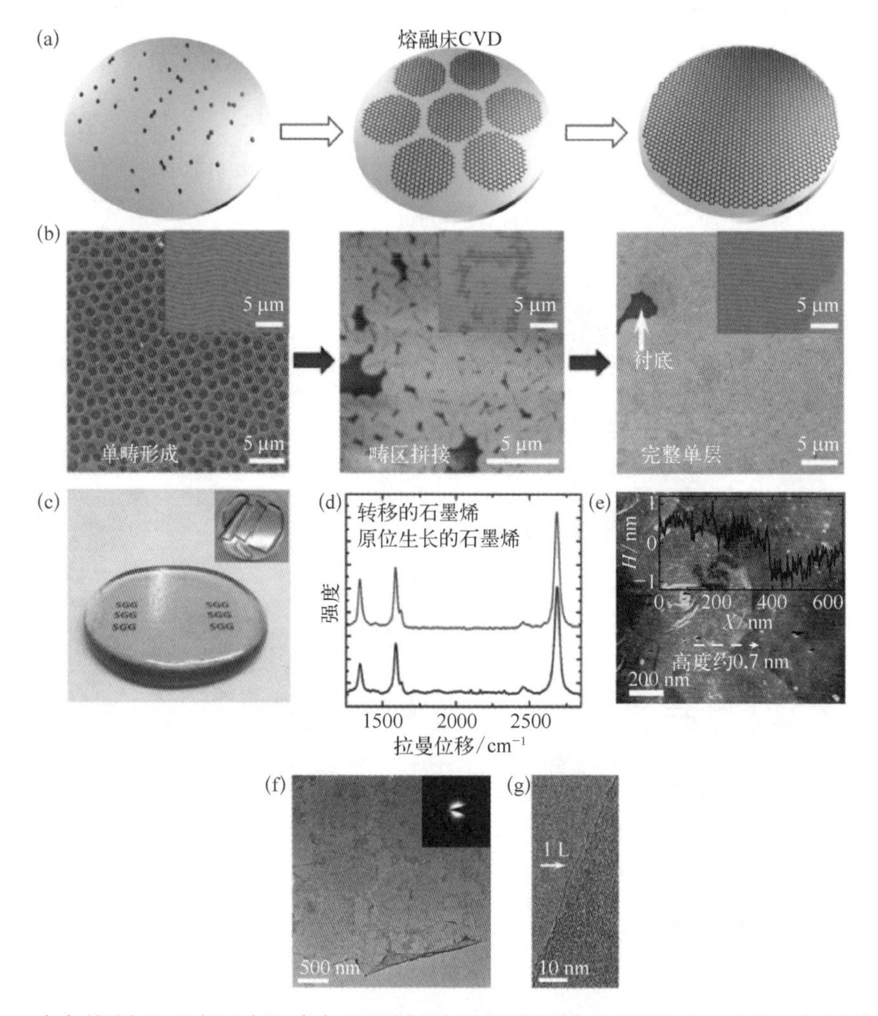

图 8-8 熔融床 CVD 法在普通玻璃表面生长石墨烯

（a）熔融床 CVD 过程示意图；（b）石墨烯成核生长过程的扫描电子显微镜和光学显微镜图像（生长条件从左到右依次为：150 sccm Ar/20 sccm H_2/8 sccm CH_4，生长温度 970℃，1 h；150 sccm Ar/15 sccm H_2/5 sccm CH_4，生长温度 1000℃，2 h；150 sccm Ar/15 sccm H_2/6 sccm CH_4，生长温度 1020℃，2 h）；（c）石墨烯玻璃的实物照片；（d）～（g）所得石墨烯的拉曼光谱（d）、原子力显微镜（e）、低分辨透射电子显微镜（f）、高分辨透射电子显微镜（g）测量结果

30 min时便形成可见的圆盘状石墨烯核。这些成核生长特征是与玻璃表面的熔融态结构密不可分的。在熔融态玻璃表面，不容易存在易于成核的高活性位点，因此当活性碳物种的浓度跨过临界值时，会瞬间形成均匀分布的成核中心。由于表面的各向同性特征，活性碳物种的扩散和生长也呈现出各向同性行为，因而产生均匀分布的圆盘状石墨烯畴区。普通玻璃的溶碳量很低，因此石墨烯在熔融态玻璃表面的生长主要是表面自限制生长过程，有利于形成单层石墨烯薄膜。显然，熔融态表面也会促进活性碳物种的表面扩散，因此石墨烯的生长速度较快。在石墨烯生长完成后，降温固化即可得到石墨烯玻璃。降温过程对玻璃本身和石墨烯都会产生影响，两者之间热膨胀系数的差异会在石墨烯薄膜中产生应力，出现褶皱，甚至破损。因此，工艺优化控制极为重要，图 8-8(c)是熔融床 CVD 法制备的直径 5 cm 的石墨烯玻璃实物照片，通过拉曼光谱、原子力显微镜和透射电子显微镜等表征，证实了其单层石墨烯性质和较高的生长质量[图 8-8(d)～(g)]。

刘忠范等人深入研究了石墨烯在熔融态玻璃表面和固态石英玻璃表面上生长行为的差异(图 8-9)。与熔融态表面的均匀密集成核完全不同，石墨烯在固态石英玻璃表面上的成核是离散的，密度低，且形状不一，生长速度也低一个数量级。在固态石英玻璃表面上的石墨烯层数控制也相对较难，通常是多层石墨烯薄膜，层数分布的均一性很差。他们还通过理论计算深入考察了熔融态玻璃表面近乎圆盘状石墨烯的形成原因。在熔融床 CVD 制备条件(氢分压 0.09 bar，体系温度 1300 K)下，石墨烯的边缘倾向于氢终止。通过选择模拟的七种代表性石墨烯边缘，发现它们具有几乎相同的自由能[图 8-9(d)]，因此，所构成的石墨烯单畴的最稳定构型为近似的圆形。进一步地，通过模拟不同氢分压下石墨烯的伍尔夫构型(Wulff construction)，得到特定氢分压(0.09 bar)下的石墨烯精确构型为十二边形的近似圆形[图 8-9(e)]，这与通过高分辨扫描电镜观测到的实际形状完全吻合[图 8-9(d)插图]。

最后，值得一提的是，在钠钙浮法玻璃工业制备工艺中，有一个高温玻璃液在金属锡槽表面的铺展成型过程。如果在玻璃完全硬化前，巧妙地嵌入石墨烯

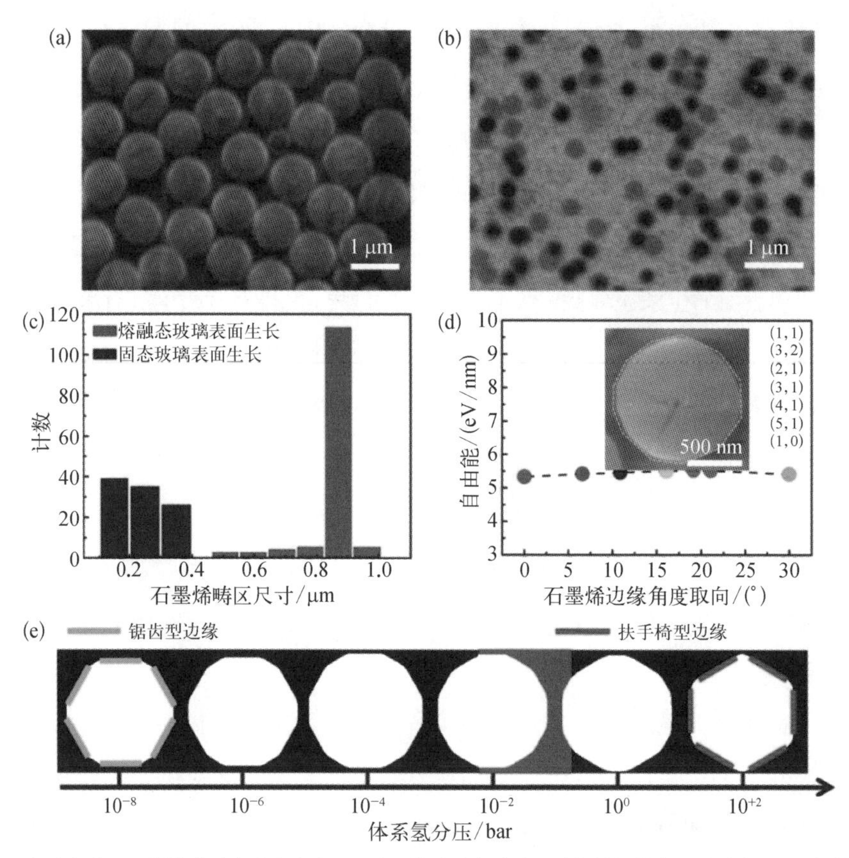

图 8-9 熔融态玻璃表面快速生长均匀石墨烯圆片的机理分析

（a）（b）石墨烯在熔融态玻璃（a）和固态石英玻璃（b）表面生长的扫描电子显微镜图像；（c）在熔融态玻璃和固态石英玻璃表面生长的石墨烯晶畴尺寸统计；（d）在特定制备条件（氢分压 0.09 bar，体系温度 1300 K）下石墨烯氢终止边缘的自由能分布图；（e）不同氢分压下石墨烯的平衡态伍尔夫构型

生长工艺，有望实现与现行玻璃制造工艺兼容的石墨烯玻璃规模化生产，这将是石墨烯玻璃走向实用化的重大突破。

8.3 石墨烯玻璃的 PECVD 生长方法

虽然高温生长条件有利于石墨烯质量的提升，但对于已经成型的玻璃器材，过高的生长温度会导致其外观和性质发生不可逆转的变化。尤其对于软化点非常低的普通钠钙玻璃而言，高温生长即意味着将玻璃重新熔融，这在很多情况下是不被允许的。因此,发展低温条件下的石墨烯玻璃制备方法极为重要。

等离子体增强化学气相沉积(PECVD)技术是低温生长石墨烯的有效手段。[25-28]等离子体是气体分子在高能电磁场作用下发生电离所形成的电子和正离子的离子态气体,具有很高的能量。利用等离子体技术,可以在很低温度下实现碳源的裂解,[29]从而有望实现石墨烯在固态玻璃表面上的低温生长。北京大学刘忠范团队的探索工作已经证实了石墨烯玻璃低温PECVD生长的可行性。[30]

8.3.1 垂直取向石墨烯的PECVD生长

在PECVD系统中,等离子体发生装置有两种放置方式:一种是置于气流上游,称为远程PECVD;另一种是置于生长衬底的正上方,称为喷淋式PECVD。相比于热裂解,甲烷分子在等离子体辅助作用下更易裂解,产生$CH_{x<4}$活性碳物种。部分活性碳物种会吸附到玻璃表面,经成核、生长等基元过程,形成石墨烯薄膜。由于PECVD系统需要低压条件,因此反应腔内气体分子浓度较低,分子间发生碰撞的概率大幅降低,使得传质系数增大,即体相中的气体分子能够有效输运到玻璃表面,此时制约石墨烯生长速度的关键因素是表面反应速度。同时,由于在等离子体作用下碳源裂解很快,PECVD系统中石墨烯的生长速度相较于热CVD要快。另外,由于生长温度较低,吸附到玻璃表面的活性碳物种的迁移会受限,因此通常PECVD生长的石墨烯缺陷较多,结晶质量也较差。

图8-10(a)给出了喷淋式PECVD方法制备石墨烯玻璃的示意图。[31]刘忠范课题组的研究表明,这种生长方法得到的石墨烯通常具有网络状直立结构。[31,32]造成石墨烯垂直取向生长的原因很复杂,主要有电场诱导、高能离子轰击,以及应力作用等。[31,33]以甲烷碳源为例,在石墨烯生长的初始阶段,甲烷分子分解为活性碳物种,然后进行快速的表面碳化反应,进而在玻璃表面形成石墨缓冲层。强烈的离子轰击加上玻璃衬底和石墨缓冲层之间的晶格失配导致形成缺陷和内应力。石墨缓冲层的边缘和结构缺陷可能向上弯曲,从而导致石墨烯沿着垂直方向生长。此外,带正电的活性碳物种沿着垂直方向的扩散被局部电场

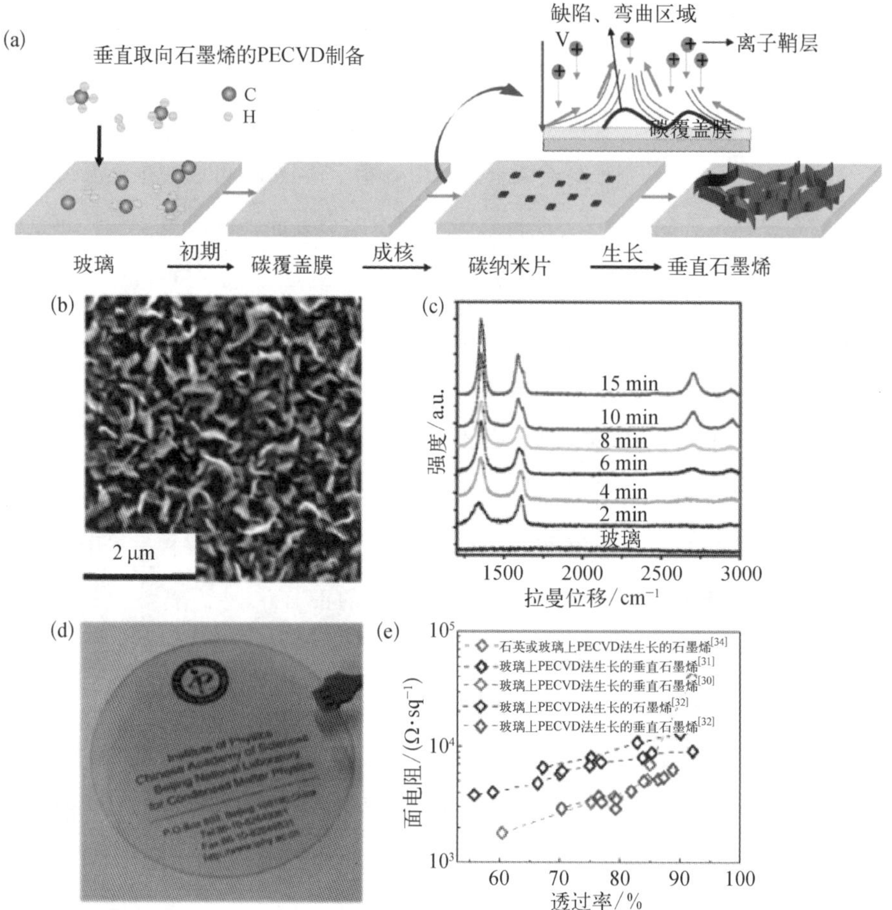

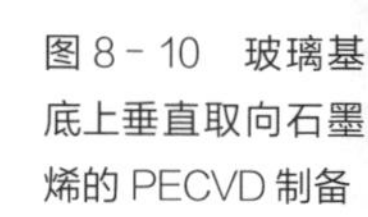

图 8-10 玻璃基底上垂直取向石墨烯的 PECVD 制备

（a）垂直取向石墨烯生长过程示意图；（b）垂直取向石墨烯三维形貌的扫描电镜图像；（c）不同生长时间下获得的石墨烯样品拉曼光谱表征；（d）PECVD 法制备的石墨烯玻璃实物照片；（e）不同 PECVD 工艺路线所得的石墨烯玻璃的透明导电性比较

增强，这也有助于石墨烯的垂直取向生长。图 8-10(b)给出了在 550℃ 生长温度下钠钙玻璃表面获得的垂直取向石墨烯的三维形貌。拉曼光谱则证实了石墨烯的形成过程[图 8-10(c)]，很明显，石墨烯的结晶质量随着生长时间的增加而提升。中国科学院物理研究所张广宇课题组利用 PECVD 方法，也成功地在 4 英寸玻璃晶圆上制备出了垂直取向的石墨烯薄膜[图 8-10(d)]。[34]

借助低温 PECVD 生长技术，可在任意玻璃表面实现石墨烯的直接生长。这些玻璃衬底的种类包括但不限于钠钙玻璃、有色玻璃、石英玻璃、硼硅玻璃、蓝宝石玻璃、掺氟氧化锡玻璃等。由于不同玻璃表面对活性碳物种的吸附和迁移能力不同，导致石墨烯的质量也不尽相同。图 8-10(e)统计了各种 PECVD 生长过程获得的垂直取向石墨烯玻璃的面电阻与透光率的对应关系。可以发现，垂直取向石墨烯玻璃的不足之处是透光率偏低，面电阻也偏高。

8.3.2 水平取向石墨烯的 PECVD 生长

为了调控石墨烯在玻璃表面上的生长取向，刘忠范研究团队发展了一种法拉第笼辅助 PECVD 方法[32]。在喷淋式 PECVD 系统中，绝缘性玻璃衬底表面往往存在一个不均匀的强电场，其电场强度约为 6000 V/m。如前所述，该电场是石墨烯在衬底表面垂直生长的关键原因[图 8-11(a)(c)]。理论模拟表明，当将玻璃衬底放置在泡沫铜制成的法拉第笼内时，电场强度将下降至低于 0.1 V/m[图 8-11(b)(d)]。实验证实，在法拉第笼的存在下，石墨烯在玻璃表面上沿水平方向生长[8-12(d)]，与常规 PECVD 生长方式完全不同[图 8-12(c)]，而且表面非常平整，面粗糙度只有 0.4 nm。刘忠范等人认为，法拉第笼的引入还可以有效避免强离子轰击效应，降低样品表面的电荷积累和碳物种吸附累积，有助于促进石墨烯的水平生长和质量提升。

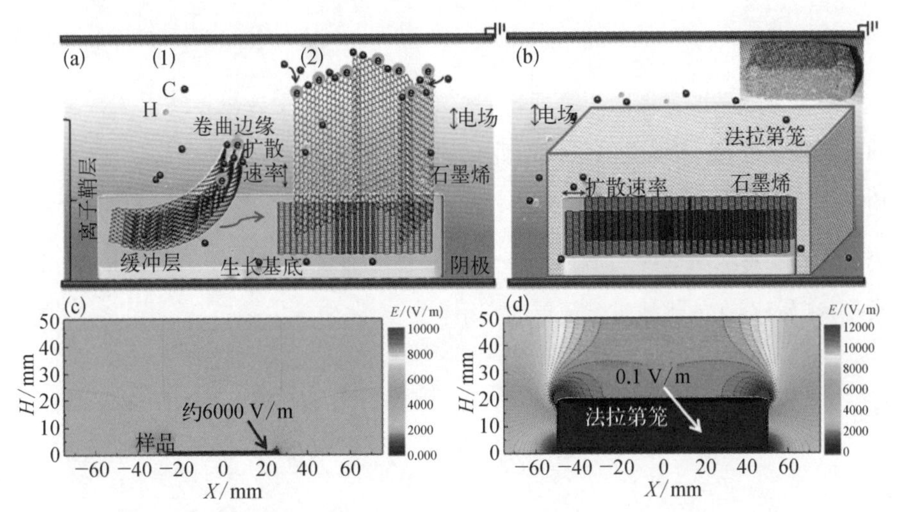

图8-11 水平取向石墨烯玻璃的法拉第笼辅助 PECVD 生长方法

(a) 常规 PECVD 系统中石墨烯垂直生长的机理分析；(b) 法拉第笼辅助 PECVD 系统示意图（插图是利用泡沫铜材料制备的法拉第笼实物照片）；(c)(d) 300 V 电压下，无法拉第笼 (c) 和有法拉第笼 (d) 时玻璃衬底附近的电场模拟图

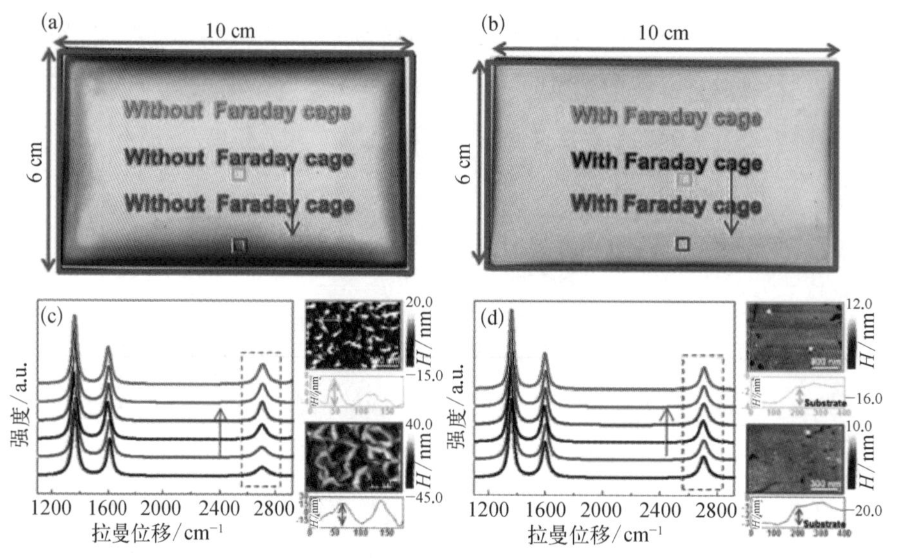

图 8-12 普通PECVD体系(a)(c)和法拉第笼辅助PECVD体系(b)(d)生长的石墨烯玻璃的形貌及均匀性对比

此外,法拉第笼辅助生长法制备的石墨烯玻璃在相同透明度下,具有更低的面电阻(透明度为76.5%和76.9%时,面电阻分别为3.7 kΩ·sq^{-1}和7.3 kΩ·sq^{-1}),在透明导电玻璃领域显示出潜在的应用前景。

8.4 石墨烯玻璃的规模化制备

石墨烯玻璃能否走向实际应用,规模化制备技术是关键。除了实验室量级的品质控制外,必须解决一系列产业化的核心技术问题,例如产品尺寸、大面积均一性、良品率、生产效率、生产成本等,尤其是产品尺寸及其品质均匀性,直接决定了石墨烯玻璃的应用潜力。本节将就石墨烯玻璃规模化制备装备、工艺探索现状以及存在的挑战进行简单的介绍。

8.4.1 规模化制备装备

制备决定未来,而装备则是规模化制备的关键要素。石墨烯玻璃也是如此,规模化制备装备的开发以及与之匹配的工艺路线是有待突破的课题。北京石墨烯研究院在石墨烯玻璃规模化制备装备研发方面已经取得了重要进展，研制成功了第一代 30 cm×30 cm 尺寸的石墨烯玻璃规模化生产装备，设计产能为 5000 平方米/年(图 8-13)。

图 8-13 石墨烯玻璃中试规模制备装备

该 CVD 生长装备的炉体直径为 350 mm。主要包括：工艺腔室、加热炉体及开合系统、炉门机构及腔室密封系统、水冷热交换器、压力调控系统、进出气系统以及电气控制系统。其中工艺腔室的水平一端安装有炉门机构及腔室密封系统，其水平另一端则与压力调控系统相连接，压力调控系统可以实现对工艺腔室内部压力的调节。工艺腔室外侧为加热炉体及开合系统；水冷热交换器位于热炉体及开合系统的顶部，用于缓解仪器表面温度过高的问题。进出气系统连通到工艺腔室的内部。电气控制系统对整个 CVD 装备进行控制。

该系统的加热区采用三温区配置，中段恒温区长度 500 mm，炉体首尾两端的加热区相对较短，有别于传统 CVD 炉的三段加热区相同长度的设置。这样的设计有助于玻璃衬底处于同一个温差环境内进行石墨烯的生长，能够有效提高石墨烯玻璃的均匀性。为保障反应气体在工作腔室内分布的均匀性，配备了垂直进气与水平进气两种进气设计。在腔室压力控制和反馈部分加入了可精确控制阀门开度的蝶阀，将其与可实现设备腔室压力由 10 Pa 至常压可精确检测的 INFICON 真空规组成闭合反馈系统。在主机控制系统内设定腔室压力值后，系统将根据真空规反馈的腔室压力动态调节蝶阀开度，从而使腔室压力稳定至设定压力值处。装备能够实现精确稳定的蝶阀开度控制，因此工作压力可以在常压、中压、低压状态下自由切换，从而满足不同规格透光率和面电阻的石墨烯玻璃的制备要求。除此之外，该装备还配备了等离子体增强功能，以满足低温生长的工艺需求。

8.4.2 规模化制备工艺

刘忠范研究团队基于上述规模化制备装备，探索了三种不同的生长工艺：低压垂直进气生长工艺、低压水平进气生长工艺、常压水平进气生长工艺。研究表明，相比于低压垂直进气生长工艺，水平进气生长工艺更适合于直接放大实验室级别的生长工艺。此时，气体从前端炉口小孔处弥散进入腔室，然后通过水平进气扩散盒进一步匀气后进入高温生长区，最后通过炉尾处的水平出气扩散盒进入排气管道。该生长工艺具有更加均匀的气流场和温度场，能够获得层数较为均匀的石墨烯玻璃。

图 8-14(a)(b)是利用规模化制备装备和石英玻璃衬底，通过水平进气生长工艺获得的 30 cm×30 cm 石墨烯玻璃，分别对应于甲烷碳源和乙醇碳源。拉曼光谱表征显示，相比于实验室级别的石墨烯玻璃，所获得的大尺寸石墨烯玻璃的缺陷密度较高[图 8-14(c)(d)]。面电阻测试表明，其平均面电阻数值也是实验室样品的 2～3 倍[图 8-14(e)(f)]。

需要强调指出的是，石墨烯玻璃的规模化制备仍处于初级阶段，装备研发和工艺探索都面临着巨大的技术挑战。从基础研究角度讲，由于玻璃衬底的特殊性，石墨烯的生长机理非常复杂，需要进一步深入研究。毋庸置疑，基础研究领域的突破才是解决石墨烯玻璃工业化生产问题的基石。另外，生产效率和成本密切相关，提高生产效率是规模化制备的另一个重大挑战。玻璃表面的特殊化学结构决定了石墨烯非常低的动力学生长速度，也制约着石墨烯品质的提升。这些问题既是挑战，也是机遇，有待于深入系统地研究。相信在不远的将来，石墨烯玻璃会成为石墨烯材料的一个“杀手锏”级应用。

图 8-14　在规模化制备装备上获得的 30 cm × 30 cm 石墨烯玻璃及其表征

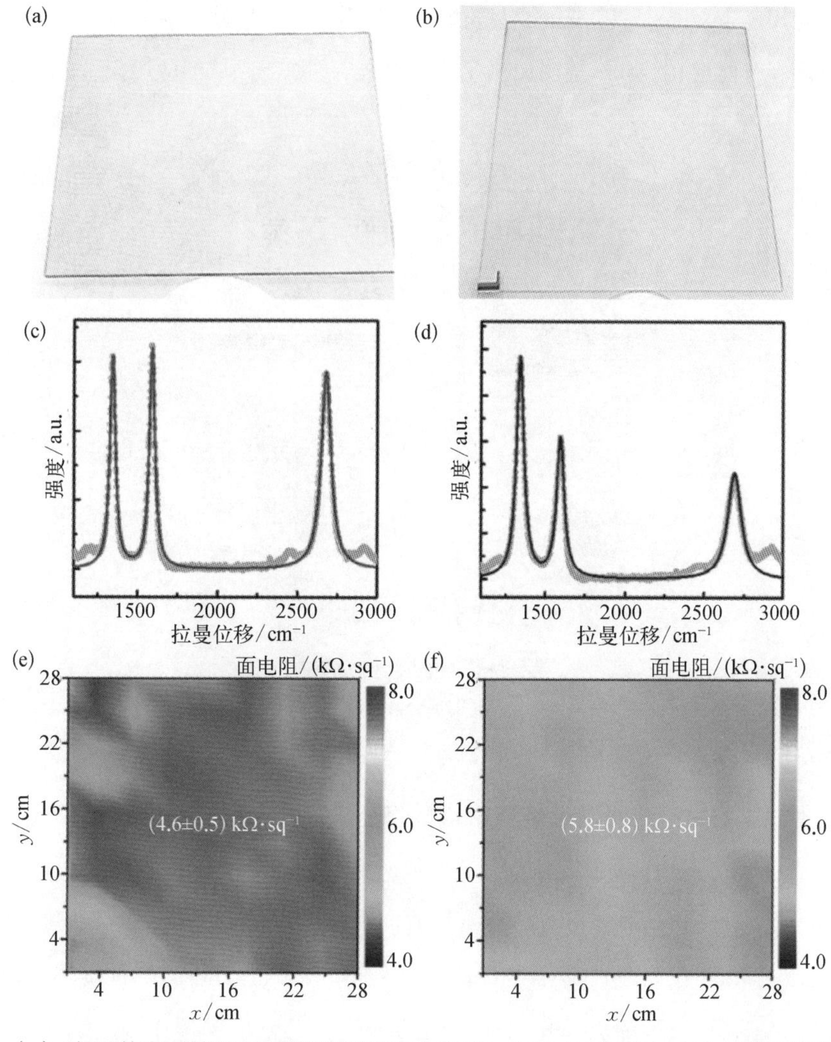

（a）利用甲烷碳源制备的石墨烯玻璃实物照片（1050℃，常压，石英玻璃）；（b）乙醇碳源制备的石墨烯玻璃（1000℃，低压，石英玻璃）；（c）（e）对应甲烷碳源时的拉曼光谱表征和面电阻表征；（d）（f）对应乙醇碳源时的拉曼光谱表征和面电阻表征

8.5　石墨烯玻璃的应用展望

石墨烯玻璃是传统玻璃大家族的新成员，也是石墨烯材料应用的新方向。石墨烯玻璃兼具导电性、导热性、疏水性，以及生物相容性等无与伦比的特性，有着广

阔的应用前景。图 8-15 展示了石墨烯玻璃的潜在应用领域。本节简要介绍石墨烯玻璃在智能窗、触摸屏、透明加热元件和细胞培养皿等领域的应用探索。

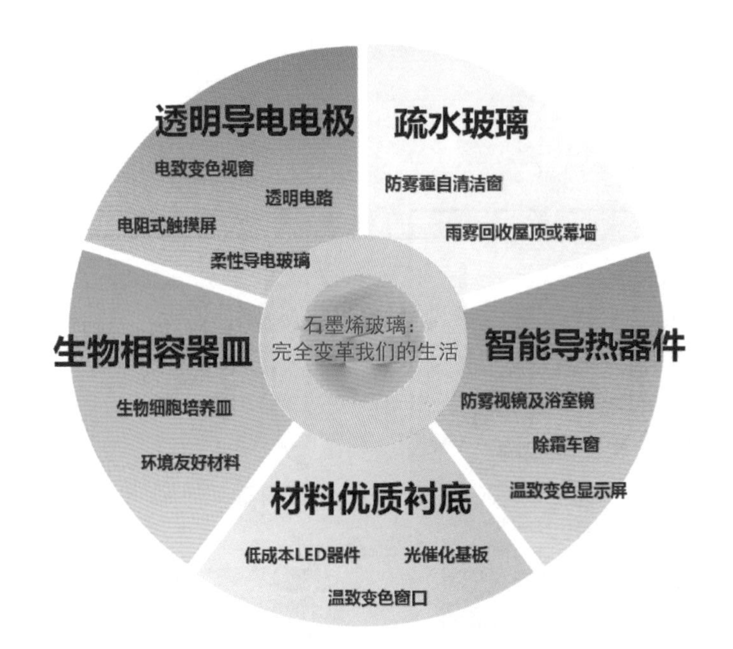

图 8-15　石墨烯玻璃的广阔应用前景

作为一种新型透明导电玻璃，石墨烯玻璃可用于液晶智能窗、触摸屏等领域。图 8-16(a)～(e)是北京大学刘忠范研究团队基于石墨烯玻璃制备的液晶智能窗。在开态时，聚合物液晶沿电场方向分布，允许入射光无阻碍通过，器件呈现透明状态；在关态时，聚合物液晶无规分布，入射光被散射，器件呈现不透明状态。在这里，石墨烯玻璃作为智能窗的透明导电电极发挥作用。[22] 图 8-16(f)～(h)展示了石墨烯玻璃作为电阻式触摸屏的应用示例，以石墨烯玻璃作为导电基板制备的触摸屏具有良好的响应性能和书写体验，有望成为传统 ITO 透明导电玻璃的替代品。[35]

石墨烯玻璃还可以用作透明加热器件。[18] 石墨烯玻璃本身具有一定的电阻(R)，通过施加电压(U)就会产生相应的焦耳热效应($Q = U^2/R$)。当石墨烯玻璃表面涂覆热敏变色材料时，通电加热即可调控热敏材料的颜色，从而作为热敏式智能窗使用[图 8-17(a)～(c)]。利用类似的原理，刘忠范研究团队还展示了一种新型防雾视窗，其防雾性能如图 8-17(d)所示。对于建筑房屋或汽车玻璃窗，常规

图8-16 基于石墨烯玻璃制备的液晶智能窗和触摸屏

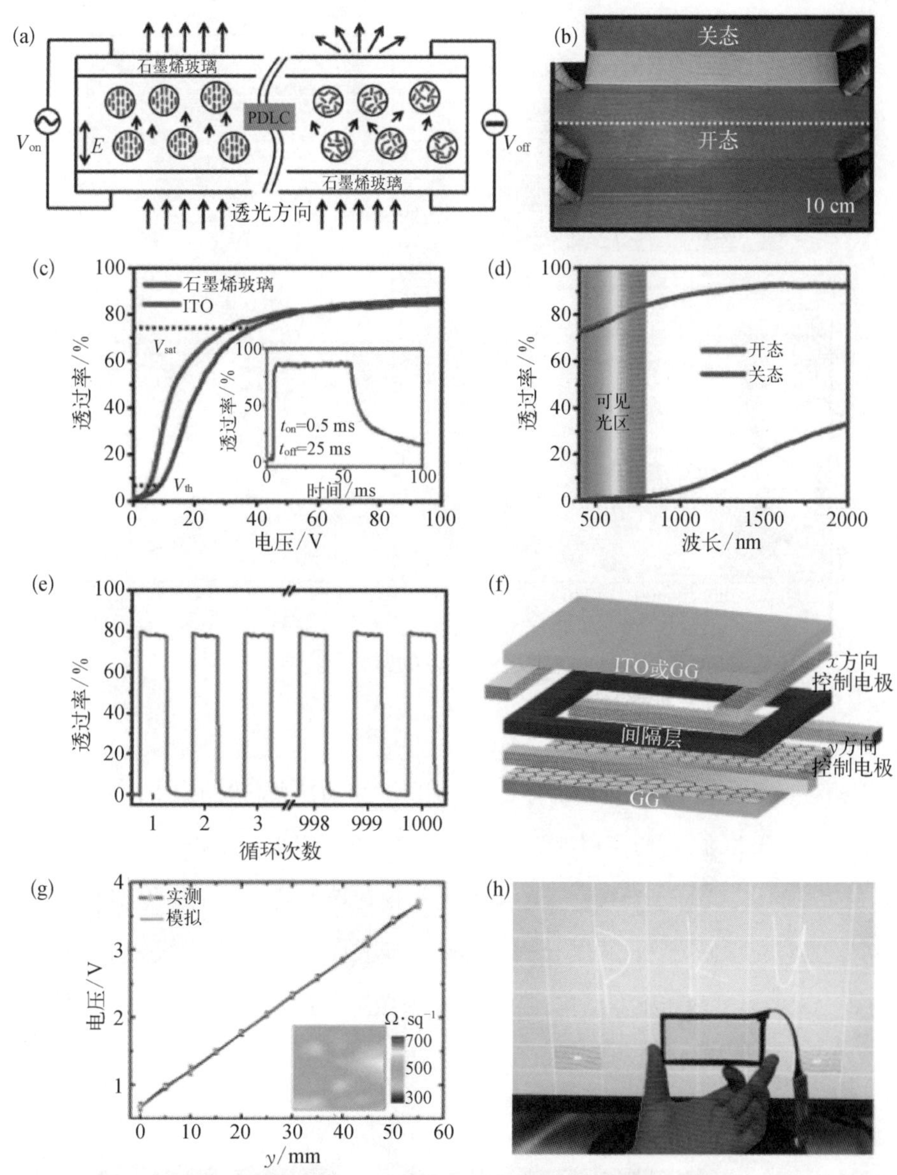

（a）～（e）基于石墨烯玻璃的液晶智能窗及其性能表征［（a）工作原理示意图；（b）开关效果实物照片，长度60 cm，驱动电压35 V；（c）与ITO玻璃液晶智能窗的性能比较；（d）开态和关态的透过率变化；（e）器件循环工作性能］；（f）～（h）利用石墨烯玻璃制作的电阻式触摸屏器件结构（f）、线性响应度（g）和3.5英寸器件实物照片（h）

的防雾视窗是通过将玻璃表面进行亲水化处理或利用电热丝加热原理。而这款基于石墨烯玻璃的产品兼具了表面疏水性和电加热功能，除雾效果优异。

此外，由于石墨烯良好的生物相容性，刘忠范研究团队还将石墨烯玻璃用于

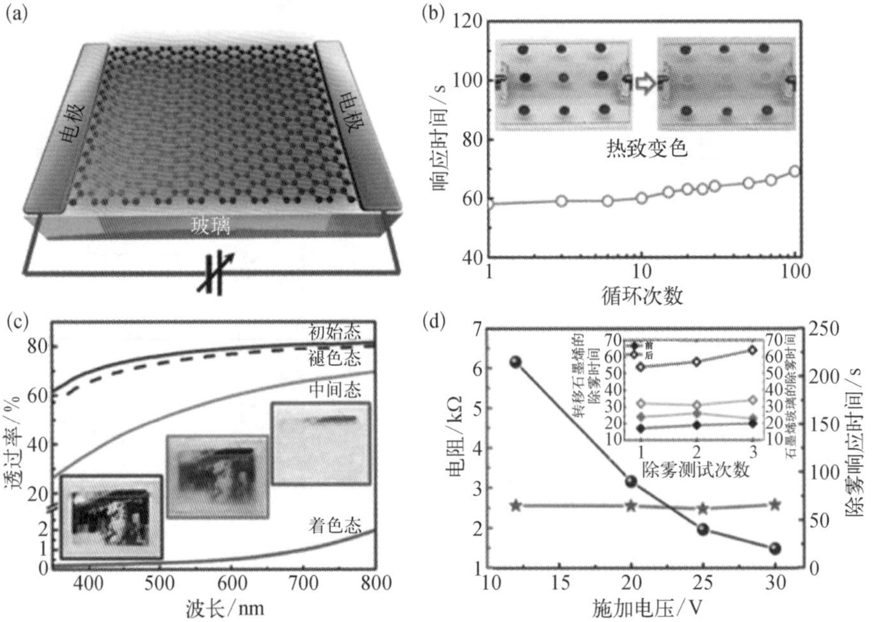

图 8－17　基于石墨烯玻璃的透明加热器件

（a）～（c）利用石墨烯玻璃制作的热致变色器件及其响应性能（器件尺寸为 4 cm × 6 cm，驱动电压为 20 V）；（d）石墨烯玻璃的防雾性能

细胞培养、高灵敏度生物传感器等领域。图 8－18(a)～(d)展示了细胞培养的应用示例。[24]结果显示，与商用细胞培养皿和普通玻璃相比，石墨烯玻璃上的细胞增殖要快得多。图 8－18(e)～(h)演示了石墨烯玻璃制作的生物传感器及其性能。[22]通过化学修饰将抗原结合到石墨烯玻璃表面，再置于光学棱镜上，构成如图 8－18(e)所示的传感器结构。利用全反射条件下石墨烯对偏振光的吸收特性变化，实现对抗原-抗体特异性结合行为的实时监测。

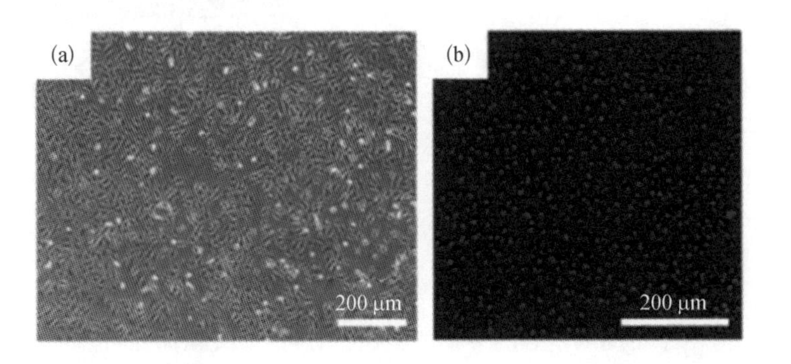

图 8－18　石墨烯玻璃的生物医学应用

图 8-18 续图

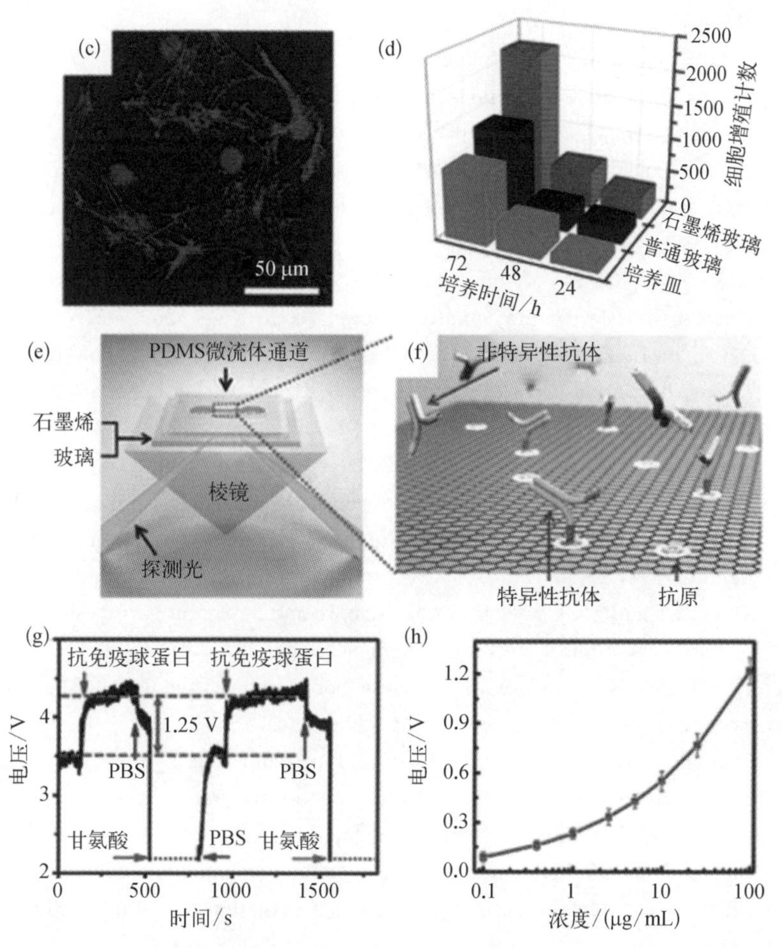

(a)~(c) 3T3 细胞在石墨烯玻璃上增殖 72 h 的光学显微镜和荧光显微镜图像;(d) 商用培养皿、普通玻璃和石墨烯玻璃的细胞增殖行为比较;(e)(f) 石墨烯玻璃生物传感器结构和工作原理示意图;(g)(h) 石墨烯玻璃生物传感器的响应行为和灵敏度

参考文献

[1] Llordés A, Garcia G, Gazquez J, et al. Tunable near-infrared and visible-light transmittance in nanocrystal-in-glass composites[J]. Nature, 2013, 500(7462): 323-326.

[2] Kim Y H, Heo J S, Kim T H, et al. Flexible metal-oxide devices made by room-temperature photochemical activation of sol-gel films[J]. Nature, 2012, 489

(7414): 128 - 132.
[3] Nomura K, Ohta H, Takagi A, et al. Room-temperature fabrication of transparent flexible thin-film transistors using amorphous oxide semiconductors[J]. Nature, 2004, 432(7016): 488 - 492.
[4] Eda G, Fanchini G, Chhowalla M. Large-area ultrathin films of reduced graphene oxide as a transparent and flexible electronic material[J]. Nature Nanotechnology, 2008, 3(5): 270 - 274.
[5] Li X, Zhang G, Bai X, et al. Highly conducting graphene sheets and Langmuir-Blodgett films[J]. Nature Nanotechnology, 2008, 3(9): 538 - 542.
[6] Dai B, Fu L, Zou Z, et al. Rational design of a binary metal alloy for chemical vapour deposition growth of uniform single-layer graphene [J]. Nature Communications, 2011, (2): 522.
[7] Li X, Cai W, An J, et al. Large-area synthesis of high-quality and uniform graphene films on copper foils[J]. Science, 2009, 324(5932): 1312 - 1314.
[8] Lin Y C, Lu C C, Yeh C H, et al. Graphene annealing: how clean can it be? [J]. Nano Letters, 2012, 12(1): 414 - 419.
[9] Kwak J, Chu J H, Choi J K, et al. Near room-temperature synthesis of transfer-free graphene films[J]. Nature Communications, 2012, (3): 645.
[10] Guo Q, Zhu H, Liu F, et al. Silicon-on-glass graphene-functionalized leaky cavity mode nanophotonic biosensor[J]. ACS Photonics, 2014, 1(3): 221 - 227.
[11] Chen Y Z, Medina H, Tsai H W, et al. Low temperature growth of graphene on glass by carbon-enclosed chemical vapor deposition process and its application as transparent electrode[J]. Chemistry of Materials, 2015, 27(5): 1646 - 1655.
[12] Partyka J, Gajek M, Gasek K. Effects of quartz grain size distribution on the structure of porcelain glaze[J]. Ceramics International, 2014, 40(8): 12045 - 12053.
[13] Chen Z, Qi Y, Chen X, et al. Direct CVD growth of graphene on traditional glass: methods and mechanisms[J]. Advanced Materials, 2019, 31(9): 1803639.
[14] Köhler C, Hajnal Z, Deák P, et al. Theoretical investigation of carbon defects and diffusion in α - quartz[J]. Physical Review B, 2001, 64(8): 085333.
[15] Sun J, Zhang Y, Liu Z. Direct chemical vapor deposition growth of graphene on insulating substrates[J]. ChemNanoMat, 2016, 2(1): 9 - 18.
[16] Sun J, Chen Y, Priydarshi M K, et al. Graphene glass from direct CVD routes: production and applications[J]. Advanced Materials, 2016, 28(46): 10333 - 10339.
[17] Chen X, Chen Z, Sun J, et al. Graphene glass: direct growth of graphene on traditional glasses[J]. Acta Physico-Chimica Sinica, 2016, 32(1): 14 - 27.
[18] Sun J, Chen Y, Priydarshi M K, et al. Direct chemical vapor deposition-derived graphene glasses targeting wide ranged applications[J]. Nano Letters, 2015, 15(9): 5846 - 5854.

[19] Fanton M A, Robinson J A, Puls C, et al. Characterization of graphene films and transistors grown on sapphire by metal-free chemical vapor deposition[J]. ACS Nano, 2011, 5(10): 8062 - 8069.

[20] Chen Z, Guan B, Chen X, et al. Fast and uniform growth of graphene glass using confined-flow chemical vapor deposition and its unique applications[J]. Nano Research, 2016, 9(10): 3048 - 3055.

[21] Xie H, Cui K, Cui L, et al. H_2O - etchant-promoted synthesis of high-quality graphene on glass and its application in see-through thermochromic displays[J]. Small, 2020, 16(4): 1905485.

[22] Chen X D, Chen Z, Jiang W S, et al. Fast growth and broad applications of 25-inch uniform graphene glass[J]. Advanced Materials, 2017, 29(1): 1603428.

[23] Cui L, Chen X, Liu B, et al. Highly conductive nitrogen-doped graphene grown on glass toward electrochromic applications[J]. ACS Applied Materials & Interfaces, 2018, 10(38): 32622 - 32630.

[24] Chen Y, Sun J, Gao J, et al. Growing uniform graphene disks and films on molten glass for heating devices and cell culture[J]. Advanced Materials, 2015, 27(47): 7839 - 7846.

[25] Lee B J, Lee T W, Park S, et al. Low-temperature synthesis of thin graphite sheets using plasma-assisted thermal chemical vapor deposition system[J]. Materials Letters, 2011, 65(7): 1127 - 1130.

[26] Kim Y, Song W, Lee S Y, et al. Low-temperature synthesis of graphene on nickel foil by microwave plasma chemical vapor deposition[J]. Applied Physics Letters, 2011, 98(26): 263106.

[27] Wei D, Lu Y, Han C, et al. Critical crystal growth of graphene on dielectric substrates at low temperature for electronic devices[J]. Angewandte Chemie, 2013, 125(52): 14371 - 14376.

[28] Wei D, Peng L, Li M, et al. Low temperature critical growth of high quality nitrogen doped graphene on dielectrics by plasma-enhanced chemical vapor deposition[J]. ACS Nano, 2015, 9(1): 164 - 171.

[29] Bo Z, Yang Y, Chen J, et al. Plasma-enhanced chemical vapor deposition synthesis of vertically oriented graphene nanosheets[J]. Nanoscale, 2013, 5(12): 5180 - 5204.

[30] Sun J, Chen Y, Cai X, et al. Direct low-temperature synthesis of graphene on various glasses by plasma-enhanced chemical vapor deposition for versatile, cost-effective electrodes[J]. Nano Research, 2015, 8(11): 3496 - 3504.

[31] Ci H, Ren H, Qi Y, et al. 6-inch uniform vertically-oriented graphene on soda-lime glass for photothermal applications[J]. Nano Research, 2018, 11(6): 3106 - 3115.

[32] Qi Y, Deng B, Guo X, et al. Switching vertical to horizontal graphene growth using faraday cage-assisted PECVD approach for high-performance transparent

heating device[J]. Advanced Materials, 2018, 30(8): 1704839.
[33] Wu Y, Yang B. Effects of localized electric field on the growth of carbon nanowalls[J]. Nano Letters, 2002, 2(4): 355 - 359.
[34] Zhang L, Shi Z, Wang Y, et al. Catalyst-free growth of nanographene films on various substrates[J]. Nano Research, 2011, 4(3): 315 - 321.
[35] Sun J, Chen Z, Yuan L, et al. Direct chemical-vapor-deposition-fabricated, large-scale graphene glass with high carrier mobility and uniformity for touch panel applications[J]. ACS Nano, 2016, 10(12): 11136 - 11144.

第9章

粉体石墨烯的 CVD 生长方法

自石墨烯问世以来，其宏量化制备一直是学术界和工业界孜孜以求的目标，也是石墨烯真正走向工业化应用的基础。一般来说，石墨烯宏观材料的性质很大程度上受石墨烯几何形态、结晶程度、堆垛层数和组装结构等因素影响。就形貌而言，石墨烯粉体（微片）是目前最易于宏量化制备的产品，具有成本低、易于复合和加工等优点，能够满足热管理、复合材料、能源存储和生物医药等诸多领域的应用需求。石墨烯粉体最常规的合成方法首先是通过化学剥离的手段制备氧化石墨烯微片，然后经过化学还原过程得到还原氧化石墨烯。该方法虽然易于大规模生产与应用，但会给石墨烯材料引入大量缺陷结构和非碳杂质，导致其结晶度降低、导电性变差。此外，由于石墨烯片层之间存在强 $\pi-\pi$ 相互作用，该类粉体材料非常容易团聚，不利于均匀分散，这也给石墨烯粉体的溶液加工工艺及其器件制备带来了挑战。

化学气相沉积生长（CVD）技术是制备高品质石墨烯薄膜最常用的方法，并易实现石墨烯薄膜材料的规模化生产。石墨烯的 CVD 生长技术拥有诸多显著的优点，如层数可控、结晶度高、杂质含量少等。近年来，许多课题组尝试将 CVD 生长技术运用于石墨烯粉体的制备，为粉体石墨烯材料开辟了新的制备途径。这种方法通常需要特殊的粉体材料作为石墨烯的生长模板，因此可以通过模板的设计和选择来调控石墨烯微片的形貌结构。由此制得的三维结构化石墨烯粉体既有助于解决石墨烯片层之间的团聚问题，也有利于增强光与石墨烯的相互作用。尤为重要的是，CVD 合成方法能够显著提高粉体石墨烯的结晶质量以及层数的可控性。在规模化生产和成本问题解决之后，这一方法将有助于推动粉体石墨烯材料更为广泛的应用。

9.1 粉体石墨烯的常规制备方法

在过去十几年里，粉体石墨烯制备技术的发展如火如荼，在规模化制备方面也取得了重要进展。粉体石墨烯的常规制备方法主要包括氧化还原法、液相剥离法和电化学剥离法等[1]，本节将分别予以简介。

9.1.1 氧化还原法

氧化还原法以其成本低廉、易规模化等优势成为粉体石墨烯制备技术中最简便与主流的方法之一。该方法的主要过程如下。首先将天然石墨与强氧化剂充分反应生成氧化石墨，并经超声分散获得单层或少层氧化石墨烯(graphene oxide, GO)。然后，通过向氧化石墨烯溶液中加入水合肼等还原剂，除去氧化石墨烯表面的含氧官能团(羧基、羟基和环氧基等)。最后经过滤、干燥后得到还原氧化石墨烯(rGO)。所制备的石墨烯粉体表面基团丰富，易于功能化，容易形成稳定的石墨烯分散液，进而满足石墨烯的各种功能化应用。该方法以 Ruoff 研究团队[2]早期的工作最为典型，他们通过向 GO 溶液中加入强还原剂(例如二甲肼、硼氢化钠和液态肼等)来去除 GO 的含氧基团，从而得到 rGO 粉体。Li 等人[3]发现，这种表面带负电的还原氧化石墨烯片层之间存在静电作用，且可以通过 pH 来调控，以提高石墨烯分散溶液的稳定性。通过对该石墨烯分散溶液进行抽滤，可获得大尺寸的石墨烯纸，其电导率高达7200 S/m。从制备过程上看，氧化还原法因其必不可少的化学氧化和还原反应过程，很难避免石墨烯产生较多缺陷，如五元环、七元环等拓扑缺陷以及附着于石墨烯表面和边缘的羟基和羧基等官能团。这些缺陷往往会导致石墨烯电学性能、化学稳定性的显著降低，阻碍了 rGO 在电子与光电子器件和金属防护等领域的应用。

9.1.2 液相剥离法

液相剥离法是近年来发展较快的石墨烯粉体分散液的制备方法。该方法的主要过程如下：首先将石墨粉在溶剂中分散，通过超声、剪切搅拌等物理剥离过程，克服石墨层间的范德瓦耳斯力，打开石墨的片层结构，最终获得少层甚至单层石墨烯。由于不使用强氧化剂，石墨烯的晶格结构被最大程度地保留下来，晶体质量较高。早在 2008 年，Coleman 等人[4]将石墨在 *N*－甲基吡咯烷酮（*N*－methyl pyrrolidone，NMP）中超声分散，获得了单层石墨烯溶液，产率最高可达约 4%。他们通过分析发现，选择不同溶剂的剥离效果差异显著，能够实现石墨高效剥离的溶剂最佳表面能约为 40 mJ/m^2。在原材料选择方面，高定向热裂解石墨、膨胀石墨以及人造石墨微晶等都可用于液相剥离过程来制备少层甚至单层石墨烯。早期发明的超声剥离制备方法产率很低，难以满足大规模使用需求。2014 年，Coleman 研究团队[5]又在上述超声剥离方法的基础上，基于剪切力剥离石墨片层的原理，借助高剪切力搅拌器在 NMP 溶液中分散石墨，获得了几百升量级的石墨烯分散液，显著提高了产率。总体看来，液相剥离法是一种简单、高效制备较高质量石墨烯片或石墨烯溶液的方法，在整个制备过程中几乎不会对石墨烯的 sp^2 碳结构造成严重破坏，最大限度地保留了石墨烯的本征属性，因而在导电添加剂、功能复合材料和微电子打印等领域表现出强劲的发展潜力。

9.1.3 其他方法

除上述方法外，电化学剥离法是一种较为常见的非氧化剥离石墨制备石墨烯粉体的技术。该方法利用石墨电极的电解过程，通过选取合适的电解条件将石墨直接剥离出少层或单层石墨烯。该方法不引入氧化和再还原过程，制备条件相对温和，电解液能够循环使用，原材料石墨电极在工业界普遍使用，制备成本较低。所制备的石墨烯材料相对还原氧化石墨烯缺陷少，无须再还原或热处理。

此外，球磨法也被认为是一种大规模制备石墨烯粉体的有效方法[6]。该方法的特点是利用剪切力将石墨在球磨罐中剥离进而生成边缘功能化的石墨烯，分散介质可以是液体，也可以是固体，例如 *N*,*N* -二甲基甲酰胺(*N*,*N* - dimethylformamide, DMF)、NMP 和干冰、硫黄等。该方法所制备的石墨烯的层数和横向尺寸较难控制，单层石墨烯产量较低，常常伴随大量未被剥离的石墨存在。

9.2 粉体石墨烯的模板 CVD 生长方法

9.2.1 金属颗粒模板法

Choi 研究团队[7]率先在镍金属颗粒表面生长石墨烯壳层[图 9-1(a)]。该方法将镍单分散颗粒在聚苯乙烯中 250℃ 热解碳化，得到碳包覆的镍颗粒。随后，以偏析生长的方式在 Ni 颗粒表面生成多层石墨烯。扫描电子显微镜(SEM)图像显示，低温(500℃)碳化的过程能够有效阻止镍颗粒团聚和熔融，从而使后续生成的石墨烯包覆镍颗粒能够维持原始镍颗粒的大小和形貌[图 9-1(b)]。在镍颗粒被去除后，便可获得具有中空球状结构的石墨烯粉体[图 9-1(c)]。高

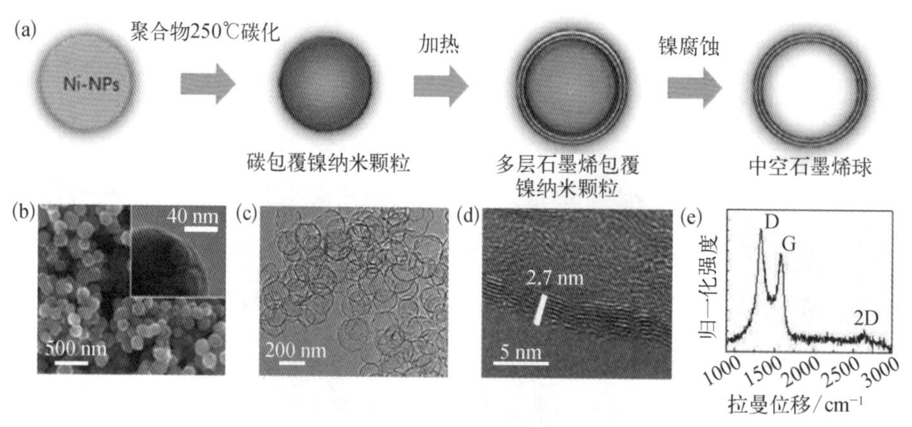

图 9-1 金属镍颗粒表面石墨烯壳层的生长

(a) 空心石墨烯球的制备过程示意图；(b) 多层石墨烯包覆的 Ni 纳米颗粒的 SEM 图像和 TEM(插图)图像；(c) 石墨烯球的 TEM 图像；(d) 石墨烯球壁的 HRTEM 图像；(e) 石墨烯球的拉曼光谱

分辨透射电子显微镜(high-resolution transmission electron microscopy, HRTEM)图像分析显示,所获得的石墨烯壳层为少层石墨烯,厚度约为 2.7 nm[图 9-1(d)]。通过拉曼光谱分析,能够对石墨烯层数和缺陷特征给出经验性判断。结果表明,该样品的拉曼光谱呈现出石墨烯典型的 G 峰和 2D 峰,但出现了明显的 D 峰,这与在曲面上低温生长石墨烯的过程有关[图 9-1(e)]。除聚苯乙烯外,聚甲基丙烯酸甲酯(PMMA)、蔗糖等有机碳源也被用来在镍粉上宏量生长石墨烯壳层。与镍箔上高温(>700℃)气相生长石墨烯的方法相比,此类制备方法得到的石墨烯粉体会有较多的缺陷。

除以金属粉体为模板外,Jang 研究团队[8]报道了一种利用 CVD 技术在金属离子功能化聚苯乙烯微球上生长石墨烯壳层的方法。在该过程中,以 $FeCl_3$/聚合物复合微球为前驱体,在生长温度为 1000℃ 的 H_2/Ar 混合气中,铁离子被还原为多孔金属铁颗粒;随后在铁颗粒周围,聚合物逐渐裂解并转变成多层石墨烯。溶解去除铁颗粒后,大量球状石墨烯壳层材料被分离出来[图 9-2(a)和 9-2(b)]。该材料为介孔结构[图 9-2(c)],比表面积高达 508 $m^2 \cdot g^{-1}$,平均孔

图 9-2 多孔石墨烯微球的制备与形貌

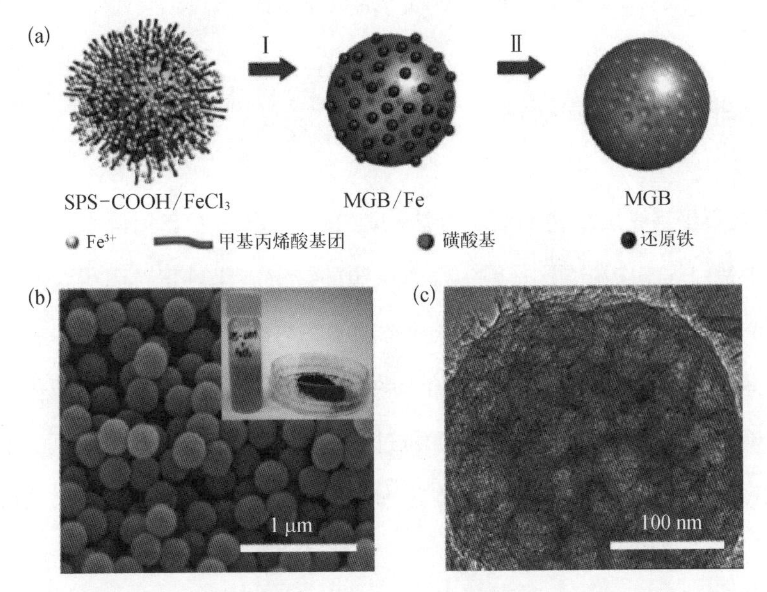

(a)介孔石墨烯球的制备过程(步骤 I 为磺化羧基化聚苯乙烯微球的 $FeCl_3$ 溶液涂覆和球状石墨烯的 CVD 生长过程;步骤 II 为还原铁颗粒的去除);(b)磺化羧基化聚苯乙烯微球的 SEM 图像[插图为 CVD 反应前(左)后(右)的实物形貌];(c)介孔石墨烯球的 TEM 图像

径约 4.3 nm。沿用类似方法，碱式碳酸铜与 PMMA 复合物也被用来生长石墨烯多孔结构[9]。在还原气氛下，铜离子首先被还原成金属铜颗粒，随后再催化碳源裂解生长石墨烯壳层。分离纯化后的石墨烯材料具有微孔-介孔-大孔的分级多孔结构（图 9-3），比表面积高达 1500 $m^2 \cdot g^{-1}$。

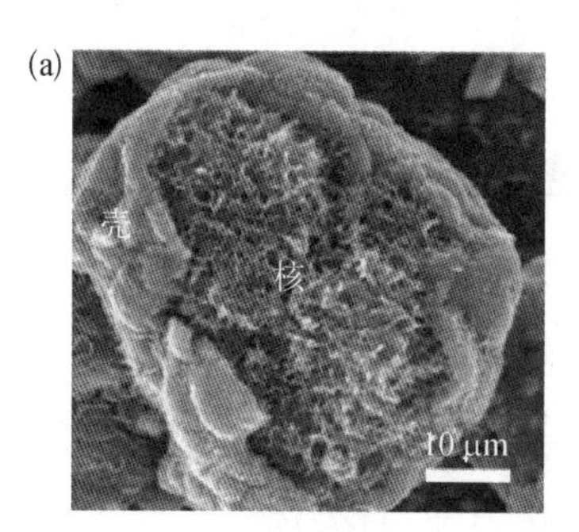

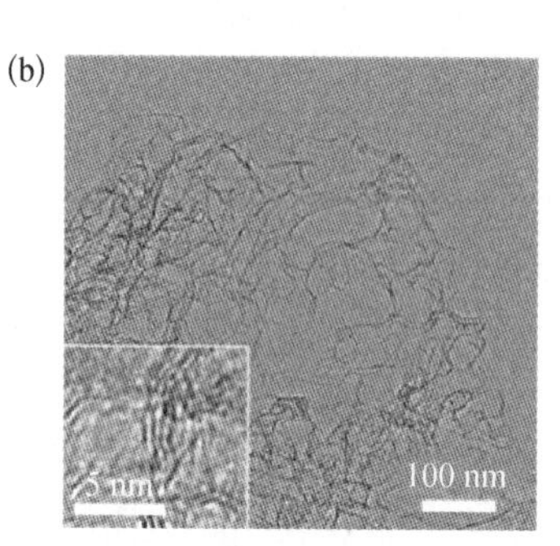

图 9-3 多孔石墨烯球核壳结构的微观形貌

（a）SEM 图像；（b）TEM 图像（插图为 HRTEM 图像）

值得一提的是，与上述方法类似，基于金属粉末的自蔓延合成技术也可以被用来生长粉体石墨烯。[10] 例如，以金属镁或锂为还原剂，将其在氧化性碳源前躯体中燃烧，生成石墨烯包覆 MgO 或 Li_2S 的核壳结构。

9.2.2 非金属颗粒模板法

上述石墨烯壳层结构的制备方法均是采用固态或液态碳源来生长石墨烯层，很少使用气态碳源。这是因为气态碳源的裂解碳化过程对阻碍金属颗粒高温烧结的作用有限。但是，在固态或液态碳源参与的化学反应过程中，石墨烯的成核与生长行为较为复杂，在金属纳米颗粒表面很难可控生成单层石墨烯。因此，对于气态碳源参与的化学气相沉积过程，通常采用高熔点、难还原的金属氧化物作为石墨烯的生长衬底，因为稳定的衬底形态更有利于石墨烯层数可控地生长。

早在 2007 年，Rümmeli 等人[11] 利用高分辨透射电子显微镜分析了一系列金属氧化物纳米颗粒表面催化气态碳源石墨化的过程。以纳米氧化镁

(MgO)粉体表面石墨化为例,在850℃的生长温度下,以乙醇或甲烷为碳源,能够在MgO晶体表面生成连续的少层石墨烯[图9-4(a)(b)]。使用稀盐酸溶解掉MgO颗粒后,完整的石墨烯壳层被保留下来[图9-4(c)]。这与传统的金属催化石墨烯生长方法的不同之处在于,没有金属催化剂参与,石墨烯仍然可以在氧化物颗粒表面成核生长,且石墨烯层彼此重叠穿插,形成褶皱或突起[图9-4(b)]。这种生长现象可解释为,相邻石墨烯畴区在生长过程中逐渐长大并相接,由于缺乏金属催化作用,在拼接处相邻层之间上下堆叠而无法形成单层晶界。可以预见,该石墨烯材料含有大量的缺陷结构,这可以从其拉曼光谱中较强的D峰和宽化且弱的2D峰给出证明[图9-4(d)]。尽管如此,上述生长策略仍然值得推广到其他类型氧化物中,例如氧化铝(Al_2O_3)和二氧化钛(TiO_2)等[12],用于规模化制备高结晶度的石墨烯粉体[图9-4(e)(f)]。

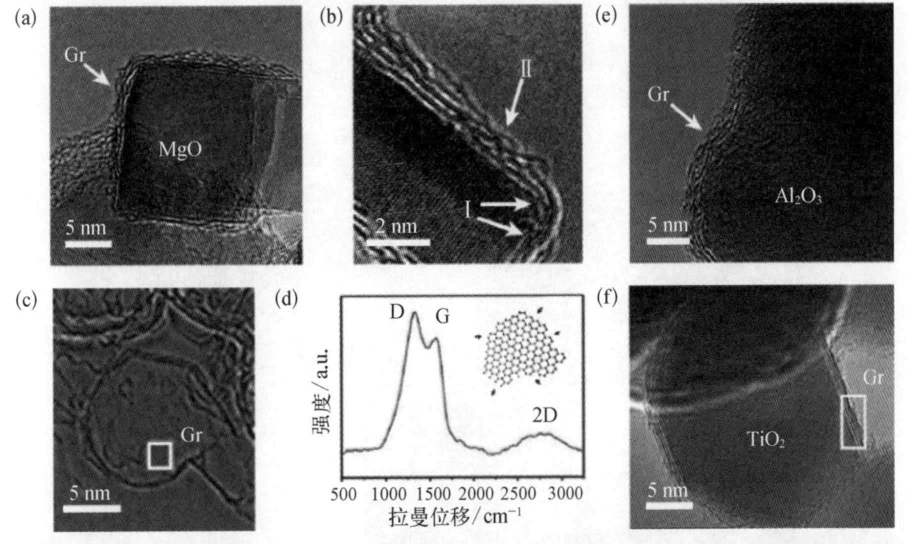

图9-4 氧化物颗粒表面石墨烯的生长与微观形貌

(a)少层石墨烯包覆的MgO纳米晶的TEM图像;(b)石墨烯包覆的MgO晶体表面的TEM图像[(Ⅰ)MgO晶体表面的石墨烯层,(Ⅱ)在生长过程中形成的石墨烯褶皱];(c)去除MgO后石墨烯层的TEM图像;(d)石墨烯层的拉曼光谱(插图为边缘存在大量缺陷的石墨烯片层的示意图);(e)(f)石墨烯包覆氧化铝(e)和二氧化钛(f)纳米颗粒的TEM图像

为实现这种石墨烯粉体更为经济、高效的制备,需要更加简单易得的石墨烯生长衬底材料。石英砂是地球上最丰富的资源之一,它的主要成分是二氧化

硅，较难被还原变质。北京大学刘忠范课题组[13]利用CVD技术直接在石英粉表面生长石墨烯[图9-5(a)]。石英颗粒能够耐受高温(<1700℃)，可以提供稳定的石墨烯成核和生长表/界面，生长石墨烯后变为灰色粉末[图9-5(b)]。由于石墨烯与石英亲水性的差异，在使用氢氟酸溶液刻蚀二氧化硅的过程中，石墨烯壳层很容易与石英基底分离而悬浮于溶液中[图9-5(b)插图]。经过洗涤和干燥后便可获得石墨烯粉体[图9-5(c)]。它复制了石英颗粒表面的三维形态[图9-5(d)]，在石英衬底去除后仍然能够维持局部弯曲的薄层结构[图9-5(e)]。相应的选区电子衍射花样[图9-5(e)插图]和HRTEM图像[图9-5(f)]分析表明石墨烯壳层为多晶的少层或单层结构。与上述利用金属氧

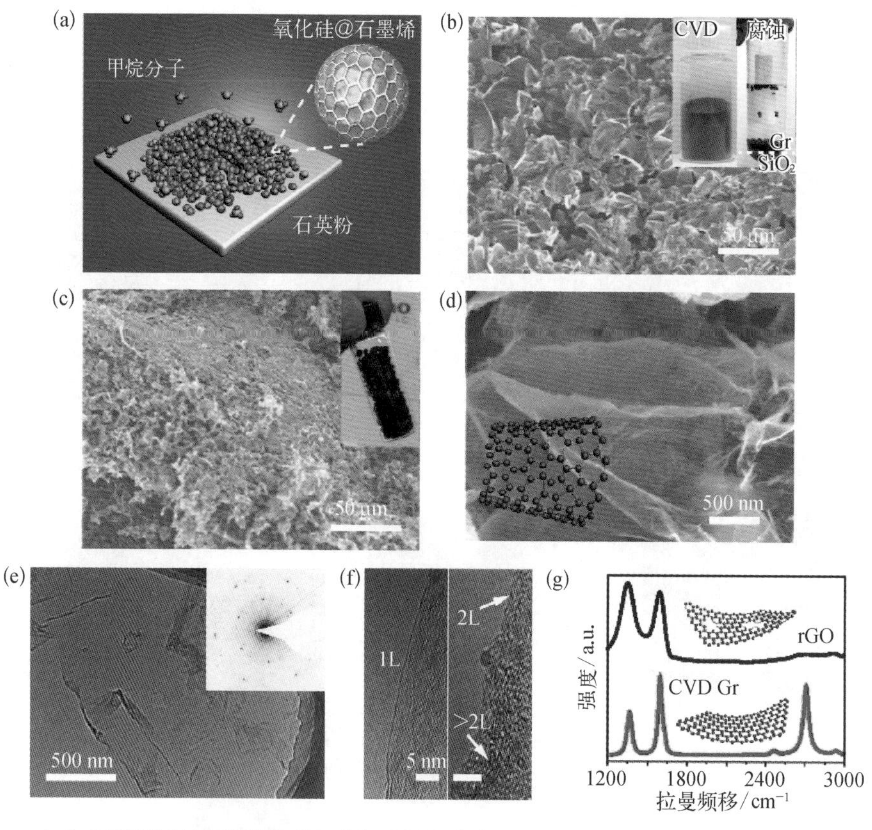

图9-5 石英颗粒表面石墨烯的可控生长与微结构表征

(a)石英颗粒表面石墨烯的CVD生长示意图；(b)CVD生长石墨烯后石英粉的伪色SEM图像(插图为CVD生长石墨烯后石英粉及其湿化学处理的照片)；(c)溶解掉石英粉后石墨烯粉体的伪色SEM图像(插图是纯化后石墨烯粉末的实物照片)；(d)石墨烯片层局部放大的弯曲结构伪色SEM图像(纯化后)；(e)高结晶度石墨烯片层的TEM图像和相应的选区电子衍射花样(插图)；(f)石墨烯片翻折边缘的HRTEM图像；(g)CVD石墨烯粉体和还原氧化石墨烯粉体的拉曼光谱

化物粉体生长石墨烯的工作不同的是，纯化后石墨烯粉体的拉曼光谱显示出尖锐的G峰和2D峰[图9-5(g)]，表明这种石墨烯片层相比上述材料具有更好的结晶质量。同时，与常见的还原氧化石墨烯(D峰和G峰强度比约为1.1)明显不同的是，该石墨烯材料的D峰较弱，说明缺陷较少。值得注意的是，该方法能够对石墨烯层厚度和结晶度进行较好地控制，所构筑的非平面立体结构能够有效阻止石墨烯层间强的堆垛作用，这无疑对提高材料的电子与离子输运能力是有利的。

前述工作均采用难还原性金属氧化物作为生长衬底，其对促进碳源的催化裂解和石墨烯的生长作用不大。相关研究表明，一些可与碳前驱体(如CO、CH_4等)反应的金属氧化物也能够作为石墨烯壳层的生长衬底。Hu研究团队[14]通过Li_2O和CO的反应，在550℃下制备出了蜂窝状石墨烯三维结构。在反应过程中，持续生成的副产物Li_2CO_3作为石墨烯生长的衬底。反应结束后，去除Li_2CO_3便可得到多孔互联结构的石墨烯粉体。这种石墨烯结构的孔尺寸范围为50～500 nm，具有石墨烯三维结构固有的褶皱(图9-6)。此外，值得注意的是，一些过渡金属氧化物，如锰的氧化物等，也被证明具备一定的催化活性，能够促进烃类的分解和石墨烯的成核、生长。可能的机制是，在一氧化锰纳米颗粒表面快速生长石墨烯壳层的过程中，甲烷能够先与一氧化锰反应生成锰的碳化物(Mn_7C_3等)，进一步增强了一氧化锰颗粒表面的催化活性，进而促进石墨烯的快速成核和生长[15]。所制备的石墨烯壳层的结晶度甚至能够和金属衬底催化生长石墨烯相媲美。这也为高质量石墨烯粉体宏量制备方法的改进提供了新的思路。

图9-6 利用Li_2O和CO反应制备的蜂窝状石墨烯结构的微观形貌

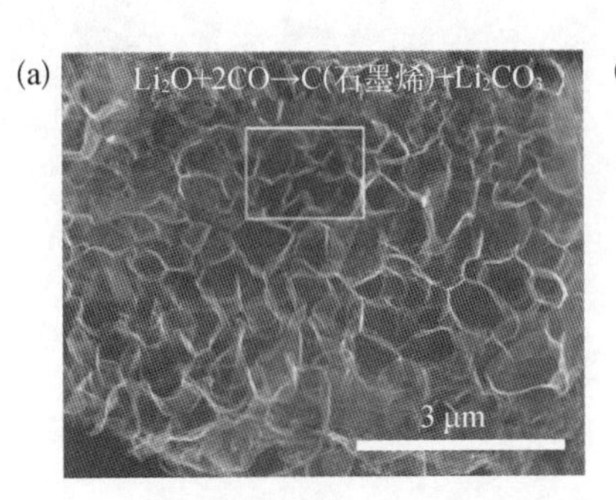

(a) SEM图像；(b) TEM图像

与金属颗粒催化剂相比，氧化物颗粒表面生长石墨烯的方法能够减少石墨烯产物中非碳杂质的残留。然而，后续衬底的化学腐蚀工艺却与绿色合成不兼容。因此，以水溶性氯化钠(NaCl)微晶粉末为衬底来生长石墨烯壳层，进而水洗去除衬底，就成为一种绿色制备石墨烯粉体的理想方案[图 9-7(a)]。[16] 在该过程中，采用双温区(相距 20 cm)管式炉生长石墨烯，利用高温区(850℃)促进碳源(乙烯)热裂解，而将 NaCl 粉体放置于低温区(700℃，低于 NaCl 熔点)生长石墨烯层。NaCl 微晶在自然界中储量丰富，无毒且易溶于水，有利于实现石墨烯粉体的快速分离和纯化[图 9-7(b)]。研究结果表明，将石墨烯包覆的氯化钠颗粒在水溶液中溶解 60 s 后，便可以提纯出石墨烯粉体。从微观结构看，在水洗前石墨烯包覆的 NaCl 晶体为约 30 μm 大小的立方颗粒[图 9-6(c)]，经水纯化后保留了立方体形貌的石墨烯结构[图 9-7(d)]。上述合成路线还可以将提纯后的 NaCl 溶液重结晶进行回收，更加有利于石墨烯粉体的绿色宏量生产。

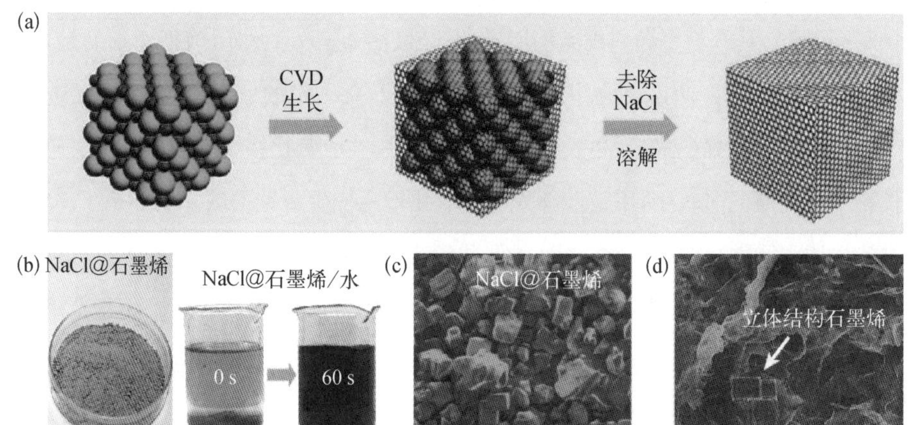

图 9-7 氯化钠晶粒表面石墨烯的生长

(a) 粉体石墨烯生长的示意图；(b) CVD 生长后氯化钠粉末的实物照片(左)和石墨烯包覆氯化钠晶体的溶解过程示意图(右)；(c)(d) 石墨烯包覆氯化钠晶体和提纯后的石墨烯粉体的 SEM 图像

9.2.3 复杂分级结构石墨烯的模板生长法

除金属和非金属颗粒模板外，以人工或自然微结构模板制备三维复杂分级结构粉体石墨烯的工作也取得了突破性进展，为拓展石墨烯材料的功能开辟了新的途径。这种石墨烯材料往往具有复杂的分级孔道或纳米骨架结构，不仅能够提供较大的可接触界面，而且能够发挥高结晶质量的优势，提高电荷的快速输运能力。因此，许多研究者首先将目光转向了各种分级多孔氧化物人工微纳结构，例如介孔氧化镁纳米线、层状双金属氧化物（layered double oxide，LDO）纳米片和二氧化硅纳米颗粒等，以此为模板生长复杂分级石墨烯微观结构。图9-8(a)显示了一种以层状双金属氧化物为模板生长非堆垛双层石墨烯的CVD合成路线。[17]层状镁铝双氢氧化物前驱体经过煅烧后生成LDO多晶结构，且维持了层状前驱体的纳米片形貌[图9-8(b)]。然后以此为模板利用CVD反应生长石墨烯壳层。经盐酸溶液浸泡，模板表面生长的双层非堆垛石墨烯微观结构被分离出来，并保留了原始模板的六边形状和介孔结构[图9-8(c)]。有趣的是，沿着模板孔壁生长的石墨烯在模板去除后自然形成孔状突起[图9-8(d)(e)]，有效防止了沉积在模板上下两侧的石墨烯片层堆叠。由于突起状孔结构和双层石墨烯夹层空间的存在，这种石墨烯微观结构具有高达1628 $m^2 \cdot g^{-1}$的比表面积，以及2～7 nm的孔尺寸分布[图9-8(f)]。

图9-8 双层非堆垛石墨烯的模板法生长

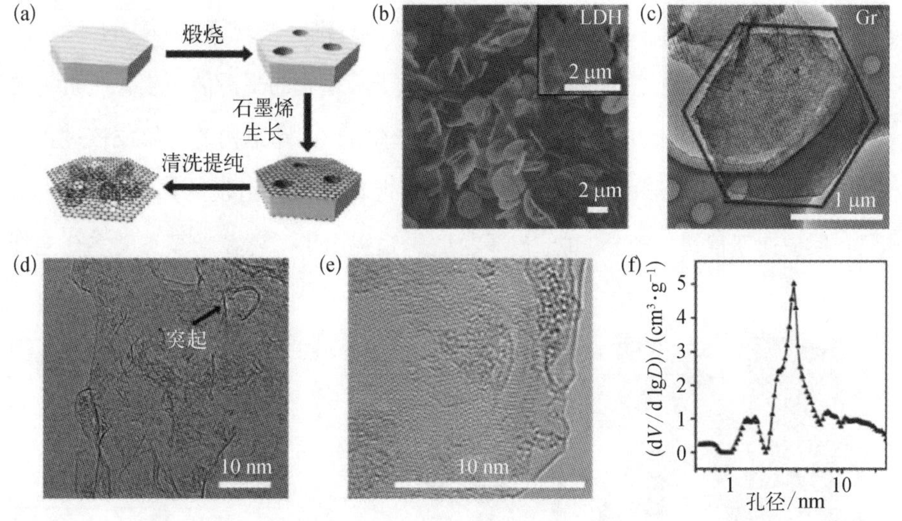

（a）双层非堆垛石墨烯的合成过程；（b）经煅烧后得到的LDO纳米片的SEM图像（插图为层状镁铝双氢氧化物纳米片的SEM图像）；（c）双层非堆垛石墨烯的TEM图像；（d）（e）带有突起状结构（黑色箭头标注）的双层非堆垛石墨烯HRTEM图像；（f）双层非堆垛石墨烯粉末的孔径分布图

另一种制备三维多孔结构石墨烯的常用模板是分级微/介孔二氧化硅纳米颗粒。[18]与上述方法类似，经过石墨烯 CVD 生长过程后，三维结构石墨烯复制了原始模板的多孔结构[图 9-9(a)(b)]，并具有明显的介孔属性和高比表面积[1591 $m^2 \cdot g^{-1}$，见图 9-9(c)]。值得注意的是，该方法很容易与传统的碳包覆氧化硅的 CVD 反应过程相混淆。一般情况下，经碳氢化合物热裂解生成的碳物种可以自由进入模板的大孔或介孔结构中，并在孔内沉积生成与模板结构互补的多晶碳结构。如果合理控制反应条件如反应温度、氢气浓度等，就可以在大孔或介孔模板表面沉积石墨烯。但在较高的生长温度下，尺寸更小(<2 nm)的孔道内往往容易形成无定形碳，并堵塞孔道，这在分子筛模板表面沉积碳材料的反应过程中经常出现。因此，为避免该现象，Kim 等人[19]提出了一种基于分子筛模板的低温镧催化 CVD 技术来制备类石墨烯结构的三维多孔碳材料。嵌入 Y 型分子筛晶格中的镧离子能够通过 d 轨道和碳源 π 轨道之间的 d-π 相互作用，在相对低温(<600℃)下促进乙烯或乙炔分子的化学吸附和催化裂解。再经过后续较高温度(850℃)下的热处理，就可以得到高度有序的多孔类石墨烯碳。在此催化作用下，这些碳物种在镧离子嵌入的分子筛孔隙中选择性生成类石墨烯三维多孔结构，不会在孔隙外部或颗粒表面产生无定形碳。这种三维多孔类石墨烯结构几乎复制了分子筛所有孔内外表面的形貌，且没有发现无定形碳的生成(图 9-10)。TEM 图像也直接观察到了这种沿分子筛超笼的平滑曲面生长所衍生的类石墨烯结构。从生长原理上看，这种类石墨烯的 sp^2 碳结构的初始成核过程较慢，而一旦成核后，后续的生长过程则遵循镧催化自由基引发的热解-缩聚生长机制，反应速度很快。此外，刘忠范课题组[20]也提出了一种在米级长度多孔光纤

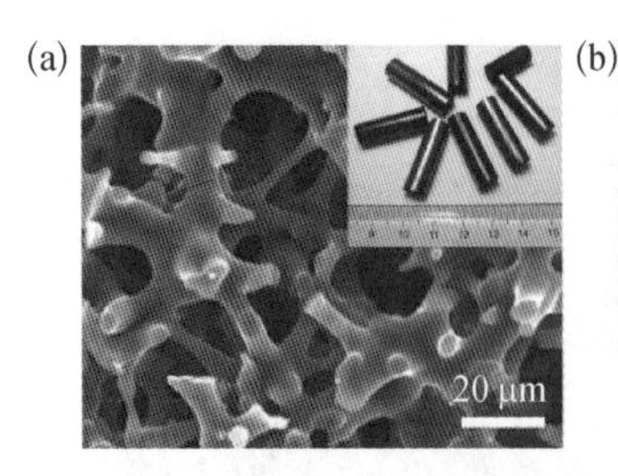

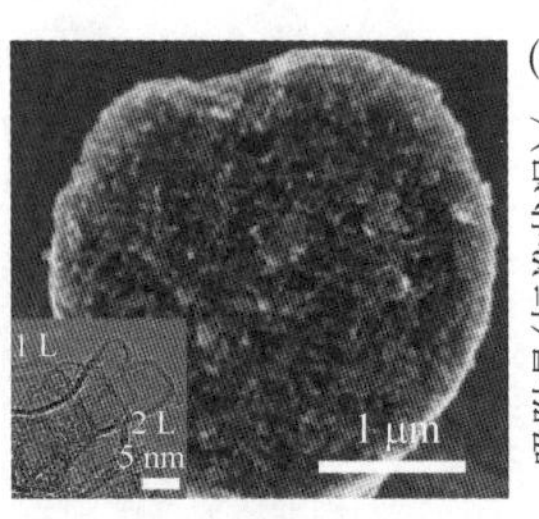

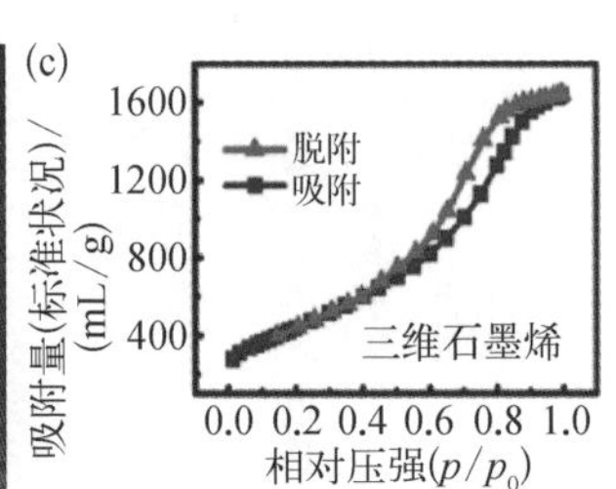

图 9-9 多孔石墨烯微柱的模板法制备

(a) 石墨烯多孔圆柱体的 SEM 图像(插图是石墨烯圆柱体的实物照片)；(b) 石墨烯多孔微柱截面的 SEM 图像(插图是相应的 HRTEM 图像)；(c) 石墨烯多孔微柱的氮气吸附-脱附曲线

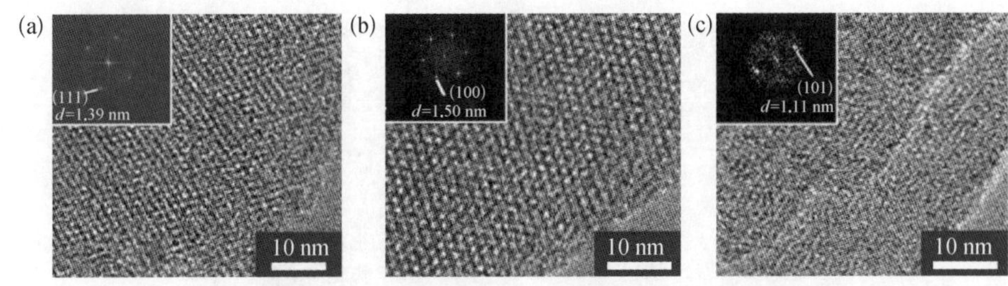

图 9－10 分子筛模板的类石墨烯碳的可控生长与形貌表征

（a）La^+ 交换的 NaY 分子筛；（b）La^+ 交换的 EMT 分子筛；（c）La^+ 交换的 β 分子筛三类模板表面生长的类石墨烯碳的 TEM 图像（插图为相应的傅里叶变换图像）

内部 CVD 可控生长石墨烯的方法，实现了石墨烯有序微结构在光纤外表面和内部孔壁上的均匀覆盖。

不限于人工结构模板，大自然也给了研究者们丰富的思想启发，为三维分级结构石墨烯的合成提供了天然的模板——生物矿化材料。硅藻土是一种地球上储量丰富的自然资源，由单细胞生物硅藻遗骸沉积矿化而成，在工业上应用广泛。硅藻细胞壳具有丰富的三维分级多孔生物结构。更为关键的是，无定形的生物质氧化硅表面能够提高碳源活性物种的吸附、裂解能力，有利于石墨烯的均匀成核和生长。受此启发，北京大学刘忠范课题组[21]基于硅藻土等生物矿化材料，利用小流量碳源（小于 3%）的常压 CVD 反应制备出三维生物分级结构的石墨烯粉体[图 9－11(a)]。具体合成过程是将硅藻土粉末均匀铺在石英舟中并送入石英管式炉，然后在常压状态下升温至 1000℃ 并充分反应，反应气流为氩气、甲烷和氢气混合气。反应完成后，表面生长石墨烯的硅藻土粉末变为浅灰色，使用氢氟酸腐蚀液（或 NaOH 溶液）去除硅藻土基底，提纯后获得黑色的石墨烯粉末[图 9－11(b)]。该方法也可在墨鱼骨[22]、贝壳[23]等生物矿化材料上实现生物形貌石墨烯的生长。与还原氧化石墨烯和液相剥离石墨烯相比，这种高温气相反应合成的石墨烯拉曼光谱呈现出对称且强的 2D 峰[图 9－11(c)]，这表明其具有较少的层数和较高的结晶度。

从微结构上看，单个硅藻细胞壳具有类似培养皿的形状，由两个大小相似的上、下壳组成，中间环绕一个环形的带[图 9－11(d)]。硅藻土的半壳实际上是由准二维的微片（直径约 35 μm）构成，其中包括两种类型的孔。一种是分布在中央区域的较大的孔（直径约 800 nm），一种是分布在边缘、呈准周期性排列的较小的

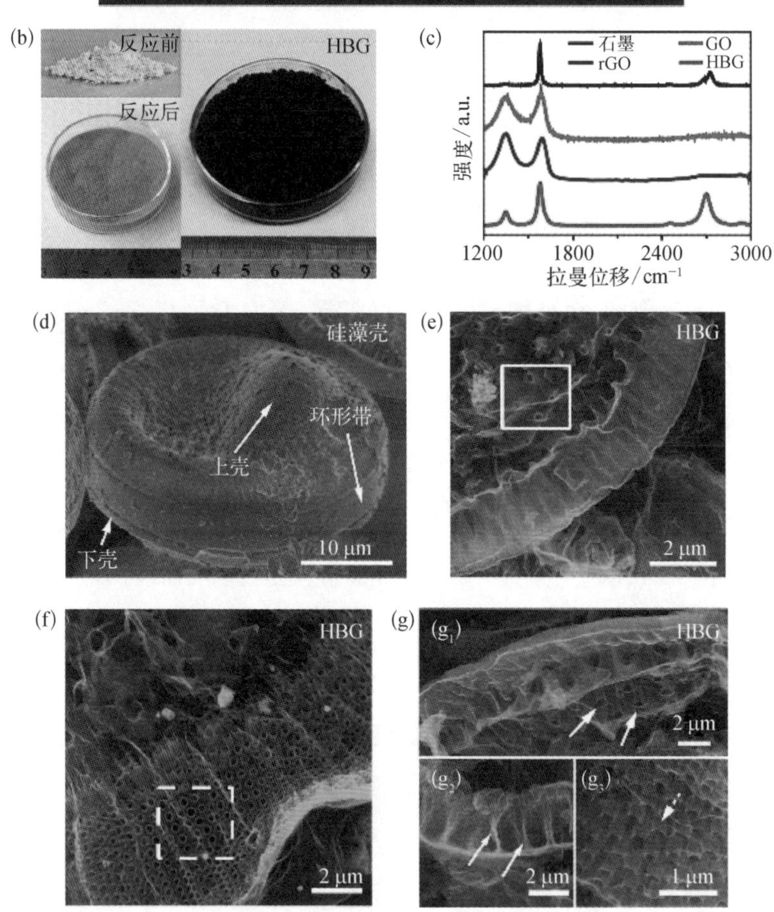

图 9-11 仿生分级结构① 石墨烯粉体的生长

（a）硅藻细胞壳表面生长石墨烯及其生物分级结构的示意图；（b）石墨烯在硅藻土上生长前后的实物图片以及硅藻土去除后石墨烯粉体的实物图片；（c）生物形貌石墨烯粉体的拉曼光谱（与氧化石墨烯和 rGO 粉末相比较）；（d）硅藻细胞壳的伪色 SEM 图像；（e）（f）去除硅藻细胞壳后得到的石墨烯分级结构的伪色 SEM 图像；（g）石墨烯生物分级结构（g_1）、中心孔结构横截面（g_2）和边缘孔结构（g_3）的 SEM 图像

① hierarchical biomorphic graphene，HBG.

孔(直径约 200 nm)。SEM 分析证实,经过 CVD 生长和模板去除过程后,石墨烯粉体几乎完全复制了硅藻细胞壳的形貌[图 9-11(e)(f)],具有较为精细的分级多孔结构。从结构上看,石墨烯生物结构的多个孔道贯穿整个石墨烯微观个体,边缘区域形成紧密顺排孔道的立体结构[图 9-11(g)]。这种表面起伏的结构大大减小了石墨烯层间的强相互作用,更有利于石墨烯粉体快速均匀的自分散过程。

通过优化 CVD 反应的参数(例如改变甲烷气体的浓度)可以实现石墨烯生长层厚度的控制。石墨烯生物分级结构的光学显微分析[图 9-12(a)]表明,石墨烯微片在中央区和边缘呈现较大的衬度差。基于颜色衬度和石墨烯层数的对应关系可知,这是由模板去除后石墨烯立体生物结构的层层堆叠造成的。边缘区域孔结构较密,生长的石墨烯层也较为致密,堆垛后呈现较深的衬度;而生长

图 9-12 生物形貌石墨烯的微观结构及其均匀分散性

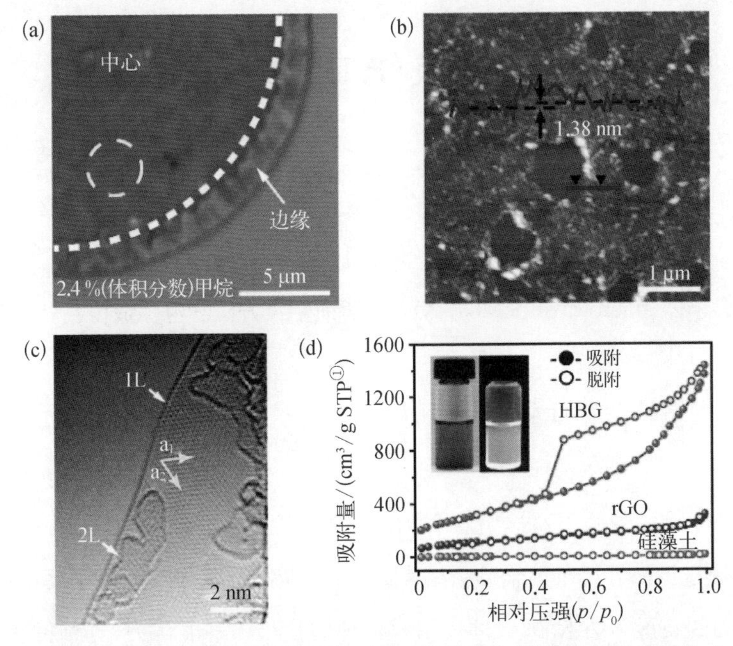

(a)石墨烯生物分级结构的光学显微镜图像;(b)石墨烯生物分级结构的 AFM 图像;(c)石墨烯生物分级结构的球差校正原子分辨 TEM 图像(该图像呈现出石墨烯的六方晶格对称性结构和单双层形貌);(d)生物分级结构石墨烯,rGO 和硅藻土的氮气吸附-脱附曲线(插图为浓度 0.03 mg/mL 的石墨烯 NMP 分散液的实物照片及其光致发光现象)

① standard temperature and pressure, STP,表示标准温度和压力。

在中央区域上下表面的石墨烯堆垛后则呈现较浅的颜色衬度。此外，在中央区域孔内壁生长的石墨烯相互堆垛，形成了较暗的衬度斑点。原子力显微镜（AFM）和TEM图像分析清晰地反映了石墨烯生物结构的薄层属性和高结晶度［图9－12(b)(c)］。得益于三维分级多孔结构，该粉体石墨烯具有较高的比表面积（1137.2 $m^2 \cdot g^{-1}$）［图9－12(d)］。更有趣的是，这种石墨烯粉体在NMP溶液中表现出良好的分散性和稳定性，产生了类似于普通胶体的光致发光现象。这种快速高效的自分散过程，得益于石墨烯片层之间弱的堆垛作用，这是该石墨烯材料独具的生物分级结构引发的效应。这比起以往石墨烯粉体的化学剥离和液相分散过程（通常在几十到几百小时），显然是省时和高效的。该合成策略取材简单，与流化床反应工艺兼容，有望放大至工业级生产规模，可望低成本宏量制备高结晶度石墨烯粉体及其复合材料。

9.3 粉体石墨烯的无模板CVD生长方法

除了模板法合成石墨烯粉体外，无模板合成策略也被认为是一种宏量制备石墨烯粉体的有效方法，它可以避免烦琐耗时的模板去除过程。无模板法主要包括微波等离子体（microwave plasma，MWP）辅助生长方法和电弧放电生长方法。

9.3.1 微波等离子体辅助生长法

等离子体增强CVD法常被用来在平面金属和介电衬底上生长石墨烯纳米墙[24]。通过微波等离子体辅助裂解碳源，可以降低石墨烯的生长温度，直接生成垂直排列的石墨烯纳米墙，无须使用模板辅助生长。一般认为，这种特殊石墨烯纳米结构的垂直生长遵循以下过程：首先在衬底上形成一个由随机堆叠的石墨烯纳米畴区构成的中间层；然后再按照层状/岛状Stranski-Krastanov生长模式外延生长成垂直排列的石墨烯纳米墙。此外，在不使用衬底的情况下，也可以利用等离子体增强CVD法和热壁CVD法将乙醇在氩气等载气中直接裂解生成无规则结构的石墨烯粉体[25]。虽然产物结构杂乱、缺陷较多，但这种无衬底制备石墨烯粉体的途径在高纯度石墨烯导电剂、超细油墨等产品的开发方面具有独到的优势。

9.3.2 电弧放电生长法

在纳米碳材料制备的诸多方法中，电弧放电生长法具有设备简单、产物缺陷少、纯度高、产率高等诸多优点，近年来在石墨烯制备方面也取得了突出进展。Shi研究团队[26]以氨气作为石墨烯的氮掺杂源，利用电弧放电法在氦气和氨气混合气中制备了氮掺杂多层石墨烯，并进一步在空气中成功获得石墨烯粉体。该技术能够明显降低规模化制备石墨烯粉体的成本，但空气中氧气的参与一定程度上会增加石墨烯的结构缺陷并引入杂质。此外，利用二氧化碳和氦气气氛下的电弧放电技术，也能够高效制备出导电性能良好的少层石墨烯。

9.4 粉体石墨烯的生长机制

近年来，金属基CVD法合成石墨烯的机理研究取得了很大进展，也较为成熟，但对绝缘衬底上石墨烯的初始成核和生长机理的研究仍进展缓慢。就生长过程而言，模板(衬底)成分与结构是影响石墨烯材料几何结构和内在属性的关键因素之一。一般来说，在石墨烯的CVD生长过程中，金属催化剂的主要贡献表现在：催化碳前躯体(碳氢化合物)的吸附与裂解，并促进石墨烯的成核与生长。粉体石墨烯的金属基CVD生长遵循表面自限制生长(例如铜)或偏析生长(如Ni)机制，类似于平面金属衬底上石墨烯的CVD生长行为。然而，石墨烯粉体在介电衬底(如二氧化硅、氧化镁、氧化铝、氧化钙等)和半导体衬底(如碳化硅)表面的生长机制仍存在很多争议。[27]总结起来，一些观点认为，氧辅助生长机制是石墨烯在氧化物表面生长的重要因素。[28]氧化物颗粒(如SiO_2)含氧表面具有高的表面能和较负的碳氢吸附自由能，能提高捕获碳氢物种的能力，大大加快石墨烯的成核和生长过程。而另外一些观点则指出，在存在大量氧缺陷的 Al_2O_3（非化学计量比）颗粒表面，能够通过 Al—O—C、Al—C 键的形成提供石墨烯生长的成核位点，以促进石墨烯的生长[29]。从氧化物表面缺陷与碳氢分子间电荷转移的角度看，缺陷氧化物的悬挂键可以通过接受或给出电子催化碳氢化合物的分解，促进化学吸附和成核过程。甚至还有一些观点认为，无论衬底成分是否含有氧元素，只要是存在缺陷结构的表面，都有助于碳氢化合物在高温下的吸附与成核，进而促进石墨烯生长。

成核后，石墨烯的生长过程与成核密度增大速率和畴区生长速度有关。在多数化学气相沉积系统中，这些因素都是由固体表面边界层的传质过程和固体表面反应过程之间的竞争行为所决定。在金属表面，碳氢化合物的裂解速率较高，碳物种的迁移较快，即使金属衬底表面结构复杂，也有助于形成较大畴区的石墨烯。因此，金属颗粒上生长的石墨烯壳层往往结晶度较高。而在非金属表面，由于缺乏金属的催化作用，碳氢化合物的热解、吸附速率和畴区边缘碳团簇的附着生长速度都受到了极大限制。按照化学气相沉积反应的边界层理论，此时传质过程起着支配石墨烯生长行为的作用，这很容易导致石墨烯成核密度和层数的增加，即在非金属衬底上生长出大量具有小尺寸畴区的少层石墨烯。

除上述影响因素外，衬底（模板）的几何形状也能对石墨烯的生长行为产生显著影响。众所周知，具有合适尺寸（<5 nm）的氧化硅纳米粒子可以用来生长具有相似尺寸直径的单壁碳纳米管，即所谓的催化剂尺寸效应。然而，随着氧化物颗粒尺寸增大，在较大曲率表面更倾向于生成石墨烯壳层。此外，ZrO_2 颗粒表面的碳材料生长研究发现[30]，ZrO_2 颗粒的棱角处也会出现少层石墨烯，主要原因是 ZrO_2 颗粒的棱角处更容易发生石墨烯在成核位点的卷曲生长现象，从而生成"洋葱型"少层石墨烯。

参考文献

[1] Geim A K, Novoselov K S. The rise of graphene[J]. Nature Materials, 2007, 6

(3): 183 - 191.
[2] Stankovich S, Dikin D A, Piner R D, et al. Synthesis of graphene-based nanosheets via chemical reduction of exfoliated graphite oxide[J]. Carbon, 2007, 45(7): 1558 - 1565.
[3] Li D, Müller M B, Gilje S, et al. Processable aqueous dispersions of graphene nanosheets[J]. Nature Nanotechnology, 2008, 3(2): 101 - 105.
[4] Coleman J N. Liquid exfoliation of defect-free graphene[J]. Accounts of Chemical Research, 2013, 46(1): 14 - 22.
[5] Paton K R, Varrla E, Backes C, et al. Scalable production of large quantities of defect-free few-layer graphene by shear exfoliation in liquids [J]. Nature Materials, 2014, 13(6): 624 - 630.
[6] Jeon I Y, Shin Y R, Sohn G J, et al. Edge-carboxylated graphene nanosheets via ball milling[J]. Proceedings of the National Academy of Sciences, 2012, 109(15): 5588 - 5593.
[7] Yoon S M, Choi W M, Baik H, et al. Synthesis of multilayer graphene balls by carbon segregation from nickel nanoparticles [J]. ACS Nano, 2012, 6 (8): 6803 - 6811.
[8] Lee J S, Kim S I, Yoon J C, et al. Chemical vapor deposition of mesoporous graphene nanoballs for supercapacitor[J]. ACS Nano, 2013, 7(7): 6047 - 6055.
[9] Zhao J, Jiang Y, Fan H, et al. Porous 3D few-layer graphene-like carbon for ultrahigh-power supercapacitors with well-defined structure-performance relationship[J]. Advanced Materials, 2017, 29(11): 1604569.
[10] Tan G, Xu R, Xing Z, et al. Burning lithium in CS_2 for high-performing compact Li_2S-graphene nanocapsules for Li-S batteries [J]. Nature Energy, 2017, (2): 17090.
[11] Rümmeli M H, Kramberger C, Grüneis A, et al. On the graphitization nature of oxides for the formation of carbon nanostructures[J]. Chemistry of Materials, 2007, 19(17): 4105 - 4107.
[12] Bachmatiuk A, Mendes R G, Hirsch C, et al. Few-layer graphene shells and nonmagnetic encapsulates: a versatile and nontoxic carbon nanomaterial[J]. ACS Nano, 2013, 7(12): 10552 - 10562.
[13] Chen K, Chai Z, Li C, et al. Catalyst-free growth of three-dimensional graphene flakes and graphene/g-C_3N_4 composite for hydrocarbon oxidation[J]. ACS Nano, 2016, 10(3): 3665 - 3673.
[14] Wang H, Sun K, Tao F, et al. 3D honeycomb-like structured graphene and its high efficiency as a counter-electrode catalyst for dye-sensitized solar cells[J]. Angewandte Chemie International Edition, 2013, 52(35): 9210 - 9214.
[15] Chen K, Zhang F, Sun J, et al. Growth of defect-engineered graphene on manganese oxides for Li-ion storage[J]. Energy Storage Materials, 2018, 12: 110 - 118.

[16] Shi L, Chen K, Du R, et al. Direct synthesis of few-layer graphene on NaCl crystals[J]. Small, 2015, 11(47): 6302 - 6308.

[17] Zhao M Q, Zhang Q, Huang J Q, et al. Unstacked double-layer templated graphene for high-rate lithium-sulphur batteries[J]. Nature Communications, 2014, (5): 3410.

[18] Bi H, Chen I W, Lin T, et al. A new tubular graphene form of a tetrahedrally connected cellular structure[J]. Advanced Materials, 2015, 27(39): 5943 - 5949.

[19] Kim K, Lee T, Kwon Y, et al. Lanthanum-catalysed synthesis of microporous 3D graphene-like carbons in a zeolite template[J]. Nature, 2016, 535(7610): 131 - 135.

[20] Chen K, Zhou X, Cheng X, et al. Graphene photonic crystal fibre with strong and tunable light-matter interaction[J]. Nature Photonics, 2019, 13(11): 754 - 759.

[21] Chen K, Li C, Shi L, et al. Growing three-dimensional biomorphic graphene powders using naturally abundant diatomite templates towards high solution processability[J]. Nature Communications, 2016, (7): 13440.

[22] Chen K, Li C, Chen Z, et al. Bioinspired synthesis of CVD graphene flakes and graphene-supported molybdenum sulfide catalysts for hydrogen evolution reaction [J]. Nano Research, 2016, 9(1): 249 - 259.

[23] Shi L, Chen K, Du R, et al. Scalable seashell-based chemical vapor deposition growth of three-dimensional graphene foams for oil-water separation[J]. Journal of the American Chemical Society, 2016, 138(20): 6360 - 6363.

[24] Jiang L, Yang T, Liu F, et al. Controlled synthesis of large-scale, uniform, vertically standing graphene for high-performance field emitters[J]. Advanced Materials, 2013, 25(2): 250 - 255.

[25] Dato A, Radmilovic V, Lee Z, et al. Substrate-free gas-phase synthesis of graphene sheets[J]. Nano Letters, 2008, 8(7): 2012 - 2016.

[26] Li N, Wang Z, Zhao K, et al. Large scale synthesis of N-doped multi-layered graphene sheets by simple arc-discharge method[J]. Carbon, 2010, 48(1): 255 - 259.

[27] Chen K, Shi L, Zhang Y, et al. Scalable chemical-vapour-deposition growth of three-dimensional graphene materials towards energy-related applications[J]. Chemical Society Reviews, 2018, 47(9): 3018 - 3036.

[28] Chen J, Wen Y, Guo Y, et al. Oxygen-aided synthesis of polycrystalline graphene on silicon dioxide substrates[J]. Journal of the American Chemical Society, 2011, 133(44): 17548 - 17551.

[29] Hwang J, Kim M, Campbell D, et al. Van der Waals epitaxial growth of graphene on sapphire by chemical vapor deposition without a metal catalyst[J]. ACS Nano, 2013, 7(1): 385 - 395.

[30] Kudo A, Steiner Ⅲ S A, Bayer B C, et al. CVD growth of carbon nanostructures from zirconia: mechanisms and a method for enhancing yield[J]. Journal of the American Chemical Society, 2014, 136(51): 17808 - 17817.

第 10 章

泡沫石墨烯的制备方法

10.1 泡沫石墨烯材料

石墨烯是由 sp^2 杂化的碳原子构成的二维原子晶体材料，具有优异的力学性质、电学性质、光学性质以及热学性质。石墨烯的优良导电性和超大比表面积使其在能源、生物、环境等领域展示出广阔的应用前景。然而，分散在溶液中的石墨烯微片由于片层之间的 $\pi-\pi$ 相互作用，在使用过程中容易发生团聚，继而严重影响其卓越性能的充分发挥。因此，团聚问题是粉体石墨烯应用的重大挑战，已得到人们的广泛关注。在第 9 章中，我们从粉体石墨烯的制备入手，介绍了提高其分散性能的方法。另外一种思路是对二维结构的单层及少层石墨烯进行三维结构组装，使其在保持石墨烯优良物理化学特性的同时，延伸到宏观形态，并具有可调控的微纳结构。

泡沫石墨烯(graphene foam, GF)是一种以少层石墨烯连接形成的具有三维网络结构的宏观材料，其中气相与固相均为连续相，因而具有双连续的结构特征。泡沫石墨烯材料在琳琅满目的石墨烯材料体系中独树一帜，近年来得到许多课题组的关注。这种新型石墨烯材料有着独特的性能，同时也保持着单层和少层石墨烯的诸多优良特性。首先，泡沫石墨烯拥有超高比表面积、丰富的孔隙和开放孔道。同时还具有密度低、导电性好、对气体/活性物质吸附性好，以及良好的机械柔性和化学稳定性高等特点。这些优良特性给人们带来了广阔的想象空间。例如，超高比表面积有利于物质的负载和交换，在催化、环境保护以及生物医学领域显示出巨大的应用潜力。加之其优良的导电性能，泡沫石墨烯也给高性能传感器件开发带来了新的材料选项。泡沫石墨烯中丰富的多孔结构为原子、离子以及分子的传输提供了通道，有望改善动力电池和超级电容器的性能。除此之外，近年来人们还将泡沫石墨烯材料用于高效光热转换、海水淡化、油水分离，以及电磁屏蔽等领域，展示出其广阔的应用前景。

需要指出的是，泡沫石墨烯材料与人们提出的石墨烯宏观体的概念有所不同。石墨烯宏观体是石墨烯片层有序组装构筑的具有宏观形态的石墨烯材料，在物理形态上涵盖一维到三维结构，对其三维结构本身并未作特殊定义。而泡沫石墨烯的典型特征是其独特的气-固双连续结构，这是两者间的显著区别。

泡沫石墨烯材料的制备方法主要有两大类：一类是组装法，另一类是化学气相沉积(CVD)合成法。组装法可以直接通过水热还原、化学还原或者冷冻干燥的方法将氧化石墨烯(GO)片或还原氧化石墨烯(rGO)片组装得到具有网状结构的泡沫石墨烯，也可与高分子溶液混合通过 3D 打印法制备得到泡沫石墨烯。总的来说，组装法得到的泡沫石墨烯通常具有形貌不可控、纯度不高、结晶性相对较差、导电性较低的缺点，但该方法同时具有产量大、可规模化制备的突出优势。CVD 合成法则是利用化学气相沉积技术直接生长出泡沫石墨烯结构，如此得到的石墨烯质量更高、导电性更好，可以通过生长模板的设计实现对形貌结构的调控。CVD 合成法面临的主要挑战是规模化和低成本的制备，仍有很大的提升空间。另外，采用模板法生长泡沫石墨烯时，模板的去除也会增加工艺难度和成本，还涉及模板衬底的残留问题。下面我们将分别对制备泡沫石墨烯的组装法和 CVD 合成法予以介绍。

10.2 组装法制备泡沫石墨烯

10.2.1 水热还原法

水热还原法制备泡沫石墨烯的过程可描述为 GO 片层在水热釜的高温高压环境下被还原，部分发生物理堆叠并通过片层间 $\pi-\pi$ 相互作用连接，进而形成具有网络状结构的泡沫石墨烯。人们在水热还原法制备泡沫石墨烯方面已经做出了许多探索性工作。例如，清华大学石高全课题组将 GO 作为原料投入反应釜中，于 180℃ 下加热反应 12 h，得到了具有网状结构的泡沫石墨烯(图10-1)。[1]研究人员在实验过程中尝试了不同的氧化石墨烯浓度，发现前驱物的浓度对最终产物的结构有直接影响，当 GO 的浓度低于临界值(0.5 mg/mL)时无法得到泡沫结构的产物。另外，随着水热反应时间的延长，产物体积减小，结构趋于紧密。这种方法制得的泡沫石墨烯结构相对松散，在后续干燥处理和使用过程中容易发生结构坍塌，因而会在一定程度上降低其性能表现。

图 10-1 水热还原法制备泡沫石墨烯

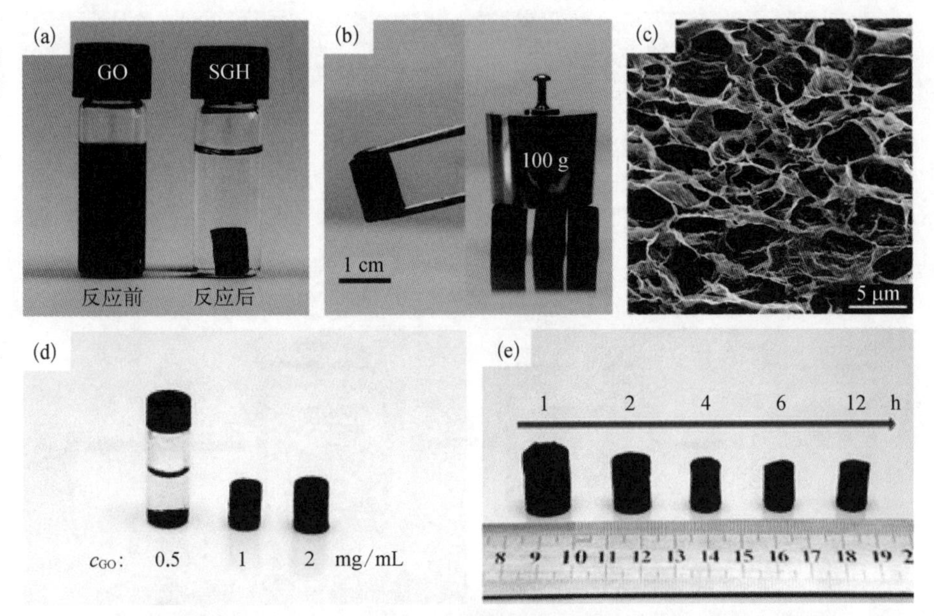

（a）GO 悬浮液进行水热反应前后照片（左图为 GO 悬浮液，右图为自组装石墨烯水凝胶①）；（b）泡沫石墨烯的实物照片；（c）泡沫石墨烯内部微观结构的 SEM 图像；（d）（e）不同 GO 浓度（c_{GO}）以及不同水热反应时间下得到的泡沫石墨烯的实物照片

类似地，东南大学孙立涛课题组/得克萨斯大学 Ruoff 课题组使用具有不同内衬形状的反应釜，将前驱物在 180℃加热下反应 18 h，干燥 15 h，制备出了与内衬形状一致的泡沫石墨烯(图 10-2)。[2]值得一提的是，他们在这一过程中使用氨水作为还原剂，并指出一定的氨含量(pH = 10.1)会有助于解决泡沫石墨烯堆叠过密的问题。这是因为，碱性环境会使得 GO 上的羧酸根保持离子状态，而羧酸根离子所携带的负电荷之间存在排斥作用，因而可以在一定程度上减少堆叠

① 自组装石墨烯水凝胶(self-assembled graphene hydrogel, SGH)。

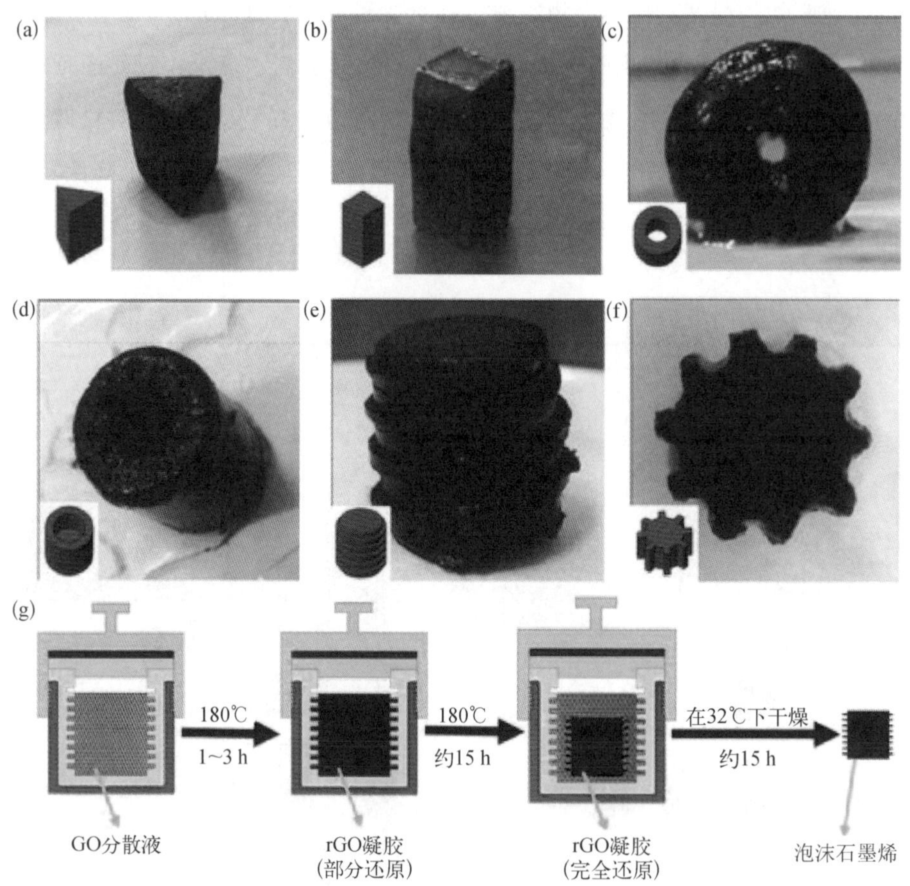

图 10-2 水热还原法制备不同形状的泡沫石墨烯[2]

(a)~(f)水热还原法得到的不同形状泡沫石墨烯的实物照片;(g)由 GO 到 rGO 凝胶制备泡沫石墨烯的过程示意图

密度。由此可见,前驱物的浓度、反应时间、体系 pH 等都会对产物的形貌和结构产生影响。

一般来说,通过水热还原法制备得到的石墨烯宏观结构的机械强度都不高,一方面是因为还原反应导致氢键数量减少;另一方面是因为干燥过程导致体积膨胀。解决该问题的一种有效途径是加入"交联剂",增强石墨烯片层之间的相互作用。例如,可在水热反应过程中加入硫脲(CH_4N_2S)作为辅助试剂[3],硫脲可以在泡沫石墨烯形成期间热分解而造孔,同时可在石墨烯上引入新的官能团($—NH_2$、$—SO_3H$)以增加氢键的数量,从而增强石墨烯片层之间的机械强度。除此之外，为了增强泡沫石墨烯的结构强度，也可向体系中加入一些贵金属纳米粒子（Au、Ag、Pb、Ir、Rh、Pt等）[4]以及二价正离子（Ca^{2+}，Ni^{2+}，Co^{2+}）（图10－3）[5]。

图10－3 水热还原法中加入“交联剂”制备泡沫石墨烯

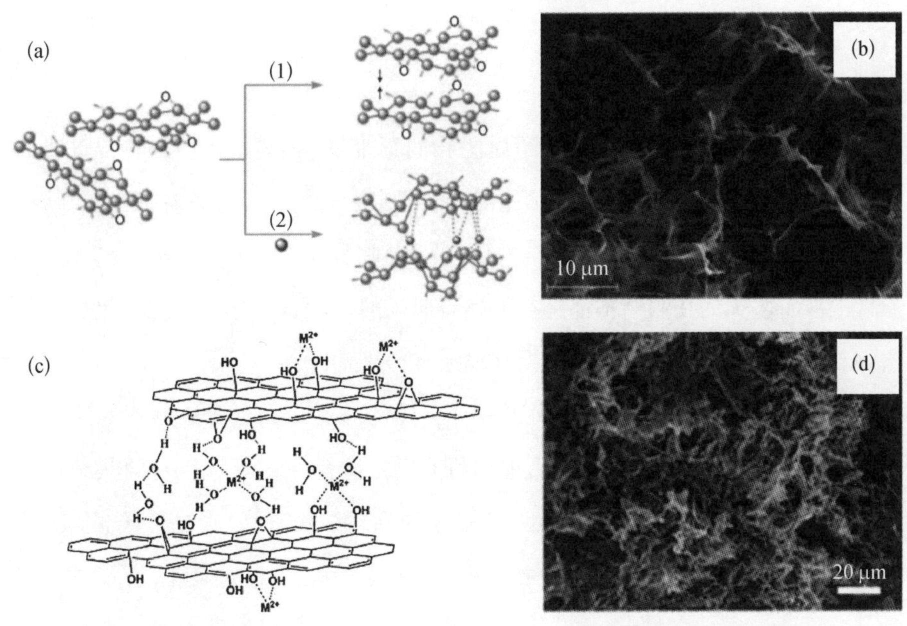

（a）贵金属纳米粒子作为“交联剂”[4]；（b）～（d）二价正离子作为“交联剂”[5]

综上所述，水热还原法可以有效构筑泡沫石墨烯的网状结构，并且具有工艺简单、原料便宜且可规模化制备等优点，所以该方法是泡沫石墨烯的常用制备方法，但石墨烯纯度问题仍是水热还原法制备泡沫石墨烯面临的重大挑战。水热还原法处理GO的还原条件大都比较温和，其含氧残基难以完全去除，故泡沫石墨烯产物的导电性、导热性和吸油性会有所损失。

10.2.2 化学还原法

GO片上具有丰富的羟基、羧基、环氧基等含氧基团，多功能的还原剂不仅可以将含氧基团还原，而且这些基团的相互作用可以将不同片层的石墨烯通过化学键连接起来，形成结构较为稳定的泡沫石墨烯。现在人们已经发展了使用

$NaHSO_3$、Na_2S、HI、维生素 C、抗坏血酸钠、对苯二酚、间苯二酚树脂、NH_4OH 等还原剂直接还原制备泡沫石墨烯的方法。这些方法可在常压下实现，但是需要较长的时间来除去还原过程中使用的还原剂。

10.2.3 冷冻干燥法

通过以上水热还原法和化学还原法我们不难发现，干燥过程是非常重要的一步。干燥过程中，若溶剂的蒸发速度太快，则会导致孔洞的塌缩，引起孔结构的剧烈变化。常见的干燥方法有冷冻干燥、超临界干燥、真空干燥、热干燥等。通常泡沫石墨烯的孔洞结构都是在干燥前形成的，且通过水热还原法、化学还原法等制备的泡沫石墨烯孔洞结构没有规则，较为随机。

墨尔本大学的 Li 课题组提出了一种巧妙的借助冷冻干燥法制备泡沫石墨烯的方法[6]。如图 10－4(d)所示，他们将 GO 定向排布在具有特定网状结构的冰晶体上，使得其依附于冰晶体相互连接组成网络结构，最后通过高真空低温冷冻干燥的方法去除冰模板，便可制备出具有多孔结构的泡沫石墨烯[图 10－4(a)～(c)]。这种制备方法简便快捷、绿色环保，并且泡沫石墨烯的结构可通过冰模板的微观形貌来“定制”。

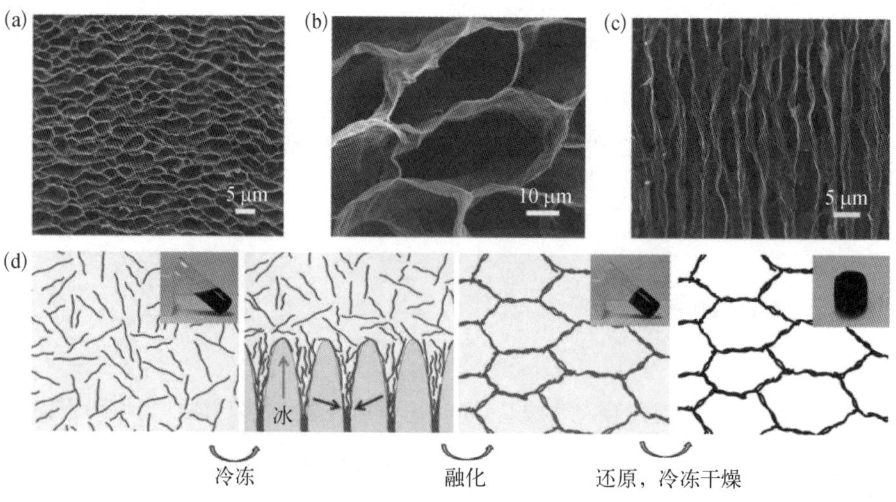

图 10－4 冷冻干燥法制备泡沫石墨烯[6]

(a)～(c) 多孔结构的泡沫石墨烯 SEM 图像；(d) 冷冻干燥法制备泡沫石墨烯的过程示意图

10.2.4 3D 打印法

3D 打印是快速成型技术的一种，它是一种以数字模型文件为基础，运用粉末状金属或塑料等可黏合材料，通过逐层打印的方式来构造物体的技术。2015 年，美国劳伦斯伯克利国家实验室的 Worsley 研究团队[7] 和美国西北大学 Shah 研究团队[8] 首次提出将 3D 打印技术应用于石墨烯三维结构的构建。如图 10－5

图 10－5 3D 打印法制备泡沫石墨烯[7, 8]

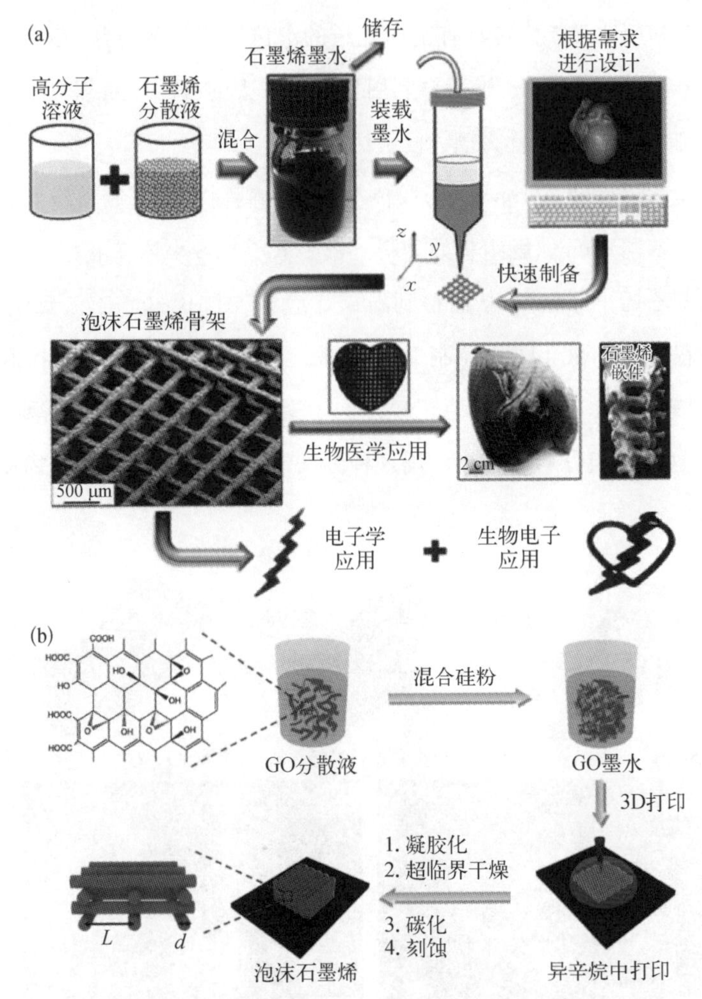

（a）石墨烯与高分子混合 3D 打印法制备泡沫石墨烯的过程示意图及其相关应用；（b）GO 分散液与硅粉混合 3D 打印法制备泡沫石墨烯的过程示意图

所示，为了提高 GO 溶液的黏度，他们分别在石墨烯分散液和 GO 分散液中掺入高分子和硅粉，然后使用 3D 打印装置打印出设计好的石墨烯三维结构。这种新颖的方法可精确控制泡沫石墨烯的微观结构，但是由于 3D 打印技术的精度限制，得到的石墨烯较厚，孔径较大，且掺入物质会对其物理化学性质产生根本性的影响，不利于石墨烯材料本征优异性能的发挥。

10.2.5 其他方法

类似于利用冰模板构筑具有定向孔道的泡沫石墨烯的方法，设计特定模板将 GO 或 rGO 富集在其上，随后再利用将模板除去的方法也可得到石墨烯的三维泡沫结构，这种方法可称为牺牲模板法。

将聚苯乙烯(polystyrene，PS)胶体小球作为牺牲模板可制备空隙较小的泡沫石墨烯。韩国 Huh 课题组将处理得到的 rGO 与 PS 小球在液相中均匀混合，最后将聚苯乙烯小球除去，从而得到石墨烯泡沫(图 10-6)。[9]需要注意的是，在这个过程中对溶液 pH 的控制尤为重要。在混合过程中，需要控制溶液的 pH 为 2 以避免 rGO 以及聚苯乙烯小球的团聚；而在过滤成膜时，需要将 pH 调节到 6，使这两种组分均匀聚合。用这种方法制备出来的泡沫石墨烯电导率达

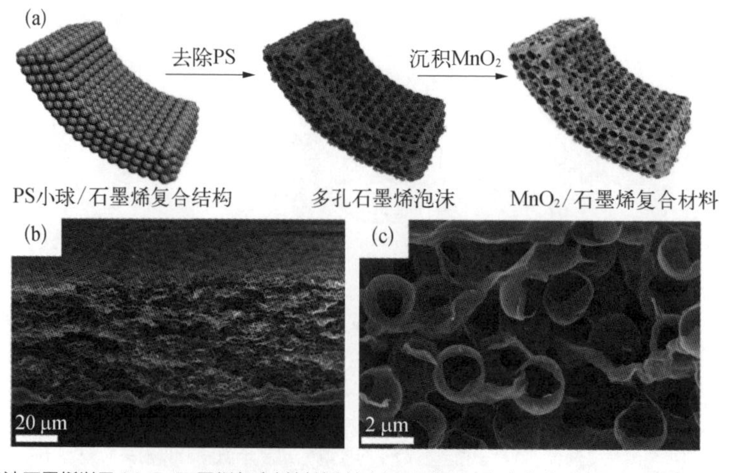

图 10-6 PS 小球作为牺牲模板制备泡沫石墨烯[9]

(a) 泡沫石墨烯以及 MnO_2/石墨烯复合材料的制备过程示意图；(b)(c) 泡沫石墨烯截面 SEM 图像

到了1204 S/m。另外多孔结构可以促进离子和电子的传输，将其作为电极制成超级电容器，在 1 A/g 电流下充放电，容量达到了 202 F/g。如果进一步负载金属氧化物，如二氧化锰（MnO_2），则该泡沫石墨烯可发挥更好的电化学性能。

除了 PS 小球，聚氨酯（polyurethane, PU）泡沫也可作为牺牲模板制备三维石墨烯。悉尼大学的 Du 等人将 PU 泡沫浸入 GO 分散液中，使其充分贴合在泡沫模板上，然后使用明火在空气中灼烧 1 min，PU 模板即被去除[图 10-7(a)]。[10] 在灼烧去除模板的同时，PU 中的氮原子会留在泡沫骨架中，形成氮掺杂的泡沫石墨烯。研究人员将其用于有机物吸附，结果表明其对油及有机污染物的吸附容量最高可达 504 g/g，明显优于水热法和 CVD 法得到的泡沫石墨烯。

图 10-7 PU 泡沫作为牺牲模板制备泡沫石墨烯[10]

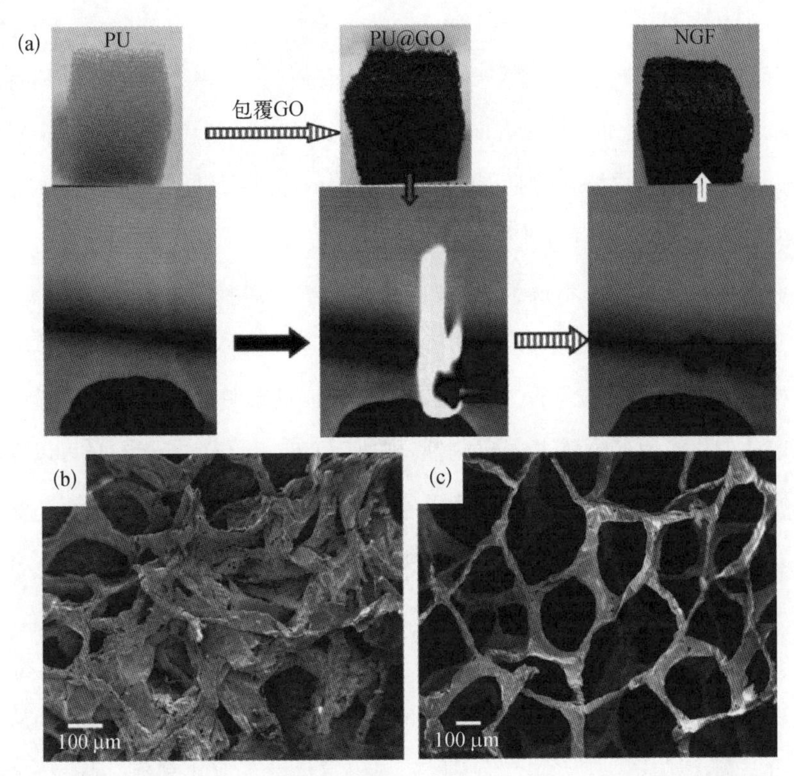

（a）氮掺石墨烯泡沫（NGF）的制备过程示意图；（b）（c）不同 GO 浓度下制备得到的泡沫石墨烯 SEM 图像

10.3 化学气相沉积法制备泡沫石墨烯

组装法制备泡沫石墨烯主要存在着两大问题与挑战：一是泡沫石墨烯为无数小片层石墨烯的组装体，存在无法完全还原的残基和较大的层间接触电阻，因此通常获得的泡沫石墨烯导电性很差；二是其不稳定的拼接方式导致大部分材料的结构稳定性不能令人满意。CVD 法目前已广泛用于高质量石墨烯薄膜的规模化制备，在泡沫石墨烯制备方面也得到高度重视，有着广阔的发展前景。下面我们将对 CVD 法制备泡沫石墨烯重点介绍。

10.3.1 模板法

石墨烯的 CVD 生长通常需要在衬底表面进行。在三维多孔的生长衬底上进行石墨烯的生长，可在衬底表面生长出单层或少层石墨烯，其结构完全复制衬底的三维结构，去除衬底后则可获得对应形貌的泡沫石墨烯。这种石墨烯材料可以实现畴区拼接，其面内可看作是完全连续的，因而导电性能普遍优于组装法获得的泡沫石墨烯。对于模板，我们可将其分成金属模板和非金属模板两种。而对于模板的选择，一般遵循以下几个要求：(1) 模板必须具有三维多孔的双连续结构；(2) 对获得高质量石墨烯而言，要求模板对碳源的裂解和石墨烯的形成有一定的催化能力；(3) 模板易于刻蚀，刻蚀后无残留，或者模板本身可以在后续的应用中发挥作用；(4) 大规模的制备要求模板材料廉价易得。下面将从模板的选择、模板结构的设计，以及不同模板的比较等几方面进行介绍。

1. 金属模板

过渡金属可以有效催化碳源裂解和石墨烯的生长，如铜、镍等。另外从商业化的角度看，泡沫铜、泡沫镍已经实现大规模廉价的工业化制备，因此被广泛用作三维石墨烯的生长衬底。此外，以镍为代表的一类过渡金属对碳有一定的溶解度，除了可催化碳源表面裂解进行表面生长外，一部分活性碳物种可在高温下溶解在体相内，在降温过程中在衬底表面析出形成石墨烯。与以铜为代表的表面催化机理相比，这类金属溶碳量相对较高，生长得到的石墨烯通常为厚层，将衬底刻蚀后可以自支撑，因此是理想的三维石墨烯生长模板。

（1）金属泡沫模板

中国科学院金属研究所成会明院士课题组使用商用泡沫镍作为生长模板，成功制备了可自支撑的泡沫石墨烯。[11] 首先，研究人员采用常压 CVD 系统，使用甲烷作为碳源，于 1000℃下在泡沫镍表面生长得到石墨烯；然后利用高聚物聚甲基丙烯酸甲酯（PMMA）辅助支撑，通过热的氯化铁溶液对泡沫镍衬底进行刻蚀；最后用热丙酮除去 PMMA 即可得到自支撑的石墨烯泡沫[图 10－8(a)]。该工作得到的石墨烯片层之间保持有效接触，几乎没有断裂，密度约为 5 mg·cm^{-3}，孔隙率可达到 99.7%，比表面积高达 850 m^2·g^{-1}。高分辨透射电子显微镜以及拉曼图谱的表征结果显示，此类泡沫石墨烯材料具有较高的质量。这种方法可通

图 10－8 泡沫镍作为生长衬底制备泡沫石墨烯[11]

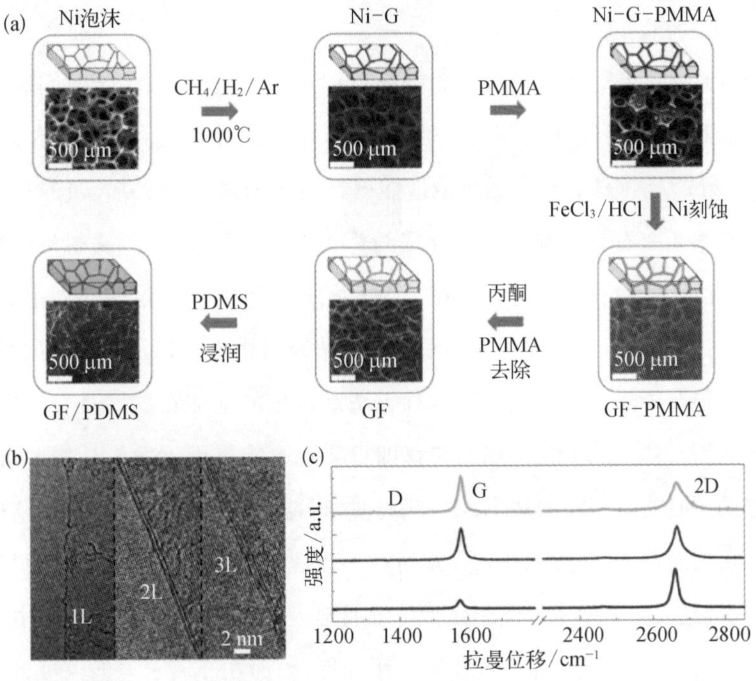

（a）泡沫石墨烯（GF）的制备过程示意图以及对应的 SEM 图像；（b）（c）泡沫石墨烯的 TEM 和拉曼光谱表征

过对不同尺寸结构泡沫镍的选择以及改变碳源浓度、生长时间等参数来调节石墨烯的微观结构。为了获得更高机械强度的泡沫石墨烯，可以将聚二甲基硅氧烷（polydimethylsiloxane, PDMS）均匀涂覆在泡沫石墨烯表面以增加强度。值得一提的是，由于镍与石墨烯具有不同的热膨胀系数，得到的泡沫石墨烯表面具有明显的起伏和褶皱，这些褶皱加强了石墨烯与高分子链的结合，获得的泡沫石墨烯/PDMS 复合结构电导率达 10 S/cm，同时具有良好的柔性，是理想的三维导电电极，因此在超级电容器、锂离子电池、热管理、催化等方面有着广阔的应用前景。

在传统以泡沫镍为衬底的方法基础上，人们对衬底的前处理、碳源种类、生长时间、降温过程、刻蚀过程等影响石墨烯生长的因素进行了深入研究，实现了对泡沫石墨烯生长过程的优化。新加坡南洋理工大学范洪金课题组从碳源的种类着手，以氩气和氢气的混合气体通过鼓泡法引入乙醇作为碳源。[12] 由于乙醇的裂解温度较低，因而可在较低的生长温度下获得高质量石墨烯。并且这种鼓泡法引入前驱体碳源的方法可进一步应用于其他液体碳源，为石墨烯的生长提供了新思路。

Ruoff 课题组则从生长时间和降温过程着手，通过延长生长时间和降低降温速度获得了厚层泡沫石墨烯。由于石墨烯泡沫片层变厚，密度增大（约为 $9.5\ mg \cdot cm^{-3}$），泡沫石墨烯的机械性能得到显著增强。[13] 研究人员经过换算得到泡沫石墨烯中石墨烯本身的电导率约为 $1.3 \times 10\ S/cm$[14]。从制备过程来分析，由于延长了生长时间，泡沫镍在 1050℃ 的条件下对碳的溶解达到饱和，在缓慢降温的过程中，溶解在体相内的碳源缓慢从表面析出，因而形成厚度达到几十微米的厚层石墨烯（薄层石墨）。这种方法制备出的泡沫石墨烯具有以下特性。机械强度高，不需要 PMMA 辅助转移即可实现自支撑而不发生结构的破损，简化工艺的同时避免了胶的残留。与此同时，得益于高导电性以及多孔结构有利于离子扩散的性质，这种泡沫石墨烯可被用于锂离子电池的集流体，使得电池的内阻减小，且倍率性能明显优于以传统金属箔为集流体的电池。另外，由于石墨烯的化学惰性，该集流体也表现出高压耐受性，因而在锂离子电池电极方面也有广阔的应用前景。

得克萨斯大学Shi课题组从对衬底的前处理以及衬底的刻蚀方面进行了改进[15]。研究结果表明，在1100℃的高温下对泡沫镍退火处理可使泡沫镍表面变得平滑的同时增大镍的晶粒，这对高质量石墨烯的生长是十分有利的；并且用硝酸铁溶液以及过硫酸铵溶液替代稀盐酸溶液作为刻蚀剂刻蚀过程更温和，没有气泡的产生。最后，研究人员比较了不同处理条件下得到的泡沫石墨烯的热导率，发现经过处理工艺的改进，泡沫石墨烯的热导率可提高到2.12 W/(m·K)，这个结果明显优于其他碳基纳米材料或者泡沫金属，表明泡沫石墨烯有望作为热导材料得到进一步应用。

对使用商业泡沫镍为衬底制备泡沫石墨烯而言，孔隙大、比表面积低是其面临的难题。为进一步优化泡沫石墨烯的结构，北京大学刘忠范课题组通过等离子体增强化学气相沉积（PECVD）方法生长得到了具有连续孔隙的多级结构的泡沫石墨烯[16]。如图10-9所示，这种材料的特点是，在原本的三维泡沫石墨烯多孔骨架上形成了垂直石墨烯纳米片阵列结构，一定程度上减小了孔隙，获得了更丰富的多级结构，并因此展现出了更优异的光吸收性能。研究人员将该泡沫

图10-9 PECVD法生长多级结构泡沫石墨烯[16]

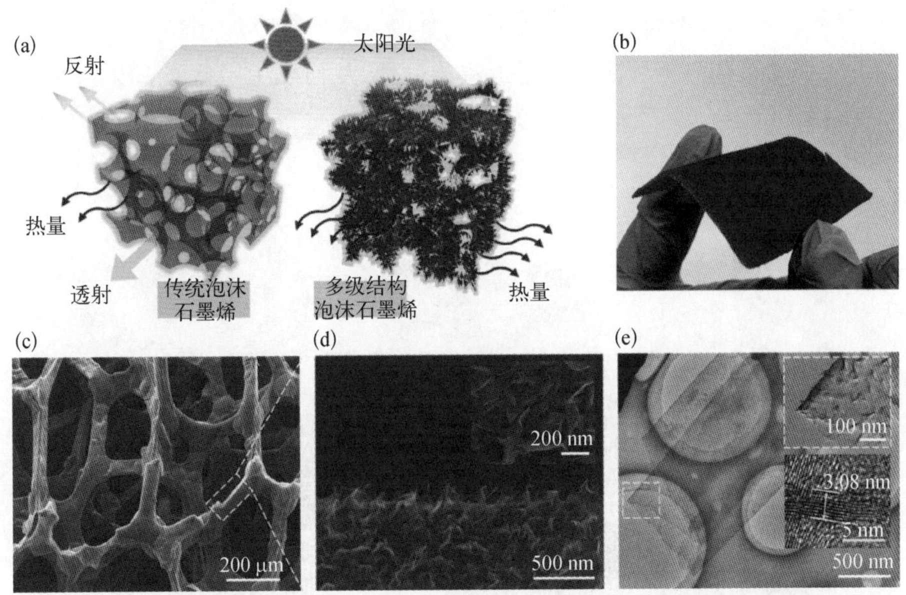

（a）传统泡沫石墨烯（GF）与多级结构泡沫石墨烯（h-GF）用于光热转换区别示意图；（b）多级结构泡沫石墨烯实物照片；（c）~（e）多级结构泡沫石墨烯SEM图像和TEM图像

石墨烯应用于光热转化，与传统 CVD 法得到的泡沫石墨烯相比，纳米片阵列有效增强了宽光谱和全方向吸收太阳光的性能，并且增大了材料的热交换面积，因此光热转换效率得到显著提高。此外，这种具有多级结构的泡沫石墨烯由于质量很轻而且具有优异的抗腐蚀性，有望用于便携式光热转换领域，例如污水处理和海水淡化。这种具有多级结构的泡沫石墨烯被用作加热材料，展现出了良好的耐久性和循环使用性能，并且可以实现太阳能到热能的快速转换，转换效率高达 93.4%，海水淡化的太阳能蒸气转化效率超过 90%，超过了大部分已有的光热转换材料。

PECVD 方法生长石墨烯对衬底的催化性能要求不高，可大大拓宽衬底的种类并显著降低制备温度，对于泡沫石墨烯的制备具有重要意义。

铜是生长高质量石墨烯的常用衬底，类似地，泡沫铜也可用来制备高质量泡沫石墨烯。韩国的 Kim 等人首先通过 CVD 的方法，以泡沫铜作为衬底生长得到了泡沫石墨烯，随后借助 PMMA 辅助转移的方法避免了刻蚀铜衬底过程中的结构塌缩，紧接着通过丙酮移除 PMMA 后转移到氮化镓衬底上，将其用于蓝光 LED 的电极材料(图 10 - 10)。[17] 与泡沫镍衬底得到的泡沫石墨烯相比，这种泡沫石墨烯层数少、透光率高，有助于透明电极的制作。与此同时，泡沫石墨烯极佳的导电性促进了电流的输运，从而赋予了蓝光 LED 更好的发光性能。

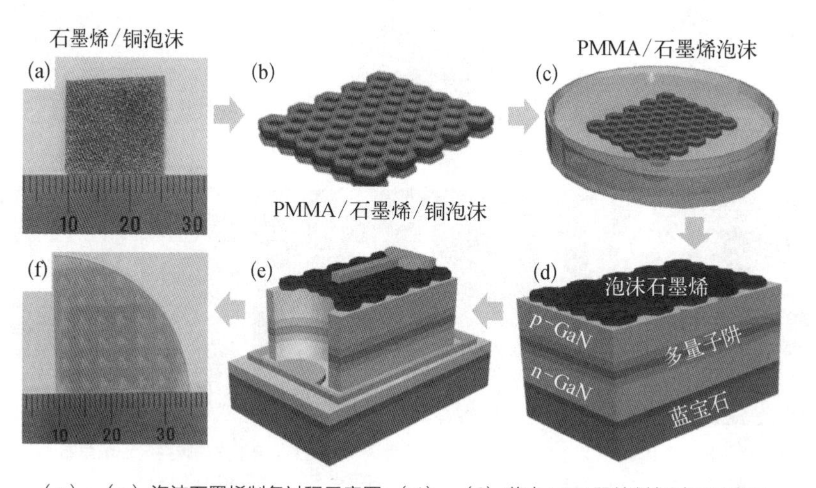

(a)~(c) 泡沫石墨烯制备过程示意图；(d)~(f) 蓝光 LED 器件制备过程示意图

图 10 - 10 泡沫铜作为生长衬底 CVD 法生长泡沫石墨烯[17]

金属衬底的选择也可以更为多样化，以商业化的泡沫金属作为生长衬底得到的泡沫石墨烯，在满足高质量的同时可完全复制衬底的结构。美中不足的是，这种泡沫金属衬底孔隙大、孔隙率高，结构固定，难以调控。为了得到形貌可控的金属衬底，研究人员采用了多种物理、化学方法来构建三维多孔模板，如金属颗粒压实形成的孔模板、合金去合金化等。下面对几种常用方法做具体介绍。

(2) 压实金属粉末模板

压实金属粉末模板是一种自下而上的泡沫模板构建方法，与传统模板衬底相比，孔隙率更高，制备得到的泡沫石墨烯具有微孔或者介孔结构，密度更大，机械强度更大。美国莱斯大学 Tour 课题组将蔗糖和镍粉混合均匀压片后放入 CVD 系统中生长，制备出了具有高达1080 $m^2 \cdot g^{-1}$的比表面积和 13.8 S/cm 的电导率的泡沫石墨烯(图 10-11)。[18]这种镍粉压片的方法可以比较方便地调节泡沫石墨烯的结构，镍粉为石墨烯的生长提供了多孔模板，刻蚀得到的石墨烯为壳层结构，因而通过调节镍颗粒的尺寸即可实现对泡沫石墨烯结构的调节；此外，蔗糖作为碳源也解决了镍粉压实导致的气体碳源无法扩散进入的问

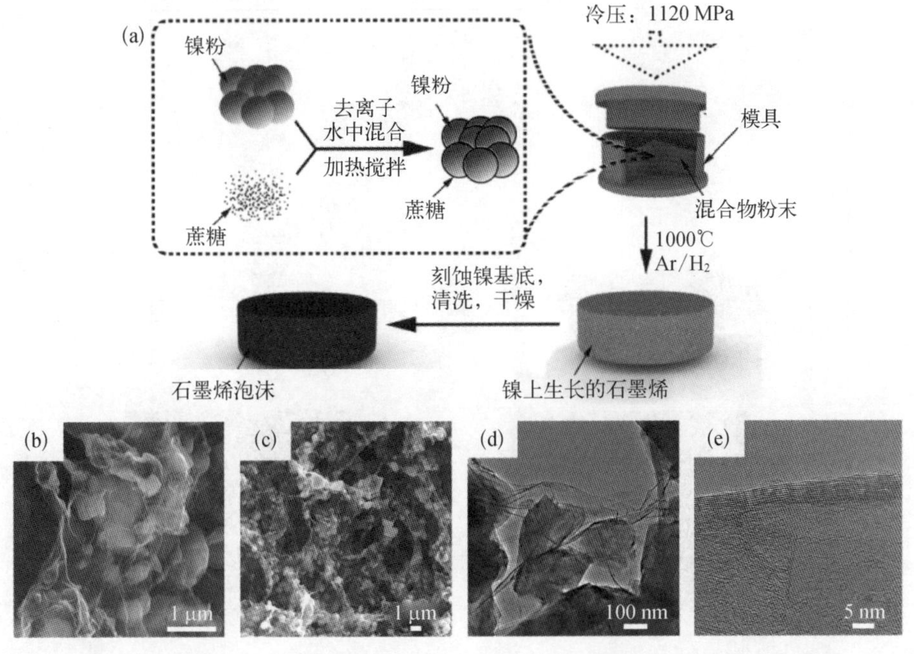

图 10-11 蔗糖与镍粉混合作为生长衬底 CVD 法生长泡沫石墨烯[18]

(a) 泡沫石墨烯的制备过程示意图；(b) ~ (e) 泡沫石墨烯的 SEM 图像和 TEM 图像

题。该种方法制备得到的泡沫石墨烯比表面积大、电导率高，同时具有很高的机械强度，极大地拓展了该种材料在气体吸附、催化、能源存储方面的应用前景。

无论是传统的泡沫镍模板还是压实金属粉末模板，为了得到厚层的石墨烯而使刻蚀后的结构可自支撑，通常需要较长的生长时间（大于 30 min）。为了缩短生长时间，节约成本，中国科学院苏州纳米技术与纳米仿生研究所刘立伟课题组发展了一种以六水合氯化镍（$NiCl_2 \cdot 6H_2O$）为前驱体制备泡沫镍模板的方法（图 10－12），这种方法获得的泡沫镍模板可实现短时间内（30 s～10 min）高孔隙率、大密度（约 22 $mg \cdot cm^{-3}$）、高机械强度的泡沫石墨烯的快速生长。[19] 大致的操作步骤为：首先将六水合氯化镍粉末在 600℃下用氢气还原，此时水分子以及氯化氢会在高温下逸出，进而得到一个三维的多孔泡沫镍结构。这种结构可实现石墨烯快速生长的本质原因在于其具有很高的催化活性，有利于气体的扩散以及镍与气体的充分接触。研究人员将所得泡沫石墨烯用于吸附重金属离子，发现该种材料表现出了优异的吸附能力和卓越的吸附速率，有望应用于催化、能量存储等领域。

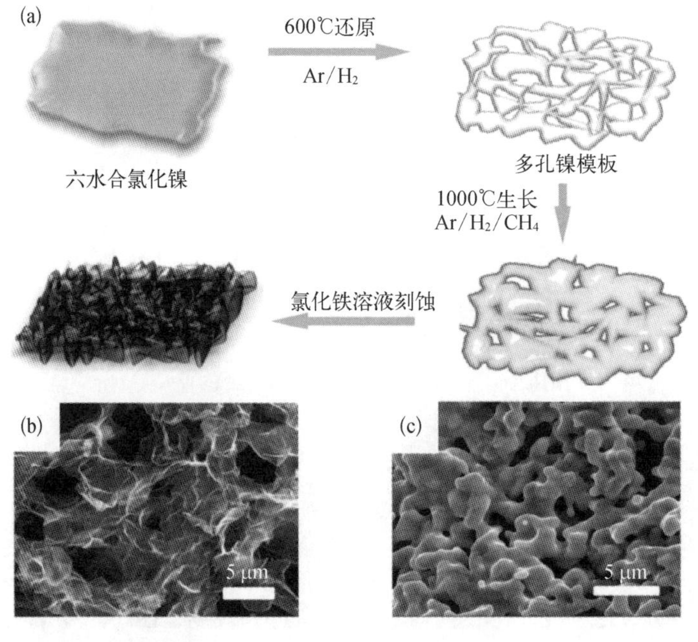

（a）泡沫石墨烯的制备过程示意图；（b）（c）泡沫石墨烯在刻蚀前后的 SEM 图像

图 10－12　以六水合氯化镍为前驱体 CVD 法生长泡沫石墨烯[19]

(3) 合金去合金化模板

合金去合金化方法的巧妙之处在于，通过去合金化来塑造多孔结构，通过合金的成分、比例、去合金化方法等的调控来实现对模板形貌的调节。日本东北大学陈明伟课题组将 $Ni_{30}Mn_{70}$ 合金锭用 1.0 mol/L 的 $(NH_4)_2SO_4$ 溶液在 50℃下刻蚀，得到了去合金化(dealloying)的三维泡沫镍模板。[20] 与商用模板相比，这种模板具有面密度大、孔隙小(小于 10 μm)的特点。通过 CVD 方法得到的泡沫石墨烯可完全复制这种泡沫镍模板的结构，并且具有如下特征：首先是孔隙大小受温度调控。如图 10-13 所示，研究人员发现在 800℃下生长得到的泡沫石墨烯(G800)平均孔径约为 258 nm，比表面积高达 1260 $m^2 \cdot g^{-1}$；而在 950℃时，由于泡沫镍衬底在高温下发生晶粒粗化，孔隙变大，得到的泡沫石墨烯(G950)平均孔径为 1～2 μm，比表面积约为 978 $m^2 \cdot g^{-1}$。其次，若将碳源由苯替换为吡啶，可得到氮掺石墨烯(N800 和 N950)，从掺杂的角度来说，氮掺杂石墨烯降低了石墨烯本身的热导率和比热容，可提高石墨烯的光吸收性能，亲水性也有所提高，因而也有利于水的传输。这种方法得到的泡沫石墨烯比传统泡沫金属生长得到的泡沫石墨烯对光的反射率和透过率更低，并且其多孔结构有利于物质的传输，因此可用于基于光热转换机制的淡化海水。研究人员比较了不同温度下有无氮掺杂的石墨烯光-蒸汽转化效率，结果表

图 10-13 去合金化金属衬底 CVD 法生长泡沫石墨烯[20]

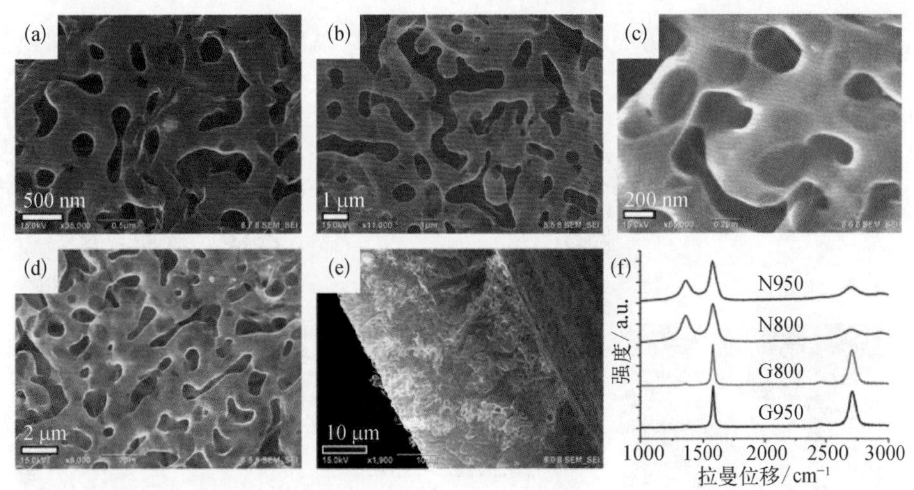

(a) 800℃下生长得到的泡沫石墨烯的 SEM 图像；(b) 950℃下生长得到的泡沫石墨烯的 SEM 图像；(c) 800℃下生长得到的氮掺泡沫石墨烯的 SEM 图像；(d)(e) 950℃下生长得到的氮掺泡沫石墨烯的 SEM 图像；(f) 不同条件下得到的泡沫石墨烯的拉曼光谱

明在 950℃生长得到的氮掺杂泡沫石墨烯具有最高的光-蒸汽转化效率，高达 80%。这仍然可以从孔隙的大小和掺杂的角度得到解释：950℃下石墨烯的孔隙更大，同时氮掺杂提高了石墨烯的亲水性，这些都是水在孔隙中输运的有利条件。

2. 非金属模板

金属模板衬底因为对石墨烯的形成具有一定的催化能力，获得的石墨烯结构稳定、质量高，但在高温下，金属常常会和碳形成难以被刻蚀剂去除的碳化物，因此刻蚀会有少量的残留。相比金属模板，非金属模板通常具有结构可控或微孔结构丰富的特点。但对于不具有或具有极弱的催化活性的非金属衬底，石墨烯的质量通常低于基于金属模板制备得到的石墨烯，并且生长通常需要较高的温度和较长的时间。非金属模板的选择是多种多样的，可选择的有氧化物、盐等。

中国科学院上海硅酸盐研究所黄富强课题组通过 CVD 方法于 1100℃下在多孔二氧化硅泡沫表面生长得到石墨烯(图 10-14)[21]，用氢氟酸刻蚀衬底后，继而在 2250℃下退火来提高石墨化程度，最终可得到质量较高的泡沫石墨烯，其比表面积高达约 970.1 $m^2 \cdot g^{-1}$。与使用传统金属模板得到的泡沫石墨烯相比，该石墨烯泡沫由石墨烯空心管通过共价键连接形成，因此具有更好的机械强度，研究人员将其多次压缩至 5%的原体积仍可完全恢复原状。这种泡沫石墨烯在可变电阻器、油水分离等方面均有潜在应用，但由于二氧化硅衬底要使用氢氟酸刻

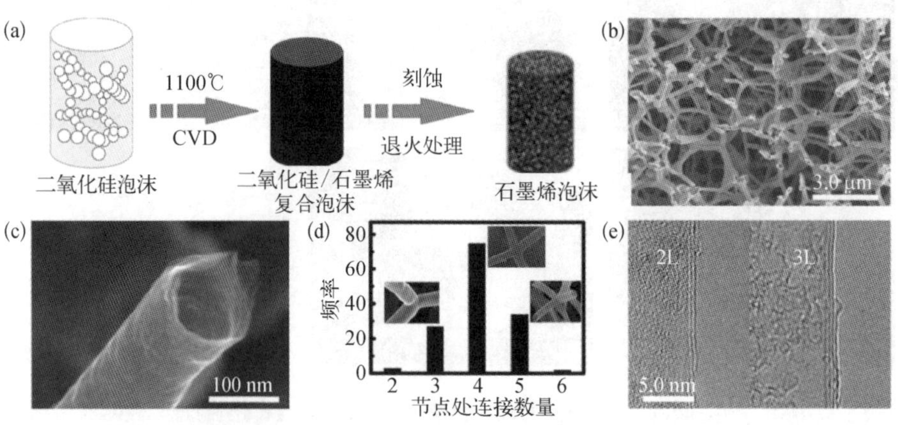

图 10-14 以多孔二氧化硅泡沫为模板 CVD 法生长泡沫石墨烯[21]

（a）泡沫石墨烯的制备过程示意图；（b）（c）泡沫石墨烯以及独立的石墨烯空心管的 SEM 图像；（d）泡沫石墨烯连通性统计图；（e）不同层数的石墨烯空心管管壁的 TEM 图像

蚀，对环境具有一定危害，因而还有待探索更为环保的制备方式。

自然界中存在着多种多样的三维泡沫结构材料，使用这些天然材料为基础进而得到相应的生长模板用以制备石墨烯，也是一种常见的三维石墨烯的制备方法，此类方法有效利用了天然存在的三维泡沫结构，为泡沫石墨烯的 CVD 生长提供了新的思路。

中国科学院上海硅酸盐研究所黄富强课题组以脱脂棉为模板，通过 CVD 方法合成了一种碳微管-石墨烯-有机硬脂酸复合泡沫结构（图 10－15），该材料具有很高的热导率[约 0.69 W/(m・K)]。[22] 具体的实施方案如下。首先以压成圆盘状的脱脂棉为前驱体，在 1200℃下高温碳化形成碳微管泡沫，接着以甲烷作为

图 10－15 以脱脂棉为模板 CVD 法生长泡沫石墨烯[22]

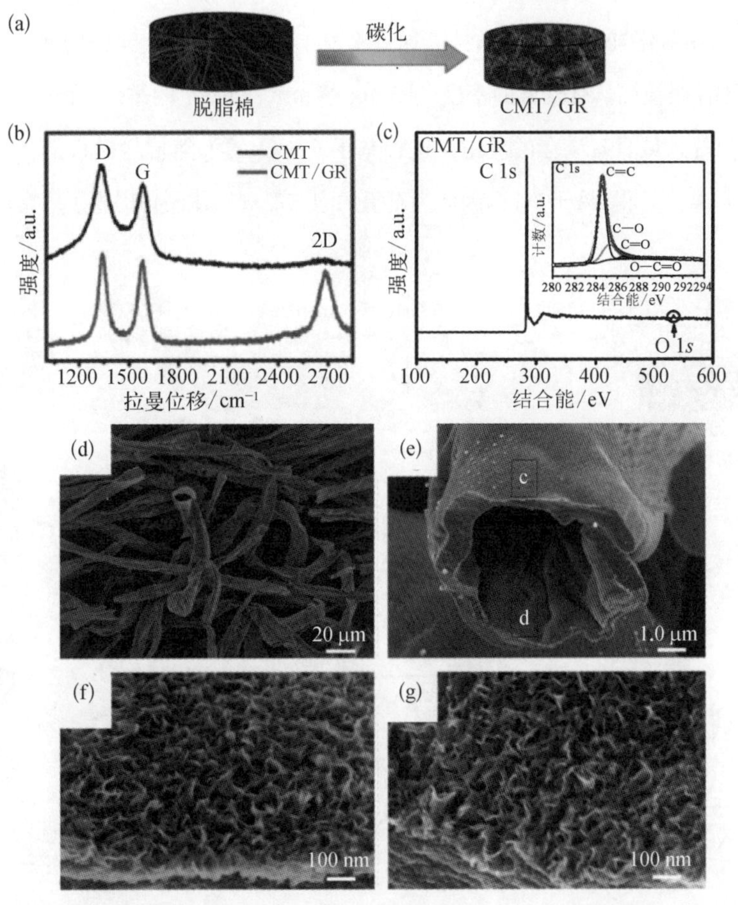

（a）碳微管/石墨烯（CMT/GR）复合结构制备过程示意图；（b）（c）该复合结构的拉曼光谱和 XPS 表征；（d）~（g）该复合结构不同角度的 SEM 图像

碳源进行石墨烯的生长，从而得到碳微管-石墨烯复合泡沫结构。扫描电子显微镜表征结果显示，在碳微管内外表面均匀分布着垂直或者倾斜的石墨烯纳米片；拉曼结果表明该石墨烯具有较高的质量。这种基于脱脂棉生长泡沫石墨烯复合结构的方法优势在于，衬底在高温碳化后形成的碳微管可直接利用，无须对衬底进行刻蚀，避免了烦琐的工艺和刻蚀剂的残留。

除了基于脱脂棉衬底生长的多孔泡沫石墨烯之外，人们同样可以借助其他方法来获得多孔结构。北京大学刘忠范课题组发展了使用天然贝壳、墨鱼骨为衬底生长泡沫石墨烯的方法[23,24]（图 10-16），该衬底的主要成分为碳酸钙（$CaCO_3$），经过高温煅烧可分解为氧化钙（CaO）和（CO_2），在反应过程中随着气体的产生而形成连续的细小孔道，剩下的 CaO 则形成了连续的泡沫骨架结构。石墨烯生长完成后，该模板材料 CaO 可用氯化氢水溶液去除，接着通过冷冻干燥法得到结构完整的泡沫石墨烯。得到的泡沫石墨烯具有较低的密度（约3 mg·cm^{-3}）和一定的柔性，在锂离子电池、油水分离等领域具有潜在的应用。这种基于 $CaCO_3$ 的天然材料模板的优势在于，模板材料廉价易得、易于刻蚀，因此为石墨烯泡沫的规模化制备提供了广阔的前景。

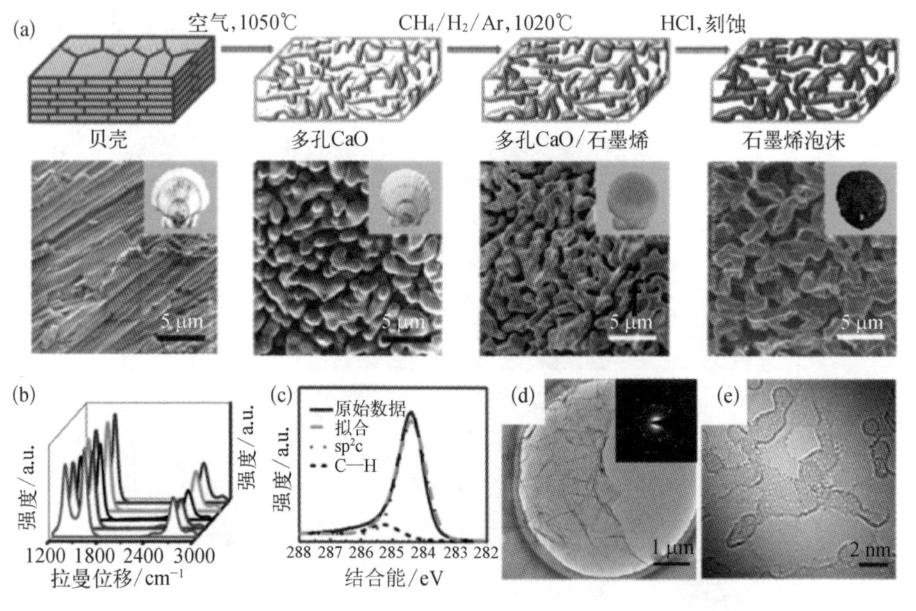

图 10-16 以天然贝壳作为模板 CVD 法生长泡沫石墨烯[23]

（a）泡沫石墨烯的制备过程示意图以及对应的 SEM 图像；（b）~（e）泡沫石墨烯的拉曼、XPS 以及 TEM 表征

如前所述，非金属模板对碳源的裂解以及石墨化的催化性能较弱，因此所得石墨烯缺陷较多。不过，非金属模板衬底在石墨烯的形貌调控、材料纯度、制备成本等方面均有更大的优势。非金属模板种类众多、形貌丰富，可用于制备不同结构的三维石墨烯。金属氧化物等非金属模板通常容易被刻蚀且无残留物，避免了金属模板在生长后容易形成难以洗净的碳化物残留的问题。此外，非金属模板通常价格远较金属材料低廉，因此有望实现三维泡沫石墨烯的规模化廉价制备。

10.3.2 无模板法

CVD方法中，石墨烯常常需要依附衬底生长，获得的石墨烯的形貌取决于衬底的形貌，当脱离模板衬底进行生长时，石墨烯的质量会有所下降，但也会获得更丰富的形貌。

受到古老的民俗文化“吹糖人”的启发，日本国立材料研究所Bando课题组报道了一种无模板生长泡沫石墨烯的方法（图10-17）。[25] 混合10 g蔗糖和10 g氯化铵（NH_4Cl），并在氩气保护下在管式炉内于1350℃反应3 h，可得到结构像无数气泡黏连形成的泡沫石墨烯，这些泡沫的平均孔径尺寸为186 μm，具有较低的密度（3.0 mg·cm^{-3}）、高的比表面积，以及高的电导率（100 S/cm）。通过反应条件优化，研究人员发现，在升温速率为4℃/min时可获得具有最高

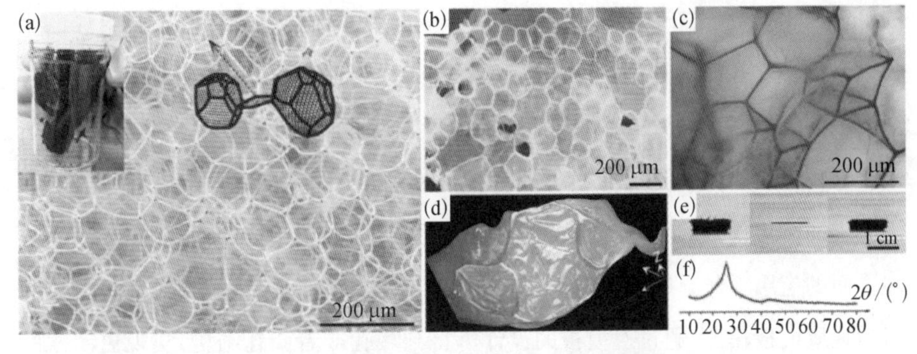

图10-17 “吹糖人”法生长泡沫石墨烯[25]

（a）（b）泡沫石墨烯的实物图以及SEM图像；（c）（d）泡沫石墨烯网状结构的光学图像；（e）泡沫石墨烯初始状态、压缩后、复原后的实物图；（f）泡沫石墨烯的XRD表征

比表面积（1100 $m^2 \cdot g^{-1}$）的泡沫石墨烯。这种方法制备出来的石墨烯层均为单层或少层，具有很高的机械强度，不易坍缩，同时其多孔结构为电子和离子的传输提供了通路，因此其作为双电层超级电容器的电极，表现出了优异的性能（在1 A/g下充放电，容量可达 250 F/g）。这种无模板制备石墨烯泡沫的方法首先省去了模板的成本，有望实现大规模制备，并且免去了刻蚀过程带来的消耗以及可能出现的杂质残留，极大地简化了工艺。但是，与模板法相比，获得的石墨烯形貌不可控。

泡沫石墨烯是一种由单层或少层石墨烯组成的具有双连续结构的宏观体材料，通常使用组装法或化学气相沉积法制备。

组装法制备泡沫石墨烯通常以 GO 为前驱体，通过不同的还原方法得到 rGO，但得到的石墨烯通常纯度不够高，会带有残基，而这些基团恰好将不同片层的石墨烯通过化学键连接起来，形成结构较为稳定的泡沫石墨烯。然而由于它是由无数小片层形成的组装体，具有无法完全还原的残基和较大的层间接触电阻，因此使获得的泡沫石墨烯的导电性较差。但这种方法产量大，是实现泡沫石墨烯规模化制备的有效方法。

CVD 法具有可放大、工艺简单、石墨烯质量高等优点，被广泛地用于泡沫石墨烯的制备。经过多年的基础研究，CVD 法已经发展成为一种制备高质量本征泡沫石墨烯不可或缺的方法，其特点是通常需要借助多孔金属或非金属模板来构筑石墨烯的泡沫结构。CVD 法得到的泡沫石墨烯的性质与生长衬底材料的性质、衬底的前处理、生长温度、生长时间、碳源、降温速度、刻蚀方法、后处理方法等密切相关（表 10－1）。金属模板因其可有效催化碳源裂解以及石墨烯的生长，所以通过泡沫金属制备得到的泡沫石墨烯质量通常更高，性能更好。金属镍对碳的溶解度高，容易得到厚层石墨烯，且泡沫镍可商业化廉价大规模制备，所以常被用来作泡沫石墨烯的生长模板。另外通过压实粉末、合金去合金化等方法可进一步对模板的结构进行设计，从而得到不同形貌结构的泡沫石墨烯，满足多方面的应用。非金属模板对石墨烯的生长无催化作用或有较弱的催化作用，但与金属模板相比，通过对模板的设计可得到微孔或者介孔结构，实现更丰富的结构，并且不会产生金属与碳之间形成的难以被刻蚀的碳化物，刻蚀残留问题

表 10-1 CVD 法制备泡沫石墨烯的条件与性质

模板	合成方法	碳源	生长温度，时间	降温方式	衬底前处理	刻蚀方法	密度/($mg \cdot cm^{-3}$)	比表面积/($m^2 \cdot g^{-1}$)	泡沫电导率/(S/cm)	参考文献
泡沫镍	常压 CVD	甲烷	1000℃，5 min	快速降温	1000℃退火 5 min	稀盐酸 80℃，3 h	5	850	10	[11]
泡沫镍	常压 CVD	甲烷	1050℃，1 h	缓慢降温	1050℃退火 30 min	稀硝酸 80℃，20 h	9.5	—	1.3×10^3	[13]
泡沫镍	常压 CVD	甲烷	1050℃，1 h	缓慢降温	1100℃退火 24 h	过硫酸铵 80℃，一周以上	11.6	—	—	[15]
压实金属粉末	低压 CVD	蔗糖	1000℃，30 min	快速降温	—	氯化铁，常温，一周	—	1080	13.8	[18]
六水合氯化镍	低压 CVD	甲烷	1000℃，10 min	—	六水合氯化镍的还原	氯化铁	22	560	12	[19]
镍锰合金 $Ni_{30}Mn_{70}$	低压 CVD	苯	800℃，3 min	快速降温	去合金化	稀盐酸	<1	1260	—	[20]
多孔二氧化硅泡沫	常压 CVD	甲烷	1100℃，60 min	—	—	氢氟酸	1.6	970.1	—	[22]
贝壳(碳酸钙)	常压 CVD	乙烯	1020℃，120 min	缓慢降温	—	稀盐酸：乙醇：水=1：1：1(体积分数)	3	—	—	[23]

少。除了这些方法以外，“吹糖人”法也是一种巧妙地利用模板衬底高温释放的气体产生泡沫结构的方法。制备决定性能，在探索制备方法的同时，人们还须以具体应用性能为导向，去设计满足相应需求的泡沫石墨烯材料。

参考文献

[1] Xu Y, Sheng K, Li C, et al. Self-assembled graphene hydrogel via a one-step hydrothermal process[J]. ACS Nano, 2010, 4(7): 4324 - 4330.

[2] Bi H, Yin K, Xie X, et al. Low temperature casting of graphene with high compressive strength[J]. Advanced Materials, 2012, 24(37): 5124 - 5129.

[3] Zhao J, Ren W, Cheng H M. Graphene sponge for efficient and repeatable adsorption and desorption of water contaminations[J]. Journal of Materials Chemistry, 2012, (22): 20197 - 20202.

[4] Tang Z, Shen S, Zhuang J, et al. Noble-metal-promoted three-dimensional macroassembly of single-layered graphene oxide[J]. Angewandte Chemie, 2010, 49(27): 4603 - 4607.

[5] Jiang X, Ma Y, Li J, et al. Self-assembly of reduced graphene oxide into three-dimensional architecture by divalent ion linkage[J]. The Journal of Physical Chemistry C, 2010, 114(51): 22462 - 22465.

[6] Qiu L, Liu J Z, Chang S L Y, et al. Biomimetic superelastic graphene-based cellular monoliths[J]. Nature Communications, 2012, (3): 1241.

[7] Zhu C, Han T Y J, Duoss E B, et al. Highly compressible 3D periodic graphene aerogel microlattices[J]. Nature Communications, 2015, (6): 6962.

[8] Jakus A E, Secor E B, Rutz A L, et al. Three-dimensional printing of high-content graphene scaffolds for electronic and biomedical applications[J]. ACS Nano, 2015, 9(4): 4636 - 4648.

[9] Choi B G, Yang M, Hong W H, et al. 3D macroporous graphene frameworks for supercapacitors with high energy and power densities[J]. ACS Nano, 2012, 6(5): 4020 - 4028.

[10] Du X, Liu H Y, Mai Y W. Ultrafast synthesis of multifunctional N-doped graphene foam in an ethanol flame[J]. ACS Nano, 2016, 10(1): 453 - 462.

[11] Chen Z, Ren W, Gao L, et al. Three-dimensional flexible and conductive interconnected graphene networks grown by chemical vapour deposition[J]. Nature Materials, 2011, 10(6): 424 - 428.

[12] Chao D, Xia X, Liu J, et al. A V_2O_5/conductive-polymer core/shell nanobelt array on three-dimensional graphite foam: a high-rate, ultrastable, and

freestanding cathode for lithium-ion batteries[J]. Advanced Materials, 2014, 26 (33): 5794 - 5800.

[13] Ji H, Zhang L, Pettes M T, et al. Ultrathin graphite foam: a three-dimensional conductive network for battery electrodes[J]. Nano Letters, 2012, 12(5): 2446 - 2451.

[14] Lemlich R. A theory for the limiting conductivity of polyhedral foam at low density[J]. Journal of Colloid and Interface Science, 1978, 64(1): 107 - 110.

[15] Pettes M T, Ji H, Ruoff R S, et al. Thermal transport in three-dimensional foam architectures of few-layer graphene and ultrathin graphite[J]. Nano Letters, 2012, 12(6): 2959 - 2964.

[16] Ren H, Tang M, Guan B, et al. Hierarchical graphene foam for efficient omnidirectional solar-thermal energy conversion[J]. Advanced Materials, 2017, 29(38): 1702590.

[17] Kim B J, Yang G, Park M J, et al. Three-dimensional graphene foam-based transparent conductive electrodes in GaN-based blue light-emitting diodes[J]. Applied Physics Letters, 2013, 102(16): 161902.

[18] Sha J, Gao C, Lee S K, et al. Preparation of three-dimensional graphene foams using powder metallurgy templates[J]. ACS Nano, 2016, 10(1): 1411 - 1416.

[19] Li W, Gao S, Wu L, et al. High-density three-dimension graphene macroscopic objects for high-capacity removal of heavy metal ions[J]. Scientific Reports, 2013, 3: 2125.

[20] Ito Y, Tanabe Y, Han J, et al. Multifunctional porous graphene for high-efficiency steam generation by heat localization[J]. Advanced Materials, 2015, 27 (29): 4302 - 4307.

[21] Bi H, Chen I W, Lin T, et al. A new tubular graphene form of a tetrahedrally connected cellular structure[J]. Advanced Materials, 2015, 27(39): 5943 - 5949.

[22] Bi H, Huang H, Xu F, et al. Carbon microtube/graphene hybrid structures for thermal management applications[J]. Journal of Materials Chemistry A, 2015, 3 (36): 18706 - 18710.

[23] Shi L, Chen K, Du R, et al. Scalable seashell-based chemical vapor deposition growth of three-dimensional graphene foams for oil-water separation[J]. Journal of the American Chemical Society, 2016, 138(20): 6360 - 6363.

[24] Chen K, Li C, Chen Z, et al. Bioinspired synthesis of CVD graphene flakes and graphene-supported molybdenum sulfide catalysts for hydrogen evolution reaction [J]. Nano Research, 2016, 9(1): 249 - 259.

[25] Wang X, Zhang Y, Zhi C, et al. Three-dimensional strutted graphene grown by substrate-free sugar blowing for high-power-density supercapacitors[J]. Nature Communications, 2013, (4): 2905.

第 11 章

石墨烯薄膜的规模化生长技术

石墨烯在廉价金属箔材上的化学气相沉积生长(CVD)方法为其高质量大面积制备奠定了技术基础。石墨烯在铜箔表面的自限制生长特性,使其尤其适用于工业规模的批量制备。目前有两种规模化的石墨烯薄膜制备工艺得到学术界和工业界的广泛研究:批次制程(batch-to-batch process, BTB)和卷对卷制程(roll-to-roll process, RTR)。人们对石墨烯薄膜规模化制备的设备、核心工艺参数等进行了大量探索,过去十多年该领域已经取得许多突破性进展。对于工业规模的石墨烯薄膜制备而言,除了实验室级别的质量控制之外,石墨烯的良品率、大面积均一性、生产效率、制备成本都需要综合考量。

需要注意的是,石墨烯的批量制备不仅仅是一个科学和技术上的问题,而且需要综合考虑工程科学、放量技术、商业化、实际应用等诸多方面。例如,制备过程的安全性、环保性,以及石墨烯相关的国内外标准等,都需要同步进行。2009 年以来,从科学和技术的角度,人们已经从制程、仪器、关键生长参数等诸多方面对石墨烯批量制备进行了大量探索。在制程、设备和工艺参数三大要素中(图 11-1),首先是制程工艺的选择,这对石墨烯薄膜的规模化制备具有决定性的影响。连续制备过程可以实现不间断连续生产,而批次制程则是间断性的非连续生产,在实际应用中各有千秋。设备是规模化生产中的关键要素,化学气相沉积系统的设计必须权衡多种因素以最大化生产效能,比如生长的基本原理、加热模式、真空模式、传质传热过程等。在此基础上的决定性因素是工艺参数,需要通过大量的正交实验优化生长工艺,这些参数包括前驱体、衬底、气流、压力、生长时间等,最终确立稳定的工艺包。

图 11-1 石墨烯薄膜批量制备的三大要素

11.1 制备工艺

当批量制备一种材料时，首先需要考虑的就是制程。制程的选择依赖设备、人员、最终的产品形态等方面。每种制程都有其独特的优劣，取决于需要制备的产品类型。在石墨烯的批量制备领域，人们已经深入地研究了批次制程和卷对卷制程。下面分别予以介绍。

11.1.1 批次制程

由于铜箔上石墨烯生长具有良好的自限制效应，石墨烯批量制备最自然的思路是搭建大尺寸的高温化学气相沉积系统，成批制备石墨烯薄膜（批次制程）。如何实现大面积石墨烯生长的均一性是主要需要考虑的问题。由于具有良好的柔性，铜箔可以在生长腔体中采取各种堆叠方式，以充分利用生长空间并提高生长的均一性。2010 年，韩国 Hong 研究团队[1]采用低压化学气相沉积方法实现了 30 英寸铜箔上石墨烯的批量制备。如图 11 - 2(a)所示，30 英寸的铜箔弯曲紧贴 7.5 英寸的石英管外壁，并放入 8 英寸石英管生长腔体中。由于管式炉在石英管径向温度均一，因而铜箔整体受热均匀，生长的石墨烯在大范围内具有良好的均一性。这样制备的石墨烯具有良好的单层性，质量非常高，单层透光度为 97.4%，面电阻达到 125 $\Omega \cdot sq^{-1}$。这个工作首次证明了石墨烯具有批量制备的潜能。随后，也有人采用类似的铜箔放置方式，在常压化学气相沉积系统中制备了高质量大面积石墨烯薄膜。[2]

除了将铜箔卷曲起来之外，也可以采用其他的堆积方式，更加有效地利用石英管内部空间。虽然在其他产品的化学气相沉积制备过程中，过于密集的堆积有可能造成产品的不均一性，然而，由于石墨烯只有一个原子厚度，因此可能并不受到这种空间上的限制。2018 年，中国科学院苏州纳米技术与纳米仿生研究所刘立伟课题组[3]将铜箔堆叠放置，中间以碳纸分隔开来以防止铜箔在高

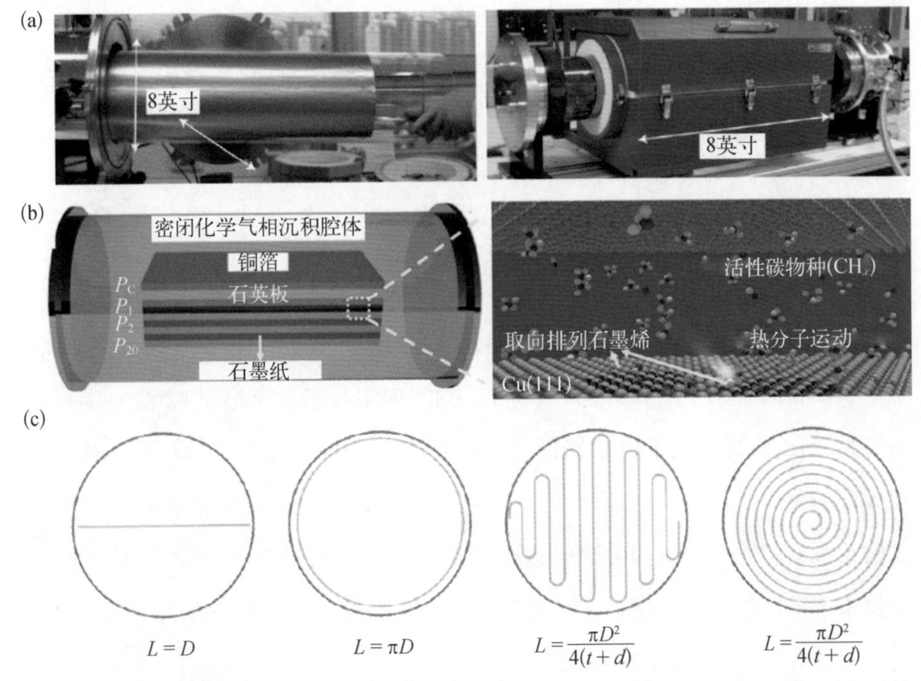

图 11-2　石墨烯薄膜规模制备的批次制程

（a）30 英寸铜箔卷曲在 8 英寸石英管内部照片；（b）铜箔在石英管内部的堆垛放置结构；（c）不同铜箔堆垛方式的空间利用率

温下黏连[图 11-2(b)]。研究人员采用了一种所谓的"静态气流"常压化学气相沉积(APCVD)方法，在通入足够量生长气体后，切断气体供给，保持生长腔体内部稳定的气体环境，有利于提高石墨烯生长的均匀性。随后北京大学刘忠范/彭海琳研究团队[4]将多晶铜箔卷成卷，并且在特定的微弱氧化环境下退火，实现了多晶铜箔的表面单晶化，形成了大面积的 Cu(100) 单晶。他们发现铜箔和铜箔贴合内部比保留在气体一侧的铜箔上石墨烯的生长速度快。他们认为，这是由于铜箔堆垛中间形成的小狭缝使气体流动变成分子流(molecular flow)，甲烷分子可以与铜箔表面快速碰撞，从而大大提高了生长速度。

考虑到批量制备的生产效率和成本，高效利用石英管内部空间非常重要。由于铜箔具有良好的柔性，在相同的石英管管径条件下，不同的铜箔堆叠方式具有完全不同的铜箔有效长度。如图 11-2(c)所示，设定石英管的直径为 D、铜箔的厚度为 t、铜箔与铜箔之间最小间隔为 d、铜箔有效长度为 L，采用直径放置、周长放置、堆叠放置、卷曲放置的铜箔有效长度公式如标注所示。采取堆叠放置和卷曲放置能实现的铜箔生长尺寸远远大于炉体特征尺寸，这对于降低生产成本具有重要价值。

11.1.2 卷对卷制程

除了静态批次制程，卷对卷方法也被广泛研究用于石墨烯的批量化制备。卷对卷制程通常用于在具有一定柔性的衬底（如塑料或金属箔材）上进行器件的加工集成，被广泛应用于电子器件、涂布、打印、太阳能电池等领域，是一种非常高效自动化的工业规模制备工艺。铜箔由于具有良好的柔性，能够很容易地集成到卷对卷制程之中。其关键问题在于设计合适的卷对卷生产设备，使得高温生长和连续化过程相结合。设计上应考虑的因素包括温度均一性、气流均一性、前驱体的有效混合，以及铜箔的应力控制等。

日本的 Hesjedal 等人[5]首次展示了卷对卷制程，图 11－3(a)是一种典型的卷对卷设备示意图。该方法采用常压化学气相沉积，生长气体通过气体扩散装置进入生长系统。铜箔通过 1 英寸的管式炉连接在两个辊轮上，运转速度为 1～40 cm/min。该方法制备的石墨烯质量不高，缺陷较多。2015 年，北京大学刘忠

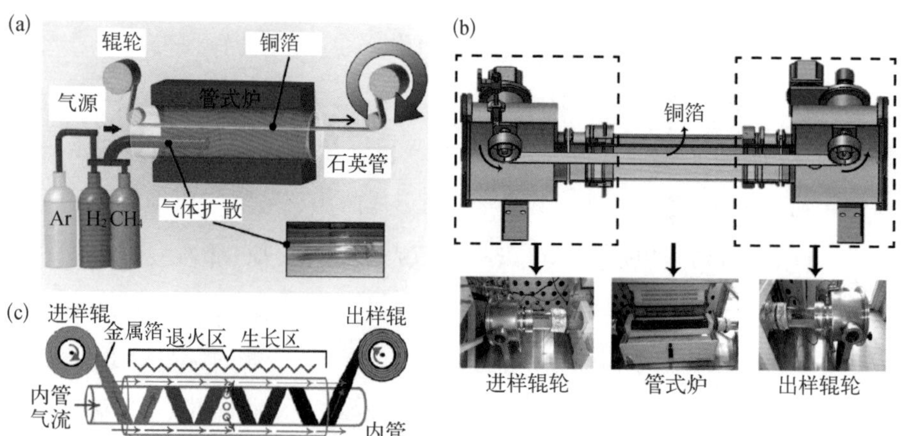

图 11－3 石墨烯的卷对卷批量制备制程示意图

（a）小尺寸铜箔表面石墨烯的卷对卷制备系统；（b）石墨烯同心轴卷对卷制备系统；（c）大尺寸铜箔表面石墨烯的卷对卷批量制备系统

范/彭海琳研究团队[6]改进该生长方法，提出了石墨烯的低压卷对卷化学气相沉积生长方法，并展示了 5 cm×60 cm 尺寸铜箔表面石墨烯薄膜的连续化制备，如图 11－3(b)所示。石英管的直径为 4 英寸，铜箔的运动由一个电动马达控制的步进电机控制，其运转速度为 0～50 cm/min。通过精确控制气体流量、运转速度等，单层石墨烯面电阻可达 600 $\Omega \cdot sq^{-1}$。此外，他们还将石墨烯用电化学鼓泡方法转移到塑料衬底上，实现了 5 cm×10 cm 尺寸的石墨烯透明导电薄膜的制备。

通常情况下，在石墨烯生长之前，需要将铜箔在氢气环境下退火，以除去铜箔表面的氧化层，增加铜单晶畴区尺寸，以得到高质量石墨烯薄膜。以上提到的两种卷对卷的炉体设计均无法实现退火的过程。为此，美国麻省理工学院的 Hart 课题组[7]提出了使用同心轴卷对卷化学气相沉积方法，如图 11－3(c)所示。炉体由内管和外管构成，薄铜箔缠绕在内管上，在辊轮的作用下连续地在内管和外管之间运转。高温区分为退火区和生长区，退火区由外管供给氢气退火，生长区由内管供给甲烷生长，在一次卷对卷过程中同时实现了退火和生长两个步骤。运转速度是石墨烯卷对卷制程的一个重要参数。通常而言，石墨烯薄膜的质量与产能不可兼得。要考虑石墨烯的成核和生长速度、气体供给等决定最优化的生长时间，进而确保在尽可能高的运转速度下实现高质量石墨烯薄膜的制备。

为了在卷对卷过程中确保稳定运转，必须对铜箔施加一定的应力。然而施加的应力必须限制在一个较小的数值范围内，以防止铜箔在高温下屈服。此外，有研究表明，生长在铜箔上的多晶石墨烯会在大约 0.44%的拉伸应力下断裂，这表明在卷对卷制备过程中，对铜箔施加的应力不应超过这个数值。有的卷对卷系统的设计通过铜箔自身的重力来实现应力的控制。Zhong 等人[8]报道了开口常压卷对卷化学气相沉积方法，他们采用垂直炉体设计，将铜箔悬挂起来，从而有效避免了化学气相沉积过程中的热膨胀和收缩。此外，也可以采用等离子体增强化学气相沉积(PECVD)方法降低石墨烯的生长温度，从而有效降低高温下铜箔在一定应力下的拉伸行为。比如，日本的 Yamada 等人[9]采用微波等离子体技术，成功地实现了 400℃下铜箔表面石墨烯的化学气相沉积制备。需要指出的是，通常采用等离子体辅助化学气相沉积方法制备的石墨烯质量较差。

总的来说，两种制程都能够满足大尺寸、高产能的石墨烯薄膜制备要求。相对而言，静态批次制程由于气流稳定、易实现退火过程、生长时间可控等特点，生长得到的石墨烯薄膜质量通常更高；而动态卷对卷制程的设备自动化程度更高，不需要大量的人工操作，而且理论上可以实现无限长度石墨烯薄膜的制备。因此，两种制程各有千秋，也都有进一步的改进和发展空间。

11.2 工业级别的制备装备

化学气相沉积设备是石墨烯合成的关键。特别地，对于化学气相沉积而言，温度的控制是核心，因此加热模式是需要考虑的主要因素。此外，等离子体化学气相沉积是现代工业中降低生长温度和节约耗能的一种有效方法，因此也被用于石墨烯薄膜的批量制备。

11.2.1 热壁化学气相沉积

高温是石墨烯在金属表面生长的必要条件。通常实验室使用的热化学气相沉积(thermal chemical vapor deposition, TCVD)方法采用电阻加热的方式，同时对石英管和生长基底加热，属于热壁化学气相沉积(hot-wall chemical vapor deposition, HWCVD)。热壁化学气相沉积的原理以及基本结构等在本书前面章节已经有充分阐述，在此不做赘述。

热壁化学气相沉积设备较为简单，可放大性良好，因此适用于工业规模的放大。目前已经有诸多设备公司研制了可用于石墨烯规模化制备的热壁化学气相沉积设备，如图 11-4 所示。厦门烯成新材料科技有限公司开发了 G-CVD 石墨烯化学气相沉积系统，兼容真空和常压两种生长模式，该系统可实现毫米尺寸石墨烯大单晶以及数十厘米尺寸的石墨烯连续薄膜[图 11-4(a)]。北京石墨烯研究院研制的第二代卷对卷化学气相沉积系统采用热壁构造和低压化学气相沉积模式，可实现宽度达 20 cm、长度达数百米的石墨烯薄膜连续化制备，该设备石墨烯薄膜的年产能可达到 20000 m^2[图 11－4(b)]。欧洲石墨烯旗舰计划合作者德国爱思强公司研制了 Neutron 系统，该系统采用热壁常压化学气相沉积，石墨烯薄膜的年产能达到 20000 m^2[图 11－4(c)]。除了大面积石墨烯薄膜的制备，面向晶圆尺寸石墨烯的可规模化热壁化学气相沉积系统也逐渐面世。例如，德国爱思强公司研制的 CCS 2D 系统可实现绝缘基底上石墨烯的化学气相沉积制备，兼容 2～8 英寸晶圆尺寸。北京石墨烯研究院研发的石墨烯单晶晶圆系统也采用了热壁构造，该系统兼容常压和低压化学气相沉积，可实现 4～6 英寸石墨烯单晶晶圆的制备，设备年产能可达 1 万片[图 11－4(d)]。

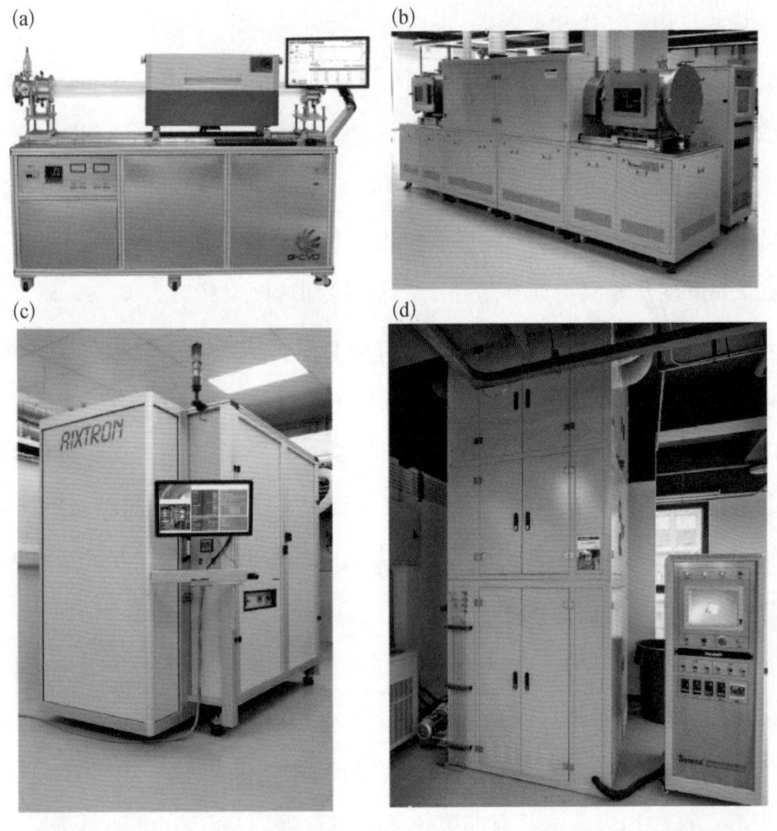

图 11－4　石墨烯薄膜的热壁化学气相沉积规模化制备设备

（a）厦门烯成新材料科技有限公司 G－CVD 系统；（b）北京石墨烯研究院第二代卷对卷化学气相沉积系统；（c）德国爱思强公司 Neutron 化学气相沉积系统；（d）北京石墨烯研究院石墨烯单晶晶圆系统

11.2.2 冷壁化学气相沉积

热壁化学气相沉积过程通常升温降温时间较长，限制了石墨烯薄膜制备的产能。高达1000℃的生长温度也会导致铜衬底的严重挥发，造成炉体的污染问题。因此，一种提高石墨烯制备效率、降低成本的方法是采用冷壁化学气相沉积系统(cold-wall chemical vapor deposition, CWCVD)。冷壁化学气相沉积系统只对生长衬底进行加热，可以实现快速升温和降温。多种加热类型的冷壁化学气相沉积方法被用于石墨烯薄膜的生长，包括电磁感应加热(inductive heating)、红外灯加热、电阻加热台、焦耳加热(joule heating)等。

工业上大规模金属加热经常采用电磁感应加热方法，其原理是螺旋线圈在交变电场的作用下产生交变磁场，进而在金属衬底诱导涡流加热。2013年，美国得克萨斯大学奥斯汀分校Ruoff研究团队[10]采用射频(radio frequency, RF)电磁感应加热铜箔衬底的方法快速制备石墨烯薄膜，其仪器的原理如图11-5(a)所示。该系统由真空泵、气体注入、电感线圈、射频电源等部分构成。通过光学测温计和射频电源的耦合，实现衬底温度的精确控制。感应加热模式可以实现铜箔在2 min内从室温快速升高到1035℃，冷却速度也高达30℃/s。研究发现，表面涡流对生长没有影响，这种方法制备的石墨烯质量可与热壁化学气相沉积石墨烯相媲美，其在室温大气环境下的迁移率超过10000 $cm^2 \cdot V^{-1} \cdot s^{-1}$。需要注意的是，这种射频加热的模式只适用于较厚的铜箔，至少达到125 μm。较薄的铜箔会有严重的熔化问题，而且很难控制射频功率使薄铜箔的温度保持稳定。

辐射加热也是一种非常快速的加热方式。2014年，韩国Cho研究团队[11]采用卤灯加热铜箔的方法实现了石墨烯的快速制备，如图11-5(c)所示。加热组件由24个并排的卤灯构成，卤灯辐射通过可见到红外波段的电磁波对石墨板基座直接加热，而石墨基板可以有效地将近红外光转换为热辐射，从而实现对铜箔更均匀的加热效果。铜箔悬空在石墨板基座之间以减小由于加热膨胀导致的变形。这种加热方法具有非常快的加热速度，只需5 min即可从室温升高到970℃，而典型的热壁化学气相沉积系统需要大约1 h。这种方法制备的石

图 11-5　石墨烯薄膜的冷壁化学气相沉积规模化制备设备

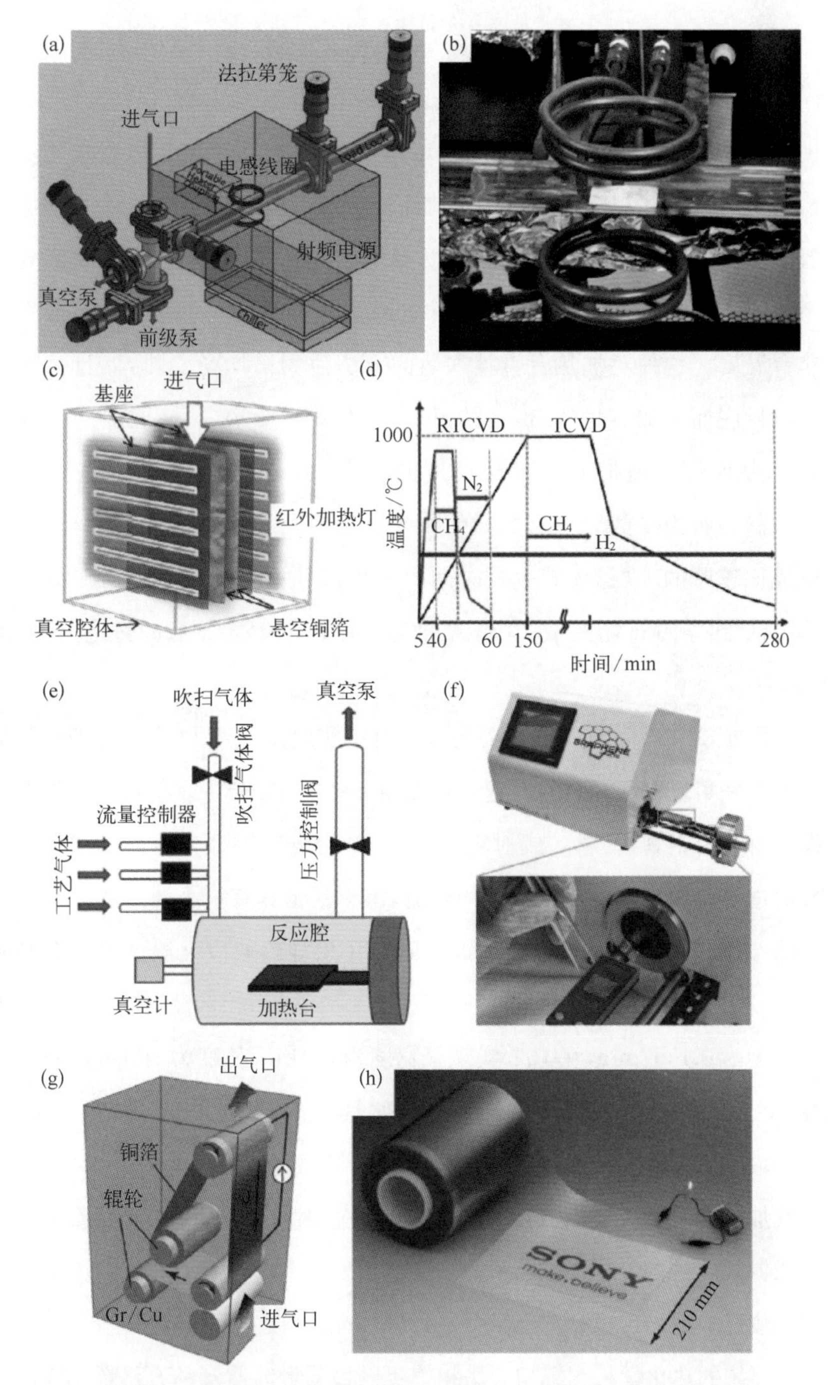

(a)(b) 电磁感应加热系统用于铜箔加热制备石墨烯的仪器原理图和实物图；(c)(d) 红外加热法用于铜箔快速加热制备石墨烯的仪器原理图及升降温曲线；(e)(f) 电阻加热法用于铜箔加热快速制备石墨烯的仪器原理图和实物图；(g)(h) 焦耳加热法用于铜箔表面石墨烯的快速制备卷对卷系统示意图及转移后的石墨烯/PET 卷

墨烯也具有非常高的质量，可与热化学气相沉积方法制备的石墨烯薄膜相媲美，单层石墨烯面电阻达到 249 Ω·sq^{-1}。

2015 年，英国埃克塞特大学 Craciun 课题组[12]报道了采用电阻加热台的方法给铜箔加热，其方法以及原理图如图 11－5(e)所示。反应腔体主要由一个电阻加热台和一个热电偶组成，可以实现 1100℃ 的稳定温度。铜箔放置在石墨材质的加热台上，加热台由内置电阻直接加热，并通过热电偶精确控制加热台温度。这种对加热台直接加热的方法使铜箔均匀受热，而且只加热铜箔生长衬底而不加热炉体，铜箔的温度可以达到 1000℃，而腔体的温度只有 100℃，从而有效地抑制了气相反应的发生，有利于均匀石墨烯的生长。这种方法制备石墨烯的原理与典型的制备过程有所不同：在生长的早期，铜表面形成比较厚的碳层，随着生长时间的延长，碳层逐渐变薄，最后形成石墨烯。该方法制得的石墨烯薄膜非常均匀，在 1.4 K 温度下的迁移率可达 3300 cm^2·V^{-1}·s^{-1}。

除此之外，2013 年，日本索尼公司先进材料实验室[13]提出一种基于焦耳加热铜箔方法来实现石墨烯的卷对卷批量制备。如图 11－5(g)所示，焦耳加热卷对卷设备由不锈钢真空腔体、成对辊轮、电流供给电极等部分组成。悬空的铜箔两端通过电流供给电极负载一定的电流，由于铜箔具有很小的热辐射率(ε = 0.04)和很高的热导率(thermal conductivity)，在焦耳热效应下温度可以升高到 1000℃。一次典型的实验中，固定电流密度 $J = 82$ A·mm^{-2}，温度为 950℃，铜箔绕行速度为 0.1 m/min，在 16 h 实现了宽度为 0.21 m、长度为 100 m 的石墨烯薄膜生长。这种方法制备的石墨烯薄膜具有较高的质量，面电阻约为 500 Ω·sq^{-1}，而且在长度方向比较均匀。但需要注意的是，由于边缘热损失，铜箔焦耳加热在宽度方向的温度分布并不均匀。因此，铜箔中心的石墨烯覆盖度高于边缘。

值得注意的是，大多数冷壁化学气相沉积方法获得的石墨烯质量不高，只有少数可与传统的热化学气相沉积方法相媲美。目前最高质量的石墨烯薄膜材料基本上都来自传统的电阻加热热壁化学气相沉积方法。因此，人们仍然需要探索新的方法和工艺，以进一步提高冷壁化学气相沉积方法的竞争力。

11.2.3 等离子体化学气相沉积

等离子体化学气相沉积也是一种石墨烯薄膜低温制备广泛使用的方法。等离子体化学气相沉积具有诸多优点，比如沉积速率高、沉积温度低、成膜质量好，是一种应用极其广泛的成膜技术。尤其是在合成碳材料方面，等离子体化学气相沉积方法一直是一种重要的方法。等离子体化学气相沉积的基本原理是在高频或者直流电场的作用下，反应气体电离形成等离子体和高能电子，提供化学反应所需活性自由基物种以及能量，制备所需的薄膜。典型的等离子体化学气相沉积设备主要由三部分构成：气源、等离子体发生器和真空加热系统。等离子体发生器是等离子体化学气相沉积的关键组件，根据等离子源的不同，一般分为以下三种类型。(1) 直流等离子体化学气相沉积(direct current plasma chemical vapor deposition，DCPCVD)：直流高压作为激发源，使低压反应气体发生辉光放电产生等离子体。(2) 射频等离子体化学气相沉积(radio frequency plasma chemical vapor deposition，RFPCVD)：利用高频电压产生射频放电形成等离子体，又可以分为电容耦合和电感耦合，使用频率通常为13.56 MHz。(3) 微波等离子体化学气相沉积(microwave plasma chemical vapor deposition，MWPCVD)：利用高频电压产生微波放电形成等离子体，使用频率通常为2.45 GHz。以上类型中，微波等离子体具有最高的能量，气体解离度最高，化学反应容易进行。气体反应物种和低压是等离子体化学气相沉积的必要条件。含碳气体提供石墨烯生长所需要的碳源，而氢气和氧气也通常添加到反应腔体中以刻蚀无定形碳，从而实现高质量石墨烯的生长。等离子体化学气相沉积可以实现低温和快速生长，对于提高石墨烯的产能、降低制备成本具有重要的意义。

多种等离子体增强化学气相沉积技术都被用于石墨烯的制备，包括微波等离子体化学气相沉积和射频等离子体化学气相沉积，以及在镍箔、铜箔、铝箔等多种生长衬底上生长。2011 年，吉林大学郑伟涛课题组[14]使用 Ni/SiO_2/Si 作为生长衬底，利用射频等离子体化学气相沉积技术，实现了少层石墨烯在650℃下的低温快速制备。通常的等离子体化学气相沉积中，生长衬底放置在两个电极之一上，石墨烯的生长受到电场的取向作用而垂直于衬底生长，这不利于制备平行于衬底的石墨烯薄膜。为了消除取向依赖性，有人提出远程等离子体化学气相沉积方法。[15]该方法采用镍作为生长衬底，将其放置在远离等离子源区域，利用气相输运将活性自由基输运到多晶镍箔生长衬底上，实现了温度在650～700℃的单层或少层石墨烯的快速生长，他们发现加入氢气有助于实现高质量石墨烯的生长。随后，台湾大学的Gong-Ru Lin课题组实现了无氢气条件下Ni薄膜上射频等离子体化学气相沉积，并且仔细研究了石墨烯厚度均匀性和结晶性与衬底温度、镍薄膜厚度、沉积时间的关系。他们发现，石墨烯生长的临界温度为475℃。在475℃以下，射频等离子体产生的碳物种无法溶解到镍体相中。他们还发现镍薄膜的临界厚度为30 nm，如果镍薄膜比30 nm薄，那么形成的是无定形碳或者是不连续的石墨烯。

与射频等离子体相比，微波等离子体具有更高密度的等离子体和自由基、相对低的电子温度，因此有利于减少衬底表面的离子轰击。早在2008年，Malesevic等人[16]就采用微波等离子体化学气相沉积方法合成了垂直的多层石墨烯。微波将生长衬底加热到700℃，多层石墨烯在没有催化活性的衬底上也可以生长。2012年，日本的Yamada等人[9]将微波等离子体化学气相沉积与卷对卷技术结合，实现了石墨烯的低温批量制备。其设备原理如图11－6(a)所示，八个同轴天线和两个微波等离子体发生器用来产生等离子体。通过控制石英管与样品台的距离，控制铜衬底的温度在100～400℃。这种方法制备的石墨烯厚度为2～10 nm。除了铜箔衬底，Kim等人[17]也实现了镍薄膜上石墨烯的微波等离子体制备，生长温度为450～750℃。石墨烯的层数依赖氢气和甲烷的比例，使用比较高的氢气甲烷比例(80∶1)可以得到单层石墨烯。需要注意的是，尽管采用高能微波等离子体可以有效降低生长温度，然而在低温下合成的石墨烯具有更多的缺陷。

2015年，加州理工学院Yeh课题组[18]采用微波等离子体方法，在温度低至420℃下制备了极高质量的石墨烯，如图11－6(b)～(d)所示。首先，他们在反应

图 11-6 石墨烯薄膜的等离子体化学气相沉积制备方法

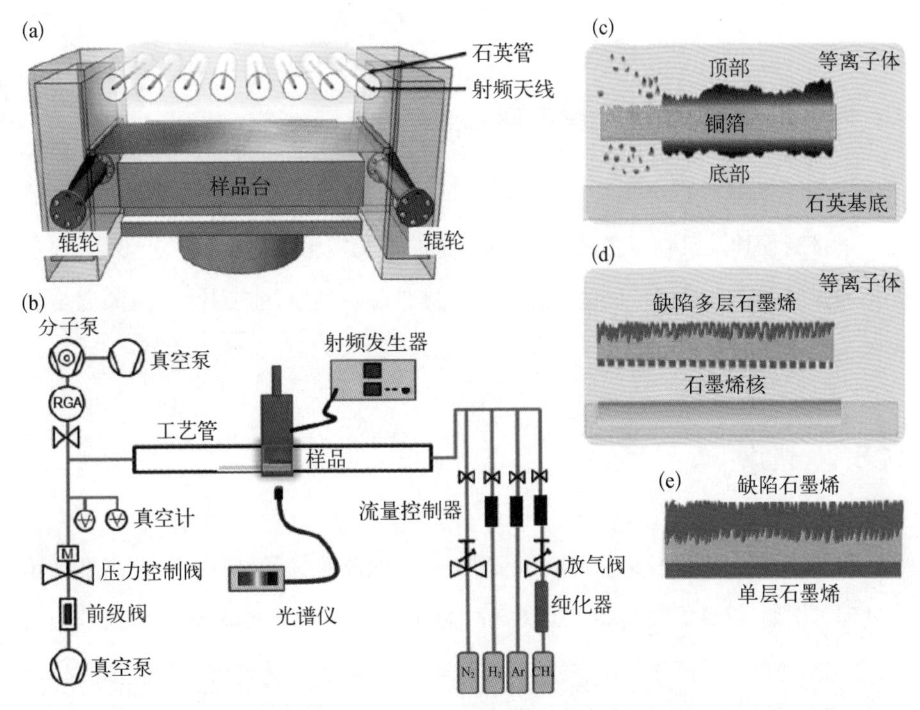

（a）卷对卷微波等离子体化学气相沉积系统示意图；（b）用于石墨烯低温制备的微波等离子体设备示意图；（c）~（e）石墨烯生长过程示意图

气体中加入少量的 N_2，微波作用下解离形成氰基自由基，有效地清洁了铜箔表面的氧化物，并使得铜箔表面极其平整；然后，石墨烯在铜箔的正反面成核生长；随着时间的延长，铜箔的上表面覆盖了无序的石墨层，而在紧贴石英衬底一侧的铜箔表面生长的石墨烯具有极高的质量。这种生长方法制备的石墨烯，其电子迁移率高达 40000 $cm^2 \cdot V^{-1} \cdot s^{-1}$，远高于之前报道的等离子体化学气相沉积制备的石墨烯。

只有少数研究工作采用等离子体化学气相沉积方法实现了高质量石墨烯的制备。由于高能等离子体辅助了碳源裂解，打破了铜衬底上石墨烯生长的自限制效应，因此与传统的基于低压热化学气相沉积系统相比，等离子体化学气相沉积制备的石墨烯厚度难以控制。此外，等离子体化学气相沉积通常采用低温生长，这不利于活性碳物种在生长衬底表面的扩散，因此不利于大畴区石墨烯薄膜的生长。

11.3 批量制备的关键参数

一旦制程和设备确定之后，需要做大量的正交实验优化生长工艺参数，包括催化剂衬底、前驱体材料、温度、压力、气体流量等。其中，前驱体的选择、温度和压力是最重要的参数。

11.3.1 碳源

碳源的裂解是启动石墨烯生长的第一步。碳源的脱氢反应是一个高度吸热的过程。例如，甲烷需要高达 1200℃和 1300℃的温度才能热裂解形成乙烯和乙炔。因此，通常需要催化剂衬底或者等离子体辅助的方法才能够实现碳源在较低温度下的有效裂解。不同的碳源前驱体其碳氢键键能差异较大，因此具有不同的裂解温度。使用具有较低碳氢键键能的碳源自然有助于降低能源输入，实现低温生长。因此，除了气态的甲烷，人们也研究了大量其他的碳源，比如乙烯、乙烷，乃至液体碳源和固体碳源，以实现石墨烯的低温生长，提高石墨烯的生长速度和结晶质量。

甲烷是石墨烯生长最常用的碳源。然而，由于甲烷的碳氢键键能非常高(431 kJ/mol)，其热裂解是非常困难的。因此，人们也尝试采用其他气态碳源。例如，北京大学刘忠范/彭海琳研究团队[19]采用乙烷作为生长前驱体，实现了大尺寸单晶石墨烯在铜箔表面的快速制备。乙烷具有相对较低的碳碳键键能(368 kJ/mol)，因此可以产生更多的 CH_3 自由基，如图 11－7(a)所示。采用乙烷作为生长的碳源，可以在低至 750℃下生长石墨烯。与此相比，采用甲烷碳源时，在 900℃以下就无法生长石墨烯。此外，人们还采用乙烯作为生长碳源，在 Pt(111)表面实现了 730℃下的石墨烯生长。[20]

液态碳源也可以用来生长石墨烯以降低生长温度。2011 年，中国科学技术大学李震宇课题组[21]使用苯作为碳源，在温度低至 300～500℃下制备了石墨烯分立畴区。与甲烷相比，苯具有较低的脱氢裂解活化能和成核生长势垒。但是这种方

图 11-7 气态和液态碳源生长石墨烯

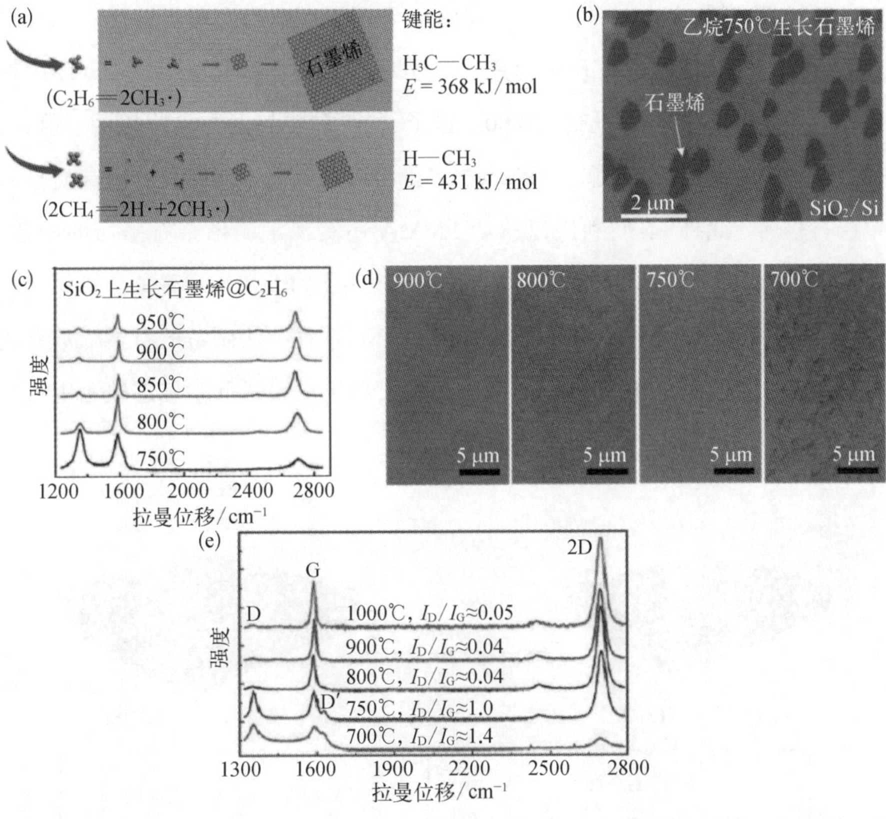

(a) 乙烷生长石墨烯原理图;(b) 乙烷 750℃生长石墨烯的电子显微镜图像;(c) 乙烷碳源在不同温度下生长石墨烯的拉曼光谱;(d) 乙醇碳源在不同温度下生长石墨烯的电子显微镜图像;(e) 乙醇碳源在不同温度下生长石墨烯的拉曼光谱

法无法实现分立石墨烯畴区的拼接,而且需要将铜箔在 1000℃退火处理才能实现石墨烯的生长。2012 年,Ruoff 研究团队[22]采用甲苯作为碳源在 500～600℃实现了满单层石墨烯薄膜制备。甲苯最弱的碳氢键是甲基碳氢键,其键能为 324 kJ/mol,远低于甲烷的碳氢键键能。须注意的是,该低温生长方法也需要预先对铜箔进行高温(1000℃)退火,以清洁铜箔表面的氧化物等杂质,提高铜的催化性能。然而,无论是苯还是甲苯都具有毒性。因此,日本的 Maruyama 课题组[23]提出使用乙醇作为碳源实现石墨烯的低压化学气相沉积制备,如图 11-7(d)(e)所示。他们发现,通过极大地降低乙醇的供给,可以实现铜箔表面单层石墨烯的自限制生长。随后,他们还报道了采用乙醇作为碳源合成5 mm尺寸的单晶石墨烯,这表明乙醇可以作为低成本、无毒的碳源前驱体实现高质量石墨烯的制备。

2010年，美国莱斯大学的Tour课题组[24]用固态碳源实现了铜衬底上石墨烯的低温制备，如图11-8所示。具体过程为：在铜衬底上旋涂100 nm厚度聚甲基丙烯酸甲酯(PMMA)，并在800℃以上、氢气和氩气混合气体环境下退火。通过合理的条件控制，蔗糖、芴、PMMA等都可以在低温下制备具有较高质量的单层石墨烯。此外，他们利用氮掺杂PMMA还实现了氮掺杂石墨烯的制备。2011年，中国科学技术大学的李震宇课题组[21]采用PMMA和聚苯乙烯作为碳源，在低至400℃下实现了石墨烯的生长。然而，这种方法制备的石墨烯具有大量的缺陷。总体而言，使用固态碳源生长的石墨烯质量远低于气态碳源生长的石墨烯。

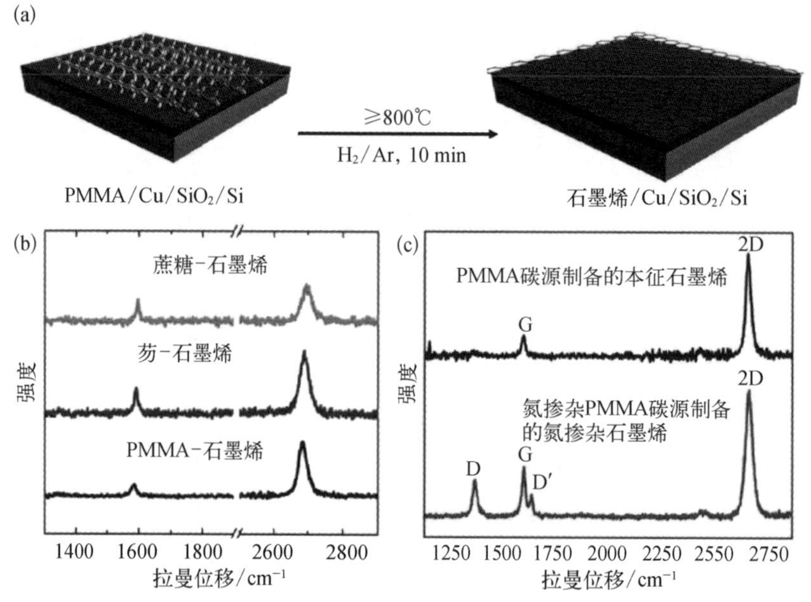

图11-8 固态碳源用于石墨烯的低温生长

(a) PMMA作为碳源在铜衬底上低温生长石墨烯示意图；(b) 三种固态碳源（蔗糖、芴、PMMA）生长的石墨烯拉曼光谱；(c) PMMA碳源制备的本征石墨烯以及氮掺杂PMMA碳源制备的氮掺杂石墨烯的拉曼光谱

11.3.2 腔体压力

腔体压力(chamber pressure)是石墨烯生长的关键热力学因素之一。人们

已经能够在各种压力条件下实现高质量石墨烯的生长，包括高真空（$10^{-6} \sim 10^{-4}$ Torr）、低压（0.1～1 Torr）、常压（760 Torr），甚至正压（大于 760 Torr）等。由于高真空技术实现比较困难，而正压比较危险，因此，低压和常压是石墨烯化学气相沉积制备的两种主要模式。

腔压对管式炉中气体的流动具有决定性的影响。通常气体的流动用克努森数（Kn）描述，其定义为分子平均自由程（l）和腔体特征尺寸（d）的比值：

$$Kn = l/d \tag{11-1}$$

如图 11－9(a)所示，根据克努森数值大小，气体的流动分为三个区间：黏滞流（viscous flow，$Kn < 0.01$），过渡流（transition flow，$0.01 < Kn < 0.5$）和分子流（molecular flow，$Kn > 0.5$）。对于特定的化学气相沉积腔体，腔体的特征尺寸是固定的，因此克努森数主要由平均自由程决定。在典型的常压和低压生长条件下，通常气流都是黏滞流。根据雷诺数（Re）的差别，黏滞流又可以分为层流（laminar flow）和湍流（turbulence flow）：

$$Re = \rho v \eta / l \tag{11-2}$$

式中，ρ 代表气体密度；v 代表气体流速；η 代表动力学黏度；l 代表腔体特征尺寸。通常的化学气相沉积腔体中的雷诺数在数百量级。如果雷诺数超过 2300，将会发生从层流到湍流的过渡。在石墨烯的生长过程中，应当尽可能地避免湍流，以避免传质的不均一性，这是批量制备石墨烯设备设计和参数优化的一个原则。

常压化学气相沉积和低压化学气相沉积的主要区别在于气相物种的扩散速率。气体的扩散率（diffusivity，D）取决于体系压力和温度，也就是 $D \propto T/P$。因此，在相同的温度下，低压化学气相沉积的 D 值比常压化学气相沉积高几个数量级。而通过边界层的传质速率正比于 D/δ。可见，低压化学气相沉积的传质速率远高于常压化学气相沉积。这种区别会导致常压和低压下碳物种的分布差异。如图 11－9(b)所示，中国科学技术大学的李震宇课题组[25]理论模拟了甲烷在化学气相沉积腔体里面的分布。在常压条件下，甲烷具有很大的浓度梯度，而且在管壁表面的浓度最低；与此相反，在低压条件下，甲烷的分布非常均匀。因

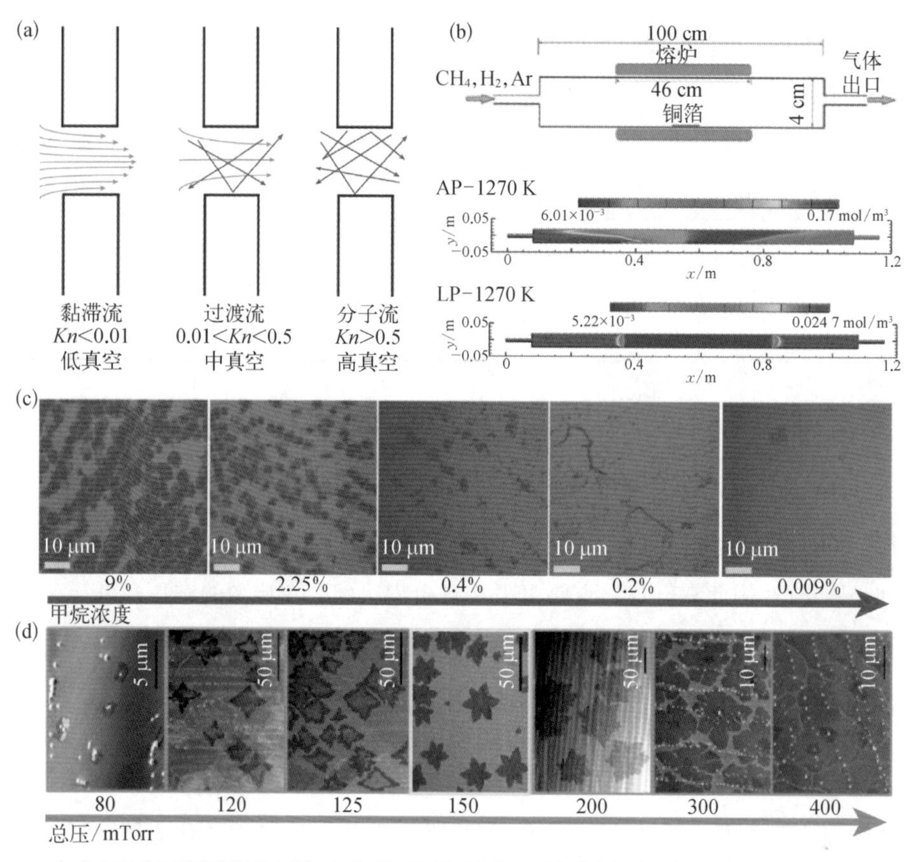

图 11-9 腔体压力对化学气相沉积生长石墨烯的影响

（a）三种典型的气体流动区间；（b）常压和低压条件下反应腔中气体分布；（c）常压化学气相沉积不同甲烷浓度在铜箔上生长的石墨烯转移到 SiO_2/Si 衬底上的光学显微镜图像；（d）低压化学气相沉积不同总压下铜箔上生长的石墨烯的电子显微镜图像

此，在低压条件下，石墨烯在铜衬底表面的生长是表面反应控制的过程；而在常压下，其生长是传质控制的过程。

在低压条件下，可以在很宽的反应窗口下实现生长超过 95%的单层覆盖度的石墨烯，也就是所谓的自限制生长。碳源在低压条件下的保留时间很短，抑制了复杂的气相化学反应。需要注意的是，铜箔上石墨烯的生长经常出现一些小的双层岛状区域，这通常被认为是由于碳源限域在第一层石墨烯和铜衬底之间反应形成的。相反，在常压条件下，若甲烷浓度很低（百万分之一量级，ppm①），可以获得单层石墨烯；若甲烷浓度高（体积分数为 5%～10%），往往得到比较厚

① 1 ppm=10^{-6}。

的石墨烯畴区，如图 11－9(c)所示。[26] 较高的甲烷浓度会导致发生气相反应，产生大量的碳碎片沉积在石墨烯表面形成多层。因此，需要合理地优化生长参数以实现石墨烯生长的均匀性。此外，压力也会影响石墨烯畴区的生长速度和畴区尺寸。如图 11－9(d)所示，在相同的气流速率和生长时间下，较高的压力可以实现石墨烯较大的覆盖度生长，[27] 这是由于较高的压力条件下甲烷的分压较大。

需要注意的是，在高温和低压的生长条件下铜衬底有严重的挥发问题。铜的蒸气压为 6×10^{-5} Torr，这意味着在 1000℃ 的高温下每秒钟会有 4 个铜原子层挥发。一方面，铜在低压化学气相沉积条件下的挥发有利于平整化铜表面。另一方面，铜的挥发也会在生长过程中导致铜表面的粗化，这是由于被石墨烯覆盖的铜的挥发受到抑制。此外，铜的挥发还会导致铜蒸气在石英管冷端的沉积，这对于设备的维护也是不利的。相对而言，铜在常压化学气相沉积条件下的挥发严重程度远低于低压化学气相沉积。

参考文献

[1] Bae S, Kim H, Lee Y, et al. Roll-to-roll production of 30-inch graphene films for transparent electrodes[J]. Nature Nanotechnology, 2010, 5(8): 574－578.

[2] Vlassiouk I, Fulvio P, Meyer H, et al. Large scale atmospheric pressure chemical vapor deposition of graphene[J]. Carbon, 2013, 54: 58－67.

[3] Xu J, Hu J, Li Q, et al. Fast batch production of high-quality graphene films in a sealed thermal molecular movement system[J]. Small, 2017, 13(27): 1700651.

[4] Wang H, Xu X, Li J, et al. Surface monocrystallization of copper foil for fast growth of large single-crystal graphene under free molecular flow[J]. Advanced Materials, 2016, 28(40): 8968－8974.

[5] Hesjedal T. Continuous roll-to-roll growth of graphene films by chemical vapor deposition[J]. Applied Physics Letters, 2011, 98(13): 133106.

[6] Deng B, Hsu P C, Chen G, et al. Roll-to-roll encapsulation of metal nanowires between graphene and plastic substrate for high-performance flexible transparent electrodes[J]. Nano Letters, 2015, 15(6): 4206－4213.

[7] Polsen E S, McNerny D Q, Viswanath B, et al. High-speed roll-to-roll manufacturing of graphene using a concentric tube CVD reactor[J]. Scientific Reports, 2015, (5): 10257.

[8] Zhong G, Wu X, D'Arsie L, et al. Growth of continuous graphene by open roll-to-roll chemical vapor deposition [J]. Applied Physics Letters, 2016, 109 (19): 193103.

[9] Yamada T, Ishihara M, Kim J, et al. A roll-to-roll microwave plasma chemical vapor deposition process for the production of 294 mm width graphene films at low temperature[J]. Carbon, 2012, 50(7): 2615 - 2619.

[10] Piner R, Li H, Kong X, et al. Graphene synthesis *via* magnetic inductive heating of copper substrates[J]. ACS Nano, 2013, 7(9): 7495 - 7499.

[11] Ryu J, Kim Y, Won D, et al. Fast synthesis of high-performance graphene films by hydrogen-free rapid thermal chemical vapor deposition[J]. ACS Nano, 2014, 8 (1): 950 - 956.

[12] Bointon T H, Barnes M D, Russo S, et al. High quality monolayer graphene synthesized by resistive heating cold wall chemical vapor deposition[J]. Advanced Materials, 2015, 27(28): 4200 - 4206.

[13] Kobayashi T, Bando M, Kimura N, et al. Production of a 100-m-long high-quality graphene transparent conductive film by roll-to-roll chemical vapor deposition and transfer process[J]. Applied Physics Letters, 2013, 102(2): 023112.

[14] Qi J L, Zheng W T, Zheng X H, et al. Relatively low temperature synthesis of graphene by radio frequency plasma enhanced chemical vapor deposition [J]. Applied Surface Science, 2011, 257(15): 6531 - 6534.

[15] Nandamuri G, Roumimov S, Solanki R. Remote plasma assisted growth of graphene films[J]. Applied Physics Letters, 2010, 96(15): 154101.

[16] Malesevic A, Vitchev R, Schouteden K, et al. Synthesis of few-layer graphene via microwave plasma-enhanced chemical vapour deposition [J]. Nanotechnology, 2008, 19(30): 305604.

[17] Kim Y, Song W, Lee S Y, et al. Low-temperature synthesis of graphene on nickel foil by microwave plasma chemical vapor deposition[J]. Applied Physics Letters, 2011, 98(26): 263106.

[18] Boyd D A, Lin W H, Hsu C C, et al. Single-step deposition of high-mobility graphene at reduced temperatures[J]. Nature Communications, 2015, (6): 6620.

[19] Sun X, Lin L, Sun L, et al. Low-temperature and rapid growth of large single-crystalline graphene with ethane[J]. Small, 2017, 14(3): 1702916.

[20] Cushing G W, Johánek V, Navin J K, et al. Graphene growth on Pt (111) by ethylene chemical vapor deposition at surface temperatures near 1000 K[J]. The Journal of Physical Chemistry C, 2015, 119(9): 4759 - 4768.

[21] Li Z, Wu P, Wang C, et al. Low-temperature growth of graphene by chemical vapor deposition using solid and liquid carbon sources[J]. ACS Nano, 2011, 5(4): 3385 - 3390.

[22] Zhang B, Lee W H, Piner R, et al. Low-temperature chemical vapor deposition growth of graphene from toluene on electropolished copper foils[J]. ACS Nano,

2012, 6(3): 2471 - 2476.

[23] Zhao P, Kumamoto A, Kim S, et al. Self-limiting chemical vapor deposition growth of monolayer graphene from ethanol [J]. The Journal of Physical Chemistry C, 2013, 117(20): 10755 - 10763.

[24] Sun Z, Yan Z, Yao J, et al. Growth of graphene from solid carbon sources[J]. Nature, 2010, 468(7323): 549 - 552.

[25] Li G, Huang S H, Li Z. Gas-phase dynamics in graphene growth by chemical vapour deposition [J]. Physical Chemistry Chemical Physics, 2015, 17 (35): 22832 -22836.

[26] Bhaviripudi S, Jia X, Dresselhaus M S, et al. Role of kinetic factors in chemical vapor deposition synthesis of uniform large area graphene using copper catalyst[J]. Nano Letters, 2010, 10(10): 4128 - 4133.

[27] Zhang Y, Zhang L, Kim P, et al. Vapor trapping growth of single-crystalline graphene flowers: synthesis, morphology, and electronic properties [J]. Nano Letters, 2012, 12(6): 2810 - 2816.

第 12 章

转移技术

化学气相沉积法能够在过渡金属,尤其是铜衬底表面生长大尺寸、高质量、层数可控的石墨烯薄膜,是目前制备石墨烯薄膜的主流方法。为实现石墨烯的实际应用,通常需要将其从生长衬底转移至目标衬底。转移技术成为限制石墨烯优异性能发挥的重要因素。大面积、高完整度、高洁净度、低缺陷密度、低成本、绿色转移技术是当前石墨烯领域的重大挑战之一。本章我们将选择目前最常用的四类转移方法逐一介绍,分别是聚合物辅助转移法、电化学鼓泡法、插层转移法和机械剥离法。

12.1 聚合物辅助转移法

对于铜等金属衬底上生长的石墨烯,需要选择其中一面进行转移。单原子层厚度的石墨烯薄膜无法实现大面积自支撑,转移中通常需要使用聚合物作为转移媒介,此类方法统称为聚合物辅助转移法。聚合物的选择一般遵循以下原则:(1) 与石墨烯作用力适中;(2) 自支撑性好;(3) 容易完全去除;(4) 不与生长衬底的刻蚀剂反应,同时需要兼顾成本、可放量性与环境友好性等因素。

石墨烯转移中常用的聚合物包括聚甲基丙烯酸甲酯(PMMA)、聚碳酸酯(polycarbonate, PC)、聚二甲基硅氧烷(PDMS)、聚苯乙烯(PS)、松香(rosin)、并五苯(pentacene)、9,9-螺二芴二苯基氧化磷(SPPO1),以及热释放胶带(thermal released tape, TRT)等。下面以最常用的PMMA为例,对聚合物辅助转移法进行介绍。一般来说,该方法主要有以下五个步骤(图12-1)。

(1) 将PMMA旋涂至石墨烯样品表面并进行固化;

(2) 将无须转移的一面石墨烯设法除去(通常用等离子体刻蚀);

(3) 将PMMA/石墨烯/铜箔浸泡到特定的刻蚀剂中,去除铜衬底;

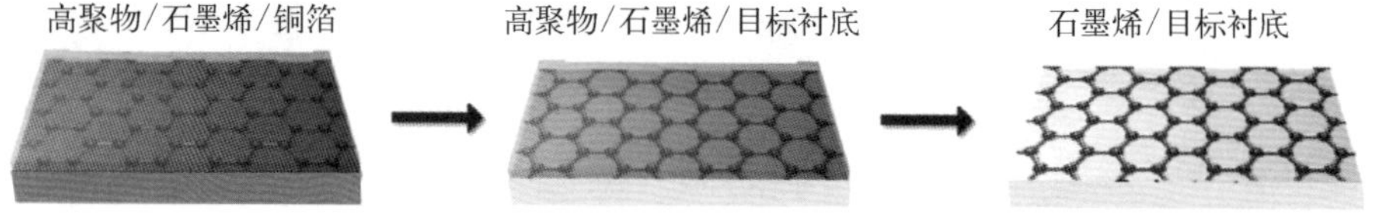

图 12-1 聚合物辅助石墨烯转移的基本流程图

(4) 将 PMMA/石墨烯在去离子水中多次清洗后转移到目标衬底上，随后通过加热等方法实现石墨烯与衬底的紧密贴合；

(5) 用丙酮等有机溶剂溶解掉 PMMA，只留石墨烯在衬底上。

PMMA 辅助转移法简单易行、可重复性好，自北京大学刘忠范研究团队[1]首次报道以来，迅速得到广泛应用，相关机理研究和工艺优化也快速推进。Ruoff 课题组指出，固化后的 PMMA 薄膜是硬质涂层，难以与目标衬底完全贴合，导致石墨烯与衬底间作用力较弱。[2] 在 PMMA 除去后，未贴合区域的石墨烯不能自支撑，会出现大量褶皱和裂纹以释放应力。因此，增加石墨烯与衬底的贴合，释放石墨烯的应力是减少褶皱和破损的关键。软化 PMMA 膜，如将 PMMA/石墨烯/目标衬底在 PMMA 玻璃化转变温度(150℃)下长时间烘烤(12 h 以上)，或在其表面再次旋涂 PMMA 溶液，溶解已有的固化膜，都能释放石墨烯的应力，减少石墨烯薄膜的褶皱和破损。[2,3] 石墨烯与衬底贴合的环境和方式也会影响转移后的褶皱密度和完整度。改性目标衬底，如使用空气等离子体或体积比为 7∶3 的浓硫酸与过氧化氢混合溶液对衬底进行表面清洁和亲水性处理，能增加石墨烯与衬底的贴合度。[4,5] 捞取聚合物/石墨烯时，通过提高温度或加入异丙醇、乙醇等溶剂降低液体的表面张力，能促进 PMMA/石墨烯膜的应力释放。[3] 优化衬底捞取样品时的角度和速度同样能降低褶皱密度。Loh 研究团队[3] 使用 N_2 预处理 SiO_2/Si 衬底，使其在铜刻蚀阶段与石墨烯形成毛细管桥来增强石墨烯与目标衬底之间的黏附力，解决了大面积石墨烯薄膜转移的褶皱和破损问题。

为避免液体封装在石墨烯与衬底之间引起额外的掺杂和散射，须将聚合物/石墨烯充分干燥后再与衬底贴合。PDMS-PMMA 复合结构借助 PDMS 的大面积自支撑性，能避免 PMMA/石墨烯干燥过程中的变形和破损，实现石墨烯薄膜的大面积高质量转移。PDMS 可直接剥离去除，工艺简单、洁净。该方法同样适用于悬空石墨烯的制备。由于部分区域缺少支撑，除胶后悬空样品的破损问题更严重。将 PMMA/石墨烯/多孔衬底置于氢氩混合气中高温退火除胶，相较于丙酮溶解或熏蒸除胶的样品，能进一步提高悬空石墨烯薄膜的完整度。[4]

除褶皱和破损外，污染物的存在也影响转移后石墨烯薄膜的性能。按照转移流程的先后顺序，污染物主要有生长衬底残留、刻蚀剂残留和聚合物残留三大类。针对生长衬底不能完全刻蚀的问题，北京大学刘忠范课题组使用电化学刻蚀法取代常规化学刻蚀，既可避免铜的氧化物残留，又能去除石墨烯薄膜表面的金属杂质[5]。刻蚀剂的残留除清洗不充分外，也与氯化铁、硝酸铁等在清洗过程中 Fe^{3+} 水解有关。据此，可以将 PMMA/石墨烯膜放入稀酸中溶解掉多余的金属杂质或选用过硫酸钠、过硫酸铵等作为替代刻蚀剂。[6]此外，对于表面不洁净的样品，也可借鉴半导体领域的 RCA 标准清洗法，先浸入 H_2O、H_2O_2 和 HCl 的混合溶液(体积比 20∶1∶1)中去除杂质和重金属离子等，再放入 H_2O、H_2O_2 和 NH_4OH 的混合溶液(体积比 5∶1∶1)中去除难溶的有机污染物。[7]

减少 PMMA 残留量的策略可分为四类。一是降低 PMMA 溶液浓度或旋涂厚度，减弱 PMMA 与石墨烯的相互作用，进而减少 PMMA 残留量。[8,9]实验上已证明该方法能够降低转移后石墨烯薄膜的表面粗糙度，提升样品的电学性能。二是将丙酮替换为其他对 PMMA 具有强溶解性的溶剂，如氯仿、氢氧化钠等。三是将 PMMA 替换为聚碳酸酯[10]、松香[11]、庚烷、石蜡等与石墨烯作用力更弱、在丙酮等溶剂中溶解性更强的辅助转移媒介材料。四是引入后处理工艺，如超高真空退火、弱氧化气氛退火、金属纳米颗粒吸附、等离子体清洗等，以去除石墨烯表面的聚合物残留。[12-15]

追本溯源，发展无聚合物辅助的石墨烯转移技术方能彻底解决石墨烯表面聚合物的残留问题。如图 12-2 所示，将一定厚度的金蒸镀到石墨烯表面作为转移支撑媒介，金膜后续可通过化学刻蚀去除，避免了聚合物的引入，转移后的石墨烯薄膜表面洁净度有所改善。[16]同时，在阵列器件加工全流程中，金膜先后发挥了保护石墨烯和作为接触电极的作用，体现了该工艺的巧妙之处。但金刻蚀工艺可能给石墨烯带来缺陷和额外的颗粒污染物，适用场合有限。

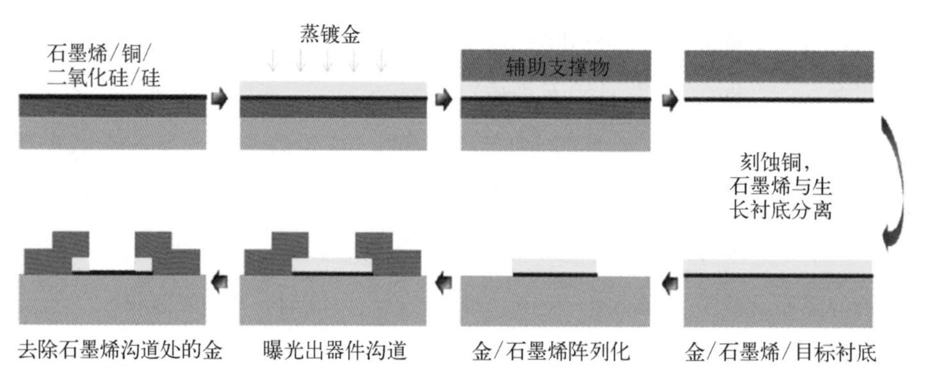

图 12-2 金薄膜替代聚合物，辅助石墨烯转移并用于电学器件的制备[16]

使用目标衬底作为石墨烯转移过程中的辅助支撑媒介，能够规避支撑媒介引入和去除工艺的负面影响。Chen 研究团队将带静电的目标衬底(静电发生器对衬底放电，在其表面产生均匀负电荷)与石墨烯/铜箔接触，辅以一定的压力，在石墨烯和目标衬底间形成较强的静电吸引力。[17] 在铜衬底刻蚀和样品清洗阶段，目标衬底对石墨烯起到辅助支撑作用，保证了石墨烯的高完整度。该方法适用于聚对苯二甲酸乙二醇酯(polyethylene terephthalate, PET)、SiO_2/Si 等多种衬底(图 12-3)。

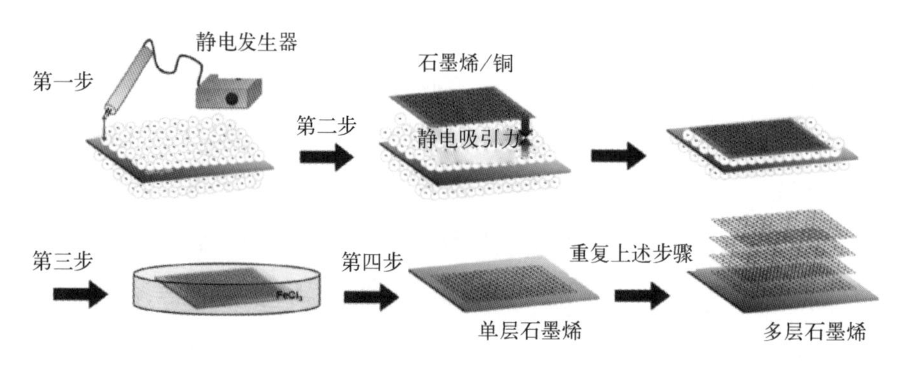

图 12-3 目标衬底替代聚合物，辅助支撑石墨烯薄膜，实现洁净转移[17]

同理，借助多孔衬底的辅助支撑作用，能够制备洁净的悬空石墨烯薄膜。如图 12-4(a)所示，加利福尼亚大学伯克利分校 Zettl 课题组借助石墨烯和多孔碳膜之间较强的范德瓦耳斯作用力，以透射电镜微栅载网作为目标衬底，实现了悬空石墨烯薄膜的制备。[18] 透射电镜表征结果证实了该方法制备的石墨烯薄膜表面洁净度明显提高。为解决悬空石墨烯的破损问题，北京大学刘忠范课题组使用蠕动泵将高表面张力(72 mN · m^{-1})的水溶液缓慢置换为低表面张力

图 12-4 表界面张力调控实现石墨烯的洁净无损转移

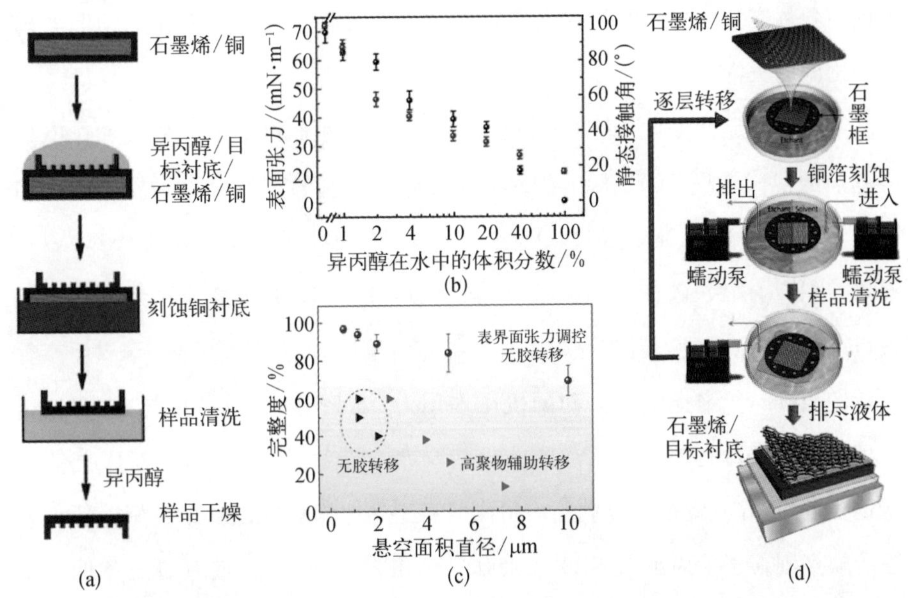

（a）无胶转移法制备悬空石墨烯的工艺流程图；[18]（b）异丙醇含量对水溶液表面张力和浸润性的影响；（c）石墨烯薄膜完整度与悬空尺寸和转移工艺的关系；[19]（d）表界面张力调控辅助厘米尺寸石墨烯薄膜的洁净转移[20]

(23 mN · m^{-1})的异丙醇，逐渐降低无衬底支撑区域石墨烯的表界面张力，促进石墨烯的应力释放，将其完整度从不足 60%提高到 95%[图 12-4(b)(c)]。[19]

研究表明，石墨烯与其下表面铜衬底的分离也可在石墨烯上表面无任何支撑媒介的情况下实现。此时，水溶液表界面张力的精细调控是实验成功的关键。如图 12-4(d)所示，台湾大学 Wu 课题组将样品放置在石墨框内进行限域，随后借助蠕动泵将水缓慢置换为异丙醇，促进石墨烯的应力释放，减少石墨烯周围的应力和扰动，成功实现了厘米尺寸石墨烯薄膜到平整衬底上的逐层转移。[20]该方法制备的石墨烯薄膜载流子迁移率的测量结果也更理想。

12.2 电化学鼓泡法

传统的转移方法需要将生长衬底刻蚀，来实现和石墨烯的分离。而发展无须刻蚀即可实现生长衬底和石墨烯分离的方法非常重要。分离的关键问题在于保证石墨烯完整度的前提下，克服石墨烯和生长衬底之间较强的相互作用，实现两者之间的去耦合。

2011 年，新加坡国立大学 Loh 课题组[21]创造性地提出了一种被称作电化学剥离的转移方法，实现了石墨烯薄膜与铜箔衬底的有效分离。具体做法如下。首先将 PMMA 旋涂在 CVD 生长的石墨烯/铜衬底上，之后以 PMMA/石墨烯/铜作为阴极、碳棒作为阳极，0.05 mmol/L 的 $K_2S_2O_8$ 溶液作为电解质溶液，搭建电解池装置。当装置加载 5 V 的直流电压后，阴极石墨烯/铜界面产生大量的氢气。气泡提供了温和的机械作用力，将 PMMA/石墨烯与铜箔分离。这种转移技术得到的石墨烯薄膜能保持 95%的表面完整度，铜箔衬底能够实现重复利用，并且铜箔重复利用后得到的石墨烯电学性能也越来越好。这种方法的缺点则在于采用了 $K_2S_2O_8$ 溶液作为电解液，所以铜衬底不可避免地会受到一定的刻蚀。

2012 年，中国科学院金属研究所成会明研究团队[22]以此方法为基础提出了一种称之为电化学鼓泡法的转移技术。首先将 PMMA 旋涂到石墨烯/Pt 衬底上，将得到的 PMMA/石墨烯/Pt 作为阴极、Pt 箔为阳极，1 mol/L 的 NaOH 溶液为电解液，搭建如图 12-5 所示的电解池。对于 1 cm×3 cm 尺寸的薄膜样品，当通入 5～15 V 的直流电压时，相应的电流密度为 0.1～1 A·cm^{-2}，由于电解作用，石墨烯和 Pt 衬底之间产生大量的 H_2 气泡，使得 PMMA/石墨烯在几十秒之后即与 Pt 衬底分离。鼓泡法转移的速度远快于刻蚀法。Pt 金属活泼性较差，在转移过程中不涉及任何化学反应，因此，鼓泡转移不会对贵金属衬底产生任何的损耗，衬底可以不受限制地重复用于石墨烯的合成，同时还可以实现金属衬底和

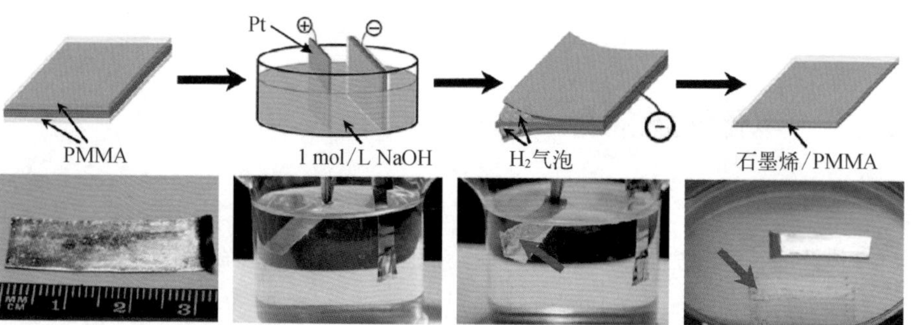

图 12-5 石墨烯的电化学鼓泡法转移示意图[22]

石墨烯的完全分离，不会出现刻蚀法中经常存在的金属残留现象。除 Pt 外，利用 Ru、Ir 等化学惰性的贵金属作为衬底生长的石墨烯同样适合用电化学鼓泡法进行转移。不同于贵金属衬底，当样品采用 Cu 和 Ni 作为衬底时，在转移过程中会有非常轻微的溶解，这是由衬底与电解质之间高的化学反应活性导致的。因此，Cu、Ni 上石墨烯的鼓泡转移本质上是小部分的衬底刻蚀过程，而不是完全的无损转移。

电化学鼓泡转移方法具有快速高效、低能耗、低污染、衬底可重复利用、低成本等优点，在高质量单层石墨烯薄膜转移中有着非常广泛的应用前景。为了进一步提高鼓泡转移的速度，实现工业规模级别的应用，2015 年，北京大学刘忠范/彭海琳研究团队[23]提出一种卷对卷液界面鼓泡法，如图 12-6 所示。他们采用较厚的涂覆了乙烯-醋酸乙烯共聚物(ethylene-vinyl acetate copolymer，EVA)的 PET 作为石墨烯的目标衬底，先使 PET/EVA 与石墨烯热贴合形成 PET/EVA/石墨烯/Cu 的堆叠结构，再以石墨棒惰性电极为阳极、PET/EVA/石墨烯/Cu 三明治结构为阴极，1 mol/L 的 NaOH 溶液为电解质溶液进行转移。转移的过程中，让 PET/EVA/石墨烯与 Cu 分离的界面刚好处在液面上，这样即使通入非常

图 12-6　卷对卷热压印-鼓泡转移法批量制备石墨烯透明导电薄膜

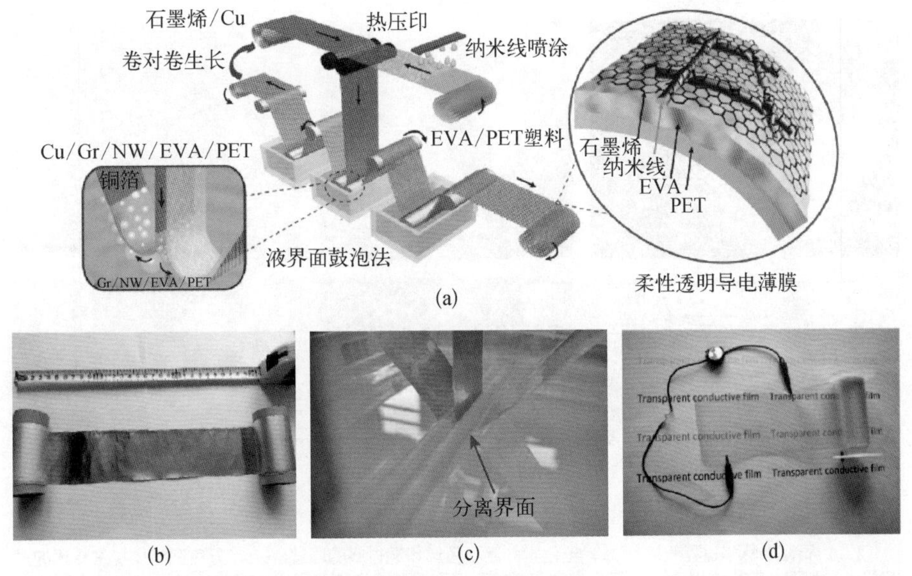

(a) 卷对卷热压印-鼓泡连续化转移示意图；(b) 成卷的石墨烯/Cu 薄膜；(c) 液界面鼓泡法过程；(d) 成卷的石墨烯/AgNW/EVA/PET 复合透明导电薄膜[23]

小的直流电压，在分离的界面处也会有很高的电流密度，从而产生大量的气泡，实现石墨烯和铜箔的快速分离。这种转移方法速度高达 1 cm/s，完全满足工业规模的卷对卷快速转移要求。由于采用了 PET/EVA 作为硬质的支撑衬底，石墨烯受到的机械力很小，因而几乎没有破损，是一种完整度极高的转移方法。基于此工艺，他们成功实现了 5 cm×10 m 尺寸石墨烯向柔性塑料衬底 PET 的转移，并制备了高性能的石墨烯/AgNW/EVA/PET 复合透明导电薄膜。

由于鼓泡法产生的大量气泡对石墨烯薄膜有一定的机械力作用，因此转移后的石墨烯仍可能存在一定程度的破损。鉴于此，研究人员提出了一种无气泡的电化学转移方法。[24] 该方法基本原理如下，长有石墨烯的铜在空气中放置时，由于氧气的插层作用，会在一定程度上被氧化形成氧化亚铜中间层。氧化亚铜还原电势较低，因此在不足以产生氢气的较低电势下，就会发生还原反应生成氧化铜，减弱了衬底与石墨烯的相互作用力，从而实现无气泡生成条件下铜和石墨烯的分离。如图 12-7 所示，采用 NaCl 溶液作为电解质，石墨烯/Cu 作为工作电极，可以观察到在 1.5 V 的电压下产生了大量的气泡，并且产生了很大的阴极电流，这是鼓泡法的典型现象。与之相比，在预氧化的铜箔衬底上，可以发现在

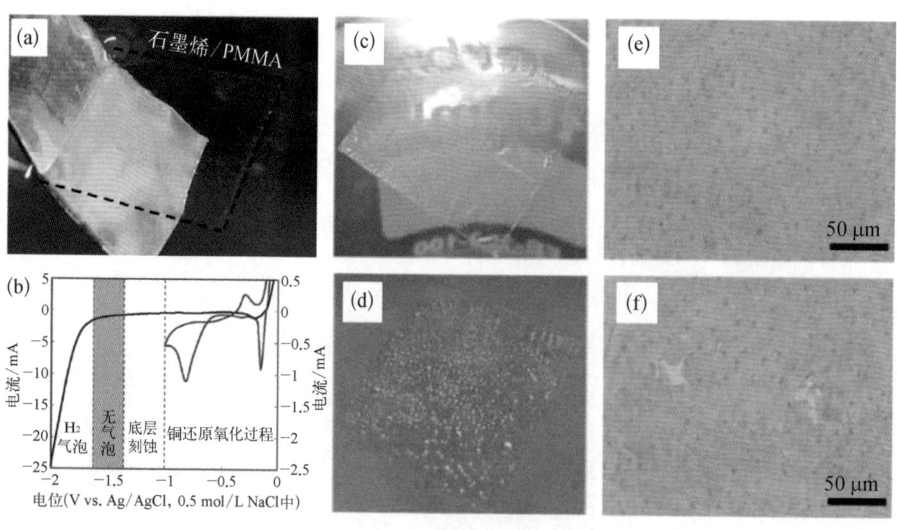

图 12-7 石墨烯的无气泡电化学转移方法[24]

（a）石墨烯转移过程照片；（b）电化学分离石墨烯和铜衬底的原理；（c）无气泡电化学法转移的过程；（d）鼓泡法转移过程；（e）无气泡电化学转移得到的石墨烯电子显微镜图像；（f）鼓泡法得到的石墨烯电子显微镜图像

0.8 V 左右就有一个明显的还原峰，这就是氧化亚铜的还原峰。采用 0.8～1.5 V 的电压进行反应，就可以实现无气泡的电化学分离。例如，在 1.4 V 电压条件下，可以发现石墨烯和铜箔能够实现快速分离，速度高达 1 mm/s。同时采用这种方法转移得到的石墨烯具有很高的完整度。

12.3 插层转移法

如前所述，转移的关键步骤是实现石墨烯和生长衬底的分离，这需要通过石墨烯和生长衬底的去耦合来实现。分子插层是减弱层间相互作用的一个重要方法。本小节首先对石墨烯的插层行为以及插层对石墨烯和生长衬底去耦合的作用进行简要介绍，然后介绍几种典型生长衬底上石墨烯的插层转移方法。

石墨烯和生长衬底之间相互作用的强弱决定了其插层和去耦合的难易程度。2010 年，美国布鲁克海文国家实验室 Sutter 等人[25]报道了石墨烯/Ru(0001)之间反应氧插层的工作，如图 12-8 所示。插层到石墨烯/Ru(0001)衬底之间的氧选择性地氧化 Ru 衬底，从而大大减弱了石墨烯和 Ru 衬底之间的强相互作用，使得石墨烯展现出了孤立单层的狄拉克锥电子结构。他们发现在较低的温度下以氧插层为主，而在较高的温度下石墨烯的刻蚀占优。2011 年，中国科学院物理研究所高鸿钧课题组[26]报道了石墨烯/Ru(0001)界面之间金属的插层工作，成功地实现了

图 12-8 石墨烯/Ru(0001)之间的氧插层

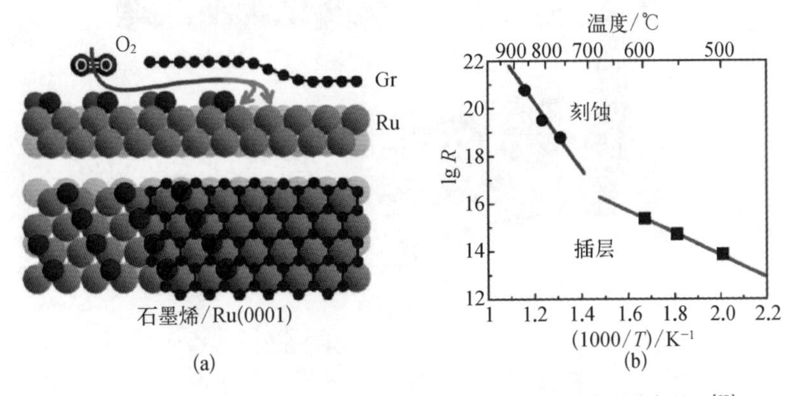

（a）石墨烯/Ru（0001）之间的氧插层示意图；（b）插层和刻蚀的竞争关系[25]

Pt、Pd、Ni、Co、Au、In、Ce 等多种金属的插层，并且插层没有降低石墨烯的质量。之后，他们还报道了石墨烯/Ru(0001)和石墨烯/Ir(0001)之间的硅插层工作。[27,28] 他们发现，硅插层可以有效屏蔽金属衬底对石墨烯的作用，而不会破坏石墨烯本身的性质，这对于直接制备石墨烯电子器件具有重要的参考价值。2012 年，Rosanna Larciprete 等人通过石墨烯/Ir(111)之间的氧插层，使得石墨烯和 Ir(111)生长衬底去耦合，从而得到近悬空状态电子结构的石墨烯。

对于石墨烯/Cu 体系而言，由于铜与石墨烯之间的作用力比较弱，因而在室温下就可以实现水或者氧气的插层，使石墨烯和铜衬底完全去耦合。2012 年，Lu 等人[29]将长有石墨烯的铜箔在大气、室温、较高湿度的条件下放置数天后，观察到了铜箔的氧化现象[图 12-9(a)]。通过拉曼测试，他们证明未被氧化区域

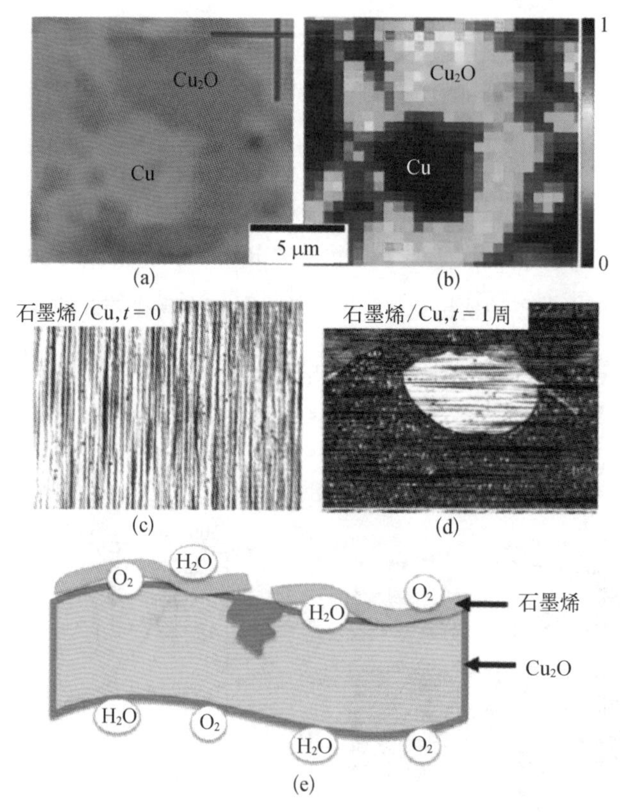

图 12-9 石墨烯/Cu 之间的水氧插层去耦合

（a）部分铜氧化的石墨烯/Cu（111）表面；（b）部分铜氧化的石墨烯/Cu（111）拉曼光谱；[34]（c）刚生长的石墨烯/Cu 光学显微镜图像；[29]（d）放置在空气中 1 周的石墨烯/Cu 光学显微镜图像；（d）水氧插层形成氧化亚铜原理图[30]

的石墨烯处于比较大的应力状态，而有 Cu_2O 区域的石墨烯应力较小，这说明氧化作用有效地减弱了石墨烯和铜箔的相互作用。他们认为生长的石墨烯是多晶的，因此氧气可以通过石墨烯的晶界渗透到石墨烯和铜之间形成氧化层。2013年，美国加利福尼亚大学伯克利分校 Zettl 课题组[30]也报道了类似的现象。他们发现石墨烯对于铜箔衬底只有非常短期的抗腐蚀性能，一旦石墨烯/Cu 在空气中暴露超过一周，就会有严重的氧化现象。这是由于空气中的水和氧气可以通过石墨烯的缺陷（晶界、空位等）插入石墨烯和铜箔之间，与铜箔和石墨烯接触会形成原电池，进而加速铜箔的氧化。

基于铜衬底水氧插层去耦合的现象，2015 年，北京大学刘忠范/彭海琳研究团队[31]提出一种卷对卷氧化插层的转移方法，实现了铜箔上生长的石墨烯薄膜向柔性塑料衬底的批量转移，如图 12-10 所示。具体步骤和原理如下。(1) 将生长的石墨烯/Cu 在空气中放置至少 1 周，石墨烯/Cu 之间由于氧气的插层形成氧化层，得到石墨烯/Cu_2O/Cu 结构；(2) 将 PET/EVA 衬底与石墨烯/Cu_2O/Cu 热压印融合成 PET/EVA/石墨烯/Cu_2O/Cu；(3) 将叠层结构浸入 50℃ 的纯水中，进一步加强 Cu 衬底的氧化去耦合，同时由于 Cu 表面亲水而石墨烯和 EVA/PET 衬底都疏水，因此水很容易插层到石墨烯/Cu 之间促使两

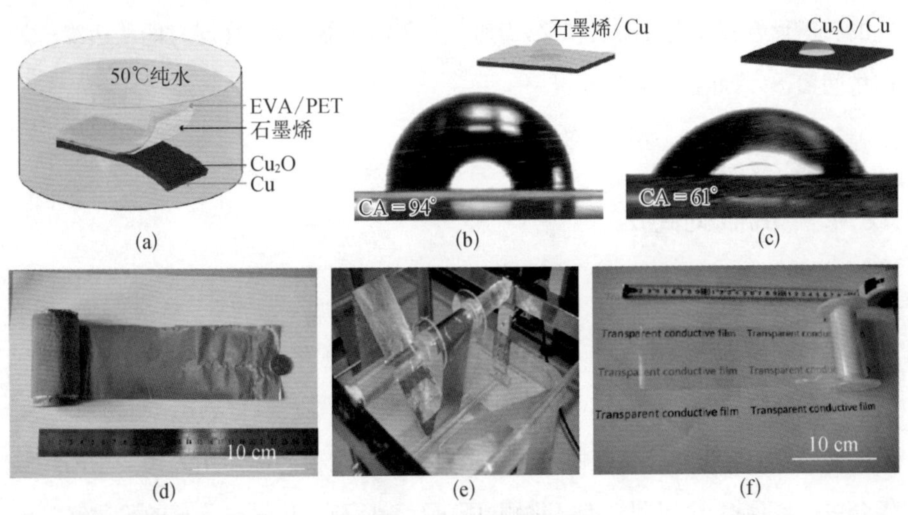

图 12-10 卷对卷水插层转移方法

(a) 水插层转移方法原理；(b) 石墨烯/Cu 表面的亲水性测试；(c) Cu_2O/Cu 表面的亲水性测试；(d) 成卷的石墨烯/Cu；(e) 卷对卷热水插层转移装置图；(f) 成卷的石墨烯/EVA/PET 薄膜[31]

者完全分离。这种转移方法的速度非常快，可达到 1 cm/s，完全能够集成到工业规模的卷对卷制程之中。采用此方法已经实现了 5 cm×10 m 尺寸石墨烯由铜箔生长衬底向 EVA/PET 塑料衬底的批量转移。这种转移方法无须刻蚀衬底，能够实现衬底的重复利用，对于降低成本、实现工业规模制备具有重要的意义。

除了利用水氧插层实现转移，其他的插层现象也可以用来实现转移。2013 年，北京大学刘忠范/张艳峰研究团队[32]报道了利用 CO 对石墨烯/Pt 插层，实现两者之间完全去耦合，进而采用 PDMS 剥离的方法实现了石墨烯的干法转移；2014 年，Gupta 等人[33]报道了基于水插层的浸泡-剥离转移方法，实现了石墨烯/Cu 和石墨烯/Pt 向目标衬底的转移；2016 年，日本的 Ohtomo 等人[34]报道了烷基硫醇自组装膜对石墨烯/Cu 进行插层，从而实现石墨烯向目标衬底转移的方法；2017 年，比利时天主教鲁汶大学 Verguts 等人[35]报道了石墨烯/Pt 之间的水插层结合电化学鼓泡的方法，实现了石墨烯向目标衬底的直接转移。

需要注意的是，插层转移方法具有一定的局限性。石墨烯和生长衬底之间的相互作用较弱时，才能有效地插层去耦合，因此插层转移具有一定的衬底限制。此外，插层通常是从石墨烯的缺陷位点开始的，因此原则上说，生长质量越差的石墨烯越容易实现插层转移，而对于单晶石墨烯样品，插层只能从边缘开始向中间渗透，因此速度会比较慢。

12.4 机械剥离法

机械剥离法与上述三种方法相比，优点在于无须刻蚀衬底，能减少溶液反应引入的污染物，并可通过衬底循环利用降低工艺成本。机械剥离法成功的关键是转移媒介与石墨烯间的作用力要大于石墨烯与铜箔间的作用力。常用的转移媒介包括聚合物、金属和六方氮化硼，可在石墨烯与生长衬底分离的阶段起到辅助支撑作用。

聚合物自身结构和性质决定了其与石墨烯间作用力的大小。在机械剥离法中，常用的聚合物主要是 PDMS、聚碳酸丙烯酯（polypropylene carbonate，PPC）、环氧树脂、PMMA 等。得克萨斯大学奥斯汀分校 Liechti 课题组[36]系统研究了不同工艺参数对石墨烯与生长衬底分离效果的影响，并在较快的剥离速度下，成功将石墨烯从铜箔转移到了环氧树脂/硅表面(图 12-11)。

图 12-11 聚合物辅助的石墨烯机械剥离转移法

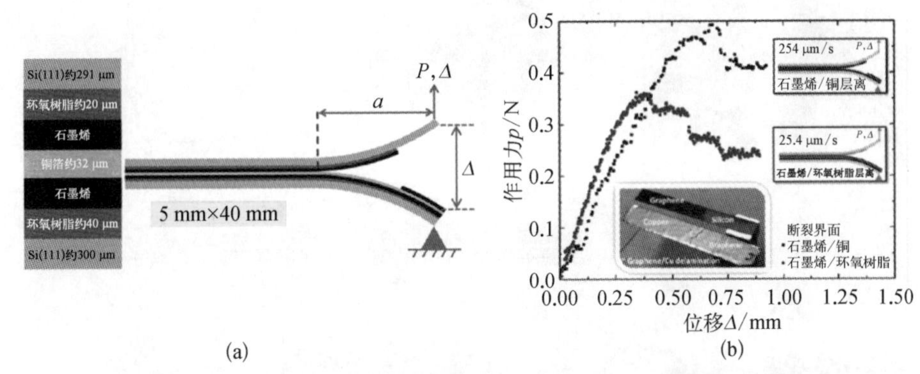

（a）从铜箔表面机械剥离石墨烯到环氧树脂/硅上的实验示意图；（b）石墨烯/生长衬底（黑色）和石墨烯/目标衬底间的作用力（红色）与剥离速度的关系[36]

利用不同金属与石墨烯间作用力的差异，可以在石墨烯/铜箔表面蒸镀金属薄膜作为支撑媒介，再将石墨烯从生长衬底表面剥离下来。基于该原理，英国曼彻斯特大学 Dimitrakopoulos 课题组[37]使用 Ni 膜将石墨烯从 SiC 衬底表面剥离到二氧化硅/硅衬底，实现了石墨烯的逐层转移和阵列转移(图 12-12)。石墨烯薄膜完整度高，缺陷密度低，且表面无聚合物污染，可用于高性能电子器件和集成电路的构筑。

六方氮化硼(hexagonal boron nitride，h-BN)具有原子级平整的表面和宽带隙的绝缘属性，是理想的介电层材料，可有效屏蔽衬底对石墨烯的掺杂和散射干扰。六方氮化硼与石墨烯晶格匹配度高，两者之间能形成较强的范德瓦耳斯作用力。基于此原理，德国亚琛工业大学 Stampfer 课题组[38]使用六方氮化硼直接将孤立的石墨烯单晶从铜箔上剥离下来(图 12-13)，进而将石墨烯定点转移至另一片氮化硼表面，构筑了氮化硼/石墨烯/氮化硼三明治结构，用于后续器件加工。石墨烯的载流子迁移率高达 350000 $cm^2 \cdot V^{-1} \cdot s^{-1}$，几乎可与机械剥离

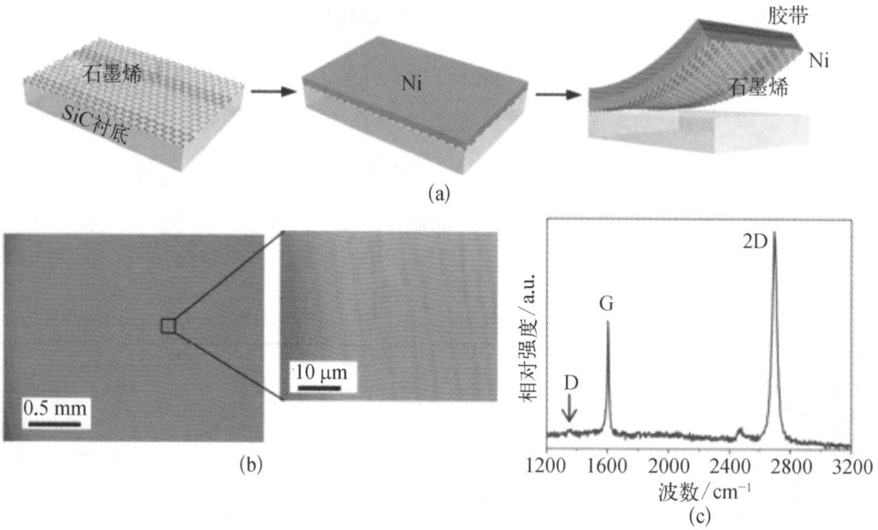

图 12-12 Ni 薄膜辅助的石墨烯机械剥离转移法

（a）工艺流程图；（b）（c）转移后石墨烯薄膜的光学显微镜（b）和拉曼光谱（c）表征结果[37]

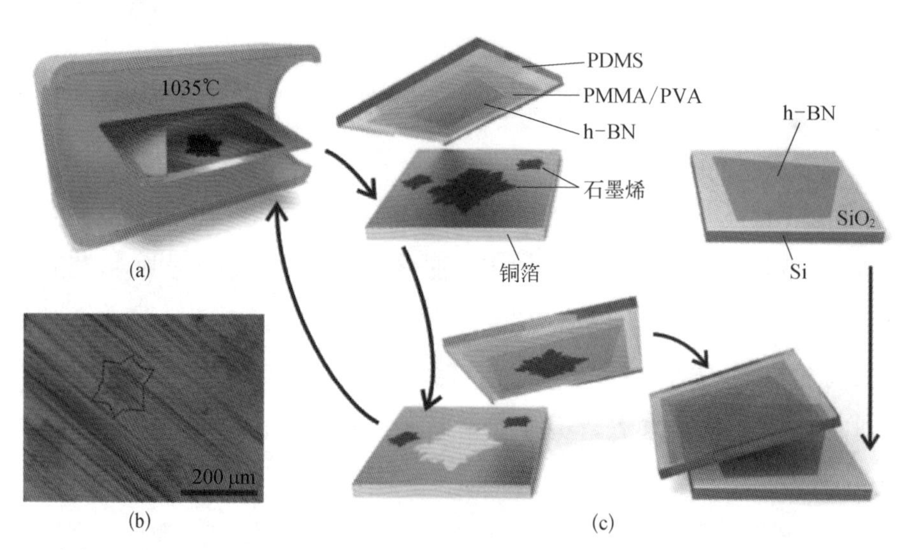

图 12-13 六方氮化硼辅助的石墨烯机械剥离转移法

（a）化学气相沉积法制备孤立石墨烯样品的示意图；（b）长时间放置后石墨烯覆盖区域（铜箔的氧化更严重）；（c）石墨烯剥离转移及氮化硼/石墨烯/氮化硼三明治结构的构筑[38]

的石墨烯相媲美。六方氮化硼的存在也能减少石墨烯转移过程中额外的褶皱和破损，有利于 CVD 石墨烯优异性质的保持。此外，剥离石墨烯以后的铜箔还可重复利用，用于生长新的石墨烯样品。

目标衬底同样可作为机械剥离法转移石墨烯的辅助支撑材料。Han 研究团队[39]借助低真空、高温(360℃)、高电压(600 V)和机械压力的共同作用,使石墨烯与目标衬底直接贴合(图 12-14)。同时,石墨烯与目标衬底的黏附力大于石墨烯与 Cu 衬底的黏附力,保证了石墨烯与铜箔的成功分离。但此方法所需条件苛刻,不适合大规模生产。

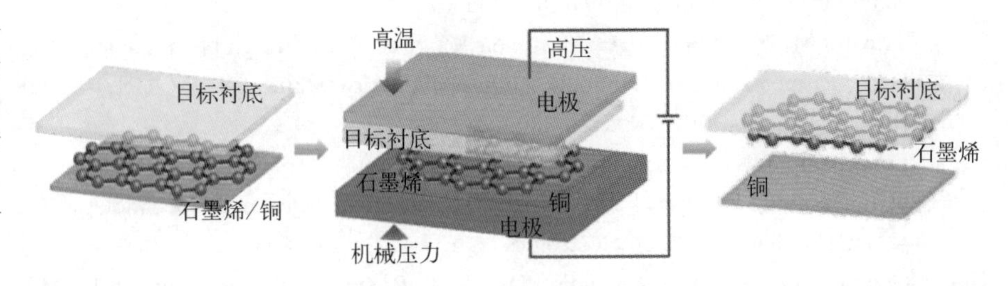

图 12-14 目标衬底作为支撑媒介的石墨烯机械剥离转移法[39]

参考文献

[1] Reina A, Son H, Jiao L, et al. Transferring and identification of single-and few-layer graphene on arbitrary substrates[J]. The Journal of Physical Chemistry C, 2008, 112(46): 17741-17744.

[2] Li X, Zhu Y, Cai W, et al. Transfer of large-area graphene films for high-performance transparent conductive electrodes[J]. Nano Letters, 2009, 9(12): 4359-4363.

[3] Gao L, Ni G X, Liu Y, et al. Face-to-face transfer of wafer-scale graphene films [J]. Nature, 2014, 505(7482): 190-194.

[4] Suk J W, Kitt A, Magnuson C W, et al. Transfer of CVD-grown monolayer graphene onto arbitrary substrates[J]. ACS Nano, 2011, 5(9): 6916-6924.

[5] Yang X, Peng H, Xie Q, et al. Clean and efficient transfer of CVD-grown graphene by electrochemical etching of metal substrate [J]. Journal of Electroanalytical Chemistry, 2013, 688: 243-248.

[6] Alemán B, Regan W, Aloni S, et al. Transfer-free batch fabrication of large-area suspended graphene membranes[J]. ACS Nano, 2010, 4(8): 4762-4768.

[7] Liang X, Sperling B A, Calizo I, et al. Toward clean and crackless transfer of graphene[J]. ACS Nano, 2011, 5(11): 9144-9153.

[8] Suk J W, Lee W H, Lee J, et al. Enhancement of the electrical properties of graphene grown by chemical vapor deposition via controlling the effects of polymer residue[J]. Nano Letters, 2013, 13(4): 1462-1467.

[9] Her M, Beams R, Novotny L. Graphene transfer with reduced residue[J]. Physics Letters A, 2013, 377(21-22): 1455-1458.
[10] Lin Y C, Jin C, Lee J C, et al. Clean transfer of graphene for isolation and suspension[J]. ACS Nano, 2011, 5(3): 2362-2368.
[11] Zhang Z, Du J, Zhang D, et al. Rosin-enabled ultraclean and damage-free transfer of graphene for large-area flexible organic light-emitting diodes[J]. Nature Communications, 2017, (8): 14560.
[12] Tripathi M, Mittelberger A, Mustonen K, et al. Cleaning graphene: comparing heat treatments in air and in vacuum[J]. Physica Status Solidi (RRL)-Rapid Research Letters, 2017, 11(8): 1700124.
[13] Longchamp J N, Escher C, Fink H W. Ultraclean freestanding graphene by platinum-metal catalysis[J]. Journal of Vacuum Science & Technology B: Nanotechnology and Microelectronics, 2013, 31(2): 020605.
[14] Gong C, Floresca H C, Hinojos D, et al. Rapid selective etching of PMMA residues from transferred graphene by carbon dioxide[J]. The Journal of Physical Chemistry C, 2013, 117(44): 23000-23008.
[15] Lim Y D, Lee D Y, Shen T Z, et al. Si-compatible cleaning process for graphene using low-density inductively coupled plasma[J]. ACS Nano, 2012, 6(5): 4410-4417.
[16] Lee J, Kim Y, Shin H J, et al. Clean transfer of graphene and its effect on contact resistance[J]. Applied Physics Letters, 2013, 103(10): 103104.
[17] Wang D Y, Huang I S, Ho P H, et al. Clean-lifting transfer of large-area residual-free graphene films[J]. Advanced Materials, 2013, 25(32): 4521-4526.
[18] Regan W, Alem N, Alemán B, et al. A direct transfer of layer-area graphene[J]. Applied Physics Letters, 2010, 96(11): 113102.
[19] Zhang J, Lin L, Sun L, et al. Single crystals: clean transfer of large graphene single crystals for high-intactness suspended membranes and liquid cells[J]. Advanced Materials, 2017, 29(26): 1700639.
[20] Lin W H, Chen T H, Chang J K, et al. A direct and polymer-free method for transferring graphene grown by chemical vapor deposition to any substrate[J]. ACS Nano, 2014, 8(2): 1784-1791.
[21] Wang Y, Zheng Y, Xu X, et al. Electrochemical delamination of CVD-grown graphene film: toward the recyclable use of copper catalyst[J]. ACS Nano, 2011, 5(12): 9927-9933.
[22] Gao L, Ren W, Xu H, et al. Repeated growth and bubbling transfer of graphene with millimetre-size single-crystal grains using platinum[J]. Nature Communications, 2012, (3): 699.
[23] Deng B, Hsu P C, Chen G, et al. Roll-to-roll encapsulation of metal nanowires between graphene and plastic substrate for high-performance flexible transparent electrodes[J]. Nano Letters, 2015, 15(6): 4206-4213.
[24] Cherian C T, Giustiniano F, Martin-Fernandez I, et al. 'Bubble-free' electrochemical

delamination of CVD graphene films[J]. Small, 2015, 11(2): 189-194.

[25] Sutter P, Sadowski J T, Sutter E A. Chemistry under cover: tuning metal-graphene interaction by reactive intercalation [J]. Journal of the American Chemical Society, 2010, 132(23): 8175-8179.

[26] Huang L, Pan Y, Pan L, et al. Intercalation of metal islands and films at the interface of epitaxially grown graphene and Ru (0001) surfaces[J]. Applied Physics Letters, 2011, 99(16): 163107.

[27] Mao J, Huang L, Pan Y, et al. Silicon layer intercalation of centimeter-scale, epitaxially grown monolayer graphene on Ru (0001)[J]. Applied Physics Letters, 2012, 100(9): 093101.

[28] Meng L, Wu R, Zhou H, et al. Silicon intercalation at the interface of graphene and Ir (111)[J]. Applied Physics Letters, 2012, 100(8): 083101.

[29] Lu A Y, Wei S Y, Wu C Y, et al. Decoupling of CVD graphene by controlled oxidation of recrystallized Cu[J]. RSC Advances, 2012, 2(7): 3008-3013.

[30] Schriver M, Regan W, Gannett W J, et al. Graphene as a long-term metal oxidation barrier: worse than nothing[J]. ACS Nano, 2013, 7(7): 5763-5768.

[31] Chandrashekar B N, Deng B, Smitha A S, et al. Roll-to-roll green transfer of CVD graphene onto plastic for a transparent and flexible triboelectric nanogenerator[J]. Advanced Materials, 2015, 27(35): 5210-5216.

[32] Ma D, Zhang Y, Liu M, et al. Clean transfer of graphene on Pt foils mediated by a carbon monoxide intercalation process[J]. Nano Research, 2013, 6(9): 671-678.

[33] Gupta P, Dongare P D, Grover S, et al. A facile process for soak-and-peel delamination of CVD graphene from substrates using water[J]. Scientific Reports, 2014, 4: 3882.

[34] Ohtomo M, Sekine Y, Wang S, et al. Etchant-free graphene transfer using facile intercalation of alkanethiol self-assembled molecules at graphene/metal interfaces [J]. Nanoscale, 2016, 8(22): 11503-11510.

[35] Verguts K, Schouteden K, Wu C H, et al. Controlling water intercalation is key to a direct graphene transfer[J]. ACS Applied Materials & Interfaces, 2017, 9(42): 37484-37492.

[36] Na S R, Suk J W, Tao L, et al. Selective mechanical transfer of graphene from seed copper foil using rate effects[J]. ACS Nano, 2015, 9(2): 1325-1335.

[37] Kim J, Park H, Hannon J B, et al. Layer-resolved graphene transfer via engineered strain layers[J]. Science, 2013, 342(6160): 833-836.

[38] Banszerus L, Schmitz M, Engels S, et al. Ultrahigh-mobility graphene devices from chemical vapor deposition on reusable copper[J]. Science Advances, 2015, 1(6): e1500222.

[39] Jung W, Kim D, Lee M, et al. Ultraconformal contact transfer of monolayer graphene on metal to various substrates[J]. Advanced Materials, 2014, 26(37): 6394-6400.

索 引

H

J

K

L

M

P

Q

R

S

T

W

Z